U0530965

理学与启蒙
——宋元明清道德哲学研究

魏义霞 著

商务印书馆
2009年·北京

图书在版编目(CIP)数据

理学与启蒙:宋元明清道德哲学研究/魏义霞著.—北京:商务印书馆,2009
ISBN 978-7-100-06088-2

Ⅰ.理… Ⅱ.魏… Ⅲ.①伦理学—研究—中国—辽宋金元时代②伦理学—研究—中国—明清时代 Ⅳ.B82-092

中国版本图书馆 CIP 数据核字(2008)第 165241 号

所有权利保留。
未经许可,不得以任何方式使用。

理学与启蒙
——宋元明清道德哲学研究

魏义霞 著

商 务 印 书 馆 出 版
(北京王府井大街36号 邮政编码 100710)
商 务 印 书 馆 发 行
北京瑞古冠中印刷厂印刷
ISBN 978-7-100-06088-2

| 2009 年 10 月第 1 版 | 开本 880×1230 1/32 |
| 2009 年 10 月北京第 1 次印刷 | 印张 25½ |

定价:50.00 元

目　录

序 ··· 张立文　1

上篇　宋明时期道德哲学研究

宋明时期的社会与道德 ······································· 3
　一、宗法社会的鼎盛与中央集权的加强
　二、理学被定于一尊
　三、传统伦理学说的体系化
　四、宗法道德的全面加强

道德教化的全面加强和普及 ··································· 37
　一、道德教化的全面加强和普及
　二、理学家的道德修养工夫论

德法并举的治国理念及其尚刑重法 ···························· 72
　一、德法并举的治国理念
　二、两宋思想家对德刑关系的论证
　三、德刑并用中尚刑而重法
　四、理学家对德刑合理性的论证及其对刑法的侧重

知行观与道德教化的加强 ····································· 97
　一、二程——"行难知亦难"

二、朱熹——"知在先"与"行为重"

三、王守仁——"知行合一"

四、以知为先、为本与知行观的道德内涵和伦理维度

五、知行与格物、致知

六、知行观与"去人欲，存天理"

三纲五常的进一步神圣化、规范化及其社会影响 …………… 150

一、三纲五常被视为"天理"、"良知"

二、对五常的进一步阐释和排序

三、"民胞物与"说和"天下一家"说

理与欲、义与利、公与私和价值观的冲突与归一 …………… 190

一、理学家理欲观的禁欲主义色彩

二、功利主义学者的"足欲"、"节欲"主张

三、理学家义利观的尚义倾向

四、功利主义学者对利的肯定

五、殊途同归的尚公主张

中篇　明清之际道德哲学研究

明清之际的社会与道德 ………………………………………… 231

一、明清之际的社会状况与商品经济的萌芽

二、早期启蒙思潮的出现

三、传统道德受到初步冲击

正统的颠覆——对理学的批判与重建 ………………………… 274

一、众口一词——对理学一致而全面的否定

二、荒谬不经·颠覆理学的哲学根基

三、盲目顺从·张扬和推崇个性

四、惨无人道·倡导人性一元论

五、清谈无用·推崇经世致用

形上反思——对理学哲学根基的颠覆……………… 322

一、理气观——理先气后·理依于气

二、道器观——道本器末·道寓于器

三、有无观——以无为本·以实药空

四、动静观——静主动客·静者静动

五、心物观——心外无物·由物而心

六、知行观——吾心之知·知源于行

七、形上颠覆——早期启蒙思想家批判理学的根基处

人之自然本性的还原和道德的重新定位——人性理论
及其意义 …………………………………………… 387

一、以理杀人——对理学的定性和谴责

二、人性一元论——对理学人性哲学的批判和颠覆

三、对人之自然本性的还原——欲、利、私是人之本性

四、对道德的重新定位和理解——价值观念的变迁

五、理不再杀人——人性哲学的特殊地位和作用

知源于行——知行观及其对理学的批判…………… 433

一、"未尝离行以为知"——王夫之的知行观

二、习行哲学——颜元的知行观

三、从以知废行到知源于行——早期启蒙思想家与理学家
的对垒

四、知行观之争的现实透视

对三纲的批判与启蒙思想家的平等意识……………… 481

一、君权受到初步批判

二、关于男女平等的微弱呼声

三、朴素的平等观念与早期启蒙思想的局限

重欲、贵利、尚私——明清之际价值观的新动向…………… 518

一、批判"去人欲,存天理"的说教,伸张欲的正当性

二、重功利的义利观

三、少数人对私的肯定

四、明清之际价值观的总体透视

明清之际社会道德面面观……………………………………… 568

一、新观念的社会影响

二、明末社会道德的进一步堕落

三、传统道德依然强大

下篇　宋元明清道德哲学个案研究

"命在义中"——二程性命之学研究………………………… 609

一、天命论——似曾相识的儒家学脉

二、天、理、道、性、命、心为一——本体—人性—道德哲学的三位一体

三、"命在义中"——儒家道德主义的变奏及宋明印记

四、"以义安命"——性命之学的道德旨归和修养功夫

理气双重的审视维度和价值取向——朱熹性命之学研究…… 636

一、理本论与理气观——性命之学的形上背景和思维框架

二、"命有两种"——理命论与气命论

三、人性双重——天理之善与气质有恶

四、存心、格物、致知——去欲存理的性命观

个性·独立人格·平等意识——李贽启蒙思想的灵魂…… 676
　　一、异端与狂者
　　二、对个性、独立人格的崇拜和张扬
　　三、以男女平等为核心的平等思想
　　四、基于人格独立和平等的功利主义

"以实药其空"——颜元哲学的创建机制及其意义………… 707
　　一、揭露理学的杀人本质和内在危机——思想建构从
　　　　批判理学开始
　　二、天理之虚与气质之实——人性一元论
　　三、"以动济其静"——习行哲学
　　四、习行的目的是为了功利——功利主义的价值追求
　　五、诵读之虚与习行之实——对读书的看法

气的提升与理的祛魅——戴震哲学的建构与理学的终结…… 754
　　一、气与理的较量——以训诂的方式对宇宙本体的回答
　　二、"血气心知,性之实体"——人性之气与人性之理
　　三、天理与人欲——对理学以理杀人的揭露和批判

主要参考文献……………………………………………… 788
后记………………………………………………………… 792

序

张立文

魏义霞教授才情似海，好学深思。她孜孜求学，始终不懈。她视"学问之于身心，犹饥寒之于衣食"；她以"人之不学，犹谷未成粟，米未成饭也"。在这种思想的激励下，她取得了中国哲学同龄人中突出的学术成果。32岁评为教授，不久成为博士生导师。即使如此，她仍争取到博士后学习的机会，认为"鱼离水则鳞枯，心离书则神索"，终日乾乾，与时偕行。

今日她的《理学与启蒙——宋元明清道德哲学研究》大著付梓，索序于余，乐于接受。阅读其稿，深有感触。大体而言，其特点有：逻辑的有序性、价值的合理性、话题的显明性、思维的互渗性、启蒙的批判性，构成了该书道德哲学的整体性。

第一，逻辑的有序性。宋元明清道德哲学是时代精神的体现，是现实社会的需求。它不是人的虚拟和杜撰，而是理学家对人与自然（宇宙）、人与社会、人与人、人的心灵之间的融突及其互相交往活动的协调、和合的体认。这种体认构成了中华民族伦理精神和行为规范的重要内蕴，而影响民族的价值观念、伦理道德、思维方式、审美情趣、风俗习惯、形上致思，同时亦影响东亚各国的政治、学术、文化、思想和道德，凸显了理学道德哲学的逻辑力量。

宋元明清道德哲学,尽管各家各派见仁见智,各说齐陈,但都面临着重建"为生民立道"的道德形上学历史使命和肩负"为往圣继绝学"的历史责任。道德哲学作为一种理论思维形态和伦理精神及行为规范的合理性,是凭借概念、范畴、模型等逻辑结构形式、有序地整合各种信息智能的过程。因此,逻辑的有序性既体现逻辑概念、范畴、模型间的系统性,亦体现其间的演绎性。本书认为,理学通过本体、人性、认知、道德、政治领域的层层印证和推演,建构了一个以天理为核心,以"去人欲,存天理"为基本纲领,以超凡入圣为理想目标的完备的伦理思想体系。这一伦理思想体系是以加强道德教化,安定社会秩序,安顿精神家园为大本达道,这是理学各派所共同认同的。

理学家所面临的课题,是如何把伦理道德从形而下的百姓行为规范的层次,提升为形而上的理论思维形态层次,使百姓的具体道德行为规范获得理论思维形态的支撑和论证。这个论证就是对于百姓道德行为规范理论前提、来源、基础的追究。朱熹说:"未有天地之先,毕竟也只是理。有此理,便有此天地。若无此理,便亦无天地,无人无物,都无该载了。"[1]理是伦理道德行为的理论前提,无理就无人无物,人的伦理道德行为也就不可能存在和产生;又说:"未有这事,先有这理。如未有君臣,已有君臣之理。未有父子,已有父子之理。"[2]君臣、父子的伦理道德行为规范来源于理。理既在君臣、父子之先存在着君臣、父子之道德规范,又在君臣、父

---

[1] 《朱子语类》卷一。
[2] 《朱子语类》卷九十五。

子存在之后按照先在的道德规范实行。朱熹又把"三纲五常"纳入理(天理),认为理(天理)"其张之为三纲,其纪之为五常,盖皆此理之流行,无所适而不在。"①三纲五常是天理之流行,理是伦理道德行为规范的出发点和归属点,流行必以此为基础,所适必以此为基地。这样伦理道德就获得了形而上学天理的有力论证,使中国伦理道德思维度越了具体行为规范境域,而跃进到道德哲学、形而上学和人性哲学的三位一体逻辑思维境域。并由天理道德哲学,或曰道德的形上学,进而有序流行,层层展开,而渗透到政治、文化、历史、文学、哲学,以及理气、道器、太极阴阳、动静、天地之性气质之性、道心人心、王霸、义利、理欲等关系之中,构成了其整体逻辑的有序性。

第二,价值的合理性。中华民族伦理道德哲学的价值合理性,就在于其在大化流行、唯变所适中,以其伦理精神价值的合理性适应现实社会的伦理道德的诉求。道德哲学作为宋元明清现实社会政治、经济、文化精神之本,本立则道生;现实社会政治、经济、文化精神废,即断裂,则"道"亦废。由于其"道"废,使社会政治、经济、文化破缺而动乱,社会失序,政治失衡,伦理失理,道德失德。北宋所面对的就是经过唐末农民暴动和五代长期动乱的烂摊子。欧阳修感叹:"甚矣,五代之际,君君、臣臣、父父、子子之道乖,而宗庙、朝廷、人鬼皆失其序,斯可谓乱世者欤!自古未之有也。"②在这种情境下,安定社会秩序和建构政治制度,就迫切要求恢复伦理精神和重建道德价值合理性。否则君臣、父子之道,宗庙、朝廷、人

---

① 《读大纪》,《朱文公文集》卷七十,《四部丛刊》本。
② 《唐废帝家人传》,《新五代史》卷十六,中华书局1974年版,第173页。

鬼之理都将继续失序。宋代道学家以"为天地立心,为生民立命,为往圣继绝学,为万世开太平"①的博大情怀、人文关切和文化自觉,担当了重建形而上学的可能世界、道德价值的意义世界和百姓日用的生存世界的历史使命。

宋明理学家以为道德价值,是人所普遍认同的、自然合理的。"道者,古今共由之理,如父之慈,子之孝,君仁臣忠,是一个公共底道德。德,便是得此道于身,则为君必仁,为臣必忠之类,皆是自有得于己。"②道作为"公共底道理",就超越了个人、个别道德行为的局域,它不仅具有人人须共同遵守的必然性和合法性,而且具有社会公共事务的治理性和不可抗拒性,树立了公共道理的绝对权威性。这里的"德"作"得"讲,即获得对道德精神、原则的体认,做到君必仁民,臣必忠君,父必慈爱,子必尽孝,并成为自己自觉的道德行为规范。这样道与德的融合,凸显了伦理精神和道德价值的合理性。

第三,话题的显明性。道德话题的方式体现特定时代的意义追寻和价值创造。北宋的道学家们在社会比较稳定,思想相对开放,文气甚为旺盛的语境中,"先天下之忧而忧,后天下之乐而乐",着手重建伦理道德。他们出于对佛道二教的"道统"的囿识,在外在形式上采取"攻乎异端"的方法,在内在意蕴上采纳儒、释、道三教融突和合方式,开创了理学新的理论思维形态,其标志性的话题便是程颢所说的"吾学虽有所受,天理二字却是自家体贴出来"。③

---

① 《近思录拾遗》,《张载集》,作"为天地立心,为生民立道,为去圣继绝学,为万世开太平",中华书局1978年版,第376页。
② 《朱子语类》卷十三。
③ 《河南程氏外书》卷第十二,《二程集》,中华书局1981年版,第424页。

"天理"话题的"被体贴出来",便开出了宋元明清时代的新学风、新思维、新理论。它上继孔孟之绝学,下开现代之新儒学。程颢死后,程颐赞曰:"道之不明也久矣。先生出,倡圣学以示人,辨异端,辟邪说,开历古之沉迷,圣人之道得先生而后明,为功大矣。"①百年后,道学集大成者朱熹,推崇二程,"夫此二先生倡明道学于孔孟既没、千载不传之后,可谓盛矣"。②"天理"作为宋元明清理学标志性话题的确立,表明理学新理论思维形态的真正转生。

理学作为时代思潮,有一个酝酿、躁动、生育的历程,唐代韩愈、柳宗元等古文运动是借古文之尸,还儒学孔孟之魂,为酝酿期;北宋庆历改革中,欧阳修等掀起的"疑经改经"之新风,横扫汉唐以降的章句注疏之学,打破了"讳言服、郑非"的格局,冲决了"疏不破注"的网罗,学术思想界卷起一股鲜活的、生气勃勃的风气。欧阳修的《易童子问》,疑群经之首《周易》的《易传》非孔子圣人之言③;刘敞的《七经小传》,由疑经而改经;司马光的《疑孟》,李觏的《常语》④,非孟子之言行;苏轼讥《尚书》;五安石非《春秋》为"断烂朝报"等。削去了经典著作的神圣的光环,把人们思想从教条式的经典桎梏中解放出来,扫除了疑经为"叛经离道"、"异端邪说"的种种罪名,实现了从注疏之学向义理之学的转变。这是理学思潮的躁动期。从被誉为理学"宗主"的周敦颐到张载、二程,为理学的生育、形成、奠基期。

---

① 《明道先生墓表》,《河南程氏文集》卷第十一,《二程集》,中华书局1981年版,第640页。
② 《程氏遗书后序》,《朱文公文集》卷七十五,《四部丛刊》本。
③ "童子曰:'然则《乾》无四德,而《文言》非圣人之书乎?'曰:'是鲁穆姜之言也,在襄公之九年。'"(《易童子问》卷一,《欧阳修全集》卷七十六,中华书局2001年版,第1107页。)
④ 参见邵博:《邵氏闻见后录》卷十一—十三,中华书局1983年版,第81—106页。

基于此,理学作为时代思潮,不能把司马光的涑学、王安石的新学、三苏(苏洵、苏轼、苏辙)的蜀学等排除在理学思潮之外,甚至斥之为反理学,而应看作是相辅相成的主流派与次流派(非主流派)之别。① 所谓主流与非主流,简言之是指一种社会思潮是起主导作用或居主导地位,还是起非主导作用和居次要地位而言的。由于其适应社会需要的程度、社会效果、社会作用和影响的不同而有差分。濂、洛、关、闽(周、程、张、朱)、邵雍、胡宏、张栻、陆九渊、王守仁、王夫之等及其弟子为主流派;涑、新、蜀、婺(司、王、苏、吕祖谦)、陈亮的永康之学和叶适的永嘉之学等为非主流派。真德秀认为,"二程之学,龟山得之而南传之豫章罗氏(罗从彦),罗氏传之延平李氏(李侗),李氏传之朱氏(朱熹),此一派也。上蔡(谢良佐)传之武夷胡氏(胡安国),胡氏传其子五峰(胡宏),五峰传之南轩张氏(张栻),此又一派也。若周恭叔(周行已)、刘元承(刘安节)得之,为永嘉之学,其源亦同自出,然惟朱、张之传,最得其宗"。② 道南一派至朱熹集其成,湖湘一派至张栻集其成,永嘉一派至叶适集其成,然道南、湖湘最得二程之宗,故作为主流派,永嘉学派为非主流派,但不是反理学派,而是对二程学说诠释有别而已。

尽管各派有别,诠释有异,但都认同天理(理)为核心话题。无论是程朱道学派讲的"万物皆只是一个天理",③"宇宙之间,一理而已"④。天理(理)是至高的、无二的形上学;还是陆九渊、王守仁心

---

① 参见拙著《宋明理学研究》(修订本),中国人民大学出版社1985年版,第17—18页。人民出版社2002年版,第17—18页。
② 真德秀:《西山读书记》卷三十一。"(行已)从伊川、二刘许、赵继至。"(《刘行已传》,《瑞安县志》卷八,清乾隆版。二刘是刘安节、刘安上,许为许景衡,赵应为戴述,误。
③ 《河南程氏遗书》卷第二上,《二程集》第30页。
④ 《读大纪》,《朱文公文集》卷七十,《四部丛刊》本。

学派讲的"塞宇宙一理耳,学者之所以学,欲明此理耳",①"心之本体即天理也"②,"良知即是天理"③,作为宇宙本原的心,即是天理、良知。程朱、陆王之异在于天理(理)的安置,前者安顿于心之外,后者安顿在心之内;前者通过"格物穷理"而体认理,后者以"心外无理",反省内求理。两者虽体认理的进路不同,但都主张以"去人欲、存天理"为道德价值的合理性。湖湘学派亦以性为最高范畴,理便是性。"大哉性乎!万理具焉,天地由此而立矣"④,性即理,"心穷其理,则可与言性矣"。⑤ 张载、王夫之的气学派讲气即理,"理与气互相为体,而气外无理"⑥,"理即气之理"⑦。由此可见,宋元明清各家各派,都是围绕天理(理)这个核心话题而展开哲学形而上学的不同理路的论证,而有理气心性之辨,彰显了话题的显明性。

第四,思维的互渗性。理论思维不是单向度的、绝对度的,而是多向度、相对度的。单向度的思维不仅限制了自身开放,也排斥了与他者的对话、交流;绝对度的思维不仅将自身导向独裁、独断,而且也拒绝容纳异在者、他者,与他者共存和生,并把异在者、他者置于非此即彼的二元对立之中,以消灭异在者、他者为标的,达到唯我独尊、唯我独霸的状态。这不仅窒息了思维的生命智慧,而且也把哲学思维导向死亡之路。

宋明理学之所以成为中华学术思想发展史上"造极"时代,就

---

① 《与赵咏道》,《陆九渊集》卷十二,中华书局1980年版,第161页。
② 《答舒国用》,《王文成公全书》卷五。
③ 《答欧阳崇一》,《王文成公全书》卷二。
④ 《知言》,《胡宏集》,中华书局1987年版,第28页。
⑤ 同上书,第26页。
⑥ 《尽心上篇》,《孟子》,《读四书大全说》卷十,《船山全书》第六册,第1115页,岳麓书社1991年版。
⑦ 同上书,第1109页。

在于思维多样性,由其多样性而有互渗性,由其互渗性而能融突和合,而转生为新的理论思维形态。首先是汉以来,印度佛教作为异质文化传入中华,经与中华传统文化的冲突、融合,从南朝到唐,佛教鼎盛,一跃而为中华强势文化。唐时,儒释道三教冲突融合,兼容并蓄,然而佛盛儒衰,当时中华民族一流的知识人才为佛教博大精深的般若智慧和微妙难解的涅槃实相所吸引,而致力于佛学的中国化的创新活动,因而名僧大德辈出,涌现了如玄奘、法藏、慧能等一批伟大的宗教家;又由于唐代科举考试以诗文为主,为谋仕途,也诞生了一批伟大的文学家、诗人。而没有培育出致力于融突和合儒、释、道三教,建构出中华民族自身的新的形而上学理论思维形态的伟大的哲学家。这是唐文化的缺失,但也留给后代智能创造新的形而上学理论思维的空间和资源。

宋明哲学家们以求真的精神、恢宏的气度、开放的胸怀,接纳儒、释、道三教。周敦颐一反宋初三先生和李觏等简单化批佛的立场,而受道士陈抟的《无极图》于穆修,并受教于佛教的寿涯、慧南。张载"访诸释老之书,累年尽究其说"①。程颢"泛滥于诸家,出入老释者几十年,返求诸《六经》,而后得之"②。朱熹说自己:"盖出入于释、老者十余年。近岁以来,获亲有道,始知所向之大方。"③他去参加会试,行李中只带了一本宗杲的《大慧语录》。陆九渊、王守仁亦出入释老,事道还是王守仁的家学。他们出入佛、老,尽究佛老之学,并不出于批佛、老的需要,而是为了求真,为融突和合三教,建构新的伦理道德精神、价值理想和精神家园的历史使命。在融突和合

---

① 《吕大临横渠先生行状》,《张载集》,中华书局1978年版,第381页。
② 《明道先生行状》,《二程集》,中华书局1981年版,第638页。
③ 《答江元适》,《朱文公文集》卷三十八。

三教中,充分显示了思维的互渗性。在宋明理学中,儒、释、道三教之学你中有我,我中有你,圆融无碍地转生为整体性的新理论体系,三教已无你我彼此之别,促进了学术的繁荣和造极。

宋明道德哲学思维的互渗性还体现在理学各家各派之间以海纳百川的心态,探赜索隐、钩深致远地钻研学术。他们以书院为基地,通过会议、会讲、切磋、对话、答问、讲学等各种形式,互相吸收、互相诠释,既致广大,又尽精微。在不断互相论辩、互相探索中,不仅激出了智慧的闪光,而且完善了自己的道德哲学的体系。一些学者主体不自觉、无意识的问题,经别人或旁观者一点破,使学者主体豁然贯通,或开拓出广阔的思考空间。假如深入细致体认、理解宋元明清各派各家思想,便不难发现你中有我,我中有你的互渗现象。正由于如此,各家各派思想家、哲学家辈出,可谓群星齐聚,开创了自先秦以来的学术思想的高峰。

第五,启蒙的批判性。启蒙依中华传统的意思是指开发蒙昧。《风俗通·皇霸》:"足以祛蔽启蒙矣。"是说教育童蒙,使儿童获得初步的、入门的知识,也指使人接受新知识的教育而清除蒙昧。西方的启蒙运动(Enlightenment)是指 17—18 世纪欧洲知识界获得广泛拥护的一种思想和信仰运动。它高扬理性,主张遵守自然法的伦理原则,尊重个人自由,倡导天赋人权,个性解放;在政治上鼓吹改良、革命;经济上主张自由竞争,历史上反对循环论,主张不断进步,开出民主、自由和科学。

中华民族的明清之际,随着商品经济的发展,资本主义的萌芽,市民阶层的诞生,在原有农业社会结构中孕育了新的工商经济势力,冲击着君主专制制度下的社会、阶级结构,推动着文化思想、价值观念、伦理道德的转变,而出现了所谓"异端"的、"离道"的社会思想,反映了新的经济势力、市民阶层的需求,可谓具有中华民族特色的"启蒙"思想。这种启蒙思想的明显特点,是它的反省性和批判性,在社会岌岌可危的强烈忧患中反省,在"天崩地解"的泣血悲愤中反思,在强权高压的前赴后继中批判。他们以头可断、血可流的智勇精神,高举批判大旗,把矛头直接指向了两千多年来的君主专制制度。黄宗羲指出:"为天下之大害者,君而已矣。"①君主"以为天下利害之权皆出于我,我以天下之利尽归于己"。② 这种家天下、我天下,不仅使社会的弊病不能克服,而且使社会失序、道德失落、动乱不断发生,其归根到底是君主为害天下人的缘故。唐甄斥君主为贼,"自秦以来,凡为帝王者皆贼也"。③ 譬如"杀一人而取其匹布斗粟,犹谓之贼;杀天下之人而尽有其布粟之富,而反不谓之贼乎!"④证明帝王为贼,为天下人之大贼。大将、偏将、卒伍、官吏杀人,其实非也,天子实杀之也,"杀人者众手,实天子为之大手"⑤,这样就把君主置于众矢之的的地位,批判君主专制就是合理的、合法的。

批判君主专制制度,是为了建构以民为主的政治。"古者以天下为主,君为客,凡君之所毕世而经营者,为天下也;今也以君为主,天下为客,凡天下之无地而得安宁者,为君也"⑥。黄宗羲以托古之法批判今之君主专制,主张天下以民为主,以天下人之利为利,不以一己之利为利,君臣都应"以天下万民为事",为人民做事。

---

① 《明夷待访录·原君》,《黄宗羲全集》第一册,浙江古籍出版社2006年版,第2页。
② 同上书,第3页。
③ 《室语》,《潜书》下篇(下),古籍出版社1955年版,第196页。
④ 同上书,第196页。
⑤ 同上书,第197页。
⑥ 黄宗羲:《明夷待访录·原君》,《黄宗羲全集》第一册,第2页。

在经济上，明清思想家主张人各有私，自私、自利是人的自然本性的一个方面，而不能否定，批判理学家主张的"灭人欲"。黄宗羲根据工商经济发展的现实，批判农本商末、重农抑商的国策，主张工商皆本，"世儒不察，以工商为末，妄议抑之。夫工固圣王之所欲来，商又使其愿出于途者，盖皆本也"①。这种工商为本的主张，反映了当时资本主义经济萌芽的需求，以达到切于民用，"天下安富"的价值目标。

文学是时代思想的晴雨表。中华商品经济的发展，工商资本的萌芽，市民阶层的诞生，折射出这种社会变革的思想要求，便会通过文学的形式表现出来。现存最早《金瓶梅词话》是东吴弄珠客作序的明万历四十五年(1617)的刻本。它描绘了中华工商资本积累、经营的特点以及与官府的关系的社会现实，烘云托月式地表现了市民阶层的心理情感、价值追求、生活状况，生动深刻地刻画了社会各阶层、各性别的脸谱形象、内心世界、道德意识，鲜活地反映出批判"灭人欲"的禁欲主义的思想，追求个性解放、人身自由的强烈愿望。它可与西方早期文艺复兴运动的代表作薄伽丘的《十日谈》相媲美，其意蕴的反对禁欲主义、要求个性解放的思想，《金瓶梅》更加直白鲜明，有过之而无不及。

明清之际社会的政治、经济、文化、思想的氛围，都为启蒙思想的萌发营造了社会环境、前提条件。本书从当时主导意识形态、形而上的哲学根基、价值观的新动向，到人的自然本性的还原、道德的重新定位、平等意识的呼声等各个层面系统地论证了启蒙思想的表现，能发人之所未发，见人之所未见。

---

① 《明夷待访录·财计三》，《黄宗羲全集》第一册，第41页。

笔者关于本书特点的浅见,是受本书启发后的一些不成熟的想法。以往哲学界有一个不成文看法,以为女性擅长于形象思维,男性善于逻辑思维。作为逻辑思维的哲学,又要进行穷一生之力都不能读完中外哲学家一少部分著作的中国哲学研究,不仅被男性视为畏途,而且为女性所不敢碰的难题。但随着时代的生生不息,特别是我了解了魏义霞教授的著作以后,这种思维定势必将被突破。我认为以女性细微的"仰则观象于天,俯则观法于地,观鸟兽之文"的观察能力和深刻的"以通神明之德,以类万物之情"逻辑体认能力的融合,便具有明显的优势。她不仅为女性在哲学领域的翱翔开辟了广大的天空,而且定能为振兴中华民族自己的哲学做出卓越的新贡献。

是为序。

2007年2月7日于中国人民大学孔子研究院

上 篇

宋明时期道德哲学研究

宋明时期的社会与道德

宋明指北宋建立、中经南宋、元代至明代中期这一历史阶段。这一时期，社会的政治、经济走向鼎盛，综合国力日益提高，民族融合和对外交流日益扩大，思想文化极为繁荣。与此同时，中央集权高度加强，阶级矛盾和民族矛盾也异常突出，人文科学凸显教化功能。为了加强中央集权的需要，宋明时期对人的思想和行为的钳制也随之加强，理学便应运而生。伴随着理学的强盛，儒学被奉为一尊。理学是儒学在宋明时期的表现形式，更是传统伦理学说的成熟化和体系化。这一切为宋明时期的伦理思想铸就了两个与生俱来的显著烙印：一是臻于成熟，拥有完备的理论体系；一是突出控制身心的教化功能。结果是，在普及和推进道德教化的过程中，伴随着对人身心约束的加强，宋明时期对伦理道德的具体要求趋于严格、苛刻、残酷乃至不近人情。其中，最典型的例子是三纲被绝对化。

一、宗法社会的鼎盛与中央集权的加强

公元907年，唐朝灭亡后，在中原地区先后出现过后梁、后唐、后晋、后汉和后周五个短命的朝代，与五代并存的尚有十个宗法割据政权。这就是中国历史上的"五代十国"。公元960年，后周大

将赵匡胤夺取后周政权,建立了北宋王朝。公元1127年,金灭北宋,北宋残余势力逃到南方,建立南宋,中国进入宋金对峙时代。在金、宋的势力都不断削弱的时候,蒙古族在北方兴起。蒙古(后改号元)先灭西夏,再灭金,于公元1279年消灭南宋,再次统一了中国。少数蒙古贵族为了维护自己的统治始终执行民族压迫和民族分化政策,使元代的民族矛盾和阶级矛盾都异常尖锐,最终导致刘福通等人领导的红巾军大起义于公元1351年爆发。在反元斗争中,红巾军中的一员大将——朱元璋的势力不断壮大,陆续消灭、吞并其他起义军和地方势力,在1368年建立明朝。同年,明军北伐,攻克大都(今北京),推翻了元朝。

宋元至明代中期,中国的宗法社会进入成熟期。北宋建立之初,经过十多年的战争,消灭了各地的割据势力,重新统一了中国。由于结束了唐末至"五代十国"的长期战乱、实现了统一,北宋初年的社会经济有显著发展。伴随着生产工具的发明、改进和生产的发展,宋代的社会经济出现高度繁荣。北宋时,神宗重用王安石进行变法,强调"义利并重",改变了传统的"重本抑末"观念,以期达到"为国理财"、"富国强兵"的目的。王安石变法对于促进北宋经济特别是商品经济的发展起到了一定的积极作用。南宋搬迁江左以后,商品经济得到进一步的发展。

元朝的建立恢复了中国的统一局面,扩大了疆土,不仅推动了多民族的融合,而且为经济的恢复和发展创造了条件。明代建立之时,国富民强,各方面的实力都得以加强。

总之,宋明时期是中国宗法社会的鼎盛期,社会的经济实力不断加强,疆土不断扩大,综合国力不断提高,对外的物质、经济和文化交流日益扩大,科学技术处于世界领先地位,闻名于世的四大发明——除造纸术外都出现于此时。这一切为思想、文化乃至伦理学说的成熟奠定了社会条件、物质前提和思想基础。

宋明时期是中国宗法社会完全成熟、进而趋于僵化的时代。作为僵化和腐朽的典型表现,这一时期的中央集权极度加强,中央集权专制主义的皇权急剧膨胀。北宋建立之初,即忙于加强中央集权,此后一直没有放松此项工作。元、明两代的中央集权和君主专制较之宋代均有过之而无不及。

宋代是经历了长期的分裂割据后建立起来的,宋以前的五个朝代都很短命。宋朝会不会成为继五代之后的第六个短命王朝?中国会不会再次像十国那样分裂割据?这些是令宋代的开国之君寝食难安、最为担心的问题。在北宋建立初期,宋太祖赵匡胤与其重要助手——赵普之间有过这样一段对话:

> 帝……曰:"自唐季以来数十年,帝王凡易八姓,战斗不息,生民涂地,其故何也?吾欲息天下之兵,为国家计长久,其道何如?"普曰:"陛下言及此,天地人神之福也。此非他故,方镇太重,君弱臣强而已。今欲治之,惟稍夺其权,制其钱谷,收其精兵,则天下自安矣。"(《续资治通鉴》卷二)

按照赵普的看法,五代之所以短命是由于"方镇太重,君弱臣强"。为了避免重蹈覆辙,也为了使宋朝长治久安,必须吸取五代的亡国教训,建立强有力的君主专制的中央集权。基于这一理念,北宋建立之初便采取各种措施把军权、政权和财权统统集中于朝廷,集中于皇帝一人之手。人们耳熟能详的故事杯酒释兵权生动地再现了这一历史过程。经过如法炮制,北宋统治者把兵权、政权和财权集中于自己之手。北宋的中央集权程度高得惊人,以致到了"一兵之籍,一财之源,一地之守,皆人主自为之也"(顾炎武:《日知录》卷八《法制》)的地步。

元代是由少数民族——蒙古族建立的政权,这更注定了加强中央集权的紧迫性。

明代建立不久,明太祖朱元璋便开"廷杖"大臣的恶例,并且破千余年的成例废除丞相。明太祖罢相之后,分相权于吏、户、礼、工、刑、兵六部,使六部直属于皇帝,一切军政大权都集中于皇帝一人之手。永乐年间,明成祖朱棣设内阁,立大学士数名以备顾问并负责处理奏章诰敕等文字工作。其实,内阁大学士只备顾问,没有实权,国家大事由皇帝一人独裁。由此,贯穿明代两百余年的内阁制正式形成。在这个政治体制下,皇帝的权力凌驾于文官集团之上而缺乏必要的限制,皇帝的权力极度膨胀,没有任何约束措施,君主专制制度被发展到空前严重的地步。不仅如此,为了加强对臣民的控制监督,明代设立了特务组织——东厂和锦衣卫,专做"缉防谋逆、妖言、大奸恶"的工作。这一切在加紧对臣民钳制的同时,也使明代君主的权威达到了无以复加的程度。

宋明时期高度的君主专制是前代所未有的,政治上的中央集权需要思想上的高度统一与之成龙配套。这使强化道德观念和规范臣民行为成为迫切的现实课题,于是,便有了理学的产生、辉煌和被定为一尊。

二、理学被定于一尊

为了配合政治上的中央集权,宋明统治者强化对臣民的思想控制，这为以伦理道德学说见长的儒家思想提供了用武之地。出于加强、普及道德教化的需要，宋明各代都器重和青睐儒家思想，采取的都是典型的文官制度。这意味着宋明立国的根本宗旨是礼法并举的儒家礼乐制度，官员构成和权力操作由受过儒家教育的士人承担。宋明对儒家的倚重在选拔官员的方式——程序严格的科举考试制度中得到体现。众所周知，隋文帝于开皇七年(587)废除世族垄断的九品中正制，隋炀帝始置进士科。唐代在进士科外置秀才、明法、明书和明算诸科，武则天又增设武举。可见，隋唐科举考试的内容十分博杂，并无对儒家的侧重或倾斜。这种情况在宋代发生了根本性的变化。就考试科目而言，宋代以后科举仅有进士科；就考试内容而言，唐宋进士科主要考诗赋，宋神宗熙宁时，王安石改用经义。元、明、清均用此法。明清两朝科举考试的经义以四书、五经的文句为题，规定文章的格式为八股，解释依照朱熹的《四书集注》。其实，这一做法肇始于宋明时期，宋明科举考试重"经义"表现出对儒家的侧重。这一切使儒家在宋明时期的地位急剧提升，并最终取代佛、老，被定为一尊。1227年，南宋理宗追封朱熹为太师、信国公，后改封徽国公。此后，朱熹的地位被越抬越高，程朱理学及其所属的儒学成为中国宗法社会后期700年间的官方哲学。

理学产生于北宋，具有深刻的历史根源，是时代需要的产物，也是社会存在的反映。

政治上，防内患的治国策略凸显了道德建设的紧迫性和必要性。北宋是继五代之乱建立起来的，宋代最高统治者从一开始就把防内患作为根本国策。宋太宗赵光义曾说：

国家无外忧必有内患。外忧不过边事,皆可预防。奸邪共济为内患,深可惧也。(《宋史》卷二九一《宋绶传》)

既然内患比外忧更可怕,那么,治国的关键和重心自然应该定位在防内患上。为了严防内患,宋代最高统治者在政治上加强中央集权的同时,重视对臣民的思想控制,迫切要求从哲理上论证宗法制度、伦理纲常的神圣性和永恒性。这不仅呼唤伦理道德重建,而且决定了从此开始中国的伦理思想拥有了越来越浓郁的形上意蕴,并在礼法并重中被制度化和法制化。

经济上,农民对地主人身依附关系的削弱使宗法统治者更加重视对人的道德教化和思想控制。宋朝改变了唐代以来贵族官僚等级世袭占有土地的制度,确立了以契约为纽带的宗法土地租赁制度,国家编户的个体农民的出现减少了他们对地主的人身依附关系。这在提高个体农民的法律地位和生产积极性的同时,也疏离了地主对农民的控制。为了加紧对农民的身心控制,宋明时期的道德教化明显强化和普及。

思想文化上,唐代风俗的胡化尤其是"五代十国"对传统道德的践踏使伦理道德千疮百孔,亟待文化和道德重建。唐代的胡风极其严重,唐人的生活方式和价值观念高度胡化,甚至连皇室成员也不例外。唐代盛行的胡风、胡化无疑对三纲五常形成了重大冲击和破坏。更为严重的是,在宋代之前的"五代十国"分裂割据的大混乱中,最高统治集团内部不时上演着臣弑君、子弑父的丑剧,骨肉自相残杀的恶行时有发生;犯上作乱的乱臣贼子层出不穷,朝秦暮楚的无耻官僚比比皆是。这种局面严重涤荡着宗法伦常,忠、孝、节、义等被破坏无遗,君臣一纲一伦遭受的蹂躏尤其严重。正像宋代学者欧阳修所说,五代之时"三纲五常之道绝"(《新五代史》卷十六《晋家人传》),"君君、臣臣、父父、子子之道乖。"(《新五代史》卷十六《唐废帝家人传》)伦理纲常遭受严重破坏直接威胁着宗法秩序的稳定和绝对君权的巩固,也对伦理道德的重建提出了迫切的现实要求。面对传统道德的满目疮痍乃至荒芜废墟,北宋建立以后,十分重视整顿宗法道德、强化伦理纲常的工作。

正是在政治、经济和文化等各方面因素的共同作用下,理学应运而生。由于根植于深厚的现实土壤和迎合了社会的现实需要,理学受到统治者的欢迎和提倡,很快成为宋明时期思想、文化的主导形态。

特定的社会根源和历史背景把理学的立言宗旨锁定在道德教化的功能上,这决定了伦理思想和教化功能成为理学最重要的内容和最根本的宗旨。侧重道德哲学、注重伦理建构和道德教化,理学的这些特点在其各个流派那里均得到证实和体现。在这个意义上,理学实质上是一种道德哲学——道德形而上学。

理学发端于北宋,辉煌于明代,又称宋明理学。"北宋五子"——邵雍、周敦颐、张载、程颢和程颐是公认的理学前驱或创始人。在后来的历史沿革中,理学不断丰富和发展,形成了三个主要派别,它们分别是:二程朱熹代表的程朱理学、陆九渊王守仁代表的陆王心学和张载代表的气学。其中,程朱理学的影响和势力最大,有时理学就是指程朱理学。三派的具体观点有明显差异:在本体领域,程朱理学以天理为万物本原,陆王心学以吾心为世界本体,气学奉气为宇宙间最根本的存在,彼此之间呈现出客观唯心论、主观唯心论与唯物论的三足鼎立之势;在认识领域,朱熹在格一草一木一昆虫之理中达到致知而穷天理的客观唯心论、陆王"求理于吾心"的主观唯心主义先验论与张载重视"见闻之知"的唯物主义反映论投向了不同的哲学阵营,并由此推出了相去甚远的认识途径和道德修养方法。尽管存在着诸多分歧和差异,有一点是毋庸置疑的,那就是:三派都承续儒家血脉,无论立言宗旨、思想内容还是社会效果都是儒家式的。在这个意义上,理学就是新儒学。作为不同于先前儒家的新形态,理学吸收了佛教、道教以及道家的思想因素,建构并充实了先前儒家缺失的本体哲学。经过理学家的创新和改造,宋明时期的儒学以精致的形上思辨为理论基础,拥有了新的哲学形态。从这个意义上说,理学是不同于先前儒学的新儒学,即儒学在宋明这一新的历史条件下的表现形态,具有鲜明的时代特征。

理学以儒家的伦理纲常为核心,其三个主要派别都对儒家矢志不渝的伦理道德津津乐道、魂牵梦萦。在这个意义上,理学又称道学。传统道德或伦理纲常在理学中的流行术语或代名词是天理。于是,在为伦理纲常张目的理学中,天理成为各派共同关注、无所不用其极而争相推崇的内容。二程自诩天理二字是"自家体贴出来"的,不仅把天理作为哲学的最高范畴、从理论上论证天理是世界的本原,而且在大讲理欲之辨的基础上提倡"损人欲以复天理",提出了一套系统的道德修养方法。正是围绕着天理二字,二程为理学建立了基本的理论构架。张载同样为理学的创立做出了重要贡献:被张载奉为宇宙本体的是气,通过强调气之本然形态——太虚的湛然纯粹、至静无感,他在本体高度为善伏下契机;通过认识领域依靠"德性所知"、人性领域推崇至善的天地之性而变化有恶的气质之性与道德领域的存心大心等多方面的相互印证伸张道德观念和道德修养的正当性、合理性、紧迫性和必要性。朱熹直接继承了二程的思想，建立了博大精深的理学体系。他对理学和伦理思想的特别贡献在于，不仅从本体哲学的高度论证了天理的至高无上性和独一无二性，而且把这一思路贯彻到认识、人性和道德领域，致使其哲学成为名副其实的道德哲学，其全部思想都可以归结为伦理思想。程朱理学在南宋的影响甚大，但有部分士人对它仍不满意。于是，陆九渊着重阐发了"心即理"的命题，独辟心学之蹊径。明代王守仁对陆学作了全面的充实和发挥，建立了系统的心学体系。尽管以心为本原，陆王心学对天理的尊崇与程朱理学别无二致。在陆王那里，作为宇宙本原的心就是天理、良知，三者异名而同实。不仅如此，在以吾心为本原的前提下，陆王心学堵塞了向外求理的必要性和可能性，使认识过程纯化为"反省内求"、"求理于吾心"的道德修养过程。从这个意义上说，与程朱理学相比，陆王心学离天理不是远了而是近了，心学宣布心为本原比程朱理学断言理是本原只是使天理又多了一个称谓而已。

总之，通过本体、人性、认识、道德、政治领域的层层印证和推进，理学建构了一个以天理为核心、以"去人欲，存天理"为基本纲领、以超凡入圣为理想目标的完备的伦理思想体系。

在理学兴起并进入主流话语之时，宋明的思想、学术界出现了王安石、李觏、陈亮和叶适等非理学思想家和功利主义学者，发出了不同于理学的声音。功利主义学派也是宋明伦理思想的组成部分之一，不过，其势力和影响均无法与前者相提并论。

三、传统伦理学说的体系化

社会根源和立言宗旨决定了理学存在的全部价值是依靠加强

道德教化来巩固统治秩序,这一历史使命和价值定位反过来又决定了伦理思想在理学体系中的显赫地位。理学被独尊促进了宋明伦理思想的发达和成熟。与理学的成熟和意识形态化相一致,宋明时期是中国传统伦理学说最后定型的时代,伦理思想在这一时期臻于成熟和体系化。

1. 伦理道德被奉为宇宙本体

为了论证伦理道德的神圣性和权威性,理学家把标志伦理道德的天理说成是宇宙本原,使伦理思想在获得本体辩护的同时拥有了形上意蕴,存在的合法性得到淋漓尽致的伸张。在奉天理为本原的基础上,理学家对天理推崇备至,伦理思想的地位被拔高到登峰造极的地步。

其一,把天理奉为宇宙本体,使之成为最高的哲学范畴

对于天理,程颐解释说:"莫之为而为,莫之致而致,便是天理。"(《二程集》《河南程氏遗书》卷十八)在他看来,作为世界万物的必然和所以然,天理是世间万物的存在依据,又独立于万物而存在。二程把道德准则和行为规范的代名词——天理奉为宇宙本原,目的是为了证明伦理道德是统辖自然界和人类社会的最高准则。这正如程颐所说:"物有自得天理者,如蜂蚁知卫其君,豺獭知祭。"(《二程集》《河南程氏遗书》卷十七)

朱熹强调理是天地万物存在的本体依托,于是出现了这段著名的话:

宇宙之间,一理而已。天得之以为天,地得之以为地。而凡生于天地之间者,又各得之以为性。(《朱文公文集》卷七十

《读大纪》）

这表明，与在二程那里的情形一样，天理是朱熹哲学的最高范畴。心学创始人陆九渊并不排斥天理，他与程朱一样承认天理是世界的本原，并每每断言：

塞宇宙，一理耳。学者之所以学，欲明此理耳。（《陆九渊集》卷十二《与赵咏道》）

天地之所以为天地者，顺此理而无私焉耳。（《陆九渊集》卷十一《与朱济道》）

在此，需要说明的是，作为理学家，陆九渊和朱熹一样推崇天理的权威，并不否认天理是宇宙间的最高存在和万物本原。所不同的只是，陆九渊宣称天理并非孤立悬空的虚玄之物，天理存在于人之心中、是人心中的固有之理。

王守仁认为："心者，天地万物之主也。"（《王阳明全集》卷六《答季明德》）在他看来，世界万物都是由吾心派生的，都统一于吾心；世界上没有凌驾于吾心之上或超出吾心之外的东西，一切都在吾心统辖的范围之内。正是在这个意义上，王守仁断然宣称："心外无物，心外无事，心外无理，心外无义，心外无善。"（《王阳明全集》卷四《与王纯甫》）其实，在他那里，无论是作为宇宙本体的吾心还是良知其实际所指都是天理；或者说，被王守仁奉为宇宙本体的心或良知就是天理。正因为如此，王守仁反复断言：

心之本体即天理也，天理之昭明灵觉，所谓良知也。（《王

阳明全集》卷五《答舒国用》）

良知即是天理。（《王阳明全集》卷二《答欧阳崇一》）

在这里,良知、吾心与天理异名而同实。从这个意义上说,王守仁以及陆王心学宣称心是本原与程朱断言理是本原在推崇天理的作用上效果别无二致,因为理和心的实际所指都是伦理道德,理本与心本在伸张伦理道德的正当性上是等价的。不仅如此,陆王断言心是本原具有一个程朱理学无法比拟的优越性,那就是把道德观念说成是人心中先天固有的。这个说法的潜台词是:遵守宗法道德是人不带任何勉强的本能,是出自内心纯真感情的自然流露和天然冲动。这进一步证明了宗法道德的强大生命力和天然合理性。

其二,夸大天理的神圣性和永恒性

被奉为宇宙本体使天理成为理学的第一范畴和最高存在,这本身即证明了天理具有万物无可比拟的神圣性和永恒性。然而,问题到此并没有结束。为了强化天理及其标志的伦理道德的至高无上性和绝对永恒性,理学家在奉天理为宇宙本体的同时,从各个角度、诸多方面对之予以淋漓尽致的夸大和神化。

朱熹强调,作为天地万物本原的天理是先于天地并凌驾于万物而存在的。对此,他反复断言：

未有天地之先,毕竟也只是理。有此理,便有此天地。若无此理,便亦无天地,无人无物,都无该载了。（《朱子语类》卷一《理气上》）

未有这事,先有这理。如未有君臣已先有君臣之理,未有

父子已先有父子之理。(《朱子语类》卷九十五《程子之书一》)

在这里,朱熹宣称理先于万物而存在,这是天理成为宇宙本体的资格,也从存在论的层面突出了理对于天地万物的优先性和优越性。更有甚者,他强调,作为世界本原的天理永恒不变、至高无上、完美无缺、不可分割。派生万物使天理有了一理与万理的区分,呈现为"理一分殊":"理一"是说作为本原的天理只有一个,是独一无二的;"分殊"是说绝对无二的天理在不同事物上的表现不同,具有差异性。在此基础上,朱熹指出,尽管万物所禀天理迥然不同,却都体现了天理的全部而非部分。为了说明这个道理,他援引佛教"月印万川"的例子解释说:天理只有一个、绝对无二,好比天上的月亮只有一个,这是"理一";天理体现在万物之上呈现出彼此差异的万理,犹如天上的一轮月亮映在山川河流之中形成了无数各不相同的月亮,这是"分殊"。

不仅限于朱熹和程朱理学,陆王心学同样伸张天理的至高无上性。与朱熹强调天理只有一个、不可分割惊人相似,陆九渊所讲的心绝非每个人各不相同的内心世界,而是所谓的"同心"。他宣称,心只有一个、万古皆同,这个心不会因人而异,也不会随时代变迁。于是,陆九渊每每津津乐道:

心只是一个心。某之心,吾友之心,上而千百载圣贤之心,下而千百载复有一圣贤,其心亦只是如此。(《陆九渊集》卷三十五《语录下》)

千万世之前有圣人出焉,同此心同此理也;千万世之后有圣人出焉,同此心同此理也;东南西北海有圣人出焉,同此心

同此理也。(《陆九渊集》卷二十二《杂说》)

基于这种认识,陆九渊的最后结论是:"理乃天下之公理,心乃天下之同心。"(《陆九渊集》卷十二《与唐司法》)

其三,宣称天理为善

在把天理奉为宇宙本体,并对之加以夸大和神化的基础上,理学家把天理说成是善。朱熹强调,天理无形迹、无计度、无造作,是一个寂然纯然、空阔洁净的世界。对此,他多次描述说:

若理则只是个净洁空阔的世界,无形迹,他却不会造作。(《朱子语类》卷一《理气上》)

理却无情意,无计度,无造作。(《朱子语类》卷一《理气上》)

朱熹的说法在静为善之源的思维方式和价值观念下渲染了天理的至善性。同样是为了突出天理的至善性,王守仁直接用伦理范畴——良知来称呼吾心或天理,断言良知"不待学而能,不待虑而知",是"吾心天然自有之则"。(《王阳明全集》卷七《亲民堂记》)

总之,在论证伦理道德的至高无上性时,尽管程朱理学认为天理是客观的形而上者,陆王心学认为天理是吾之本心、良知,但他们都认为理在事先,天理就是宇宙的根本,这从本体哲学的高度论证了伦理道德的先天性、神圣性和本原性。这些论证旨在表明,伦理道德准则是宇宙间的普遍法则,遵守道德规范是天经地义的。

中国哲学以及传统文化的显著特征是伦理本位,然而,直接把伦理道德抬高到宇宙本体的高度则是理学的独创,也是宋明伦理思想的显著特征之一。

2. 伦理道德被说成是人的先天本性

宋明时期,理学家把伦理道德说成是人与生俱来的本性,从人性论的高度论证伦理道德对于人及人类社会具有先天性;同时,作为人之所以为人的先天本性,道德伦理顺理成章地成为人的天赋之命和最高价值。这增加了践履伦理道德的可能性、必要性和正当性。

其一,伦理道德是人的天命之性和先天本性

二程认为,作为世界本原的天理既体现于万物也显现于人,天理在人身上的体现即是人性。为此,他们提出了"性即理"的命题。对于这个体现天理的人性究竟是什么,二程一再宣称:

> 仁义礼智信,于性上要言此五事。(《二程集》《河南程氏遗书》卷十五)

> 性中只有四端,却无信。(《二程集》《河南程氏遗书》卷十八)

尽管二程的说法前后矛盾,但把以仁义为核心的伦理道德说成是人性的初衷却始终如一。朱熹认为,作为宇宙本原的天理体现于事物即为事物之理,体现于人则为人人同具的天命之性。虽然把它称作性,其实就是理;由于它是上天赋予人的不可推卸的神圣使命,所以称为天命之性。正是在这个意义上,朱熹再三断言:

> 性者,人之所得于天之理也。(《四书集注·孟子集注·

告子上》）

性即理也，在心唤做性，在事唤做理。（《朱子语类》卷五《性理二》）

性只是理，以其在人所禀，故谓之性。（《朱文公文集》卷五十九《答陈卫道》）

显然，朱熹发挥了程颐"性即理"的说法。进而言之，他所讲的天命之性的具体内容便是仁义礼智，这用朱熹本人的话说就是："性是实理，仁义礼智皆具。"（《朱子语类》卷五《性理二》）

二程和朱熹把天理即以三纲五常为核心的道德准则说成是人的本性，是为了证明宗法道德准则的天然合理性，证明人人都有接受这种伦理道德的可能性。

其二，天理至善，追求天理是人后天的最高价值

二程断言："天下之理，原其所自，未有不善。"（《二程集》《河南程氏遗书》卷二十二）朱熹坚信天理至善至美，天命之性"纯是善底"。对此，他宣称："天命之性，万理完具；总其大目，则仁义礼智，其中遂分别成许多万善。"（《朱子语类》卷一一七《训门人五》）在这里，二程和朱熹从人性是天理之体现的角度来论证性善，这就为性善论提供了本体论的基础。他们把人性说成是善，是因为人性是宇宙本体——天理在人性上的具体贯彻，这证明了践履伦理道德是人的先天本性或天赋之命，也是后天的行为追求和神圣使命。正是基于这一思路，朱熹再三强调躬行仁义道德是上天的命令，正如来自君父的命令一样，任何人对此都不可推诿、无所逃遁。

其三，以双重人性论从善恶两方面论证加强道德修养的重要性

从张载、二程到朱熹都推崇双重人性论。断言人性双重是宋明伦理思想的特征,这样做的目的则是为了从正反两方面论证加强道德修养、推行道德教化的重要性。进而言之,在双重人性论的思维格局中,如果说显露天理的共性侧重于道德修养的可能性的话,那么,气质之性的有善有恶则侧重于道德修养乃至刑法的必要性和紧迫性。

基于"性即理"的思路,二程断言人的本性是善的,这种善性"自尧舜至于涂人"都是一样的。既然人性本善,那么,恶从何而来呢?对此,他们作了更多说明,由此推导出教化的必要性。二程认为,人与万物一样都是理和气相互结合的产物,因为天理虽是世界本原,但它并不能直接派生、造作万物,而必须借助于气。正是在这个意义上,他们说:"万物之始,气化而已。"(《二程集》《河南程氏粹言》卷二)有鉴于此,二程在主张"性即理"的同时提出了"性即气"的命题。他们同时提出"性即理"和"性即气"的命题,实际上是把人性区分为二。这样一来,至善的天理虽然使人性皆善,但是,各人所禀之气却有精粗、清浊、善不善之殊——"有自幼而善,有自幼而恶。"(《二程集》《河南程氏遗书》卷一)所以,"善固性也,然恶亦不可不谓性也。"(《二程集》《河南程氏遗书》卷一)对于这种有善有恶的人性论,他们称之为"所禀之性"。二程一致强调,"有理则有气"(《二程集》《河南程氏粹言》卷二),气是从属于理的。因此,"所禀之性"要服从"性即理"的善性,必须克服其中的不善使之归于善。可见,二程建构的双重人性论的布局同时论证了加强道德修养、确保先天善性的正当性、可能性与紧迫性、必要性。

朱熹认为,天地万物和人都是理与气相互结合的产物。对此,他指出:"人之所以生,理与气合而已……凡人之能言语动作、思虑营为,皆气也;而理存焉,故发而为孝悌忠信、仁义礼智,皆理也。"(《朱子语类》卷四《性理一》)按照朱熹的说法,作为"理与气合"的产物,人具有两种不同的人性,即天命之性与气质之性。天命之性是天理在人性上的体现,是善的根源;气质之性作为气在人性上的反映,参差不齐,有善有不善。这种双重人性论在让至善的天命之性为人引导航向的同时,以气质之性有不善为借口增强道德修养的迫切性。

3. 道德哲学体系最终确立和完备

宋明时期,道德哲学的基本问题备受关注,传统伦理思想体系最终确立和完成。这主要表现在两个方面:第一,对道德予以定性,对道德的本质、起源、作用进行深入阐释。与此相关,对道德与刑法的关系作了深入探讨和阐述。第二,确定了伦理道德范畴的本末、主次关系,进一步证明并明确了三纲五常在伦理道德中的核心地位,进一步梳理了五常之间的关系和次序,并对其他伦理道德观念和范畴如知、行、勇、诚、格物、致知等进行了界定和探讨。

在宋明时期的道德建设中,本体哲学、人性哲学的论证是背景和前提,对伦理道德本身的阐述则从抽象的形而上转向了现实的形而下。理学家对伦理道德的本体化、人性化在本体哲学和人性哲学的层面阐明了道德的本质和起源,也在宏观、抽象的意义上探讨了道德的价值、作用和意义。不仅如此,他们精确地给道德下了定义,并对道与德做了区分。例如,朱熹对道与德作了明晰、简洁的界说:

道者,人之所共由;德者,己之所独得。(《朱子语类》卷六

《性理·仁义礼智等名义》）

　　道者,古今共由之理,如父之慈,子之孝,君仁臣忠,是一个公共底道理。德,便是得此道于身,则为君必仁,为臣必忠之类,皆是自有得于已。(《朱子语类》卷十三《学·力行》)

按照朱熹的理解,道是古往今来人们共同遵守的基本道理和准则,其具体内容便是父慈子孝、君仁臣忠等道德原则;德是人们对道即宗法道德的领悟、获得,并变之为指导自己行为的准则,如做到为父必慈、为子必孝、为君必仁、为臣必忠等。对道与德的区分表明了宋明时期对道德认识的深化和细化,也促进了对道德的重新界定和对道德起源、作用和功能等一系列基本问题的再认识。

宋明时期,对道德的界定更加突出了三纲五常的地位,致使三纲五常成为伦理道德的基本内容。不仅如此,在伦理思想体系的建构中,理学家关注道德原则、具体德目之间的区别和联系,明确其间的体用、本末和主次关系,进一步完善了以仁为核心的伦理思想体系。同时,在对传统道德规范作进一步的整理中,他们对一系列的道德概念、范畴进行了重新界定和探讨,最终确定仁为五常之首。

4. 价值论的系统完备

宋明时期,伦理道德被说成是宇宙本体和人的本性之日,便是原本属于道德哲学的三纲五常从道德领域僭越到本体领域、人性领域之时。作为僭越的结果,伦理道德涵盖了本体哲学、人性哲学和道德哲学三个领域,成为三者一以贯之的主线,也搭建了本体哲学—人性哲学—道德哲学三位一体的逻辑结构。这种三位一体是宋明伦理思想有别于先前的思维方式和理论态势,也是其价值取向和理想诉求。正是这一结构使宋明伦理思想的价值系统臻于完备,通过本体、人性、道德各个领域的层层推进、相互贯通,以道德完善为旨归,超凡入圣成为人生的最终目标和唯一追求。与此相关,这一时期的伦理思想以"去人欲,存天理"为根本宗旨,以理欲、义利、公私关系为核心内容。

宋明时期,理欲、义利、公私关系成为伦理思想关注的焦点,思想家对理欲、义利、公私等传统道德范畴作了进一步的探讨和阐释,系统探讨了理与欲、义与利、公与私之间的关系,更加突出理、义和公的地位,更鲜明地把欲、利和私视为万恶之源。在此基础上,他们明确以"去人欲,存天理"作为道德修养的根本宗旨和最终目标。

宋明伦理思想关涉诸多内容,对道德起源、修养方法、知行关系、圣贤标准、理欲关系、义利关系和公私关系等进行过激烈的争论。其中,两宋时期,理学家与功利主义者关于理欲、义利关系的争论影响尤大。程朱理学和陆王心学都把理与欲、义与利对立起来,并以此论证"去人欲,存天理"的禁欲主义主张。在道德评价上,理学家轻视功利,以理欲之辨、义利之分作为评价行为善恶、正邪的标准,认为符合天理的动机和行为就是善,杂有利欲便是"不洁"、便是恶。这使"去人欲,存天理"成为人生追求的目标和超凡入圣的不二法门。

宋明时期,在对道德的本质、起源的探讨中,程朱与陆王以不同的方式阐明了天理——伦理道德的至高无上性,为天理赢得了正当性和合法性。在人性领域,天理即是人性论证了天理的至善性和人欲的不善性。朱熹认为,人性有"二本",得之于理是天命之性,得之于气是气质之性;前者"纯乎天理"、是善的根源,后者因产生人欲而流于不善、是恶的渊薮。王守仁认为,心、性、理和良知是同一个存在,异名而同实;它们既是人性,也是善的根源。而"意念发动"则产生人欲,恶就是人欲遮蔽良知的结果。对天理本体论上的提升、价值论上的善之判断和行为上的追求在陆王心学那里变得简洁、直接起来。陆王断言"心即理",宣称伦理道德源于吾心,即是吾心,这是典型的道德天赋论。在他们看来;伦理道德乃是宇宙间的最高准则,绝对神圣却非遥不可及。其实,它就是人的本心和本性。在这个意义上,服从宗法道德、服从宗法统治秩序便是服从自心、自性,乃是人的本能。正是基于宇宙本体—伦理道德—吾心三位一体的理论前提和思维框架,陆九渊鼓励人们"收拾精神,自作主宰",王守仁则宣称:"尔那一点良知,是尔自家底准则。尔意念着处,他是便知是,非便知非,更瞒他一些不得。"(《王阳明全集》卷二《传习录中》)同样是在这个前提下,认识途径与道德修养合二为一,"求理于吾心"和"致良知"成为必然结论。与"去人欲,存天理"异曲同工,在强化道德修养、注重道德实践这个基本点上,程朱理学与陆王心学汇合了。这套说教论证了宗法道德的神圣性和先天性,加强道德修养的正当性和可能性随之变得不言而喻。与此同时,陆九渊在养心必寡欲的说教中突出了道德修养的紧迫性,王守仁把"致良知"的良知显露的过程视为加强道德修养、不断涤除物质欲望的"破心中贼"的过程,这使加强道德修养和礼乐教化变得迫切和现实起来。

5. 建构了系统的知行观和道德修养工夫论

以价值论为基础和指导,宋明时期,理学家建构了系统的知行观和道德修养工夫论。

宋明时期,理学家不仅提出了超凡入圣的人生目标和"去人欲,存天理"的根本宗旨,而且提出了具体的实践方法和修养工夫,致使知行观和工夫论成为宋明道德建设的重要内容。为此,这一时期的思想家深入探讨了道德认识与道德实践的关系。

从根本上说,伦理思想不仅关涉理论认识,而且关涉道德实践。只有把内在的道德观念外化为道德行为才能实现伦理思想的规范价值。有鉴于此,理学家对道德认识与道德实践的关系十分重视,并作了广泛探讨,使知行关系成为宋明伦理思想的热门话题。从二程的"知难行亦难"、朱熹的"知行常相须"到王守仁的"知行合一",理学家从难易程度、逻辑先后和价值轻重等不同角度或层面阐释了知行关系。虽然他们对知行先后的认识存在分歧,尤其是朱熹"论先后,知在先"的知先行后说与王守仁的知行不分先后的"知行合一"说针锋相对,但总的来说,理学家对知行关系的关注具有重知、贵知倾向,对吾心先天固有之知(即所谓的"天德良知")的推崇备至更是如出一辙。

与对知行观的重视一脉相承,理学家从不同角度提出了系统、完备的道德修养工夫和道德教育方法,使道德原则和行为规范最终落到实处。

正是在对德刑(道德教化与刑法惩罚)和知行(道德认识与道德实践)关系的探讨中,理学家对道德教化和道德躬行极为重视,致使道德修养方法和途径成为宋明伦理思想的重要内容之一。从张载、程朱到陆王都极为关注道德修养,都提出了自己的道德修养工夫论。正是由于对道德修养和道德实践的关注,孟子的尽心、养心和《大学》的格物、致知成为宋明伦理思想关注的热门话题。同时,关于道德修养的途径和方法,程朱理学与陆王心学存在严重分歧,并且成为朱陆之争以及程朱理学与陆王心学的理论分水岭之一。具体地说,朱熹主张通过格物来穷理,在向外用工中格一草一木一昆虫之理,在"今日格一件,明日格一件,格得多后"(《朱子语类》卷一〇四《自论为学之方》)的积累中豁然有贯通处而体悟天理。陆王主张在"求理于吾心"的向内用工中进行道德修养,通过"居敬穷理"、"学问思辨"或"省察克治"、"知行合一"等道德修养工夫,达到"只是其心纯乎天理,而无人欲之杂"的圣人境界。这使程朱与陆王在道德修养方法上呈现出向外与向内用工的截然相反的途径和思路,此后的具体分歧日益加剧和深化。在当年朱陆之争中,他们的认识途径和修养工夫就被归结为"道问学"与"尊德性"、"支离"与"简约"的对立。其实,对于这些提法,朱熹和陆九渊本人也是认同的。其中,"支离"、"简约"就是他们本人的用语。另一方面,这些不同不应该仅仅被视为分歧,也从一个侧面显示了道德实践、修养方法在宋明伦理思想中被关注和被重视的程度。因为是焦点,大家共同关注,所以才碰出火花;如果他们的理论兴奋点不同,都在自说自话,自然相安无事,引不起争鸣。更重要的是,程朱与陆王的观点有根本性的一致和相同之处:第一,都重视主观自觉在道德修养中的决定作用,于是,存心、尽心等等成为共同的、不可逾越的进德步骤。第二,都重视诚意、格物、致知,视之为道德修养的基本工夫。第三,都以"去人欲,存天理"为根本原则和目的,其全部思想的理论初衷都是为了更切实有效地强化道德修养,以稳定宗法统治秩序。

总之,伦理思想在宋明时期完全体系化。在构成、指示其体系化的诸多要件中,有一点极为重要,集中体现了宋明伦理思想的本质特征,那就是:浓郁的本体底蕴和形上神韵。在宋明伦理思想体系中,本体哲学、人性哲学与道德哲学的三位一体决定了本体哲学与道德哲学的合二为一。一方面,作为哲学来说,理学带有鲜明的伦理学色彩:在本体领域,理学的使命和兴趣汇集在证明道德准则是宇宙的本原;在认识领域,理学的根本问题都与道德密切相关,认识目的是为了体悟和加强道德修养,认识过程与道德修养方法紧密结合在一起。另一方面,作为伦理学,理学具有鲜明的形上色彩:正是出于为儒家的伦理道德学说提供本体论证的目的,理学借鉴了佛教、道教和道家的思想资料,比原来的儒学更富有形上意蕴。如果说宋明社会对伦理学说的迫切需要预示了伦理学说的日臻完备和体系化的话,那么,理学的出现及其对佛老的吸纳则是宋明伦理思想成熟和体系化的根本体现。

伦理思想形而上学化对于宋明理学极为重要,这一点弥补了先前儒家学说的本体欠缺,成为理学最终战胜佛老、取得独尊地位的条件之一。也是它,凸显了宋明伦理思想的时代气息和特征,并使宋明伦理思想在作为宇宙本体之天理的庇护下,在本体哲学与人性哲学、本体哲学与政治哲学的环环相扣、层层递进中制度化和法制化。同时,理学家对道德的界定、对道德原则和条目的主次排列、对道德教化的提倡等都可以在本体意蕴中得到解释和说明。

理学的建构始终围绕着道德教化这个中心和宗旨而展开,这一宗旨又决定了理学具有如下特征:三纲五常备受关注,忠、孝、节被绝对化,"去人欲,存天理"成为理欲观、义利观和公私观共同的必然结论,在德刑并重的同时突出刑罚的作用。这些思想内容和理论侧重决定了理学实质上是一种道德形而上学(道德哲学),而且促成了宋明伦理思想的体系完备,并且不断制度化。事实上,宋明时期,不仅是伦理思想,哲学、法律和政治思想都以道德教化为目的。正是围绕着加强道德教化这个根本宗旨,宋明的哲学和政治思想由于注重道德教化而带有浓厚的伦理色彩,促使伦理思想与政治、哲学思想相互影响、相互渗透,呈现出合一趋势。这种合一趋势极大地影响乃至决定了宋明伦理思想的特点、走向和理论形态。作为合一的具体表现和直接后果,在向政治思想的僭越和对法制、刑罚的侧重中,宋明伦理思想不断地政治化和法制化,在法律应起作用的地方发挥着作用而替代了法律,获得了政治上、制度上的庇护得以制度化和法制化;在与哲学的相互渗透和合二为一中,宋明伦理思想富于本体哲学的形上底蕴,拥有了人性哲学的根基。总之,在合一的过程中,前者为宋明理学带来了意识形态的保障,后者为其充实了深邃的理论内涵和精神意蕴,二者一起加剧了宋明伦理思想的体系化,是促进其走向成熟的动力,也是其显著标识之一。

四、宗法道德的全面加强

在宗法统治者的提倡和宣传下,伴随着理学成为一尊,宋明时期的社会道德全面加强,无论力度还是广度都是前代所无可比拟的。作为宗法道德全面加强的主要表现和直接后果,宋明时期,三纲五常被绝对化,尤其是三纲被极端片面化,君臣、父子和夫妇关系片面化为前者的绝对权利和后者的纯粹义务。

在传统道德体系中,三纲是道德原则,这些道德原则的具体德目则是忠、孝和节。宋明时期,与三纲被视为天理、被抬高为宇宙本原和世界的普遍法则相一致,作为具体德目的忠、孝、节被绝对化,特别是突出忠的地位。

1. 忠与"君为臣纲"

作为中国传统道德最古老的范畴之一,忠的观念由来已久,并不指对君主的绝对忠诚,更不代表君主的绝对权力。在先秦,忠是双向的,臣事君以忠,君要待臣以礼、以惠。北宋时,忠的观念明显绝对化和片面化,出现了"天下无不是底君父"之类的说法。在宋明时期,忠的观念被绝对化和片面化,成为臣对君的绝对服从。与此相联系,这一时期出现了《忠经》。

与忠的绝对化互为表里,宋明时期的"君为臣纲"明显加强,君臣关系骤然变化:一方面,臣的地位急剧下降,例如,从宋代起臣跪地奏事。另一方面,君的权力被绝对化,"君为臣纲"达到了极致。北宋统治者通过"编敕"将宗法帝王发布的诏敕加以汇编,使之具有法律形式,在某些场合凌驾于法律之上。从宋初开始,皇帝具有了立法权。建隆四年(963)编成的《建隆编敕》与《宋刑统》一起行于天下,为皇帝以法律的名义惩处乃至生杀大臣提供了依据。"廷杖"的出现更是把"君为臣纲"推向了极端。"廷杖"是专门惩办触犯皇权的官员的特殊刑种,由太监指挥用刑,即监杖。有明一代,"廷杖"始终通行未废。为了扩大皇权,明代皇帝经常在朝廷上对大臣施杖刑。作为皇帝用来惩罚大臣的律外之刑,"廷杖"不仅表明皇权的急剧膨胀,而且由于在文武百官面前由太监指挥用刑,是对大臣人格的侮辱。更有甚者,为了自己的利益,统治者宣扬"武死战,文死谏"的人生观和忠义观,一面鼓励大臣直言相谏,一面又严惩直言犯上,以死作为直谏的代价,这种做法等于视臣命如草芥。

宋明的教育依然是以儒家的伦理道德为准绳,培养的人才就是忠君爱国之人。统治者不遗余力地推行教化和提倡忠义的直接后果是造就了一大批仕宦忠介。两宋国事多难,文臣武将忠君事国报效天下,明于气节,鲜有犯上作乱者。张邦昌、岳飞、文天祥、陆秀夫、张士杰、姜才、李庭芝,一连串的名字令人熟知和景仰。岳飞的忠君报国、屈死风波亭和文天祥的大义凛然、为国捐躯的所作所为是爱国的表现,同时与他们所受的忠义教育分不开。

2. 孝与"父为子纲"

孝的观念本来指子女对父母、子孙对祖父母的尊敬和奉养,是父母、子女、祖孙之间血缘亲情的反映。在先秦,孝并不包含统治、等级或特权等方面的内容。与子女对父母是孝顺的相对应,父母对子女是爱护的,父母与子女之间是平等关系。从宋代开始,理学家对孝进行了彻底的改造,使孝成为父权对子女的统治和压迫。北宋时,与忠的绝对化相一致,出现了"天下无不是底父母"的说法,父母的权威急速膨胀。与此相关,孝被片面化,具体要求是"父虽不慈,子不可不孝"。这表明,宋明时期,对孝的要求就是听命,即不分是非曲直的绝对服从,各种家法族规均把绝对听从父母的命令作为孝的基本内容和具体要求。例如:

> 父母慈爱,而子孝,此常事也。唯父母不慈爱而子孝,那可称耳……盖天下无不是底父母,父有不慈而子不可以不孝。(应俊:《琴堂谕俗编》卷上《孝父母·续编》)
>
> 凡子弟,每事以禀命于所尊,便是孝弟。(温璜:《温氏

母训》）

　　子孙受长上诃责，不论是非，但当俯首默受，毋得分理。（郑文融：《郑氏规范》）

　　不听父母命则为不孝。（许衡：《许鲁斋语录》）

宋人司马光曾经给子事父母、妇事舅姑规定了一套十分详细的程序，其具体内容和规定如下：

　　凡子受父母之命，必籍记而佩之，时省而速之……若以父母之命为非，而直行已志，虽所执皆是，犹为不顺之子，况未必是乎？……凡子事父母、妇事姑舅，天欲明咸起，盥漱栉总具冠带昧爽适父母姑舅之所省问，父母姑舅起，子供药物，妇具晨羞，供具毕，乃退，各从其事，将食，子妇请所欲于家长，退具而供之，尊长举箸，子妇乃各退就食，丈夫妇女各设食于他所，而长幼而坐……既夜，父母姑舅将寝，则安置而退。居闲无事，则侍于父母姑舅之所，容貌必恭，执事必谨，言语应对必下气怡声，出入起居必谨扶卫之，不敢涕唾喧呼于父母姑舅之侧，父母姑舅不命之坐不敢坐，不命之退不敢退。（《涑水家仪·居家杂仪》）

司马光为孝子所画的标准像，给后人理解宋人之孝提供了鲜活的素材。从中可以看出，孝只有尽心尽力的侍奉是不够的，关键是对父母命令的绝对服从。

宋明时期，为了让人接受孝，培养孝子顺孙，惩罚不孝行为，统治者采取舆论谴责与法律惩罚两种措施：第一，极力灌输"百善孝为先"、"不孝即禽兽"的观念,对孝进行褒扬、对不孝进行谴责。曹端倪断言:"孝乃百行之原,万善之首,上足以感天,下足以感地,明足以感人,幽足以感鬼神。"(《童子箴》)薛煊声称,人若不孝,"虽具人之形,其实与禽兽何异哉。"(《戒子书》)在对孝的提倡上,即使是入主中原的少数民族政权也不例外。例如,元政府规定:"义夫、孝子、顺孙若果节义行实,有可嘉尚,必合表异,为宗族乡党称道者,方许各处邻佑社长具条迹,申闻本县。"(《元典章》卷三十三《礼部六·孝节·旌表孝义等事》)第二,统治者总是把惩治不孝写进法律,让不孝之人或不孝之事受到法律制裁。

宋明时期,提倡孝的目的实际上也是提倡家族成员对家长、族长的听命顺从。因此,各个家族的家法族规都把听命于家长、父母作为孝的内容。伴随着孝的绝对化,家长、父母的权力迅速加大,惩治家人的刑罚极其残酷。宋明家庭是父权制家庭,父亲是家长,家庭成员都得听从他的指挥。做子女的要绝对服从父亲,做妻子的要听命于丈夫。父亲在家庭中的权威是绝对不能动摇的,不仅家庭所有成员包括妻妾、子孙以及子孙的妻妾、未婚的女儿孙女、同居的旁系亲属以及家中的奴婢都在父亲的权利之下,而且经济权、法律权、婚姻权和宗教祭祀权等诸多方面都受其控制。需要说明的是,宋代的婚姻虽然开放,但家长对子女婚姻的控制仍然占主导地位。父母可以为儿女配婚,也可以强行拆散子女的婚姻。子女虽然反抗,最终仍然无济于事。家长、父母对家人、子女可以施加各种体罚,甚至有权处死。宋以前的法律对家长、父母擅杀家人、子女的行为是要处罪的。随着孝的绝对化和"父为子纲"的加强,元明时期,只要父母、家长认为子女、家众有殴斗、不孝等行为就可以将之处死,法律不认为是犯罪,因而不予追究。

3. 节与"夫为妻纲"

节与忠孝互为表里、相辅相成。当对臣、子的忠、孝提出更高的要求时，必然对妻、女的贞节作出更严格的规范。宋明时期，伴随着忠、孝观念的绝对化，与"君让臣死，臣不得不死；父让子亡，子不得不亡"相一致，宋明社会对妇女的道德要求明显提高，贞节观念高度强化，"夫为妻纲"极度加强。

贞节观念在唐代之前并不十分严格，寡妇改嫁并不被认为是丑行。即使是在宋代的300年间，人们的贞节观也非常淡漠，尽管理学家一再推崇女守贞、男灭欲的贞节观，一再要求妇女三从四德，但是，从具体贯彻情况来看，这种观念对宋人的婚姻并不起太大作用。宋代女性选择配偶相对来说比较自由，加之在家庭中有相对的财产继承权，男人娶已婚妇女也不低人一等。尤其是宋中期以后，随着商品经济的发展，社会风气日趋开放，男女之间的交往有了一定的自由。交往的自由导致婚姻革命，致使自由恋爱成为可能。在这种风气下，宋代男子单独在外生活，可以自行娶妻，不受父母、宗法的制约。为了追求幸福美满的婚姻，许多青年男女不惜献出自己的生命。在宋人的小说中，关于这类事情的记载举不胜举。婚姻自由是贞节观淡化的表现之一，离婚自由更是贞节观淡化的体现。宋代夫妇双方解除婚姻，女性有相对的自由权，并在相当程度上得到社会的认可。宋神宗时明文规定，妇女在丈夫外出长期无音讯的情况下可向官府申请再婚。朝廷还允许，妇女居夫丧或父母丧，贫苦不能谋生者在100天后可以自行改嫁。这些条文适用于百姓和宗室之女，只不过后者选择门第可以低一些而已。在这种风气的影响下，宋代妇女再嫁很普遍，也很正常。上自皇室下迄士庶百姓,妇女再嫁并不被视为有辱门风。例如,范仲淹幼年时丧父,其母改嫁朱氏,他改名朱说。后为官,朝廷准其恢复本姓。在儿子死后,范仲淹还自作主张将儿媳改嫁王陶。他又在苏州设义庄,规定妇女再嫁可以得钱20贯作嫁资,费用与男子娶妻相同。(见范仲淹:《范文正公集·建立义庄规矩》)王安石之子死后,王安石"念其妇无罪,欲离异之,则恐其误被恶声,遂与择婿而嫁之。"(魏泰:《东轩笔录》卷七)更有甚者,一些官吏娶妓女为妻,抗金名将韩世忠的妻子梁红玉就是京口妓女。有些宗室也纳妓为妻。这些都从不同角度证明了北宋之初贞节观的淡漠。

宋中期以后,贞节观渐渐趋于保守和严谨。从宋仁宗开始,一些政治家和理学家开始提倡妇女守寡,保持贞操,反对改嫁。张载、二程明确反对妇女改嫁,程颐的"饿死事极小,失节事极大"(《二程集》《河南程氏遗书》卷二十二)成为宋以后历代禁锢妇女的名言警句。司马光为了反对妇女改嫁,专门搜集古代妇女守节的故事,宣传妇女"适人之道,一与之醮,终身不改"以及"无再适男子之义",极力提倡"以专一为贞"。朱熹更是把贞节观提升到伦理纲常的高度,极力提倡妇女守节,坚决反对寡妇改嫁。在理学家贞节观的影响下,社会上有一部分人开始视贞节为生命,《宋史》中的列女传就是为那些坚守贞操、从一而终的女性所列的传。到了南宋末年,理学成为正统,理学家的贞节观成为受官方扶持的正统思想,直接干预传统的婚俗。于是,"一女不事二夫"、"妇无二夫"之类的观念在社会上开始流行,妇女再嫁的自由急剧变小。

入元以后,对妇女贞节的要求更加严厉。按照元代的法律,夫亡妻子可以改嫁,但统治者却提倡夫亡后妻子"合行依例于夫家守服,以全妇道,激劝风俗。"(《元典章》卷十八《户部四·夫亡·夫家守志》)世祖至元年间(1264—1295)、成宗大德年间(1297—1308),皇帝都曾下诏鼓励守节:"妇人服阕守志者,从其所愿,若志节卓异,无可养赡,官为给粮存恤。"(《通制条格》卷三《户令·夫亡守志》)于是,许多妇女在丈夫死后,因名节攸关,不再改嫁,甚至有不少妇女在丈夫死后自尽。例如,叶县妇女张春儿,其夫死,命匠人造大棺,其夫"既敛,乃自经,邻里就用此棺同葬之。"(陶宗仪:《南村辍耕录》卷二十《夫妇同棺》)大宁妇女赵娃儿,其夫死,"遂命匠制巨棺,夫殁,即自经死,家人同棺敛葬焉。"(《元史》卷二〇〇《列女传》)《元史·列女传》为许多夫亡守志、立节不嫁的妇女立了传,标准与前代相比有明显提高。元代规定,妇女如果只是夫亡守志,须得在30岁之前丈夫亡故、守寡至50岁,方有旌表的资格。除此之外,节妇须有卓然异行,如散财焚券、惠济乡里、临难不避或节操卓绝方可入传。元代入列女传标准的提高从一个侧面说明了这一时期妇女守节人数的增加,更直接地反映了贞节观的加强和严格。

明代进一步提倡贞节观。在许多地方,妇女节烈蔚然成风,守节的方式也更为极端和不近人情,如为未婚夫之死而自殉、为安慰病重之夫而先行自尽等。对此,统治者更是鼓励提倡,予以旌表。这在实录中俯拾即是。例如,洪武七年(1374)三月,明太祖旌表"济宁府单县民孟思孝妻杨氏、保定府深泽县民王志达妻李氏、邳州睢宁县民周三妻许氏、苏州府吴县民陈已久妻孙氏、张成二妻唐氏、姚荣二妻黄氏、昆山县民严华妻陶氏'贞节'。"(《明太祖实录》卷八十八《洪武七年三月甲午》)

由上可见,宋明时期,贞节观明显强化,列女人数的猛增形象地说明了这个问题。有人进行过专门统计,《古今图书集成》中的《闺女传》编成以前的史载历代节妇总数为37226名,宋以前的有

92名,仅占总数的0.259%;宋有27141名,占总数的72.9%。(参见《妇女风俗考》,高洪兴主编,上海文艺出版社1991年版,第578—584页)这组统计数字表明,宋以前对妇女的贞节观比较宽松,宋以后明显偏紧。从总体上看,宋代是一个分界线。明代守节方式的残酷和苛刻更是说明了这一时期贞节观的僵化和严紧。

宋明贞节观的强化具有深层的历史背景和社会根源:第一,宋明以来,正如政治上的中央集权带动了思想上的钳制和伦理上的加强一样,伦理道德对人身心控制的加强导致贞节观的严紧。宋明理学家以理杀人,妇女当然是最直接的受害者。其中,最集中的反映是"夫为妻纲"和贞节观的加强。第二,宋明以来,中原地区屡次遭到北方少数民族的侵扰,妇女免不了惨遭蹂躏。自私的男子不以不能保护妻女为耻,反而要求和鼓励妇女为他们自杀尽节。第三,宗法王朝奖励贞节,大肆宣扬节妇烈女的事迹,为其树立贞节牌坊,作传记,载入正史或方志。与此相关,各个家族也以出节妇、烈女为荣,并能从中得到好处。因此,他们反对、干涉本家族的寡妇改嫁,甚至因为贞节问题处死越轨妇女。

在宗法社会,贞节观在很大程度上不过是对女性单方面提出的伦理要求,是妇女受压迫、受歧视的见证。宋明贞节观的加强和对妇女的钳制注定了妇女在家庭关系和夫妻关系中的被动、从属地位。与贞节观对妇女的钳制相一致,宋明妇女的地位极其低下。妇女在家庭、家族中除了受与男性同样的压迫之外,还要受男子的控制,地位比男子要低。妇女的最高道德标准是从。宋明时期,"夫为妻纲"表现为夫主妇从、夫唱妇随。夫妻之间的不平等不仅体现为夫对妻的支配,而且体现在丈夫家人对媳妇的控制。这是因为,为人妻者负有另一个不容忽视的家庭义务,即"事舅姑且"。

"事舅姑且"有严格规定和要求,这在上面提到的司马光的描述中已经可以略见一斑。

宋明时期,"事舅姑且"卓越者受到朝廷的旌表和舆论赞扬。例如,明太祖时,有刘姓妇女"事舅姑且"极孝。后姑死,因贫不能葬,哀号五载遂惊动太祖,命有司助葬,并旌门闾、免徭役。再如,甄氏事姑甚孝。姑寿91岁而终,甄庐墓三年,旦暮悲号,受旌表。"事舅姑且"尽管被视为孝的体现,但它既与夫权相联系,就特别反映出夫妇关系的极端不平等。

"夫为妻纲"与"男尊女卑"一脉相承。宋明时期,与"夫为妻纲"的加强和妇女在家庭关系、夫妻关系中的低下地位相一致,妾的地位更是惨绝人寰。在明代的婚姻关系中,官宦缙绅、士大夫及富裕暴发户普遍存在纳妾重婚的习俗。这一婚姻实际为买卖关系。明代的士大夫、贵宦人家有以诗词得意或意气相投一时豪爽而以姬妾相酬者,还有以生子之故而以妾借人、赠人以及将妾作为苞苴而报德的习俗。可见,妾在明代的社会地位很低,是专供权势之家玩弄的。妾的存在及其地位是"男尊女卑"的极端表现。

从客观影响和社会效果来看,宋明道德的严格不仅没有达到全面控制人之身心的目的,反而因为要求过分严格、苛刻、残酷无法做到而流于虚伪,最终使人对道德失去信心,导致整个社会道德状况的滑坡和堕落。

道德教化的全面加强和普及

宋明时期,中央集权的高度加强使政权、财权、军权和话语权都集中于皇帝一人之手。中央集权的加强需要相应的理论建构,君主专制制度下对臣民的身心控制需要合理辩护。强化中央集权以及钳制臣民身心的现实需要使凸显道德教化成为这一时期道德建设的根本宗旨和显著特征。正因为如此,宋明统治者都重视道德建设和道德教育,致使道德教化全面加强和普及。这一时期教化的全面加强和普及是中国传统道德走向完备的具体表现之一。伴随着道德教化的加强和普及,传统道德对社会的影响更加深入。

一、道德教化的全面加强和普及

宋人对风俗与社会变迁、政治兴衰的密切关系具有深刻认识,十分强调风俗好坏对国家政治的重要作用,以至具有"风行俗成,万世之基定"的说法。北宋时期的司马光强调:"窃以国家之治乱本于礼,而风俗之善恶系于习……是故上行下效谓之习,薰蒸渐渍谓之化,沦胥委靡谓之流,众心安定谓之俗。"(《司马光奏议》卷七《谨习疏》)南宋楼钥也指出:"国家元习,全在风俗。风俗之本,全系纲纪。"(《攻媿集》卷二十五)由于把国家的治乱兴衰与风俗的善恶相提并论,宋代对风俗十分重视。风俗、习惯的形成不是行政干预可以奏效的,而是潜移默化的结果,只能凭借道德教化加以引导。正因为如此,宋初在拨乱反正的过程中十分重视道德建设,其重要表现便是对道德教化予以高度关注。同时,为了规范社会习俗,宋初统治者制定了一套严密的等级制度来制约人的生活。例如,政府明文规定:"士庶之间,车服之制,至于丧葬,各有差等。"(《宋史》卷一五三《舆服》)

蒙古帝国完全靠马上得天下,从成吉思汗起的几代君主均迷信暴力、崇尚武力,但是,元世祖忽必烈即位后便及时对此作了反思。他在即位诏书中承认,此前的蒙古帝国虽"武功迭兴",但"文治多缺"。(《元史》卷四《世祖本纪》)由此,元世祖作出政策调整,开始重文治、重教化。

明太祖朱元璋颇识治国之道,还在打江山的过程中即"征召耆儒,讲论道德,修明治术,兴起教化"。(《明史》卷二八二《儒林》)即位之后,他又颁布著名的《教民六谕》,将道德教化普及于基层民众。

宋、元、明诸代朝廷对道德教化的高度关注得到了士大夫特别是理学家的积极支持和广泛参与。士大夫、理学家不仅为朝廷的道德教化提供了理论依据,而且做了大量的实际工作。此外,一批"循吏"也在不同地方为广兴教化、移风易俗做了不少切实有效的工作。

可以说,高度关注对民众的道德教化是宋、元、明诸代一贯的治国方针。对于道德教化,不论是重视程度还是实际措施和效果,宋明时期均胜过前代。以三纲五常为核心的中国传统道德之所以在宋以后更牢固地树立统治地位,与朝廷的重视、理学家的宣传、官吏的推行等一系列的教化加强和普及是有直接关系的。

总的来说,在宋、元、明时期,道德教化的措施、途径有以下几个方面:

1. 兴学校、建书院,并在民间广兴教育

"学校"制度古已有之,宋明时期的学校更为普及,并进一步制度化。宋朝建立后,基于"化民成俗,必自庠序"、"一道德则修学校"(《宋史》卷一五五《选举一》)的认识,十分重视教育和学校建设。到北宋中期,"自京师至郡县""皆有学。"(《宋史》卷一五七《选举三》)从中央到地方兴建了大批学校,用以宣传伦理道德、加强道德教化。与此同时,辽、金、元诸少数民族建立的政权也设置各级学校。

明建国的第二年,太祖朱元璋即"诏天下郡县立学"。(《明史》卷二《太祖》)之后,逐步形成京师、府、州、县等各级学校网。朱元璋之时,除太学外,全国各地都设有府、县学校和社学。固然,学校之设主旨在"储才以应科目"(《明史》卷六十九《选举一》),与科举制度紧密相连,但它毕竟承担"宣明教化"的功能。学校里读的圣贤之书无疑是道德说教的最好教材。府学和六邑县学是最重要的学校,自然会把宣扬伦理道德当作学校教育的重要任务。成化时翰林侍读钱溥在《徽州府重修庙学记》中论道:"帝王之治必设学以隆化……孔子出而行道以教民,论既庶且富,而必加以教,兵食可去而信终不可去。孟子言足衣食必申庠序而教以孝悌忠信,盖民遂其生必正其性,故虽不得位而欲复递帝王之治,莫切于此。"同时代的少卿陈音在《婺源县增修庙学记》中亦表达了类似看法:"道本诸天而见诸行事,其要则君臣、父子、夫妇、长幼、朋友之伦,其详则具于圣经贤传。以之修齐治平,无施不可,自古圣君名臣之为治,贤师之为教,率皆不越乎此也。"(弘治《徽州府志》卷十二)因此,大量各级学校的设置对于宋明时期的道德教化及教化的普及起了积极的推动作用。

对于道德教化而言,书院的作用、功能更大。书院虽然创始于唐代,却大兴于宋、元、明、清,与这一时期道德教化的需要无疑具有某种内在关联,开启于唐代的书院从宋代起成为名副其实的教育机构。在宋代,出现了大批私塾性质的书院,如白鹿洞、岳麓、嵩阳、应天、石鼓和丽正书院等。其中,白鹿洞书院、岳麓书院、嵩阳书院和应天书院极负盛名,被誉为中国古代的四大书院。宋中期以后,有的书院改为官学,皇帝赐给学田,书院有了一定的经济收入。南宋后,此风更盛。南宋书院数量的增多在于地方官对发展教育的重视。地方官之所以热衷于建立书院,是因为书院除得到皇帝赐匾之外,还能得到一定数量的学田。元代书院较宋代尤甚,有人统计达200余所,遍布全国各地。此后,书院之风在明、清两代仍相延不衰。

作为当时各地的学术中心,书院是宋代传授儒学知识或从事学术活动的地方,对开展道德教化起了重要作用。后来,书院虽然渐成科举的预习场所,但长期以来,讲学论道、弘扬道德是书院的重要功能。正因为如此,书院对于推行道德教化起了不可低估的巨大作用。从这个意义上说,书院的教化功能较之府县学校更为突出。更为重要的是,书院往往把道德教化视为自己的根本宗旨。例如,朱熹的《白鹿洞教规》将伦理纲常放在首要位置,强调"父子有亲,君臣有义,夫妇有别,长幼有序,朋友有信",要求书院子弟凡为学、修身、处事、接物都按此准则行事。成化时的礼部尚书周洪谟曾赞扬徽州紫阳书院"激后学观感兴起之志,其有益于风化,殆非浅矣。"(弘治《徽州府志》卷十二)正德时太守熊正芳在重修紫阳书院时,把朱熹的学规勒石刊布,作为师生为学做人的准则。

宋明时期又广兴社学、义塾、村塾,"乡校、家塾、会馆、书会,每一里巷一二所,弦诵之声,往往相闻。"(《都城纪胜》)可见,这一时期对广大农村底层民众的教育、教化工作也较之前代明显加强。在宋代,不论大中城市还是农村都设立学校。在农村兴有"冬学",编写"村书"。这样一来,通过京师与地方的层层推进,教育和道德教化逐层普及,城市与乡村无一遗漏。

尤其值得一提的是,在道德教化的全面推进中,就连儿童也不放过。宋代建立"小学",并专门编出大量启蒙读物。陆游曾经作诗云:"儿童冬学闹比邻,据案愚儒却自珍,授罢村书闭门睡,终年不著面看人。"村童所读的书一般是《千字文》、《太公家教》和《三字训》之类。这些书用朱熹的话说除了"取便于童子之习而已"外,主要目的是"有补于风化之万一"。(《朱文公文集》卷七十五《论语训蒙口义序》)为了全面推行道德教化,元时也注重幼儿教育,以50家为社,设学校一所,农闲时令子弟入学,读《孝经》、《论语》、《孟子》、《小学》和《大学》等书。明承元制,广兴社学,"延师教民间子弟。"(《明史》卷六十九《选举一》)社是基本的社会单位,也是最基层的社会组织。社学也承担扫除文盲、普及文化的任务,更主要的是"导民善俗",以"成其德"。即使是那些带有识字课本性质的读物,所宣传的也主要是伦理道德。此外,明代建有社学和各种家塾、村塾、义塾。这些学校对儿童进行启蒙教育,也是为了教化的目的。明初理学家汪克宽认为,家塾"其所以教育者,皆因性教民,而内诸至善之诚,礼镕乐治,以成其德,以成其材。"(《新安文献

志》卷十六《万川家塾记》)

宋明时期,以社学、义塾、村塾为主要形式的基层教育的普及,对于扩大以三纲五常为核心的传统道德的社会影响无疑起了极其重要的作用。

2. 私人讲学之风大兴,理学思想得以普及于社会

宋明时期,随着理学的兴起,私人讲学之风极盛。当时最著名的有,张载在关中讲学,二程在洛阳讲学,朱熹在武夷山地区讲学,陆九渊在象山等地讲学,王守仁在余姚等地讲学。书院讲学为主的教学方式和门户开放的学术风气为其教化民众提供了方便。赵吉士曰:"文公为徽学正传至今,讲学遂成风尚,书院所在多有。而郡之紫阳书院、古城岩还古书院,每年正、八、九月,衣冠华集,自当事以暨齐民,群然听讲,犹有紫阳风焉。"(《寄圆寄所寄》卷十一)同时,这种私人讲学,规模往往很大。例如,明代祝世禄、邵庶在书院讲学时,"四方士人,跋涉山水而辏境内,讲学盟会。"(邵庶《还古书院碑记》)透过这些记载可以想象,私人讲学的社会影响非同寻常。陆九渊在象山讲学时,"居山五年,阅其簿,来见者逾数千人。"平日在他地讲学,也往往"环坐率二三百人,至不能容","听者贵贱老少,溢塞途巷。"(《陆九渊集》卷三十六《年谱》)王守仁的弟子最为众多,以江浙为中心,从北方直到粤闽,几遍全国。由于举办私人讲学的大都是著名的理学家,通过这种大规模的私人讲学,理学各派的伦理思想在社会上广为流传;由于听讲者中尚有不少"乡曲野老",连某些底层民众也受到理学伦理思想的教化和影响。可见,私人讲学对于宋明时期道德教化的全面普及是极为有益的。

3. 乡规民约及社约、会约大量出现，基层乡里的道德建设得以落实

乡规民约是民间自愿组织制定的道德公约、互助公约，主旨是通过公约的形式相互砥砺、劝勉监督来彰善迁过以及生活上相互支援、救助等。乡约始于何时已经不可详细考证，盛行于宋明则是不争的事实。这一历史事实本身即充分表现了这一时期道德教化的加强。就社会影响而言，宋明时期最著名的乡约是《蓝田吕氏乡约》和《南赣乡约》。

北宋神宗时，蓝田吕大忠、吕大防、吕大钧和吕大临四兄弟以关中礼学为本，创立规条，倡行乡里，是为《蓝田吕氏乡约》。朱熹对《蓝田吕氏乡约》十分重视，亲自参加修订，后来成为《朱子增损吕氏乡约》。

《蓝田吕氏乡约》是最早留下完整文字记载的乡约，其基本内容是："德业相励"、"过失相规"、"礼俗相交"、"患难相恤"。后来出现的乡约大致也是这几项内容。《南赣乡约》以《蓝田吕氏乡约》为蓝本，内容大致与后者相同，其规定和要求更加切实、具体。《南赣乡约》包括两部分，前部分为谕民文告，旨在分析乡里不治的原因，阐述设立乡约的指导思想、目的和意义；后部分是乡约正文，共16条，包括约内职员与彰善，纠过簿册的设置，会员饮食的开支，会期与请假缺席的处理，约所地址的选择，彰善、纠过的方式，通约之人疑难杂事的处理，劝令寄庄人户完纳粮差，大户客商放债取息纠纷的处理，斗殴争执的处理，禁止吏书、义民、总甲、里老、百长、弓兵、机快人等下乡要索，新旧居民和睦相处，新民改过自新，男婚女嫁，父母丧葬，集会礼仪、步骤等。归纳起来，内容包括四个方面：一是

约中职员处理约众的调解民事争讼,二是约众赴会为不可规避之义务,三是约长会同约众的调节民事争讼,四是约长于集会时询约众之公意以彰善纠过。

北宋之后,乡约层出不穷。尤其在王门弟子和其他士大夫的宣传下,明代的乡约在嘉靖、万历以后遍及全国。据现有资料记载,南直隶的徽州、池州、扬州、宿州、应天、松江;江西的南昌、建昌、抚州、赣州、吉安、南安;福建的漳州、泉州、延平、建宁;河南的陈州、许州、磁州、开封;山西的潞州、解州、蔚州、山东的泰州、德州;北直隶的顺天、通州;陕西的西安、同州以及湖广的黄州等地都先后设立过乡约。(见《中国社会通史·明代卷》,山西教育出版社1996年版,第436页)到了明末,乡约设立更加普遍。

宋明时期的乡规民约类型多种多样,最常见的则是宣扬道德教化的。统治者提倡制定乡约主要是为了宣讲圣谕,劝导人心向善。现存隆庆六年刊本的《文堂乡约家法》表明,文堂乡约以道德教化为宗旨,其目的是使"不知孝顺尊敬者约之孝顺尊敬,不知和睦教训者约之和睦教训,不知安生理毋非为者约之安生理毋非为……惟由慈事始,无众寡,无强弱,无长幼,无贤不肖"。(《文堂乡约家法·陈氏乡约序》)无独有偶。歙县令傅岩明令:

> 乡约宣讲圣谕,稽查善恶,为化民成俗首务。翻刻乡约全书,附以修备赘言,遍给各乡,与保甲乡兵讲武之法兼行。农隙,每月定期举行。询报善恶,举有割肝孝子王之卿、节妇程氏、汪氏、吴氏、蒋氏、李氏陆名口。旌奖以于风劝。(傅岩:《歙纪》卷六)

在明代，知识分子也自觉投身于加强道德教化的行列中。为了增进德业、学业，相互劝勉、切磋，一些知识分子建立了"社"或"会"的组织，制定共同遵守的社约或会约。此外，这一时期还出现了知识分子自身反省、相互监督、定期考核的功过格，以加强自身的道德自律和道德自觉。这与会约、社约一起为知识分子带头参与道德教化收到了切实效果。

乡约、社约和会约的出现是宋明时期人们道德修养自觉化的表现，也使舆论监督制度化，对这一时期道德教化的普及、落实无疑起了重要作用。

4. 家范、家训、家规普遍出现，道德教化落实到家族和家庭

诚然，诸如家训、家规这类为家族、家庭而写的伦理著作并非始于宋明时期，在此之前即有著名的《颜氏家训》。然而，家训、家规的大量涌现则自北宋开始。各种名目繁多的家训、家礼、家法、家规、家诫和族规、族范、宗规、宗约等急剧增多，乃至迅速泛滥。明清更多。宋明时期的家法、族规大都被汇编在各个家族的家谱中，是家谱的重要组成部分；有的还被传抄、翻刻，在社会上广为流传。宋明之时，撰写家训、族规蔚然成风，每个家族必有一部或数部家训族规，一些地主、官僚和理学家也纷纷撰写家训、族规传给子孙。其中，著名的有：江州陈氏的《家法十三条》、范仲淹的《义庄规矩》、司马光的《居家杂仪》、朱熹的《家礼》和《古今家祭礼》、吕祖谦的《家范》、袁采的《袁氏世范》等等。

因系各家庭、家族所立，家训、族规的内容、规定自然不尽相同，但其基本要求与朝廷的教化宗旨是完全一致的。宋明之时，家训、族规的核心和指导思想是三纲五常、三从四德，其具体条目和主要内容一般为重纲常、祭祖宗、孝父母、友兄弟、敬长上、亲师友、训子孙、睦邻里、肃闺阁、慎婚姻、严治家、尚勤俭、力本业、节财用、完国赋和息争讼等。最能说明问题的是，在明太祖颁布《教民六谕》后，各种家训、家规、族规往往首载《教民六谕》；而当清朝颁布《圣谕广训》后，《圣谕广训》便成为这类训、规的开篇文字。这从一个侧面说明，家训、家规的大量涌现反映了宋明时期朝廷推行的道德教化受到社会的普遍支持，也为道德教化的深入人心、全面推行乃至日常生活化和行于父子之间起了不可替代的重要作用。事实上，宋明时期，名目繁多的家训、族规对人日常生活的各个方面实行控制，是道德教化全面普及和加强的直接反映，其最主要的表现就是事无巨细、全面控制。就内容而言，家训、族规主要包括家庭、家族中父祖等长辈教训子女和族人如何居官、治家、读书、做人的劝勉训诫之辞，以及规范家人族众的思想行为的道德原则和注意事项，事无巨细，大小无遗，具体要求和规定十分详细乃至繁琐。例如，在《家礼》中，朱熹对家族内的冠、婚、丧、葬四项主要活动以及人们日常的起居、生活、出行、走路、言语、态度等都规定了十分繁琐的礼仪和节序，家人族众的一言一行、一举一动都必须按《家礼》进行，否则就是僭礼越轨。例如，家人族众结婚要依婚礼，按照议婚、纳采、亲迎、见舅姑、庙见等节序进行，家族中长者逝世的礼节更为繁琐，就连家人族众日常站立的秩序、行礼的姿势都规定得十分具体。此外，朱熹还专门写了《童蒙须知》，供儿童学习，要求儿童从谈话、饮食、站立到读书都有礼必依。总之，家范族规把家人族众从生到死，从思想、语言到行为都纳入宗法伦常的约束之下，即使是细节、小事也不放过。就效果而言，家训、族规具有强制性，违背者要被处以重罚，其威慑力可想而知。同时，因为家训族规以习俗的面目出现,容易被接受;更由于在家庭、家族内部实行,便于相互监督,其掌控力更是不可低估。

5. 各种伦理读物大量面世,为道德教化提供教材和依据

为了配合及全面推广、普及道德教化,宋明时期,士人编写了一些面向儿童的童蒙读物。其中,著名的有宋代的《小学》、《三字经》和明代的《幼学须知》(清人加以增补,更名为《幼学琼林》)等。这些童蒙读物的主要任务是教小儿识字、普及文化,同时承担着道德启蒙的教化功能。在明代——特别是在明清之际,文人们又先后写了一批"清言"集,总数不下数百,著名的有吕坤的《呻吟语》、洪应明的《菜根谭》等。这类"清言"内容很"杂",其共同的中心思想是探讨人生的价值和意义。"清言"文字清新、流畅,又极富文学性、情感性,因而具有很强的感染力,其中的不少箴言、警句曾广为流传,其社会影响自然不可小觑。当然,这类"清言"的影响面及受众主体主要还是知识分子。

6. 持续不断地表彰楷模,为道德教化树立典型和榜样

众所周知,自秦汉以来,历代无不表彰、奖励道德楷模。这一点与道德的作用机制是通过社会舆论和榜样起作用密切相关。然而,相比之下,宋、元、明各代对表彰道德典型的工作更为重视。作为其具体表现,宋、元、明时期被载入史册的孝子、列女等道德榜样的人数骤然增加,各种地方志也纷纷开辟列女栏为这方面的典型作传。对于这一点,有关宋、元、明的各种版本的正史、野史均有直接反映,在此不再赘述。可以肯定地说,自宋以来,愚忠、愚孝、愚节的事例所以超过以往,与这一时期由朝廷到地方的逐层表彰、奖

励是分不开的。

7. 制定纲领,统一引导全国道德教化

明代建国伊始即注重乡政和教化乡民,正是为了全面加强并引导教化,明太祖朱元璋在建国之初即颁布了《教民六谕》,为全面部署全国的教化活动提供统一纲领。《教民六谕》的具体内容是:"孝顺父母,尊敬长上,和睦乡里,教训子弟,各安生理,勿作非为。"(冯尔康:《中国宗法社会》,浙江人民出版社1994年版,第238页)由于是朝廷颁布的,《教民六谕》不仅具有强制性、指导性,而且在全国范围内统一实行,这决定了其号召力和影响力都是空前的。同时,《教民六谕》对教化所做的规定要求具体、切实可行,并且通俗易懂、容易理解,便于老百姓在日常生活中实行,因而容易收到较好的实际效果。

8. 戏剧、说唱的繁荣把道德教化推向穷乡僻壤,直接传达到底层民众

在宋、元、明时期,道德教化之所以得到进一步的加强和普及,与这一时期戏剧、小说的发展、繁荣有直接关系。虽然小说、唱本的影响在宋明之时只限于粗通文字者,戏剧、各种说唱则一直影响到广大农村山野目不识丁的农民、樵夫和渔父。保留至今的一些农村古戏台说明,那时的戏剧是相当普及的。更为普及的,则是那些走遍穷乡僻壤的民间说唱。陆游的一首小诗生动地反映了南宋时说唱艺术的普及,以及村民们对这种艺术形式的喜爱程度。诗曰:"斜阳古柳赵家庄,负鼓盲翁正作场。身后是非谁管得,满村听唱蔡中郎。"

诚然,宋、元、明时代的戏剧、小说内容涉及面很广,其中甚至

包括一些要求冲破礼教束缚、追求婚姻自由、揭露宗法统治等不利于当时道德教化的内容，然而，同样不可否认的是，宣扬忠、孝、节、义，歌颂忠臣、孝子、节妇、贞女无疑是其主题之一。在这方面，即使是诸多宣扬鬼神迷信、因果报应的戏剧、小说也教人相信善有善报、恶有恶报，旨在劝人为善。因此，对于广大底层民众而言，戏剧、说唱无疑是接受传统道德熏染和陶铸的重要途径。可以说，宋、元、明时期体现三纲的忠、孝、节诸德所以牢固树立统治地位，与这一时期戏剧、小说和各种说唱的繁荣是有很大关系的。

总之，在宋明时期，正是通过以上各种渠道和方法，整个社会由上而下将宗法纲常名教渗透在从国家的政治生活到个人的日常生活的各个环节，全面持续地加强道德教化，致使伦理道德发挥了空前的作用，产生了巨大的社会影响。

二、理学家的道德修养工夫论

宋明时期，对于道德教化的推广和普及，必须提及的尚有理学家所从事的理论工作。在宋明的道德建设中，为了配合朝廷对道德教化的提倡和推广，理学家从先天本性、后天环境、道德修养等不同角度全方位地论证了道德教化的必要性、紧迫性和重要性。为此，他们不仅对人性展开深入挖掘，推出了双重人性论，而且提出了"成善以教"的命题，从理论上阐明教化、躬行和后天实践的必要性。在此过程中，理学家极其重视诚、敬、躬行践履和道德实践，提出了具体的道德修养方法和途径，形成了系统的道德修养工夫论。进而言之，道德修养工夫论不仅证明了道德修养的必要性和重要性，而且回答了如何进行道德修养和躬行实践的问题。在当时，无论是程朱的"格物致知"说、"主敬"说还是陆九渊的"自存本心"、"先立其大"说、王守仁的"致良知"说均有很大的社会影响，都对道德教化的深入和加强起到了推动作用。

1. 二程：敬诚、格物、致知

为了突出道德教化和道德实践的作用，二程强调后天学习的重要性。对此，程颐反复指出：

> 人初生，只有吃乳一事不是学，其他皆是学。（《二程集》《河南程氏遗书》卷十九）

> 生而知之固不待学，然圣人必须学。（《二程集》《河南程氏遗书》卷十九）

只有肯定后天学习的重要性才能伸张道德教化的可能性、可行性和必要性。有鉴于此，二程非常重视后天的学习和修养，并且提出了道德教育和道德修养的根本方针。程颐把之概括为："涵养须用敬，进学则在致知。"（《二程集》《河南程氏遗书》卷十八）

对于敬，二程极为重视。他们说："识道以智为先，入道以敬为本……故敬为学之大要。"（《二程集》《河南程氏粹言》卷一）这就是说，敬是入道的关键，无敬则不能入道。这使敬作为道德修养的第一步显得非常重要。对于敬是什么以及如何敬，程颐是这样解释的：

> 一心之谓敬。（《二程集》《河南程氏粹言》卷二）

> 所谓敬者，主一之谓敬。所谓一者，无适之谓一。（《二程

集》《河南程氏遗书》卷十五)

主一者谓之敬。一者谓之诚。(《二程集·河南程氏遗书》卷二十四)

有为不善于我之侧而我不见,有言善事于我之侧而我闻之者,敬也,心主于一也。(《二程集》《河南程氏粹言》卷二)

可见,所谓敬与主一、诚或无适说的是一个意思,是指在接受道德教育和从事道德修养的过程中,在识道、入道等各个环节使心收敛专一、不分散、不二用,"不敢欺"、"不敢慢"。在此,二程强调,释、老让人形如槁木是错误的。他们指出:"人者生物也,不能不动,而欲槁其形;不能不思,而欲灰其心;心灰而形槁,则是死而后已也。"(《二程集》《河南程氏粹言》卷二)按照二程的说法,敬并非释、老之静——既不是道家的"绝圣弃智",也不是佛家的坐禅入定。因为人心"如明鉴在此,万物毕照",断"不能不交感万物,亦难为使之不思虑"。因此,释、老因为"患其纷乱"而让人"摒去思虑",这是行不通的。二程强调,要想免除纷乱,正确的方法只有一个——"唯是心有主"。在他们看来,一旦用敬使心有主,便可做到"邪不能入",这才是最高明的办法。

二程不仅以诚释敬,而且将敬与诚并提,进而对诚十分重视。对于何为诚,程颐解释说:"真近诚,诚者无妄之谓。"(《二程集》《河南程氏遗书》卷二十一)这就是说,诚即真实不欺。不仅如此,他强调,真实不欺之诚是道德修养以至一切事业成败的关键;缺少诚,道德修养必将流于空伪。基于这种认识,程颐断言:

学者不可以不诚,不诚无以为善,不诚无以为君子。修学不以诚,则学杂;为事不以诚,则事败;自谋不以诚,则是欺其心而自弃其忠;与人不以诚,则是丧其德而增人之怨。(《二程集》《河南程氏遗书》卷二十五)

在"涵养须用敬"的同时,二程更重视和强调致知,因为致知是为学之道,更是道德修养的根本工夫。进而言之,他们所讲的致知,是以"知者吾之所固有"为前提的。二程认为,仁义礼智信即吾德,乃吾心所固有。这表明,人人心中皆有一种"不假见闻"的德性之知。然而,这固有之知时时为物欲所迷惑而"迷而不知",要使吾心之知显现出来,必须下一番工夫——致。对此,程颐解释说:"知者吾之所固有,然不致则不能得之,而致知必有道,故曰'致知在格物'。"(《二程集·河南程氏遗书》卷二十五)他认为,欲致知必须格物,格物是致知的手段和途径。对于格物,程颐作了自己的解释:"格犹穷也,物犹理也;犹曰穷其理而已也。穷其理,然后足以致之,不穷则不能致也。"(《二程集》《河南程氏遗书》卷二十五)在他看来,格物便是穷理。作为致知的手段和途径,格物的方式是多种多样的,这用程颐的话说便是:"穷理亦多端:或读书,讲明义理;或论古今人物,别其是非;或应接事物而处其当,皆穷理也。"(《二程集》《河南程氏遗书》卷十八)基于这种认识,他要求人通过各种途径格物而穷理。同时,程颐强调,穷理从本质上说并不是认识事物本身固有之理,而是领悟天理在各种事物上的不同体现,因为格物的目的是致知,穷理归根结底是明吾心固有之理。同时,他认为,格物、致知是一个逐渐积累的过程,"须是今日格一件,明日又格一件,积习既多,然后脱然自有贯通处。"(《二程集》《河南程氏遗书》卷十八)这就是说,通过不懈的格物致知,内外印证,逐渐便能豁然贯通,使我心之理大明。当然,在此过程中,还必须按照孟子的教导而不断地寡欲和"求放心。"

2. 朱熹:存心、格物、致知

为了配合、推进道德教化,朱熹提出了一套道德实践和修养方法,其核心便是存心、格物和致知。

朱熹认为,存心就是不失本心,人心是至善的,因为人生来都具有至善的天命之性,是后天物欲的引诱、蔽障使之不断地丧失了。对此,他指出:"人性无不善,只缘自放其心,遂流于恶。"(《朱子语类》卷十二《学·持守》)循着这个逻辑,要抵制物欲的诱惑必须进行道德修养,而道德修养的具体方法便是从存心做起。因此,对于存心,朱熹十分重视并每每断言:

> 能存得自家个虚灵不昧之心,足以具众理,可以应万事,便是明得自家明德了。(《朱子语类》卷十四《大学·经上》)
>
> 圣人千言万语,只要人不失其本心。(《朱子语类》卷十二《学·持守》)

在朱熹看来,存心的目的是"不失其本心",一旦本心丧失就要把已经放失的心"收拾回来"。在这个意义上,存心即"求放心"。按照他的说法,"求放心"的工夫要不间断地去做才能收到良好效果,"只是此心频要省察,才觉不在,便收之尔。"(《朱子语类》卷五十九《孟子·告子上》)

朱熹进而指出,存心、"求放心"只是第一步,还要在此基础上做格物、致知的工夫，后者较之前者更为重要。出于对格物、致知的重视，他指出，在《大学》所列的八条目中，格物、致知是"源头上工夫"，是诚意、正心、修身、齐家、治国和平天下的基础。

鉴于格物、致知的极端重要性，朱熹对之进行了更多的论述和阐释。关于致，他指出："致者，推至其极之谓。"（《朱子语类》卷六十二《中庸·第一章》）知，则是吾心固有之知。所谓致知，就是把吾心固有之知推广、扩充到极处。对此，朱熹解释说："人于仁义礼智……此四者皆我所固有，其初发时毫毛如也。及推广将去，充满其量，则广大无穷。"（《朱子语类》卷五十九《孟子·公孙丑上之上·人皆有不忍人之心章》）这决定了人进行道德修养必须自觉地做致知的工夫。进而言之，既然致知如此重要，人应该如何从事致知？朱熹与二程一样将格物视为致知的根本方法，强调"致知在格物"。关于格物，他认为，格的含义是"至"、"尽"，物即事物，格物即穷尽事物之理。于是，朱熹反复指出：

所谓格物，便是要就这形而下之器，穷得那形而上之道理而已。（《朱子语类》卷六十二《中庸·第一章》）

格物，是穷得这事当如此，那事当如彼。如为人君，便当止于仁；为人臣，便当止于敬。又更上一著，便要穷究得为人君，如何要止于仁；为人臣，如何要止于敬，乃是。（《朱子语类》卷十五《大学·经下》）

需要说明的是，朱熹认为，宇宙中的事物各有其理，在讲格物时一面极力扩大物的外延，指出眼前凡所应接的都是物，一面特别注重格物的广泛性。他指出：

上而无极、太极,下而至于一草、一木、一昆虫之微,亦各有理。一书不读,则阙了一书道理;一事不穷,则阙了一事道理;一物不格,则阙了一物道理。须著逐一件与他理会过。(《朱子语类》卷十五《大学·经下》)

在强调格物要广泛、不能遗漏一物的前提下,朱熹指出,格物"须有缓急先后之序",反对在广泛格物的过程中"泛然以观万物之理"。按照他的说法,格物的目的是"穷天理,明人伦",格物的主要意图是让人在应事接物中晓得采取何种正确的道德行为,真正弄懂为什么要这样做的道理,知"至善之所在"而把握天理。为此,朱熹强调,格物要始终围绕着致知展开,否则就会炊沙成饭、劳而无功。基于这种认识,他进而指出,格物与致知是同步的,乃至是同一过程。朱熹断言:"致知、格物,只是一事,非是今日格物,明日又致知。"(《朱子语类》卷十五《大学·经下》)这就是说,致知与格物并不是截然分开的两个过程,而是统一的:一方面,致知是目的,格物是手段;通过格物,可以达到致知的目的。另一方面,格物、致知不仅在时间上同步,而且在内容上同一,都是使良知、天理逐渐显露而豁然开朗的过程。

在重视格物、致知的同时,朱熹强调诚意,指出诚意是从事道德修养的工夫,是为善去恶的关键。在他那里,诚意就是"表里如一"、"不自欺"。人只有做到诚实无欺,才算过了善恶关。鉴于诚意的重要性,朱熹把之与致知一起说成是学者的两个关,强调此两关对于学者至关重要。因此,他再三指出:

透得致知之关则觉,不然则梦;透得诚意之关则善,不然

则恶。(《朱子语类》卷十五《大学·经下》)

格物是梦觉关,格得来是觉。(《朱子语类》卷十五《大学·经下》)

过此一关,方是人,不是贼。(《朱子语类》卷十五《大学·经下》)

朱熹认为,致知乃梦与觉之关,诚意乃恶与善之关;只有过了这两道关,方是人。他进而指出,从存心、格物到致知,"敬"字贯穿道德修养的全程,乃是道德修养的根本态度和基础工夫。于是,朱熹一再强调:

"敬"字工夫,乃圣门第一义。(《朱子语类》卷十二《学·持守》)

"敬"之一字,直圣门之纲领,存养之要法。(《朱子语类》卷十二《学·持守》)

有鉴于此,朱熹对敬非常关注,从诸多方面对其内涵予以界定:第一,敬是"主一","主一只是专一。"(《朱子语类》卷九十六《程子之书》)在这个意义上,敬是心志专一,"整齐纯一"。第二,"敬是戒慎恐惧之义。"(《朱子语类》卷六十九《易·坤》)在这个意义上,敬是"身心收敛,如有所畏","不敢放纵","整齐严肃","内无妄思,外无妄动。"(《朱子语类》卷十二《学·持守》)第三,敬是"常敬",不可间断。在这个意义上,敬须持之以恒,不论有事无事都要敬——"无事时敬在里面,有事时敬在事上。有事无事,吾之敬未尝间断也。"(《朱子语类》卷十二《学·持守》)

3. 陆九渊："自存本心"、"先立其大"

陆九渊认为，统治者应该把"正人心"即整顿、强化道德看做为政的根本。因此，他对道德修养和道德教化十分重视，提出了一套系统的道德修养方法，其核心就是所谓的"自存本心"、"先立其大"。

陆九渊"自存本心"的理论基础是良心、正性与生俱来，人人皆有完整无缺的道德意识和判断是非善恶的能力。因此，只要此心不受蒙蔽、不使丧失，便可"当恻隐时自然恻隐，当羞恶时自然羞恶，当宽裕温柔时自然宽裕温柔，当发强刚毅时自然发强刚毅"。（《陆九渊集》卷三十五《语录下》）这就是说，在善良本心的支配下，人自然会作出符合宗法道德的反应和行动来。所以，他再三宣称：

> 良心正性，人所均有。不失其心，不乖其性，谁非正人？纵有乖失，思而复之，何远之有？（《陆九渊集》卷十三《与郭邦瑞》）

> 心苟不蔽于物欲，则义理其固有也，亦何为而茫然哉！（《陆九渊集》卷十四《与傅齐贤》）

> 苟此心之存，则此理自明……是非在前，自能辨之。（《陆九渊集》卷三十四《语录上》）

陆九渊认为，许多人之所以"为愚为不肖"是善良的本性受到了蒙蔽和伤害，"气有所蒙，物有所蔽，势有所迁，习有所移"，因而"迷而不解。"（《陆九渊集》卷十九《武陵县学记》）如此说来，人之大患在于不知保养本心而使之被戕贼、被放失。于是，他反复声称：

人孰无心,道不外索,患在戕贼之耳、放失之耳。(《陆九渊集》卷五《与舒西美》)

此心之良,人所均有,自耳目之官不思而蔽于物,流浪辗转,戕贼陷溺之端不可胜穷。(《陆九渊集》卷五《与徐子宜》)

有鉴于此,陆九渊极其重视存心在道德修养中的作用,以至把自己的书斋命名为"存斋"。按照他的说法,存心是进行道德修养的根本方法和途径,存心的工夫是"为学之门,进德之地"。(《陆九渊集》卷五《与舒西美》)进而言之,为了更好地存心,陆九渊大力宣扬孟子"先立其大"的观点,指出人的耳目口鼻("小体")都是受心("大体")支配的,只有"先立其大"、做存心养心的工夫,使此心清明端正,耳目口鼻才不致被物欲所引诱、所蒙蔽;也只有在此心的支配下,耳目口鼻的一切反应才能符合宗法道德的要求。由于一再教人"先立其大","先立其大"简直成了陆九渊的口头禅。对此,他本人直言不讳地说:"近有议吾者云,除了'先立乎其大者'一句,全无伎俩,吾闻之曰:诚然。"(《陆九渊集》卷三十四《语录上》)对于怎样才能"自存本心"、"先立其大",陆九渊的回答是:

将以保吾心之良,必有以去吾心之害。何者?吾心之良,吾所固有也;吾所固有而不能以自保者以其有以害之也。有以害之而不知所以去其害,则良心何自而有哉?故欲良心之存者,莫若去吾心之害。(《陆九渊集》卷三十二《养心莫善于寡欲》)

按照陆九渊的理解,存心即养心,其根本原则和方法在于清除戕害吾心的种种因素。为了说明这个道理,他常引用《孟子》牛山之木的例子一再告诫弟子说:"'牛山之木尝美',以下,常宜讽咏。"(《陆九渊集》卷三十四《语录上》)陆九渊之所以反复讲牛山之木这一章,旨在说明要想保持"吾心之良"就必须像严防"斧斤之伐"和"牛羊之牧"那样"去吾心之害",不使吾心有所损伤;同时,还要进一步保养吾心,使心像树木得到"雨露滋润"一样"日以畅茂条达"、"光润日著"。(《陆九渊集》卷三《与刘深父》)如此说来,"保吾心之良"与"去吾心之害"是一个问题的两个方面,甚至可以说"保吾心之良"的关键在于"去吾心之害"。那么,吾心之害究竟是什么呢?陆九渊依据孟子的思想宣称:

夫所以害吾心者何也?欲也。欲之多则心之存者必寡,欲之寡则心之存者必多。故君子不患夫心之不存,而患夫欲之不寡。欲去,则心自存矣。(《陆九渊集》卷三十二《养心莫善于寡欲》)

基于这种分析,陆九渊的结论回到了孟子的"养心莫善于寡欲"——一旦通过寡欲而无欲,则"天理自全"。为此,他要求人放弃对外物的追求,主动清除潜入吾心之中的物欲。陆九渊解释说,人心本自清明,如同一面没有染尘、生锈的镜子,是晶莹透亮的;此心"才一逐物,便昏眩"了,就如同镜子染尘、生锈不再明亮了。为了使心恢复清明,必须清除物欲,做除尘、去锈的工作。这就是"剥落"的工夫。对此,他宣称:"人心有病,须是剥落。剥落得一番即一番清明。后随起来又剥落,又清明。须是剥落得净尽方是。"(《陆九渊集》卷三十五《语录下》)陆九渊进而指出,主动清除物欲的过程就是把已经放失的本心收拾回来的过程。为此,人必须按孟子的指导,像"饥之于食,渴之于饮,焦之待救,溺之待援"一样增强求放心的紧迫性,把自己放失的善良之心收拾回来。进而言之,存心、寡欲、剥落和求放心落到实处就是"切己自反,改过迁善。"(《陆九渊集》卷三十四《语录上》)在他看来,恢复本心的过程就是改过迁善的过程,一旦知非,则"本心即复"。因此,陆九渊一再告诫人对过错要"猛省勇改"。

值得注意的是,在道德修养的方法上,陆九渊与朱熹存在巨大分歧,这用陆九渊的话说就是:前者"简易",后者"支离"。在南宋和后来,人们曾经将陆九渊与朱熹之间的分歧归结为陆九渊重"尊德性",朱熹重"道问学"。对此,他们本人也是同意的。存心之说来自孟子,陆九渊对此推崇备至。朱熹也十分强调存心,但他一面讲存心,一面大讲格物,主张从外面的事物上体认天理,并泛观圣贤之书,通过逐渐积累的方法去领悟天理。陆九渊指责说,朱熹的这套方法"道在迩而求诸远,事在易而求诸难"。(《陆九渊集》卷三十五《语录下》)不仅做起来舍近求远、支离破碎,而且在效果上收效甚微,容易让人舍本逐末,进而忽略根本问题而走向迷途。按照他的说法,天理"非由外铄",即是吾心,只要存得心,"则此理自明",是十分简易的。相反,如果"必求外铄,则是自湮其源,自伐其根"。(《陆九渊集》卷十二《与赵咏道》)对此,陆九渊解释说,向外求道便是"精神在外",而"精神在外至死也劳攘",是徒劳无益的。基于这种认识,他把前者称为"内入之学",把后者称为"外入之学",进而把"从里面出来"视为唯一正确的方法,坚决反对外入之学。按照陆九渊的划分,朱熹的方法显然是外入之学,因而他坚决予以反对。与此相联系,陆九渊偶尔也讲格物,但与朱熹的理解大相径

庭。陆九渊把格物解释为"减担",进而指出:

> 圣人之言自明白。且如弟子入则孝、出则弟,是分明说与你入便孝、出便弟,何须得传注?学者疲精神于此,是以担子越重。到某这里,只是与他减担,只此便是格物。(《陆九渊集》卷三十五《语录下》)

陆九渊所谓的"减担"就是不让人疲精神于外、劳精神于书本,从而去掉因精神在外造成的负担。可见,这样的格物在本质上依然是反省内求、存心养心的工夫,依然属于内入之学。

4. 王守仁:"致良知"

如上所示,程朱讲道德修养时最重视格物、致知,并将其视为道德修养的根本途径。王守仁对程朱理学特别是朱熹哲学发生怀疑正是从格物说开始的。有鉴于此,他屡屡批判朱熹的格物说,其主要论点如下:

> 朱子所谓"格物"云者,在即物而穷其理也。即物穷理,是就事事物物上求其所谓定理者也。是以吾心而求理于事事物物之中,析"心"与"理"而为二矣。(《王阳明全集》卷二《答顾东桥书》)

> 先儒解格物为格天下物。天下之物,如何格得?且谓一草一木亦皆有理,今如何去格?纵格得草木来,如何反来诚得自家意?(《王阳明全集》卷三《传习录下》)

可见,王守仁是从三个方面反对朱熹对格物的理解的:第一,指出朱熹的格物"求理于事事物物",犯了"析'心'与'理'而为二"的错误,方向不对。按照王守仁的说法,理不在事物而在吾心,"求理于吾心"才是认识和修养的唯一途径。第二,指出朱熹格物的方法是错误的。朱熹要人格尽天下之物,这是不可能的。王守仁认为,朱熹"要格天下之物,如今安得这等大的力量?……其格物之功,只在身心上做"。(《王阳明全集》卷三《传习录下》)第三,宣布朱熹的格物与道德修养是脱节的,终归解决不了自家诚意的问题。在王守仁看来,朱熹一面把"穷天理,明人伦"作为格物的目的,一面把"格一草一木一昆虫之理"作为格物的手段,其目的与手段是脱节的。

从此出发,王守仁对格物、致知作了自己的新解,其基本精神便是把格物、致知完全纳入其"致良知"体系。于是,对于格物、致知,他一再界定说:

> 若鄙人所谓致知格物者,致吾心之良知于事事物物也。吾心之良知,即所谓天理也。致吾心良知之天理于事事物物,则事事物物皆得其理矣。致吾心之良知者,致知也。事事物物皆得其理者,格物也。(《王阳明全集》卷二《答顾东桥书》)

> 然欲致其良知,亦岂影响恍惚而悬空无实之谓乎?是必实有其事矣。故致知必在于格物。物者,事也。凡意之所发必有其事,意所在之事谓之物。格者,正也,正其不正以归于正之谓也。正其不正者,去恶之谓也。归于正者,为善之谓也。夫是之谓格。(《王阳明全集》卷二十六《大学问》)

在这里,王守仁把《大学》的致知说与孟子的良知说结合起来,提出了"致良知"说。他指出："'致知'云者,非若后儒所谓充广其知识之谓也,致吾心之良知焉耳。"(《王阳明全集》卷二十六《大学问》)在此基础上,王守仁把致知解释为致吾心之良知,致知成为充分显露、发挥心中先天固有的良知。与此同时,他把物训为事,把格训为正;如此一来,所谓格物便成了"正事"——端正自己的行为,严格按照道德准则办事。至此,致知、格物都成了伦理学范畴,也从根本上堵塞了向外求理的可能性和必要性。从这个意义上说,格物、致知就是"致良知"。依据王守仁的说法,良知万善俱足,万理俱备,"完完全全",只要忠实地将良知作为"自家底准则"和"明师","实实落落地依着他做去",便能存善去恶,知是知非,"无有不是处","稳当快乐"。因此,他把"致良知"奉为求理明道的唯一门径和求贤入圣的不二法门。对此,王守仁曾经得意地说："吾平生讲学,只是'致良知'三字。"(《王阳明全集》卷二十六《寄正宪男手墨二卷》)

王守仁的格物致知说集中反映在他的"王门四句教"中："无善无恶是心之体,有善有恶是意之动,知善知恶是良知,为善去恶是格物。"(《王阳明全集》卷三《传习录下》)他认为,心之本体无善无恶,由心所生的意念却有善有恶。因为"意之所发必有其事",由意所生的事亦即人的行为也有善有恶。为了使事即人的行为符合天理,必须克服意念中的不善,致吾心之良知。充分显露、发扬吾心之良知,便是致知。遇事在良知的指导下自觉地为善去恶,"正其不正以归于正",使我之行为时时处处合于天理,便是格物。在这里,格物成为道德修养的方法。同时,要保证格物的正确,必须先致知。换言之,只有在充分显露吾心之良知的前提下,用良知"正其不正以归于正"才能达到"正事"的目的。有鉴于此,对于格物、致知之间的关系和顺序,王守仁一改《大学》先格物、后致知的惯例,而主张先致知、后格物。他的这个说法与朱熹的"致知在格物"、"格物所以致知"的先格物、后致知顺序相反,体现在话语结构上便是把格物致知称为"致知格物"。

王守仁强调,致知不是一句空话,而"必实有其事",必须落到实处,即体现在行动上。正是在这个意义上,他说:"致知必在于格物。"这就是说,只是知善知恶还不够,更重要的是切实地在行动上为善去恶;只是对善好之、对恶恶之是不够的,更重要的是在行动上"实有以为之"、"实有以去之。"(《王阳明全集》卷二十六《大学问》)这表明,只有切实端正自己的行为,在事上为善去恶,致知才能落到实处。基于这种认识,王守仁不仅把致知落实到格物上,而且把"致良知"的手段和工夫最终都归结为格物,强调"致良知"应该"在格物上用功"。(《王阳明全集》卷三《传习录下》)这乃是根本的学问。

进而言之,王守仁对格物的重视以及对致知必须在事上磨炼的强调是为了让人在道德实践上下工夫,把对宗法道德的认识最终落实到行动上。正是出于这一目的,他把德育放在首位,甚至将通过"去人欲,存天理"而成为圣人视为教育的唯一内容和根本宗旨。下面的句子在王守仁的著作中俯拾即是:

> 古圣贤之学,明伦而已……人伦明于上,小民亲于下,家齐国治而天下平矣。是故,明伦之外无学矣。外此而学者,谓之异端;非此而论者,谓之邪说。(《王阳明全集》卷七《万松书院记》)

> 学是学去人欲,存天理;从事于去人欲,存天理,则自正。

(《王阳明全集》卷一《传习录上》)

学者学圣人,不过是去人欲而存天理耳。(《王阳明全集》卷一《传习录上》)

学校之中,惟以成德为事。(《王阳明全集》卷二《答顾东桥书》)

至此,格物、致知等所有的道德修养都被王守仁归结为"去人欲,存天理"而成为圣人。他认为,"良知之在人心,无间于圣愚",人人同具。由于人欲的障碍,每个人的良知保存或显露程度大不一样——如果说良知是日、人欲是云的话,那么,圣人如晴天朗日,万里无云,阳光普照;贤人如浮云蔽日,阳光随时照耀;常人如阴霾天日,阳光透射不出来。这就是说,一方面,在可能性上,人人都有成为圣贤的可能性,因为人有良知,正如日光永远光芒万丈一样。另一方面,大多数人成不了圣贤,因为良知被人欲遮蔽了。结论不言而喻,只要——也只有肯下一番致的工夫,自觉清除人欲,才能成圣成贤。至此可见,所谓致知、格物、"致良知",其具体内容都可以归结为"去人欲,存天理"、"破心中贼"。于是,王守仁坚信,只要不断改过迁善,"胜私复理",逐渐做到"此心纯乎天理而无人欲",便可使良知充分显露出来,便修成了圣人。

对于如何"去人欲,存天理",王守仁提出了"静处体悟,事上磨炼"等具体修养方法。他说:

初学时心猿意马,拴缚不定,其所思虑多是人欲一边,故且教之静坐、息思虑。久之,俟其心意稍定,只悬空静守如槁木死灰,亦无用,须教他省察克治。(《王阳明全集》卷一《传习

录上》)

王守仁指出,静坐的目的是使此心清静收敛,而不是让人形若槁木、心如死灰。有鉴于此,他反对"入坐穷山,绝世故,屏思虑"的修养方法,认为这样不仅沦于空寂,而且"临事便要倾倒";相反,只有在应事接物上切实"致良知",才能收到实效。正是为了与佛、老的修养方法划清界限,王守仁强调:"吾儒养心,未尝离却事物。"(《王阳明全集》卷三《传习录下》)按照他的说法,在静坐时,必须痛下决心"省察克治",向人欲发起主动进攻。于是,王守仁写道:

> 省察克治之功,则无时而可间,如去盗贼,须有个扫除廓清之意。无事时,将好色好货好名等私逐一追究,搜寻出来,定要拔去病根,永不复起,方始为快。常如猫之捕鼠,一眼看着,一耳听着,才有一念萌动,即与克去,斩钉截铁,不可姑容与他方便,不可窝藏,不可放他出路,方是真实用功,方能扫除廓清。(《王阳明全集》卷一《传习录上》)

王守仁强调,对好色、好货和好名等人欲要不间断地主动进攻,坚决彻底地把之消灭于萌芽状态。为了达到这个要求,无事时对人欲绝不姑容,逐一追究搜索、加以克治,关键还要在事上磨炼。对此,他指出:"人须在事上磨炼做功夫,乃有益。若只好静,遇事便乱,终无长进。"(《王阳明全集》卷三《传习录下》)

在王守仁那里,就具体内容、方法途径和根本宗旨而言,"致良知"就是"去人欲,存天理"、"破心中贼"。为了强调"致良知"乃是人道德修养唯一正确的方法和途径,也为了切实磨炼"去人欲,存天理"、"破心中贼"的工夫,他提出了"心外无学"的主张。对此,王守仁一再断言:

> 圣人之学,惟是致此良知而已……是故致良知之外无学矣。(《王阳明全集》卷八《书魏师孟卷》)
>
> 良知之外,更无知;致知之外,更无学。外良知以求知者,邪妄之知矣;外致知以为学者,异端之学矣。(《王阳明全集》卷六《与马子莘》)

循着心外无知、致知外无学的逻辑,王守仁得出了两点重要认识:第一,与陆九渊一样否认读书对于道德修养的作用和意义。从吾心之良知即是天理的认识出发,王守仁比喻说,天理好比财宝,吾心乃是装满财宝的仓库,六经则是记载财宝的账本;由于"六经之实则具于吾心",读经的作用充其量只是印证吾心之良知而已。正是在这个意义上,他断言:"万理由来吾具足,六经原只是阶梯。"(《王阳明全集》卷二十《林汝桓以二诗寄次韵为别》)有鉴于此,王守仁坚决反对一些人皓首穷年读书明理的做法。第二,为了引导人向内而不是向外用功,切实做"致良知"的工夫,他修改了圣贤标准,坚决反对那种"专去知识才能上求圣人"的想法和做法,指出如果只从知识、才能上求做圣人,结果必然是南辕北辙,离圣人越来越远。这是因为,终日"从册子上钻研,名物上考察,形迹上比拟,知识愈广而人欲愈滋,才力愈多而天理愈蔽"。(《王阳明全集》卷三《传习录下》)基于这种认识,王守仁提出了自己的圣贤标准。对此,他一再指出:

圣人之所以为圣，只是其心纯乎天理，而无人欲之杂。犹精金之所以为精，但以其成色足而无铜铅之杂也。(《王阳明全集》卷一《传习录上》)

所以谓之圣，只论精一，不论多寡。只要此心纯乎天理处同，便同谓之圣。若是力量气魄，如何同得！后儒只在分量上较量，所以流入功利。(《王阳明全集》卷三《传习录下》)

在这里，王守仁一再表示，圣人"所以为圣者"，只在"纯乎天理而不在才力也"，这就如同鉴别一块金子是否精纯，"盖所以为精金者，在足色而不在分量，犹一两之金比之万镒，分两虽悬殊，而其到足色处可以无愧。"(《王阳明全集》卷三《传习录下》)

更为重要的是，王守仁不仅提出了一套自己的圣贤标准，而且提出了一套与此对应的做圣成贤的方法途径和践履工夫。正是他对圣贤标准的改变使"去人欲，存天理"、"致良知"成为超凡入圣的唯一途径和修养工夫。在这方面，王守仁主要做了两方面的工作：第一，宣称人人都可以通过"致良知"而成为圣人。为了说明"致良知"既可能又必要，王守仁坚信良知是人心中所固有，并且再三指出：

个个人心有仲尼。(《王阳明全集》卷二十《咏良知四首示诸生》)

人胸中各有个圣人。(《王阳明全集》卷一《传习录上》)

人皆可以为尧舜。(《王阳明全集》卷一《传习录上》)

鉴于良知人人皆有，鉴于只要"致良知"就可以成为圣人，结论

是人人都有成为圣贤的先天条件。于是,王守仁一再勉励人在道德修养中树立自信心,坚信圣人可学而至。于是,他反复申明:

> 自己良知原与圣人一般,若体认得自己良知明白,即圣人气象不在圣人而在我矣。(《王阳明全集》卷二《启问通道书》)
> 各人尽着自己力量精神,只在此心纯天理上用功,即人人自有,个个圆成,便能大以成大、小以成小,不假外慕,无不具足。(《王阳明全集》卷一《传习录上》)

第二,宣布超凡入圣的方法是加强道德修养和实践工夫,只有切实进行"去人欲,存天理"、"致良知"的工夫,才能臻于圣人。王守仁强调,在道德修养和道德实践的过程中,仅仅树立信心是不够的,还要培养主观自觉性,切切实实地践履伦理道德。在他看来,只有时时处处自觉磨炼,才能在修养中有所成就。其实,良知不分圣愚,人人皆同;人与人所以有圣愚之分,关键在于是否自觉地从事"致良知"。正是在这个意义上,王守仁反复指出:

> 圣人之学,惟是致此良知而已。自然而致之者,圣人也;勉然而致之者,贤人也;自蔽自昧而不肯致之者,愚不肖者也。(《王阳明全集》卷八《书魏师孟卷》)
> 良知良能,愚夫愚妇与圣人同,但惟圣人能致其良知,而愚夫愚妇不能致,此圣愚之所由分也。(《王阳明全集》卷二《答顾东桥书》)

这样,王守仁的道德修养工夫便由"致良知"开始,通过格物、致知,最后在超凡入圣中以"致良知"终。就方向、途径而言,"致良知"省略了向外格物的环节,堵塞了向外穷天理、作圣贤的途径;就宗旨而言,良知成为唯一真知。这两点最终都在其求圣方法和圣贤标准中有所体现。

总之,出于加强道德教化的目的,也为了配合道德教化,宋明理学家重视道德修养和践履方法,提出了较为系统的道德修养工夫。在这方面,他们的贡献不仅是论证了道德教化的必要性、紧迫性,而且增强了人参与、服从道德教化的自觉性、主动性。理学家的上述议论和方法对于人自觉地加强道德实践、进行道德修养无疑具有积极意义。

进而言之,道德修养本身即涉及如何处理道德认识与道德实践的关系问题,宋明社会对道德教化的重视和加强也使道德认识与道德实践的关系——知行观成为迫切的现实课题。有鉴于此,理学家们深入探讨了知与行的关系,形成了各自的知行观。在对知行关系的具体看法上,他们的观点不尽相同,有些甚至针锋相对。例如,王守仁的"知行合一"就是对朱熹的观点反其道而行之的结果——针对朱熹的知先行后,王守仁推出知行合一并进、不分先后。然而,从根本上说,理学家对知行关系的认识呈现出相同的本质特征:第一,突出知、行的道德内涵和知行关系的伦理维度,致使知行都是道德范畴。第二,在价值论上偏袒知,以知为先、为本。第三,无论是否在时间上分先后,都强调行以知为指导。进而言之,这是为了强调只有在领略道德原则和行为规范的前提下避免行动上的盲目性,才能保证所行符合道德要求。

理学家的道德修养工夫和知行观一起不仅证明了道德实践和道德教化的可行性、必要性,而且从实践上回答了如何操作的问题——推出了道德实践的实施方案和修养工夫。其实,理学家提出的修养方案、践履工夫不仅是重行的表现,而且本身即是行的方法和方式。进而言之,理学家之所以在重知的前提下突出行的作用,是为了强调只有对伦理道德的认识还不够,重要的是把知落实到行动上。在宋明的社会背景下,就其社会效果而言,这些思想不仅从理论上论证了道德教化的正当性,而且在实践中促成了道德教化的全面推进和普及。

德法并举的治国理念
及其尚刑重法

宋明时期,政治上的君主专制使君主的政治权力向思想文化和伦理道德领域蔓延、僭越。作为其直接后果,这一时期不仅尚德而且重刑,在德法并重中一面使伦理道德法制化、制度化,一面突出法和刑的重要性。于是,自汉以来的德法并举成为朝野共识,也成为宋、元、明几个朝代共同的治国理念和基本国策。

与此相应,宋明时期,诸多思想家尤其是两宋思想家对道德与法、刑的关系作了更深入的探讨,在充分肯定道德教化的同时,更加强调法和刑的作用。

一、德法并举的治国理念

宋明时期,尽管朝野上下对道德教化极其重视,然而,并没有将道德教化看作是维护宗法统治秩序的唯一手段而走向道德决定论、教化万能论。事实上,在这一时期,从朝廷到诸多思想家都既尚德又重刑,而且较之前代更强调法和刑的重要。

通过不断总结统治经验,宋、元、明各代的最高统治者对刑与德的关系具有清醒且现实的认识,越来越深切地认识到法刑与德教对于维护统治都是不可或缺的,两手都不可放松。因此,从宋代开始，法刑与德教始终是同步加强的。从史书的记载可以看出，自宋代起，历朝统治者大力提倡道德教化，同时，在治国施政的过程中从未放松法刑，反倒使法刑越来越趋于严酷。换言之，在加强道德统治的同时，宋、元、明各代均注重法律惩罚，德刑并重、礼法兼施是其共同的治国理念。

出于"刑以弼教"的认识，宋代在施政治国中德教与法刑两手并用。为了推行法制，宋朝接受唐末五代的教训，在任用地方司法官上改用儒臣治狱，并在选用儒生时经"律义"和"试判"考试，合格者才加以使用。同时，宋代在科举考试中设立明法科，以期从整体上改变审判官吏素质低下的状况。这些措施从不同角度加大了使法律向国家政治生活各个领域渗透的步伐，在使法律的统辖范围迅速扩大的同时，为依凭刑法治国奠定了基础。不仅如此，太宗时还下诏："其知州及幕职、州县官等，秩满至京，当令于法书内试问。如全不知者，量加殿罚。"（《文献通考·选举》）

朱元璋把"礼法结合"、"德主刑辅"视为治国之本。在洪武三十年（1397）颁行《大明律》时，他明确提出："朕有天下，仿古为治，明礼以导民，定律以绳顽，刊著为令，行之已久。"其实，德法并举是朱元璋始终坚持的治国方针。对此，他反复强调：

> 礼法，国之纪纲。礼法定，则人志定，上下安。建国之初，此为先务。（《明太祖实录》卷四十九）
>
> 礼乐者治平之膏粱，刑政者救弊之药石。（《明太祖实录》卷一六二）

按照朱元璋的说法，只有在"以德化天下"的同时，"张刑制具以齐之"、"恩威并济",才能治世安民。基于礼法并用的治国理念,他亲自制定《圣谕六条》作为百姓立身行事的准则。早在洪武五年(1372)二月,鉴于"田野之民,不知禁令,往往误犯刑宪"的情况,朱元璋命令:"有司于内外府州县及乡之社里皆立申明亭,凡境内之民有犯者,书其过,名榜于亭上,使人有所惩戒。"(《沈寄簃先生遗书·申明亭》)之后,他又多次谕天下诸司,要运用申明亭书记十恶、奸盗、诈伪、干名犯义、有伤风俗及犯赃至徒者,"昭示乡里以劝善惩恶。"在立申明亭的同时,他下令在乡间设立旌善亭;旌善与申明二亭并立,生动地体现了教化与刑罚并用的治国理念,前者用以表彰善行,后者用以惩戒恶行。

此外,朱元璋亲自编纂的《大诰》也是把重刑威吓与道德说教有机结合的法律文件。《大诰》颁布后,他要求"一切官民、诸色人等,户户由此一本",并且规定"若犯笞、杖、徒、流罪名,(有大诰者)每减一等,无者每加一等。"(《大诰·颁行大诰第七十四》)朱元璋还把《大诰》列为全国各级学校的必修课本,要求天下府州县民每里塾由塾师教授,甚至科举考试也从中出题。为了把重刑威慑与礼义教化结合起来,朱元璋重视法律的讲读和宣传,下令每岁正月、十月或逢节日,让专人讲读律令。例如,洪武元年(1368)十二月,《大明令》刚刚制定,他便命大理卿周桢将这部法律中与百姓有关的部分用口语写成《律令直解》发给郡县,以便及时宣传、讲读。颇能说明问题的是,在明代的农村社学,不仅教读《孝经》、《小学》、《论语》和《孟子》等伦理读物,而且教读《大明律》、《大明令》和《大诰》等明代的法律典章。这表明,道德教育与法律教育在明代是一齐普及的。

进而言之,明代尚德而重刑的显著特点是在乡法和乡治中教化与法制并行、措施与制度并举,既颁布有《大明律》、《大诰》三编、

《教民榜文》等法规律令和教化谕世之文，又在里甲制度之外建立或恢复里社礼制、乡饮酒礼、老人制度，以期乡里有序、民安俗美。其中，朱元璋对乡饮酒礼极为重视，诏令各地以百家为单位，举行乡饮酒礼，并且都要宣读誓词。誓词曰：

> 凡我同里之人，各遵守礼法，毋恃力凌弱，违者先共治之，然后经官。或贫无所赡，周给其家，三年不立，不使与会。其婚姻丧葬有乏，随力相助。如不从众，及犯奸盗诈伪一切非为之人，不许入会。（《明会典》卷八十七）

在《大诰》三编颁行之后，讲读《大诰》便成为乡饮酒礼的重要内容。朱元璋坚信，通过讲读《大诰》，可以"使人尽知趋吉避凶，不犯刑宪"，"日后皆成贤人君子，为良善之民。"（《皇明制书》卷九《教民榜文》）

明代礼法并用的治国理念不仅贯彻在道德教化中，而且体现在立法和司法实践中。基于礼与法对巩固宗法统治缺一不可的认识，明代的法律"一准乎礼为标准"，处处渗透礼教精神。作为这一精神的直接体现，《大明律》的卷首以"八礼图"与"二刑图"并列。"八礼图"即丧服图，是以尊尊亲亲、长幼有序、男女有别的礼教为依据制定的丧礼服制。对此，朱元璋解释说："此书（指《大明律》——引者注）首列二刑图，次列八礼图者，重礼也。"（《明史》卷九十三《刑法一》）在明代，礼对律的全部刑名、条块起制约作用，社会身份的尊卑贵贱也成为量刑轻重的尺度。例如，从重礼的原则出发，明朝的法律规定了"存留养亲"、"同居亲属有罪相互容隐"、"奴婢不得告主"、"弟不证兄，妻不证夫，奴婢不证主"等许多条款。同样,按照礼的要求,法律给皇族、功臣和士大夫以种种特权,对不同等级的人规定不同的待遇。例如,对属于"八议"范围的人犯罪,法司不许擅自过问;功臣及其子女犯法除谋逆不宥外,其他可免死一次到三次;对官吏实行"以俸赎刑"制度等。

值得注意的是,宋明朝廷推行的教化与刑罚并用的治国方针得到了社会各个阶层的配合和响应,民间这一时期自发涌现的各种各样的家法、族规便是德法结合的生动体现,在实践操作上贯彻了德法并举的治国理念。

从宋代开始,社会上开始涌现名目繁多的家法、族规,生动地体现了这一时期道德与法律的结合:第一,家法族规并非出于国家的行政干预或强制,而是民间自行自愿制定的,体现了一种道德自觉。另一方面,家训族规是中国宗法社会独有的一种文献形式或体裁,要求族人共同遵守。如果族人违反了家规,"家长会众子弟责而训之。不改,则挞之;终不改,度不容,则告于官,屏于远方。"(罗大经:《鹤林玉露丙编》卷五《陆氏义门》)这表明,家法族规具有法律效力,可以称为"私法",并且与道德相比具有强制性。家法族规就是宗族私法,具有一定的强制性。第二,家法族规以礼或习俗的面目出现,不仅易于让百姓接受,而且便于及时督促和监控。这些都体现了强调道德自觉、注重主体自律的特点。另一方面,如上所述,宋明社会礼法并重,尤其在法治中重刑罚。家法族规便体现了这一特点和原则。礼作为民法渊源由来已久,《礼记·曲礼上》就有"分争辩讼,非礼不决"的记载。宋明时期,礼被演化为理,所谓"礼者,理也"。明代通过立法确认提高了礼的效力和约束力,使礼在婚姻、继承等民事法律关系中起着重要的规范、调整作用。《大明令·礼令》规定:"凡民间嫁娶,并依《朱文公家礼》。"再如,什么样的人着什么样的衣饰、住什么样的房舍都有严格规定,用以区别尊卑贵贱。这属于礼的范畴。违反者叫做服舍违式(一般指超越等级),追究家长的法律责任。这证明了礼的法律效力。第三,祠堂是族长传授家族历史、劝勉子孙以及诵传先贤语录的主要场所,家法族规的宣讲地点也是祠堂。可见,与国家颁布的法律法规相比,家法族规更贴近人的日常生活,在实际生活中容易为人们所遵守,更为有效地发挥了道德引导的作用。不时的定期宣读不仅使家法族规得以普及,而且起到了及时监督的作用。另一方面,家法族规不仅仅是私法,有时还带有"公法"的性质。在明代,家法族规与习惯、习俗一起成为民法的重要方面。只要不与国家的法律直接抵触,它的效力就为国家所认可。国家对家法、族规的认可本身即体现了礼法的并重、合一趋势,生动地反映了这一时期道德自觉与法律强制并用的治国理念。

对于朝廷推行的德法并举的治国理念,如果说家法、族规是民间的响应,侧重于实践操作上的贯彻的话,那么,思想界的探讨则是知识精英的配合,侧重于理论上的辩护。换言之,与民间的家法、族规相呼应,宋明理学家尤其是两宋思想家在深入讨论德刑关系时,强调德礼与刑法相互依赖、相互作用,为朝廷的德法并用提供了理论上的论证和支持。在某种程度上可以说,正是民间的实践操作与思想家的理论证明共同配合了宋明统治者德礼并举的治国理念,使之得以贯彻,并在实施中收到了实效。

二、两宋思想家对德刑关系的论证

自古以来,德教与刑法的关系一直是受到高度关注的大题目,尤其是随着宋明统治者的德刑并重,德与刑的关系成为迫切的现实问题,也引起了宋代思想家的广泛关注。在这一时期,一些有影响的思想家对德教、刑法的作用作了更为深入的探讨,对德与刑的关系也予以了更为全面的说明。这些工作不仅澄清了一些具体问题,使德刑观成为宋明道德建设的中心议题之一,而且配合了朝廷推行的道德教化,尤其是为德刑并举的治国理念提供了理论辩护。

1. 李觏:"教以开其前"与"刑以策其后"

通过论证礼的四名(仁、义、智、信)与三支(乐、政、刑)之间的关系,李觏阐明了自己的德刑观。在他的划分中,仁义智信属德,礼乐刑政属刑。对于二者之间的关系,李觏写道:

> 有仁、义、智、信,然后有法制。法制者,礼乐刑政也。有法制,然后有其物。无其物,则不得以见法制。无法制,则不得以见仁、义、智、信。备其物,正其法,而后仁、义、智、信炳然而章矣。(《李觏集》卷二《礼论》)

按照李觏的说法,德与刑的关系包括两个方面:一方面,先有仁义智信后有法制,因为礼乐刑政的制定以仁义智信为指导和前提——在这个意义上,无仁义智信则无礼乐刑政。另一方面,仁义智信通过礼乐刑政表现、彰显出来而得以贯彻实施——在这个意义上,无礼乐刑政则不能体现仁义智信。也就是说,道德观念、行为规范与法律、行政制度之间相互渗透、相互体现,二者是相辅相成的。

循着这个思路,李觏进一步论证了教化与刑罚的关系。总的来说，他高度重视道德教化的作用，但不认为教化是万能的。这是因为，任何时候都有不从教化者，对这些人必须"威之以刑"。在此，李觏特别讲明了在道德教化中必须引入刑法的道理。他解释说："世俗之仁则讳刑而忌戮，欲以全安罪人，此释之慈悲，墨之兼爱，非吾圣人所谓仁也。"（《李觏集》卷二《本仁》）在李觏看来，仁与刑罚、杀戮并非水火不相容，相反，运用刑罚、杀戮恰恰是仁的体现；若一味怜悯、放纵罪恶之人，不仅"无以惩其恶"，被伤害者也"无以伸其冤"，这样的仁实际上就是"帅贼而攻人"，实为不仁。基于这种理解，他赞同孟子的观点，把罚、杀视为仁的题中应有之义，并以舜、汤等先王的具体事例说明"以至仁伐不仁"，"仁者固尝杀矣。"（《李觏集》卷二《本仁》）有鉴于此，李觏强调，刑罚是对教化不可缺少的补充，两者相辅相成。正是在这个意义上，他指出："大哉先王之所以驱民而纳之于善也，教以开其前，如得大路，终日行而弗迷失。刑以策其后，使不敢反顾。"（《李觏集》卷十三《教道》）在此，李觏借助先王的权威伸张了自己的德刑观。按照他的说法，德与刑、教化与刑罚相辅相成，对于统治者来说缺一不可：一方面，通过教化的诱导，让人明确上进的方向；另一方面，通过刑罚的驱策，使人不敢游移反顾，"迁善而远罪"。这表明，统治者只有利用德与刑两种手段软硬兼施，才能达到良好的治理效果。

2. 二程："刑罚立而后教化行"

二程认为，刑与德各有自己的作用和功能，前者整治行动，后者醇化风俗。这决定了德与刑相互依赖、相互补充，在具体实施中必须相辅而行、相互配合，才能发挥更好的作用。程颐更是着重分析、阐释了德与刑的不同作用及相互关系。对此，他写道：

自古圣王为治,设刑罚以齐其众,明教化以善其俗,刑罚立而后教化行,虽圣人尚德而不尚刑,未尝偏废也。故为政之始,立法居先。治蒙之初,威之以刑者,所以说去其昏蒙之桎梏,桎梏谓拘束也。不去其昏蒙之桎梏,则善教无由而入。既以刑禁率之,虽使心未能喻,亦当畏威以从,不敢肆其昏蒙之欲,然后渐能知善道而革其非心,则可以移风易俗矣。苟专用刑以为治,则蒙虽畏而终不能发,苟免而无耻,治化不可得而成矣。(《二程集》《周易程氏传》卷一)

程颐认为,在教化万民的过程中,刑与德恰成动态的互补之势,构成了辩证统一的关系。这具体表现为两个方面:第一,刑罚是教化的前提和基础,只有"齐众"方能"善俗"。程颐认为,未经文明洗礼的广大民众昏蒙愚昧、无识无知,对自己的昏蒙之欲不懂得去自觉节制。因此,在治理之初,必须"威之以刑"——通过严厉的强制手段使之"不敢肆其昏蒙之欲"。从这个意义上说,德依赖于刑,离开了刑罚的强制和保障,"善教无由而入",道德教化由于无法贯彻而不会发生作用。所以,他主张"为政之始,立法居先",绝不能因为"圣人尚德不尚刑"而忽视刑罚。第二,教化是刑罚的目标和宗旨,刑罚始终是手段。程颐认为,随着文明的浸染,尤其是有了刑罚的"齐众"之后,便要施以教化,进行德治。其实,刑罚的目的归根结底是移风易俗、"革其非心",而这是只有教化才能保障的。对此,他解释说,在治理之初"遽用刑人",并非"不教而诛",其最终目的正是为了推行教化。有鉴于此,程颐指出,治国理民的正确途径是:"治蒙之始,立其防限,明其罪罚,正其法也,使之由之,渐至于化也。"(《二程集》《周易程氏传》卷一)这就是说,单靠刑罚

是不行的,还必须施以教化。正是在这个意义上,他写道:

> 夫以亿兆之众,发其邪欲之心,人君欲力以制之,虽密法严刑,不能胜也……知天下之恶,不可以力制也,则察其机,持其要,塞绝其本原,故不假刑罚严峻而恶自止也。且如止盗,民有欲心,见利则动,苟不知教而迫于饥寒,虽刑杀日施,其能胜亿兆利欲之心乎?圣人则知所以止之之道,不尚威刑,而修政教,使之有农桑之业,知廉耻之道,虽赏之不窃矣。故止恶之道,在知其本,得其要而已。(《二程集》《周易程氏传》卷二)

按照程颐的说法,统治者的所有政术、治术和学术其根本之点都在于探讨"止恶之道";欲明"止恶之道",当"知其本,得其要";而这个"本"、"要"就是消弭人的利欲之心,大兴教化。有鉴于此,他始终认为:"严刑以敌民欲,则其伤甚而无功。"(《二程集》《周易程氏传》卷二)这就是说,只靠严刑进行止恶的做法劳而无功,是不可取的。基于这种认识,程颐对教化极为重视,始终强调刑罚只能治标,而德治、教化方能治本——因为人的"恶行"来源于"邪欲之心",而"邪欲之心"并不是严刑峻法等强制手段能够消除的,道德教化对于消除"邪欲之心"的巨大功效是严刑峻法望尘莫及的。正因为如此,为了从根本上消除人的"邪欲之心",就必须实施教化。

3. 朱熹:"格其非心,非德礼不可"与"教之不从,刑以督之"

朱熹赞同孔子"道之以德,齐之以礼"的主张,强调德与刑、教化与刑罚相辅相成、缺一不可。有鉴于此,在讲德与刑的关系时,他始终强调二者之间相辅相成、相互作用。

其一,"格其非心,非德礼不可"

朱熹强调,刑政的作用是有限的,只能治标不能治本。只有德礼才能"格其非心",达到根本目的。从这个意义上说,刑离不开德。

朱熹认为,刑只能使人远罪却无法"格其非心",由于为恶之心未除,一旦"政刑少弛",人"依旧又不知耻矣",还要犯罪。有鉴于此,他强调,要想让人自觉地远离罪恶,非去其"为恶之心"不可;要除去"为恶之心",只能依靠道德教化。正是在这个意义上,朱熹一再强调:

> 若是格其非心,非德礼不可。圣人为天下,何曾废刑政来!(《朱子语类》卷二十三《论语·为政篇上》)
>
> 人有耻,则能有所不为。(《朱子语类》卷十三《学·力行》)

如此说来,只有通过道德教化,唤起人的羞耻之心,方能使其对自己的行为自觉地加以节制,自觉地改过迁善,从内心深处遵从宗法等级的行为规范。基于这种认识,朱熹把德礼视为治国之本,并要求统治者在治理国家时紧紧抓住这个根本不放手。对此,他指出:"'为政以德',则无为而天下归之……故治民者不可徒恃其末,又当深探其本也。"(《四书集注·论语集注·为政》)朱熹进而强调,"专用刑政,只是霸者事"(《朱子语类》卷二十三《论语·为政篇上》),是不足法的。有鉴于此,他一再要求统治者"不可专恃刑政",而应高度重视、依靠德礼的作用。

在突出德礼的作用和德治的重要性时,朱熹特别重视统治者自身的表率作用。他指出,统治者只有在道德修养上以身作则,才能以德治民。这便是:"自尽其孝,而后可以教民孝;自尽其弟,而后可以教民弟。"(《朱子语类》卷二十三《论语·为政篇上》)与此相关,对于孔子的"道之以德",朱熹作了这样的解释:"'道之以德',是躬行其实,以为民先。"(《朱子语类》卷二十三《论语·为政篇上》)在他看来,统治者的以身作则、率先垂范是推行德治的关键,甚至可以说,当政者带头躬行道德是进行德治的前提,否则,没有统治者的榜样作用,德治是无法收到实效的。至此,朱熹坚持的依然是先秦儒家尤其是孔子的德治路线。

其二,"教之不从,刑以督之"

朱熹指出,德礼的作用不是万能的,只有刑罚才能确保德礼的实施。从这个意义上说,德离不开刑。

朱熹重视德礼的作用,却没有因此而排斥刑政。按照他的说法,正如治国理民不可"专恃刑政"一样,离开刑政、专凭德礼同样不可行。正是在这个意义上,朱熹指出:"圣人谓不可专恃刑政,然有德礼而无刑政,又做不得。"(《朱子语类》卷二十三《论语·为政篇上》)原因在于,道德教化并不是万能的,一定会碰到不肯听从的人,这时就要靠刑政来加以强制。这用他本人的话说便是:"齐之不从,则刑不可废"(《朱子语类》卷二十三《论语·为政篇上》);"教之不从,刑以督之。"(《朱子语类》卷七十八《尚书·大禹谟》)

总之,朱熹认为,德与刑具有不同的作用和功能,都必须在对方的辅助下才能更好地发挥作用。有鉴于此,刑罚与德礼并不矛盾,从根本上说,两者是一致的,甚至可以把刑视为德治的题中应有之义。由此,他得出了如下结论:"'为政以德',非是不用刑罚号令,但以德先之耳。"(《朱子语类》卷二十三《论语·为政篇上》)同时,朱熹强调,在当时"法令明备"的情况下"犹多奸宄"之人,这种严峻的社会现实告诫统治者刑罚绝不可"更略",相反,应该"以严为本",否则,"奸宄愈滋矣"。在这里,朱熹以强调德刑并重始、通过把刑罚写进德治而以强化刑罚的"以严为本"终,走的仍然是重刑的老路。

通过上面的介绍可以看出,德刑观是宋代思想家共同关注的热门话题,他们对德刑关系的看法存在分歧。例如,对于德刑在具体操作中的先后程序,李觏、朱熹主张先德后刑,二程特别是程颐强调对昏蒙之民必须先施加刑政。另一方面,宋代思想家对德刑关系的理解在价值旨趣和思想倾向上却明显一致:第一,在价值观念上,都把刑法视为手段、把德礼视为目的。第二,在实施方案上,强调德与刑的相辅相成、缺一不可。第三,在具体操作中,重视刑罚的作用。李觏把道德——仁义智信归于礼的做法本身即流露出重刑的思想倾向,他对仁、刑关系的理解更是把刑罚提到了至高位置,"仁者固尝杀矣"的结论使其德刑观明显地倾向刑法一边。在德刑并重的同时,程颐认为,在当时"民恶既甚"的情况下,刑罚尤其重要。正是在这个意义上,他指出:"民恶既甚,虽以圣人治之,亦不免于刑戮也。"(《二程集》《河南程氏粹言》卷二)更有甚者,程颐以此为借口,把刑罚写进仁德之中、说成是仁爱的题中应有之义。朱熹的刑罚"以严为本",更是体现了这一思想倾向。

两宋思想家对德刑关系的论证既与当时德法并举的治国理念和政治策略相辅相成,又在理论上为其提供了合理性辩护。在这方面,德刑并重体现了宋明时期伦理思想与法律相互渗透、合二为一的理论态势,德罚并重时对刑的侧重则表现了宋明伦理思想法制化、制度化和政治化的时代特征,也是其作为意识形态的先天烙印。进而言之,这一切取决于这一时期德刑并用且重刑的现实需要和政治要求。

三、德刑并用中尚刑而重法

在中国古代社会,各朝各代的统治者往往在表面上标榜德主刑辅,把刑法说成是德礼或治国的辅弼手段,实际上却是道德引导与法刑严惩两手并用的;在社会矛盾尖锐时更强调"用重典"。可以看到,自宋以来,在德法并举的同时越来越鲜明地倚重法刑成为统治者的基本国策。

在德刑并用的过程中,宋代重刑。为了恢复遭到严重破坏的社会秩序,宋初是"用重典"的。史称:"宋兴,承五季之乱,太祖、太宗颇用重典。"(《宋史》卷一九九《刑法一》)并且,在北宋中后期,宋代最高统治者并未因为业已拨乱反正而轻刑。所以,史书又说,神宗"元丰以来,刑书益繁"。(《宋史》卷一九九《刑法一》)"徽宗时,刑法已峻。"(《宋史》卷二〇〇《刑法二》)到了南宋,由于社会矛盾更加尖锐,重刑更是发展到了"刑狱滋滥"、"不胜其酷"(《宋史》卷二〇〇《刑法二》)的程度。在一些地方,往往"擅置狱具,非法残民","甚至户婚诉讼,亦皆收禁。"(《宋史》卷二〇〇《刑法二》)

在德法并用的同时,明初同样"刑用重典"。(《明史》卷九十三《刑法一》)而且,史家的评论历来是,在刑法上,明代"宽厚不如宋。"(《明史》卷九十三《刑法一》)这表明,明代的刑法较之宋代更为严酷。更有甚者,明代中后期由厂卫控制的诏狱"五毒备具",使人"宛转求死不得"。(《明史》卷九十五《刑法三》)

宋明时期的尚刑重法在立法工作中得以充分贯彻和体现。为了适应重刑的需要,宋明各朝注重立法工作。宋代的立法活动始于宋初建隆三年(962),主要是修完《宋刑统》。由于朱元璋更加注重法律建设,明代的法律条文层出不穷。例如,洪武元年(1368)颁布《大明令》,洪武元年开始运筹的《大明律》在洪武七年(1374)成书颁布天下,之后,经过洪武二十二年(1389)律的完善,洪武三十年(1397)律成为定本。在洪武十八年(1385)到二十年(1387)之间,朱元璋连续发布四篇统称为《大诰》的文告,即《大诰》(十八年八月)、《大诰续编》(二十年三月)、《大诰三编》(十九年十一月)和《大诰武臣》(二十年十二月)。明代中期,还出现了《问刑条例》。此外,明代还出台了具有行政法性质的《明会典》等。

从量刑和司法实践上看,宋明各代明显加强了对各类犯罪惩罚的力度和强度。这是其尚刑重法的具体表现。

宋代法律的量刑标准和惩罚力度比唐朝要严。例如,对于偷窃他人财物的窃盗罪,《唐律》没有死刑规定,《宋刑统·贼盗律》规定:"窃盗赃满五贯及足陌,处死。"对于"以威若力而强取财者",《宋刑统》规定为死罪,其同行者、知情者与抢劫罪犯一并处以死刑。这个规定较之唐律区分"持杖与否"、"分赃与否"的处罚要严厉得多。在此基础上,北宋神宗的《盗贼重法》进一步加重了对强盗罪的处罚,不但罪犯本人处死,而且抄没家产、妻子迁移千里之外安置,遇赦也不得返乡。宋中叶后实行"重法地"之法,规定在"重法地"犯法者一律处死。在"重法地"之内,凡属抢劫盗窃罪当死者,没收其家产以赏告密者,其妻子流千里外,即便下诏大赦也不能宽释迁移。

宋代加重了死刑、肉刑、刺配刑,惩罚更加严酷。宋代加重了对死刑的惩治,对"谋反"、"谋大逆"、"谋叛"等暴力行为往往处以腰斩、弃市或凌迟。宋代恢复了肉刑。凌迟俗称"千刀万剐",是以利刃零割碎剐罪犯的肌肤、残害其肢体,再割喉管,使犯罪者在备受折磨而极端痛苦中慢慢死去，是古代最残酷的死刑方法。兴起于五代的凌迟在宋初对于凶强杀人也未轻易使用，北宋仁宗以后，对于谋反大逆罪开始运用凌迟死刑。北宋中期凌迟盛行，南宋《庆元条法事类》明确将之与斩、绞一起列入死刑之中。宋代开始使用刺配刑。刺配是将杖刑、刺面、配役三刑施加于一人，比唐代的加役流更为严酷。它始创于五代后晋天福年间，原为宽恕死罪之刑。宋初也是如此，后来逐渐突破宽贷死罪的使用范围。宋真宗《祥符编敕》规定适用刺配的条文有四十六条，庆历年间增加到一百七十多条，南宋时竟达五百七十条，成为常刑。据说："配法既多，犯者日众，黥配之人，所至充斥。"（《宋史》卷二〇一《刑法三》）南宋时，被罚以赦配刑的罪人竟达十余万人。

此外，在宋代的司法实践中，不论是皇帝本人还是司法官员常常使用非法之刑处死案犯。例如，太祖有杖杀之刑，太宗有断腕、腰斩之刑，地方长吏则有夷族、钉剮、磔和枭首等死刑。

明代对法律的依仗和刑罚之重较之宋代均有过之而无不及。从刑名上看，明代律例在五刑之外又增加了枷号，并逐渐成为常用刑。枷号又叫枷示或枷令，在罪犯颈项套枷，枷上标明犯人的姓名、所犯罪状，令其在监外示众、备受羞辱痛苦。这种刑罚从北周开始施用，明代成为常用刑。枷号的行刑场所基本在监狱门口或指定的官衙门旁，与在狱内戴枷的械护性质不同，一般采取朝枷夜放、昼施枷夜收监的方式，并且监外执行的期限为一至三月或半年，甚至永远枷号。枷重的可达一百二十斤，犯人戴上示众不几日即死。更有甚者，皇帝和宦官为了滥施淫威，常把枷号用来惩罚、羞辱大臣。至于《大诰》中创设的常枷号令、斩趾枷令、枷项游历等名目更多，致使罪犯戴枷监外行刑，兼受肉刑、羞辱于一身。

明代在律令规定的刑名、刑种之外，还有大量的律外刑名和私刑。明初，为了惩治地主阶级内部的异己分子和与朝廷争利的不法豪强、贪官污吏，列入《大诰》的律外刑名就有族诛、凌迟、枭令、墨面文身挑筋去指、墨面文身挑筋去膝盖、剁指、断手、刖足、阉割为奴、斩趾枷令、常枷号令、枷项游历、免死发广西、人口迁化外、全家抄没、戴罪还职、戴罪充书吏、戴罪读书、充罪工役及砌城准工等三十余种。不仅如此，"法外用刑"是《大诰》的最大特点。据记载，《大诰》"所列凌迟、枭示、种诛者，无虑千百，弃市以下万数"。(《明史》卷九十四《刑法二》)其中绝大部分的处刑都超过了《大明律》的标准。例如，《唐律》废止了古代的墨、劓、剕、宫、大辟五刑，而以笞、杖、徒、流、死代之；《大明律》恢复或使用了大辟、凌迟、枭首、刺字、阉割或枷号等酷刑，《大诰》更是扩大了这些酷刑的使用范围。按《大明律》，只有"谋反大逆"才治以族诛之罪，只有"谋反大逆"、"谋杀祖父母父母"、"杀一家三人"、"采生拆割人"四条才治以凌迟之罪，《大诰》所列族诛、凌迟、枭首各案大多以贪赃扰民等寻常过犯与"叛逆"、"盗贼"同科。此外，《大诰》还使新的肉刑如断手、剁指、挑筋等刑名合法化。

更为酷烈的是，在明初的司法实践中，谋反罪成了皇帝剪除功臣宿将的借口。例如，朱元璋兴"胡蓝之狱"诛杀官吏两万多人，正是定此罪名。此外，据《大诰》记载，朱元璋施用各种酷刑。例如，金华府县官张惟一"故纵皂隶王讨孙等殴打舍人，事觉，皂隶断手。"(《大诰初编》《皂隶殴舍人》第十八)御史王式文等徇情妄出绍兴府余姚县吏叶邑妄告他人之罪，被"墨面文身，挑筋去指"。(《大诰初编》《奸吏建言》第三十三)应天府上元、江宁两县民刘二、军丁王九儿等十四人，暗出京师百里地，私立牙行，恃强阻客，被"常枷号令,至死而后已。"(《大诰三编》《私牙骗民》第二十六)医人王允因卖毒药与人犯罪,在枭令前,先命其吞服毒药,待至毒发,"身不自宁,手搔上下,摩腹四顾,眼神张惶"之时,再用"粪清插凉水"(《大诰三编》《医人卖毒药》第二十二)之法解毒,使之痛苦数番,方才施刑。

明代中后期,为了镇压异己,扩张皇权,皇帝纵容厂卫律外用刑。厂卫参与司法,操纵刑狱,在司法实践中经常滥设刑名,广施私刑。厂卫所用的械具、刑具共有十八套之多,其中常用的主要有五种,即械、镣、棍、桚、夹棍,或单用、或全刑,非常酷毒。需要说明的是,这些刑具并不是一般的笞杖杻枷索镣,如刘瑾所创的枷重达一百五十斤,罪不分轻重,处以枷项发遣的戴上重枷"不数日辄死"。除此重枷之外,刘瑾还另创立枷。立枷又称站笼,即犯人直立木笼内,笼顶即套在犯人颈上的枷板,受刑者往往数日就站死。天启时,魏忠贤又设断脊、堕指和刺心等刑,更加剧了诏狱的残酷性,惨状空前。

在中国历史上,宋、元、明各代的法律建设较为完备,对法律的倚重和对犯罪的严惩也非历代所及。事实证明,从社会效果来说,对法律、刑罚的加强对于稳定这一时期的宗法统治秩序无疑起了重要作用。

四、理学家对德刑合理性的论证及其对刑法的侧重

在重视道德教化的同时,理学家为刑法的必要性、紧迫性提供了合理辩护。关于这一点,从两宋思想家对德刑关系的认识中即可窥其一斑。不仅如此,从北宋时的张载、二程到南宋时的朱熹都

在双重人性论的框架中宣布人性有恶,进而伸张刑法介入的必要性以及重法尚刑的合理性。

秉承因循人性而治的传统,理学家在人性论上为德法并用、尚刑重法寻找依据。其实,对于教化、刑罚的合法性而言,德刑关系的论证是表层的,人性方面的论证才是深层的。具体地说,出于德刑并举的政治需要,理学家不仅强调人有善性,而且强调人有恶性。这使他们在讲人性时不再把人性视为单一的成分,而是不约而同地宣布人性双重。

张载认为,气是天地万物的本原,也是人性的本体根基;气有整体与部分之分,人性便由共性与个性两部分组成。具体地说,天地之性是人的共性,体现了气之整体;由于气的本然状态——太虚至静无感、纯粹湛一,是善的,所以,天地之性人人无异、无有不善。气质之性是人的个性,体现了气之部分;由于气有清浊、厚薄、精粗之分,每个人得到的气之性质并不相同——只有禀得精、清、厚气者气质之性善,否则,气质之性便恶。

在断定人性善恶双重的基础上,张载着重探讨了有善有恶的气质之性。在此,他把气质之性称为"攻取之性",并解释说:"腹于饮食,鼻舌于臭味,皆攻取之性也。"(《正蒙·诚明》)这就是说,人具有形体就必然有各种欲求,对外物自然有或排斥或吸引的选择。张载强调,只有禀得清气、精气而生的气质美者欲望适度,气质之性合于天地之性,故而为善;禀粗浊之气而生的气质恶者欲望常过分,常有损害他人利益的念头和行为,气质之性是恶的。进而言之,人要为善,必须使自己的气质之性合于天地之性,使生理欲望符合既定的道德规范,这套用张载的话语结构便是"变化气质";要"变化气质"、去恶为善,必须"大心",加强道德修养是唯一出路。

正是在这个意义上,他一再强调:

> 形而后有气质之性,善反之则天地之性存焉。(《正蒙·诚明》)
>
> 气质恶者,学即能移。(《经学理窟·气质》)

二程认为,人和万物都是理气结合的产物,至善的天理虽然使人皆善,各人所禀之气却有精粗、清浊、善不善之殊。于是,"有自幼而善,有自幼而恶……善固性也,然恶亦不可不谓之性也。"(《二程集》《河南程氏遗书》卷一)对于这种有善有恶的人性,他们称之为"所禀之性"、"性质之性"或"气质之性"。进而言之,二程不认可"所禀之性"是性。在多数场合,他们只讲"性即理"而不讲"性即气",并把"气禀"称作才。对于才,程颐有较多论述。例如:

> 才犹言材料,曲可以为轮,直可以为梁栋。(《二程集》《河南程氏遗书》卷十八)
>
> 才乃人之资质。(《二程集》《河南程氏遗书》卷二十二)

在程颐看来,才是由气形成的,性是至善的,才却因气的成分各异而有善有不善。于是,他一再强调:

> 性出于天,才出于气。气清则才清,气浊则才浊……才则有善与不善,性则无不善。(《二程集》《河南程氏遗书》卷十九)

>性无不善,而有不善者才也……才禀于气,气有清浊。禀其清者为贤,禀其浊者为愚。(《二程集》《河南程氏遗书》卷十八)

在此,程颐强调,气禀有差异、才质有优劣,不论所禀之性有恶还是才有恶都表明人有接受道德教育的必要性。在二程看来,人的才质是可以改造的。通过"学"与"养"即通过道德教育和道德修养完全可以使人之气质变不良为良。因此,他们曾一再说:

>然而才之不善,亦可以变之,在养其气以复其善尔。(《二程集》《河南程氏外书》卷七)
>若夫学而知之,气无清浊,皆可至于善而复性之本。(《二程集》《河南程氏遗书》卷二十二)

与此相联系,程颐指出,孔子所讲的"'惟上智与下愚不移',非谓不可移也,而有不移之理,所以不移者,只有两般:为自暴自弃,不肯学也。使其肯学,不自暴自弃,安不可移哉?"(《二程集》《河南程氏遗书》卷十九)这表明,人之愚、恶固然来自气禀,也取决于后天的教育。人性好比一条河,"有流而至海,终无所污";"有流而未远,固已渐浊";"有出而甚远,方有所浊。有浊之多者,有浊之少者。""如此,则人不可以不加澄治之功。故用力敏勇则疾清,用力缓怠则迟清。"(《二程集》《河南程氏遗书》卷一)可见,人的后天修养和主观努力对于人性的善恶是很重要的,甚至可以说起决定作用。有鉴于此,二程对道德教育和道德修养极为重视。

朱熹认为,理是天地万物的本原、体现于人便是人人皆同的天命之性；由于理善，故而天命之性皆善。理与气结合形成了人的气质之性，理虽至善，各人所禀受的气却有清浊、精粗、厚薄、美恶之差，其成分、性质各不相同；至善的天理与各种不同性质的气相混杂，便使气质之性有善有不善。进而言之，人人皆有至善的天命之性，都有成为圣贤的可能性；大多数人没有成为圣贤，是因为"人之所以有善有不善，只缘气质之禀各有清浊"。(《朱子语类》卷四《性理一》)具体地说，纯善的天命之性与有善有不善的气质之性在少数人的身上是统一的，在大多数人的身上则是矛盾的。纯善的天命之性决定了他可以向善，恶的气质之性却干扰他向善，引诱他作恶。这用朱熹本人的话说就是："禀得气清者，性便在清气之中，这清气不隔蔽那善；禀得气浊者，性在浊气之中，为浊气所蔽。"(《朱子语类》卷九十四《周子之书·太极图》)如此说来，问题都出在气质之性上。在此，朱熹强调，大多数人的气禀不佳、气质之性有不善，并非不可补救。补救的方法是尽力保存天命之性的"一线明处"，同时做"变化气质"的工夫。在这方面，他一面要求人不可"不察气禀之害，只昏昏地去"，一面鼓励人不可因为自己的气禀恶劣而自暴自弃。总之，对待恶的气质之性的正确态度是积极、主动地变化气质，使之向善的方向变化，主要的途径和方法之一则是努力学习。因此，朱熹反复强调：

  惟学为能变化气质耳。(《朱文公文集》卷四十九《答王子合》)

  只是道理明，自然会变。(《朱子语类》卷一二〇《训门人八》)

在此，需要说明的是，与张载、朱熹不同，二程没有把人性说成是由共性与个性两个部分组成的,并且不承认"所禀之性"是性,给人的感觉是他们所讲的性是单一的。其实不然。二程在讲"性即理"的同时,讲"所禀之性",尽管把之归为才,仍使人性具有了双重成分——善与恶。更为重要的是,他们对人性的探讨和分析强调人性既有善又有恶,这使二程对人性的价值判断是双重的。从这个意义上说,尽管表述和理解略有不同,他们的人性论与张载、朱熹一样是双重的。有了这一认识反过来看二程的人性主张可以发现,他们反对把"所禀之性"归为性是就性的理想状态而非现实态而言的。这个做法与张载、朱熹一面断言人性分为共性与个性两个方面、一面劝导人们不遗余力地改变气质之性而使之与天地之性(或天命之性)同一的做法殊途同归。

从上可见,理学家之所以推出双重人性论,旨在说明人在本性上既有善又有恶。就人性皆善而言,张载关于天地之性至善,朱熹宣布人性源于天理、天理的实际内容是仁义礼智,这使追求天理、践履道德成为人的生存意义和神圣使命,相当于在本体哲学的高度论证了道德教化的正当性和可能性。进而言之,如果说性善是为了说明人有接受道德教化的可能性的话,那么,性恶则为了说明人有接受道德教化乃至刑法严惩的必要性和紧迫性。这就是说,教化、刑罚两手都要抓,决定了人性的善恶一方都不能少。正是出于这种考虑,朱熹断言:"论天地之性,则专指理言;论气质之性,则以理与气杂而言之。"(《朱子语类》卷四《性理一》)他之所以讲人性时既让人从理上又让人从理气结合上找根据,就是为了强调天命之性与气质之性缺一不可,离开任何一方谈论人性都会陷入困境——或者不备,或者不明。这表明,朱熹之所以天命之性与气质之性兼顾,无非是为了强调性善的同时又突出性恶。

如果说人性双重证明了道德教化与刑法严惩缺一不可的话，那么，理学家对性恶者多的人性描述和"犹多奸宄"的现实评估则强调了尚刑重法的迫切性乃至刻不容缓。事实上，他们往往以人性有恶、"犹多奸宄之人"为借口，不仅德刑并用，而且在德刑并用时明显侧重于刑罚。其实，也正是为了给刑罚提供口实，理学家们在讲人性双重、有恶有善时，在理想性、价值观上宣称人性至善，在现实性、操作性上却侧重于人性恶。这样做不仅是为了突出加强道德修养的迫切性和必要性，而且是为了给法律的刑罚提供人性方面的可行性证明。

进而言之，人与生俱来的性恶肯定了道德教化的必要性、迫切性，更重要的是为刑法的介入和实施严惩提供了辩护。事实上，理学家对人性善恶的论证突出了两个重要方面：第一，先天性善不能保证人的后天为善。第二，不加强后天的道德修养或为物所蔽，人性便流于恶。这等于说，无论在先天本性上还是在后天影响上，人都有流于恶的可能性。在这个意义上，人离恶更近。这些都仿佛在说，人变坏比学好要容易。对人之恶的突出落实到治国理念上便是重视刑法的严惩。

与人性双重互为表里且相互印证，在论证德刑关系时，二程和朱熹都强调德法相互作用、缺一不可，不仅认为对于昏蒙之民要加以刑法，而且强调对待不服教化者要威以严惩。在对人性进行剖析和善恶评价时，张载、朱熹等人不约而同地强调性恶之人多。尽管承认人都有至善的天地之性，然而，张载强调，只有极少数人能自觉地使自己的欲望适度、使气质之性与天地之性一致，这就是禀得清气的圣人；对于绝大多数人而言，禀气薄浊，气质偏恶。这种认识不仅暗示了圣贤是千载而难一遇的孤立的个案，而且突出了性恶才是人的常态。不仅如此,相对于张载而言,朱熹对性恶人多的论证更为详细。他指出:"人物之生,天赋之以此理,未尝不同,但人物之禀受自有异耳。"(《朱子语类》卷四《性理一》)对此,朱熹进一步比喻说,就如同一盆清水,"撒些酱与盐",滋味便不同了。这表明,理皆同,各人所禀之气不一形成了其间善恶、智愚、贤与不肖的差别。更有甚者,"毕竟不好底气常多,好底气常少……所以昏愚凶狠底人常多。"(《朱子语类》卷五十九《孟子·告子上》)讲人性善恶兼具时强调性恶的人多,无疑是为刑法的严惩寻找理由。

总之,人性本恶不仅从源头上证明了人有接受后天教育、加强道德修养的必要性,而且强调了实施刑法的正当性、合理性和紧迫性。在人性本恶、"犹多奸宄"的借口下,对百姓加以严惩便成为太正当不过的事了。

知行观与道德教化的加强

知与行的关系问题在中国古代哲学中由来已久,知行观的系统化及成为焦点却始于宋代。理学家十分重视知行关系,这与宋明时期道德教化的加强密切相关。甚至可以说,正是宋明时期加强道德教化的社会需要使道德认识与道德实践——知与行的关系问题成为迫切的现实课题。为了配合和突出道德教化,理学家深入探讨了知行关系,致使知行观成为热门话题。尽管每个人对知行关系的具体看法各不相同,然而,理学家们殊途同归的理论走势和价值旨趣却凸显了宋明知行观的道德意蕴和伦理维度。理学知行观的道德意蕴和伦理维度服务于道德教化的立言宗旨在早期启蒙思想家的知行观的映衬下显得更加分明,也为评价宋明理学和早期启蒙思想提供了一个重要的参考系数。

一、二程——"行难知亦难"

在宋明时期的道德建设中,北宋的二程最早论证了知与行的关系,提出了较为系统的知行观。具体地说,他们的知行观可以归结为三个方面:

1. 知先行后论

程颐认为,人的行为不善,关键在于不知——终归是不明事理的缘故。基于这种分析,他强调,在处理知与行的关系时必须知先行后——只有让知在前面指导行,才能确保行的正确性。正是在这个意义上,程颐不厌其烦地强调:

> 人为不善,只为不知。(《二程集》《河南程氏遗书》卷十五)
> 须是识在所行之先,譬如行路,须得光照。(《二程集》《河南程氏遗书》卷三)
> 不致知怎生行得?勉强行者,安能持久?除非烛理明,自然乐循理。(《二程集》《河南程氏遗书》卷十八)

按照程颐的逻辑和设想,正如先有光照看清路途方能行路一样,欲行必须先知。这就是说,必须先有正确的认识,然后依此而行,才有可能有正确的行为;同时,只有知之真切、笃实,才能确保行之持久、安泰。基于这种认识,他主张,知在先、行在后,告诫人们一定要在知的指导下去行。有鉴于此,程颐指出:

> 故人力行,先须要知……譬如人欲往京师,必知是出那门,行那路,然后可往。如不知,虽有欲往之心,其将何之?……到底,须是知了方行得。(《二程集》《河南程氏遗书》卷十八)

在此,不难看出,程颐之所以强调知先行后,除了确保行的方向正确之外,还有以知为行提供信念支持、为行树立信心之意。在他看来,只有在知的引领下,行动起来才能安然而持久。总之,无论用意如何,在关于知与行的先后次序上,程颐总是毫不迟疑地主张先知后行。从这个角度看,在他的知行观中,知处于主导地位,因为知先行后的思想主旨是强调知对行的指导,在知与行的相互依赖中侧重行对知的依赖。

2. 知本行次论

知先行后论奠定了知在知行关系中的主导地位,在此基础上,二程进而提出了知本行次论。对此,程颐反复强调:

> 君子以识为本,行次之。今有人焉,而识不足以知之,则有异端者出,彼将流宕而不知反。(《二程集》《河南程氏遗书》卷二十五)

> 学以知为本……行次之。(《二程集》《河南程氏遗书》卷二十五)

程颐认为,人若不知而行,便可能在异端、邪说的蛊惑下陷入歧途。如此说来,要保证行之正确,必须以知为本。可见,知本行次论与前面的知先行后论之间具有相通性——都有以知指导行,以此确保行之正确的含义。此外,程颐还从知对行之安危的决定作用方面阐明了知为本的道理。他举例子说,人即使饥饿难忍也不去吃有毒的食物,因为知道那会有害于生命;人不往水火里走,因为知道那样做危险。这些表明,是知在保证着行的安全,使人远离危险。循着这个逻辑,若事先不知,懵懂而为,后果十分可怕。

程颐之所以得出知本行次的结论,除了上面提到的只有先知才能保证行的正确性这一原因之外,还有一个重要原因,那就是:他坚信,只要真知,便能行;只要知得深,便能无所不行。正是在这个意义上,程颐说:

> 须以知为本。知之深,则行之必至,无有知之而不能行者,知而不能行,只是知得浅。饥而不食乌喙,人不蹈水火,只是知。(《二程集》《河南程氏遗书》卷十五)

按照程颐的一贯说法,行以知为本,因为知中潜藏着行;只要知之深,自然能行。循着这个逻辑,若知而不行,那只是知之太浅或不知的缘故。正是在这个意义上,他断言:"未有知之而不能行者。谓知之而未能行,是知之未至也。"(《二程集》《河南程氏粹言》卷一)这表明,知愈明白,行愈果断;反之,不知则不能行。更为可怕的是,如果"力行"而不知,则会流于异端。基于这种考虑,程颐明确指出,在知与行的关系中,知为本,行次之,知比行更为重要。

3. 行难知亦难

无论是知先行后还是知本行次都表明,二程的知行观突出知的价值,在价值观上认定知比行更为重要。不仅如此,为了更加突出知的价值和作用,针对由来已久的知易行难说,二程强调知亦难。对此,程颐指出,行固然难,然而,承认行难并不意味着知就不难,其实,行难知亦难。正是在这个意义上,他一再断言:

> 非特行难,知亦难也。(《二程集》《河南程氏遗书》卷十八)

子曰：古之言"知之非艰"者，吾谓知之亦未易也。今有人欲之京师，必知所出之门，所由之道，然后可往。未尝知也，虽有欲往之心，其能进乎？后世非无美才能力行者，然鲜能明道，盖知之者难也。(《二程集》《河南程氏粹言》卷一）

在此，程颐对知易行难的反击和申诉理由无非是不知即不能行，与前面的知先行后和知本行次确保行之方向并无不同。这再次证明，他强调知亦难无非是为了在知与行一样都难的前提下突出知的重要性。正因为如此，行难知亦难与前面的知先行后、知本行次在思想内涵和理论宗旨上完全相同。此外，知难还有另一层含义，即脱离明道之行——不以知为指导的行不具有道德价值。二程认为，从根本上说，知的目的是为了行，正如从事道德认识、教育和修养的最终目的是要有正确的道德行为一样，行一定要以道德观念和行为规范为标准，符合其要求。这正如程颐所言：

夫人幼而学之，将欲成之也；既成矣，将以行之也。学而不能成其学，成而不能行其学，则乌足贵哉？(《二程集》《河南程氏遗书》卷二十五）

君子之学贵乎行，行则明，明则有功。(《二程集》《周易程氏传》卷四）

在知务必要落实到行这个层面上，程颐强调，没有行，知将流于空谈，知的价值体现于行。然而，总的说来，他审视、处理知行关系时不是从这个角度立论的。相反，程颐强调，行为的本身并不难,难的是使行具有意义和价值。这正如美才能力行者有之,之所以行而无功,在于道不明一样。从这个意义上说,行不难,难的是明道、是知。可见,行难知亦难不是从行为的发生角度立论的,而是侧重行为的效果——是否符合知。正是对行必须符合知的要求决定了行对知的依赖,并由此得出了知亦难的结论。

需要说明的是,从难易的角度探讨知行关系并非二程首创,《尚书·说命》即有"知之非艰,行之惟艰"之语。基于以知为先、为本的价值理念,二程不同意古人的说法,在《尚书》认定行难的基础上强调知亦难,以此提高知的地位,并且致使被认可的行只能是以知为指导的行。

总之,二程的知行观突出知的地位,贯彻知为先、知为本的原则。这表明,在知与行的关系中,他们对知格外重视。需要说明的是,二程所讲的知先行后是就如何在现实生活中处理知行关系而言的,不是发生论意义上的,而是实践层面的。正因为如此,他们不否认行先知后的可能性,承认没有知也可以行,存在着不知而行的现象。然而,二程认为这种行是妄行,是危险或不善的,在价值上不予认可。换言之,不知而行只存在于事实领域,价值领域的行一定要在知的指导下进行,只能知先行后;一定要行其所知,只能以知为本。从中可见,二程之所以如此推崇知,归根到底取决于他们所讲的知、行不是对自然事物的认识或改造世界的活动,而是道德认识和道德实践。与此相关,要保证所行符合道德要求,最简单的一点是先明白道德准则和行为规范是什么。于是,便有了知先行后、知本行次之说。二程对知行关系的认识指引了宋明理学的学术导向,成为理学家的共识。此后,无论朱熹还是陆九渊、王守仁,不管知先行后还是"知行合一",重知是其一致主张。

二、朱熹——"知在先"与"行为重"

朱熹对知行关系非常重视,提出了较为系统的知行观。他对知行关系的总看法是:"知、行常相须,如目无足不行,足无目不见。论先后,知在先;论轻重,行为重。"(《朱子语类》卷九《学·论知行》)

1. "知、行常相须"

朱熹强调,"知、行常相须",是针对当时社会的流行病有感而发的。按照他的说法,对于知行关系,当时社会上存在着两种错误观点,造成了两种流弊:

> 大抵今日之弊,务讲学者多阙于践履,而专践履者又遂以讲学为无益。殊不知因践履之实,以致讲学之功,使所知益明,则所守日固,与彼区区口耳之间者,固不可同日而语也矣。(《朱文公文集》卷四十六《答王子充》)

朱熹认为,社会上存在的两种错误,本质只有一个——知行脱节,形成的原因也只有一个——是知行分离造成的。与此相关,要医治这些病痛,方案只有一个——反对知行脱离,强调知与行的相互依赖。有鉴于此,在讲述知行关系时,他首先强调,知与行相互依赖,谁也离不开谁。正像走路一样,只有眼睛没有脚走不了,只有脚没有眼睛也走不好。他同样以走路为例解释说,知与行的这种相互依赖、相互作用就像两条腿走路一样,必须一齐用力才能做好。基于这种认识,朱熹强调,知行相依,不可分离,必须"俱到",绝不可以对二者厚此薄彼。不仅如此,鉴于知与行的相互依赖,他反对知至后行。对此,朱熹指出:"若曰必俟知至而后可行,则夫事亲从兄,承上接下,乃之所不能一日废者,岂可谓吾知未至而暂辍,以俟其至而后行哉?"(《朱文公文集》卷四十二《答吴晦叔》)在此基础上,他进一步指出,知行不仅相互依赖,而且相互促进。正如知之明会促进行之笃一样,行之笃反过来也会促进知之明。这表明,践行越深,获得的认识也就越多。在这个层面上,知与行的相互依赖表现为二者相互提高、相互促进,这套用朱熹本人的话语结构便是"知行互发"。对此,他一再声称:

又问真知。曰:曾被虎伤者,便知得是可畏,未曾被虎伤底,须逐旋思量个被伤底道理,见得与被伤者一般方是。(《朱子语类》卷十五《大学·经下》)

亲历其域,则知之益明,非前日之意味。(《朱子语类》卷九《学·论知行》)

在这里,朱熹着重阐明了行对知的促进,强调只有经过亲历诸身之行,才能知之真切、笃实。基于这种认识,他告诉人们,对知、行皆不可偏废,知未至就着力于知,行未至就着力于行,在知行各项"俱到"的前提下,使知行"互发"。书中的很多记载表达了朱熹这方面的思想。例如:

问:"南轩云:致知力行互相发。"曰:"未须理会相发,且各项做将去,若知有未至,则就知上理会,行有未至,则就行上理

会,少间自是互相发。"(《朱子语类》卷九《学·论知行》)

鉴于知与行的相互依赖和相互提高,也为了防止人对知行举一弃一或厚此薄彼,朱熹强调,在为人、为学的过程中,知行必须齐头并进、不可偏废。正是在这个意义上,他一再声称:

> 知与行,工夫须著并到。知之愈明,则行之愈笃;行之愈笃,则知之盖明。二者皆不可偏废。如人两足相先后行,便会渐渐行得到。若一边软了,便一步也进不得。(《朱子语类》卷十四《大学·经上》)
>
> 知与行须是齐头做,方能互相发……不可道知得了方始行。(《朱子语类》卷一一七《训门人五》)

在朱熹看来,知行并进、相互促进,两者必须一齐去做,才能收到成效;相反,如果只偏向一边,结果必然导致失败——无论偏向知或行哪一边都一样。有鉴于此,他一再强调:

> 致知力行,用功不可偏,偏过一边,则一边受病。(《朱子语类》卷九《学·论知行》)
>
> 且《中庸》言学问思辨,而后继以力行。程子于涵养、进学亦两言之,皆未尝以此包彼,而有所偏废也。(《朱文公文集》卷三十三《答吕伯恭》)

由上可见,在讲知行关系时,朱熹的看法是,知与行相互促进、俱到、互发,始终强调二者的相互依赖。这个看法是针对当时的社会状况有感而发的,也是朱熹审视知行关系的大方向、大原则,更是知行关系的理想状态。在知行相互依赖的层面上,与抵制知行脱节相一致,朱熹反对"知至而后可行"的做法,将知、行视为不可分离、相互促进的。与此相关,他要求人们在为学、为人中使知行齐头并进、知行相长。至此,朱熹对知行关系的理解在某种程度上可以视为不分先后。

2."论先后,知在先"

在朱熹那里,知行相互依存、不可偏废,必须齐头并进一起做是在抽象意义上讲的,并且是一种理想状态。一旦落实到现实生活和实际操作中,情形就大不相同了。正因为如此,反对"知而后行"的朱熹讲知行互发俱到并不妨碍他强调"论先后,知在先"。与此相联系,在上面的引文中,刚说到"知、行常相须",马上就出现了"论先后,知在先"。不仅如此,下面的内容显示,与知行相互依赖、互发俱到一样,知先行后是朱熹关于知行关系的另一种主要观点。

朱熹指出,在处理知行之间的关系时,就下手处而言——借用他本人的话语结构即"就其一事之中而论之",则须知先行后。于是,朱熹一再指出:

> 夫泛论知行之理,而就一事之中以观之,则知之为先,行之为后,无可疑者。(《朱文公文集》卷四十二《答吴晦叔》)
>
> 今就其一事之中而论之,则先知后行,固各有其序矣。(《朱文公文集》卷四十二《答吴晦叔》)

朱熹的这两段话表明，前面所讲的知行相互依赖、俱到互发是就抽象的意义而言的，是原则性的泛泛而论；在处理现实的、具体的知行关系时，必须遵守知在先、行在后的次序。正是在就一事而论中，他强调，"论先后，知在先"。同时，既然知行互发、俱到是就理想状态而言的，那么，便不能保证时时处处都可做到；退一步说，如果不能知行俱到，不得已作出取舍的话，那么，只能是先知后行，而万万不可先行后知或不知而行。对此，朱熹解释说，如果"全不知而能行"，那太不可思议了，也太危险了。正是在这个意义上，他断言：

切问、忠信只是泛引且己底意思，非以为致知力行之分也。质美者固是知行俱到，其次亦岂有全不知而能行者？（《朱文公文集》卷六十《答潘子善》）

基于上述考虑，朱熹主张知先行后。进而言之，知先行后最基本的含义是，在处理知行关系时，应该从知下手，知后而行，在知与行之间存在着一个逻辑上的先后顺序和价值上的本末关系。在他的著作中，有许多对知行关系的论述都是从这个角度立论的。下略举其一二：

须是知得，方始行得。（《朱子语类》卷一〇一《程子门人·尹彦明》）
先知得，方行得。所以《大学》先说致知。（《朱子语类》卷十四《大学·经上》）
论先后，当以致知为先。（《朱子语类》卷九《学·论知行》）

故圣贤教人,必以穷理为先,而力行以终之。(《朱文公文集》卷五十四《答郭希吕》)

可见,对于为学的次序和如何处理知行关系,朱熹的看法是,人在为学或修身养性时必须先致知、穷理,然后按照所明之理去行。这里的知行具有一个先后程序,其中隐藏的理由是,凡人做事必定在明白其中的道理之后依此而行,才有可能做出符合规范的行为来。与此相关,知先行后的第二层含义是,知在行先以指导行,行在知后依照知的引领而行。在这个意义上,他再三指出:

义理不明,如何践履? ……如人行路,不见便如何行?(《朱子语类》卷九《学·论知行》)

道理明时,自是事亲不得不孝,事兄不得不悌,交朋友不得不信。(《朱子语类》卷九《学·论知行》)

然去私欲,必先明理……至于教人,当以知为先。(《朱子语类》卷三十七《论语·子罕篇上·知者不惑章》)

如果说知先行后的第一层含义是技术上、程序上的话,那么,第二层含义则是目的性、价值性的。因为知在先是为了确保行的正确,只有先知后行方可避免行的盲目以免误入歧途。按照朱熹的说法,只有先明白了道德义理、树立正确的道德认识,才有可能产生正确的道德行为;只有先明晓义理,才能使行为有所规范而合于义理。否则,没有知的指导或不知而行,必然如盲人行路一般,在践行中陷于盲目,甚至是危险境地。出于这种考虑,他坚决反对行在知先的做法。例如,朱熹曾说:"有以行为先之意,而所谓在乎兼进者,又若致知力行,初无先后之分也,凡此皆鄙意所深疑。"(《朱文公文集》卷四十二《答吴晦叔》)在这里,他不仅反对"以行为先",而且反对知行"无先后之分",对这两种观点的反对一起支持了知先行后的观点,也再次证明了前面所讲的知行相依、互发、俱到是抽象原则而不是具体进程。

此外,朱熹主张知先行后,是因为坚信真知无有不行者。他认定,只要真知就一定能行,如不能行,只是知之太浅。循着"知得方行得"的思路,朱熹认为,知是行的基础和根据,若行"便要知得到,若知不到,便都没分明,若知得到,便著定恁地做,更无第二著第三著。"(《朱子语类》卷十五《大学·经下》)这就是说,只要知之真切就必然能行,循着这个逻辑,只要知在先,行是迟早的事。

3. "论轻重,行为重"

朱熹认为,仅仅知理而不去实行,这样的知便没有价值,知也等于无知。正是在这个意义上,他一再断言:

苟徒知而不行,诚与不学无异。(《朱文公文集》卷五十九《答曹元可》)

既致知,又须力行。若致知而不力行,与不知同。(《朱子语类》卷一一五《训门人三》)

鉴于这种认识,朱熹主张,仅仅有知是不够的,还要把知落实到行动上。于是,他反复强调:

致知力行,论其先后,固然以致知为先;然论其轻重,则得

之以力行为重。(《朱文公文集》卷五十《答程正思》)

论轻重,当以力行为重。(《朱子语类》卷九《学·论知行》)

朱熹宣称:"德者,行之本……言德,则行在其中矣。"(《朱子语类》卷六十九《易·乾下》)这就是说,道德的重要品格是实践性,这使行显得尤其重要。按照他的说法,只有通过行才能使我与善合一,使善成为我之善;不去行,善与我毫不相干,对于我便毫无意义。所以,朱熹反复说:

善在那里,自家却去行他。行之久,则与自家为一;为一,则得之在我。未能行,善自善,我自我。(《朱子语类》卷十三《学·力行》)

学之之博,未若知之之要;知之之要,未若行之之实。(《朱子语类》卷十三《学·力行》)

基于这一理解,朱熹进而指出,只有经过行,才可使知更真切、更深刻。譬如要知道果子的酸甜滋味,"须是与他嚼破,便见滋味。"(《朱子语类》卷八《学·总论为学之方》)

与其道德主义旨趣一脉相承,重行是儒家的一贯原则。在这一点上,尽管二程以知为先、为本,同样以行为重,强调知必须最终落实到行上。对此,朱熹当然也不例外。他再三强调:

为学之功,且要行其所知。(《朱文公文集》卷四十六《答吕道一》)

夫学问岂以他求，不过欲明此理，而力行之耳。(《朱文公文集》卷五十四《答郭希吕》)

书固不可不读，但比之行，实差缓耳。(《朱文公文集》卷四十八《答吕子约》)

按照朱熹的说法，力行是明理之终。为什么要知，目的是行。不仅如此，为了强调行的重要性，他反对二程"行难知亦难"的看法。朱熹一再指出：

虽要致知，然不可恃。《书》曰："知之非艰，行之惟艰。"工夫全在行上。(《朱子语类》卷十三《学·力行》)

这个事，说只消两日说了，只是工夫难。(《朱子语类》卷十三《学·力行》)

除此之外，朱熹之所以断言"论轻重，行为重"，是因为行是检验知的标准。这包括两个方面的含义：第一，知之是非必须通过行来检验。即使不必"必待行之皆是，而后验其知至"(《朱子语类》卷十五《大学·经下》)对父之孝、对兄之悌的认识是否正确，也只有通过其事父、事兄的行为才能检验出来。第二，知是否真切要通过行表现出来、加以验证。这便是所谓的"欲知知之真不真，意之诚不诚，只看做不做如何。真个如此做底，便是知至、意诚。"(《朱子语类》卷十五《大学·经下》)在他看来，考察一个人知是否真、意是否诚，只有一条标准——力行。

朱熹对知行关系上述三个方面的阐释各有侧重，是从不同角度立论的。这三个方面不是对知行关系的横向或静态审视，而是

对知行关系的动态考察。与此相关,对于知行关系,朱熹有一段概括,可以与上述对知行关系三个方面的论述相互参照。现摘录如下:

力行其所已知,而勉求其所未至,则自近及远,由粗至精,循循有序,而日有可见之效矣。(《朱文公文集》续集卷六《答卢提幹》)

在此,朱熹勾勒了知行关系的动态轨迹,也可以视为对知行关系上述三个方面的总结和概括。在这个轨迹和程序中,行为重,但行不是妄行,是行其所已知,这里有个知在先的问题。然而,无论知还是行都不是一劳永逸的。知、行均不是一日之功,而是一个长久的过程。具体地说,知、行都有远近、精粗之分,每一次由近及远、由粗至精都是在知而行、行而知的相须、互发中完成的。与此相关,朱熹所讲的知行关系的三个方面均不是孤立的,只有在相互参照中才能避免其片面性。

三、王守仁——"知行合一"

对于知行关系,王守仁的核心观点是"知行合一"。在此,有两点必须明确一下:第一,"知行合一"这一命题并非王守仁的首创。在他之前,南宋理学家陈淳就有知行"不是截然为二事"的思想,明代理学家谢复更是明确提出了"知行合一"、"知行并进"的命题。然而,由于陈淳、谢复等人对自己的观点并未有较为系统的理论论证,他们的说法在社会上的影响并不大。王守仁继承了陈淳、谢复等人的思想，对"知行合一"作了系统论证，使这一命题产生了广泛影响。因此，提到"知行合一"，人们往往会忽视陈淳或谢复，首先想到或提到的反而是王守仁。第二，王守仁之所以推崇"知行合一"是针对当时的社会恶习有感而发的，同时也是为了反对朱熹的知行观。其实，这两个问题具有一致性。按照王守仁的看法，正是朱熹的知先行后在社会上造成了知行脱节、言行不一的恶劣风气，因为有些人正是借口先知后行而对宗法道德不肯躬行的。对于自己倡导"知行合一"的良苦用心，王守仁曾经表白说：

今人却就将知行分作两件去做，以为必先知了然后能行，我如今且去讲习讨论做知的工夫，待知得真了方去做行的工夫，故遂终身不行，亦遂终身不知。此不是小病痛，其来已非一日矣。某今说个知行合一，正是对病的药。（《王阳明全集》卷一《传习录上》）

王守仁认为，朱熹的知先行后对此难辞其咎的"知得父当孝、兄当弟者，却不能孝、不能弟"的毛病不是"小毛病"，滋长下去将危害整个社会；自己提倡"知行合一"，正是为了以知行不分先后为下手处，抵制知行脱节，以此作对病的药来整顿道德，挽救当时的社会危机。正因为如此，王守仁十分重视"知行合一"、不可分离，致使"知行合一"成为其知行观的核心命题和反击朱熹的主打武器。

进而言之，作为知行观的核心命题，"知行合一"在王守仁的思想中具有重要意义。他对此十分重视，并从不同角度予以界定和阐释，赋予其多层内含和意蕴。

1. 知行并进、不分先后

王守仁提倡"知行合一"并非突发奇想,也非书斋杜撰,而是为了反对朱熹的知先行后,扭转当时社会上盛行的言行不一的恶劣风气。与这一立言宗旨相呼应,在审视、处理知行关系时,他首先强调,知与行在时间上不分先后、同时并进,并将知与行之间的这种不分先后的并进关系说成是"知行合一"。对此,王守仁举例子论证说:

> 故《大学》指个真知行与人看,说"如好好色,如恶恶臭"。见好色属知,好好色属行。只见那好色时已自好了,不是见了后又立个心去好。闻恶臭属知,恶恶臭属行。只闻那恶臭时已自恶了,不是闻了后别立个心去恶。(《王阳明全集》卷一《传习录上》)

可见,对于知与行不分先后的合一并进,王守仁的逻辑和理由是,"见好色属知,好好色属行","闻恶臭属知,恶恶臭属行";因为"只见那好色时已自好了","只闻那恶臭时已自恶了"。在这里,知与行在时间上不分先后,是同时并进的;既然知与行在时间上不分先后、是并进的,当然就是合一的。至此,不难发现,他对"知行合一"的所有证明都奠定在一个前提之上,这个前提是"见好色属知,好好色属行","闻恶臭属知,恶恶臭属行"。按照一般认识,好恶是情感,应该属于知;王守仁却将之界定为行,成为"知行合一"的前提。其实,他的"知行合一"就是以对知、行的特定理解为前提的。不仅如此,王守仁对知行关系的全部理解都与对知、行的特殊诠释密切相关。具体地说,他是从"心外无物,心外无事,心外无理"的心学思路来解释知、行以及知行关系的。在这方面,循着心是宇宙本体、吾心即是良知、心中包含万理的思路,王守仁断言,知是天赋的良知,并不是一般的知识、理论或认识。对于行是什么,他一面认为"凡谓之行者,只是著实去做这件事"(《王阳明全集》卷六《答友人问》),一面宣称"一念发动处,便即是行了。"(《王阳明全集》卷三《传习录下》)可见,王守仁对知行的定义并非通常意义上立论的,套用王夫之的话语结构便是:"知者非知,而行者非行。"(《尚书引义》卷三《说命中》)不过,以理学家的标准来看,如果说知为天赋良知并不奇怪甚至是意料之中,王守仁的这个观点与朱熹、陆九渊非常吻合的话,那么,他对行的理解则与其他人迥异其趣,甚至有些令人匪夷所思。因为王守仁在承认行是"著实去做"的同时,将意念归于行。这等于抽掉了知与行之间的界线,不仅导致知代替行的结果,而且使知行同时并进、不分先后、本义合一乃至不分彼此等都成为不言而喻的了。正是循着这个逻辑,他把人的意念、动机称为行,在此基础上提出了"知行合一"、并进说。其实,王守仁正是从知、行——特别是行的特定含义出发来解释知行关系的。不了解知、行的特定内涵,便无法理解他对知行关系的认定和"知行合一"的精神实质。

2. 真知、真行本义合一

王守仁认为,知与行在本义上是合一的。其实,由于有了一念即行的前提,知行的本义合一便可以理解了。除此之外,知行的本义合一还有更多的内容。在上面的引文中,王守仁证明知行不分先后、并进合一的前提是"指个真知行与人看",这里的知与行之所以合一并进是因为它们是"真知行"。这表明,知行并进合一、不分先后不仅是在经验层面立论的,而且是在本真层面立论的。在他看来,只有相互合一的真知、真行才是知、行的整体含义和理想状态。这表明,"知行合一"是知行的本义。知行本义指完全意义上的知行,王守仁称之为真知真行。在他看来,行之方显知之真,知之方显行之真;真知不仅是道理上的知,而且必定能够见之于行;真行不是泛指一切行为、活动,而是特指在知指导下的行。正是在这个意义上,王守仁宣称:"知之真切笃实处即是行,行之明觉精察处即是知。"(《王阳明全集》卷二《传习录中》)

基于这种认识,王守仁把"知行合一"视为判断真知、真行的标准,强调知、行只有在与对方的合一中才能成为真知、真行:第一,真知必能行,不行之知即非真知。在这个意义上,他反复申明:

> 未有知而不行者,知而不行只是未知。(《王阳明全集》卷一《传习录上》)

> 真知即所以为行,不行不足谓之知。(《王阳明全集》卷二《传习录中》)

按照王守仁的说法,真知与行合一包含两方面的含义:一方面,真知一定落实到行动上,才算完结;另一方面,只有经过行才能知之真切、深刻。第二,真行必真知,行过方谓知。对此,他反复指出:

> 如言学孝,则必服劳奉养,躬行孝道,然后谓之孝。岂徒悬空口耳讲说,而遂可以谓之学孝乎?学射则必张弓挟矢,引

满中的;学书,则必伸纸执笔,操觚染翰。(《王阳明全集》卷一《传习录上》)

又如知痛,必已自痛了,方知痛;知寒,必已自寒了;知饥,必已自饥了。知行如何分得开?(《王阳明全集》卷一《传习录上》)

按照王守仁的标准,行并不都是真行,只有在真知指导下的行才是真行。确切地说,评价一种行为的善恶,不仅视其行为的过程和后果,而且兼顾其动机,应该将知(动机、意图等)纳入评价和考察视野。

3. 知与行相互包含、不分彼此

王守仁认为,知与行不仅在本义上合一,而且在具体程序上也是合一的,这种合一使二者之间呈现出你中有我、我中有你的相互包含的关系。正是在这个意义上,他一再断言:

夫人必有欲食之心,然后知食,欲食之心即意,即是行之始矣。食味之美恶,必待入口而后知,岂有不待入口而已先知食味之美恶者邪?必有欲行之心,然后知路,欲行之心即是意,即是行之始矣。路歧之险夷,必待身亲履历而后知,岂有不待身亲履历而已先知路歧之险夷者邪?(《王阳明全集》卷二《传习录中》)

知是行的主意,行是知的工夫;知是行之始,行是知之成。若会得时,只说一个知已自有行在,只说一个行已自有知在。(《王阳明全集》卷一《传习录上》)

按照王守仁的说法,人的行为都带有一定的目的、动机和意图,这些计划、意图和思想组成的知就是行的开始。这表明,知本身就包含着行。反过来,因为行是在意志、思想的支配下发生的,是知的践履工夫,可以说是计划、主意的实施和贯彻。这表明,行中包含知,如何行就事先包含在知中。知行之间这种相互渗透、相互包含的关系就是不可分割的合一关系。不仅如此,为了强调知与行之间相互渗透、包含、合一,他强调,"知行不可分作两事",是"两个字说一个工夫"。更有甚者,在知行相互包含、合一的基础上,王守仁淡化了两者之间的界线,进而得出了知行彼此相互代替、说到一方即可代替另一方的结论——"只说一个知已自有行在,只说一个行已自有知在"。在他看来,若领悟了知行的相互包含、合一,可以只说一方即包含着另一方。这样,知行的相互包含便呈现为知即行、行即知的合一关系。

可见,从反对知先行后开始,王守仁急切地提倡"知行合一",通过对知行关系的阐释,从知行不分先后、相互包含最终得出了知行并进、合一的结论。这使知与行的合一变成了同一——对于知与行而言,既然只说一个就包含、代表了另一个,那么,知与行在本质上就成了一个,也就完全失去了相互脱节的可能。

通过对"知行合一"内涵的考察不难看出,"知行合一"的三个方面都是对知行相互依存、不可分离的强调,可以归结为知行相依。从这个意义上说,王守仁的"知行合一"与其他理学家包括朱熹的知先行后并无本质区别,流露出相同的价值旨趣:第一,重申了知对行的指导,并且在"只说一个知已自有行在,只说一个行已自有知在"中强化了知对行的指导。第二,重申了行的重要,对真知必能行的论证由于行为知中固有、不再是外在的强制而具有了本能的意味,更显自然和正当。这些相同的理论宗旨和价值取向既是王守仁与程朱等人的相同之处,也是宋明理学知行观的共同特征。在这个大同的前提下,如果说还有小异的话,那便是:王守仁将知与行的相互依赖进一步夸大,由相互依赖上升为不分彼此、完全合一乃至相互代替。

另一方面,由于是针对朱熹等人的知行观提出来的补救措施和医病药方,王守仁的"知行合一"确实包含有不同于他人的独特之处,那就是:将意念说成是行。"一念发动处便即是行"的定义不仅奠定了"知行合一"的理论前提,由此引申出知行不分先后、完全合一和相互包含乃至相互代替等结论,而且在审视、评价知行关系时从原来的注重效果转变为动机与效果兼顾。

与社会背景和立言宗旨相呼应,就社会效果和客观影响而言,王守仁在阐释"知行合一"时既看中后果又强调动机:就强调行、践履而言,他声称:"犹如称某人知孝、某人知弟,必是某人已曾行孝行弟,方可称他知孝知弟,不成只是晓得说些孝弟的话,便可称为知孝弟。"(《王阳明全集》卷一《传习录上》)在这个意义上,是否实行以及行之效果是检验真知的标准,一个人只有对道德准则躬亲践履,方能证明他对道德准则有正确认识,是有道德的。循着这个思路,王守仁强调,格物、致知、"致良知"、"去人欲,存天理"等等均非一句空话,都应该落实到行动上。就强调知、动机而言,他一再宣称:

> 今人学问,只因知行分作两件,故有一念发动,虽是不善,然却未尝行,便不去禁止。我今说个知行合一,正要人晓得,一念发动处,便即是行了;发动处有不善,就将这不善的念克

倒了，须要彻根彻底，不使那一念不善潜在胸中。此是我立言宗旨。(《王阳明全集》卷三《传习录下》)

彼一念而善，即善人矣……尔一念而恶，即恶人矣；人之善恶，由于一念之间。(《王阳明全集》卷十七《南赣乡约》)

在王守仁那里，意念即是行。因此，只要有恶的意念，即使没有去行，也不能容忍，也要将其克灭。因此，评价一种道德行为，不能仅视其产生的客观效果或后果，而且要考察其行为动机。这是典型的动机论。由此可以看出，如果说王守仁动机与效果兼顾的话，那么，在兼顾的同时，他特别在意动机，"知行合一"的立言宗旨就是"不使那一念不善潜在胸中"。众所周知，在多年的亲身实践中，王守仁切实感受到"破山中贼易，破心中贼难"。所谓"心中贼"，即潜伏在人心中的恶念。在他看来，与"山中贼"相比，"心中贼"、恶念更为可怕和危险，对此不仅不能姑息，而且应该彻底铲除。有鉴于此，王守仁的思想建构包括"知行合一"均以"破心中贼"、铲除潜伏在人们心里的恶念为初衷。为了唤起人们对不善之念的防范，他强调"知行合一"，并且别出心裁地提出了"一念发动处便即是行"的观点。进而言之，王守仁之所以把"一念发动"称为行，就是为了强调心中的恶念是危险的，目的是严密加强对人的思想统治。在这方面，他曾经说："必欲此心纯乎天理，而无一毫人欲之私，非防于未萌之先，而克于方萌之际不能也。"(《王阳明全集》卷二《答陆原静·又》)更有甚者，作为动机论的极端表达和具体贯彻，王守仁修改了圣贤标准，不仅将知识、功绩和著述等从圣人的标准中删除，而且将道德躬行排除在外，只剩下了心中意念之善。在他修改后的新标准中，圣人之所以成为圣人，是因为"其心纯乎天理而无一丝人欲之杂"。这样一来,只要意念纯正,没有私心杂念,便是圣人。这一结论与上面的"人之善恶,由于一念之间"如出一辙。如此说来,做圣人只需要意念纯正,不必真正去行。王守仁的圣人标准隐藏的知行关系的误区是用知代替了行。

其实,"知行合一"所包含的这种动机与效果之间的矛盾是王守仁对善与恶提出的不同要求。这正如梁启超所说:"善而不行,不足为善……仅恶念发,已足称为恶。"(《德育鉴·知本》)从善恶的双重标准可以看出,王守仁把意念说成是行可谓用心良苦。

总之,如果说二程、朱熹和陆九渊主张以知为本、为先是为了确保行之正确,注重行为后果的话,那么,王守仁的"知行合一"则对行之动机予以考察,在关注后果的同时兼顾动机。由此可以看出,一方面,与其他理学家一样,王守仁关注道德教化,提高社会道德水平的初衷不改。另一方面,与他人相比,王守仁对行为善恶提出了更高的要求和标准——不仅行为的后果要善,而且动机也要善。

进而言之,这两点表明,王守仁的"知行合一"与其他人的知先行后之间既有相同点又有差异性;前者是大同,后者是小异;只有分析、了解其间的异同,才能客观评价理学家关于知行关系的分歧,在此基础上整合、透视理学知行观一以贯之、殊途同归的思想实质。

四、以知为先、为本与知行观的道德内涵和伦理维度

综观理学家对知行关系的厘定,各种说法纷至沓来,从知先行后、知本行次、知行互发、知行俱到、以行为重到知行合一、不分先

后等等,见仁见智、不一而足。这些观点表面上看来并不相同,有些相互抵牾,甚至给人针锋相对或截然对立的感觉,王守仁以"知行合一"、不分先后反驳朱熹等人的知先行后就是明证。然而,这只是问题的一个方面,甚至还不是主要方面。问题的另一方面是,理学家的知行观具有相同的思想主旨,这一点是对其进行反思时不可忽视的方面。进而言之,这些相同点展示了理学知行观的共同特征和时代气息,也彰显了其深层的精神实质和价值旨趣。

1. 知先行后与以知为本

理学家的知行观在众说纷纭的现象背后,隐藏着相同的致思方向和价值旨趣。其中,最明显的是在探讨知行关系时以知为先、为本。

检阅理学家对知行关系的厘定,给人印象最深的莫过于知先行后:一边是二程、朱熹和陆九渊等人不约而同地呼吁知先行后,一边是王守仁竭尽全力地反对知先行后,并且针锋相对地提出"知行合一"、不分先后。这种情况表明,通过分析备受争议的知先行后来展示理学知行观的共同特征和价值取向颇有挑战性,得出的结论或许更有说服力。

在这里,有必要先来明确一下知先行后的具体含义。上面的介绍显示,二程、朱熹对知先行后的陈述出于相同的意图和动机,那就是:若行,要先明白做什么、如何做;所以,必须知在先。在知与行的关系上,陆九渊与程朱一样主张知先行后。对此,他一再写道:

> 博学、审问、慎思、明辨、笃行。博学在先,力行在后。吾

友学未博，焉知所行者是当为、是不当为？（《陆九渊集》卷三十五《语录下》）

为学有讲明、有践履……未尝学问思辨，而曰吾唯笃行之而已，是冥行者也……讲明之未至，而徒恃其能力行，是犹射者不习于教法之巧，而徒恃其有力，谓吾能至于百步之外，而不计其未尝中也。（《陆九渊集》卷十二《与赵咏道》）

按照陆九渊的说法，只有先明白了道理，行才能有正确的方向；否则，践履便会迷失方向，成为冥行。循着这个逻辑，必须先知后行。可见，陆九渊在主张知先行后上与程朱别无二致，他力主此说的初衷也与程朱如出一辙。这表明，无论是二程、朱熹还是陆九渊讲知先行后都是为了强调以知指导行。在他们看来，为了反对脱离知而冥行，必须知在先、行在后。其实，这也是王守仁断言知行不分先后、合一并进的题中应有之义，他的名言"知是行的主意，行是知的工夫"已经把行牢牢地锁定在知的计划之内，目的是将行永远控制在知的主意之下。

进而言之，为了突出知对行的指导，理学家强调，行必须在知的策划、引领和监督下进行，于是推出了知先行后。其实，从行必须依赖知的指导这个角度看，他们所讲的知先行后与知行不分前后、相互依赖并不矛盾，说的就是一个意思。因为从目的是为了以知指导行的角度看，知先行后也是一种知行相互依赖、不可分离——至少是其中的一个方面。正因为如此，理学家都强调知行相互依赖，缺一不可，朱熹对知行关系前后看似矛盾的说法恰好证明了这一点。如前所述，朱熹强调知行相互依赖、俱到互发，一定要齐头并进、不可偏废。从这个意义上说，知与行是同时进行的，不可分为先后。同时，他又强调"论先后，知在先"，一定要先知后行。对于一面齐头并进俱到，一面分为先后，朱熹本人的说辞是前者是本原性的、抽象的，后者是具体的、就一事而论的。其实，一事中的知先行后以知行相互依存为前提，不仅离开知行相依这一原则便没有知先行后，而且知先行后本身就是相依的一个方面——说明了知行如何相互依存，只不过是侧重行如何依赖知而已。明白了这一点可以看到，在知行的相互依赖上，二程、朱熹和陆九渊等人的知先行后与王守仁的"知行合一"别无二致，正是知指导行将理学家的知先行后、知行相依和"知行合一"统一了起来。这表明，理学家的知先行后不是在发生论而是在功能论上立论的，换言之，他们对抽象的、本原上的知与行孰先孰后、谁产生谁的问题不感兴趣，而是把关注的焦点聚集在具体处理知行关系时二者的相互依赖、相互作用上；尽管在知行的相互依赖中侧重于行对知的依赖，隐藏的前提还是知行相互依赖。在这个意义上可以说，知先行后与知行相依、"知行合一"以及不分先后并无本质区别，只是侧重不同而已。这一点也是审视朱熹与王守仁知行观分歧的一个参考系数。

至此，有一个问题亟待澄清：理学家并不认为离开知就没有行，也不否认没有知也可能发生行；恰好相反，他们承认没有知也能行，并且恰恰因为存在着脱离知的行，或者说，没有知在先也一样可以行，所以，才一致奋力疾呼知先行后。理学家这样做恰恰是为了避免、杜绝不知而行，究其原因，是因为他们认为没有知的指导，便无法保证此行合乎知。与此相联系，理学家将脱离知指导的行称为妄行、冥行，在价值上对这种行为不予认可。更有甚者，在他们看来，脱离知的妄行、冥行不仅没有价值，而且非常危险。由于理学家们不愿冒这个险，因此断言无知之行不若不行。循着这个逻辑，为了完全杜绝此类之行，唯一的办法就是知先行后，把行永远控制在知的指导、监督之下。对于理学家心中的这个秘密，朱熹的话一语破的："行者不是泛而行，乃行其所知之行也。"(《朱文公文集》卷三十二《答张敬夫》)这表明，朱熹之所以不厌其烦地嘱咐人一定要先知后行，是因为他认可、渴望的行不是宽泛的行，而是在知指导下的行。在这种特定的含义下，知先行后便是不言而喻的了。也正因为这个原因，强调知先行后并不是朱熹一个人的看法，而是理学家的一致认识。

2. 知行观的道德内涵和伦理维度

理学家之所以力主知先行后，强调行一定要在知的指导下进行，最根本的原因是，他们所讲的知与行都具有特定的含义：正如知特指对宗法道德之知一样，行特指对宗法道德之行。这一点从理学家对知、行的界定中可以一目了然。例如，朱熹所讲的知在绝大多数情况下并非指人的认识或知识，而是专指人内心先天固有的天赋之知，即所谓的良知或称"天德良知"。在这方面，朱熹有言："知者，吾心之知；理者，事物之理，以此知彼，自有主宾之辨，不当以此字训彼字。"(《朱文公文集》卷四十四《答江德功》)陆九渊、王守仁所讲的知是吾心先天固有之知更是自不待言。在他们那里，吾心之所以能够成为亘古亘今的宇宙本体，就是因为吾心即是天理，先天固有良知。其实，将知视为先天固有的先验之知即代表伦理道德的良知是所有理学家的共识。例如，张载在承认"见闻之知"的前提下肯定"天德良知"的存在，并将克服"见闻之知"缺陷的希望寄托于"不萌于见闻"的"德性所知"。张载的这个做法实际上等于抛弃了"见闻之知",最后投靠了"天德良知"。二程对知即天理、良知的看法从来就坚贞不二、毫不动摇,这也是其自诩"天理二字却是自家体贴出来"(程颢语)的自豪之处。

理学家关于知即先验之知、知即良知的说法引申出两个必然结论:第一,受知指导的行必然与知一样具有道德属性和价值,是对伦理道德的践履躬行;这决定了理学家所讲的知、行均属于道德范畴,对知行关系的界定侧重道德内涵和伦理维度。第二,在审视、处理知行关系时偏向知的一边,始终以知为先、为本。在理学家那里,知的先验性或良知的与生俱来否定了知源于行的必要性,知的良知内涵决定了行的是非、荣辱完全取决于知。更有甚者,知即天德良知注定了知具有行无可比拟的亘古亘今的绝对权威。事实上,无论是程朱理学对天理还是陆王心学对吾心的推崇都是对知的神化、夸大和膜拜,都为知在知行关系中占据主导地位、成为根本方面提供了前提:如果说朱熹之天命之性的出现为知在知行关系中的绝对胜出上了第二道保险的话,那么,王守仁对知的界定则赋予知前所未有的至上权威。知在王守仁那里被直接称作良知,他不仅用良知来称呼吾心或天理,而且断言良知"不待学而能,不待虑而知",是"吾心天然自有之则。"(《王阳明全集》卷七《亲民堂记》)循着这个提示,既然心即良知,那么,心是本原即意味着良知是本原。于是,王守仁屡屡说道:

> 人的良知,就是草木瓦石的良知。若草木瓦石无人的良知,不可以为草木瓦石矣。岂惟草木瓦石为然,天地无人的良知,亦不可为天地矣。(《王阳明全集》卷三《传习录下》)
> 良知是造化的精灵,这些精灵生天生地、成鬼成帝,皆从

此出。(《王阳明全集》卷三《传习录下》)

天地万物,俱在我良知的发用流行中,何尝又有一物超出于良知之外?(《王阳明全集》卷三《传习录下》)

将理与心说成是良知,然后极力神化之是王守仁哲学的基本特点。这一致思方向使良知成为第一范畴,乃至其伦理学说的全部秘密都可以归结为良知。这正如他自己所说:

除却良知,还有甚么说得?(《王阳明全集》卷六《寄邹谦之》)

舍此(指良知、致良知。——引者注)更无学问可讲矣。(《王阳明全集》卷六《寄邹谦之》)

有了上述前提,便容易理解理学家在审视、处理知行关系时始终向知倾斜、甚至以知为本的做法了。在二程那里,知行的全部关系——从知先行后、知本行次到行难知亦难一言以蔽之都是以知为本。朱熹一面断言"论轻重,行为重",一面不厌其烦地以知为本、为先,所要表达的也是这个意思。于是,在他的著作中,这样的句子并不难找到:

既知则自然行得,不待勉强。却是"知"字上重。(《朱子语类》卷十八《大学·传》)

"穷理之要,不必深求",此语有大病,殊骇闻听。行得即是,固为至论。然穷理不深,则安知行之可否哉?……则凡所作为,皆出于私意之凿,冥行而已,虽使或中,君子不贵也。

(《朱文公文集》卷四十《答程允夫》)

力行而不学文,则无以考圣贤之成法,识事理之当然。而所行或出于私意,非但失之于野而已。(《四书集注·论语集注·学而》)

3. 以知为先、为本与重行

有了知、行皆指对伦理道德之知、行,便不难理解为什么理学家在以知为先、为本的同时强调以行为重这种貌似矛盾的做法了:一方面,以知为先、为本是因为只有以知为指导,才能保证行的正确;另一方面,以行为重是因为道德的实践品格,所知必须落实到行动上才能实现其价值。在此,最能说明问题的是二程的知行观。如上所述,在阐释知行关系时,他们一再强调知为先、知为本、知亦难,这一切无非是为了引起人们对知的高度重视。然而,说到底,知之所以可贵、为本,是因为知具有指导行的功能。因此,二程没有由于对知的推崇而漠视行,而是强调不落实到行上,知的价值便无从谈起,知也等于不知。与二程不约而同,朱熹刚讲到"论先后,知在先",马上让"论轻重,行为重"紧随其后。其实,在偏袒知的同时重行并不止于二程和朱熹,陆九渊、王守仁等人也是一样。陆九渊认为,所谓博学并非"口耳之学",而是"一意实学,不事空言";学是为了用,知是为了行。由此,他宣称:

孟子曰:"幼而学之,壮而欲行之。"……少而学道,壮而行道者,士君子之职也。(《陆九渊集》卷二《与朱元晦》)

基于这种认识,陆九渊反对只说不做、只学不用的做法,强调学道是为了行，坚持将道德修养落实到践履上。他的这种看法反映在知行关系上就是，要求真知必须通过实行表现出来，肯定真知即包含着行的自觉；否则，知而不行便称不上真知。对此，陆九渊解释说：

> 自谓知非而不能去非，是不知非也。自谓知过而不能改过，是不知过也。真知非则无不能去，真知过则无不能改。（《陆九渊集》卷十四《与罗章夫》）

按照陆九渊的逻辑，正如知非必能在行动上去非、知过必能在行动中改过一样，一切知最终都应该通过行表现出来。这表明，知而不去行，知便没有意义，知的价值只有通过践履才能最终体现出来。王守仁所讲的"行是知的工夫"、"只说一个知已自有行在"无非是督促人将知落实到行动上。此外，他讲的"致良知"不是一句空话等也是在知必须落实到行动上立论的，也流露出重行的倾向。

中国古代哲学的理想人格——无论君子还是圣贤归根结底都不是知识型而是道德型的——在这一点上，即使是尚真的道家也不例外，追求仁义之善的儒家更是如此。现在的问题是，道德家的本色不在于明晓道理或侃侃而谈，对于他们而言，在内心道德充满的前提下，使行于君臣父子之间的仁义忠孝推广于天下才是更重要的。事实上，重行一直是儒家的鸿秘，也毫无悬念地成为理学家的共识。这个问题大而化之，可以视为中国传统文化伦理本位的具体表现。

基于上述分析，对理学家所讲的知先行后不能简单地理解为时间的先后问题，更不存在知行脱节的问题，因为这里的知先行后以不证自明的知行相互依赖为前提。这也是朱熹等人为什么一面断言知在先、行在后,一面宣称知行俱到互发,并且强调行为重的秘密所在。明白了这一点便会发现,理学家对知行关系的种种界说——前面提到的知先行后、知本行次、行难知亦难、知行相依、以行为重、"知行合一"、不分先后等等原来说的是一个意思,这个共同的思想主旨既可以概括为知先行后,也可以表述为知行相依;当然,表达为以行为重或"知行合一"也未尝不可。因为这些说法都是技术性的,充其量只是表达方式或侧重不同,其思想主旨未尝有别。在此基础上,回过头来审视理学家的知行观则会发现,他们主张知先行后是为了强调知的价值和作用只有通过行才能体现出来,原本就没有将知与行断然分作两截的意思。同样,在这个思维框架中透视王守仁对知行关系的看法则会发现,原来他所讲的"知行合一"也不是单向的,既包括行合于知,又包括知合于行;知与行之间的这种双向性的合一既是为了避免行脱离知,也是为了避免知落空。既然这样,"知行合一"与知先行后或知行相依之间还有什么不可逾越的鸿沟呢?

尽管如此,在审视、分析或评价理学家的知行观时,有一点还是要首先予以承认的。那就是:理学家对知行关系的论述从总体上看明显偏袒于知这一边,就其社会影响而非理论宗旨而言不免以知废行的危险。王夫之、颜元等早期启蒙思想家对理学的批判印证了这一判断。应该看到,王夫之、颜元对朱熹、王守仁的评价虽然是站在另一种立场和角度进行的,却从一个侧面道出了二人知行观的共同本质——重知。依据他们的看法,朱熹、王守仁等理学家的知行观的共同错误是排斥、取消行,否认知对行的依赖性,从而抹杀了知行统一中行的首要地位。抛开王夫之、颜元的评价正确与否暂且不谈，至少为加深理学家对知的倚重提供了注脚。

五、 知行与格物、致知

用不着深谙宋明理学也可以发现一个显而易见的现象，那就是：在宋明理学中，与知行观一样，存心、格物、致知也成为关注焦点。宋明时期，存心、格物、致知如此备受关注，以至于与此相关的孟子、《孟子》和《大学》骤然升温：孟子的地位一再擢升，《孟子》也从此跻身于经典行列；《大学》则和《孟子》一样与《论语》、《中庸》并提，于是有了四书的称谓。其实，这些现象的出现并不是偶然的，也不是孤立的，其间具有内在联系，归根结底与这一时期道德教化的加强、普及密切相关。有了知、行的特定含义和理学家对知行关系的界定，便不难理解这个问题了。理学家对知行关系的重视与对格物、致知的热衷息息相关：一方面，对知的凸显使他们在讲格物、致知时侧重知——朱熹甚至将二者一同归于知。从这个意义上说，对格物、致知的重视是他们在知行关系上重知的延续，同时也有了在格物、致知前存心的必要。另一方面，与知、行被定位在道德领域一脉相承，格物、致知在理学中属于纯粹的伦理、道德范畴，这一立论角度使存心有了可能和必要。正是与知、行之间的这种关系使理学家特别重视格物、致知，不仅在界定格物、致知时向知倾斜，而且将它们都诠释为伦理、道德范畴。知、行与格物、致知的密切相关决定了不了解理学家对格物、致知的解释就不可能全面了解他们的知行观；事实证明，解读格物、致知之后，回过头来反观理学家的知行观，有助于加深原有的认识和理解。

1. 讲格物、致知时侧重于知

宋明时期,与知行关系成为热门话题相伴随,格物、致知备受关注。二程、朱熹、陆九渊和王守仁都对格物、致知提出过自己的见解,朱熹和王守仁更是对此津津乐道,并且试图以知、行划分它们的归属。

在朱熹那里,格物、致知都被明确地归于知的范畴。他曾经断言:"格物者,知之始也;诚意者,行之始也。"(《朱子语类》卷十五《大学·经下》)对于《大学》的八条目,朱熹分析说,格物、致知属知,诚意之下属行。在他那里,不仅致知属于知,将格物也归于知是朱熹的一贯做法。与此相关,他讲格物时让人接触事物是为了弄懂天理在此一事物上的体现而不是认识事物本身的道理,这套用朱熹本人的话语结构便是"即物穷理"。正因为如此,对于如何格物、格物之何,他解释说:

> 本领全只在这两字(指格物。——引者注)上。又须知如何是格物。许多道理,自家从来合有,不合有。定是合有。定是人人都有。人之心便具许多道理:见之于身,便见身上有许多道理;行之于家,便是一家之中有许多道理;施之于国,便是一国之中有许多道理;施之于天下,便是天下有许多道理。"格物"两字,知识指个路头,须是自去格那物始得。只就纸上说千千万万,不济事。(《朱子语类》卷十四《大学·纲领》)

同时,朱熹将格物、致知皆归于知,也为他的格物、致知是"一本"提供了佐证。下面的论述表明,所谓格物、致知是"一本",除了表示两者是一个过程的两个方面、不可截然分开之外，格物、致知都属于知也应该是题中应有之义。于是，朱熹一再强调：

> 致知、格物，只是一个。(《朱子语类》卷十五《大学·经下》)

> 格物，是物物上穷其至理；致知，是吾心无所不知。格物，是零细说；致知，是全体说。(《朱子语类》卷十五《大学·经下》)

王守仁对格物、致知的归属与朱熹并不相同。在他那里，致知即充分显露先天固有良知，属于知的范畴显然无可争辩，格物的情况就大不一样了。对于格物，王守仁的解说是："物，事也……格者，正也。"(《王阳明全集》卷二十六《大学问》)这样一来，格物成了正事——端正行为，便不完全归于知了。因为端正行为不仅涉及端正态度——要有一个认识上的观念问题，关键是行动，这里缺不了行为。从这个意义上说，王守仁所讲的格物应该属于行或侧重于行，至少不再像朱熹那样归于知了。尽管如此，有一点还是不能忘却的，那就是：对于行，王守仁别出心裁地规定说："一念发动处，便即是行了。"(《王阳明全集》卷三《传习录下》)沿着这个思路推导下去，既然行不过是知(意念)，那么，正事的行动未必不可以归结为意念上的正事，夸张点说，只在意念上端正行为也算是格物了。正因为如此，才有了"人之善恶，由于一念之间"的说法。退一步说，即使不对王守仁的格物予以硬性归属，同样可以通过王守仁对知、行的界定窥见或推测他讲格物、致知时对知的侧重。其实，对于这一点，理学家大都如此。这也是他们讲道德修养时倚重尽心、存心、诚意、主敬乃至主静的精神旨归。

2. 将格物、致知界定为伦理范畴

如果说在是否将格物、致知归属于知上,理学家的看法略有差异的话,那么,他们观点的整齐划一之处则是无一例外地将格物、致知归于道德领域。如此一来,无论属知还是属行,格物、致知非天德良知即道德践履,都是伦理、道德范畴则是毋庸置疑的。

陆九渊将格物诠释为"减担"——减少物质欲望,即他崇拜的孟子的名言——"养心莫善于寡欲"的"寡欲"。在此,格物的伦理色彩已经十分明朗。

到了朱熹那里,格物、致知的所知无外乎对三纲五常的体悟;除此之外,别无其他。正因为如此,他强调,格物、致知的目的是"穷天理,明人伦"。朱熹断言:

> 万物皆有此理,理皆同出一原。但所居之位不同,则其理之用不一。如为君须仁,为臣须敬,为子须孝,为父须慈。物物各具此理,而物物各异其用,然莫非一理之流行也。(《朱子语类》卷十八《大学·传》)

天理是什么?朱熹明确指出:"理则为仁义礼智。"(《朱子语类》卷一《理气上》)在他的思想体系中,本原之理又称天理、太极,其实际所指或曰基本内容就是以三纲五常为核心的伦理道德。试图通过格物的广泛性在格一草一木一昆虫中"穷天理",使朱熹所讲的格物与致知一样成为"穷天理"的重要步骤和途径,同样被归于知之麾下。为了"穷天理,明人伦"的需要,他强调,格物有先后缓

急之序,并且警告说,如果忘了格物中的先后、缓急、本末之序而"兀然存心于一草木、一器用之间……是炊沙而欲其成饭也。"(《朱文公文集》卷三十九《答陈齐仲》)显然,所谓格物中的本、先、急即物中蕴涵的天理,也就是三纲五常代表的伦理道德,绝不是万物本身的属性或规律。与此相关,对于格物,朱熹的解释是:"格物者……须是穷尽事物之理。"(《朱子语类》卷十五《大学·经下》)意思是说,格物不是拘泥于草木、昆虫的表面现象,做春生夏长的思考,而是通过它们体会天理在不同事物上的不同表现,从宏观上把握"理一分殊"的等级秩序。在这个意义上,他断言:

人物并生于天地之间,本同一理,而禀气有异焉。禀其清明纯粹则为人,禀其昏浊偏驳则为物,故人之与人自为同类,而物莫得一班焉,乃天理人心之自然,非有所造作而故为是等差也。故君子之于民则仁之,虽其有罪,犹不得已,然后断以义而杀之。于物则爱之而已,食之以时,用之以礼,不身翦,不暴殄,而既足以尽于吾心矣。其爱之者仁也,其杀之者义也,人物异等,仁义不偏,此先王之道所以为正,非异端之比也。(《四书或问·孟子或问》)

不仅如此,为了不让人在格物时对草木、昆虫的春生夏长花大力气,朱熹呼吁人在格物之前先存心,以此端正态度,明确格物的宗旨,确立正确的行为路线。这表明,他所讲的格物作为道德范畴具有鲜明的伦理意图,或者说,格物的过程就是对天理代表的三纲五常的伦理认同或体悟。下面两段话表达了朱熹这方面的思想倾向:

> 如今说格物,只晨起开目时,便有四件在这里,不用外寻,仁义礼智是也。(《朱子语类》卷十五《大学·经下》)

> 君臣父子兄弟夫妇朋友,皆人所不能无者,但学者须要穷格得尽。事父母,则当尽其孝;处兄弟,则当尽其友。如此之类,须是要见得尽。若有一毫不尽,便是穷格不至也。(《朱子语类》卷十五《大学·经下》)

进而言之,正是对格物的这种界定预示了格物、致知是"一本"的关系。朱熹认为,格物与致知在本质上是一致的,是一个过程的两个方面。这是因为,知即先天固有的良知,即"天德良知";致,"推及也",即扩充到极点;合而言之,致知即"推极吾之知识,欲其所知无不尽也。"(《四书章句·大学章句》)可见,致知就是使心中固有的天理、良知完全显露出来。他对格物的规定决定了通过格物可以达到致知的目的,并且在"穷天理"中可以明人伦。更有甚者,朱熹所讲的"穷天理"就是"明人伦"。对此,他论证并解释说:

> 说穷理,只就自家身上求之,都无别物事。只有个仁义礼智,看如何千变万化,也离这四个不得。公且自看,日用之间如何离得这四个。如信者,只是有此四者,故谓之信。信,实也,实是有此。论其体,则实是有仁义礼智;论其用,则实是有恻隐、羞恶、恭敬、是非,更假伪不得。试看天下岂有假做得仁,假做得义,假做得礼,假做得智!所以所信者,以言其实有而非伪也。更自一身推之于家,实是有父子,有夫妇,有兄弟;推之天地之间,实是有君臣,有朋友。都不是待后人旋安排,是合下元有此。又如一身之中,里面有五脏六腑,外面有耳目

口鼻四肢,这是人人都如此。存之为仁义礼智,发出来为恻隐、羞恶、恭敬、是非。人人都有此。以至父子兄弟夫妇朋友君臣,亦莫不皆然。至于物,亦莫不然。但其拘于形,拘于气而不变。然亦就他一角子有发现处:看他也自有父子之亲;有牝牡,便是有夫妇;有大小,便是有兄弟;就他同类中各有群众,便是有朋友;亦有主脑,便是有君臣。只缘本来都是天地所生,共这根蒂,所以大率多同。圣贤出来抚临万物,各因其性而导之。(《朱子语类》卷十四《大学·纲领》)

王守仁对格物、致知的理解与朱熹在方式、方法上有别,并且多次声称自己的观点是针对朱熹的错误提出来的。王守仁曾经指责朱熹的格物、致知与"穷天理,明人伦"脱节,理由是,朱熹讲格物的方法是让人格一草一木一昆虫之理,这种手段与"穷天理,明人伦"——加强道德修养的目的之间是脱节的,因为在向外的格物中永远也不可能达到"明人伦"的目的。姑且不论王守仁对朱熹的指责是否恰当,其中流露的格物、致知与"穷天理,明人伦"密不可分的思想主旨却昭然若揭、有目共睹。这从一个侧面表明,王守仁讲格物、致知的动机和宗旨与朱熹并无不同,他们的分歧都是技术上、方法上的。这一点在王守仁对格物、致知的界定以及对朱熹的反对中可以看得非常清楚:

朱子所谓"格物"云者,在即物而穷其理也。即物穷理,是就事事物物上求其所谓定理者也。是以吾心而求理于事事物物之中,析"心"与"理"而为二矣。(《王阳明全集》卷二《答顾东桥书》)

先儒解格物为格天下物。天下之物,如何格得?且谓一草一木亦皆有理,今如何去格?纵格得草木来,如何反来诚得自家意?(《王阳明全集》卷三《传习录下》)

上述引文显示,王守仁对朱熹格物的抨击集中在三个方面:第一,朱熹的格物"求理于事事物物",犯了"析'心'与'理'而为二"的错误,方向不对。按照王守仁的说法,理不在事物而在吾心,"求理于吾心"才是认识和修养的唯一途径。第二,朱熹格物的方法是错误的。朱熹要人格尽天下之物,这是不可能的。王守仁认为,朱熹"要格天下之物,如今安得这等大的力量?……其格物之功,只在身心上做。"(《王阳明全集》卷三《传习录下》)第三,朱熹的格物与道德修养脱节,终归解绝不了自家诚意的问题。在王守仁看来,朱熹一面把"穷天理,明人伦"作为格物的目的,一面把格一草一木一昆虫之理作为格物的手段,其目的与手段是脱节的。

综观王守仁对朱熹的诘难,与其说是不认同朱熹对格物、致知的解说,不如说是反对朱熹的理本论。前两点都是针对这一问题的,第三点则表明认同朱熹将格物、致知与"穷天理,明人伦"勾连在一起的做法,只是指责朱熹达此目标的方法不当。

不仅如此,以朱熹为前车之鉴,王守仁对格物、致知作了自己的新解,其基本精神是把格物、致知完全纳入"致良知"的体系;随着将格物、致知定义为正事、扩充吾心之知,在王守仁这里,手段与目的已经合二为一,不会再有格物之手段与"穷天理,明人伦"之目的之间的脱节。于是,他一再宣称:

若鄙人所谓致知格物者,致吾心之良知于事事物物也。

吾心之良知,即所谓天理也。致吾心良知之天理于事事物物,则事事物物皆得其理矣。致吾心之良知者,致知也。事事物物皆得其理者,格物也。(《王阳明全集》卷二《答顾东桥书》)

然欲致其良知,亦岂影响恍惚而悬空无实之谓乎?是必实有其事矣。故致知必在于格物。物者,事也。凡意之所发必有其事,意所在之事谓之物。格者,正也,正其不正以归于正之谓也。正其不正者,去恶之谓也。归于正者,为善之谓也。夫是之谓格。(《王阳明全集》卷二十六《大学问》)

在这里,王守仁把《大学》的致知说与孟子的良知说结合起来,提出了"致良知"说。他指出:"'致知'云者,非若后儒所谓充广其知识之谓也,致吾心之良知焉耳。"(《王阳明全集》卷二十六《大学问》)与此相联系,王守仁强调先致知、后格物,将格物、致知做了顺序上的调整,以捍卫其心学体系,纠正了朱熹向外用工的做法。尽管如此,他关于格物、致知的目的是"穷天理,明人伦",并且通过显露先天良知而加强道德修养的看法与朱熹并无本质区别。其实,这也是他们共同捍卫"去人欲,存天理"的前提所在。

六、知行观与"去人欲,存天理"

如上所述,理学家之所以探讨知行关系是加强道德教化的社会需要使然,归根结底是为了推动、普及道德修养和道德教化。进而言之,不论是道德修养的提升还是道德教化的普及都不仅表现为道德观念,更主要的体现为道德行为。正因为如此,他们在探讨知行关系时关注道德修养,重视道德践履,并且不约而同地将知、行、格物、致知聚集在"去人欲,存天理"上。在某种程度上可以说,理学家热衷于阐发知行关系,是为了更好地存心、格物、致知,最终目的是在"穷天理,明人伦"的基础上,通过"去人欲,存天理"而超凡脱俗、成为圣贤。这一目标是理学家的共同理想。正因为如此,与对知行关系、格物、致知的看法分歧丛生形成强烈对比的是,在对"去人欲,存天理"的理解上,理学家们彼此之间毫无异议、异常统一。

1. "去人欲,存天理"——所有理学家都津津乐道、乐此不疲

提到"去人欲,存天理"的口号,尤其在控诉理学或理学家以理杀人时,大多数人首先想到的是朱熹的那句"革尽人欲,复尽天理"(《朱子语类》卷十三《学·力行》),朱熹也由此而成为以理杀人的主犯。基于程朱理学的势力和影响,朱熹对理学以理杀人的恶果难辞其咎,但绝不是唯一的责任人。同时,程颐的那句"饿死事极小,失节事极大"(《二程集》《河南程氏遗书》卷二十二)同样对后世尤其是妇女的悲惨处境产生了深远而巨大的负面影响。其实,"去人欲,存天理"绝不是朱熹的专利,在这一点上,理学家大都与朱熹同道而同调。其中,尤其不能不提王守仁。

在多年的戎马生涯中,王守仁深切感受到"破山中贼易,破心中贼难"。正是围绕着"破心中贼"的宗旨,他建构了自己的哲学。那么,什么是"心中贼"?对于心中之贼究竟应该怎么破?"去人欲,存天理"是全部答案。按照王守仁本人的解释,"破心中贼"的含义就是"去人欲",铲除心中的不善之念,其具体途径和方法就是"去人欲,存天理"。正因为如此,他对朱熹"去人欲,存天理"的主张完全赞同,理解完全一致。唯一不同的是,王守仁将"去人欲,存天理"纳入"致良知"的体系中,致使其又多了一个术语——"致良知"而已。更有甚者,王守仁对"去人欲,存天理"的呼吁与朱熹相比有过之而无不及。鉴于讲到"去人欲,存天理"人们往往将焦点投向朱熹,在此,有必要对王守仁这方面的思想进行简单回顾。

与"破心中贼"的理论初衷相呼应,王守仁将格物、致知等所有的道德修养都归结为"破心中贼"、"去人欲,存天理"而成为圣人。与此相联系,他将通过"去人欲,存天理"成为圣人视为最高的价值追求和行为目标,并且奉其为教育、为学的唯一内容和根本宗旨。下面的句子在王守仁的著作中俯拾即是:

学是学去人欲,存天理;从事于去人欲,存天理,则自正。(《王阳明全集》卷一《传习录上》)

学者学圣人,不过是去人欲而存天理耳。(《王阳明全集》卷一《传习录上》)

不仅如此,对于如何"去人欲,存天理",王守仁提出了"静处体悟,事上磨炼"等具体修养方法。按照他的要求,"去人欲,存天理"不能只限于事上磨炼,仅仅在面对外物诱惑时克灭私欲是不够的,还要在静坐时"省察克治"、不得松懈。

更有甚者,为了让人把精力都用于"去人欲,存天理",避免向外用工,循着心外无知、致知外无学的逻辑,王守仁坚决反对一些人皓首穷年读书明理的做法,并且修改了圣贤标准,以此抵制那种"专去知识才能上求圣人"的想法和做法。在他看来,如果只从知识、才能上求做圣人,结果必然是南辕北辙——离圣人越来越远。这是因为,终日"从册子上钻研,名物上考察,形迹上比拟,知识愈广而人欲愈滋,才力愈多而天理愈蔽。"(《王阳明全集》卷三《传习录下》)基于这种认识,王守仁推出了自己的圣贤标准,并且提出了一套相应的做圣成贤的方法途径和践履工夫。对此,他一再指出:

> 圣人之所以为圣,只是其心纯乎天理,而无人欲之杂。犹精金之所以为精,但以其成色足而无铜铅之杂也。(《王阳明全集》卷一《传习录上》)

> 所以谓之圣,只论精一,不论多寡。只要此心纯乎天理处同,便同谓之圣。若是力量气魄,如何同得! 后儒只在分量上较量,所以流入功利。(《王阳明全集》卷三《传习录下》)

在这里,王守仁一再表示,圣人"所以为圣者",只在"纯乎天理而不在才力也",这就如同鉴别一块金子是否精纯,"盖所以为精金者,在足色而不在分两,犹一两之金比之万镒,分两虽悬殊,而其到足色处可以无愧。"(《王阳明全集》卷三《传习录下》)他对圣贤标准的改变使"去人欲,存天理"、"致良知"成为超凡入圣的唯一途径和不二法门,除此之外,别无出路。对此,王守仁解释说,良知人人皆有,人人都可以通过"致良知"而成为圣人;超凡入圣的方法是切实进行"去人欲,存天理"、"致良知"的工夫。于是,王守仁反复申明:

> 自己良知原与圣人一般,若体认得自己良知明白,即圣人气象不在圣人而在我矣。(《王阳明全集》卷二《启问通道书》)

> 各人尽着自己力量精神,只在此心纯天理上用功,即人人自有,个个圆成,便能大以成大、小以成小,不假外慕,无不具

足。(《王阳明全集》卷一《传习录上》)

这样,王守仁的道德修养工夫便由"去人欲"、"破心中贼"开始,通过格物、致知,最后在超凡入圣中以"存天理"、"致良知"终。就方向、途径而言,"致良知"省略了向外格物的环节,堵塞了向外穷天理、做圣贤的途径;就宗旨而言,良知成为唯一真知。在此,一切都变得简单、明了,"去人欲,存天理"贯彻始终。

王守仁对"去人欲,存天理"的津津乐道表明,作为理学知行观的道德意蕴和伦理维度的表现,并非朱熹一人对此情有独钟。其实,所有理学家都对"去人欲,存天理"津津乐道、乐此不疲,至少不应该一说到这一主张马上想到朱熹甚至只想到朱熹一人,因为对于理学来说,这是一个共同关注的公共话题和热门话题。

2. 知、行的定位——开放的空间和向度

知、行、格物、致知都被归结为"去人欲,存天理"表明,在宋明理学中,为道德教化提供理论辩护的知行观注定要重视道德修养和道德实践,于是,按照三纲五常的道德标准和行为规范"去人欲,存天理"从一开始便是注定的唯一结局。也正是在"去人欲,存天理"中,知发挥着指导作用,行在君臣父子的人伦日用中时时刻刻在进行着。

通过上述考察、分析可以看出,理学家对格物、致知的具体解释虽有分歧,但是,他们所界定的知、行、格物、致知等无一例外地都是道德范畴。基于这一共同点,理学家的分歧最终走向了合一。朱熹从理本论出发,把格物解释为"即物穷理"。然而,他所讲的格物并非认识事物本身的规律,而是在格一草一木一昆虫之理的基

础上豁然贯通,去把握那个先于天地、先于事物的宇宙之理。对于致知,朱熹解释为推致先天固有良知。对格物、致知的如此界定使程朱理学与陆王心学之间的界线开始模糊。王守仁把格物、致知解释为推及吾心先天固有良知而端正自己的行为——正事。这样一来,格物、致知便成了"正意念"、"去私欲"而回复"灵昭明觉"之心——良知。可见,朱熹和王守仁把格物、致知最终都归结为"去私欲"、"正君臣"的道德说教,最终演绎为"去人欲,存天理"的道德修养工夫。

这一切表明,理学知行观的所有特征和精神实质,一言以蔽之即道德内涵和伦理维度。由于将知认定为道德观念和道德体认,将行认定为道德躬行和道德践履,于是才有了以知为本、知先行后的认识,才有了对行的强调以及"知行合一"的结论。这些主张与理学家探讨知行关系是为了迎合宋明时期加强道德教化的社会需要相呼应,也反过来使他们的知行观在某种程度上成为道德修养方法的一部分。换言之,理学家注重知行关系主要因为这一时期对道德教化的加强,这种社会需要和理论初衷决定了他们所讲的知、行是为道德教化服务的。明白了这一点,也就找到了揭开理学知行观秘密的一把钥匙。

知行观不仅是理学家重视的热门话题,而且受到了早期启蒙思想家的关注,王夫之、颜元等人都提出了系统的知行观。不仅如此,作为早期启蒙思想家,他们站在理学的对立面对理学家的知行观提出了批评。

王夫之批判了朱熹和王守仁的知行观。在他看来,朱熹知行观的核心命题是知先行后,这一观点"立一划然之次序,以困学者于知见之中。"(《尚书引义》卷三《说命中》)意思是说,朱熹的错误在于强调先知后行,由于知无止境而最后抛弃了行——"先知以废行","先知后行,划然离行以为知者也。"(《尚书引义》卷三《说命中》)同时,王夫之指出,王守仁知行观的核心命题——"知行合一"违反常识,是"知者非知,而行者非行也。"(《尚书引义》卷三《说命中》)意思是说,王守仁所讲的知并不是通常意义上的知,而是天赋良知;王守仁所讲的行并不是主观见之于客观的活动,而是意识活动。王守仁的错误在于"以知代行"乃至"销行以归知",即以知吞并了行,从而取消了行。基于这种分析,王夫之反复断言:

以知为行,则以不行为行……是其销行以归知,终始于知,而杜足于履中蹈和之节文,本汲汲于先知以废行也。(《尚书引义》卷三《说命中》)

不知其各有其功效而相资,于是而姚江王氏知行合一之说藉口以惑世;盖其旨本诸释氏,于无所可行之中,立一介然之知曰悟,而废天下之实理,实理废则亦无所不包忌惮而已矣。(《礼记章句》卷三十一《中庸》)

在分别指出了朱熹、王守仁知行观的误区之后,王夫之进一步揭露说,朱熹、王守仁的主张表面看来截然对立——一先后、一合一,其精神实质和思维方式却是相同的,在对知行关系的认定上,二人"异尚而同归"。

颜元与王夫之一样不同意理学家对知行关系的论述。对于朱熹的知行观,他评价说:"朱子知行竟判为两途,知似过,行似不及。其实行不及,知亦不及。"(《存学编》卷三《性理评》)在此基础上,颜元进一步指出,理学家知而不行、以知代行的做法简直就是自欺欺人,犹如以看路程本代替走路一样,"观一处又观一处,自喜为通天下路程人。人亦以'晓路'称之,其实一步未行,一处未到。"(《颜习斋先生年谱》卷下)在他看来,理学家表面上既讲知又讲行,其实始终在知这里兜圈子。这种评价与王夫之不谋而合。

早期启蒙思想家对理学知行观的鉴定、批评相同,解决的途径也相同。根据对理学以知废行的认定,王夫之和颜元反其道而行之,在建构自己的知行观时不约而同地突出行的决定作用和主导地位。与此相关,他们不仅主张知源于行,突出行的本原地位,而且断言行是知的目的,知正确与否只有通过行才能得以验证。王夫之、颜元对知源于行的强调否定了知为先验之知或知即先天固有良知的可能性,打击了知的绝对权威,同时使知、行不再局限于道德领域,而扩展到认识、实践等诸多领域。与此相关,在早期启蒙思想家那里,格物、致知不再是伦理范畴。王夫之将格物、致知说成是认识的两个阶段,格物相当于感性认识,致知相当于理性认识。颜元在知源于行的前提下,将致知解释为通过行而获得认识,将格物说成是"亲下手一番"的习行。与此相关,在王夫之或颜元的视野中,知、行以及格物、致知等都与"去人欲,存天理"不再相干。

应该说,知、行的含义和知行关系的维度是多层次、多向度的,王夫之、颜元等早期启蒙思想家的知行观扩大了知、行的范围,并以此为突破口改变了认识哲学与道德哲学在中国古代哲学和传统文化中界线不清的局面,具有重大贡献。这方面的内容也成为早期启蒙思想的一部分。

另一方面,不可否认的是,理学家对知、行道德意蕴的挖掘和伦理维度的关照具有积极意义。正如知可以分为感性的、理性的、道德的、功利的等不同层次一样，行有存在的、认知的、审美的、实践的等诸多方面。不论对于知还是对于行，道德维度都不可或缺；离开了这一点，知、行残缺，人也由于远离了理想、高尚而变得庸俗不堪，甚至堕落而变成畸形。在这方面，理学家对知、行和知行关系的道德意蕴、伦理维度的关注具有永恒的昭示、启迪意义，也成为中国古代哲学和传统文化伦理本位的组成部分之一。当然，道德内涵和伦理维度不可缺少，绝不意味着伦理道德是知行的唯一内涵和知行关系的唯一维度。理学家在界定知、行内涵和处理知行关系时关注道德意蕴、侧重伦理维度没有错，甚至可以说，这是他们的理论特色和优长之处。显然，物极必反。理学家的错误在于，由于将道德意蕴和伦理维度无限夸大、膨胀，进而遮蔽、隐去了知、行的其他内涵和知行关系的其他维度，致使知、行的内涵变得狭隘而残缺不全，知行关系也成为单向度的伦理关系。在这方面，早期启蒙思想家对理学知行观的批判具有借鉴意义。

同时，就知、行的道德内涵和伦理维度而言，理学家对知先行后的强调和对以知为先、为本的执著具有无可辩驳的合理性。这是因为，一个最简单的事实是，道德行为的发生不是随意的，也不是懵懂的，它需要道德选择的引导、道德理念的支持、道德舆论的监督和道德规范的评价。所有这些显然都是知所承载或给予的。这一点与在其他领域的情形不可同日而语。例如，在认识或实践领域，科学研究、科学实验鼓励开拓和创新，允许存在某种程度的猜测、假设、探索或冒险成分，往往通过行而突破原有的认识，甚至是带来由无知到有知的飞跃。有鉴于此，行在这里有时具有决定性的意义，这决定了在这些领域不必一定要知在先。之所以具有如此差异，根本原因在于，在道德领域，行的后果是善或恶，而行为后果的善恶评价系统是由知提供的,或者说,是知事先预设的。除此之外,是否应该行,应该怎么行,也是知所给予的。这就是说,在道德领域,行的各个环节——从计划、实施到结果都是在知的策划、监督和评价中进行的。离开知的参与,就无法行。与道德领域的情况有别,在认识或实践领域,行的结果是成功或失败,而不再是善或恶。与此相关,在这些领域,知的作用是保证行的功效,侧重实用效果和使用价值,而不是意义或价值本身。特别是在本体领域,从发生学的角度看,一定是先行后知。在道德领域,知变得举足轻重,由道德观念、道德选择、道德目标、道德原则、道德条目、道德规范等组成的价值系统直接决定了行的意义和后果。如果不明白什么是对什么是错,不知道是非臧否,分不清真善美与假恶丑,便没有行动上的方向和尺度。在这种情况下,绝对无法保证行为的高尚和行动的正确。理学家对知行关系的认定道出了这一真理。

此外,理学家的知行观以最完整、最典型乃至最极端的形式彰显了中国古代哲学和传统文化的伦理本位,也像一面最澄澈的镜子折射出伦理本位的长短得失。上述透视显示,如果说对伦理本位的凸显优点是关注价值理性或实践理性,提升了人的生存品位的话,那么,缺点则是漠视了与价值理性相对应的工具理性和人的物质需要。这既是价值天平的失衡,也是对人的阉割——与价值观上极度偏袒价值理性相呼应,在人生意义和行为追求上用精神追求、道德完善淹没生理欲望和物质追求。

伦理本位影响甚至决定了中国古代哲学的理论走向和思维方式,由于道德内涵的过分膨胀导致道德意蕴向其他领域的侵袭和僭越,结果使认识哲学与道德哲学在中国古代哲学中混沌未分,最终用道德哲学吞噬认识哲学,正如用道德修养工夫、个人的修身养性遮蔽乃至代替认识的方式途径一样。古代哲学的这一特征在宋明理学那里达到极致。其实,溯本逐源,是孟子开了将认识哲学与道德哲学合二为一的先河,这是孟子在宋明时期备受青睐的原因之一;这一思维方式、理论走向和价值旨趣被理学家发挥得淋漓尽致、登峰造极,也使中国古代哲学认识哲学与道德哲学的合二为一由于极端而走向自己的反面。可以看到,在中国哲学此后的发展中,认识哲学与道德哲学之间渐行渐远,继早期启蒙思想家王夫之和颜元将知、行向认识、实践领域侧重而不再局限于道德领域之后,近代思想家所讲的知、行不再与道德相涉,无论是严复以"即物实测"为核心的经验主义反映论,还是孙中山以"知难以易"为包装的由行而知均脱离了道德的羁绊成为相对独立的认识论。在孙中山那里,无论是知、行即资产阶级革命理论与革命实践的定义,还是对知难行易列举的饮食、作文、用钱、造屋的实例均看不出一丝伦理道德的蛛丝马迹,相反,他向冒险、探索和科学试验的致意都流露出行脱离道德禁锢的喜悦和自由。这标志着在近代哲学中认识哲学与道德哲学的分离最终完成。与此相关,格物、致知淡出了哲学的视野,"去人欲,存天理"不再是人生的追求目标。近代哲学的这些变革不仅与人性论、价值论上对欲的肯定有关,而且首先要归结为知行观上对知、行及知行关系的界定。

三纲五常的进一步神圣化、规范化及其社会影响

作为理学家推崇的宇宙本原,天理(包括吾心在内)的实际所指即以三纲五常为核心的伦理道德,这决定了对天理的神化实质上就是对三纲五常的神化,对天理至善完美、绝对永恒、不可分割的美化也成了对三纲五常亘古永恒、天经地义的述说。正是在对天理的推崇中,理学家把三纲五常说成是天理、奉为宇宙本原,进而论证其正当性、合理性和永恒性。在此基础上,他们还对五常进行了整理,重新界定了五常的内涵,排列了其间的顺序。

宋明时期是中国的宗法制度和宗法伦理道德体系走向完备的时期。在这一时期,由于朝廷的提倡和理学家的论证,三纲五常被进一步神圣化,维护君权、父权、夫权的忠、孝、节被进一步绝对化,传统的道德规范体系也得到进一步的整理并体系化。于是,传统道德维护宗法统治秩序的功能得到充分发挥。

一、三纲五常被视为"天理"、"良知"

作为儒家伦理道德的核心,三纲五常历来受到重视和推崇。西汉的董仲舒就曾以王道之三纲、五常可求于天来论证其合法性,然而,把三纲五常视为天理、从宇宙本体的高度为其辩护则是宋明

理学家的独创。正是在这个意义上,程颢宣布:"吾学虽有所受,天理二字却是自家体贴出来。"(《二程集》《河南程氏外书》卷十二)事实上,也正是由于有了本体哲学的辩护和宇宙本原——天理的身份,三纲五常在宋明时期被进一步神圣化。

理学家所讲的天理就是三纲五常。从这个意义上说,他们把天理奉为宇宙本体的过程就是三纲五常被夸大和神化为天理的过程。

为宋明时期的道德建设提供理论依据的是宋明理学。对于中国传统道德的完备而言,理学家所作的最大贡献在于,为传统道德提供了形上根基,使三纲五常进一步神圣化,从而具有了更强的统摄力。董仲舒提出三纲之日起即对三纲予以神化,然而,他对三纲所作的论述具有神学色彩,理论上也显得粗糙;相比之下,理学家们对三纲神圣性的论证富于哲学思辨,也更显董仲舒无可比拟的系统和精致。

理(又称天理、太极或道)是程朱理学的最高范畴,程朱理学都对理推崇备至。在其哲学体系中,理是宇宙的本体和万物的本原,这套用朱熹的话说便是:"天下万物当然之则,便是理;所以然底,便是原头处。"(《朱子语类》卷一一七《训门人五》)

为了树立理的权威,二程夸大理的普适性,把万物视为理派生和主宰的,致使理成为宇宙间的最高存在。于是,他们反复强调:

> 天理云者,这一个道理,更有甚穷已?不为尧存,不为桀亡。(《二程集》《河南程氏遗书》卷二)

> 万物皆是一理,至如一事一物,虽小,皆有是理。(《二程

集》《河南程氏遗书》卷十五)

朱熹同样夸大理的作用,把包括气在内的所有存在都说成是理的派生物。他指出:"理也者,形而上之道也,生物之本也;气也者,形而下之器也,生物之具也。是以人物之生,必禀此理然后有性,必禀此气然后有形。"(《朱文公文集》卷五十八《答黄道夫》)在这里,朱熹明确把理奉为天地万物的本原。不仅如此,为了强化理的本原地位和绝对权威,他把理说成是先于天地、凌驾于万物的永恒存在。于是,朱熹一再强调:

若在理上看,则虽未有物已有物之理,然亦但有其理而已,未尝有是物也。(《朱文公文集》卷四十六《答刘叔文》)

未有这事,先有这理。(《朱子语类》卷九十五《程子之书一》)

在宣布理先于气、在时间上优于万物的同时,朱熹强调理凌驾于万物之上——不仅在与气的相依不离中理自理、气自气,与气不混不杂,而且不会因为万物的生灭而发生任何变化,甚至"且如万一山河大地都陷了,毕竟理却只在这里。"(《朱子语类》卷一《理气上》)此外,为了伸张天理的神圣性、永恒性和绝对性,他援引佛教"月印万川"的例子反复阐释"理一分殊",以此说明天理犹如天上的月亮只有一个,万物禀得天理正如同一轮月亮在江河湖海中映出无数个月亮。朱熹既强调"理一"又强调"分殊",是为了突出理的独一无二、不可分割、完美无缺和至善纯美。

理学家不仅树立天理的神圣性、永恒性,而且赋予它以道德属性,把三纲五常说成是天理的实际内容。在某种意义上可以说,他们之所以对天理予以神化和夸大,最终目的就是为了论证以三纲五常为核心的伦理道德的神圣性和永恒性。

三纲五常被神化为天理在奉理为宇宙本体的程朱理学那里一目了然。二程认为,作为万物本原的理的基本内容是道德准则,即"人伦者,天理也。"(《二程集》《河南程氏外书》卷七)进而言之,他们所讲的人伦之理的核心就是三纲五常。因此,二程一再断言:

君臣父子,天下之定理,无所逃于天地间。(《二程集》《河南程氏遗书》卷五)

男女尊卑有序,夫妇有倡随之礼,此常理也。(《二程集》《周易程氏传》卷四)

理即伦理道德、三纲五常的看法是宋明时期的主导观念,也是理学家们的共识。南宋理学家张九成一再声称:

礼者何也?天理也。(《横浦文集》卷十九《克己复礼为仁说》)

天理者,仁义也。(《孟子传》卷十九《离娄下》)

作为程朱理学的集大成者,朱熹对作为宇宙本原的天理就是三纲五常的论证最系统也最直接。他写道:

宇宙之间,一理而已。天得之而为天,地得之而为地,而

> 凡生于天地之间者，又各得之以为性。其张之为三纲，其纪之为五常，盖皆此理之流行，无所适而不在。(《朱文公文集》卷七十《读大纪》)

在这里，从天理的本原性和普适性中，朱熹推导出三纲五常是天理的题中应有之义。其实，对于天理就是三纲五常，他可谓是反复申明、不厌其烦。例如：

> 理则为仁义礼智。(《朱子语类》卷一《理气上》)
>
> 且所谓天理复是何物？仁义礼智，岂不是天理？君臣、父子、兄弟、夫妇、朋友，岂不是天理？(《朱文公文集》卷五十九《答吴斗南》)
>
> 父子、君臣、夫妇、长幼所不能无者……即日用而有天理，则于君臣、父子、夫妇、长幼之间，应对、酬酢、食息、视听之顷，无一而非理者，亦无一之可紊，一有所紊，天理丧矣。(《朱文公文集》卷四十五《答廖子晦》)
>
> 愚谓圣人之言道曰：君臣也，父子也，夫妇也，昆弟也，朋友之交也。(《朱文公文集》卷七十二《苏黄门老子解》)

程朱把纲常说成天理是为了赋予三纲五常以权威性，借助天理的权威性、普适性论证三纲五常的天然合理和天经地义。朱熹一再强调：

> 自天之生此民……叙之以君臣、父子、兄弟、夫妇、朋友之伦，则天下五伦，固已无不具于一人之身矣。(《朱文公文集》

卷十五《经筵讲义》)

未有君臣,已先有君臣之理;未有父子,已先有父子之理。不成元无此理,直待有君臣父子,却旋将道理入在里面!(《朱子语类》卷九十五《程子之书一》)

按照朱熹的说法,人类社会的人际关系正是按照先验的天理、准则建立起来的,以三纲五常为核心的道德准则和行为规范"皆是人所合做而不得不然者,非是圣人安排这物事约束人。"(《朱子语类》卷十八《大学·传五章·然则吾子之意亦可得而悉闻一段》)这就是说,三纲五常"这个道理是天生自然,不待安排"(《朱子语类》卷四十《论语·先进篇下》)的,是人之所以为人的内在规定性,是天然合理的。更有甚者,为了进一步论证三纲五常是人先天具有的内在规定性,程朱提出了"性即理"的命题,把三纲五常说成是人与生俱来的道德观念和先天本性,致使践履三纲五常成为上天对人的绝对命令。

为了进一步突出天理、纲常的普适性,朱熹指出,纲常既是人类社会的最高法则,也是自然界的最高准则。在他看来,三纲五常同样适用于自然界,动植物都有三纲五常之性,虎狼知有父子、蜂蚁知有君臣、豺獭知"报本"和雎鸠知"有别"(《朱子语类》卷四《性理一》)等等都证明了这一点。朱熹的这些说法在今人看来显属荒诞,纯粹是无稽之谈,对古人而言却颇有说服力。显然,这些论证更凸显了纲常的神圣性、普适性和永恒性。

推崇心为世界本原的陆王心学与程朱理学虽然存在明显分歧,但其根本宗旨同样是为了说明宗法纲常乃天生自然、不待安排,它与程朱理学的唯一区别不过是在本体领域将程朱的天理置换为吾心之良知而已。其实,虽然奉心为本原,但是,陆王心学承认吾心即是天理,在把三纲五常说成是宇宙间的最高权威上与程朱理学别无二致。

首先,陆王心学的理论基石是"心即理",这一命题表明心与理是等价的、在本质上是同一个存在。

陆九渊声称:"人心至灵,此理至明,人皆有是心,心皆具是理。"(《陆九渊集》卷二十二《杂说》)从"心皆具是理"出发,他进一步得出了心理不二、心即是理的结论。对此,陆九渊一再强调:

> 人皆有是心,心皆具是理,心即理也。(《陆九渊集》卷十一《与李宰》)

> 心,一心也;理,一理也;至当归一,精义无二。此心此理,实不容有二。(《陆九渊集》卷一《与曾宅之》)

至此,陆九渊便把理与心完全合一了。也正是在心理不二的前提下,他把理与心同时奉为世界的本原,一面宣称"塞宇宙,一理耳"(《陆九渊集》卷十二《与赵咏道》);一面断言"宇宙便是吾心,吾心即是宇宙。"(《陆九渊集》卷二十二《杂说》)

在王守仁那里,无论是作为宇宙本体的吾心还是良知,其实际内容都是天理。或者说,被他奉为宇宙本体的心或良知就是天理。对于这一点,王守仁反复指出:

> 夫心之本体,即天理也。天理之昭明灵觉,所谓良知也。(《王阳明全集》卷五《答舒国用》)

> 良知即是天理。(《王阳明全集》卷二《答欧阳崇一》)

这表明，在王守仁那里，良知、吾心与天理异名而同实。从这个意义上说，王守仁以及陆王心学宣称心是本原与程朱断言理是本原对于推崇天理的作用是一样的。

其次，陆王崇尚的心与程朱推崇的理内容相同，其实际所指和具体内容是以三纲五常为核心的伦理道德。

陆九渊所讲的心有时指人的思维器官，如"人非木石，安得无心？心于五官最尊大"（《陆九渊集》卷十一《与李宰》）等；但是，在大多数场合，心指人的道德意识，即三纲五常。正因如此，他多次声称：

仁即此心也，此理也。（《陆九渊集》卷一《与曾宅之》）

仁义者，人之本心也。（《陆九渊集》卷一《与赵监》）

四端者，即此心也。（《陆九渊集》卷十一《与李宰》）

王守仁认为，作为世界本原的心发之于外便是人的道德行为："发之事父便是孝，发之事君便是忠，发之交友治民便是信与仁。"（《王阳明全集》卷一《传习录上》）按照他的逻辑，吾心之本体是天理、良知，由于良知的作用，人自然会作出符合宗法道德的反应和行动来，"见父自然知孝，见兄自然知弟，见孺子入井自然知恻隐。"（《王阳明全集》卷一《传习录上》）王守仁进而指出，良知又是人先天具有的判断是非、识别善恶的标准，自然会作出正确的选择和判断。在这个意义上，他把良知称为"试金石"、"指南针"和"定盘针"，声称良知"知善知恶"，"是非诚伪，到前便明。合得的便是，合不得的便非。"（《王阳明全集》卷三《传习录下》）这就是说，良知万善具足、万理具备，"完完全全"、"无有欠缺"、"不须外面添一分"。

因此，王守仁坚信，只要使良知不受障蔽便不可胜用，随时会作出正确的反应。

总之，无论是吾心、天理还是良知都是忠孝仁义代表的三纲五常。尽管具体方式有别，奉天理为宇宙本体、进而把三纲五常神化为天理是程朱理学与陆王心学的共同做法。正是有了道德形上化这一本体前提和理论铺垫，理学家对三纲五常极为推崇，不仅重视三纲，使之进一步神圣化和绝对化，而且重新界定了五常的内涵，梳理了其间的次序。

这样，经由程朱、陆王的联合论证，服从宗法伦理纲常便成了服从"天生自然"的"当然之则"、服从人之所以为人的内在规定性、服从自心的良知。于是，三纲五常逐渐深入人的心髓，并且转化为社会的普遍舆论，也发挥出前所未有的巨大的影响力。

作为一个问题的两个方面，随着纲常被进一步神圣化，君、父、夫三权更加绝对，臣、子、妻、卑、幼的地位更加低下。然而，经过理学的长期宣传和提倡，由于人逐渐将臣、子、妻、卑、幼对君、父、夫、尊、长的绝对服从看作是"天理之当然"、"天理所宜"，对它的服从也更为自觉。自宋以来，随着忠、孝、节等道德观念之统摄力的不断增强，君虽不仁，臣不可以不忠，君虽不君，臣不可以不臣以至君叫臣死、臣不得不死等遂成为流行观念。与此同时，"天下无不是底父母"和父虽不慈，子不可以不孝以及父叫子亡、子不得不亡等也相继变成主导观念。与此相应，夫虽不义、妻不可以不顺也成为顺理成章的了。直到明清之际，这些观念和说法才受到几位早期启蒙思想家的质疑。在此之前，在上述观念的长期影响下，自宋以来，各种愚忠、愚孝、愚贞和愚节行为不仅较前代明显增多，而且其愚昧、野蛮程度也越来越骇人听闻。造成这种局面的原因固然是多方面的，然而，有一点无法否认，那就是：三纲五常被神圣化和绝对化是最根本的原因之一。这表明，纲常被神圣化对于稳定、维护宗法统治秩序而言，其作用和影响是巨大的。

二、对五常的进一步阐释和排序

中国传统道德在宋明走向完备的另一个标志是，这一时期的一些思想家对以五常为核心的道德规范作了进一步的整理，这主要表现在两个方面：一是重新界定五常的内涵，一是梳理五常之间的秩序。

五常又称五行，指仁义礼智信五种常用的道德条目和行为规范。宋明思想家把五常说成是天理的具体内容，表现了对五常的推崇。在此过程中，他们对这些道德规范的基本含义与要求作了更深入、更系统的说明，同时阐释了这套道德规范体系的本末主次、相互关系，从而使五常之间的关系乃至宗法道德规范更加纲目分明、体用兼备了。

1. 对五常内涵的进一步阐释和发挥

宋朝建立后，当务之急是重新恢复遭到严重破坏的社会秩序。为此，在树立三纲绝对权威的同时，还要使以五常为核心的道德规范切实有效地约束人的行为。于是，重新界定五常和其他德目，按当时的社会需要对之加以新的说明成为宋代道德建设的又一项重要内容。顺应这一时代要求，两宋的思想家着重界定、探讨了五常的内涵。

对于仁，李觏界定说："温厚而广爱者，命之曰仁。"（《李觏集》

卷二《礼论》)把仁与爱联系起来、以爱释仁是中国古代哲学的一贯做法,然而,与前人不同的是,他进一步以礼为标准,划定了仁与不仁的界限。李觏写道:

> 百亩之田,不夺其时,而民不饥矣。五亩之宅,树之以桑,而民不寒矣。达孝悌,则老者有归,病者有养矣。正丧纪,则死者得其藏。修祭祀,则鬼神得其飨矣。征伐有节,诛杀有度,而民不横死矣。此温厚而广爱者也,仁之道也。(《李觏集》卷二《礼论》)

> 夺其常产,废其农时,重其赋税,以至饥寒憔悴,而时赐米帛以为哀人之困;宪章烦密,官吏枉酷,杀戮无数,而时发赦宥以为爱人之命;军旅屡动,流血满野,民人疲极,不知丧葬,而收敛骸骨以为惠及死者,若是类者,非礼之仁也。(《李觏集》卷二《礼论》)

从中可见,李觏对仁与不仁的划分是以礼为标准进行的。这表明,在他的价值天平上,礼比仁更为根本。李觏的这一做法与他宣称五常以礼为首的做法一脉相承。同时,由于围绕"仁之道"展开,在界定仁时,李觏列举了仁或不仁的诸多表现,致使仁或不仁外延都很宽泛,波及社会生活的经济、道德、政治、宗教和军事等各个方面。这种界定使"温厚而广爱"之仁得以推而广之,在社会生活的各个方面发挥作用。李觏对仁的界定侧重于国家、社会生活而不是个人的修身养性,其行为主体是统治者或者国君。

二程对仁极其重视,并且认为只有他们自己才第一次对仁作了创造性的诠释。程颐更是声称:"自古元不曾有人解仁字之义。"(《二程集》《河南程氏遗书》卷十五)那么,二程独家创意的仁究竟是什么呢?对此,程颢一再说:

> 仁者,浑然与物同体。(《二程集》《河南程氏遗书》卷二)
> 仁者,以天地万物为一体,莫非己也。认得为己,何所不至?(《二程集》《河南程氏遗书》卷二)

在二程看来,仁的基本要求是"以天地万物为一体",只有树立天人合一的世界观才能从思想深处破除己见,自动自觉地仁民爱物而成为一个仁者。

对于仁究竟是什么,朱熹从不同角度进行了定义和界说。例如:

> 仁者,天地生物之心。(《朱子语类》卷九十五《程子之书一》)
> 仁者,与天地万物为一体。(《朱子语类》卷三十二《论语·樊迟问知章》)
> 要识仁之意思,是一个浑然温和之气,其气则天地阳春之气,其理则天地生物之心。(《朱子语类》卷六《性理·仁义礼智等名义》)

在此,朱熹继承了二程的思想又有所发挥,特别强调仁的内容和要求是爱。对于仁的爱之内涵,他解释说,既然仁是天地生物之心,既然仁者与天地万物为一体,那么,仁者便无所不爱。鉴于仁

与爱的密切相关和爱对仁的至关重要,朱熹具体说明了仁与爱的关系。对此,他连篇累牍地申明:

> 仁者,爱之理;爱者,仁之事。仁者,爱之体;爱者,仁之用。(《朱子语类》卷二十《论语·学而上》)
>
> 仁是根,爱是苗。(《朱子语类》卷二十《论语·学而上》)
>
> 仁是未发,爱是已发。(《朱子语类》卷二十《论语·学而上》)
>
> 仁之发处自是爱。(《朱子语类》卷九十五《程子之书一》)

按照朱熹的说法,仁与爱是理与事、体与用、根与苗或未发与已发的关系。换言之,爱是仁的外在表现,仁通过爱显现出来;只有深刻理解了爱,才能领悟仁。因此,他反对人"离爱而言仁。"(《朱文公文集》卷六十七《仁说》)可见,在论仁时,朱熹突出的依然是爱。不仅如此,他宣称,爱要靠恕来"推"。所以,在重视仁的同时——或者说因为重视仁,朱熹十分重视恕。他指出:"恕是推那爱底,爱是恕之所推者。若不是恕去推,那爱也不能及物,也不能亲亲仁民爱物,只是自爱而已。"(《朱子语类》卷九十五《程子之书一》)如此说来,仁离不开爱、爱要靠恕来推,没有恕之推的爱只是自爱。对于恕的基本要求,朱熹断言:"所欲者必以同于人,所恶者不以加于人。"(《朱子语类》卷四十二《论语·颜渊下》)说到底,恕就是要做到"推己及人"、"推己及物"。显然,这个说法与他一贯推行的仁以天地万物为一体、泛爱万物是一致的。此外,朱熹还把仁与公联系起来,进而以公释仁。例如:

公而无私便是仁。(《朱子语类》卷六《性理·仁义礼智等名义》)

仁将公字体之。(《朱子语类》卷六《性理·仁义礼智等名义》)

你元自有这仁,合下便带得来。只为你不公,所以蔽塞了不出来;若能公,仁便流行。(《朱子语类》卷九十五《程子之书一》)

按照朱熹的理解,只有去己之私,才能做到爱和恕,"然非公则安能恕?安能爱?"正是在这个意义上,他再三强调:

公然后能仁。(《朱子语类》卷九十五《程子之书一》)

公了方能仁。(《朱子语类》卷六《性理·仁义礼智等名义》)

做到私欲净尽,天理流行,便是仁。(《朱子语类》卷六《性理·仁义礼智等名义》)

需要说明的是,朱熹认为仁与公密切相关,同时强调二者不能简单地画等号,因为"世有以公为心而惨刻不恤者"。鉴于这种情况,他主张"须公而有恻隐之心"(《朱子语类》卷九十五《程子之书一》)方是仁。这个说法与其以爱释仁的思路是一脉相承的,充其量都是为了强化仁的爱之主题。

对于义,李觏的定义是:"断决而从宜者,命之曰义。"(《李觏集》卷二《礼论》)在此基础上,他依据礼对义与不义进行了区分。李觏写道:

君为君焉,主政令,必生杀,不得不从矣。臣为臣焉,守职事,死干戈,不得少变矣。男女有别,不得相乱矣。长幼有序,不得相陵矣。兴廉让,则财不得苟取,位不得妄受矣。立谏诤,则不得讳其恶矣。设选举,则贤者不遗矣。正刑法,则有罪者必诛矣。此断决而从宜者也,义之道也。(《李觏集》卷二《礼论》)

背其君亲,疏其兄弟,而连结私党以死相赴,以为共人之患;谄谀机巧,以动上心,而数辞其爵位及其货财,以为谦让;君有过失而不能谏正,而暴扬于外;身有隐恶,不能自改,而专攻人之短以为强直;贤才果勇,不能用于公家,而私相援举以为己力;下民之愚,而不能教训,陷之于恶,然后峻刑以诛之以为奉法,若是类者,非礼之义也。(《李觏集》卷二《礼论》)

在这里,把对待仁的方式如法炮制,李觏对义的界定和划分同样是以礼为标准进行的,并且同样使义拥有了尽可能大的外延而涵盖政治、伦理和法律等诸多方面。与此相联系,如果说仁的主体侧重于在上者的话,那么,义的主体则上下兼而有之——除了君之外,还有臣乃至民,其统辖领域也从国家的政治生活延续到了家庭的日常生活——"男女有别,不得相乱矣。长幼有序,不得相陵矣"。尽管如此,就其宗旨而言,无论主体是君主还是臣民,义的重心在社会领域则是不言而喻的。

对于礼,李觏写道:"夫礼,人道之准,世教之主也。圣人之所以治天下国家,修身正心,无他,一于礼而已矣。"(《李觏集》卷二《礼论》)在这里,他没有直接给礼下定义,而是从作用、地位角度进行立论。李觏断言礼是人道的根本和行政的宗旨,进而宣称从治国平天下到修身养性正人心都统一于礼。这个界定不仅把一切政教都归于礼，而且使礼成为一切道德准则的根本。有了对礼的这个界说和定位，便不难理解李觏以礼为标准界定仁义智信的内涵、区分仁义智信与非仁义智信以及断言五常以礼为首等种种行为了。

对于礼，二程的定义是："礼者人之规范。"（《二程集》《河南程氏粹言》卷一）这个定义使礼不再与仁、义、智并列，而有了同天理并列之嫌，其中具有明显的夸大礼的思想动向。与此类似，二程说过："礼者，理也。"（《二程集》《河南程氏粹言》卷一）这些看法都表现了礼的地位在宋明时期的提升。

对于智，李觏的定义是："疏达而能谋者，命之曰智。"（《李觏集》卷二《礼论》）"疏达而能谋"显然并非一般百姓所为，智的这个定义与仁义相呼应，再次反映了李觏侧重于社会、政治等公共领域的立论视角。这一点在他对智与不智的区分中表现得更为明显。对于智与不智，李觏指出：

> 为衣食，起宫室，具器皿，而人不乏用矣。异亲疏，次上下，而人不兴乱矣。列官府，纪文书，而奸诈可穷矣。筑城郭，治军旅，而寇贼不作矣。亲师傅、广学问，而百虑毕矣。此疏达而能谋者也，智之道也。（《李觏集》卷二《礼论》）

> 为智不能以制民用，修世教，起政事以治人，齐师旅以御乱，以为天下国家久长之策，而专为奸诈巧辨，以徼一时之利，若是类者，非礼之智也。（《李觏集》卷二《礼论》）

从上可见，在李觏对智或不智的界定和说明中，不论是经济上的使民富足、伦理上的秩序井然、政治上的禁止混乱还是军事上的社稷安危都是对社会领域、政治领域或公共领域的观照。其中,他对非礼之智的说明更进一步突出了"为智"必须救世的初衷,因为"为智"必须"以为天下国家久长之策"。

关于信,李觏的界定是:"固守而不变者,命之曰信。"(《李觏集》卷二《礼论》)基于这一定义,对于如何判断"固守而不变"或做到信与不信,他写道:

> 号令律式,以约民心,蔑有欺矣。禄位班次,以等贤愚,蔑相犯矣。车马服御,以章贵贱,而人不疑矣。百官不易其守,四民不改其业,而事不儳矣。言必中,行必果,而天下率从矣。此固守而不变者也,信之道也。(《李觏集》卷二《礼论》)
>
> 为信不能以一号令,重班爵,明车服以辩等,守职业以兴事,使天下之人仰之而不疑,而专为因循顾望,以死儿女之言,若是类者,非礼之信也。(《李觏集》卷二《礼论》)

在这里,不论是对智还是信,李觏依旧坚持以礼为标准的原则进行区分,进而使之外延拉大,蔓延到各个方面,而社会领域始终是其关注的焦点。不仅如此,在进一步列举信之道或信的具体表现时,李觏同样表现了治世情结,因为不论发号施令还是尊卑有等都证明信的"固守而不变"是始终如一地、永无变易地以礼而治。甚至可以说,依礼而治这个原则本身是在上者应该"固守而不变"的。这也从一个侧面表明,信之主体只能是有权"一号令"的在上者。

除了仁、义、礼、智、信之外,宋明思想家(主要是理学家)还对其他道德规范、德目的含义和要求作了更为具体、深入的说明。其中，理学家所介绍、阐释的道德条目和规范名目繁多、不一而足，大致说来，主要有忠、恕、孝、悌、诚、知、耻、勇、格物、致知和中庸等。经过他们的阐释和论证，忠、孝更加突出了君、父的权威，知成为先天固有的良知，其认知、智识等内涵被漠视乃至被抹杀。理学家对知的特定化理解与他们把格物、致知理解为伦理范畴一样，带有宋明时期的思维痕迹和时代特征。

需要说明的是，在宋明思想家对五常及诸多道德规范、道德条目所作的说明中，最主要、影响也最大的是对仁的重新界定和着重阐发。在这方面，理学家尤其是二程、朱熹对仁之内涵的揭示将仁提升为一个新境界——在重复仁的爱之主题的同时，强调仁中蕴涵着一体与差等相互印证的等级秩序。他们提出并论证的"仁者以天地万物为一体"的命题对人站在本体哲学的高度更深刻、全面地认识仁的丰富内涵、提升仁的境界无疑具有重要意义。程朱和其他人对于义、礼、智、信、忠、恕、诚、耻、勇、中庸诸德的界定和解说，对于人全面理解、把握和运用这些道德观念起了积极作用，也使中国传统道德内涵更加丰富和完备。

宋明时期，语录体盛行。理学家们对三纲五常即天理的论证以及对道德条目所进行的界说大多属于语录体，通俗易懂，便于被老百姓所接受，社会影响也更大。

2. 排列五常顺序，明确主次关系

在重新诠释五常内涵的同时，宋代思想家重视五常之间的秩序和位置排列。对于五常之间的主次关系，他们的具体看法存在明显分歧，并由此形成了两种主要观点：

其一，李觏：以礼为大

李觏对五常秩序的理解集中体现在其"三品五类"的人性论中。因此，为了理解其五常之序，有必要先了解他的人性论。对于人性的具体内容以及人性的差异，李觏声称：

> 性之品有三：上智，不学而自能者也，圣人也。下愚，虽学而不能者也，具人之体而已矣。中人者，又可以为三焉：学而得其本者，为贤人，与上智同。学而失其本者，为迷惑，守于中人而已矣。兀然而不学者，为固陋，与下愚同。是则性之品三，而人之类五也。(《李觏集》卷二《礼论》)

李觏宣称性为三品、人分五类，这不由使人想起了汉唐时期盛行的人性品级论，诸如董仲舒的性三品说、皇侃的性九品说以及韩愈的性情三品说等等。就从人性的角度划分人的品级而言，李觏的观点可以说是承接了汉唐人性论的余绪，当然属于老生常谈，并无新鲜之感。然而，他在对人性的品级进行划分时突出礼的作用，这是前所未有的。正是在突出礼的前提下，李觏反复强调：

> 圣人者，根诸性者也……圣人率其仁、义、智、信之性，会而为礼，礼成而后仁、义、智、信可见矣。仁、义、智、信者，圣人之性也。礼者，圣人之法制也。(《李觏集》卷二《礼论》)
>
> 贤人者，学礼而后能者也……知乎仁、义、智、信之美而学礼以求之者也……圣与贤，其终一也。始之所以异者，性与学之谓也。(《李觏集》卷二《礼论》)

在这里，李觏宣布五常为人性所固有，这个说法可以追溯到战国时期孟子的"仁义礼智根于心"。他用五常之间的关系划分人性品级的思路与唐代韩愈一面断言人性包括仁义礼智信"五德"、一面宣称不同人具备的五德参差不齐而有上、中、下之分的说法别无二致。另一方面，不可否认的是，正是在这诸多貌似老生常谈之中，李觏完成了其理论的独创性建构。那就是，强调礼对仁义智信的统领作用，声称圣贤之所以成为圣贤是因为正确处理了五常之间的关系，即以礼求仁义智信。这样一来，他所谓的人性的三品五类无非是对待五常秩序的不同理解和作为的结果而已。李觏的这个观点从人性论的角度表达了对礼的重视，与他以礼为标准划分仁与不仁、义与不义、智与不智、信与不信的做法密切相关，也从一个侧面证明了五常之中以礼为大。这一点在与韩愈的比较中看得更加明白。对于五德如何决定人性之品级，韩愈写道：

上焉者之于五（指仁义礼智信五德。——引者注）也，主于一而行于四；中焉者之于五也，一不少有焉则少反焉，其于四也混；下焉者之于五也，反于一而悖于四。（《原道》）

按照韩愈的说法，上品的人性以仁义礼智信中的一德为主，同时兼通其他四德；中品的人性对某一德不是缺少一些就是违反一些，对于其余四德也都杂而不纯；下品的人性则违反某一德，同时背离其余四德。可见，在把五常视为人性内容，并以五常关系为标准划分人性品级的过程中，韩愈并没有明确五常之间的主次、本末之分。与韩愈有别，在此过程中，李觏以礼为核心、让其他四德始终围绕着礼展开，甚至成为礼在不同维度的体现和显示，由此搭建了五常之间的立体结构。正是基于礼在五常中的核心地位和对五常秩序的全新建构,他强调,礼的基本精神在不同场合有不同的体现,由此演变为仁义智信之四名。李觏指出:"在礼之中,有温厚而广爱者,有断决而从宜者,有疏达而能谋者,有固守而不变者。"(《李觏集》卷二《礼论》)其中,"温厚而广爱者,命之曰仁;断决而从宜者,命之曰义;疏达而能谋者,命之曰智;固守而不变者,命之曰信。此礼之四名也。"(《李觏集》卷二《礼论》)这就是说,仁义智信是礼的四种别名,它们都是从不同角度对礼"异其称"的结果,其实质都是礼。有鉴于此,他不仅把仁、义、智、信纳入礼的势力范围,视之为礼的四种别名、异称,而且以礼为标准对它们重新作了诠释,明确规定了合于礼的仁义智信的界限。

经过如此诠释之后,李觏树立了礼在五常中的核心地位。在此基础上,为了更加巩固礼的至高地位,使礼成为仁义智信的精神实质和衡量标准,他赋予礼以极为广泛的内容,让礼几乎囊括了宗法国家所有的上层建筑。李觏声称:

饮食、衣服、宫室、器皿、夫妇、父子、长幼、君臣、上下、师友、宾客、死丧、祭祀,礼之本也。曰乐、曰政、曰刑,礼之支也。而刑者,又政之属也。曰仁、曰义、曰智、曰信,礼之别名也。是七者,盖皆礼矣。(《李觏集》卷二《礼论》)

这就是说,在整个社会的政治秩序和伦理体系中,礼是核心和总纲,其余的一切皆统一于礼。对此,李觏解释说,人类的物质生活和社会生活是礼产生的基础,这决定了人谋求物质生活的手段、方式和人际关系的规范、要求是礼的基本内容。具体地说,人的物质生活和社会生活是"礼之大本也",当这些方面的问题得以恰当解决后,"天下大和矣";"人之和必有发也,于是因其发而节之",从而有了乐;"和久必怠也,于是率起怠而行之",从而有了政;"率之不从也,于是罚其不从以威之",从而有了刑。对此,他总结说,乐、政、刑是礼的"三支","是三者,礼之大用也,同出于礼而辅于礼者也。"(《李觏集》卷二《礼论》)不仅如此,李觏进一步比喻说:"三支者,譬诸手足焉,同生于人而辅于人者也。"(《李觏集》卷二《礼论》)至此,他建构了一个以礼为核心,集道德、政治、法律为一体的规范体系,把一切都纳入礼中。在这个体系中,仁义智信均被归于礼的名下。按照以往的说法,礼乐政刑、仁义礼智信是分别并列的——前者侧重于政刑,后者侧重于德礼。与此有别,李觏则认为乐、政、刑、仁、义、智、信七者"一于礼",进而撤销了政刑与仁义之间的界限。这样一来,他所讲的礼便成了整个上层建筑的总称和全部伦理道德的最高原则。

进而言之,李觏之所以如此突出、夸大礼的作用,与其执著而热切的治国情结密切相关。李觏强调,礼乐刑政、仁义智信都"一于礼",目的是为了更好地"定君臣"、"别男女"、"序长幼"、"异亲疏"、"次上下",维护宗法等级制度;为了更有成效地"立谏诤"、"议选举"、"正刑法"、"筑城郭"、"治军旅"、"亲师傅"和"广学问",从而改革弊政、富国强兵,使百姓丰衣足食。这些都是治世思想的需要。不仅如此,纵观他的思想,无论是对仁义智信的界定还是对礼的推崇,都凝聚着李觏的治世情结。或者说,正是出于治世的需要,他重新界定了仁义智信的内涵,梳理了其间的关系。同样的道理,他认为只有礼才能全面体现宗法制度的根本精神,具体地说,只有《周礼》才是治国宝典。鉴于北宋中期社会矛盾的尖锐,李觏力主改革。为了给改革提供理论依据,他找到了《周礼》,曾写《周礼致太平论》五十篇,试图以《周礼》来使宋朝"致太平"。稍后,王安石发动变法,也声称新法源于《周礼》,两人的做法颇为一致。王安石的做法从一个侧面表明,李觏试图以周礼致太平正是为了实现自己的政治抱负和道德理想。其实,这一点在李觏对仁义智信的界定、区分中早已得到证明和彰显:一方面,受制于礼治天下的政治意图,他把仁义智信归于礼之麾下;另一方面,由于礼的目的不是个人的修身养性、超凡入圣,而是肩负治国平天下的使命,所以,李觏诠释的仁义智信不是"私德"而是"公德",其行使范围侧重社会、国家等公共领域,目标是整个社会的和谐稳定,这与其他人将五常的践履目标定为臻于圣人,因而侧重个人的修身养性不可同日而语。

李觏是宋明时期最早对五常秩序进行梳理的思想家,不过,他突出礼在五常中的地位的主张并没有得到多数人的认同。数十年后,二程又恢复了传统说法,强调仁乃五常之首,并且被朱熹进一步发挥而得到社会的普遍认同。

其二,程朱:以仁为首

二程认为,四端、五常虽然都出于天理和人性,然而,它们并不是并列的,其中最根本的是仁。在他们的思想中,仁与其他几种道德规范的关系是这样的:

> 仁者,全体;四者,四支。仁,体也。义,宜也。礼,别也。智,知也。信,实也。(《二程集》《河南程氏遗书》卷二)

> 且譬一身,仁,头也;其它四端,手足也。(《二程集》《河南程氏遗书》卷十五)

在这里,二程把仁与其他几端的关系说成是全体与部分、支配与被支配的关系，以此说明仁是五常中的最高范畴。有鉴于此，他们不仅让义、礼、智、信归于仁，而且把五常、四端以外的其他道德条目也归于仁的统辖范围。正是在这个意义上，程颐强调仁"为百善之首。"(《二程集》《河南程氏遗书》卷二十二)按照他的理解，各种道德观念都是仁的不同体现，是从属于仁这个纲的目。程颐多次表示：

  盖孝弟是仁之一事……盖仁是性也，孝弟是用也。(《二程集》《河南程氏遗书》卷十八)
  恕者入仁之门。(《二程集》《河南程氏遗书》卷十五)
  公者仁之理，恕者仁之施，爱者仁之用。(《二程集》《河南程氏粹言》卷一)

  总之，二程将传统道德的所有条目统统纳入仁这一范畴之中，不仅用仁将其他德目贯穿、统率起来，而且阐明了仁与其他德目之间的体用、本末、主从关系。正是沿着这个思路，朱熹在梳理五常次序时走得更远。

  宋明时期，对五常的本末、主次关系作展开和系统论述的是朱熹。在这方面，朱熹沿袭了二程关于五常以仁为首的观点，并从各个角度多次进行了阐发和论证。例如：

  仁之包四德，犹冢宰之统六官。(《朱子语类》卷九十五《程子之书一》)
  仁对义、礼、智言之，则为体；专言之，则兼体、用。(《朱子语类》卷六《性理·仁义礼智等名义》)

在这里，朱熹从不同角度论证了仁与其他德目的关系——或统治与被统治、或体与用，尽管视角和具体说法不同，中心思想只有一个——仁义礼智之间呈现立体结构，其关系绝不是并列的，五常、四端的核心和根本乃是仁。正是在这个意义上，朱熹称仁为"性中四德之首"，断言仁中包含四德，为四德之体。不仅如此，为了更形象地说明仁与其他德目的关系，朱熹提出了"小仁"、"大仁"说。他指出：

恰似有一个小小底仁，有一个大大底仁。"偏言则一事"，是小小底仁，只做得仁之一事；专言则包四者，是大大底仁，又是包得礼义智底。（《朱子语类》卷六《性理·仁义礼智等名义》）

按照上述划分，仁具有广狭之别：与义、礼、智并列而作为四德、五常之一的仁乃是狭义的仁，即"小小底仁"；包四德、含五常而作为四德之体的仁乃是广义的仁，即"大大底仁"。这表明，在朱熹那里，仁既是一种具体的道德规范，又是全德之称。正是全德之称的"大大底仁"使仁包四德、含五常。更有甚者，由于"大大底仁"的存在，朱熹更进一步得出了仁为百行万善之总的结论。他认为，四端是最基本的道德规范，"天下道理千枝万叶，千条万绪，都是这四者做出来。"（《朱子语类》卷二十《论语·学而上》）鉴于仁在四端、五常中首屈一指的地位，朱熹将仁视为"众善之长"，甚至宣称仁是"天理根本处"、仁"上面更无本"。这就是说，仁是最根本的道德，是诸德之源。这个说法实际上不仅让仁成为四端、五常之本，而且成为全部道德之本。正是在这个意义上，他断言："百行万善总于

五常,五常又总于仁。"(《朱子语类》卷六《性理·仁义礼智等名义》)

通过上面的介绍可以看出,宋代思想家对五常秩序的看法并不相同,其间的理论侧重和秩序排列流露出不同的立言宗旨和价值取向。其实,对于中国古代一整套的道德规范、德目究竟应该以仁还是以礼为核心,自先秦起就一直存在着分歧。大致说来,孔子、孟子以仁为核心,《管子》、荀子则以礼为核心。宋代对五常所作的重新梳理和对五常秩序的排列实际上是这一历史上由来已久的分歧在新时代的继续。具体地说,李觏主张礼统诸德显然是继承、发挥了《管子》和荀子的观点,程朱强调仁统诸德则直接继承、发挥了孔子和孟子的思想。

然而,宋代思想家对五常的不同侧重和偏袒只是问题的一个方面。问题的另一方面是,他们对五常秩序的理解有相通、相同之处,下面两方面是其集中表现。

首先,从理论初衷来看,李觏、二程和朱熹等人都为等级制度辩护,更好地维护等级制度的社会秩序是他们共同的立言宗旨。在这个大前提下审视两派的观点则会发现,如果说他们的认识还有分歧的话,那么,其分歧仅仅在于:李觏重视礼、强调外在约束,程朱强调仁、重视内在自觉;前者强调上下、尊卑、贵贱的森严有序,后者认为等级区分与界限固然森严不可侵犯,协调等级关系、使之尽量保持和谐对于维护等级秩序的稳定更为重要。因此,从根本上说,以礼还是以仁为核心是基于同一理论初衷的选择和思路。当然,应该承认,就两种主张的对比来说,对于维护宗法统治秩序而言,孔孟程朱以仁为核心、以仁统率诸德的主张无疑更为有效。正因如此,经过程朱的反复论证和强调,"百行万善总于五常,五常又总于仁"的认识逐渐成为理论界的共识,也在社会上被普遍接受。

其次,从精神实质来看,宋代思想家所侧重的仁或礼内涵相通,都有差等的秩序之义。在这方面,由于礼历来有分、别之用,所以,李觏的做法简捷明快,令人一目了然。尽管不那么直接明快,然而,由于仁中蕴涵差等,程朱以仁凸显等级的意图同样不证自明。在奉仁为五常之首时,程朱已经把仁解释为"以天地万物为一体"了。在这个前提下,推崇仁就是为了用仁建立一个充满爱的等级世界。例如,在以仁抒发爱之主题的过程中,程颐强调,仁爱并非没有亲疏、分别的兼爱,以此强化爱之差等。据记载:

又问:"为仁先从爱物上推来,如何?"曰:"不敬其亲而敬他人者,谓之悖礼;不爱其亲而爱他人者,谓之悖德。故君子'亲亲而仁民,仁民而爱物'。能亲亲,岂不仁民?能仁民,岂不爱物?若以爱物之心推而亲亲,却是墨子也。"(《二程集》《河南程氏遗书》卷二十三)

在二程看来,与墨子的兼爱不同,仁"以天地万物为一体"的一体之中具有严格的上下尊卑、高低贵贱,仁者之爱的根本要求就是分别亲疏、尊卑之差等。同样,朱熹认为,仁爱是有差等的,自利而不利他不对,爱他而无分别也不对。有鉴于此,他既反对杨朱的为我又反对墨家的兼爱。正是在这个意义上,朱熹反复声明:

如杨氏为我,则蔽于仁;墨氏兼爱,则蔽于义。(《朱子语类》卷五十二《孟子·公孙丑上之上》)

且杨墨说"为我""兼爱",岂有人在天地间孑然自立,都不涉著外人得!又岂有视人如亲,一例兼爱得!此两者皆偏而不正,断而不行,便是蔽于此了。(《朱子语类》卷五十二《孟子·公孙丑上之上》)

可见,在弘扬仁爱主题时,程朱强调爱的差等,他们整理五常的目的是为了更好地维护上下、尊卑的等级秩序。因此,程颐一再强调:

夫上下之分明,然后民志有定。民志定,然后可以言治。(《二程集》《周易程氏传》卷一)

名分正则天下定。(《二程集》《河南程氏遗书》卷二十一)

这表明,二程之所以讲"仁以天地万物为一体",是因为他们心仪宗法等级制度。与此相关,二程所讲的仁者之爱是以等级制度规定的名分为标准的。有鉴于此,在四端、五常中,除了突出仁之外,二程特别强调明尊卑、别上下的礼,以至得出了前面所说的"礼者人之规范"的结论。二程在重仁的前提下推崇礼表明,在他们那里仁与礼并不矛盾;不仅如此,在明知"礼,别也"(《二程集》《河南程氏遗书》卷二)的前提下,二程还推崇礼恰恰流露出企图以礼来明等级、别上下以维护宗法等级制度的真正用意和初衷。在二程看来,只有对"尊卑贵贱之分,明之以等威,异之以物采",才能"杜绝陵僭,限隔上下。"(《二程集》《河南程氏粹言》卷一)正是基于这种认识,他们断言:"礼治则治,礼乱则乱,礼存则存,礼亡则亡。"(《二程集》《河南程氏文集·遗文·礼序》)至此,可以看出,程朱推崇的仁与李觏强调礼在五常乃至全部道德中的首要地位的意图和做法如出一辙。然而，在阐释仁与爱的密切关系和以恕、公释仁的过程中，程朱进一步强化和扩展了仁之爱的内涵，通过在一体中突出爱之差等来论证等级秩序的天然合理、天经地义。这种做法较之李觏更为温和，也更令人乐于接受。

其实，稍加留意不难发现，程朱所讲的爱与等级之间具有内在的关联性，爱——一体——差等是三位一体的。在这个逻辑框架中，他们把等级制度美化为与天地万物为一体的爱之世界，同时在爱中注入差等，使一体成为差等之一体。于是，等级制度成为爱的题中应有之义——爱指等级制度下分亲疏、等尊卑之爱，等级制度是仁爱维系、呵护的等级。爱与等级的密切关系决定了仁与礼在理学体系中具有不容否认的相通性：如果说仁表达的是爱之主题和内涵的话，那么，礼则规范了爱的方式和原则。在这方面，为宗法等级制度做合法辩护是仁和礼义不容辞的共同使命。在这个前提下，再对仁与礼进行细分则会看到，如果说仁者之爱是对宗法压迫、剥削的美化的话，那么，礼则是对宗法等级制度合法性的伸张。

进而言之，仁与礼的微妙关系决定了程朱理学讲仁时始终突出爱的主题，讲爱时始终突出差等之爱，最后，为了强调爱的差等又突出礼。这进一步决定了他们所讲的仁在注重差等、分别方面与李觏所讲的礼是一致的。这一点在程朱的话语习惯和概念运用中有明显反映。众所周知，在先秦，孔孟一面讲仁者爱人，且要泛爱众、仁民爱物；一面用义去解释仁。仁义并提本身凸显了仁的差等意蕴。换言之，程朱推崇的仁与李觏推崇的礼具有内在的一致性，都有等级内涵。"义者，宜也。"《大戴礼记》对义的这个经典解释表明义具有引申出差等的可能性。从这个意义上说，继承仁义并提的话语结构来凸显仁之一体中的差等,进而为宗法等级制度辩护并非没有可能。然而,事实是,伴随着程朱对仁的推崇,义没有被特殊关照,礼却备受关注。之所以出现这种局面,原因在于:仅在差等这个层面上,程朱注重仁时推崇义也是可能的;之所以没有,是因为礼除了差等之外还有一个重要内涵,即法制意蕴。礼的法制、政治内涵是义所欠缺的,各家对礼的一致重视除了凸显仁之差等、宗法等级之外,还有重视刑法、强制之意。换言之,理学家所讲的礼不再侧重于恭敬之心或辞让之心,而且兼指别尊卑、等贵贱的礼仪法度。这使宋明理学之礼具有了双重内涵:第一,等级内涵。二程所讲的"礼,别也"正是在这个角度立论的,这个层面的礼与义具有某些相合之处。第二,法制内涵。这个层面的礼显示了与义的分野,并且是义力所不及的。进而言之,重视礼的后果使宋明理学呈现出德法合一之势。作为典章法度,礼的内涵决定了理学家侧重仁与礼而非仁与义突出了德刑并重的思想导向,也从一个侧面凸显出宋明时期伦理思想法制化和制度化的时代特征。正因如此,程朱一致断言:

有人疑,祖杀其父则告之,其罪如何?律:孙告祖当死,此不可告,明矣。然则父杀其子如何?律:徒一年,以理考之,当徒二年。虽是子,亦天子之民也,不当杀而专杀之,是违制也,违制徒二年。(二程《二程集》《河南程氏外书》卷七)

凡廷讼所断,必以人伦为重。(朱熹《漳州府志》《朱子守漳实迹记》)

总之,作为宗法等级制度最完备的意识形态,宋明道德哲学对三纲的重视和对五常秩序的梳理落实到具体操作和实际表现层面即社会秩序家庭秩序化。正是在将社会秩序说成是家庭秩序的论证和操作中,宋明理学家为推崇仁爱与为宗法等级制度辩护找到了现实的契合点,也为其伦理思想在现实社会中找到了具体实践的平台和方法。

三、"民胞物与"说和"天下一家"说

宋明理学家在维护宗法统治秩序的过程中,一面将三纲五常上升为天理,一面力图协调等级关系,以期达到整个社会的和谐有序。为此,他们中的一些人将社会秩序说成是充满温情的家庭秩序,将不平等的森严等级说成是家庭内部成员之间应有的亲情关系。在这方面,最具有代表性、影响也最大的是北宋张载的"民胞物与"说和明代王守仁的"天下一家"说。

张载的"民胞物与"说抒发了他的社会秩序家庭秩序化的理想和信念,集中反映于著名的《西铭》中。张载于熙宁三年(1070)西回故里,专事著书立说。他撰《砭愚》和《订顽》两篇分别悬挂于东、西两牖,作为自己的座右铭。程颐见后,将《砭愚》改称《东铭》、《订顽》改称《西铭》。

在哲学上,张载是一位恪守气本论的朴素唯物论者,正是基于天地万物同本于气的本体框架,他提出并阐发了"民胞物与"说。张载认为,气是世界万物的本原,人与万物都是由气凝聚而成的。循着这一思路,《西铭》指出,既然人与天地万物均本于气,那么,天地乃是人类共同的父母("乾称父,坤称母"),人与人便是同胞兄弟("民吾同胞"),人与万物则是朋友("物吾与也"),整个社会便是一

个大家庭。在这个大家庭中,君主是天地父母的嫡长子("宗子"),是理所当然的家长。大臣是辅助嫡长子管理家务的"家相",社会上的精英(圣贤)是同胞中的杰出分子,诸多弱势群体(残疾、鳏寡)则是同胞中的"颠连无告"者。这样一来,宗法社会中的上下、尊卑、贵贱的等级关系就成了家庭内部成员之间的关系。张载进而呼吁,在这个大家庭中,人人都应该尊敬长辈、敬仰圣贤、慈爱孤幼、同情帮助弱者,彼此之间保持高度的温情和谐。至于个人,如果你已享受到"富贵福泽",则应该看作是天地父母对你的厚爱;如果你尚处于"贫贱忧戚",则应该看作是天地父母对你的磨炼——目的是为了"庸玉女于成"。对此,你应无怨无悔,甘心顺受。由于孝是古代家庭的最高、最基本的道德,所以,在《西铭》中,张载大力弘扬孝道,表彰了一批古代著名的大孝子,极力提倡为服从父母而"无所逃而待烹"、"勇于从而顺令"的绝对顺从精神。可见,"民胞物与"说反映了张载试图通过提倡传统孝道和把社会秩序说成是家庭秩序来整顿社会道德、稳定社会秩序的愿望。

由于《西铭》的根本宗旨和主张极有利于维护宗法统治秩序,因而受到二程、朱熹等一批理学家的充分肯定和高度评价。程颢对《西铭》大加赞赏,指出"《订顽》一篇,意极完备,乃仁之体也。"(《二程集》《河南程氏遗书》卷二)此后,"程门专以《西铭》开示学者。"南宋时,朱熹专门作《西铭解》,对《西铭》的思想予以阐发。不仅如此,二程和朱熹都肯定张载的《西铭》深藏"理一分殊"之精旨,对之赞不绝口。经由他们的宣传,《西铭》及"民胞物与"说的影响进一步扩大。

《西铭》提倡人人友爱、和睦相处,让社会充满温暖的亲情,反映了多数理学家的共同愿望,对于维护社会的稳定和谐、缓和社会矛盾,无疑具有积极意义;《西铭》把人与万物看作是朋友关系,从今天生态伦理的角度看也有积极意义。另一方面,《西铭》把日趋严酷的宗法统治制度和森严的等级秩序说成是基于亲情血缘的家庭关系和家庭秩序,显然是对宗法等级制度的美化。面对残酷无情的社会现实,处于底层的社会民众是很难认同张载的这一说法的。因此,"民胞物与"说在根本上只能是一厢情愿的空想、愿望而已。

"天下一家,中国一人"一语始见于《礼记·礼运》,但《礼记》未作详论。对此作展开论述并赋予其新内容的是王守仁。

王守仁认为,天地万物与我原本是一体的,因为对于人来说,"其心之仁本若是"。对此,他论证说,在仁的支配、驱使下,人"见孺子之入井而必有怵惕恻隐之心焉","见鸟兽之哀鸣觳觫而必有不忍之心焉",甚至见"草木之摧折"、"瓦石之毁坏"也有"顾惜"之心。这样,在仁心的沟通下,我把仁爱之心撒向天地之间,与他人以至与鸟兽、与草木、与瓦石连为一体。可见,以天地万物为一体是人人具有的"其心之仁"发用、流行的结果,天地万物与我一体的仁之境界是一个爱的世界。王守仁呼吁仁者以天地万物为一体就是要用仁爱之心重新编织世界秩序,这种秩序的最终落实是人与人组成的社会秩序。他认为,人一旦臻于"以天地万物为一体"之境界,便能"视天下犹一家,中国犹一人焉。"(《王阳明全集》卷二十六《大学问》)可见,与张载类似,王守仁把社会秩序家庭秩序化,把等级制度下的人与人之间的关系说成是在爱的维护、沟通下的家庭血缘关系。基于这种构思和理想,他多次展望了"天下一家"的境界。例如:

夫圣人之心,以天地万物为一体,其视天下之人,无外内

远近,凡有血气,皆其昆弟赤子之亲,莫不欲安全而教养之。(《王阳明全集》卷二《答顾东桥书》)

视民之饥溺犹己之饥溺,而一夫不获,若己推而纳诸沟中者。(《王阳明全集》卷二《答聂文蔚》)

进而言之,王守仁不仅对这个爱无处不在的"天下一家,中国一人"之理想进行憧憬,而且从正反两方面设计了通往这一理想的途径:第一,在消极方面,王守仁认为,只要没有"私意间隔",人人都可以达到天地万物与我一体的理想境界;之所以没有进入这一理想境界,是因为人们"间形骸而分尔我者","自小之耳。"(《王阳明全集》卷二十六《大学问》)基于这种认识,他大声疾呼,为了臻于"以天地万物为一体"的理想境界,人必须从事道德修养,克服"私意"。正是在这个意义上,王守仁讲圣人"推其天地万物一体之仁,以教天下,使之皆有克其私,去其蔽。"(《王阳明全集》卷二《答顾东桥书》)第二,在积极方面,王守仁提出了显露吾心之仁的设想,并且发挥了《大学》的"明明德"和"亲民"等一套主张。他写道:"明明德者,立其天地万物一体之体也。亲民者,达其天地万物一体之用也。"(《王阳明全集》卷二十六《大学问》)在王守仁看来,彰明吾心之仁德("明明德")是"以天地万物为一体"的根本和实质,"亲民"是达到"以天地万物为一体"的手段和途径,二者合起来就是把吾心之仁德推广于天下。于是,他坚信,通过"明明德"和"亲民",人可以成为推行吾心之仁的仁者;作为一个仁者,人会把吾心之仁推广于天下的每个人以至于每一物,使一人一物无不沐浴在仁爱之下。在这个意义上,王守仁断言:"仁者以天地万物为一体,使有一物失所,便是吾仁有未尽处。"(《王阳明全集》卷一《传习录上》)毫无疑问,当天地万物无一所失地沐浴在仁爱之阳光的普照之下时,天地万物与我为一体的理想便真的实现了。

植根于以天地万物为一体的"天下一家,中国一人"说是王守仁为了挽救当时的社会危机开出的药方,也是其把社会秩序家庭秩序化的理论构想。这套思想具有泛爱色彩,仁爱是贯穿始终的主线,是手段似乎也是目的。然而,在本质上,"天下一家,中国一人"说以维护上下、尊卑的等级制度为出发点和目的地。因此,王守仁一面鼓吹"万物一体"、"天下一家,中国一人";一面强调"一体"、"一家"乃至"一人"之中有厚薄之分。这使他所讲的仁爱成为一种差等之爱。请看下面这段记载:

> 问:"大人与物同体,如何《大学》又说个厚薄?"先生(指王守仁。——引者注)曰:"惟是道理,自有厚薄。比如身是一体,把手足捍头目,岂是偏要薄手足,其道理合如此。禽兽与草木同是爱的,把草木去养禽兽,又忍得。人与禽兽同是爱的,宰禽兽以养亲,与供祭祀,燕宾客,心又忍得。至亲与路人同是爱的,如箪食豆羹,得则生、不得则死,不能两全,宁救至亲,不救路人,心又忍得。这是道理合该如此……《大学》所谓厚薄,是良知上自然的条理,不可逾越,此便谓之义;顺这个条理,便谓之礼;知此条理,便谓之智;终始是这条理,便谓之信。"(《王阳明全集》卷三《传习录下》)

在这里,王守仁不仅把人与万物、人与人之间的关系定位在洋溢着爱的"一体"、"一家"的秩序之中,而且着重突出"一体"、"一家"乃至"一身"之中的等级之分。在他看来,人与天地万物是一体的,然而,一体之中的条理使人对人类、禽兽与草木分别对待,施与不同的爱:在"与物同体"中——"人与禽兽同是爱的,宰禽兽以养亲,与供祭祀,燕宾客";在"天下一家,中国一人"中,人与人都是被爱的对象,"一家"、"一人"之中的厚薄又使爱先由至亲后及路人——"至亲与路人同是爱的",却要"如箪食豆羹,得则生、不得则死,不能两全,宁救至亲,不救路人",这正如一身之中手足与头目同是爱的,遇到危难时自然"把手足捍头目"一样。在此,王守仁强调,"一体"、"一家"之中的厚薄是天经地义、毋庸置疑的:"一体"之中,草木养禽兽,禽兽养人,小人养大人;"一家"之中,先至亲后路人;"一身"之中,手足捍卫头目。这种秩序、位置不容混淆,更不允许颠倒或改变。如此一来,通过把人与他人、与禽兽、与草木之间的宇宙秩序、社会秩序说成是基于血缘关系的家庭秩序乃至天然的生理秩序,王守仁论证了上下、尊卑的合理性,进而为宗法等级制度张目。

总之,经过王守仁如此这般的包装和处理之后,宗法社会中上下尊卑、劳心劳力的统治关系、剥削关系统统都成了家庭内部的分工,如同一身之中各种器官的分工一样天经地义、天然如此。循着这个逻辑,处于社会底层的人应该像"目不耻其无聪"、"足不耻其无执"(《王阳明全集》卷二《答顾东桥书》)一样安于劳苦卑贱的地位;统治阶级成员也应该安于自己已有的地位,不做非分的追求。基于这一思路,他在"拔本塞源论"中对理想社会的秩序进行了这样的安排:其才能高者,"出而各效其能";"其才质之下者,则安其农工商贾之分,各勤其业"。在此,王守仁要求人皆"不以崇卑为轻重,劳逸为美恶",特别是才质下者要"终身处于烦剧而不以为劳,安于卑琐而不以为贱。"(《王阳明全集》卷二《答顾东桥书》)

张载的"民胞物与"说与王守仁的"天下一家"说根于不同的哲学理念,其思路和功效却如出一辙:第一,社会秩序依托于宇宙秩序,致使社会秩序具有了名副其实的天经地义和宇宙法则的普遍意义。这种将社会秩序大而化之的做法赋予社会秩序以本体意蕴,与宋明时期道德哲学与本体哲学合二为一的思维方式和价值旨趣一脉相承。第二,以等级制度为宗旨的社会秩序转化为基于血缘关系的家庭秩序乃至一身之中的生理秩序。这种小而化之的做法使社会秩序家庭化乃至一身化,与宋明理学加强对人之身心的控制以及道德教化生活化的修养功夫息息相通。正是在理学家所进行的这种或大而化之或小而化之的相互印证中,作为社会秩序的宗法等级制度具有了权威性和合理性,同时找到了落脚点和笃行处。

就思维方式而言,家庭秩序被说成是宇宙秩序的前提是本体哲学—人性哲学—道德哲学的三位一体,究其极是因为在这种思维向度中宇宙本体本身即蕴涵着宇宙秩序。进而言之,宇宙本体本身蕴涵着宇宙秩序缘起于程朱、陆王直接把天理、吾心的实际内容说成是三纲五常,致使由三纲五常层层构筑的长幼尊卑之等级秩序、宇宙秩序成为天理、宇宙本体本身;在此前提下,通过天理命人以命致使服从、遵守等级制度成为人之使命;由于中国古代伦理道德的核心是三纲五常,道德的最后归宿和人格完善是圣人,服从三纲五常构筑的等级秩序便成为个人超凡入圣的阶梯。事实上,也正是出于维护等级制度的需要,宋代思想家重视三纲的同时重新界定了五常;因为由尊卑、长幼、男女之别撑起的三纲的灵魂是差等,他们对五常的界定和排序突出等级,在梳理五常时对仁、礼的突出本身就是对宗法等级的致敬。

进而言之,在中国古代哲学中,宇宙秩序与家庭秩序是分别作为本体哲学—人性哲学—道德哲学三位一体结构的两端出现的——宇宙秩序内涵在宇宙本体之中,家庭秩序体现于道德哲学之中,乃是道德哲学的基本内容。这直接推导出两个重要结论:第一,作为同一思维方式和价值取向的产物,宇宙秩序家庭秩序化与家庭秩序宇宙秩序化是同一个问题的两个方面,可以顺逆互推。第二,本体哲学—人性哲学—道德哲学的三位一体与宇宙秩序家庭秩序化、家庭秩序宇宙秩序化相互印证、相得益彰:一方面,由宇宙秩序推出家庭秩序是天人合一的具体表现,以本体哲学—人性哲学—道德哲学三位一体为思维模式和理论前提;另一方面,家庭秩序乃至社会秩序是对宇宙秩序的贯彻和实施,达到与宇宙秩序的一致是其价值取向和追求目标。

本体哲学—人性哲学—道德哲学三位一体的逻辑构架是中国古代哲学尤其是宋明理学的共同特征,理本论、心本论如此,气本论也是一样。在这方面,张载从气本论推出"民胞物与"即是明证。对于"民胞物与"的思想精义,元代的饶鲁曾有过精辟的分析。他写道:

《西铭》一书,规模宏大而条理精密,有非片言之所能尽。然其大指,不过中分为两节。前一节明人为天地之子,后一节言人事天地,当如子之事父母。何谓人为天地之子?盖人受天地之气以生而有是性,犹子受父母之气以生而有是身。父母之气即天地之气也。分而言之,人各一父母也;合而言之,举天下同一父母也。人知父母之为父母,而不知天地之为大父母,故以人而观天地,嗒漠然与己如不相关。人与天地既漠然如不相关,则其所存所发宜乎?……言天以"至健"而始万物,则父之道也;地以"至顺"而成万物,则母之道也。吾以藐然之身,生于其间,禀天地之气以为形,而怀天地之理以为性,岂非学之道乎?(《饶双峰讲义》卷十五《附录》)

在此,饶鲁揭示张载在《西铭》中推出"民胞物与"的秘密在于从宇宙本体中推出了家庭秩序,其具体做法是在断言人为天地之子的基础上要人以孝事天地。前者是本体维度,后者是道德维度,两者共同构筑了天人合一,最后一句"怀天地之理以为性"道出了宋明理学一贯的三位一体结构。其实,也正因为在思维方式和价值取向上别无二致,推崇理为世界本原的程朱才对气本论者张载的这个观点赞不绝口,并且予以大肆发挥。因为尽管其间有气本与理本之分,但是,他们建构社会秩序的思路和做法是一致的。除了张载和程朱之外,可以作为佐证的还有元代的刘因。刘因指出:

大哉化也,源乎天,散乎万物,而成乎圣人。自天而言之,理具乎乾元之始,曰造化。宣而通之,物付之物,人付之人,成象成形,而各正性命,化而变也。阴阳五行,运乎天地之间,绵绵属属,自然氤氲而不容已,所以宣其化而无穷也。天化宣矣,而人物生焉。人物生焉,而人化存焉。大而父子、君臣、夫妇、长幼、朋友之道,小而洒扫、应对、进退之节,至于鸢飞鱼跃,莫非天化之存乎人者也。(《畿辅本》卷三《宣化堂记》)

在刘因的论述中,由"源乎天,散乎万物,而成乎圣人"表达的三位一体结构开宗明义,赫然醒目,给人深刻印象,以至于究竟天本还是理本反而显得不再重要了。重要的是,基于这一结构,他在大而三纲五常、小而洒扫应对中开辟了人的安身立命之方和道德完善之途,尽显宋明时期本体哲学—人性哲学—道德哲学三位一体的致思理路和学术风范。

有了三位一体的思维结构和价值取向,回头看则会发现,宋代思想家对三纲五常的内涵予以重新界定以及对五常的排序势在必行;对礼的推崇和仁之差等的强调也成了理所当然。在这种重新包装好的、本身即蕴涵着等级的三纲五常被说成是天理时,其中内涵的等级随即成为万古不变的绝对权威;当这种内涵等级的天理被说成是人性、并从宇宙秩序转化为家庭秩序时,人除了服从等级秩序真的就别无选择了。由此可见,正是在理学家的双重印证中,一方面,宇宙秩序从天国来到人间,成为社会秩序,最后落实为家庭秩序;另一方面,家庭秩序被说成社会秩序,乃至被神化为亘古永恒的宇宙秩序。当然,把两方面联系起来,并且始终贯穿其中的则是一以贯之的等级秩序。

理与欲、义与利、公与私和价值观的冲突与归一

如何正确处理理欲、义利、公私关系,一直是中国古代思想家高度重视的大问题。在宋明时期的道德建设中,这些关系受到思想家们进一步而且更普遍的关注。对于理与欲、义与利和公与私之间的关系,理学家们作了更为深入的探讨和阐述,达到了新的理论高度。

宋明时期,道德建设的根本宗旨在于强化纲常准则的统摄力,使之更为深入人心,以期更为有效地维护宗法统治秩序。与此相联系,这一时期的理欲观、义利观和公私观更加突出理、义、公的地位,无论是理学家对理、义、公的推崇还是对欲、利、私的排斥,实质上都是让人更自觉地约束自己的欲、利、私,从而自觉地维护、服从等级制度和宗法国家的根本利益。

在宋代,与理学家大讲理欲之辨而存理灭欲有别,功利主义学者发出了"足欲"、"遂欲"的呼吁,对欲予以一定程度的肯定;与此类似,在理学家贵义贱利的同时,功利主义学者发出了不同声音,推崇功利的价值和意义。这些引起了宋代思想界在价值领域的冲突。当然,在这场冲突和争论中,理学占有绝对优势。与理欲观和义利观的冲突迥然不同,尚公是理学家和功利主义学者的共同主张,这使宋明时期的公私观呈现出归一之势。

一、理学家理欲观的禁欲主义色彩

在理欲、义利和公私关系中,理学家们更重视理欲关系,对理欲观的论述也更多。这是因为,理欲观解决的是人的生活需求、物质欲望与道德准则的关系,而如何将人的生理需求、物质欲望限定在纲常、等级制度所许可的范围内对于维护宗法等级制度的社会秩序至关重要。所以,理欲观必然受到理学家的高度重视。

理学的理欲观不同于佛教,不能简单地将之归于禁欲主义。同时,必须承认,尽管对理欲关系的具体理解并不相同,然而,由于多数理学家将欲看作是一种具有危险性的东西,因而强调天理为善、人欲为恶,在天理与人欲势不两立的基础上主张"去人欲,存天理"。这使理学的理欲观带有程度不同的禁欲主义色彩。

二程认为,人生来就有饮食男女之欲和喜怒哀乐之情,这是人性之自然,也是无法禁绝的,佛教要人禁绝这些欲望是荒谬的。基于这种认识,他们一再指出:

耳闻目见,饮食男女之欲,喜怒哀乐之变,皆其性之自然。今其(指佛教——引者注)言曰:"必尽绝是,然后得天真。"吾多见其丧天真矣。(《二程集》《河南程氏粹言》卷一)

如人之有耳目口鼻,既有此气,则须有此识,所见者色,所闻者声,所食者味。人之有喜怒哀乐者,亦其性之自然,今强曰必尽绝,为得天真,是所谓丧天真也。(《二程集》《河南程氏遗书》卷二)

这表明,二程对欲并不简单地一概予以否定。然而,他们指出,人的各种欲望是无止境的,任其发展下去势必造成危险。对此,程颐举例说,"譬如椅子,人坐此便安","求安不已,又要褥子,以求温暖",以至"无所不为"。发展下去,势必"夺之于君、夺之于父"。(《二程集》《河南程氏遗书》卷十八)基于这种逻辑,二程感叹:"甚矣,欲之害人也!人为不善,欲诱之也。诱之而不知,则至于灭天理而不知反。"(《二程集》《河南程氏粹言》卷二)有鉴于此,他们主张对人的欲求划定本末,以制度节之。正是在这个意义上,程颐宣称:"人欲之无穷也,苟非节以制度,则侈肆,至于伤财害民矣。"(《二程集》《周易程氏传》卷四)具体地说,节制人之欲的这个"本"、"制度"便是理或礼。按照他的说法,凡是出于本、符合理或礼的欲求便是正当的,属于至善的天理;凡是流于末、不符合理或礼的欲求便是不正当的,属于恶的人欲或私欲。于是,程颐一再强调:

  凡人欲之过者,皆本于奉养,其流之远,则为害矣。先王制其本者,天理也;后人流于末者,人欲也。(《二程集》《周易程氏传》卷三)

  视听言动,非理不为,即是礼,礼即是理也。不是天理,便是私欲。(《二程集》《河南程氏遗书》卷十五)

在这里,以是否符合理为标准,程颐把人的欲望分为天理与私欲两个方面。对于两者之间的区别,二程举例子说,人欲避风雨而求房屋,欲免饥渴而求饮食,这是本,属于天理;人由房屋而求"峻宇雕墙",由饮食而求"酒池肉林",便流于末,不符合理或礼,属于人欲。在此基础上，程颐进而强调，天理与人欲是对立的，"无人欲即皆天理。"（《二程集》《河南程氏遗书》卷十五）如果允许人欲任其发展，必将破坏宗法统治秩序。有鉴于此，他主张："损人欲以复天理。"（《二程集》《周易程氏传》卷三）基于对天理、人欲的划分和对两者关系的认定，二程把他们所认定的不属于人基本的生理、生活欲求的东西归为恶的人欲，进而在不同场合有针对性地对欲提出节、窒、损、灭等要求，对人欲大加鞭挞。

进而言之，为了更好地损人欲、复天理，二程把天理、人欲与"道心"、"人心"联系起来，指出道心是天理、善之根源，人心是人欲、恶之渊薮。在这一点上，大程与小程的看法别无二致：

"人心惟危"，人欲也。"道心惟微"，天理也。（程颢：《二程集》《河南程氏遗书》卷十一）

人心，人欲；道心，天理。（程颐：《二程集》《河南程氏外书》卷二）

二程认为，人心属于私欲，"故危殆"；道心属于天理，"故精微"。因此，在处理两者关系时，必须用道心克制并主宰人心，从思想深处自觉地从事"去人欲，存天理"的斗争。

由上可见，二程的理欲观带有明显的禁欲主义色彩，而程颐对寡妇再嫁问题的看法则将这一思想倾向推向了极端。据载：

问："孀妇于理似不可取，如何？"曰："然。凡取，以配身也。若取失节者以配身，是己失节也。"又问："或有孤孀贫穷无托者，可再嫁否？"曰："只是后世怕寒饿死，故有是说。然饿

死事极小,失节事极大。"(《二程集》《河南程氏遗书》卷二十二)

张载从欲源于人性的思路出发,反对灭欲主张。他说:"饮食男女皆性也,是乌可灭?"(《正蒙·乾称》)从这个意义上说,张载并不是禁欲主义者。另一方面,他把理、欲与人性联系起来,认为天地之性是天理的体现,气质之性是人欲的表现;与天地之性至善、气质之性有不善的说法相似,张载进而宣称天理至善而人欲有恶。基于这种分析,他把天理与人欲对立起来,并根据气质有恶的认定,让人通过尽心、大心来变化气质,以此返天理而循人欲。在这里,张载虽然没有像二程那样主张灭欲,但其把天理与人欲对立起来的做法本身即决定了他不可能主张遂欲或足欲。总的来说,张载对人欲的态度并非肯定而是否定的。

朱熹的理欲观源于双重人性论,与人心说息息相关。为了弄清其天理、人欲之辨,有必要先分析他的人心说。循着双重人性论的逻辑,朱熹宣布人具有两心,即人心与道心。在此基础上,他大力渲染人心与道心的区别和对立。例如:人心是气质之性的体现,道心是天命之性的反映;"一个生于血气,一个生于义理"(《朱子语类》卷六十八《易·乾上》);一个"生于形气之私",一个"原于性命之正"(《四书章句集注·中庸章句·序》)等等。除此之外,对于人心与道心的区别,朱熹还作了如下区分:

> 知觉从耳目之欲上去,便是人心;知觉从义理上去,便是道心。(《朱子语类》卷七十八《尚书·大禹谟》)

> 人心便是饥而思食,寒而思衣底心。饥而思食后,思量当

食与不当食；寒而思衣后，思量当着与不当着，这便是道心。(《朱子语类》卷七十八《尚书·大禹谟》)

可见，在朱熹的视界中，人心、道心之说并非指人有两个心，而是指人的心表现为两种不同的趋向和追求：就趋向而言，人心是人的生理需要和欲望，道心是使人的需求、欲望符合宗法道德要求的道德理性。就性质而言，与天命之性至善、气质之性有恶——对应，道心是善的、人心则有善有不善。就特点而言，人心是"人欲之萌"，"泛泛无定向，或是或非不可知"，其特点是"危殆而难安"；道心体现了"天理之奥"，却常被人心所蒙蔽，其特点是"微妙而难见"。(《朱文公文集》卷六十七《观心说》)

在对道心、人心作如上界定、区分之后，朱熹强调，人人都有道心和人心，即使是圣人也不例外。对此，他指出："虽圣人不能无人心，如饥食渴饮之类；虽小人不能无道心，如恻隐之心是。"(《朱子语类》卷七十八《尚书·大禹谟》)这就是说，人人都有两心，人心虽圣人不免。因此，对于人心与道心，关键是处理好两者的关系，不让"二者杂于方寸之间，而不知所以治"，因为这样必然"危者愈危，微者愈微"。(《四书章句集注·中庸章句·序》)这就是说，如果对道心与人心的关系处理不好，人便会迷失方向，陷入歧途。这是非常危险和可怕的。那么，怎样正确处理人心与道心的关系、避免这种可怕的后果呢？朱熹认为，根本原则是自觉地以道心主宰人心、节制人心。这套用他的比喻便是：

人心如船，道心如柁。(《朱子语类》卷七十八《尚书·大禹谟》)

人心如卒徒,道心如将。(《朱子语类》卷七十八《尚书·大禹谟》)

这就是说,在对待道心与人心时,要"使道心常为一身之主,而人心每听命焉"。(《四书章句集注·中庸章句·序》)此外,朱熹强调,对人心与道心要把握好"收"与"放"的关系:对于人心要自觉采取收的态度,对道心要不使放失。正是在这个意义上,他说:"自人心而收之,则是道心;自道心而放之,便是人心。"(《朱子语类》卷七十八《尚书·大禹谟》)在朱熹看来,只要把握好收与放的关系,久而久之,人心会转化为道心;相反,如果把握不好,道心将蜕变为人心。

从上可见,朱熹所讲的人心主要指人的生理本能和物质欲望,在人心源于气质之性、与生俱来虽圣人难免的意义上,有肯定人的欲望的思想端倪。但是,在论证人心与道心的关系时,他明显偏袒道心,对人心始终采取谨慎乃至敌视态度。朱熹的这种态度在对人心的进一步解剖中充分体现出来。他对人心进行了深入分析,认为源于有善有不善的气质之性的人心有善有不善,不能把人心简单地等同于人欲。对此,朱熹多次指出:

人心亦不是全不好底,故不言凶咎,只言危。(《朱子语类》卷七十八《尚书·大禹谟》)

盖人心不全是人欲,若全是人欲,则直是丧乱,岂止危而已哉!(《朱子语类》卷一一八《训门人六》)

"人心,人欲也",此语有病。(《朱子语类》卷七十八《尚书·大禹谟》)

朱熹认为,人心不完全是人欲,不仅人心不同于人欲,欲也不同于人欲,人心、人欲、欲是三个不同的概念。在此,他特别对欲与人欲予以了区分,强调欲与人欲有别,指出欲是对物质生活的正当要求和欲望,对欲不能绝对地予以否定。正是在这个意义上,朱熹指出:"若是饥而欲食,渴而欲饮,则此欲亦岂能无?"(《朱子语类》卷九十四《周子之书·太极图》)可见,他并不否定人具有维持生存的欲望,并在一定限度内肯定欲的合理性。在这方面,朱熹反对佛教笼统地禁欲、无欲,指责佛教的主张违背了生活常识,简直就是"终日吃饭,却道不曾咬著一粒米;满身著衣,却道不曾挂著一条丝"。(《朱子语类》卷一二六《释氏》)

在对人心进行深入分析的过程中,鉴于人心中有好与不好、人欲与非人欲等不同成分,朱熹进一步把人心中善的部分与道心合一、称为天理,把人心中恶的部分提取出来、称为人欲。经过如此整理和归类之后,人心中只有善的天理与恶的人欲两部分了。在此基础上,朱熹系统探讨了天理与人欲的关系。

朱熹承认天理与人欲相互依存、相互统一,断言天理与人欲相互安顿。正是在这个意义上,他反复断言:

> 有个天理,便有个人欲。盖缘这个天理,须有个安顿处,才安顿得不恰好,便有人欲出来。(《朱子语类》卷十三《学·力行》)

> 人欲便也是天理里面做出来。(《朱子语类》卷十三《学·力行》)

不仅如此,从天理与人欲的统一出发,朱熹得出了"人欲中自有天理"(《朱子语类》卷十三《学·力行》)的结论。这表明,天理与人欲并非各不相干,而是相互依存的。由于天理与人欲相互包含,其界限便很难分辨。这就是说,天理与人欲的界限和划分标准是相对的。于是,他反复指出:

> 天理人欲,几微之间。(《朱子语类》卷十三《学·力行》)
> 天理人欲,无确定底界。(《朱子语类》卷十三《学·力行》)

应该看到,对于天理与人欲的关系,朱熹讲得更多的则是二者之间的对立和冲突;相对于天理与人欲之间的相依、统一而言,他对二者之间的矛盾、抵触用力甚多。按照朱熹的说法,天理与人欲"此长,彼必短;此短,彼必长"。(《朱子语类》卷十三《学·力行》)如此说来,天理与人欲不是相得益彰或相互促进的关系,而是相反相克的竞争关系、对立关系。正是在这个意义上,他断言:

> 天理、人欲相为消长分数。"其为人也寡欲",则人欲分数少,故"虽有不存焉者寡矣"。不存焉寡,则天理分数多也。"其为人也多欲",则人欲分数多,故"虽有存焉者寡矣"。存焉者寡,则是天理分数少也。(《朱子语类》卷六十一《孟子·尽心下》)

进而言之,天理与人欲之间的这种此消彼长、不胜则败的关系决定了二者始终处于高度紧张的矛盾对垒之中,对此,人只能取一弃一,绝无中立、调和的可能。于是,朱熹一再强调:

人只有个天理人欲,此胜则彼退,彼胜则此退,无中立不进退之理,凡人不进便退也。(《朱子语类》卷十三《学·力行》)

天理人欲相胜之地,自家这里胜得一分,他那个便退一分;自家这里退一分,他那个便进一分。(《朱子语类》卷五十九《孟子·告子上》)

这清楚地表明,天理、人欲代表着两股势力和趋向,其间只有竞争,没有和谐。有鉴于此,朱熹把天理与人欲绝对地对立起来,宣称天理与人欲绝对对立、不可并存,以至最终得出了"天理与人欲,不容并立"的结论。正是在这个意义上,他宣称:"人之一心,天理存,则人欲亡;人欲胜,则天理灭,未有天理人欲夹杂者。"(《朱子语类》卷十三《学·力行》)不仅如此,鉴于天理与人欲的矛盾对立、不共戴天,朱熹指出,为了成为圣人,为了存天理,就必须灭人欲。进而言之,为了更好地存天理、灭人欲,必须对天理与人欲进行区分。对于朱熹如何区分天理与人欲,书载:

问:"饮食之间,孰为天理、孰为人欲?"曰:"饮食者,天理也;要求美味,人欲也。"(《朱子语类》卷十三《学·力行》)

在这里,以饮食为例,朱熹认定饥食渴饮的生理欲望人生来就有,是天理;若对饮食追求精细、饱美,便属于人欲。为了把人的欲望限定在天理允许的界限之内,他以维护等级制度的礼来区分天理与人欲,告诫人"非礼勿视听言动,便是天理;非礼而视听言动,便是人欲"。(《朱子语类》卷四十《论语·先进篇下》)

在明确了何为天理、何为人欲之后,鉴于天理与人欲的势不两立,朱熹呼吁人们要"革尽人欲,复尽天理"。(《朱子语类》卷十三《学·力行》)在这方面,他要求人对人欲要"克之、克之而又克之",就像杀敌一样与人欲进行斗争,坚决把人欲消灭干净。在此,朱熹强调,革除人欲要坚决彻底,大的方面固然要克,小的方面也不能放过,尤其要在纤微细小处用力。因此,他宣称:"未知学问,此心浑为人欲;既知学问,则天理自然发见,而人欲渐渐消去者,固是好矣,然克得一层又有一层,大者固不可有,而纤微尤要密察。"(《朱子语类》卷十三《学·力行》)这就是说,只有从一言一行、一举一动、一饮一食上做起,"纤微尤要密察","去人欲,存天理"的工夫方能收到成效。循着这个思路,朱熹要求:"吃一盏茶时,亦要知其孰为天理,孰为人欲。"(《朱子语类》卷三十六《论语·子罕上》)进而言之,他之所以对人欲的态度如此决绝,不仅是因为人欲与天理势不两立,妨碍了人超凡脱俗,而且因为"人之所以不乐者,有私意耳。"人一旦"私欲克尽","见得那天理分明……不被那人欲来苦楚,自恁地快活。"(《朱子语类》卷三十一《论语·雍也》)

在理与欲的关系问题上,陆九渊不赞成朱熹关于人心与道心、天理与人欲的区分。他写道:

> 天理人欲之言,亦自不是至论。若天是理,人是欲,则是天人不同矣。此言盖出于老子……《书》云:"人心惟危,道心惟微。"解者多指人心为人欲,道心为天理,此说非是。心一也,人安有二心?(《陆九渊集》卷三十四《语录上》)

陆九渊认为,人只有一个心,此心人人皆同,古今无异;此心完整统一，不容分解为二。这个心就是天理。他进一步解释说，有人为恶是由于物欲蒙蔽，并非本心有不良因素。而且，"心之体甚大，若能尽我之心，便与天同。"(《陆九渊集》卷三十五《语录下》)可见，陆九渊不赞成把心区分为人心与道心、天理与人欲，目的是证明本心的完美无缺、不可分割，维护其心学体系，绝不是承认物欲、私欲的合理性。恰好相反，按照他的说法，人心同具万理，天理与生俱来，是人欲遮蔽了天理的显露和发挥。因此，为了恢复吾心之良必须铲除吾心之害，而这个害就是人的种种欲望。至此可见，在陆九渊的意识中，吾心之良即是天理，吾心之害即是人欲；保吾心之良、除吾心之害只不过是"去人欲，存天理"的另一种表达而已。正因为如此，他对孟子"养心莫善于寡欲"的说法坚信不疑，在存心、养心的同时不遗余力地呼吁寡欲。陆九渊的上述言论和做法与朱熹把天理与人欲置于不共戴天的对立面，进而强调若想存天理只有去人欲的做法在本质上已经大同小异。

此外，陆九渊断言："民生不能不群，群不能无争，争则乱，乱则生不可以保。"(《陆九渊集》卷三十二《保民而王》)在他看来，任何人的生存都不能脱离社会群体，在群体之中，人们彼此之间不可避免地要发生争夺，争夺的结果势必造成动乱，以至影响人的生存。对此，陆九渊进一步分析说，之所以发生争夺，是因为人都具有无限度的追求物质利益和享受的欲望，追求无已势必出现争夺。正是在这个意义上，他指出："大概人之通病，在于居茅茨则慕栋宇，衣敝衣则慕华好，食粗粝则慕甘肥。此乃是世人之通病。"(《陆九渊集》卷三十四《语录上》)在此，陆九渊不仅认为人有欲，而且把贪得无厌、永不满足说成是人的通病，并且认定人对欲望的追求没有止境，这种无尽之欲乃是社会不安定的重要因素。正是基于这种思路和考虑,他得出了人欲妨碍天理显露、危害社会安定的结论。解铃还需系铃人。循着陆九渊的思路,为了跳出这个陷阱、荆棘和囹圄,必须"以道制欲"。对此,他宣称:"以道制欲,则乐而不厌;以欲忘道,则惑而不乐。"(《陆九渊集》卷二十二《杂说》)陆九渊的这些议论目的是让人自觉地以宗法道义来节制自己的欲望,遵守统治秩序,做到"动皆于义理,不任己私"。(《陆九渊集》卷十四《与包敏道》)

总之,对于欲,陆九渊并没有主张"去",而是要求"寡"和"制",口气、态度显得比程朱温和许多。然而,他既然将欲视为"吾心之害",并且将之与"本心"、道、理对立起来,那么,从根本上说,陆九渊对待欲的态度与程朱也就没有什么本质区别了。

在王守仁那里,理欲观不仅限于价值论,而且具有本体论的意义。他认为,作为万物本原的吾心,其本体就是天理、良知。因此,天理、良知人人皆有、与生俱来。从这个意义上说,人皆可以成为尧舜。在现实世界中,之所以没有满街都是圣人,是因为良知、天理被人欲蒙蔽的缘故。并且,他指出,正是天理被人欲遮蔽的程度不同,使人有了圣贤与愚夫愚妇之别:圣人心中纯乎天理而无人欲之杂,如晴空万里,阳光普照,天理可以尽情发挥;贤人偶然被人欲遮蔽,如浮云蔽日,转瞬之间烟消云散,阳光依旧灿烂;愚夫愚妇人欲太厚,如阴霾天日,重重云雾使天理放射不出来。这表明,人欲始终处于天理的对立面,是天理得以发挥的唯一障碍;要想天理尽显,必须除尽人欲,这正如要想阳光普照、必须拨开云雾一样。有鉴于此,在认识方法和道德修养上,王守仁断言"求理于吾心",反对外求,要求人们向心中求知求理,鼓吹"致良知"。进而言之,"致良知"的认识路线和修养方法就是显露心中固有良知、天理。就实际内容和具体方法而言,他的"致良知"就是"去人欲,存天理"、"破心中贼",即彻底灭除人欲。这决定了对于天理与人欲的关系,王守仁只能作对立观。正是在这个意义上,他一再强调:

减得一分人欲,便是复得一分天理。(《王阳明全集》卷一《传习录上》)

去得人欲,便识得天理。(《王阳明全集》卷一《传习录上》)

在这里,王守仁强调,只有去人欲,才能存天理。在此基础上,通过格物、致知等步骤,他把"去人欲,存天理"进一步落到实处,让人在君臣父子、人伦日用之间切切实实地进行"去人欲,存天理"的工夫。值得注意的是,提到"去人欲,存天理",人们首先想到的往往是朱熹。其实,王守仁不仅与朱熹一样大讲特讲"去人欲,存天理",而且,他对"去人欲,存天理"的要求与朱熹相比均有过之而无不及。具体地说,王守仁让人时时刻刻惟"去人欲,存天理"为念、为行,"静时念念去人欲存天理,动时念念去人欲存天理",做到"其心纯乎天理而无人欲之杂"。(《王阳明全集》卷一《传习录上》)更为重要的是,为了切实地"去人欲,存天理",他把格物解释为"正事",进而把格物、致知与良知联系起来,在"致良知"的宗旨下教人时时处处"在事上磨炼",时刻做"去人欲,存天理"的工夫。王守仁对天理与人欲关系的对立理解及其"去人欲,存天理"之真切笃实淋漓尽致地表现在其对圣人标准的修改和成圣成贤的方法上。

可见,理欲观是宋明理学家共同关注的中心话题,不论是程朱还是陆王都对此予以重视。在这里,有一点值得深思,那就是:程朱理学与陆王心学在本体领域有天理与吾心之争论,在认识领域有向外格物与向内用工之分歧,呈现出客观唯心论与主观唯心论的对立。这些对立在道德哲学中隐退了,对道德完善的共同追求使他们都提倡"去人欲,存天理",这使他们在理欲观上达成了共识。在这方面,尽管在细枝末节上偶尔出现一些小分歧,然而,正如超凡脱俗、成为圣人是共同的理想一样,强调天理与人欲势不两立以及为了存天理必须灭人欲的认识别无二致。这使宋明理学在处理理与欲的关系时推崇天理、蔑视人欲,尽管与佛教的禁欲主义不可同日而语,但其禁欲主义倾向同样有目共睹。

二、功利主义学者的"足欲"、"节欲"主张

在理学家大讲理欲之辨而存理灭欲的同时,一些思想家特别是宋代的功利主义学者发出了不同的声音。在两宋,与理学并存的有以李觏、陈亮和叶适等人组成的功利主义学派。这一派学者反对理学家将理、礼与欲对立起来的做法,呼吁对欲予以一定程度的肯定和重视。

李觏认为,礼、理与欲并不矛盾,礼恰恰是顺应欲的需要产生的。对此,他宣称:"夫礼之初,顺人之性欲而为之节文者也。"(《李觏集》卷二《礼论》)这就是说,欲是礼产生的基础和前提,礼是对人之欲望的节制和规范。这表明,礼与欲具有内在联系,二者是统一的。在此基础上,他进一步推导出两个结论:第一,财利是人类社会活动的基础,没有满足人之欲望的财力,人类社会的一切都无从谈起。正是在这个意义上,李觏指出:"礼以是(指财、下同——引者注)举,政以是成,爱以是立,威以是行。舍是而克为治者,未之

有也。"(《李觏集》卷十六《富国策》)第二,道德教化要取得成功,必须先满足人的欲望,以足民衣食为前提。对此,他解释说:"夫饮食男女,人之大欲。一有失时,则为怨旷。"(《李觏集》卷五《内治》)这就是说,民以食为天,满足人的生存欲望是人类得以延续、社会得以发展的最基本的前提。只有使百姓的衣食有了一定的保障,生存欲望得到基本满足,才能有效地推行道德教化。因为被教化者最先顾及的是生存而不是荣辱,"食不足,心不常",在百姓衣食无着时驱之向善是根本不可能的。在这个意义上,李觏指出:"然则民不富,仓廪不实,衣食不足,而欲教以礼节,使之趋荣而避辱,学者皆知其难也。"(《李觏集》卷八《国用》)基于上述认识,对于欲,李觏的态度是"足欲"而不是禁欲。

与北宋时期的李觏强调礼与欲的统一而呼吁"足欲"相似,南宋时期的功利主义学者——陈亮和叶适断言"道在事中"、"道在物中",力图通过把人之生活日用、情感欲望注入道而强调道德与人的欲望密不可分,进而在伦理道德中为欲争取一席之地。对于道是什么,陈亮再三强调:

夫盈宇宙者无非物,日用之间无非事。(《陈亮集》卷十《书经》)

夫道非出于形气之表,而常行于事物之间者也。(《陈亮集》卷九《勉强行道大有功》)

道之在天下,平施于日用之间,得其性情之正者,彼固有以知之矣。(《陈亮集》卷十《诗经》)

可见,这里所讲的道,既是自然界中存在的具体事物的规律,又是人类社会的道德规范和法度政令。在陈亮看来,宇宙中存在的无非是具体事物,无论物之理还是人之道都存在于具体事物之中。这具体到伦理道德上便是,道德规范产生于人的物质生活,是对欲的适度满足和节制。从这个意义上说,道德产生于满足人之生存的需要,没有欲,道德也就失去了产生的可能和存在的必要。陈亮的这种看法从道德的起源和功能入手,论证了欲在伦理道德中的作用。与此同时,他又从欲为人性所固有的角度论证了欲的与生俱来、天然合理。在这方面,陈亮指出,人的各种欲望出于人性,甚至可以说是人性的基本内容。对此,他多次写道:

耳之于声也,目之于色也,鼻之于臭也,口之于味也,四肢之于安佚也,性也,有命焉。出于性,则人之所同欲也;委于命,则必有制之者而不可违也。(《陈亮集》卷四《问答下》)

人生何为?为有其欲。欲也必争,惟日不足。(《陈亮集》卷二十八《刘和卿墓志铭》)

按照陈亮的说法,欲与生俱来、天然合理,这说明,欲的存在和满足是正当的。不仅如此,他进而强调,人生活在世界上,需要各种给养,因为既然生而为人,便不可能"赤立"、"露处"、"无食"。这表明,欲不仅天然合理、无法禁绝,而且,追求生理欲望的满足是人的天性,与此相应,满足人衣食住行等各方面的欲望是人道的题中应有之义。正是在这个意义上,陈亮写道:

万物皆备于我,而一人之身,百工之所为具。天下岂有身外之事,而性外之物哉!百骸九窍具而为人,然而不可以赤立也。必有衣焉以衣之，则衣非外物也；必有食焉以食之，则食非外物也。衣食足矣，然而不可以露处也。必有室庐以居之，则室庐非外物也；必有门户藩篱以卫之，则门户藩篱非外物也。有一不具，则人道为有缺，是举吾身而弃之也。(《陈亮集》卷四《问答下》)

基于上述认识和分析，陈亮进而断言，欲望对人之生存至关重要，人之荣辱从本质上说便是欲望是否得到满足或满足的程度。在这个意义上，他指出："富贵尊荣，则耳目口鼻之与肢体皆得其欲；危亡困辱则反是。"(《陈亮集》卷四《问答下》)如此说来，被人所羡慕、所向往的富贵尊荣无非是耳目口鼻之欲充分得到满足，被人所厌恶、力图避免的危亡困辱无非是各种欲望无法得到满足。循着这个逻辑，陈亮进一步指出，人道不离欲，遂欲达情是人做事的动力，执政者只有足民之欲才能奏效。于是，他写道："夫喜怒哀乐爱恶，人主之所以鼓动天下而用之之具也……弃其喜怒以动天下之机，而欲事功之自成，是闭目而欲行也。"(《陈亮集》卷一《戊申再上孝宗皇帝书》)在陈亮看来，从根本上说，君主的权威正在于能够满足人的欲望，握有生杀予夺大权是君主的资本——"天下以其欲恶而听之人君"。君主应该充分认识和利用这一点，掌握好自己拥有的权力，严"执赏罚"，"使为善者得其所欲"，"为恶者受其同恶"，从而有效地引导人去恶为善，创建事功。同样的逻辑，君主若依从迂儒的主张而革尽人欲，便无以为政。

叶适宣称："夫形于天地之间者物也"，"物之所在，道则在焉。"(《习学记言序目》卷四十七)这就是说，世界上存在的都是物，道即物之道，不能离开具体事物而存在。正是循着道不离物的逻辑，他得出了如下结论:"而性命道德,未有超然遗物而独立者也。"(《水心别集》卷七《大学》)具体地说,性命道德与人生密切相关,不能离开人生而存在。与此相关,叶适指出,《礼记》中所说的"人生而动,天之性也"是不正确的,因为人"但不生耳,生即动";动即有欲,故足欲是理所当然的,断不可"尊性而贱欲"。(《习学记言序目》卷八)对此,他进一步解释说,人对物欲的追求是无可厚非的。其实,人所有的喜怒哀乐无一不是为了物——"喜为物喜,怒为物怒,哀为物哀,乐为物乐。"(《水心别集》卷七《大学》)基于上述认识,叶适反对理学家所谓的欲导致人之为恶的说法,指出恰好相反,人生来就有至善的"常心",之所以为恶是因为基本欲望得不到满足——"不幸失其养"。从这个角度来看,人之有恶责任不在百姓,而在统治者,是因为在上者没有满足人的基本欲望——"牧民者之罪,民非有罪也。"(《习学记言序目》卷十四)有鉴于此,他指出,执政者要想治国、平天下,使民向善,便要先足民之欲。在这方面,叶适坚决否定朱熹的理欲之辨,指出朱熹"以天理人欲为圣狂之分者,其择义未精也"。(《习学记言序目》卷二)可见,与陈亮一样,在为欲的合理性进行辩护的同时,叶适反对理学家的禁欲主义说教。

总之,在大多数理学家把天理与人欲对立起来,进而宣布存天理必须灭人欲的同时,李觏、陈亮和叶适等人坚决反对将人欲与天理截然对立起来,强调伦理道德与人生密切相关,以此突出人欲与天理的统一,并在断言欲与生俱来、势不可免的前提下主张对欲给予适当满足,这使"足欲"成为他们对待欲的共同态度和根本原则。一方面,功利主义学者的"足欲"主张与理学家的禁欲主义具有原则区别,在对待欲是存还是灭的根本态度上针锋相对。另一方面,在主张"足欲"的前提下,无论李觏还是陈亮、叶适都没有走向纵欲主义或享乐主义。恰恰相反,在主张"足欲"、反对禁欲主义的同时,他们异口同声地呼吁"节欲",不约而同地要求通过礼义的节制把欲限定在宗法等级所给予的名分之内。这拉近了功利主义学者与理学家之间的距离,使他们的思想与理学家呈现出某种程度的相似性。

在主张"足欲"的同时,李觏反对纵欲。他认为,道德教化的目的是使人的欲望足而节之,人应该在追求欲利时进行节欲。一方面,人的欲望有合理性,应该予以满足;另一方面,人的欲望是无止境的,即使"穷天地之产"也不可能使人的欲望一一都得到满足。对此,李觏论证说:

> 天之生人,有耳焉,则声入之矣;有目焉,则色居之矣;有鼻焉,则臭昏之矣;有口焉,则味壅之矣。耳之好声亡穷,金石不足以听也;目之好色亡穷,黼黻不足以观也;鼻之好臭亡穷,郁邑非佳气也;口之好味亡穷,太牢非盛馔也。苟不节以制度,则匹夫拟万乘之富或未足以厌其心也。(《李觏集》卷十八《安民策》)

循着这个逻辑,李觏指出,人若放任纵欲势必"道不胜乎欲","祸生于欲",最后连应足之欲也无法得到满足。因此,他主张以礼制欲、节欲,将欲的满足限定在等级地位所允许的范围之内。这表明,李觏主张足欲却不赞同纵欲,并且,他呼吁的予以满足之欲是分内之欲;不仅如此,即使是分内之欲也必须节欲、寡欲。进而言之,李觏讲节欲,目的是告诫人们对于欲不可"言而不以礼",以此让人以礼来节制自己的欲望。按照他的设想,人应该依据自己的等级地位满足相应的欲望,而不是超出自己应得的部分作非分之想;只有人人如此,整个社会才能和谐有序——"上下有等,奢侈有制。"(《李觏集》卷十八《安民策》)

与李觏的做法别无二致,陈亮在主张对欲给予满足,并反对理学禁欲主义的同时,也主张节欲。例如,在呼吁给欲一定程度满足的前提下,陈亮坚决反对纵欲。对此,他解释说:

> 然而高卑小大,则各有分也;可否难易,则各有辨也。徇其侈心而忘其分,不度其力,无财而欲以为悦。不得而欲以为悦,使天下冒冒焉惟美好之是趋,惟争夺之是务,以至于丧其身而不悔。(《陈亮集》卷四《问答下》)

陈亮认为,在宗法社会中,等级制度规定了"高卑小大,则各有分"。这是人足欲的前提条件,决定了人只能根据自己所处的等级地位来足欲,而不应该僭越礼制作非分之想;若"徇其侈心而忘其分","使天下冒冒焉惟美好之是趋,惟争夺之是务",必然会引起天下大乱。有鉴于此,他断言:"夫道岂有他物哉!喜怒哀乐爱恶得其正而已。行道岂有他事哉!审喜怒哀乐爱恶之端而已。"(《陈亮集》卷九《勉强行道大有功》)这表明,欲有合理与不合理的区分,即所谓的分内之欲与非分之欲的差别;对于非分之欲即超过自身等级地位的欲望,必须坚决进行抵制。特别需要说明的是,陈亮不仅以人的等级身份来规定欲的满足程度,以此抵制、杜绝欲的膨胀,而且把欲的满足归结为命,断言"委于命,则必有制之者而不可违。"(《陈亮集》卷四《问答下》)基于这种认识,他呼吁"故天下不得自徇其欲",必须"因其欲恶而为之节。"(《陈亮集》卷四《问答下》)

对于如何节欲,陈亮主张用"五典"、"五礼"等行为规范和礼制来限制欲望,控制人的喜怒哀乐爱恶之情,以避免其过分或不当。

由上可见,李觏、陈亮和叶适等人对理欲关系的看法较之程朱陆王更为现实、合理,理学家的"去人欲,存天理"不仅难以做到,而且不近人情、容易流于残酷。相比之下,李觏、陈亮和叶适等人在"足欲"的基础上进行节欲的说法容易接受且容易做到。另一方面,功利主义学者呼吁以礼节欲,始终把人欲限定在宗法等级制度划定的名分之内,与理学家具有某些相似之处。这表明,在对理欲关系的认识上,就对欲的满足方面而言,功利主义者是站在理学的对立面的;就对欲的节制方面而言,他们的主张与理学家又有某些相似之处。功利主义学者的这一做法与其阶级身份和时代归属密切相关,也从一个侧面反映了中国传统文化的伦理本位。

进而言之,在宋代,不论理学还是功利主义学派都关注理欲关系这一事实本身说明,如何处理好理欲关系在那个时代是一个突出而尖锐的社会问题。在宋代,随着商品经济的缓慢发展和经济的恢复、繁荣,社会上出现了一些十分富有的商贾。这些人"衣必文采,食必粱肉","乘坚策肥,履丝曳缟",生活上追求奢华和物质享受。在他们的影响下,"士公卿大夫"多"争于奢侈",各种享受僭越礼制。而且,影响所及,贪利(即所谓"民贪")奢华渐成社会风气。那时的情况是,民间各种用品往往"以多为贵,以奢为礼",连"妇人婢子、愚夫小儿"也"习以为俗"。(《李觏集》卷十八《安民策》)以上是李觏对北宋中期社会风气的描绘。事实上,在此之后,追求享受、奢华之风总的说来不但没有减弱反而愈演愈烈。显然,这种社会风气势必破坏等级制度的社会秩序,不利于宗法统治和社会稳定。迫于这种社会状况,宋明时期的思想家极其重视理欲、义利、公私之辨,谆谆教导人们一定要处理好这几者之间的关系,其宗旨、用心不只是让底层民众安于自己的等级地位、不作非分之想和非分之举;也是让富贵者、统治者安于既得的等级地位,不作非分之想和非分之举,以求宗法统治秩序的稳定。

三、理学家义利观的尚义倾向

为了维护等级制度的社会秩序,也为了使纲常准则全方位、更有效地指导人的日常生活,理学家不仅提出了一套系统的理欲观,而且提出了系统的义利观。对于义利关系,他们做了较之前人更为系统、深入的探讨,使义利观与理欲观一样成为宋明道德建设的中心话题之一。与对理欲关系的认识相似并受其影响,对于义与利,循着天理与人欲势不两立的思路贵义贱利,虽然没有绝对排斥利,但是,与对义的推崇相比,二程和朱熹等人对利的轻视是显而易见的。

概而言之,二程和朱熹并不简单地否定、排斥利,但强调利要符合义,这使他们的义利观呈现出尚义轻利的倾向。

二程承认,人不可能离开利而存在,并且"人皆知趋利而避害"。因此,作为人之常情,利对于人在所难免。按照他们的一贯说法,既然君子也不能不欲利,那么,人对于利就不应该一概地加以排斥。在这个意义上,程颐一再宣称:

> 利害者,天下之常情也。(《二程集》《河南程氏遗书》卷十七)

> 才不利便害性……人无利,直是生不得,安得无利?(《二

程集》《河南程氏遗书》卷十八）

同样，朱熹也不简单地否定利，他对于利的看法是："利，谁不要。"（《朱子语类》卷三十六《论语·子罕上》）在朱熹看来，如果对利一概否定，难道让人"特地去利而就害？"（《朱子语类》卷三十六《论语·子罕上》）这显然讲不通。其实，利与人密切相关，既然人生离不开利，那么，为了人的生存就不能完全排斥利的存在和价值。

在承认利不可不要、不能完全否定利的价值的前提下，二程和朱熹一致认为，对于义与利必须先摆正两者之间的关系，求利必须遵循正确的原则，这个原则便是"顺理无害"、"不至妨义"。有鉴于此，二程反复声明：

圣人于利，不能全不较论，但不至妨义耳。（《二程集》《河南程氏外书》卷七）
利者，众人所同欲也。专欲益己，其害大矣。欲之甚，则昏蔽而忘义理；求之极，则侵夺而致仇怨。（《二程集》《周易程氏传》卷三）

二程认为，人固然不能无利，然而，如果专攻利，就会使人利令智昏而见利忘义；求利过度，势必造成争夺而导致仇恨。基于这种分析，他们的结论是：求利不可"专欲益己"，尤其不可"求自益以损于人"；求利一定要在理义的指导下"公其心"，"与众同利，无侵于人"。有鉴于此，二程提倡发扬"损己利人"、"自损以益于人"的精神，同时要求在上者"损上益下"。在二程看来，"损于上而益下，则民说之无疆",这才是真正的利。

朱熹认为,利很难言,以此劝导人们对利采取谨慎态度。他以孔子"罕言利"为例分析了其中的原因,借此阐明了自己对利的态度。朱熹指出:

> 圣人岂不言利,但所以罕言者,正恐人求之则害义矣……这"利"字是个监界麋糟的物事。若说全不要利,又不成特地去利而就害。若才说著利,少间便使人生计较,又不成模样……利最难言。利不是不好,但圣人方要言,恐人一向去趋利;方不言,不应是教人去就害,故但罕言之耳。(《朱子语类》卷三十六《论语·子罕上》)

朱熹坦言,利很难说:若完全不言利,仿佛让人去就害一般,这讲不通;若畅言利,又怕人见利忘义,以利害义。这种情况让人言利时左右为难。可见,利之所以难言,关键在于很难把握好其中的度,这便是孔子等圣人"罕言利"的原因。朱熹进而指出,罕言不等于不言,对于利不可避而不谈。同时,谈利时必须对利有正确认识,关键是先要弄清义与利的关系。为此,他多次从处事循理上解释、界定义与利的相互关系,力图说明利从属于义,是义的派生物。正是在这个意义上,朱熹每每都讲:

> 利,是那义里面生出来底。凡事处制得合宜,利便随之。(《朱子语类》卷六十八《易·乾上》)

> 义者,宜也。君子见得这事合当如此,却那事合当如彼,但裁处其宜而为之,则何不利之有。君子只理会义,下一截利

处更不理会。(《朱子语类》卷二十七《论语·里仁下》)

盖凡做事只循这道理做去,利自在其中矣。(《朱子语类》卷三十六《论语·子罕上》)

在朱熹看来,利生于义、是从义中来的;既然利是行义的必然结果,那么,离开了义便没有利。循着这个逻辑,人"不可先有个利心","不去利上求利。"(《朱子语类》卷三十六《论语·子罕上》)这是因为,如果离义而言利,不仅害义,而且功利也不可得。这用他本人的话说就是:"专去计较利害,定未必有利,未必有功。"(《朱子语类》卷三十七《论语·子罕下》)有鉴于此,朱熹一再告诫人不可离开义而言利,更是万万不能背离义而求利。

出于对义利关系的如此理解和界定,为了更好地处理义利关系,尤其是为了杜绝人背义而求利,程朱最终以义代利。程颐强调:"夫利和义者善也,其害义者不善也。"(《二程集》《河南程氏遗书》卷十九)这就是说,凡是符合道德准则的利就是正当的,属于善;反之则是不正当的,属于恶。根据这个标准,人们在求利时不应该计较利害得失,而应该以理义来权衡"当与不当为"。于是,他断言:"圣人则更不论利害,惟看义当与不当为,便是命在其中也。"(《二程集》《河南程氏遗书》卷十七)同样,为了保证人们永远都不会离义言利、背义求利,朱熹强调,在处理义与利的关系时,以何者为出发点是君子与小人的根本分野。正是在这个意义上,他多次宣称:

圣人但顾我理之是非,不问利害之当否,众人则反是。(《朱子语类》卷五十六《孟子·离娄上》)

小人之心,只晓会得那利害;君子之心,只晓会得那义理。

(《朱子语类》卷二十七《论语·里仁下》)

有鉴于此,朱熹要求人们时时处处把义放在首位,作为行为的出发点。根据这一原则,他教导人们在处事接物时"只看天理如何",只理会"事之所宜"。循着这个逻辑,朱熹进一步指出,在治理国家的过程中,当"以仁义为先,而不以功利为急"。因为"天下万事"皆"本于一心",如果"自天子以至于庶人"皆以仁义为心,天下将不治而治;如果一味地离仁义而求功利,结果必然是"国虽富其民必贫,兵虽强其国必病,利虽近其为害必远。"(《朱文公文集》卷七十五《送张仲隆序》)基于这种认识,针对陈亮等人的功利主义观点,朱熹反驳说:"今世文人才士,开口便说国家利害,把笔便述时政得失,终济得甚事!只是讲明义理以淑人心,使世间识义理之人多,则何患政治之不举耶!"(《朱子语类》卷十三《学·力行》)在他看来,只要通过"讲明义理","使世间识义理之人多",人人都循义理而行,政治自然清明,国家自然富强,人是不必去过问利害的。

程朱代表的理学家反对人背义而求利、鄙视违义之利,这同先秦儒家主张"见利思义"、"义然后取"的基本精神是一致的。就抽象意义而言,这些观点无疑具有积极意义。问题在于,义与利都是历史范畴,其具体内涵和要求是因时而异的。包括理学家在内的中国古代思想家所讲的义,显然是中央集权时代的社会道德准则和行为规范。在这个大前提下,他们强调在义允许的范围内获利实际上是让人在宗法道德准则许可的范围内取利。除了这一不言而喻的问题外,程朱的义利观尚存在一个不可克服的致命缺陷。那就是:由于强调正当的利与义高度统一,他们发挥了"利从义生"说,进而提出"以义为利"(《二程集》《河南程氏遗书》卷十六)的主张,最终将义与利的统一说成了同一。这种"以义为利"说不仅造成了后来"君子耻于言利"一类的消极影响,而且引发了功利将随着道义的普及、伸张而自然到来的结论。这便是朱熹所说的"正其谊,则利自在;明其道,则功自在"。(《朱子语类》卷三十七《论语·子罕下》)这一结论用于国家治理则是上面提到的治国"当以仁义为先,而不以功利为急"。在强敌压境、南宋偏于一隅,亟待安国强兵的时代,这种主张的"迂阔"、消极影响是显而易见的。到了近代,朱熹的这番议论又成了顽固派反对洋务派学习西方、办理洋务、"求强求富"的借口,再次暴露了其荒谬性和迂腐性。

不过,对于朱熹的这类"迂阔"之说,有必要再作一些深入剖析。若仅从只言片语来看,不论董仲舒的"正其谊(即义——引者注)不谋其利,明其道不计其功"(《汉书·董仲舒传》),还是朱熹的治国"当以仁义为先,不以功利为急",的确都十分迂腐。然而,事实证明,不论董仲舒还是朱熹都不是腐儒。这就是说,董仲舒、朱熹等人之所以将"正谊"、"明道"、仁义亦即根本道德准则置于如此优先地位是有其深意的,究其极是因为他们所关注的是宗法国家的根本大利。朱熹对利的解释印证了这一点。对于何为真利、大利,他曾作了如下说明:

只万物各得其分,便是利。君得其为君,臣得其为臣,父得其为父,子得其为子,何利如之!这"利"字,即《易》所谓"利者义之和"。利便是义之和处。(《朱子语类》卷六十八《易·乾上》)

朱熹发挥了《周易》关于"利者义之和"的说法,认为义所达到

的和谐状态就是利。在此,他强调,"义便有分别"。质言之,利即
利于宗法等级制度,而等级秩序的和谐是以人各自安于自己的名
分为前提和保障的。正因为如此,朱熹强调,等级制度下的名分、
区分是"截然而不可犯的",整个社会的和谐、稳定便是利。正是在
这个意义上,他断言:"义之和处便是利。"(《朱子语类》卷六十八
《易·乾上》)因为只有社会处于稳定、和谐状态,才可能"物物皆
利"。于是,朱熹一再指出:

至君得其所以为君,臣得其所以为臣,父得其所以为父,
子得其所以为子,各得其利,便是和。若君处臣位,臣处君位,
安得和乎!(《朱子语类》卷六十八《易·乾上》)

义则无不和,和则无不利矣。(《朱子语类》卷六十八《易·
乾上》)

按照朱熹的说法,人人都严格按照宗法道德准则行事,各自
安于自己所处的等级地位,各尽自己所应尽的职责,各得其所应
得的利益。如此一来,整个社会协调和谐、安宁稳定,这便是大
利。反之,"若君处臣位,臣处君位",人人不安于自己的等级地
位,宗法等级秩序颠倒错乱,这种大不和自然不大利。这清楚地
表明,朱熹之所以如此处理义利关系,是为了在保持、维护等级
尊卑的前提下,使整个社会处于稳定、和谐的状态。他的这番通
俗易懂的议论不仅有助于全面理解董仲舒、朱熹的"迂阔"之论,
而且对于全面理解理学家所以更重义利之辨也是有帮助的。当
然,问题还得全面地看,对维护宗法等级秩序的根本大局而言,
重义尚德无疑是首要基础;然而,若因此而不顾眼前现实功利也

会带来消极影响。所以,此后的有为之君并没有完全按照朱熹的话去做。

此外,为了保证以义为重,朱熹在某些场合还把义与利说成是对立关系,最终同样用义取缔了利。例如,他宣称:"凡事不可先有个利心,才说著利,必害于义。圣人做处,只向义边做。"(《朱子语类》卷五十一《孟子·梁惠王上》)究而言之,朱熹乃至理学家之所以对义利关系作如是观,是因为他们所肯定的利不是个人的利益,而是宗法国家的利益。与此相联系,便出现了对利的两种态度:当利指个人的物质利益时,利被说成是"害于义"而被禁止的;当利指国家的整体利益时,利被说成是"义之和"。无论对利做何种理解,理学家都让利围绕着义而展开,致使其义利观始终表现出鲜明的贵义轻利倾向。

应该看到,贵义贱利乃至宣称道德与物质追求截然对立的做法并不限于二程和朱熹,而是理学家的一贯主张。对此,陆王的看法大致与程朱相同。例如,陆九渊断言:"常人所欲在富,君子所贵在德……无德而富,徒增其过恶,重后日之祸患,今日虽富,岂得长保?"(《陆九渊集》卷二十二《杂说》)不仅如此,他把是否以义为重视为君子与小人的根本区别,进而宣称:"君子义以为质。得义则重,失义则轻;由义为荣,背义为辱。轻重荣辱,惟义与否。"(《陆九渊集》卷十三《与郭邦逸》)可见,在强调义利之辨而追求道义、轻视物利上,程朱理学与陆王心学的观点完全一致。正因为如此,在陆九渊与朱熹旷日持久、不可调和的争论中,面对陆九渊对"君子喻于义,小人喻于利"的解释,朱熹不仅不加反驳,反而大加赞赏。这个例子生动地证明了重义轻利是理学家一贯而共同的主张。

四、功利主义学者对利的肯定

在理学家尤其是程朱等人呼吁贵义贱利、贬低功利之时,李觏、陈亮和叶适等功利主义学者阐明了功利与道德的密切关系,以此伸张功利的价值及其追求功利的正当性。

李觏论证了道德与物质利益的关系,明确反对在中国历史上影响甚大的贵义贱利说。对此,他指出:

> 利可言乎?曰:人非利不生,曷为不可言?欲可言乎?曰:欲者人之情,曷为不可言?言而不以礼,是贪与淫,罪矣。不贪不淫而曰不可言,吾乃贱人之生,反人之情,世俗之不喜儒以此。孟子谓:"何必曰利",激也。焉有仁义而不利者乎?(《李觏集》卷二十九《原文》)

在这里,李觏从正反两方面伸张了功利的正当性:第一,从正面说,人的生存离不开物质利益,欲利出于人之情,是人正当的生理需求,对此,不应该也无法避而不谈。况且,只要合于礼,利欲便是正当的、合理的。基于这种认识,他进而指出,道德与功利是统一的,利欲与仁义并不抵触,义最终要通过利表现出来,不能带来利的仁义是不存在的,甚至可以说,不能满足人之欲利的道德便不是真正意义上的道德。这些说法肯定了追求利欲的正当性。第二,从反面说,将义与利对立起来是"贱人之生,反人之情"的过激之言,必然造成对不言利之迂儒的憎恶和不满,同时也使道德流于空谈。

陈亮认为，人的一切行为都讲究效果，实质上都是对功利的追逐。以射禽为例，"不失其驰，舍矢如破，君子不必于得禽也，而非恶于得禽也。凡我驰驱而能发必命中者，君子之射也。岂有持弓矢审固而甘心于空返者乎！"（《陈亮集》卷二十《又乙巳春书之一》）人之行为的功利动机决定了人道与功利息息相关，表明道德与功利是统一的，道德必然要通过实效、实功体现出来。道德的功利内涵决定了不能离开实效、实功而空谈道义，更不能离开足民裕民、富国强兵而空谈教化。基于这种理念，他赞同功利主义，并把功利原则贯彻到自己的理想人格之中。在这方面，陈亮指出，人生的价值和目标不在于是否成为儒者，而在于是否建功立业、有利于社会。这就是说，人生的价值在于建功立业、于世有用，惟具有"推倒一世之智勇，开拓万古之心胸"的人，才能够为人所崇敬和效仿。与此相联系，正因为在他的价值天平上，"人才以用而见其能否，安坐而能者，不足恃也"（《陈亮集》卷一《上孝宗皇帝第一书》），所以，面对朱熹"从事于惩忿窒欲、迁善改过之事，粹然以醇儒之道自律"（《朱文公文集》卷三十六《寄陈同甫书》）的劝导，陈亮毅然决然地表示："学者，所以学为人也，而岂必其儒哉！"（《陈亮集》卷二十《又乙巳春书之一》）

与陈亮类似，叶适认为，道义的价值必须通过功利表现出来，无功利则无道义。在这个意义上，他断言："既无功利，则道义者乃无用之虚语尔。"（《习学记言》卷二十三）基于道义离开功利则流于空谈和虚伪的认识，叶适始终强调道德与功利的统一，以此突出道德对功利的依赖性，伸张功利主义原则。他断言："为文不能关教事，虽工无益也"，"立志不存于忧世，虽仁无益也。"（《叶适集》卷六《送薛子长》）在此基础上，叶适建议，道德评价应以功效为主要依据,反对朱熹等人以天理、人欲作为划分圣狂标准的做法。不仅如此,基于功利主义的价值观,他公开批判了董仲舒的义利观。叶适指出:

"仁人正谊不谋利,明道不计功",此语初看极好,细看全疏阔。古人以利与人而不居其功,故道义光明。后世儒者行仲舒之论,既无功利,则道义者乃无用之虚语尔。(《习学记言序目》卷二十三)

总之,在宋代,与理学家理欲观上存理灭欲等主张的遭遇一样,理学家的贵义贱利的义利观遭到李觏、陈亮、叶适等功利主义学者的反驳和批判。尽管无论势力还是影响均无法与理学家抗衡,然而,在对义利统一的阐释中,功利主义学者发出了不同于理学家的声音,在一定程度上肯定了功利的意义和价值。

五、殊途同归的尚公主张

在宋明时期的道德建设中,价值观集中地通过理欲、义利、公私关系表现出来。通过上面的介绍可以看出,无论对于理欲还是义利关系,宋明思想家的回答都存在着严重的分歧和争论:在理欲观上,理学家存理灭欲,功利主义学者呼吁对欲予以一定程度的满足;在义利观上,理学家贵义贱利,功利主义学者主张道德与功利密切相关,伸张功利的价值。与理欲观、义利观的对立形成强烈反差的是,在公私观上,对于公与私的关系,各派学者的观点殊途同归,达成了尚公的共识,致使崇公灭私成为理学家和功利主义学者共同的理论归宿。

在公私观上，与存理灭欲的理欲观、重义轻利的义利观相一致，理学家极力推崇公的地位和价值。他们的具体做法是，将理欲观中的天理、义利观中的义归于公，同时把作为"万善之源"的仁也直接解释为公，在此基础上大力提倡大公无私、崇公灭私。

理学家贵义贱利乃至以义代利的思想在其以公私来诠释、补充义利的做法中得到了充分发挥和体现。二程明确以公私释义利，并且多次申明：

义与利，只是个公与私也。(《二程集》《河南程氏遗书》卷十七)

义利云者，公与私之异也。(《二程集》《河南程氏粹言》卷一)

二程认为，义利之辨的基本要求是处理好公私关系，明义利的关键就是别公私。进而言之，对于如何处理公私关系，他们认为，"以天地万物为一体"的仁之境界就是"至公无私，大同无我"(《二程集》《河南程氏粹言》卷一)的境界，通过践履、推广仁，即可以崇公灭私、大公无私。在程颐的论著中，多次出现这样的记载和论断：

又问："如何是仁？"曰："只是一个公字。学者问仁，则常教他将公字思量。"(《二程集》《河南程氏遗书》卷二十二)

公最近仁。(《二程集》《河南程氏外书》卷四)

人能至公，便是仁。(《二程集》《河南程氏外书》卷十二)

凡人须是克尽己私后,只有礼,始是仁处。(《二程集》《河南程氏遗书》卷二十二)

按照程颐的说法,公是仁的重要内容和基本要求,人若至公便能体会仁。与此相对应,仁者应该至公无私,因为"有少私意,便是不仁"。(《二程集》《河南程氏遗书》卷二十二)在此基础上,他进而声称:"仁之道,要之只消道一公字。公只是仁之理,不可将公便唤做仁。公而以人体之,故为仁。只为公,则物我兼照,故仁,所以能恕,所以能爱,恕则仁之施,爱则仁之用也。"(《二程集》《河南程氏遗书》卷十五)可见,在以公来诠释仁的基础上,程颐用仁把公、爱、恕等统一了起来,从而极大地彰显了公的意义和价值。

同样,朱熹对公私观极其重视,特别突出公私之分的重要性。他强调,哪怕是公私之心的细微差异也会引发迥然悬殊的善恶之别,进而警告学者要审慎地对待公私关系。正是在这个意义上,朱熹指出:"盖心之公私小异,而人之向背顿殊,学者于此不可以不审也。"(《四书章句集注·孟子集注》)有鉴于此,他把公私观提到人之根本的高度,以至得出了"人只有一个公私,天下只有一个邪正"(《朱子语类》卷十三《学·力行》)的结论。朱熹的这个结论从两个方面突出了公私关系的重要性:第一,或公或私铸就了人的不同本质。在这个意义上,朱熹把公与私作为区别君子与小人的标准。下面的记载反映了他的这一思想倾向:

问:"比周。"曰:"君子小人,即是公私之间。"(《朱子语类》卷二十四《论语·为政下》)

问:"注云:'君子小人所以分,则在公私之际,毫厘之差耳。'何谓毫厘之差？"曰："君子也是如此亲爱，小人也是如此亲爱；君子公，小人私。"（《朱子语类》卷二十四《论语·为政下》）

基于这种认识，朱熹把公私观上升到价值观的高度，据此评价历史人物。在这方面，他指出，三代之君的心中全是"天理流行"，实行的是"王道"；汉唐之君的心中则是"私意"人欲，实行的是"霸道"。公私观是价值观的核心。朱熹强调，天理与人欲对待的性质是公与私、是与非之分。对于公与私究竟是什么以及如何区分，他反复宣称：

凡一事便有两端：是底即天理之公，非底乃人欲之私。（《朱子语类》卷十三《学·力行》）

将天下正大底道理去处置事，便公；以自家私意去处之，便私。（《朱子语类》卷十三《学·力行》）

可见，与二程一样，朱熹所讲的公与理、义相一致，私与欲、利相伴随。这表明，朱熹在理欲、义利观上的存理灭欲、贵义贱利已经决定了公私观上的崇公灭私。正因为如此，对于如何处理公私关系，他呼吁大公无私、以公灭私。朱熹断言：

官无大小，凡事只是一个公。若公时，做得来也精彩。便若小官，人也望风畏服。若不公，便是宰相，做来做去，也只得个没下梢（没好下场——引者注）。（《朱子语类》卷一一三《训门人二》）

在此,朱熹强调,真正做到大公无私、以公灭私,就必须以国家整体利益为重,自觉地"去人欲,存天理"。

在以公私释义利和尚公灭私上,陆王与程朱的做法别无二致。例如,陆九渊在尚义抑利的同时,把欲、利与私相提并论,进而断言物质欲望、求利之心出于私,是万恶之源。基于这种认识,他大声疾呼,为了息争止乱,必须明晓公私、义利之辨,按照宗法道德原则摆正义利、公私之间的关系。于是,陆九渊反复指出:

凡欲为学,当先识义利公私之辨。(《陆九渊集》卷三十五《语录下》)

私意与公理,利欲与道义,其势不两立。(《陆九渊集》卷十四《与包敏道》)

在这里,陆九渊不仅指出了公私之辨的重要性,而且突出公与私之间的矛盾对立;鉴于两者之间的不可调和,为了立公、立义,必须努力克制私欲。更有甚者,他指出,人若被私欲所蒙蔽、所支配,便会非常痛苦,如在陷阱、在荆棘、在泥途乃至在监狱一般备受煎熬和束缚。对此,陆九渊描述说:"今己私未克之人,如在陷阱,如在荆棘,如在泥涂,如在囹圄械系之中。"(《陆九渊集》卷一《与曾宅之》)既然如此,结论不言而喻:无论是为了国家利益、公理道义还是为了个人自由、摆脱桎梏,人都应该清除、摆脱私欲,以义为重,以公灭私。

总之,经过理学家的反复阐释和论证,天理与人欲、义与利、仁与不仁、善与不善的对立最终都聚焦于公与私的对立。这在使公私关系的涵盖面急剧变广、变得举足轻重的同时,也使公的地位得到了进一步突显和强化。同时，由于他们宣布人欲属私、违义之利属私，是私导致了不仁、不善，私越发被视为万恶之源。于是，以公灭私成为价值观的根本原则和道德修养的最终目标。

功利主义者虽然在理欲观和义利观上与理学家的观点存在分歧，在崇公灭私这一点上，他们的观点与理学家出奇一致。比如，李觏宣称："天下至公也，一身至私也，循公而灭私，是五尺竖子咸知之也。"（《李觏集》卷二十七《上富舍人书》）这说明，崇公灭私是宋明时期各派思想家的共识，也是那个时代共同的价值导向。此外，功利主义学派虽然重视兴利，但是，他们从未否定尚德、道义的重要性。其实，对于道德建设、道德教化，功利主义学者同样是高度关注的，正是对尚德、道义的肯定为他们的尚公主张铺垫了思想基础。推而广之，功利主义学者与理学家的这些共同主张再次说明，通过道德教化和强化纲常准则来稳定社会秩序，使人更自觉地维护宗法制度、宗法国家的根本利益，进而实现社会和谐，是那一时代所有思想家的共同愿望和主张。

综上所述，在宋明时期的道德建设中，由来已久的义利观仍然是备受关注的中心话题之一。同时，理欲观和公私观也加入其中，特别是理欲观成为价值观的重中之重。正是以理欲、义利、公私观为中心话题，理学家深入阐述了理与欲、义与利、公与私的关系，从各个层面大讲理欲、义利和公私之辨，进而突出天理的价值和意义，致使"去人欲，存天理"成为共同的结论。进而言之，理学家价值观上的重理、贵义主张与其本体哲学一脉相承，或者说，正是为了凸显理、义、公的地位，他们才把天理提升为宇宙本原；理学家所讲的天理，实际内容就是三纲五常标志的理、义和公。这样一来，他们在本体哲学领域对天理的推崇张扬了以三纲五常为核心的伦理道德的正当性和合理性,不仅使天理成为人的价值目标和行为追求,而且奠定了价值观上重理、贵义、尚公的思想导向。

对于理欲、义利关系,两宋的理论界存在着不同声音,在理学家大讲理欲、义利之辨的同时,由李觏、陈亮和叶适等人组成的功利主义学派主张对欲给予一定程度的满足,并且肯定了功利的价值,由此引发了学术辩论。虽然存在分歧和不同看法,但就社会影响而言,理学特别是程朱理学的思想无疑占据主导地位,以绝对优势使重理轻欲、贵义贱利成为宋明思想界和社会民间的主流价值。不过,在公私观上,理学家与功利主义者的观点完全一致,崇公灭私是他们的共识。

从抽象意义上说,理学家较之前人更加强调尚公去私、以公灭私,对于人克服自己的私心、私欲,在社会道德准则允许的范围内谋求个人利益,办事出于公心等等,无疑是有益的;对于协调人际关系,实现社会的和谐稳定,无疑是十分必要和重要的。而且,理学家呼吁尚公去私也含有要求统治阶层秉公执政、遏制私欲膨胀、实现政治清明等内容,这也是必须肯定的。同样毋庸置疑的是,被理学家们视为公的天理、道义是宗法纲常准则的代称,在这个前提下则不难想象,他们较前人更加崇公显然是为了强化宗法纲常准则的权威性和统摄力。事实上,理学家(以及其他古代思想家)所大力提倡的公,其实际内容说到底无非是宗法制度、宗法国家的根本利益。从这个意义上说,他们之所以不遗余力地提倡崇公灭私,实际上是让人更自觉地维护宗法等级制度和宗法国家的根本利益。中国传统道德原本具有漠视个人利益的倾向,理学家所提倡的这种公私观进一步助长了这一价值导向,最终导致对个人利益的蔑视。

中 篇

明清之际道德哲学研究

明清之际的社会与道德

明清之际,是中国宗法社会的重要阶段。在这一时期,宗法社会的否定因素——商品经济已经萌芽,市民阶层相伴而生。新生的经济力量、经济现象不仅推动了社会结构、阶级力量的变化,而且带动了思想、文化领域的变化。明清之际,伦理道德领域的重大事件是出现了早期启蒙思潮("异端"思潮),早期启蒙思想家对三纲尤其是"君为臣纲"和"夫为妻纲"提出质疑,发出了废除君主专制和提倡男女平等的呼吁。从根本上说,早期启蒙思潮是作为理学的对立面出现的,这使审视、反思理学成为早期启蒙思想家义不容辞的神圣使命和历史任务。在批判理学的过程中,他们尤其谴责理学的惨无人道、以理杀人。有鉴于此,早期启蒙思想家从各个方面批判理学"去人欲,存天理"的主张,同时伸张自己的人性一元论,最终带动了价值观的变革。在此过程中,由于始终侧重并推崇人之自然本性,他们把人还原为追求物质满足的现实之人,其理欲、义利和公私观也因而呈现出重欲、贵利、尚私等新动向。这一切使理学在明清之际备受责难,面临前所未有的危机,也使传统道德遭到初步冲击。具体地说,早期启蒙思想家的批判使传统道德从属性到功能、从条目到原则均面临挑战,陷入了前所未有的尴尬。这主要表现在:伴随着天理的祛魅,传统道德存在的合法性受挫;传统道德的化身——孔子的权威受到冲击,真理标准被取而代之;传统道德的文本和载体——四书五经遭到蔑视,其作为真理的权威性和可能性荡然无存;伴随着作为伦理道德原则的三纲(主要是"君为臣纲"和"夫为妻纲")的威风扫地和作为道德条目的五常被重新排序,传统道德的核心被掏空;理欲、义利和公私观上向欲、利、私的倾斜更增加了传统价值观念的风雨飘摇。这一切都给传统道德以重创。

一、明清之际的社会状况与商品经济的萌芽

明清之际是中国历史上的大变革时期,整个社会处于激烈的动荡之中,社会的政治、经济、阶级结构和意识形态等各个方面都发生了引人注目甚至是前所未有的巨大变化。

1. 政治上——社会黑暗腐败,各种矛盾尖锐

明清之际,社会政治一片黑暗,宗法体制的统治中枢陷于瘫痪状态。从明朝中期开始,皇帝就避居深宫,很少与朝臣见面,这种情况到万历时达到顶点。例如,神宗怠政非常严重,在位47年,有20多年不上朝,被公认为是16位明朝皇帝中最懒惰的一位。不仅如此,这位皇帝不仅荒废怠懈、不理朝政,而且与群臣关系紧张。万历、天启年间,由于沉湎酒色、不理朝政,皇帝委事于宦官,造成吏治的极端黑暗,天启年间出现了明代历史上最为严重的宦官专制局面。这些都证明,明朝后期的皇帝不仅自身荒淫无度、不理朝政,而且专横跋扈、极端专制。例如,明朝末代皇帝崇祯猜忌妄为,任意撤换、诛杀大臣,在位17年更换内阁大学士50人,杀总督10人,诛巡抚11人,造成人人自危的局面。最高统治者的荒淫无道

造成了明代后期的阉党专权,成为宗法社会政治最黑暗、最腐败的时期之一。在这种政治氛围和社会环境中,整个社会从上到下卖官鬻爵,贿赂公行,地主阶级的正直之士惨遭迫害,骄兵悍将各霸一方。明王朝的整个宗法国家的统治机器已经处于瘫痪状态难以维持下去,终于在农民起义中彻底覆没。1644年,满族入主中原,建立清王朝。由于清王朝是满族贵族建立的,清代的君权更为加强。

明清之际的各种社会矛盾异常激烈,各地起义此起彼伏。明朝的最高统治者为了满足自己骄奢淫逸的生活不惜竭泽而渔,致使财政长期入不敷出。为了填补巨额的财政赤字,他们大肆搜刮民脂民膏,连地主阶级的利益也受到损害。与地主阶级内部的矛盾相比,地主与农民之间的阶级矛盾更为尖锐。明代中期以后,土地高度集中在皇室、贵族、官宦和大地主手里,沉重的地租、赋税和徭役使广大农民无以为生,农民与地主之间的阶级矛盾十分尖锐,农民起义不断发生。其中,著名的有,1627年陕西澄城爆发农民起义,1629年李自成发动农民起义。在内地的农民起义此起彼伏之时,西南少数民族地区也不安宁,明朝的军队穷于应付,败象环生。清军乘机入关,与汉族地主官僚相互勾结,共同镇压农民运动和抗清斗争,民族矛盾一度上升为主要矛盾。清王朝的建立不仅没有减缓矛盾,反而使各种矛盾更为严重、愈演愈烈,致使民族矛盾与阶级矛盾相互交替,明朝遗民的反清抗清运动与清政府的高压统治加大了各种矛盾,并于1644年推翻了统治中国270多年的明王朝。

早在明朝中后期,面对大厦将倾的局势,一些有识之士痛心疾首,自发地掀起了自救运动,东林党、复社等带有政治色彩的团体就是其代表。明清之际,政治环境的动荡不安、社会矛盾的异常尖锐动摇了原有的意识形态和道德规范,使三纲五常遭到冲击和破坏,也对新思想、新观念的出台提出了历史要求。

2. 经济上——商品经济萌芽,市民阶层出现

明清之际,中国社会出现了历史上前所未闻的新的经济现象——商品经济。早在嘉庆、万历年间,江南沿海地区即出现了商品经济的萌芽,一些城镇产生了"机户出资,机工出力"的雇佣关系:一方面,"富人避赋役而不殖产,并力于市场,以牟利于四方者皆是。"(《林次崖先生集》卷二)另一方面,土地兼并的加剧使大批自耕农破产,沦为佃户或雇农,有的流入城镇佣工。与此同时,城镇的小商品生产者也不断两极分化,除了一小部分升为"大户"外,多数成为工匠,以出卖劳动力为生。这一时期的商人急剧增多,遍及全国,有的还漂洋过海,做海外贸易,经济实力不断增强。作为一种新生事物,商品经济蕴涵着巨大的生命力,具有良好的发展势头和潜力。到了明末,长江流域一带的商品经济已有显著发展,独立的小手工业者、经营手工作坊和其他商业的厂主、商人以及雇佣工人逐渐增多。与此相联系,在明代中后期,江南地区一大批乡村市镇脱颖而出,成为专业性很强的工商业中心。例如,松江府华亭县的朱泾镇成为著名的棉花、棉布集散中心,这里"居民数千家,商贾辐辏。"(嘉庆《朱泾志》卷一《疆域志》)"户口殷实,闾阎充实,虽都会之盛,无以加兹。"(嘉庆《朱泾志》卷三《水利志》)再如,苏州府吴江县的盛泽镇本是青草滩一荒村,弘治初年不过五六十户人家。丝织业的兴起使之在嘉靖年间发展为市,至万历、天启年间又由市升为镇,成为全国闻名的丝业中心。冯梦龙在小说中曾这样描写其盛况：

> 镇上居民稠广，土俗淳朴，俱以蚕桑为业。男勤女谨，络纬之声通宵彻夜。那市河两岸绸丝牙行约有千百余家，远近村坊织成绸匹，俱到此上市。四方商贾来收买的，蜂攒蚁集，挨挤不开，路途无伫足之隙。（《醒世恒言》卷十八《施润泽滩阙遇友》）

江南地区的工商业市镇规模大、地域布置比较密集，是明清之际商品经济的主力军。与此同时，在北方的山东、山西等地，独立的店铺、钱庄业也日益兴隆。商品经济的发展使商人的实力不断增强，也加剧了贫富之间的两极分化，最终导致"末富居多，本富益少，富者愈富，贫者愈贫"（顾炎武：《亭林文集》卷六《天下郡国利病书》）的局面。在商品经济的发展和贫富的两极分化中，出资者、愈富者成为市民阶级，出力者、愈贫者成为雇佣工人。

不同于以往的自然经济，商品经济遵循全新的运作模式、游戏规则和利益原则。明清之际的商品经济造就了市民阶层，催发了崭新的生产关系，更为重要的是，建构了全新的生存方式。正是由于江南地区城镇工商业的迅猛发展和工商业市镇的蓬勃兴起，市民阶层的人口数量和经济实力不断增加，为市民运动的兴起提供了深厚的经济基础和阶级力量。事实上，正是随着商品经济的萌芽和发展，明清之际的思想、文化领域涌现了代表市民阶层的启蒙思潮。这一思潮带有民主主义和个人主义色彩，在怀疑君主专制制度和宗法伦理道德的同时，呼吁男女平等，鼓吹个性自由，肯定个人的"私欲"和物质追求的道德意义。

3. 文化上——西学东渐，天主教走进中国人的视野

明清之际，包括自然科学、社会科学在内的西方思想大量传入中国，尤其是基督教开始来华。万历十一年(1583)，耶稣会教士罗明坚、利玛窦进入中国南方的肇庆并在那里定居，标志着西洋的知识和信仰全面进入中国。他们用汉文印刷《天主圣教实录》和《天主实义》，翻译《几何原本》、《浑盖通宪图说》，绘制了《山海舆地全图》。此后，传入中国的西方自然科学包罗万象、五花八门——从天文、历法、水利、医学、地理、几何、物理到数学、音乐等一应俱全、名目繁多。同时，从明末天主教传入开始，西方的宗教信仰和社会科学纷纷来华。这次西学东渐以传教士输入的宗教为传播媒介，渐次涉及政治、伦理、文化和生活等诸多方面。

西学的传入对中国本土的固有观念和传统文化形成了严重的冲击，致使中国人的思想发生前所未有的变化。就自然科学和思维方式而言，西方自然科学的分析、实证有别于中国的抽象、综合传统，西方的天文、地理知识也与中国人恪守的天下、中原和天圆地方理念格格不入。以此为突破口，西方自然科学在改变中国人的思维方式的同时，涤荡着中国人的家天下、家国一体和天人合一等观念。同样，以天主教为核心的西方宗教信仰和人文科学在很多方面甚至在原则上与中国传统道德观念相抵牾，其中最明显的是忠孝观念。众所周知，对君主之忠、对父母之孝是中国传统道德的核心，在三纲五常中占据首要地位。天主教的基本教义与中国传统文化尤其是儒家提倡的忠、孝观念大相径庭。例如，按照天主教的说法，孝分为宇宙义与世俗义——前者指宇宙不息的生意，后者指一家一姓延续香火。基于这一理念，利玛窦在《天主圣教实

录》中说:"欲定孝之说,先定父子之说。凡人在宇内,有三父:一谓天主,二谓国君,三谓家君也。"在他看来,父不仅指中国人重视的血缘关系上的生身之父,而且包括政治上的统治之父——国君和宗教上的精神之父——天主。进而言之,三父决定着孝有三个境界——"三孝";"三孝"之中,对天主的孝是大孝,世俗的一切伦常——包括事父之孝或事君之孝(在中国为忠)都要服从"奉事上父"这一大伦。再如,为了传教的需要,利玛窦作《天主实义》让人事奉天主,进而鼓吹独身主义,这与中国的孝道观尤其是流传甚广且根深蒂固的"不孝有三,无后为大"(孟子语)的传统观念背道而驰。同样,传教士庞迪我作《七克》反对纳妾,也挑战孝道和中国传统的夫妻关系、家庭关系。

总之,明清之际,重大的社会变动是明末农民起义推翻了明王朝,清军入关成为中国的统治者。这些政治变动迫使地主阶级的知识分子对宗法君主专制及其意识形态进行反思,涌现出一批具有启蒙意识的伟大学者。商品经济需要与自然经济不同的运行规则,市民阶层渴望伸张自己的价值诉求,这些都是传统道德所无法满足和应对的。在西方传教士大量来华的同时,中西方的贸易也频繁往来。中西方之间的经贸、文化和人员往来都使中国人越来越多地接触到了西方人的行为方式、处世原则和价值观念。这些对于当时的中国人而言既陌生又新鲜,在耳濡目染之中,不能不或这样或那样、或深或浅地受之影响。明清之际的所有这些迹象都预示着新思想的到来。

进而言之,如果说明清之际的社会动荡、尖锐矛盾为新思想的出台提出了时代的要求并提供了可能的话,那么,商品经济的萌芽和发展则为新思想的出台推波助澜,在坚固经济基础和阶级力量方面使之从可能变成了现实。而西方传入的自然科学、宗教信仰和人文科学本身就是不同于中国传统文化的新观念、新思想。这一切注定了明清之际的思想文化、伦理道德具有如下特征：第一，站在传统文化和理学的对立面，对三纲表示不满，以君权、夫权乃至三纲五常的批判者的姿态出现，本质上是批判的、反思式的。第二，与商品经济密切相关，坚守利益原则，伸张欲、利、私的价值，具有功利主义倾向。第三，容纳了西方的思想要素，是一种既不同于中国古代又有别于西方的多元文化。

二、早期启蒙思潮的出现

明亡的惨痛教训、清朝的高压统治、商品经济的出现和西方文化的传入等各种因素相互作用，促使明清之际涌现了中国的早期启蒙思潮。在这方面，明亡的教训和清朝的高压统治充分暴露了君主专制的腐朽本质，商品经济呼唤个性、平等和利益原则，西方思想则冲击了中国传统观念，尤其是基督教的教义对"君为臣纲"、"父为子纲"发出挑战。作为各种因素共同作用的结果，早期启蒙思潮在明清之际隆重登场，尽管离主角的位置为时尚早，但其在思想界引起的震动以及对理学、传统文化的批判姿态所带动的思想启蒙却不容低估。这股思想启蒙在南方以黄宗羲、顾炎武和王夫之为代表，在北方以颜元、李塨为旗帜。他们之中，尤以李贽、黄宗羲、颜元和戴震的思想最为激进，被称为"异端"思想家。

概而言之，明清之际的启蒙思潮是批判君主专制、适应商品经济需要和深受西方文化影响的产物，这先天地注定了其批判者的身份和姿态。由于程朱理学作为官方哲学和主流文化拥有正统身份,是三纲五常、君权和夫权的维护者,因此,从根本上说,早期启蒙思潮是作为理学——特别是程朱理学的对立面出现的;或者说,正是在对理学的反思和批判中,早期启蒙思想家阐明了自己的观点和主张。

由于早期启蒙思潮是作为理学的对立面出现的,早期启蒙思想家从一开始就自觉地对理学加以反思和批判。这一角度和使命使他们在质疑理学合理性的同时,从总体上否定了理学的存在价值。

李贽认为,理学作为官方哲学,其影响力不容低估。理学的错误会给社会带来巨大影响,而绝非只关乎一人一行的小事。因此,对理学的错误不能轻易放过。正是在这个意义上,他写道:

> 惟是一等无紧要人,一言之失不过自失,一行之差不过自差,于世无与,可勿论也。若特地出来,要扶纲常,立人极,继往古,开群蒙,有如许担荷,则一言之失,乃四海之所观听;一行之谬,乃后生小子辈之所效尤,岂易放过乎?(《焚书》卷一《复周柳塘》)

李贽认为,由于拥有极高的社会地位和极大的公众效应,理学的错误影响面和破坏力非常之巨。有鉴于此,他不放过理学的任何一个错误,以免其贻害无穷。正是为了反对理学,他以"异端"自居,公开站在理学的对立面对之进行揭露和批判。

王夫之指责理学"祸烈于蛇龙猛兽",是误国之学、亡国之学,甚至把南宋的亡国归咎于陆九渊的心学,断言"陆子静出而宋亡"。

《张子正蒙注·乾称篇》)进而言之,正是对理学的这种评价坚定了其批判理学的彻底性,促使他对理学的批判深入问题内部、抓住要害,采取"入其垒,袭其辎,暴其恃,而见其瑕"(《老子衍·自序》)的方式进行。在此过程中,王夫之立足本体哲学,涵盖认识、人性、道德等诸多领域,通过对理气、道器、能所、有无、动静、知行和理欲关系的回答对理学予以全方位的清算——既有形而上学的高度,又不乏深度和广度。

颜元从剖析理学的理论渊源入手,指出宋明理学是"集汉晋释道之大成者"。(《习斋记余》卷三《上太仓陆桴亭先生书》)在指责理学拼凑各家之学时,他揭露说,在拼凑各家之学的过程中,理学受佛、老之熏染尤其深重。对此,颜元举例子说,"佛道说真空,仙道说真静。"(《存人编》卷一《唤迷途·第二唤》)由于深受空、静之毒,理学主张"始无极,终主静。"(《四书正误》卷二《中庸·中庸原文》)可见,理学就是因缘佛、道而成的,佛、老的影响为理学家所讲的理烙上了深深的虚无印记,也使其学说成为"镜花水月幻学"。由于沉浸于佛、老的空静之中,程朱理学和陆王心学在本质上都是虚幻之学。在此基础上,他进一步揭露说,理学同受佛、道的影响,对比而言,其受佛学影响更甚。正是在这个意义上,颜元宣称:"释氏谈虚之宋儒,宋儒谈理之释氏,其间不能一寸。"(《朱子语类评》)在他看来,理学与佛学的差别只在于形式上、表面上一个谈理、一个谈空,其思想本质是一致的——都将一个空寂的精神本体奉为宇宙本原。就浸染于佛学而言,程朱理学与陆王心学是一样的。正是在这个意义上,颜元指出:"朱学盖已参杂于佛氏,不止陆、王也;陆、王亦近支离,不止朱学也。"(《习斋记余》卷六《王学质疑跋》)同时,他还从庞杂的角度论证了理学的学术恶果和社会危害,指出正是东拼西凑、脱离实际的虚浮学风导致了理学的冥想空谈、祸国殃民,最后导致以理杀人。

鉴于崇尚义理之学是理学走向空谈的主要原因,惠栋呼吁从声音、训诂、校勘和考据等基本功入手来整理古代文献,以消除长期以来对古书的误解和歪曲。这一主张使理学以自家的义理解释儒家经典的做法失去了合理性,在方法论上挖空了理学的支柱,对于扭转理学崇尚空谈、坐而论道的虚玄之风具有推动作用。

戴震运用自己的文字学特长,从训诂、注疏入手重新界定理学的基本范畴。对于理,他一再断言:

> 就天地人物事为,求其不易之则,是谓理。(《孟子字义疏证·理》)

> 理者,察之而几微必区以别之名也,是故谓之分理;在物之质,曰肌理,曰腠理,曰文理;得其分则有条而不紊,谓之条理。(《孟子字义疏证·理》)

这表明,气化流行是一个有条不紊的过程,气运动、变化的固有条理和规律就是理。理是事物之理,只能存在于事物之中而不能存在于事物之外、之前或之上,更不可能成为世界本原或宇宙主宰。在此,针对朱熹关于天理独一无二、不可分割的说法,戴震着重指出,理的根本属性是"分"。对此,他解释说,分指特殊性、具体性和差别性,分表明理是具体的,只能是分理、文理和条理,朱熹等理学家推崇的独一无二、亘古至今的永恒之理根本就不存在。

戴震对同样作为理学大厦之基石的道、太极、形而上和形而下

等范畴逐一进行了界定。对于道,他有自己的独特理解:

> 道,犹行也;气化流行,生生不息,是故谓之道。(《孟子字义疏证·天道》)

> 阴阳五行,道之实体也。(《孟子字义疏证·天道》)

这就是说,道犹道路之道,指气永无休止的运动过程。正因为如此,戴震宣称,道的本体是气,其实就是阴阳五行,并非别有他物。太极是中国哲学最古老的范畴之一。对于太极是什么,以朱熹为代表的理学家回答:"总天地万物之理便是太极。"(《朱子语类》卷九十四《周子之书·太极图》)循着气本论的逻辑,戴震指出:"太极指气化之阴阳。"(《孟子私淑录》卷上)在他看来,太极与气是同一种存在。进而言之,气之所以被称为太极,只是为了强调气的本原性和本根性:气是宇宙间最根本的存在,故而称"太";气是万物的根源,故而称"极"。理学家强调"形而上者谓之道,形而下者谓之器",进而以形而上指理、以形而下指气(器),把二者截然分开。与此不同,对于形而上与形而下,戴震解释说:"气化之于品物,则形而上下之分也……形谓已成形质,形而上犹曰形以前,形而下犹曰形以后。"(《孟子字义疏证·天道》)按照这种说法,气的整个运动过程分为两种形态:一是"形而上"的分散状态,这是气还没有形成具体事物阶段;一是气在运动中凝聚成有形象的具体存在阶段,这就是"形而下"。这样,他便用气把形而上与形而下统一起来,使之成为气运动的两个阶段或两种形态。总之,天理、道、太极、形而上和形而下是理学大厦的基石,戴震的上述阐释把它们统统还原为气以及气的属性、运动或存在方式,从而抽掉了理学的形上根基,也把理学精心杜撰的理之天堂赶到了无何有之乡。

由上可见,在对待理学的问题上,早期启蒙思想家的做法既有相同之处,又有明显区别。具体地说,相同点是对理学持怀疑、反对态度,完全否认其存在价值;不同点是批判的角度或切入点千差万别、迥然相异:或者从理论来源入手,揭露理学与佛、老有染,否定其正统身份和纯粹学脉;或者从考据入手,否认其解释方式的正确性;或者从训诂入手,抨击其概念、范畴的舛误;或者从实际效果切入,揭露其社会危害。凡此种种,不一而足。

进而言之,早期启蒙思想家自己的思想建构无论是热门话题还是主要观点都与他们对理学的批判密切相关,准确地说,是针对理学的缺陷提出的补偏救弊之方:针对理学的荒谬绝伦,颠覆了其哲学根基;认为理学的致命缺陷是盲目顺从、缺乏创新和独立精神,张扬个性和人格独立;谴责理学惨无人道、以理杀人,推出了人性一元论;痛恨理学的无实无能无用,倡导经世致用等等。

首先,对待理学的全面否定态度加快了早期启蒙思想家反击理学的脚步,使其对理学在理论上的荒谬性、实践上的危害性予以深入挖掘和揭露。进而言之,无论是理学的理论误区还是社会危害归根结底都源自思维方式和哲学观念。因此,为了彻底驳倒理学,他们以本体领域为主战场,对理学家津津乐道的理与气、道与器、知与行以及有与无、动与静等一系列问题进行全新解释,从哲学根基处颠倒了理学家的观点。

在理学的思想体系中,理指世界本原,具体内容是以三纲五常为核心的道德观念和行为规范;气属于第二性的存在,具体指理的派生物或构成事物的具体材料。理学家对三纲五常的推崇始于对天理的神化,其中的重头戏便是宣称天理为万物本原,朱熹等人尤其在理气观上突出理的地位,主张理主气从、理本气末和理在气先,以此证明天理存在于天地之前、凌驾于万物之上,进而维护天理的至高无上性。在早期启蒙思想家那里,理不再代表三纲五常,而是指具体条理或规律;气是宇宙本原,至少是理的实体依托,因为气化流行的条理就是理。如此说来,作为气之条理和属性,理即气之理,必须依赖于气而存在,而绝不可能存在于气之前或之上。因此,他们始终强调理气相依,并且使气成为理气关系的基本方面。

道器观与理气观具有内在联系,是理气观的延伸。在道器关系的维度上,道指具体事物的规律或事物之理,器指气或具体事物。可见,理与道相当,器与气相近。正因为如此,对于道与气的关系,他们的总命题是"道本器末",断言道派生了器,以此认定道是第一性的存在。朱熹代表的理学家强调,道作为形而上之理是生物之本,器作为道的派生物是第二性的。作为理气观的延伸,道本器末不言而喻。正是在这个意义上,朱熹断言:"理也者,形而上之道也,生物之本也;气也者,形而下之器也,生物之具也。"(《朱文公文集》卷五十八《答黄道夫》)与此相反,早期启蒙思想家强调,道作为具体事物——器的规律只能存在于器中,并因器的生灭变化而随时改变。这表明,在道与器的关系中,器比道更为根本,因为道是器之道,器是道的基础。王夫之具体阐释了道器关系,伸张了两个主要观点:第一,道与器是统一的,两者共同存在于一个事物之中。第二,道与器统一于器,道依赖于器而存在。在此基础上,他提出了"道不离器"、"道依于器"和"道寓于器"等命题,以此证明道器相依，更突出道对器的依赖。

在知行观上，理学家的具体观点并不相同，有时还会在表面上看来截然相反、各不相让。然而，他们的主张在本质上是一致的，那就是：都认定知为吾心固有之知，进而在知与行的关系中以知为本、为先。换言之，突出知的重要性，强调行必须以知为指导是理学家的共识——在这一点上，朱熹的"论先后，知在先"和王守仁的"只说一个知已自有行在"如出一辙。正因为如此，在批判朱熹和王守仁的知行观时，王夫之在指出两人思想的差异性之后，一针见血地把他们的共同错误概括为"销行以归知"。早期启蒙思想家突出行在整个知行关系中的首要地位，主要理由有二：第一，知来源于行，都是从行中获得的。并且，知源于行导致两个结论：一方面，由于是在后天的活动中获得的，知没有先天性；另一方面，从产生的角度证明知依赖于行，在时间的先后上行先知后。第二，行比知具有更高的价值：一方面，知的目的是行，知的价值只有通过行或在行中才能发挥出来；另一方面，行是验证知的标准。有鉴于此，早期启蒙思想家在承认知可以指导行的同时，强调行对知的决定作用，并在知行关系中把行视为第一性的决定因素。在对行的推崇中，王夫之和颜元的知行观最为系统和典型，对于改变理学的看法具有重大意义。具体地说，在对知行关系的阐释中，王夫之寄情于认识领域，颜元忘我于实践领域，这使他们的知行观在相映成趣中相互印证、相得益彰，从不同角度包抄理学的以知代行。

理气观、道器观、知行观是理学的哲学基本问题在不同领域的表现，也是理学的中心话语。早期启蒙思想家对这些问题的诠释和解答与理学家具有本质区别，等于对理学进行了一次根基性的颠覆。

除此之外,早期启蒙思想家还对理学的有无观、动静观和心物观等一一进行了回击。对于有与无、动与静的关系,理学家推崇无、静而贬低有、动。这一点在张载那里已经初露端倪,朱熹更是把之推向了极致。张载指出,气的本然状态——太虚是无形的,朱熹在建构理与气两个不同的世界时宣称前者至善、后者有恶,理无形、至静而气有形、聚散似乎成了唯一的理由。在他那里,至善的天理无形迹、无计度、无造作,是一个空阔洁净的世界。这表明,天理、太极本身无形至静,它们之所以至善与其无、静密切相关,或者说,是无、静决定了它们的至善。基于这种认识,在有无、动静的关系上,朱熹认为无、静更为根本,是第一性的,于是才有"静者为主而动者为客"(《朱文公文集》卷五十四《答徐彦章》)之说。并且,在理学家那里,无、静是绝对的,代表着善;有、动则是相对的,与恶脱不了干系。早期启蒙思想家把理学家的这些观念颠倒了过来。例如,对于有无关系,王夫之把有说成是第一性的,认定世界的本体——气是有且由于内部阴阳的推动而运动不已,因此,由气派生的世界万物是实有且运动的。为了论证气和世界为实有,王夫之特别强调,气无所不在,充满了整个宇宙;有形之物是气的造作,无形之太虚也充满了气。于是,他得出了太虚是实、"知虚空即气则无无"的结论。同时,为了表明世界的本质是有,王守仁改造了古老的范畴——诚,把诚说成是客观存在,用以标志世界的本质。他断言:"诚也者,实也,实有也,固有之也……若夫水之固润固下,火之固炎固上也。"(《尚书引义》卷四《洪范》)这就是说,世界之实有是有目共睹、有耳共闻的常识,具有不证自明的公效性。在此基础上,王夫之进而指出,无是相对于有而言的,世界上根本就不存在绝对的无。于是,他宣称:"言无者激于言有者而破除之也。

就言有者之所为有而谓无其有也。天下果何者而可谓之无哉？言龟无毛，言犬也，非言龟也；言兔无角，言麋也，非言兔也。"（《思问录·内篇》）这明确肯定了有是有无关系的主导方面。同样，在动静观上，王夫之反对理学家一面宣称天理、太极岿然不动，一面断言万物运动不息的观点，指出动静相互依赖、相互包含，不可截然割裂。在这个意义上，他宣称："方动即静，方静即动。静即含动，动即含静。"（《思问录·内篇》）这就是说，动与静的关系是你中有我，我中有你，二者相互包含、相互渗透；动与静是相对的，不可将二者的区别绝对化。在此基础上，王夫之强调，相比较而言，动比静更为根本，应该是动静关系的主导方面。这是因为，动永恒，静相对，静并非绝对静止而是动的一种特殊形式——静在本质上是动的——"静者静动，非不动也。"（《思问录·内篇》）

在心物观上，理学家断言心包万理而使心具有了万物无法比拟的优先性和优越性。在此前提下，他们把心置于物之前，使心拥有了绝对权威，也使心之本体——良知具有了至善的属性和价值。于是，理学家在本体领域声称"心外无物"，致使心成为第一性的存在，并把这种心物关系推广到道德修养和认识、实践领域，在存心、尽心的前提下"致吾心之良知天理于事事物物"。早期启蒙思想家对气的推崇排除了心是第一存在的可能性，同时，他们坚持先有物、后有心的认识原则，强调认识是在外物的刺激下产生的。王夫之宣称："形也，神也，物也，三相遇而知觉乃发。"（《张子正蒙注·太和篇》）在他看来，认识的发生是人的生理器官（形）、思维器官（心、神）与外物三者相互作用的结果，缺少其中的任何一方，认识都无法发生。循着同样的思路，戴震指出："耳之能听也，目之能视也,鼻之能臭也,口之知味也,物至也迎受之者也。"(《原善》卷中)这就是说,认识的产生需要主体的认识能力,正如事物的外部属性——声色嗅味凭借感官的接触才能感觉得到一样,事物之理要靠心去领悟。这表明,心在认识事物的过程中具有不可忽视的重要作用,离开心,人便无法把握义理、认识事物。同时,戴震强调,这并不是人由此无限夸大心之作用的理由,更不应该得出心先于物的结论。原因在于,认识的形成除了需要心知之外,血气形体器官的参与同样必不可少。尤其不容忽视的是,认识的形成还需要一个必要条件,那就是外物。基于这种认识,他强调,知产生的前提是外物接于我,知产生于物至而迎,绝对不是先验的。

总之,正是在对上述一系列关系的反思和批判中,早期启蒙思想家阐明了自己的形上哲学,从诸多领域对理学予以反驳。这方面的批判侧重于形而上学,似乎离现实问题很远,比如说与以理杀人并不相干。其实不然。作为形上根基和哲学理念,这些关系在理学体系中提纲挈领。毫不夸张地说,早期启蒙思想家对理学的所有批判归根结底都源自哲学观念的引领,这正如理学的种种危害和影响的策源地是理论错误、发轫于形上观念一样。

其次,中国传统文化的尚同情结在理学那里得以肆意发挥,令所有理学家都念念不忘的"去人欲,存天理"就是去异而求同——如果说他们所存之天理代表同的话,那么,所去的人欲则包括人的个性之异。理学家的尚同情结被早期启蒙思想家看在眼里。在审视、反思理学时,他们指责理学有奴性心态,盲目顺从,严重扼杀了人的个性。有鉴于此,针对理学对人之个性的扼杀以及由此造成的人格缺陷，早期启蒙思想家大力提倡个性，推崇独立人格。那些"异端"、狂者更是对个性予以极度张扬。其中，最典型的是李贽对个性的鼓吹和崇拜。

为了彰显个性的价值，李贽借用儒家、佛学术语把个性称为"德性"、"中和"和"大圆镜智"，并且宣称个性"至尊无对"、至高无上。基于对个性的渴望和推崇，他特别提倡培养自立、独立的人格。为此，李贽主要进行了三个方面的工作：第一，提倡人的个性化和多样化。面对纲常名教造成的人格单一化局面，他特别渴望个性自由，大力提倡个性发展的多样化。为此，李贽沿袭了"率性而为"的古老命题，并博采儒、佛、道诸家学说加以发挥，以便从各个角度伸张个性的价值。第二，把个性写进理想人格。为了彰显个性，李贽断言，是否具有独立人格是判断君子与小人的标准。在此，他打破儒家把义利作为区分君子与小人标准的常规而代之以独立人格，在价值观的高度肯定个性的意义和价值。更有甚者，出于标榜个性、反对盲从的迫切心理，李贽鄙视世故圆滑、庸庸碌碌的乡愿，而崇拜敢作敢为、有棱有角的狂狷，甚至明知狂狷皆"破绽之夫"还对之一往情深、心系魂牵。第三，提出了发挥个性的政治理想。为了让人之个性在现实生活中真正地得到张扬，他不仅在理论上阐释了个性的意义和价值，而且为人之个性的发挥提供操作平台和现实空间。这一点集中表现在李贽的政治哲学中。

启蒙与人之主体意识的觉醒相伴而生决定了启蒙思想与张扬个性息息相通，启蒙思想的核心是对个体存在以及人之个性的尊重。在明清之际涌现的中国早期启蒙思潮中，张扬个性是一股普遍的时代风尚，渴望、张扬个性者也不仅限于李贽一人。

鉴于对理学盲目顺从、扼杀个性的认定，推崇个性、膜拜人格独立以及肯定个体价值是早期启蒙思想家共同的思想倾向、价值诉求和人生目标。事实上，他们对气质之性的偏袒以及对欲、利、私的肯定都反映了这一点，因为无论是对人之自然本性的还原还是对个体生存权利的尊重本质上都是对个性的张扬和肯定。

再次，早期启蒙思想家对理学的审视和反击不仅有对其思想理论的批判，而且有对其实践后果的揭露。在反思理学造成的恶劣后果和社会危害时，他们指责理学空谈性理导致不近人情、惨无人道，甚至以理杀人。在这方面，尤以颜元、戴震的控诉最为典型。

颜元痛斥理学——无论是程朱理学还是陆王心学都是杀人的学说，在杀人——且以理杀人这一点上，二者别无二致。戴震指出，自从理学受到统治者的青睐，理就成了"治人者"手中的"忍而残杀之具"。对于理学的杀人罪行，他发出了"人死于法，犹有怜之者；死于理，其谁怜之"（《孟子字义疏证·理》）的血泪控诉。在戴震看来，自宋以来，由于宗法统治者和理学家的大力宣传、提倡，理被神化为天理，人们对之"莫能辩"且无可疑。作为套在人身上的沉重枷锁和杀人不见血的软刀子，理已经蜕化成尊者、长者、贵者压制卑者、幼者、贱者的工具。这使理可以杀人，死于理者比死于法者结局更惨——不仅得不到同情，反而备受舆论谴责而遭到唾弃。

早期启蒙思想家认定理学杀人是就其社会危害和客观影响而言的，意思是说，理学家从天命之性与气质之性的截然二分推导出"去人欲，存天理"的说教，进而让人在灭绝人欲中恢复天理，致使人的生存权利受到严重扼杀。这种做法违背人的天性、惨无人道,无异于以理杀人。基于这种揭露和分析,早期启蒙思想家以"去人欲,存天理"为靶子,在批判理学双重人性论的同时,阐明了自己的人性主张。

鉴于理学的杀人行为源于理论上的理气截然二分,早期启蒙思想家反对理学家将人性截然二分的做法,更反对基于天命之性与气质之性的双重人性论而断言气质有恶。

早期启蒙思想家指出,理依于气,理对气的依赖决定了义理以气质为依附。因此,义理之性离不开气质之性,离开气质之性的天命之性纯属子虚乌有。这表明,气质之性与天命之性是统一的,绝对不可断然分做两截。在此基础上,他们进而指出,既然理依于气,那么,正如理气统一于气一样,天命之性与气质之性最终可以归结为气质之性。循着这个逻辑,早期启蒙思想家指责脱离气质之性的天命之性是理学家的臆造、杜撰,原本即子虚乌有之物,由此得出了人性一元的结论。

对于人性一元论,早期启蒙思想家论证说,气是构成人的物质实体,人的存在最终都可以归结为由四肢、五官、百骸组成的气质。这表明,人性就是人的气质之性,而气质之性就是人的形体所具有的属性、机能和作用。基于这种认识,他们强调,人性的全部内容就是气质之性,气质之性是唯一的、完整的人性。

在宣布气质之性为人性的全部内容的前提下,早期启蒙思想家坚信气质之性无恶,以此驳斥理学家关于气质之性有恶的说法。循着理气相依的逻辑,他们指出,如果断言天命之性至善,那么,气质之性也应该是善的;如果认定气质之性有恶,那么,天命之性也应该是恶的。理学家一面断言天命之性至善、一面宣称气质之性有恶,这在逻辑上讲不通。基于这种推论,早期启蒙思想家断然否认气质之性有恶的说法。进而言之,由于他们所讲的气质之性具体指人的自然属性、生理机制和物质追求,其主要内容是以欲、利、私为核心的生养问题,因此,早期启蒙思想家对气质之性无恶的价值判断和对气质之性的重视伸张了满足人之自然需要的必要性、正当性和迫切性。

总之,早期启蒙思想家对理学以理杀人的揭露使其批判最终聚焦在人性领域。在这方面,针对理学家将人性截然分割为至善的天命之性与有恶的气质之性的做法,他们论证了天命之性对气质之性的依赖,致使气质之性成为人性的唯一内容,断然否定气质有恶的说法。这些构成了早期启蒙思想家的人性哲学的基本内容。这套人性哲学侧重人的自然本性,在把人还原为自然之人的基础上,使欲、利、私成为人性的核心内容。正是对人以及人性的如此界定促使他们调整了人生的追求目标和行为方式,推动了价值观的变革。

最后,对于理学的虚玄空谈、无裨于现实,早期启蒙思想家具有身临其境的切身感受,并对此深恶痛绝。他们对理学清谈无用的批判集中在两个方面:第一,在理论渊源和思想内容上,理学杂糅了佛、老的空无之说,在使理空化和虚化的同时,把真实的世界及世间万物虚空化。第二,在实际效果和社会影响上,理学严重脱离实际,与现实生活相距甚远,与国计民生毫无干系。为了扭转理学造成的虚玄无用的学术风气,针对理学的空谈性理、坐而论道,早期启蒙思想家一面在理论上通过理气、道器、有无、动静、知行关系使世界和万物实化,一面在思想方法和立言宗旨上急切呼吁经世致用,强调研究学问一定要联系实际,进而把为学、为人与服务社会有机结合，强调学问的价值在于应用，人生的追求在于获取功利、建功立业。这种声音如此强大，以至明清之际掀起了一股经世致用之风。

作为经世致用的具体贯彻和基本内容之一，早期启蒙思想家关注现实生活，尤其对与国计民生休戚相关的社会政治、经济倾注极大热情。为此，他们更新了农业为本、工商为末的传统观念，针锋相对地提出了"工商皆本"的口号。黄宗羲明确指出："世儒不察，以工商为末，妄议抑之。夫工固圣王之所欲来，商又使其愿出于途者，盖皆本也。"(《明夷待访录·财计》)在这里，他不仅抨击理学家"重农抑商"的思想是错误的，而且肯定工、商在社会生活中的重要作用，进而得出了"工商皆本"的结论。此外，王夫之、唐甄等人也认定"工商皆本"，并对工、商在社会发展、人民生活中的作用予以肯定和阐发。王夫之重视富商在社会生活中的作用，认为"大贾富民者，国之司命也"。基于这种认识，他反对抑制商人的政策，并且提出了"惩墨吏，纾富民，而后国可得而息"的设想。唐甄指出，当政者只有并重农商，才能改变"四海之内，日益穷困"的状况。有鉴于此，他建议国家对农业与商业并重，把工、商纳入本之行列而在政策上予以支持。

早期启蒙思想家提出"工商皆本"是经世致用的必然结论，也是为了补救理学的清谈无用。不仅如此，"工商皆本"的口号与他们对气质之性的肯定、遂人之欲的价值观念以及对理欲、义利关系的认识密切相关，归根结底取决于早期启蒙思想家对人之自然属性的推崇和功利主义的诉求。

总之，在对理学的审视和批判中，早期启蒙思想家抓住了理学的根本缺陷或共同误区，使其彼此谈论的话题呈现出一致性。这使他们一起站到了理学的对立面,并且共同汇成了一股学术思潮——早期启蒙思潮。另一方面,明清之际,早期启蒙思想家对理学的反思、批判的具体视角、方式方法各不相同,正是这些差异共同组成了对理学全方位、多维度、全景式的审视和批判。通过对理学合理性的拷问,他们动摇了理学的存在根基,颠覆了理学的正统地位,使理学第一次被置于审判台上,随即陷入严重的生存危机之中。

三、传统道德受到初步冲击

在明清之际,理学作为官方意识形态是传统道德的代表——至少是最主要的组成部分。因此,早期启蒙思想家对理学的批判不可能完全避开传统道德而必然对之有所牵涉;不仅如此,鉴于明清之际理学在传统道德中首屈一指的地位和影响,在某种意义上甚至可以说,对理学的批判本身就是对传统道德的批判。换言之,明清之际的理学作为官方哲学是以传统道德之集大成者的身份出现的,这决定了早期启蒙思想家对理学的批判从广义上说就是对传统道德的批判。换言之,他们在批判理学时不能不殃及传统道德,有些甚至是专门针对传统道德的。事实上,早期启蒙思想家的思想启蒙历程以批判理学始,以批判传统道德、传统文化终。这使传统道德在明清之际受到了初步冲击,遭遇了前所未有的尴尬。

1. 存在的合法性受挫

为了树立伦理道德的权威,古代思想家千方百计地对之加以夸大和神化。早在西汉,董仲舒就借助宇宙本体——上天的权威为三纲五常提供理论辩护,在王道之三纲、五常可求于天的说教中赋予伦理道德以神圣性和权威性。南宋之时,理学家朱熹不仅把以仁义礼智为核心的伦理道德神化为天理,直接奉为宇宙本原,而且宣布理先气后、理主气从、理本气末,把理说成是存在于天地之前、凌驾于万物之上的形上世界。这些说法论证了伦理道德对于人的先天性和至上性,同时赋予其绝对性和永恒性,致使伦理道德成为超越时空、放之四海而皆准的绝对信条,践履三纲五常也成为人与生俱来的天赋之命。

早期启蒙思想家的理气观、道器观和理欲观共同否定了古代哲学家特别是朱熹等人关于天理的形上虚构,对理的训诂、诠释又使理具体化为条理、分理和文理,理之内涵的骤变使天理以及传统道德的神圣性一落千丈。与天理在本体领域的祛魅相伴随,早期启蒙思想家在人性领域质疑作为仁义礼智信之总称的天理存在的合理性。例如,刘宗周从人性论的角度否定了道德的先天性,指出人性是后天形成的,仁义礼智信等道德观念并非人与生俱来的天性,而是出现了父子、君臣关系之后才有的伦理规范。对此,他写道:

无形之名,从有形而起,如曰性,曰仁、义、礼、智、信,皆无形之名也。然必有心而后有性之名,有父子而后有仁之名,有君臣而后有义之名,推之礼、智、信皆然。(《刘子全书·会录》)

基于这种认识,刘宗周毅然反对先天人性论,断言"古人言性,皆主后天,而至于人生而静以上,所谓不容说者也"。(《明儒学案》

卷六十二《蕺山学案·语录》)在朱熹那里,"理则为仁义礼智。"(《朱子语类》卷一《理气上》)这个理因为存在于世界之前而拥有了先天性,这种先天性又成为其永恒性、神圣性的前提和证据之一;而当其作为天赋之命、成为人性的基本内容时,仁义礼智之性便具有了先天性和先验性。有别于朱熹的思路,刘宗周一面强调人性是后天的,一面把人性的内容定义为仁义礼智信。这个做法等于宣布了五常的后天性,从而杜绝了其先天性、神圣性和形上性。其实,早在明朝后期,伦理道德的先天性、形上性和神圣性就已经遭到了质疑,掀起这一思想浪潮的是王门后学——泰州学派。不过,就理论侧重而言,泰州学派是从道德领域通过强调伦理道德与百姓日常的物质生活休戚相关达此目的的。

泰州学派具有浓郁的平民色彩和狂者品格,草根性是其思想的本真特色。为了伸张百姓的地位,其创始人——王艮把道德平民化和日常生活化。于是,他反复声称:

> 圣人之道,无异于百姓日用;凡有异者,皆谓之异端。(《明儒王心斋先生遗集·语录》)
> 百姓日用条理处,即是圣人之条理处。(《王心斋全集》卷三)

王艮所讲的"百姓",从广义上说,指包括士、农、工、商在内的社会上的三教九流、各个阶层;从狭义上讲,更多的则指下层民众,即所谓的"愚夫愚妇"。据载:

> 先生言百姓日用是道,初闻多不信。先生指仆僮之往来、

视听、持行、泛应动行处，不假安排，俱是顺帝之则，至无而有，至近而神。(《王心斋全集》卷二)

王艮认为，作为道之体现的是百姓日用，而所谓的百姓日用无非就是"愚夫愚妇"日常的生产、生活活动，其中包括——或者说主要指处于社会底层的民众出于物质欲望的活动。正因为如此，他再三指出：

即事是学，即事是道。人有困于贫而冻馁其身者，则亦失其本而非学也。夫子曰："吾岂匏瓜也哉，焉能系而不食？"(《王心斋全集》卷三)

圣人经世，只是家常事。(《王心斋全集》卷三)

此学是愚夫愚妇能知能行者，圣人之道，不过欲人皆知皆行，即是位天地、育万物把柄。(《王心斋全集》卷三)

可见，在王艮那里，道德的"日用"化已经冲淡或在某种程度上否定了道德的形上性和神圣性，日用主体的平民化更加剧了这一思想倾向。所有这些都使伦理道德关注人间，特别是对百姓繁琐的日常生活兴趣盎然。可以想象，这样的伦理道德、天理不再可能常驻天堂而不食人间烟火。

伦理道德的先天性、神圣性在李贽那里遭遇了更为严重的窘境，而他达此目的的手段与王艮如出一辙。对于伦理道德究竟为何物，李贽的说法是"穿衣吃饭即是人伦"。他写道：

穿衣吃饭，即是人伦物理；除却穿衣吃饭，无伦物矣。世间种种皆衣与饭类耳,故举衣与饭而世间种种自然在其中,非衣食之外更有所谓种种绝与百姓不相同者也。(《续焚书》卷一《与邓石阳》)

按照李贽的说法,穿衣、吃饭本身即是人伦、天理,离开了吃饭、穿衣便无道德之可言。这个观点把伦理道德日常生活化、物质生活化,由于在伦理道德中注入了物质生活方面的内容,伦理道德的先天性、神圣性和形上性便大打折扣了。

总之,为了剥去笼罩在天理之上的神圣光环,彻底驳倒天理可以凌驾于万物之上的观点,早期启蒙思想家把伦理道德日常生活化,以此为伦理道德充实物质生活方面的内容。这一做法在突出伦理道德与物质生活密切相关的同时,为伦理道德充实了不同于以往的新内涵,并为进一步肯定人之生理欲望、自私自利和物质追求的道德意义奠定了基础。在这方面,为了捍卫天理的权威,理学家不惜以灭绝人欲、牺牲人的物质利益甚至生命权利为代价。针对理学家的所作所为,早期启蒙思想家集中伸张了气质之性的天然合理性和道德意义,以此为以欲、利、私为核心的气质之性张目,并在此基础上对理欲观、义利观和公私观进行了调整,价值天平开始明显地偏向欲、利、私一边。这些与对天理的批判一样贬损了天理的价值,推动了对伦理道德之本质、属性、功能的重新诠释和定位。

早期启蒙思想家对理学之空洞虚伪、无补现实的揭露与对学问应该学以致用和人生价值在于经世致用、济民救世的呼吁是一个问题的两个方面,二者相互配合,一起抽掉了理学存在的价值根基,共同宣布理学由于无用无能不单单是于世无补而且贻害无穷。在他们看来,理学之所以在理论上和实践上都行不通,主要原因之一就是其对伦理道德——天理的定位存在致命错误,即由于过度强调天理的先天性、神圣性和形上性致使伦理道德成为纯粹的形而上的世界,丧失了鲜活的现实生活和物质基础,异化为空洞无物乃至虚伪的禁欲主义和僧侣主义说教,最终导致了以理杀人的悲剧。

在此基础上,针对理学及传统道德的禁欲主义和僧侣主义倾向,早期启蒙思想家通过伸张生存欲望、物质生活和自私自利的价值,把人还原为有七情六欲的性情中人,甚至是功利主义者。王艮在"淮南格物"中对人之身的尊崇便反映了这一思想端倪和价值追求,可以视为早期启蒙思潮的先声。在解释格物时,王艮把"保身爱人"说成是格物的重要内容。对于《大学》的"自天子以至于庶人,壹是皆以修身为本",他解释说,"修身,立本也;立本,安身也"。因为"身与天下国家,一物也"。基于这种认识,王艮对身极为重视,并且强调身与道是一体的,为了尊道必须尊身,尊身也就是尊道。正是在这个意义上,他指出:"身与道原是一体。至尊者此道,至尊者此身。尊身不尊道,不谓之尊身;尊道不尊身,不谓之尊道。"(《王心斋全集》卷三)

王艮在断言身与道一体的基础上呼吁尊身、保身,并由身联想到人己关系,在保身的基础上提出了爱人的主张。于是,他一再强调:

能爱身,则不敢不爱人。能爱人,则人必爱我。人不恶我,则我身保矣。(《明儒王心斋先生遗集·明哲保身论》)

以之齐家,则爱家,一家必爱我;以之治国,则能爱一国矣,能爱一国,则一国必爱我;以之平天下,则能爱天下矣,能

爱天下则天下凡有血气者,莫不尊亲,莫不尊亲则吾身保矣,吾身保然后能保天下矣。(《明儒王心斋先生遗集·明哲保身论》)

在这里,王艮的理想依然是儒家传统的爱国、治国和爱天下、保天下,这对于传统道德和儒家文化来说无疑是老生常谈。与前人不同的是,他强调,这一切的前提条件是保身和尊身,并从尊身出发把爱与齐家、治国、平天下联系在一起,企图在爱亲、爱国和爱天下中通过修身进而保天下。这个观点体现了对身的重视和推崇,以王艮自己的方式表达了对个性的张扬和对个体价值的尊重,也为治国平天下找到了现实的切入点和下手处。

先天性、神圣性和形上性共同撑起了作为传统道德之代称的天理存在的合法性,直接决定着对传统道德的定位。正如这些属性注定了传统道德的远离尘世、不食人间烟火一样,早期启蒙思想家对这些属性的瓦解把伦理道德从天国拉回到人间,并使日常生活、物质追求成为道德的题中应有之义——如果还有天理的话,其情况也是如此。这是对道德的本质、属性、功能的重新定位和诠释,也是对传统道德的祛魅和解构。神圣光环被剥夺之后,作为传统道德之总称的天理的光彩也随之丧失殆尽,其地位的下滑一日千里——从天国最后落到人间。

进而言之,早期启蒙思想家对天理的先天性、神圣性和形上性的批判突出了伦理道德与物质生活的血脉相连,致使理学以及传统道德的虚伪性成为公开的秘密。有鉴于此,他们对理学、天理的否定势必撼动传统道德的神圣性和永恒性,使人对天理及传统道德的正当性产生动摇进而发出质疑。

2. 孔子权威受到冲击

孔子是传统道德的一面旗帜，以至孔子本人的学说以及儒学几乎成了传统道德的代名词。在这种文化传统和社会背景下，孔子被推崇为首屈一指的大圣人和道德楷模，千百年来被顶礼膜拜，乃至被奉若神明。与此相关，孔子的言论被当作毋庸置疑的真理，并成为后世的是非标准和行为准则。

鉴于孔子在传统文化中不可替代的首要地位，明清之际，早期启蒙思想家对传统道德的批判不可能完全避开孔子。事实上，他们对理学的批判不仅使孔子受到牵连，而且撼动了孔子的地位和权威。其实，早在明朝中期，孔子的权威在作为理学家的王守仁那里即遭到非议，其不容置疑的神圣性也随之成了问题。当时的情形是，循着心学逻辑，依据自家的良知标准，王守仁断言："尔那一点良知，是尔自家底准则。"(《王阳明全集》卷二《传习录中》)这便在孔子之外另立了良知标准，打破了孔子权威的唯一性和至高无上性。更有甚者，由于坚信良知人人皆有，且自然知是非善恶，王守仁鼓励人以自己的良知作为判断是非的最后尺度和唯一标准。对此，他说道：

> 夫君子之论学，要在得之心。众皆以为是，苟求之心而未会焉，未敢以为是也；众皆以为非，苟求之心而为契焉，未敢以为非也。(《王阳明全集》卷二十一《答徐成云》)

由于作为心之本体，良知出自个人的内心，王守仁以良知为是非标准具有很大的主观性和随意性，贯彻到底势必造成人人各有

一是非的局面,进而动摇良知之外的一切权威——当然包括孔子在内。王守仁的下面这段话证明了这个推断:

> 夫学贵得之心。求之于心非也,虽其言之出于孔子,不敢以为是也,而况其未及孔子者乎! 求之于心而是也,虽其言之出于庸常,不敢以为非也,而况其出于孔子者乎!(《王阳明全集》卷二《答罗整庵少宰书》)

正如前面用良知标准取代了众人标准一样,在这里,王守仁如法炮制,又用心之标准取代了孔子的权威。王门后学——泰州学派继承了其师王守仁怀疑一切的精神衣钵,对于瓦解孔子的权威起到了推波助澜的作用。早期启蒙思想家更是把怀疑的眼光投向孔子,在批判理学和传统道德时,首先把矛头指向了孔子。在这里,必须明确的是,王守仁及其后学对孔子权威的震动是客观效果上的,或者说,是心学体系的副产品——总之不是他们的主观故意或理论初衷。早期启蒙思想家对孔子权威的质疑与此具有原则区别。换句话说,在早期启蒙思想家那里,孔子是作为传统道德的化身出现的。道理很简单:为了批判传统道德,必须先批判其形象大使——孔子;而只有真正驳倒了其代言人,才有可能从根本上推翻传统道德。弄明白了这一点,便不难想象为什么孔子在传统道德备受指责的明清之际在劫难逃了,由此也容易理解早期启蒙思想家反对孔子时为什么那么不遗余力了。

李贽指出,由于以孔子为唯一的是非标准,在孔子的权威面前,人只能闭塞耳目,千篇一律地沿袭古训,万口一词地背诵教条,由此造成了孔子之后"千百余年而独无是非"的文化专制局面。他痛恨除了孔子之外而"独无是非"的文化垄断现象,坚决抵抗"以孔子之是非为是非"。为了改变以孔子之是非垄断学术的文化专制局面,李贽提出了是非"无定质"、"无定论"的观点。为此,他反复指出:

不执一说,便可通行。不定死法,便可活世。(《李贽文集》第二卷《藏书·孟轲传》)

人之是非,初无定质。人之是非人也,亦无定论。无定质,则此是彼非并育而不相害;无定论,则是此非彼亦并行而不相悖矣。(《李贽文集》第二卷《藏书·世纪列传总目前论》)

可见,李贽企图用是非的相对性证明是非标准的相对性,以此抵制把孔子的是非绝对化、永恒化和教条化的做法,进而反对文化独断主义。在此,他以两种思想可以并行共存为理由,肯定了言论、思想应该以自由争论为原则,进而用"颠倒千万世之是非"的怀疑、批判精神反对"咸以孔子之是非为是非"的盲目信仰主义。与此同时,怀抱变易的是非观,针对理学家把孔子的学说视为唯一真理而把其他学说斥为异端的做法,李贽强调,儒、释、道"三教圣人,顶天立地,不容异同",诸子百家也"各有一定之学术","必至之事功"。因此,不应以孔子为唯一的是非标准。在否定孔子标准唯一性的同时,他进而指出,是非是变化的,退一步说,即使孔子的言论是对的,可以在当时作为是非标准,也不能把孔子的是非奉为万世定论。对此,李贽解释说:

前三代,吾无论矣。后三代,汉、唐、宋是也。中间千百余年,而独无是非者,岂其人无是非哉?咸以孔子之是非为是非,故未尝有是非耳……夫是非之争也,如岁时然,昼夜更迭,不相一也。昨日是而今日非矣,今日非而后日又是矣。虽使孔夫子复生于今,又不知作何如何是非也,而可遽以定本行刑赏哉!(《李贽文集》第二卷《藏书·世纪列传总目前论》)

在这里,李贽强调,是非与时俱进,如昼夜更替一般,昨日为是而今日为非,今日为非而明日为是。如此说来,孔子的言论和是非充其量只能适用于孔子之时而不可能适用于后世。因为假如孔子复生于今世的话,其是非也会因时而变的。这些议论在空间与时间的双重维度中相互印证了孔子或孔子思想的时效性,在强调其不可能具有超越时空的权威性的同时,排除了以孔子权威为唯一标准或万世定论的合理性。在否定孔子权威标准的唯一性和普世性的基础上,他确信"天生一人自有一人之用",呼吁人们坚持自我、发挥个性,而不必以孔子之是非为是非——"不待取给于孔子而后足"。正是在这个意义上,李贽一再指出:

> 人皆以孔子为大圣,吾亦以为大圣;皆以老、佛为异端,吾亦以为异端。人人非真知大圣与异端也,以所闻于师父之教者熟也。师父非真知大圣与异端也,以所闻于儒先之教者熟也。儒先亦非真知大圣与异端也,以孔子有是言也……儒先臆度而言之,父师沿袭而诵之,小子蒙聋而听之,万口一词,不可破也;千年一律,不自知也……至今日,虽有目,无所用矣。(《续焚书》卷四《题孔子像于芝佛院》)

夫天生一人自有一人之用,不待取给于孔子而后足也。

若必待取足于孔子,则千古以前无孔子,终不得为人乎?故为"愿学孔子"之说者,乃孟子之所以止于孟子,仆方痛憾其非夫,而公谓我愿之欤?(《焚书》卷一《答耿中丞》)

在早期启蒙思想家对儒家和传统文化的批判中,往往对孔子、理学与传统文化一概而论,不作详细或具体区分。在这方面,只有极少数人如颜元对孔子之儒、汉儒与宋儒予以区分,在辨析其差异的前提下区别对待。颜元认为,孔子的六艺之学注重习行,是实学;汉儒尤其是宋儒背离了孔子之学,使理学越来越空疏无用,以至以理杀人。基于这种认识,他对周孔之学与汉儒、宋儒区别对待,在批判理学的同时,对周孔之学赞叹不已,并宣称自己的习行哲学继承了周孔学脉。与颜元有别,大多数早期启蒙思想家对儒家或传统文化一概而论,并没有对孔子代表的原始儒家与宋儒作明确区分,或者说,压根儿就没有意识到这是个问题。这使他们在批判理学的过程中不时触及其创始人孔子,致使孔子屡遭株连。何况,有些是专门针对孔子的——李贽对孔子权威的抨击即属此类。

孔子是传统道德的化身,孔子的形象和地位与传统道德的命运休戚相关。无论是无意的还是故意的,结果并无区别——早期启蒙思想家对孔子权威的撼动直接威胁着传统道德的牢固和稳定,预示着传统道德大厦之将倾。

3. 经典权威面临质疑

中国有尚经、尊经、注经、诵经传统,引经据典是一贯的学术风尚。中国古代如此热衷于经典,以至于有人断言,中国古代哲学的发展史就是一部经典诠释史。这一评价是否恰当并不重要,关键是它道出了中国古代哲学和传统文化无法排遣的经典情结。翻检中国古代哲学史、思想史可以看到，不同学派都有自家的独门秘籍，不同时代崇尚不同的热门经典，甚至可以依据经典给不同思潮、观点划定学派归属。经典在中国古代学术传承中的重要性由此可见一斑。

四书五经是儒家推崇的经典著作，也是传统道德的启蒙、普及读物。因此，四书五经对于传统道德的传承具有重要作用。对于传统文化和中国人来说，四书五经的重要性不啻为《圣经》对于西方人。在这个意义上可以说，四书五经承载着传统道德的精华，是传统道德的缩影。同时，作为圣贤垂训，四书五经往往与孔子及其学说一样被奉为真理标准，科举制度凭借四书五经取仕以及朱熹《四书集注》的推出更是使推崇经典权威之风达到了登峰造极的程度。

鉴于四书五经在传统道德中的至高地位，早期启蒙思想家对传统道德的批判不可能不涉及四书五经。同时，由于崇尚个性、富有怀疑精神，他们在质疑孔子权威的同时，对包括四书五经在内的儒家经典同样持怀疑态度。

李贽把批判的矛头直指六经和四书，对儒家经典表现出极大的不屑和蔑视。对于四书和六经，他给出了如下鉴定和断言：

夫六经、《语》、《孟》，非其史官过为褒崇之词，则其臣子极为赞美之语。又不然，则其迂阔门徒、懵懂弟子，记忆师说，有头无尾，得后遗前，随其所见，笔之于书。后学不察，便以为出自圣人之口也，决定目之为经矣，孰知大半非圣人之言乎？纵出自圣人，要亦有为而发，不过因病发药，随时处方，以救此一等懵懂弟子，迂阔门徒云耳。药医假病，方难定执，是岂可遽以为万世之至论乎？然则六经、《语》、《孟》，乃道学之口实，假人之渊薮也，断断乎其不可以语于童心之言明矣。呜呼！吾又安得真正大圣人童心未曾失者而与之一言文哉！(《焚书》卷三《童心说》)

按照李贽的说法，《诗》、《书》、《礼》、《易》、《乐》、《春秋》以及《论语》、《孟子》等儒家经典绝大部分并非出自圣人之口，相反，它们不是史官、臣子的溢美之词就是"迂阔门徒"、"懵懂弟子"记忆师说的片段，所以，有头无尾、不成体统。退一步说，即使这些经典真的出自圣人之口，那也是即兴随时的"因病发药，随时处方"，充其量只能在当时起临时作用，根本不应该被执为"定本"或"万世之至论"。现在的问题是，这些经典被奉为万世不变的真理，作为理学的口实为害甚深，成为制造假人的渊薮。经过如此一番分析之后，李贽总结说，儒家经典都不可信，其权威性更值得怀疑，当然也就没有资格作为真理标准了。

对于四书五经的内容和作用，朱之瑜作出了如下鉴定："四书、五经之所讲说者，非新奇不足骇俗，非割裂不足投时，均非圣贤正义。彼原无意于修身、齐家、治国、平天下也。"(《朱舜水集》卷七《答安东守约书》)作为圣贤垂训，四书五经历来被视为真理标准，并因此成为修齐治平的依据。朱之瑜从四书五经的哗众取宠、荒谬不经入手，指出其非圣贤之正义，并且无益于修身、齐家、治国和平天下。如此一来，四书五经单是无用也就罢了，现在反倒成为有害之物。

唐甄怀疑儒家经典的权威，反对把儒家经典奉为道德修养的标准。对此，他断言："乃欲称《诗》、《书》明礼义以道之，使之去恶迁善,是涸东海移泰山之势也。"(《潜书·尚治》)按照这个说法,如果以《诗经》、《尚书》等儒家经典为标准来使人明礼义,并在行动中去恶迁善的话,就如同淘干东海、移动泰山一样困难。更有甚者,唐甄指出,儒家经典不仅没有纯化道德的功用,反而引诱人误入歧途:"心智堵塞,执见罔觉;血气偾张,往而不反;趋歧为正,发狂为圣。"(《潜书·破崇》)基于这种认识和评价,也为了改变以四书五经为真理标准的现实状况,他呼吁"不翻《十三经》之言,不稽二十三代之法"(《潜书·尚治》),摆脱对四书五经的精神依赖,彻底弃除儒家经典。

作为最具权威的载体和文本,经典在传统道德中占有不可替代的重要位置。大多数人是通过经典认识和了解传统道德的,经典对传统道德的传播和传承起到了不可低估的作用。可以作为佐证的是,宋明时期加强道德教化的手段之一就是普及以四书五经为代表的儒家经典。事实上,儒学、理学或传统道德的荣辱兴衰历来都与经典的命运息息相关,伴随理学被定为正统,四书与五经一样被奉为经典,朱熹的注释成为唯一的真理标准、科举考试的教科书和标准答案。不容否认的是,伴随着理学被官方意识形态化,以四书五经为代表的儒家经典在宗法社会后期的确存在着导致思想僵化、扼杀个性和妨碍思想自由等弊端。从这个角度看,早期启蒙思想家对四书五经等儒家经典的怀疑和批判对于鼓动学术自由、思想解放具有抛砖引玉之功。在这方面,他们的做法剥夺了四书五经作为真理标准的资格,也否定了这些经典所承载的传统道德的内容。从这个意义上说,早期启蒙思想家对经典权威的颠覆无异于釜底抽薪,抽空了传统道德的内容和价值。

需要说明的是,问题到此并没有结束。为了使思想解放、人性启蒙进一步深入下去，早期启蒙思想家一不做二不休，破与立同时进行。这一点体现在真理标准问题上便是，在否定传统权威、剥夺孔子和四书五经的真理标准资格的同时，他们代之以新的标准。例如，李贽不仅否定了圣人和儒家经典标准，而且推出了自己的新标准，即人的本心或曰"童心"。对此，他解释说，"童心"与生俱来、人人皆有，却非常容易失去，尤其是后天的"闻见"、"道理"会给"童心"带来致命的破坏。应该明确，李贽所讲的"闻见"、"道理"就是宗法伦理道德和纲常名教。在他看来，人一旦失去"童心"，就会由真人变成"假人"；更为严重的是，"其人既假，则无所不假矣"——说话会言不由衷，做事会矫揉造作，从政会成为两面派。因此，李贽强烈呼吁摆脱宗法礼教的束缚，回复人的天性，以"真心"、"童心"来为人处世，把它们作为至高无上的唯一标准。唐甄在诋毁四书五经权威的同时，宣称"心之智识，皆为五欲之机巧"。（《潜书·七十》）在此基础上，他主张，以智识取代儒家经典和宗法道德来作为判别五欲正邪的根据。可见，早期启蒙思想家不仅质疑孔子、儒家经典等真理标准，以此切断对传统权威的精神依赖；而且代之以自己的"童心"、心识或其他标准，以此安顿心灵，重建价值系统。这增加了批判的力度和彻底性。

4. 道德体系遭到破坏

作为一个有机系统，传统道德的各个组成部分之间密切联系、相互作用。早期启蒙思想家对道德的全新定位和对真理标准的重新设置从根本上颠覆了传统道德的根基，甚至构成了对传统道德的体系颠覆。他们对道德先天性、神圣性、形上性的批判和对孔子、经典权威的质疑都冲击着传统道德的体系本身，也使传统道德从道德原则、具体条目到价值观念等无一幸免地受到冲击和破坏。其中,下面两个方面尤其预示着传统道德的灭顶之灾。

其一,道德的核心遭到非议

作为天理的实际所指和具体内容,三纲五常是传统道德的核心和灵魂。天理具体表现为君臣、父子、夫妇等宗法伦常,其实际内容即仁义礼智信。另一方面,正是由于取得了宇宙本体的庇护,拥有天理的称谓和资格,以三纲五常为核心的伦理道德才被奉为天经地义、万古永恒的神圣权威,其正当性、合法性才得以淋漓尽致的伸张。正因为如此,明清之际,无论是天理权威的动摇还是真理标准的更替都对三纲五常构成了威胁,使其厄运成为不可逃遁的宿命。早期启蒙思想家对道德的诠释冲击着三纲五常,特别是他们基于朴素的平等观念,指出三纲五常有悖人伦,进而把批判的重心集中于"君为臣纲"和"夫为妻纲"。因此,在对理学和传统道德的批判中,早期启蒙思想家向三纲发起了进攻。唐甄从三纲造成的不平等始于君臣、夫妻之间,终于国家、家庭——酿成国家和家庭的亡丧出发,质疑三纲的正当性、合理性。在质疑三纲的同时,早期启蒙思想家特别对"君为臣纲"和"夫为妻纲"表示不满:对于"君为臣纲",从揭示君主的起源和职责入手,他们剖析现实君臣关系的异化,呼吁废除君主专制、建立新型的君臣关系。对于"夫为妻纲",早期启蒙思想家批判"男尊女卑",反对社会强加给妇女的种种歧视和不公平对待。在此基础上,他们抨击"夫为妻纲",发出了男女平等的最初呼声。诚然,明清之际,作为具体德目的五常并没有像三纲那样成为众矢之的,然而,同样不得不承认的是,五常的危机已经初露端倪。其中,最明显的表现就是五常之间的顺序被重新排列。在传统道德中,五常之间的先后顺序是:仁—义—

礼—智—信，这种排列以仁为首，义紧随仁之后，目的是突出等级观念，使五常作为具体德目延伸三纲的等级、尊卑原则，成为对三纲的补充和贯彻。具体地说，儒家的仁之爱人贯彻的是差等原则，义的紧随其后恰恰是为了凸显仁中的等级观念。早期启蒙思想家具有朴素的平等意识，向往自由权利和人格独立。正如凭着朴素的平等意识向三纲发起进攻一样，他们中的有些人对五常之间的秩序重新加以排列，是因为五常中的等级观念与平等意识、人格独立相左，认定五常的尊卑原则在明清之际不合时宜。例如，唐甄颠倒了儒家的仁义礼智之秩序，改变以往以仁为首的常规而把智排在四德之首。之所以如此排列，他的理由和根据是智为四德的基础。正是在这个意义上，唐甄反复断言：

  三德之修，皆从智入；三德之功，皆从智出。善与不善，虽闲于微渺，亦不难辨。（《潜书·性才》）
  智之本体，同于日月……三德之脩，皆从智入；三德之功，皆从智出。（《潜书·性才》）

  其二，价值观念的倾斜
  明清之际注定是传统道德的多事之秋，在劫难逃对于此时的传统道德来说似乎已成定局。可以看到，在三纲五常代表的道德原则和具体德目受到冲击而核心变得残缺的同时，传统道德的价值观念备受争议，其理欲、义利、公私观受到质疑。在传统道德中，价值观的核心和宗旨是追求道德完善，在具体实践和现实生活中具体表现为抵制外物的诱惑。这套思路使理欲观、义利观和公私观成为价值观的中心话题，并在处理理欲、义利、公私关系时以理、义、公为善而加以推崇和追求,以欲、利、私为恶而加以贬斥和灭绝。早期启蒙思想家对传统道德价值观念不以为然,在深入阐释理欲、义利、公私关系时,更是反其道而行之地开展了如下工作:批判"去人欲,存天理",强调天理与人欲不可分离,进而阐发欲的意义、价值和作用,甚至把欲视为人与生俱来的本性;批判"儒者不言事功"的说法,反对义利割裂,断言道德与功利密切相关,宣称趋利避害是人的本性,进而注重实际效果,推崇经世致用;批判历史上的各种无私说,断言自私是人的本性,在肯定私之价值的同时,呼吁对私予以提倡和保护。早期启蒙思想家的这些观点和做法使他们的理欲、义利和公私观呈现出鲜明的重欲、贵利、尚私倾向,成为对传统价值观的反动。进而言之,他们的价值观念是尊重个体价值和物质利益的表现,而且预示着传统道德价值观念的动摇。

总之,经过早期启蒙思想家的批判,传统道德在明清之际面临全面的冲击。这不仅指传统道德被批得体无完肤、支离破碎,往日的威仪风光不再;更有甚者,它面临着新道德的威胁,时刻处于被取而代之的危险境地。这是因为,早期启蒙思想家在批判传统道德的同时,建构了一种新的道德。他们的工作是破与立同时进行的,或者说是一个过程的两个方面:在对传统道德合法性的批判中,早期启蒙思想家根据自己对传统道德弊端的判断和认定,逐一提出了相应的补救措施;针对天理和传统道德的先天性、神圣性和形上性,指出道德与人的日常生活和物质利益密切相关,甚至天理就存在于人欲之中;痛斥"君为臣纲"、"夫为妻纲"的上下尊卑,突出了平等意识;揭露"去人欲,存天理"的口号以理杀人、惨无人道,建构了气质一元论,强调气质无恶,伸张欲、利和私的价值;反驳孔子和经典权威,代之以"童心"、智识等新的权威等等。这些做法不仅给理学和传统道德以致命打击，而且是个性自由、思想解放和理论创新的体现。如果说早期启蒙思想家对旧道德的批判使人认识到传统道德的荒谬、可恶的话，那么，他们对新道德的倡导则为人远离传统道德指点迷津，提供了另一个可供选择的机会，甚至可以说堵住了回头的路。正是在早期启蒙思想家的推陈出新中，道德的本质、原则、标准、根基、内容、德目和价值观念等无一不发生重大变化。在这种新的标准和道德观念的对比、参照下，传统道德从定位、标准到内容、体系都蒙受致命打击。毫无疑问，明清之际早期启蒙思想家的批判是传统道德面临的第一次根本性的生存危机。

正统的颠覆
——对理学的批判与重建

肇始于北宋的理学在南宋至明代中期走向鼎盛,在朱熹哲学被定为官方意识形态之后,理学成为正统思想和理论界的主导声音,对当时社会的政治、经济、思想和文化产生了巨大而深刻的影响。在商品经济的鼓动和西学东渐的涤荡下,人们开始对理学表示不满,明清之际出现了中国的早期启蒙思潮。在这次启蒙思潮中,涌现了一批启蒙思想家。其中,尤以李贽、黄宗羲、颜元和戴震思想最为激进,被称为"异端"思想家。

明清之际的启蒙思潮是批判君主专制、适应商品经济需要和深受西方文化影响的产物,这决定了其不同于正统的身份和姿态。进而言之,程朱理学作为官方哲学和主流文化拥有正统身份,是三纲五常、君权和夫权的维护者,从根本上说,早期启蒙思潮是作为理学的对立面出现的。早期启蒙思想家直接把批判的矛头指向理学,致使其正当性遭到质疑。反思、审视和批判理学成为早期启蒙思潮的主要内容之一。不仅如此,在对理学的反思和批判中,或者说,为了从根本上颠覆理学,动摇其存在根基,早期启蒙思想家建构了自己有别于理学的思想体系。

一、众口一词——对理学一致而全面的否定

早期启蒙思潮是作为理学的对立面出现的,这一角度和使命使早期启蒙思想家把批判的矛头直接指向了理学,并在质疑其合理性的同时,从总体上否定了理学的价值。

李贽认为,作为官方哲学,理学的社会影响不容低估,其理论错误会给社会带来巨大影响,绝不是只关乎一人一行的小事。因此,对理学的错误不能轻易放过。正是在这个意义上,他写道:

> 唯是一等无紧要人,一言之失不过自失,一行之差不过自差,于世无与,可勿论也。若特地出来,要扶纲常,立人极,继往古,开群蒙,有如许担荷,则一言之失,乃四海之所观听;一行之谬,乃后生小子辈之所效尤,岂易放过乎?(《焚书》卷一《复周柳塘》)

李贽认为,由于拥有极高的社会地位和极大的公众效应,理学的错误影响面和破坏力非常之巨。有鉴于此,他不放过理学的任何一个错误,以免其贻害无穷。正是为了反对理学,他以"异端"自居,公开站在理学的对立面对理学进行揭露和批判。

王夫之指责理学"祸烈于蛇龙猛兽",是误国之学、亡国之学,甚至把南宋的亡国归咎于陆九渊的心学,断言"陆子静出而宋亡"。(《张子正蒙注·乾称篇》)进而言之,正是对理学的这种认定坚定了他批判理学的彻底性,促使其对理学的批判深入问题内部、抓住要害,采取"入其垒,袭其辎,暴其恃,而见其瑕"(《老子衍·自序》)

的方式进行。在此过程中,王夫之通过对理气、道器、能所、有无、动静、知行和理欲关系的回答,立足本体哲学,涵盖认识、人性和道德等诸多领域,对理学予以全方位的清算——既有形而上学的高度,又不乏深度和广度。

颜元从剖析理学的理论渊源入手,质疑理学的纯正学统,以期瓦解其正当性和存在价值。在他看来,理学罗列、拼凑了历史上的各种学说,不仅毫无创新可言,而且支离破碎、不成体系。拿朱熹与陆九渊的争论来说,陆九渊批评朱学支离破碎,因为程朱理学注重训诂;可笑的是,陆九渊表面上鄙视汉儒的训诂,实际上自己也陷在训诂的支离中不能自拔。同样,朱熹批评陆学虚无近禅,因为陆学专注本心的觉悟;可悲的是,朱熹表面上攻击佛、老的虚无,实际上自己也沉溺在顿悟的虚无中浑然不知。正是在这个意义上,颜元宣称:"故既卑汉、唐之训诂而复事训诂,斥佛、老之虚无而终蹈虚无。以致纸上之性天愈透而学陆者进支离之讥;非讥也,诚支离也。心头之觉悟愈捷而宗朱者供近禅之诮;非诮也,诚近禅也。"(《存学编》卷一《明亲》)这就是说,无论程朱理学还是陆王心学都是拼凑之作,在沿袭训诂、佛教上二者如出一辙。在此基础上,他进一步指出,不惟训诂和佛学,理学拼凑了各家之学,简直是"集汉晋释道之大成者。"(《习斋记余》卷三《上太仓陆桴亭先生书》)在这里,汉指汉代出现的考据学、即他所讲的"训诂",晋指魏晋玄学、即他所讲的"清谈",释指佛学,老指道教、即他所讲的"仙道"。在颜元看来,理学集中了中国历史上的各种无用学术,在拼凑各家之学时,受佛、老熏染尤其深重,甚至可以说,理学就是因缘佛、道而成的。

在指出理学同受佛、道熏染的基础上,颜元进一步分析说,对比而言，理学受佛学影响更甚。理学中的佛学成分和痕迹如此深重，以至两者之间相差无几、难分彼此。正是在这个意义上，他宣称："释氏谈虚之宋儒，宋儒谈理之释氏，其间不能一寸。"(《朱子语类评》)按照颜元的说法，如果硬要说理学与佛学之间有区别的话，不过是一个谈理、一个谈空而已。显然，这些区别完全是表面上、形式上的，其思想本质完全一致——都将一个空寂的精神本体奉为宇宙的本原或主宰，进而把实、动的世界虚幻化、静止化。不仅如此，他强调，就浸染于佛学而言，程朱理学与陆王心学是一样的。于是，颜元宣称："朱学盖已参杂于佛氏，不止陆、王也；陆、王亦近支离，不止朱学也。"(《习斋记余》卷六《王学质疑跋》)

在重视学统、讲究学术传承的古代社会，学统正宗是其正统地位的前提。颜元揭开了理学偷袭佛学的秘密，这意味着理学有失纯正学统，不是儒门正宗。应该说，他的揭露使理学的正统地位严重受损，在某种意义上说是致命的。

同时，颜元从庞杂的角度论证了理学的学术恶果和社会危害，指出正是东拼西凑、脱离实际的虚浮学风导致了理学的冥想空谈、祸国殃民。对于这一点，他极为重视并痛心疾首，并且多次予以抨击。例如：

> 宋、明之训诂，视汉不益浮而虚乎？宋、明之清谈，视晋不益文而册乎？宋、明之禅宗，视释、道不益附以经书，冒儒旨乎？宋、明之乡愿，视孔孟时不益众悦，益自是，"不可入尧舜之道"乎？(《习斋记余》卷九《夫子志乱而治之滞而起之》)
>
> 仆尝有言，训诂、清谈、禅宗、乡愿，有一皆足以惑世诬民，而宋人兼之，乌得不晦圣道，误苍生至此也……每一念及，辄

为太息流涕,甚则痛哭!(《习斋记余》卷三《寄桐乡钱生晓城》)

按照颜元的说法,中国几千年的大混乱起因于学术上训诂、清谈、禅宗和乡愿四者作怪,其中的任何一种都足以祸国殃民、贻害无穷。更为致命的是,理学承袭了四者的衣钵,其虚浮无用、鱼目混珠与四者中的哪一种相比都有过之而无不及,由此便不难想象理学会造成多么严重的恶劣后果了。

鉴于崇尚义理之学是理学走向空谈的主要原因,惠栋呼吁从声音、训诂、校勘和考据等基本功入手来整理古代文献,消除长期以来对古书的误解和歪曲。这一做法使理学以自家的义理解释儒家经典的做法失去了合理性,在方法论上挖空了理学的支柱,在某种程度上纠正了理学崇尚空谈、坐而论道的虚玄之风。

戴震从训诂、注疏入手重新界定理学的基本范畴,进而瓦解其根基。天理是理学思想的核心和灵魂,为了批判理学必须反驳天理。因此,他运用自己的文字学特长,对理学家奉若神明的天理进行了剖析。对于理,戴震一再断言:

就天地人物事为,求其不易之则,是谓理。(《孟子字义疏证·理》)

理者,察之而几微必区以别之名也,是故谓之分理;在物之质,曰肌理,曰腠理,曰文理;得其分则有条而不紊,谓之条理。(《孟子字义疏证·理》)

戴震认为,气化流行是一个有条不紊的过程,气运动、变化的固有条理和规律就是理。这表明，理是事物之理，只能存在于事物之中而不能存在于事物之外、之前或之上，更不可能成为世界本原或宇宙主宰。有鉴于此，针对朱熹关于天理独一无二、不可分割的说法，他着重强调，理的根本属性是"分"。进而言之，分指特殊性、具体性和差别性，分表明理是具体的，只能是分理、文理和条理，朱熹等理学家推崇的独一无二、亘古至今的永恒之理根本就不存在。这些说法使天理的正当性、神圣性和权威性大打折扣，也从根本上否定了理是世界本原的可能性。与此同时，戴震对道、太极、形而上和形而下等理学的基本范畴逐一进行了界定。道在理学中与天理一样举足轻重，以至于理学又有道学之称。其实，在理学家那里，道就是天理，与天理一样是凌驾于万物之上的形上世界。对于道，戴震有自己的独特理解：

道，犹行也；气化流行，生生不息，是故谓之道。（《孟子字义疏证·天道》）

阴阳五行，道之实体也。（《孟子字义疏证·天道》）

这就是说，道犹道路之道，指气永无休止的运动轨迹。正因为如此，戴震宣称，道的本体是气，道其实就是阴阳五行，并非别有他物；所谓道，不过是阴阳五行之气流行不已、生生不息的过程而已。太极是中国哲学最古老的范畴之一。对于太极是什么，以朱熹为代表的理学家回答："总天地万物之理便是太极。"（《朱子语类》卷九十四《周子之书·太极图》）可见，太极在理学中与天理、道一样是最高范畴和绝对本体。循着气本论的逻辑，戴震指出："太极指气化之阴阳。"（《孟子私淑录》卷上）太极就是气，气就是太极，二者是同一种存在。对此,他解释说,气之所以被称为太极,只是为了强调气的本原性和本根性:气是宇宙间最根本的存在,故而称"太";气是万物的根源,故而称"极"。为了突出理有别于万物的特殊性,理学家沿袭了《周易·系辞传上》的思路,强调"形而上者谓之道,形而下者谓之器",进而以形而上指理、以形而下指气(器)。在此基础上,理学家把形而上与形而下截然分开,并由此推演出理气关系中的理本气末、理主气从、理先气后和道器关系中的道本器末等。这样,形而上与形而下之间的距离越来越远,分属于两个不同的世界。对于形而上与形而下,戴震界定说:"气化之于品物,则形而上下之分也……形谓已成形质,形而上犹曰形以前,形而下犹曰形以后。"(《绪言》卷上)按照这种说法,气的整个运动过程分为两种形态:一是"形而上"的分散状态,这是气还没有形成具体事物阶段;一是气在运动中凝聚成有形象的具体存在阶段,这就是"形而下"。这样,他便用气把形而上与形而下统一起来,使之成为气运动的两个阶段或两种形态,绝非如理学家所讲的理与气或道与器所标志的两个不同的世界。总之,天理、道、太极、形而上和形而下是理学大厦的基石。戴震的上述阐释把它们统统还原为气以及气的属性、运动或存在方式,从而抽掉了理学的形上根基,也把理学精心杜撰的理之天堂赶到了无何有之乡。

可见,在对待理学的问题上,早期启蒙思想家的做法既有相同之处,又有明显区别:相同点是对理学持怀疑、反对态度,完全否认其存在价值;不同点是批判的角度或切入点千差万别、迥然相异。上面的介绍显示,早期启蒙思想家对理学的批判或者从理论来源入手,否定其正统身份和纯粹学脉;或者从考据入手,质疑其解释方法;或者从训诂入手,抨击其概念、范畴舛误;或者从实际效果切入,揭露其社会危害。凡此种种,不一而足。这种现象从一个侧面说明,理学自身的弊端在各个方面均有暴露,并随着自身弊端的不断暴露已经成为众矢之的。早期启蒙思想家的批判从不同角度各个回击、共同构成了对理学存在价值的威胁,紧逼其存在的合法性问题。一方面,他们都以批判者的立场和姿态出现,尽管维度不同却彼此印证,共同表明理学在各个方面、所有环节都出现了问题,取而代之势在必行。另一方面,由于视角、维度有别,早期启蒙思想家的思想各有侧重,充满个性魅力而特色鲜明。例如,李贽以言辞猛烈、思想激进著称于世,具有"狂人"之称的他在批判理学时着重张扬个性和鼓吹平等意识。王夫之的批判侧重形而上学,通过解构理学的理气、道器、有无、动静、知行和理欲关系动摇其本体根基。颜元和戴震的思想具有诸多相同之处,如都指控理学以理杀人,都提倡人性一元论,都坚信气质无恶而坚决驳斥气质有恶等等。然而,这些相同点并没有泯灭两人思想璀璨的个性之光:前者潜心挖掘理学的理论渊源,试图通过揭示理学与佛、老有染而瓦解其学术纯洁性;后者忙于训诂、注疏,对理学基本范畴重新诠释是其特长和理论重心之一。

　　进而言之,早期启蒙思想家对理学的全面否定无论是对于理学的命运还是对他们自身的理论建构都至关重要:对于理学而言,敲响了结束其主流哲学生命的丧钟;对于早期启蒙思想的建构而言,注定了其反思、批判的理论基调。更为重要的是,出于批判的需要和对理学的全面否定,早期启蒙思想家的思想建构无论是热门话题还是主要观点都与其对理学的甄别密切相关,甚至可以说是针对他们对理学缺陷的认定而提出的补偏救弊之方:针对理学的荒谬绝伦,颠覆了其哲学根基;认为理学的致命缺陷是盲目顺从、缺乏独立精神,张扬个性和人格独立;谴责理学惨无人道、以理杀人,推出了人性一元论;面对理学的无实无能无用,倡导经世致用等等。这决定了对理学的批判是早期启蒙思想建构的基本维度之一,不了解他们对理学的批判和全面否定的态度,就不能理解其思想建构的缘起和意义,这与没有自己的理论建构、对理学的批判便没有正式完成是同样的道理。这一切都决定了早期启蒙思潮是一个破与立以及批判与重建同步进行、相互促进的过程。

二、荒谬不经·颠覆理学的哲学根基

尽管视角、方式和侧重迥然相异,早期启蒙思想家都把批判的矛头指向理学,并且对之持全面否定态度。正是这种全面否定的态度加快了他们反击理学的脚步,使其对理学在理论上的荒谬性、实践上的危害性予以深入挖掘和揭露。进而言之,无论是理学的理论误区还是社会危害归根结底都源自思维方式和哲学观念。如此说来,在对理学的批判中,对形而上学的批判成为无法逾越的重要一环。因此,为了彻底驳倒理学,早期启蒙思想家从哲学根基入手,以本体领域为主战场,对理学家津津乐道的理与气、道与器、知与行以及有与无、动与静的关系进行全新解释,从哲学根基处颠倒了理学家的观点。

理气观与理、气的定义密切相关,早期启蒙思想家对理学理气观的颠覆是从为理、气下定义开始的。在理学的思想体系中,理指世界本原,具体内容是以三纲五常为核心的道德观念和行为规范;气是第二性的存在,指理的派生物或构成事物的具体材料。在早期启蒙思想中,理不再代表三纲五常,而是指具体条理或规律;气是宇宙本原,至少是理的实体依托,因为气化流行的条理就是理。对理、气的不同界定拉开了理学家与早期启蒙思想家的理气观之间的距离:理学家对三纲五常的推崇始于对天理的神化,其中的重头戏便是宣称天理是宇宙本体和万物本原,朱熹等人尤其在理气观上突出理的地位,主张理主气从、理本气末和理在气先,以此证明天理存在于天地之前,凌驾于万物之上,进而维护天理的至高无上性。早期启蒙思想家指出,作为气之条理和属性,理即气之理,必须依赖于气而存在,绝不可能存在于气之前或之上。因此,他们始终强调理气相依——尤其侧重理对气的依赖,使气成为理气关系的基本方面。

道器观与理气观具有内在联系,是理气观的延伸。在道器关系的维度上,道指具体事物的规律或事物之理,器指气或具体事物。可见,理与道相当,器与气相近。正因为如此,早期启蒙思想家与理学家在理气观上的分歧必然表现在道器观上。对于道与器的关系,理学家的总命题是"道本器末",断言道派生了器,以此认定道是第一性的存在。朱熹代表的理学家强调道作为形而上之理是生物之本,器作为道的派生物是第二性的存在。作为理气观的延伸,道本器末不言而喻。正是在这个意义上,朱熹断言:"理也者,形而上之道也,生物之本也;气也者,形而下之器也,生物之具也。"(《朱文公文集》卷五十八《答黄道夫》)与理学家的看法不同,早期启蒙思想家对道器关系的认定是"道寓于器",以此反对"道本器末"的说法。他们强调,道作为具体事物——器的规律只能存在于器中,并因器的生灭变化而发生改变。这表明,在道与器的关系中,器比道更为根本,因为道是器之道,器是道的基础。必须提及的是,在具体阐释道器关系时,王夫之伸张了两点:第一,道与器是统一的,两者共同存在于一个事物之中,不可截然割裂开来。第二,道与器统一于器,器更为根本。因为道不仅寓于器中,而且随着器的变化而变化。为此,他提出了"道不离器"、"道依于器"和"道寓于器"等命题,以此证明道器相依,更突出道对器的依赖。按照王夫之的理解,"无其器则无其道"证明器是道器关系的基本方面,二者相互依赖的具体表现和方式是"道在器中"而不是相反。

在知行观上,理学家的具体观点并不相同,有时还会各不相让。例如,就时间的先后而言,二程、朱熹和陆九渊主张知先行后,王守仁提倡"知行合一"、不分先后。然而,透过这些现象则会发现,理学家的知行观在本质上是一致的,那就是:都认定知为吾心固有之知,并且在知与行的关系中以知为本、为先。换言之,为了突出知的重要性,强调行必须以知为指导是理学家的共识——在这一点上,二程的知本行次、朱熹的"论先后,知在先"和王守仁的"只说一个知已自有行在"如出一辙。正因为如此,在批判朱熹和王守仁的知行观时,王夫之在指出两人思想的差异性之后,一针见血地把他们的共同错误概括为"销行以归知"。应该说,这个评价是入木三分的。进而言之,理学家表面上的各执一词之所以出现殊途同归的结局——以知代行,是因为他们所讲的知行具有特定内涵。具体地说,在理学的话语系统中,知不是指后天的认识、知识,而是指心中先天固有的良知;行也不是认识世界或改造世界的活动,而是对宗法道德的躬行践履。特定的内涵决定了必须知在先、知为本,才能保证所行符合宗法道德的要求;否则,离开知的指导而妄行、冥行,纵然能行也不仅无益反而有害、不若不行。可见,理学家的知行观是其本体哲学的延续,为的是通过格物、致知把宇宙本体——天理落实到行动中,在日常生活中时时刻刻"去人欲,存天理"。

早期启蒙思想家突出行在知行关系中的首要地位,主要理由有二:第一,知来源于行,是从行中获得的。知源于行引申出两个结论:一方面,知在后天的活动中获得证明了知没有先天性;另一方面,知源于行从产生的角度证明知依赖于行。第二,行比知具有更高的价值:一方面,知的目的是行,只有通过实行,知的作用才能发挥出来;另一方面,知正确与否只有在行中才能得到检验。有鉴于此,早期启蒙思想家在承认知可以指导行的前提下强调行对知的决定作用,并在知行关系中把行视为第一性的决定因素。在对行的凸显中,王夫之和颜元的思想最为系统和典型,对于纠正理学的看法起了重要作用。具体地说,在对知行关系的阐释中,王夫之寄情于认识领域,颜元忘我于实践领域,这使他们的知行观在相映成趣中相互印证、相得益彰,从不同角度包抄理学的以知代行。

理气观、道器观和知行观是哲学基本问题在理学中的特殊表现,也是理学的中心话语。正是它们撑起了理学的思维方式和价值旨趣。从这个意义上说,早期启蒙思想家对这些问题的诠释和解答等于对理学进行了一次根基性的颠覆。

除此之外,早期启蒙思想家还对理学的有无观、动静观和心物观等一一进行了回击。

对于有与无、动与静的关系,理学家推崇无、静而贬低有、动。这一点在张载那里已经初露端倪,朱熹更是把之推向了极致。张载指出,气的本然状态——太虚是无形的,无形是气的本然状态,有形是气凝聚而成生物状态。这表明,无比有(尽管是从形迹上立论的)更根本。于是,他断言:"太虚无形,气之本体;其聚其散,变化之客形尔。"(《正蒙·太和》)不仅如此,按照张载的说法,太虚之所以至善是因为它既无形又至静——至静无感、湛然纯一。这一切让人感觉到,恶与形迹、运动相关,只有无、静才是至善的。朱熹建构了理与气两个不同的世界,同时宣称前者至善、后者有恶,而理无形、至静而气有形、聚散似乎成了唯一理由。在他那里,至善的天理无形迹、无计度、无造作,是一个空阔洁净的世界。这表明,天理、太极本身是无形至静的,它们之所以至善与其无、静密切相关,或者说,是无、静决定了它们的至善。同样的道理,正是形迹、聚散、造作等使气沾染了恶。基于这种认识,在有无、动静的关系上,朱熹认为,无、静更为根本,是第一性的。例如,对于有无关系,他声称:"静者为主而动者为客。"(《朱文公文集》卷五十四《答徐彦章》)可见,在理学家那里,无、静是绝对的,并且代表着善;有、动则是相对的,往往与恶脱不了干系。

对于有无、动静之间的关系,早期启蒙思想家把理学家的观念颠倒了过来。例如,对于有无关系,王夫之断言有是第一性的,认定世界的本体——气是有,同时指出气由于内部阴阳的推动而运动不已,致使气派生的世界万物是实有并且运动不息。不仅如此,在论证气作为世界本体的资格时,他极力把气说成是不生不灭、绝对永恒的存在,目的在于突出气是有而不是无,进而宣称由气构成的宇宙也是有。为了贯彻气和世界为有的原则,王夫之特别强调,气无所不在,整个宇宙充满了气——有形之物是气的造作,无形之太虚也充满了气。至此,他肯定太虚是实,并由此推出了"知虚空即气则无无"的结论。此外,为了表明世界的本质是有,王夫之改造了古老的范畴——诚,把诚说成是客观存在,用以标志世界的本质。他断言:"诚也者,实也,实有也,固有之也……若夫水之固润固下,火之固炎固上也。"(《尚书引义》卷四《洪范》)这就是说,世界之实有是有目共睹、有耳共闻的常识,具有不证自明的公效性。循着这个逻辑,无是相对于有而言的,世界上根本就不存在绝对的无。于是,王夫之宣称:"言无者激于言有者而破除之也。就言有者之所为有而谓无其有也。天下果何者而可谓之无哉?言龟无毛,言犬也,非言龟也;言兔无角,言麋也,非言兔也。"(《思问录·内篇》)这明确肯定了有是有无关系的主导方面。同样,在动静观上,王夫之反对理学家一面宣称天理、太极岿然不动,一面断言万物运动不息的做法,指出动静相互依赖、相互包含,不可截然割裂。对于动与静的关系,他宣称:"方动即静,方静即动。静即含动,动即含静。"(《思问录·内篇》)这就是说,动与静是你中有我,我中有你,二者相互包含、相互渗透。这表明,动与静是相对的,不可将二者的区别绝对化。在此基础上,王夫之强调,相比较而言,动比静更为根本,应该是动静关系的主导方面。这是因为动是永恒的,静却是相对的,因为静并非绝对静止而是动的一种特殊形式,正因为静在本质上是动的——"静者静动,非不动也。"(《思问录·内篇》)

在心物观上,理学家断言心包万理而使心具有了万物无法比拟的优先性和优越性。在此前提下,他们把心置于物之前,使心拥有了绝对权威,也使心之本体——良知具有了至善的属性和价值。于是,理学家在本体领域声称"心外无物",致使心成为第一性的存在,并把这种心物关系推广到道德修养和认识、实践领域,在存心、尽心的前提下"致吾心之良知天理于事事物物"。早期启蒙思想家对气的推崇排除了心是第一存在的可能性,同时,他们坚持先有物、后有心的认识原则,强调认识是在外物的刺激下产生的。王夫之宣称:"形也,神也,物也,三相遇而知觉乃发。"(《张子正蒙注·太和篇》)在他看来,认识的发生是人的生理器官(形)、思维器官

(心、神)与外物三方面相互作用的结果,缺少其中的任何一方,认识都无法发生。循着同样的思路,戴震指出:"耳之能听也,目之能视也,鼻之能臭也,口之知味也,物至也迎受之者也。"(《原善》卷中)在他看来,认识的产生需要主体的认识能力,正如事物的外部属性——声色嗅味凭借感官的接触才能感觉到一样,事物之理要靠心去领悟。这表明,心在认识事物的过程中具有不可忽视的重要作用,离开心,人便无法把握义理、认识事物。在此基础上,戴震强调,这并不是人由此无限夸大心之作用的理由,更不应该得出心先于物的结论。原因在于,认识的形成除了需要心知之外,血气形体等感觉器官的参与同样必不可少。尤其不容忽视的是,认识的形成还需要一个必要条件,那就是外物。基于这种认识,他强调,知产生的前提是外物接于我,知产生于物至而迎,绝对不是先验的。

总之,正是在对上述一系列关系(其实是理学的形而上学问题)的反思和批判中,早期启蒙思想家阐明了自己的形上哲学,从诸多领域对理学的哲学基本问题予以反驳。这方面的批判侧重于形而上学,似乎离现实问题很远,比如说与理学的社会危害特别是与以理杀人并不相干。其实不然。作为形上根基和哲学理念,这些关系在理学中提纲挈领。毫不夸张地说,早期启蒙思想家对理学的所有批判归根结底都源自哲学观念的引领,这正如理学的种种危害和不良影响的策源地都是理论错误、总是发轫于形上观念一样。

三、盲目顺从·张扬和推崇个性

作为一种心理趋向和文化积淀,中国传统文化具有浓郁的尚同情结；反过来，这种尚同情结又对中国古代哲学的建构产生了深刻影响，并被进一步提升为思维方式和价值取向。进而言之，中国古代哲学和传统文化的尚同情结具有各种各样的表现形式，推崇共性、贬低个性则是其集中表现。需要说明的是，古代的尚同情结既是形上观念又是价值取向，古代哲学对共性的推崇和对个性的贬低表现在各个方面：价值追求上，膜拜正统、追求大同，抵制新奇、排斥个性；思想建构上，恪守传统、因循守旧，反对创新或标新立异；行为追求上，热衷仁义道德，漠视物质利益；人格塑造上，法先王和圣贤情结，呼吁人人都向圣贤看齐而争做圣贤，反对人格发展的多样化。

作为中国古代尚同情结最完整、最极端的宣泄和表达，理学一面使传统文化的尚同情结得以肆意发挥，一面在各个环节都尚同而贬异：第一，理学对共性之推崇、对个性之抑制集中体现在双重人性论中。从根本上说，理学家之所以把人性分为两个截然不同的方面，就是为了认定人之共性为善、个性有恶。于是，可以看到，尽管具体观点有些出入，张载、朱熹都把人性分为共性与个性两个相对独立的方面，并在人性双重的思维格局中把共性——人人相同甚至人物相同的天地之性或天命之性说成是善而倍加推崇，把个性——参差不齐的气质之性判为有恶而疾呼变化。这里隐藏着一个潜规则：共性是善，个性有恶——恶只能潜伏在个性之中，永远与共性无涉。第二，令所有理学家都念念不忘的"去人欲，存天理"在思想本质和价值追求上就是去异而求同——如果说他们所存的天理代表同的话，那么，所去的人欲则主要指个性之异。第三，由张载发其端、被二程和朱熹津津乐道的"理一分殊"更是从形而上学的高度揭示，宇宙本体只有一个，万殊源于同一个本体——

在这一点上,气本论者张载与理本论者程朱的看法完全相同。循着这个逻辑,既然世界万殊皆同出一源,那么,不论表面上如何丰富多彩、千姿百态,在本质上都无不同。这就是说,"理一分殊"传递着这样的信息:从本原上讲,同、一是根、是本,殊、异作为一、同的现象从属于前者;分殊、个性源于一理,都是相对的。更为重要的是,由于分殊源于理一,是一派生了殊、异、多,所以,一、同比异、殊、多具有更高的价值——一、同是善,殊、多、异是恶。可见,"理一分殊"从形而上学的高度论证了尚同贬异、崇一抑殊的合理性。在这里,理学的人性哲学、道德哲学和本体哲学三方联手共同凝聚了尚同情结,尚同情结从一个侧面展示了理学本体哲学-人性哲学-道德哲学的三位一体。

理学家按捺不住的尚同情结被早期启蒙思想家看在眼里。在审视、反思理学时,他们指责理学有奴性心态而盲目顺从,严重扼杀了人的个性。有鉴于此,针对理学对人之个性的扼杀以及由此造成的人格缺陷,早期启蒙思想家大力提倡个性,推崇独立人格。那些"异端"、狂者更是对个性予以极度张扬,李贽对个性的鼓吹和崇拜更是给人以强烈震撼。

李贽指出,盲目顺从、不敢创新是理学的痼疾,理学家"依门傍户,真同仆妾";"尊孔"犹如"矮子观场,随人说妍","一犬吠形,百犬吠声"一样盲目可笑。同样,傅山认识到了理学家的盲目顺从,并且对之深恶痛绝。他还依据缺少个性、自主精神而把理学和理学家称为"陋儒"、"奴儒"。按照傅山的理解,陋儒即"瞎儒",称理学家为"瞎儒"是因为他们的言行与瞎子没什么不同——"沟渎之中,而讲谋猷"(《荀子评注》)、"在沟渠中而犹然自以为大。"(《读经史·学解》)奴儒比陋儒更多了几分奴性,称理学家为"陋儒"是因为他们生前借偶像以自尊、死后配祭孔庙以盗名。傅山批评理学家"多不知诗文为何事何物",并进而教训说:"妄自谓我圣贤之徒,岂可无几首诗、几篇文字为后学师范?"(《傅山手稿一束》)理学家们平日里或者"从半路里看得俗儒一句半句省事话"来吓唬人,或者"单单靠定前人一半句注脚"便认定是"有本之学"。实际上,他们不过是"奴君子"而已,好比"矮人观场,人好亦好,瞎子随笑,所笑不差"。(《霜红龛集·杂记》)以此观之,理学家的人格有致命缺陷,其学问也不过是不知所云的梦话而已。

早期启蒙思想家一面控诉理学盲目顺从、扼杀个性,一面热情讴歌和极力推崇个性。为了张扬个性,李贽借用儒家、佛学术语把个性称为"德性"、"中和"和"大圆镜智",并且宣称个性"至尊无对"、至高无上。对此,他一再强调:

盖人人各具有是大圆镜智,所谓我之明德是也。是明德也,上与天同,下与地同,中与千圣万贤同,彼无加而我无损者也。(《续焚书》卷一《与马历山》)

人之德性,本自至尊无对。所谓独也,所谓中也,所谓大本也,所谓至德也。(《李贽文集》第七卷《道古录卷上》)

按照李贽的说法,"一人之'中和'为天下之'大本'、'达道'","天地人物都赖我'位'、'育'。"(《四书评·中庸》)因此,只有人人"致中和",才能天地位、万物育。有鉴于此,他主张,不问"人知与否"、不管别人议论、不拘礼教束缚、不受教条干扰,每个人尽可根据自己的兴趣、爱好和才能愿意干什么就干什么,愿意怎么干就怎么干,"无拘无碍"、"自由自在"。于是,李贽不禁一次又一次地畅想:

念佛时但去念佛,欲见慈母时但去见慈母。不必矫情,不必逆性,不必昧心,不必抑志,直心而动。(《焚书》卷二《失言三首》)

怕做官便舍官,喜作官便做官;喜讲学便讲学,不喜讲学便不肯讲学。此一等人心身俱泰,手足轻安,既无两头照顾之患,又无掩盖表扬之丑,故可称也。(《焚书》卷二《复焦弱侯》)

基于对个性的渴望和推崇,李贽痛恨理学对个性的钳制。面对纲常名教造成的人格单一化局面,他特别提倡培养自立、独立的人格。为此,李贽展开了三个方面的工作:

第一,提倡人的个性化和多样化。李贽特别渴望人的自主、自立和自由,大力提倡人格独立和自主人格,渴望人格发展的多样化。为此,他沿袭了"率性而为"的古老命题,并博采儒、佛、道诸家学说加以发挥,以便从各个角度伸张个性的价值。这样的句子在李贽的著作中绝非个案:

夫天下至大也,万民至众也,物之不齐,又物之情也。(《李贽文集》第七卷《道古录上》)

是故一物各具一乾元,是性命之各正也,不可得而同也。(《李贽文集》第七卷《九正易因·乾》)

夫道者,路也,不止一途;性者,心所生也,亦非止一种已也。(《焚书》卷三《论政篇》)

第二,把个性写进理想人格。为了彰显个性,李贽把个性写进理想人格,断言是否具有独立人格、是否个性鲜明而特立独行是判

断君子与小人的标准。于是,他连篇累牍地强调:

"大"字,公要药也。不大则自身不能庇,安能庇人乎?且未有丈夫汉不能庇人而终身受庇于人者也。大人者,庇人者也;小人者,庇于人者也。凡大人见识力量与众不同者,皆从庇人而生……若徒荫于人,则终其身无有见识力量之日矣……豪杰、凡民之分,只从庇人与庇于人处识取。(《续焚书》卷一《别刘肖甫》)

贵莫贵于能脱俗……贱莫贱于无骨力。(《焚书》卷六《富莫富于常知足》)

能自立者必有骨也。有骨则可藉以行立;苟无骨,虽百师友左提右挈,其奈之何?(《焚书》卷五《荀卿李斯吴公》)

在这里,李贽打破了儒家把义利奉为区分君子与小人标准的常规而代之以独立人格,从价值观的高度肯定了个性的意义和价值。更有甚者,出于标榜个性、反对盲从的迫切心理,他鄙视世故圆滑、庸庸碌碌的乡愿,而崇拜敢作敢为、有棱有角的狂狷。对于狂狷,李贽赞叹说:

狂者不蹈故袭,不践往迹,见识高矣,所谓如凤凰翔于千仞之上,谁能当之……狷者行一不义,杀一不辜而得天下不为,如夷、齐之伦,其守定矣,所谓虎豹在山,百兽震恐,谁敢犯之。(《焚书》卷一《与耿司寇告别》)

李贽坦言,狂狷有不足之处,都是"破绽之夫"。值得注意的是,他没有因为狂狷具有破绽而对之不屑或轻视,而是明知狂狷皆"破绽之夫"还对之一往情深、心系魂牵。这是因为,在李贽看来,古往今来能成大业者非狂即狷。正因为如此,他得出了如下结论:"求豪杰必在于狂狷,必在于破绽之夫,若指乡愿之徒遂以为圣人,则圣门之得道者多矣。"(《续焚书》卷一《与焦弱侯太史》)

第三,提出了发挥个性的政治理想。为了使个性在现实生活中真正地得以张扬,李贽不仅在理论上伸张个性的意义和价值,而且为发挥个性搭建操作平台、拓展现实空间。在他看来,儒家不顾人之个性的千差万别,偏要以一己的好恶"执之以为一定不可易之物","于是有德礼以格其心,有政刑以絷其四体,而人始大失所矣。"(《焚书》卷一《答耿中丞》)这是对人"强而齐之"的钳制,严重扼杀了人的个性。这种"本诸身者"的君子之治必须立即停止——理由是其残害人之个性。同时,以发展个性为理由,他针锋相对地提出了"因乎人者"的理想政治——"至人之治"。对此,李贽多次指出:

> 只就其力之所能为,与心之所欲为,势之所必为者以听之,则千万其人者,各得其千万人之心;千万其心者,各遂其千万人之欲。是谓物各付物,天地之所以因材而笃也。所谓万物并育而不相害也。(《李贽文集》第七卷《道古录卷上》)
>
> 君子以人治人,更不敢以己治人者,以人本自治。人能自治,不待禁而止之也……既说以人治人,则条教禁约,皆不必用。(《李贽文集》第七卷《道古录卷下》)

李贽所讲的"至人之治",即根据"物各付物"的原则,充分尊重个性，实行"并育而不相害"的政策，"因其政不易其俗，顺其性不拂其能"，以便满足"千万人之心"、"千万人之欲"，最终达到天下大治的目的。在这里，尊重个性、伸张个性是前提、是条件，发展个性、伸张个性是结果、是目的。按照他的说法，个性的张扬与天下大治是同步进行、相辅相成的，个性的多样化和尽情挥洒是衡量天下大治的标准，或者说，是天下大治的题中应有之义。

在很大程度上可以说，所谓启蒙就是人之主体意识的觉醒，启蒙思想的核心是对个体存在以及人之个性的尊重。这决定了张扬个性、推崇个体自由是启蒙思想的内在要求。当然，面对的历史情境不同，所启之蒙迥然悬殊，启蒙思想的具体内容和表现方式会相去甚远。如果说启蒙思想在西方是针对中世纪神学对人之遮蔽而呼唤人的出场，致使"我是人，人的一切我都具有"成为最打动人心的中心话语的话，那么，在中国则是针对道德属性的过度膨胀而渴望人向自然属性的回归。因此，在明清之际的中国早期启蒙思潮中，张扬个性是一股普遍的时代风尚，渴望、张扬个性者也不限于李贽一人。鉴于对理学盲目顺从、扼杀个性的认定，推崇个性、膜拜人格独立以及肯定个体价值是早期启蒙思想家共同的思想倾向、价值诉求和人生目标。事实上，他们对气质之性的偏袒以及对欲、利、私的肯定都反映了这一点，因为无论是对人之自然本性的还原还是对个体生存权利的尊重本质上都是对个性的张扬和肯定。

四、惨无人道·倡导人性一元论

早期启蒙思想家对理学的审视和反击不仅有对其思想理论的

批判,而且有对其实践后果的揭露。在反思理学造成的恶劣后果和社会危害时,他们普遍认识到,是空谈性理、坐而论道造成了理学的不近人情、惨无人道,以至出现了以理杀人的局面。在这方面,尤以颜元、戴震的控诉最为典型。

颜元痛斥理学——无论是程朱理学还是陆王心学都是杀人的学说,强调在杀人——且以理杀人这一点上,程朱理学和陆王心学别无二致;就杀人的本质和恶果而言,所有的理学如出一辙。正是在这个意义上,他写道:

> 果息王学而朱学独行,不杀人耶!果息朱学而独行王学,不杀人耶!今天下百里无一士,千里无一贤,朝无政事,野无善俗,生民沦丧,谁执其咎耶!(《习斋记余》卷六《阅张氏王学质疑评》)

戴震指出,自从理学受到统治者的青睐,理就成了"治人者"手中的"忍而残杀之具"。对于理学的杀人罪行,他发出了如此控诉:

> 人知老、庄、释氏异于圣人,闻其无欲之说,犹未之信也;于宋儒,则信以为同于圣人;理欲之分,人人能言之。故今之治人者,视古贤圣体民之情,遂民之欲,多出于鄙细隐曲,不措诸意,不足为怪;而及其责以理也,不难举旷世之高节,著于义而罪之。尊者以理责卑,长者以理责幼,贵者以理责贱,虽失,谓之顺;卑者、幼者、贱者以理争之,虽得,谓之逆。于是下之人不能以天下之同情、天下所同欲达之于上;上以理责其下,而在下之罪,人人不胜指数。人死于法,犹有怜之者;死于理,

其谁怜之！(《孟子字义疏证·理》)

按照戴震的说法，自宋以来，由于宗法统治者和理学家的大力宣传，理已经被神化为天理，人们对之"莫能辩"且无可疑。几百年来，作为套在人身上的沉重枷锁和杀人不见血的软刀子，理成了尊者、长者、贵者压制卑者、幼者、贱者的工具。这使理可以杀人，更为残酷的是，死于理者比死于法者结局更惨——不仅得不到同情，还会遭到社会舆论的谴责而被世人唾弃。

可见，早期启蒙思想家认定理学杀人是就其社会危害和客观影响立论的，意思是说，理学家从天命之性与气质之性的截然二分推导出"去人欲，存天理"的说教，进而让人在灭绝人欲中恢复天理，严重扼杀了人的生存权利。在他们看来，理学家的做法违背人的天性、惨无人道，无异于以理杀人。作为这种学说的极端表现，不仅出现了"饿死事极小，失节事极大"(《二程集》《河南程氏遗书》卷二十二)之类无视人的生存权利的说教，而且造成了森严的等级压迫。有鉴于此，早期启蒙思想家以"去人欲，存天理"为靶子愤怒谴责理学的杀人本性和本质，在批判理学双重人性论的同时，阐明了自己的人性主张。具体地说，循着人欲与生俱来、无人欲则无人生的思路，他们毅然决然地反对气质有恶的说法，把气质之性说成是人性的唯一内容，致使人性成为一元的。

1. 反对理气割裂、人性双重

鉴于理学杀人源于理气截然二分的理论前提，早期启蒙思想家对理学人性哲学的批判始于反对理气割裂，为此充当理论武器的是理气相依。从理气相依的本体思路出发，他们强调理依于气、义理之性离不开气质之性，并且得出了离开气质之性的天命之性纯属子虚乌有的结论。

以"理在气中"为理论武器，刘宗周宣布，理与气、义理之性与气质之性是统一的。他不仅对张载、朱熹等人的双重人性论不以为然，而且提出了"义理之性即气质之本性"的观点。对此，刘宗周多次解释说：

> 离心无性，离气无理。（《刘子全书·复沈石臣进士》）
> 理即是气之理，断然不在气先，不在气外。知此，则知道心即人心之本心，义理之性即气质之本性，千古支离之说，可以尽扫，而学者从事于入道之路，高之不堕于虚无，卑之不沦于象数，道术始归于一乎！（《刘子遗书》卷三《学言》）

陈确坚决反对张载、二程等人"既分本体与气质为二，又分气质之性与义理之性为二"（《陈确集·别集·子曰性相近也》）的做法。对此，他写道："一性也，推本言之曰天命，推广言之曰气、情、才，岂有二哉！由性之流露而言谓之情，由性之运用而言谓之才，由性之充周而言谓之气，一而已矣。"（《陈确集·别集·气情才辨》）在陈确看来，性有不同表现，天命、气、才、情都是气的表现，在本质上可以视为同一个东西；同样，正如不可离开气、情、才而空谈人性一样，天命与气质不可截然分开，理学家分"气质之性"与"义理之性"为二的做法必然使人性流于老、释之空无之谈——"非老之所谓无，即佛之所谓空矣。"（《陈确集·别集·气情才辨》）这些说法不仅指出了理学分人性为二、流于空谈的错误，而且揭示了理学流于空谈的理论根源——与佛、老有染。

从气本论出发,王夫之指出,作为宇宙本体的气是人性的实体依托,气日生决定了性日生;理不过是气、性的日生之理而已,除此之外,再别无理。有鉴于此,他强调,正如言性离不开气一样,义理之性离不开气质之性——离开气质之性,义理之性便是无稽之谈。

颜元宣称:"理气融为一片。"(《存性编》卷二《性图》)理乃气之理,气之外不存在所谓的天理。没有气质,天理就失去了安附处。这表明,天命之性必须依赖气质之性而存在。正是在这个意义上,他断言:"若无气质,理将安附?且去此气质,则性反为两间无作用之虚理矣。"(《存性编》卷一《棉桃喻性》)在这里,通过突出理对气的依赖,颜元试图说明理学所宣扬的脱离气质之性的天命之性是不存在的,纯属主观的臆造或虚构。

对于人性是什么,颜元的弟子——李塨解释说:

> 在天道为元、亨、利、贞,在人性为仁、义、礼、智。元、亨、利、贞,非气乎?仁、义、礼、智,不可见,而发为恻隐、羞恶、辞让、是非,非气之用乎?性,心生也,非气质而何?(《周易传注》)

按照这种说法,气在化生人形时,即赋人以仁义礼智之性。这就是说,义理之性及其恻隐、羞恶、辞让、是非都是气的功能,人性不能离开人形、人心而独立存在。循着这个逻辑,不能将义理之性与气质之性截然分开,这与不能将人性与人的气质、形体割裂为二是一个道理。有鉴于此,李塨得出了一个结论,那就是:"义理即在气质,无二物也。"(《论语传注问》)

总之,早期启蒙思想家宣布,气质之性与天命之性是统一的,绝对不可断然分为两截。既然理依于气,那么,天命之性便离不开气质之性;进而言之,正如理气统一于气一样,天命之性与气质之性最终可以归结为气质之性。正是在这个意义上,他们指责脱离气质之性的天命之性是理学家的臆造和杜撰,原本即子虚乌有之物。早期启蒙思想家的这些说法推导出两个必然结论:第一,离开气质之性的天命之性纯属子虚乌有,是不必要的甚至是多余之物。第二,不应该将人性截然二分,人性原本是一元的。

2. 宣布气质之性是唯一的人性

在批判理学家割裂人性的过程中,早期启蒙思想家否定天命之性可以超越气质之性而存在,这使理学家所讲的天命之性成为虚构的。天命之性出于理学家的虚构大白于天下之日,也就是其成为多余的存在之时。伴随着天命之性的退场,气质之性成为唯一而全部的人性。在这方面,如果说早期启蒙思想家断言天命之性是虚构的动摇了其神圣性的话,那么,天命之性是多余的则进一步瓦解了其存在的必要性。他们断言人性的全部内容就是气质之性,气质之性是唯一的、完整的人性。对此,早期启蒙思想家进一步论证说,气是构成人的物质实体,人的存在最终都可以归结为由四肢、五官、百骸组成的形体,形体就是人的气质。这表明,人性就是人的气质之性,而气质之性就是人的形体所具有的属性、机能和作用。基于这种认识,他们强调,正如离开人的形体便无所谓人性一样,气质之性而外再无所谓人性。

刘宗周认为,气是天地万物存在的根据,人也不例外。作为气聚化而成的产物,人性以人的身体、器官为依据。这决定了人性离不开气质,人性就是气质之性。于是,他写道:"盈天地间一气而已矣。气聚而有形,形载而有质,质具而有体,体列而有官,官呈而性著焉。"(《刘子全书·原性》)有鉴于此,刘宗周把人性说成是人与生俱来的生理功能,由气凝聚而成的气质之性便成了人性的全部内容。这用他本人的话说就是:"性者,生而有之之理,无处无之。如心能思,心之性也;耳能听,耳之性也;目能视,目之性也。"(《刘子遗书》卷三《学言》)

黄宗羲明确宣称:"夫盈天地间,止有气质之性,更无义理之性。谓有义理之性不落于气质者,藏三耳之说也。"(《黄宗羲全集》第十册《序类·先师蕺山先生文集序》)他的说法言简意赅,让人一目了然——气质之性是人性的唯一内容。

颜元认为,气质之性是唯一的人性,因为人性必须依附于人体、不可能超出人的形体而存在。于是,他说:

> 耳目、口鼻、手足、五脏、六腑、筋骨、血肉、毛发俱秀且备者,人之质也……呼吸充周荣润,运用乎五官百骸粹且灵者,人之气也……非气质无以为性,非气质无以见性也。(《存性编》卷一《性理评》)

在此,颜元把气质解释为由四肢、五官构成的形体,进而把形体视为人性存在、呈现的基础。在他看来,人性就是人的形体之性,无形体就无所谓人性——"性,形之性也,舍形则无性矣。"(《存人编》卷一《唤迷途·第二唤》)不仅如此,颜元还利用具体事例论证了性不离形、形性不离的观点:有棉花才有棉之暖,有眼睛才有目之明;同样的道理,"敬之功,非手何以做出恭?孝之功,非面何以做愉色婉容?"(《颜习斋先生言行录》卷下《王次亭》)

对于性是什么,戴震多次界定说:

> 然性虽不同,大致以类为之区别。(《孟子字义疏证·性》)
> 性者,分于阴阳五行以为血气、心知、品物,区以别焉。举凡既生以后所有之事,所具之能,所全之德,咸以是为其本,故易曰"成之者性也"。(《孟子字义疏证·性》)

这就是说,所谓性,就是区别事物本质的名词或范畴。凡物皆有其性,性就是此物区别于他物的本质属性;大致说来,同类之相似、异类之差异的特征就是性。按照这个定义,所谓人性,就是人类区别于非人类的特征。那么,人性的具体内容究竟是什么呢?戴震强调,事物之性与该事物密不可分,人性永远都不可能离开人体而独立存在。这就是说,人性取决于人的形体,与形体密不可分。既然如此,人的形体又指什么呢?他指出,气是世界的本体,气化流行、生生不息,于是有了天地万物和人类。这决定了人的形体就是由气凝聚成的人之气质。至此可见,人性即人的形体、气质之性,离开气质即人的形体,人性便无从谈起。对此,戴震反复论述说:

> 举凡品物之性,皆就其气类别之。人物分于阴阳五行以成性,舍气类,更无性之名。(《孟子字义疏证·性》)
> 血气心知,性之实体也……舍气安睹所谓性。(《孟子字义疏证·天道》)

按照戴震的理解,事物禀气不同,性质也就不一,事物的特征与气禀是连在一起的。就人而言,人性以人体为载体,离开人体就无所谓人性。他进而指出,人是生物中最高级的一类,人性不同于物性;性落实到人性上,便是人所特有的气质即四肢、血肉等身体器官所具有的欲望、属性、作用和机能。由此看来,既然"血气心知"是人性的本质,那么,人性只能是气质之性。

总之,早期启蒙思想家认为,气是构成人的物质实体,人的存在最终都归结为气质的存在决定了人性只能是气质之性;气质之性是指人的四肢、五官等形体所具有的属性、机能和作用。正如离开人的形体便无所谓人性一样,气质之性而外再无所谓人性。这表明,人性的全部内容就是气质之性,气质之性是唯一的、完整的人性。

3. 反驳气质有恶

早期启蒙思想家的人性哲学是针对理学家将人性截然二分,进而宣布气质之性有恶提出来的。正因为如此,他们不仅强调理气统一、反对双重人性论,而且在使气质之性成为人性的唯一内容之后宣称气质之性无恶,以此驳斥理学家气质之性有恶的说法。进而言之,早期启蒙思想家之所以坚决反对气质之性有恶的说法,既是为了抵制气质之性与天命之性的割裂,又是为了推崇人之自然属性,伸张欲、利和私的价值。

对于气质之性有恶,刘宗周反驳说:"若谓命有不齐,惟圣人全处其丰,岂耳目口鼻之欲,圣人亦处其丰乎?性有不一,惟圣人全出乎理,岂耳目口鼻之性,独非天道之流行乎?"(《明儒学案》卷六十二《蕺山学案·语录》)有鉴于此,他坚信气质无恶。同时,刘宗周不仅在理论上指出了气质有恶说的自相矛盾,而且揭露其社会危害。在他看来,鼓吹气质有人善而有人恶必然使人得出善恶皆命中注定的结论,从而放弃主观向善的努力,甚至自暴自弃、自甘堕落。循着这个逻辑,相信人性无不善,"故可合天人,齐圣凡,而归于一。总许人在心上用功,就气中参出理来。"(《明儒学案》卷六十二《蕺山学案·语录》)与此相联系,刘宗周推断:"令人一一推诿不得,此孟子道性善本旨也。"(《明儒学案》卷六十二《蕺山学案·语录》)

在承认对于每个人而言"气之清浊,诚有不同"的同时,陈确强调,气之清浊只影响人的资质,与人性之善恶无关。正是在这个意义上,他反复声明:

> 观于圣门,参鲁柴愚,当由气浊,游、夏多文,端木屡中,当由气清,可谓游、夏性善,参:柴性恶耶!(《陈确集·别集·气禀清浊说》)

> 善恶之分,习使然也,于性何有哉!故无论气清气浊,习于善则善,习于恶则恶矣。(《陈确集·别集·气禀清浊说》)

在陈确看来,正因为气之清浊只影响人之智力的智愚而无关乎品格的善恶,所以,鲁愚之曾参、高柴可以与文采飞扬的子游、子夏同立于圣人之门。其实,人之善恶都是由后天的环境、积习造成的——无论气之清浊,习于善则善,习于恶则恶。基于这一理念,他重新解释了孔子的"唯上智与下愚不移",指出"程子于'不移'字中,添一'可'字"(《陈确集·别集·气情才辨》),从根本上歪曲了孔子的原意。其实,孔子所讲的"唯上智与下愚不移"的"不移"本意是不肯移,而非不可移。

基于理气相依的本体思路,颜元推出了天命之性与气质之性善恶一致的结论,进而驳斥理学的气质有恶说。对此,他写道:

> 若谓气恶,则理亦恶;若谓理善,则气亦善。盖气即理之气,理即气之理,乌得谓理纯一善而气质偏有恶哉!譬之目矣:眶、皰、睛,气质也;其中光明能见物者,性也。将谓光明之理专视正色,眶、皰、睛乃视邪色乎?余谓光明之理固是天命,眶、皰、睛皆是天命,更不必分何者是天命之性,何者是气质之性;只宜言天命人以目之性,光明能视即目之性善,其视之也则情之善,其视之详略远近则才之强弱,皆不可以恶言。(《存性编》卷一《驳气质性恶》)

按照这种说法,理与气、性与形是不可分割的,如同理善则气必善一样,性善则形亦善,没有性善而气质却恶的道理。可见,颜元从理气相依出发,坚持了理善则气善、气恶则理恶的原则。循着这个逻辑,如果断言天命之性至善,那么,气质之性也应该是善的;如果认定气质之性有恶,那么,天命之性也应该是恶的。现在的问题是,理学家令人匪夷所思地一面断言天命之性至善、一面宣称气质之性有恶,这在逻辑上讲不通。基于这种推论,他断然否认气质之性有恶的说法。以人的眼睛为例,视觉功能是以眼睛这个器官为条件的,离开了眼睛就无所谓视觉。既然如此,怎么能说视觉专看正色、眼睛却视邪色呢?颜元进而指出,气质有恶的说法不仅在理论上、逻辑上讲不通,而且在实践上行不通,这种观点的社会危害相当大。下面两段话从不同角度揭露了气质有恶的社会危害:

将天生一副作圣全体,参杂以习染,谓之有恶,未免不使人去本无而使人憎其本有。蒙晦先圣尽性之旨,而授世间无志人一口柄。(《存学编》卷一《上徵君子小钟元先生》)

程、朱以后,责之气,使人憎其所本有,是以人多以气质自诿,竟有"山河易改,本性难移"之谚矣。(《存性编》卷一《性理评》)

依照颜元的分析,如果相信气质有恶,恶人会以气质本恶为理由而冥顽不化,常人会以"气质原不如圣贤"为借口而泯灭道德修养的自觉性。对于气质之性有恶的巨大危害,其弟子李塨也有深刻的认识:"宋儒教人以性为先,分义理之性为善,气质之性为不善,使庸人得以自诿,而牟利渔色弑夺之极祸,皆将谓由性而发也。"(《恕谷年谱》卷二)鉴于气质有恶的巨大危害,出于"期使人知为丝毫之恶,皆自玷其光莹之本体,极神圣之善,始自充其固有之形骸"(《存学编》卷一《上太仓陆桴亭先生书》)的初衷,颜元著《存性编》,在专门对气质之性予以肯定的同时,坚决反对气质有恶的观点。

面对"性虽善,不乏小人"的事实,戴震仍然坚持"不可以不善归性"。他之所以义无反顾地否定气质有恶的说法,指出不能像程朱理学那样以恶"咎欲",是因为"因私而咎欲,因欲而咎血气"势必否定人类生存的自然要求,最终归罪于人的形体存在。这个后果显然是极端荒唐的,更是非常可怕的。问题的关键是,既然人性非恶,那么,恶又从何而来呢?为了断绝恶出自人性的念想,戴震深入分析了恶的根源。在此,他把恶视为情、欲失控而流于私和蔽的结果,并且深入挖掘了人的欲、情失控流于恶的原因,着重说明恶与人性无涉：第一，人生来就有智愚之别，愚者的认识能力较差，如果"任其愚而不学不思乃流为恶"。这就是说，愚者不知是非界限，如果不加以后天的学习或教化引导，可能纵欲无度，直至酿成恶行。既然如此，生来即愚的愚者是不是就是恶人或者说一定成为恶人呢？戴震的回答是否定的——"愚非恶也"，愚与恶是两个不同的概念，不能把智愚与善恶混为一谈。更何况"虽古今不乏下愚，而其精爽几与物等者，亦究异于物，无不可移也。"(《孟子字义疏证·性》)这清楚地表明，愚并非"不可移"，愚者究竟为善还是为恶，系乎后天的习染。第二，人性本善，至于后天的行为是品德高尚还是沉沦堕落，全应从环境熏陶、社会影响和后天习染中去查找原因。这就是说，人之行为的善恶都是后天环境造就的，决定性因素是"习"。故而，他断言"君子慎习"，一再告诫人要慎之又慎地面对环境，选择所学所行。正是在这个意义上，戴震指出："分别性与习，然后有不善，而不可以不善归性。凡得养失养及陷溺梏亡，咸属于习。"(《孟子字义疏证·性》)

总之，早期启蒙思想家对理学以理杀人的揭露使其对理学的批判集中在人性领域。在这方面，针对理学家将人性截然二分，进而宣布气质之性有恶的做法，他们论证了天命之性对气质之性的依赖，主张人性一元，致使气质之性成为人性的唯一内容，同时断然否定气质有恶说。这些构成了早期启蒙思想家的人性哲学的基本内容。

应该看到，在理学那里，人性哲学是对人的本性、本质的界说，也是对人的存在、人的价值、人生追求的定位。与此相关，由于肩负着批判理学的历史任务，早期启蒙思想家的人性哲学具有双重意义：一是回击了理学的人性学说，一是重新界定了人。在此过程中,他们把人还原为自然之人,同时调整了人的生活目标和行为方式,推动了价值观的变革。就对人之自然属性的还原而言,早期启蒙思想家所推崇的气质之性具体指人的自然属性、生理机制和物质追求,气质之性的主要内容是生养即人欲。从这个意义上说,他们对气质之性无恶的价值判断和对气质之性的重视伸张了满足人欲的必要性、正当性和迫切性。就价值观的变革而言,早期启蒙思想家批判了朱熹等人的禁欲主义说教,并以"去人欲,存天理"为切入点阐释了天理与人欲的关系,指出天理存在于人欲之中,无人欲则无天理。与此同时,他们强调,欲以及自私自利是人性之自然,不仅它们与生俱来说明其具有天然合理性,而且,它们还是人类存在的基础和社会进步的动力。有鉴于此,对人之欲、利、私应该予以满足。其实,君主起源于为天下人兴利除害的需要。这些说法把人说成是具有七情六欲的、追求现实利益的人,满足人的欲望、追逐功利也随之成为道德的题中应有之义。与此相关,早期启蒙思想家不同意理学家对理欲、义利、公私关系的处理,在价值观上明显地向欲、利、私倾斜。

五、清谈无用·推崇经世致用

对于理学的虚空清谈、无裨于现实,早期启蒙思想家具有身临其境的切身感受,并对此深恶痛绝。他们对理学清谈无用的批判集中在两个方面:第一,在理论渊源和思想内容上,杂糅了佛、老的空无之说,空谈性理、坐而论道,在使理空化、虚化的同时把真实的世界及世间万物虚空化。第二,在实际效果和社会影响上,严重脱离实际,由于与现实生活相距甚远而无益于国计民生。为了扭转理学造成的虚玄无用的学术风气，早期启蒙思想家一面在理论上通过阐释理气、道器、有无、动静、知行关系使世界和万物实化，一面在思想方法和立言宗旨上急切呼吁经世致用，强调研究学问一定要联系实际，进而把为学、为人与服务社会联系起来——学问的价值在于应用，人生的追求在于获取功利、建功立业。这种声音如此强大，以至明清之际掀起了一股经世致用之风。这股经世致用的学术思潮声势浩大，聚集了不同学科的诸多人士，吸引了当时进步人士共同关注的目光。也正因为声势浩大、学科众多，这股思潮没有固定、统一的纲领，从其"实学"的称谓中顾名思义，可知其突出一个"实"字：就理论初衷而言，针对理学的清谈，奉行学以致用的理论宗旨，关注学术与百姓生活以及国家政治、经济之间的密切关系；就统辖范围而言，涵盖经、史、子、集各部，横跨古文、哲学、政治、经济等诸多学科；就治学方法而言，注重实证，以考据、训诂为主，古文经学的兴起是其典型代表；就具体内容而言，针对华而不实的虚玄之风重视实用科目、实用技术；就价值取向而言，重视实行和实际效果，把社会经济、国计民生纳入道德视野，伸张物质利益的价值。

1. 空无清谈、脱离实际——理学的思想本质和理论主旨

置身于理学的耳濡目染之中，早期启蒙思想家越来越认识到了理学空无一物的清谈本质和主旨，并予以揭露和批判。

顾炎武针对理学"置四海之穷困不言，而终日讲危微精一之说"的情况，批判理学是"清谈"——理学的清谈较之历史上的清谈更甚。对此，他如是说：

孰知今日之清谈有甚于前代者。昔之清谈谈老庄,今之清谈谈孔孟,未得其精而已遗其粗,未究其本而先辞其末。不学六艺之文,不考百王之典,不综当代之务……以明心见性之空言,代修已治人之实学。(《日知录》卷七《夫子之言性与天道》)

顾炎武认为,从古到今,没有完全脱离经学的义理之学,义理之学就是对经学的阐发。这要求义理之学必须具有厚重的经学功底。然而,由于舍弃经学而空谈玄理、坐而论道,理学清谈孔孟,最多只是只言片语。由于崇尚清谈而对六艺之文、百王之典和当代之务统统置之不理,理学毫无真才实学、不谙历史和远离现实,最终流于空无。鉴于这种情况,他断言,流于空谈的理学除了空谈性理而外一无长物,本质上已经与言空的佛学无异,或者说,理学实际上已经异化为佛学。正是在这个意义上,顾炎武反复指出:

古今安得别有理学者?经学即理学也。自有舍经学以言理学者,而后邪说以起。(《亭林文集》卷三《与施愚山书》)

古之所谓理学,经学也,非数十年不能通也……今之所谓理学,禅学也。不取之五经,而但资之语录,较诸帖括之文而尤易也。(《亭林文集》卷三《与施愚山书》)

朱之瑜指责理学脱离实际、虚伪浮夸,成为说玄道妙、言高言远的空洞说教。对此,他极为反感,甚至断言这种华而不实的学术风气导致了理学家"不曾做得一事",皆"优孟衣冠"、"与今和尚一

般。"(《朱舜水集》卷十一《答安东守约书三十首》)

颜元从理论渊源上挖掘了理学流于空谈的原因。在他看来，理学与佛、老有染，由于沉浸于佛、老的空静之中，程朱理学和陆王心学都是"镜花水月幻学"。对此，颜元指出：

> 洞照万象，昔人形容其妙曰"镜花水月"，宋、明儒者所谓悟道，亦大率类此。吾非谓佛学中无此意也，亦非谓学佛者不能致此也，正谓其洞照者无用之水镜，其万象皆无用之花月也。(《存人编》卷一《唤迷途·第二唤》)

颜元不仅从理论渊源上证明了理学的虚无清谈，而且列举了其种种表现。例如，"佛道说真空，仙道说真静。"(《存人编》卷一《唤迷途·第二唤》)受此影响，理学便主张"始无极，终主静。"(《四书正误》卷二《中庸·中庸原文》)以此为证，他揭露说，与虚无之佛、老有染是造成理学虚无空谈的主要原因。

2. 无用无能、贻害无穷——理学的实践恶果和社会危害

早期启蒙思想家指出，空无清谈使理学脱离现实、于世无补，结果是，不仅对百姓生活、国家大事无用无能，而且还贻害无穷，造成了恶劣的社会后果。

李贽指出，理学家只会"高谈阔论"，毫无"真才实学"——"解释文字，终难契入；执定己见，终难空空；耘人之田，终荒家穑。"(《焚书》卷一《答耿司寇》)更有甚者，他们"平居不以学术为急，临事又把名教以自持"。对于理学家既不学无术又故作姿态的丑态，李贽进行了无情的揭露：

平居无事,只解打恭作揖,终日匡坐,同于泥塑,以为杂念不起,便是真实大圣大贤人矣。其稍学好诈者,又挽入良知讲席,以阴博高官,一旦有警,则面面相觑,绝无人色,甚至互相推委,以为能明哲。(《焚书》卷四《因记往事》)

有鉴于此,李贽得出结论,理学家"不可以治天下国家",任用他们治国理政,必将祸国殃民,为害非浅。他之所以对理学家下此断言,理由是"盖因国家专用此等辈","举世颠倒,故使豪杰抱不平之恨……直驱之使为盗也。"(《焚书》卷四《因记往事》)

顾炎武揭露说,崇尚清谈和浸染于佛学造成了理学的空疏无能,正是这种空疏无用之学的盛行给社会、国家造成了巨大危害:"股肱惰而万事荒,爪牙亡而四国乱,神州荡覆,宗社丘墟。"(《日知录》卷七《夫子之言性与天道》)

朱之瑜指出,由于崇尚清谈空无,理学不仅无用而且危害巨大——不仅无益于修身、治国,反倒足以败坏人心、乱政亡国,导致"缙绅贪戾,陵迟国祚。"(《朱舜水集》卷十一《答安东守约书三十首》)

颜元认为,由于整日里只是妄谈玄妙,理学无一技之长,对国家和百姓毫无益处。在这一点上,程朱理学和陆王心学别无二致。正是在这个意义上,他断言:"两派学辩,辩至非处无用,辩至是处亦无用。"(《习斋记余》卷六《阅张氏王学质疑评》)基于这种认识,颜元进而指出,如果大家都像理学家倡导的那样去做,天下大多百姓都将无法生活。具体地说,朱熹"只是说话读书度日",不仅"自误终身,死而不悔",而且"率天下入故纸堆中,耗尽身心气力,作弱人、病人、无用人。"(《朱子语类评》)鉴于朱熹的做法不仅无裨于现实而且给社会带来了极大危害，颜元称理学"不啻砒霜鸩羽"，理学家是"与贼通气者"——与贼没什么两样。

3. 经世致用、推崇实学——对理学的标本兼治

早期启蒙思想家对理学的揭露和批判不是目的，目的是改掉理学的错误，消除其造成的社会危害。在这方面，针对理学无实、无能、无用造成的恶劣影响，他们推崇经世致用，强调学问要联系实际、学以致用。

李贽宣称："唯治贵适时，学必经世。""夫治国之术多矣，自古以来帝王将相"凡有所挟以成大功者，未常不皆有真实一定之术数。"(《焚书》卷五《晁错》)这不仅流露出对理学的不满，而且强调学术必须有利于国家和社会。

针对理学脱离现实、贻害社会的严重局面，顾炎武指出，治学要讲究崇实，治学的目的在于经世致用。为此，他不止一次地大声疾呼：

> 君子之为学，以明道也，以救世也。(《亭林文集》卷四《与人书》)

> 君子之为学也，非利己而已也。有明道淑人之心，有拨乱反正之事，知天下之势之何以流极而至于此，则思起而有以救之。(《亭林文集》卷四《与潘次耕书》)

出于学问以经世致用为旨归的价值理念，顾炎武强调，治学要注重实际，能够"见诸行事"。不仅如此，他要求人们"多学而识，行必有果"，"意在拨乱涤污……启多闻于来学，待一治于后王。"(《亭

林文集·与杨雪臣》)这些见解在倡导学以致用之新学风的同时,否定了理学的价值。

基于理学的无用、无能,面对理学清谈引发的社会危害,朱之瑜强调,为学之道应该有益于国家政治或民风民俗,做学问首先要考虑"果有关于国家政治否?果能变化于民风土俗否?"(《朱舜水集》卷十一《答小宅生顺问》)有鉴于此,他反复倡导:

> 为学当有实功,有实用。(《朱舜水集》卷十一《答小宅生顺问》)

> 学问之道,贵在实行……圣贤之学,俱在践履。(《朱舜水集》卷十《答安东守约问》)

颜元清醒地意识到,只有提倡经世致用,才能抵制理学的空洞说教。于是,他写道:"救蔽之道,在实学,不在空言……实学不明,言虽精,书虽备,于世何功,于道何补!"(《存学编》卷三《性理评》)颜元在理论上指出了理学的病症所在是虚,并以此为据开出了根治的药方。那就是:"以实药其空,以动济其静。"(《存人编》卷一《唤迷途·第二唤》)不仅如此,根据对理学的病理诊断和开出的相应药方,他主张以实代虚,倡导实学。具体地说,颜元倡导的实学包括两个方面的内容:第一,论证世界的本质是实、动而不是虚、静。针对理学和佛、老的空静之学,颜元反驳说:

> 佛不能使天无日月,不能使地无山川,不能使人无耳目,安在其能空乎!道不能使日月不照临,不能使山川不流峙,不能使耳目不视听,安在其能静乎!(《存人编》卷一《唤迷途·

第二唤》)

这表明,世界的本质是实和动,而不是空和静;既然世界是实、是动,那么,人就应该务实而不应该蹈空。出于对实的热切渴望,颜元表示,为学宁可粗浅绝不虚妄。为了坚持这个原则,他甚至把"宁粗而实,勿妄而虚"奉为自己的座右铭。第二,倡导实学、注重实行。颜元提倡"实学",主旨是让人掌握实际本领,成为能做实事的、具有一技之长的对社会有用之人。遵循这一宗旨,他在为学和教学中均以实为第一要务,并把自己的学说都冠名以实。例如,学习科目曰"实文",学习方法曰"实学"、"实习",行为曰"实行",事功曰"实用",性体曰"实体"等等。不仅如此,颜元还抱定"宁为一端一节之实,无为全体大用之虚"(《存学编》卷一《学辨》)的信念,以学、习、行、能代替理学的讲、读、著、述,用22个字来概括学问,并在博学中加入了大量的实用科目、实用技术等内容。因此,他一贯声称:

> 如天不废予,将以七字富天下:垦荒,均田,兴水利;以六字强天下:人皆兵,官皆将;以九字安天下:举人材,正大经,兴礼乐。(《颜习斋先生年谱》卷下)

> 博学之,则兵、农、钱、谷、水、火、工、虞、天文、地理,无不学也。(《四书正误》卷二《中庸·中庸原文》)

与此相关,颜元注重实行,在知行观上突出习行、实行的重要性,强调知的获得一定要通过直接经验和亲身践履,提出了一套习行哲学。

颜元对世界本质是实的论证和对实学、实行、习行的推崇有力地驳斥了理学的虚无说教，贯穿着经世致用的价值理念。颜元也因此成为倡导实学的主要代表。

作为经世致用在现实生活中的具体贯彻和基本内容之一，早期启蒙思想家重视工商业在国家事务和百姓生活中的作用，提出了"工商皆本"的口号。儒家文化依托于典型的农业文明，中国人以农为本的观念根深蒂固。因此，在中国古代社会，工商历来得不到应有的重视，理学家也以工商为末而对之加以抑制。经世致用的价值理念和人生抱负使早期启蒙思想家关注现实生活，尤其对与国计民生休戚相关的社会政治、经济倾注极大热情。为此，他们更新了农业为本、工商为末的传统观念，针锋相对地提出了"工商皆本"的口号。黄宗羲明确指出："世儒不察，以工商为末，妄议抑之。夫工固圣王之所欲来，商又使其愿出于途者，盖皆本也。"(《明夷待访录·财计》)为此，他不仅抨击理学家"重农抑商"的思想是错误的，而且肯定工商在社会生活中的重要作用，进而得出了"工商皆本"的结论。同时，王夫之、唐甄等人也认定"工商皆本"，并对工商在社会发展、人民生活中的作用予以肯定和阐发。王夫之重视富商在社会生活中的作用，认为"大贾富民者，国之司命也"。基于这种认识，他反对抑制商人的政策，并且提出了"惩墨吏，纾富民，而后国可得而息"的设想。唐甄指出，当政者只有农商并重，才能改变"四海之内，日益穷困"的状况。有鉴于此，他建议国家把工商纳入本之行列，在政策上予以扶持。

进而言之，早期启蒙思想家的"工商皆本"思想是经世致用的必然结论，也是为了补救理学之清谈无用提出来的。此外，"工商皆本"的口号与他们对气质之性的肯定、遂人之欲的价值追求以及对理欲、义利、公私关系的认识密切相关，归根结底取决于早期启蒙思想家对人之自然属性的推崇和功利主义的诉求。明清之际，经世致用是一股普遍的学术思潮，这一思潮本身即具有注重实效、强调学以致用的特征，表现出强烈的功利主义倾向。例如，颜元把格物解释为"犯手实做其事"、"亲下手一番"，最终目的是给格物、行等注入功利内涵——通过行获得实效。其实，不仅限于对行的理解，他所讲的知同样具有功利性和实用性。按照颜元的理解，对帽子的认识是戴在头上然后知其暖与不暖，对李子的认识是亲口尝一尝而后知其滋味如何。可见，无论是对冠的冷暖自知还是对李子滋味的品尝都具有最迫切的目的性，归根结底都以功利为鹄的。与此类似，颜李学派倡导的习行哲学、践履哲学以行作为真理标准和知之目的，是为了在行动中检验知的实际功效，这与他们渴望在习行中获取功利出于同样的心态。在颜元的哲学中，正如知是能够带来实际效果的知一样，行是能够获得功利实效的行。不仅如此，由于过于注重实际效果，他贬低理性而推崇感性经验。其实，无论是颜元对直接经验的偏袒还是对亲历诸身的执著都可以在其对功利的急切追逐中找到答案。

总之，在对理学的审视和批判中，早期启蒙思想家抓住了理学的根本缺陷或共同误区，使其彼此谈论的话题呈现出一致性，并且共同汇成了一股学术思潮——早期启蒙思潮。另一方面，明清之际，早期启蒙思想家对理学进行反思、批判的具体视角、方式方法各不相同，有的针对其理论本身，有的侧重其社会危害；有的从理论来源切入，有的从概念范畴入手。凡此种种，不一而足。正是这些差异以全方位、多维度、全景式审视使理学第一次被置于审判台上，随即陷入严重的生存危机之中。

进而言之,如果说彻底驳倒理学的理论初衷和现实需要使早期启蒙思想家深入到理学内部的话,那么,停留在指出其要害而没有自己的建树则难以与理学分庭抗礼。这就是说,正是对理学的批判和否定为他们建构自己的理论提供了参照和必要性——尽管是反面性的。于是,可以看到,为了与理学相抗衡,更为了彻底驳倒理学,早期启蒙思想家谈论的话题与理学相对应,其主题是以自己的方式——反面的方式对理学的延续。

在审视理学的过程中,基于对理学以理杀人的认定,早期启蒙思想家对理学予以全面否定,并把人由理学塑造的道德完善者变成了追求物质满足的功利主义者。在明清之际那种特定的历史背景下,可以说,他们对理学杀人的控诉击中要害,对人之自然本性的张扬和对物质生活的渴望、推崇也具有无可辩驳的积极意义,对于改变中国人当时的生存状况、反思中国人以往的生存方式以及丰富中国人的生活内容等无疑具有警醒、借鉴价值。这是因为,理学家所讲的"去人欲,存天理"以三纲五常为天理,以不合三纲五常为人欲。这些构成了礼教的基本原则和主要内容,也成为宗法社会的道德和法律,违背者除了受到社会舆论的谴责之外,还要遭到法律的惩罚——轻者付出自己的生命代价,重者被灭门九族。在朱熹的思想被奉为官方哲学之后,"去人欲,存天理"的说教被统治者利用而意识形态化,在社会上也产生了越来越广泛而深刻的影响,其负面效应和潜在弊端急剧膨胀,直至异化为杀人武器。大量的历史资料如实地记录了理学以理杀人的残酷现实和人间悲剧。例如,朱熹常年生活在福建闽南一带,这里受理学的熏染、禁锢最甚。由于朱熹推行礼教,闽南一带的民众便不敢犯礼违法,泉州更是被誉为"海滨邹鲁"。事实上,这个名誉是以无数人牺牲自己的权利甚至生命换来的。

尤其残酷的是,由于大力提倡"夫为妻纲"和"饿死事极小,失节事极大",礼教的最大受害者当属妇女。她们的生存权利和生命尊严遭受的摧残极其严重,其中最明显的例子就是宋明以后节妇、烈女的人数猛然增加。同样拿朱熹生活的闽南地区来说,妇女外出要花巾兜面,名曰"文公兜";她们的莲鞋底下添木头,使之步履有声,名曰"木头屐"。在明清社会,妇女的生活处处受监控,自由受限制,没有丝毫人身自由。更有甚者,她们的生命被漠视乃至遭受严酷摧残。据《福建通志》记载,就闽南12个县不完全统计,这一地区未婚守节、夫亡殉节的妇女,明代有307人,清代有632人。在朱熹的出生地——江西婺源(原属安徽)也是这种情况。据《休宁县志》记载,这一地区在明代有节妇400人,清道光年间女子"不幸夫亡,动以身殉、经者、鸩者、绝粒者,数数见焉","处子或未嫁而自杀,竟不嫁以终身"(《休宁县志》卷一)者,竟达2000余人。(《休宁县志》卷十六)这个数目是相当惊人的,因为这个县的人丁总数也不过区区65000人。在这里,需要说明的是,有些妇女成为节妇、烈女是出于自愿,大多数人则是迫于外在压力的威逼,因为在这里对于"彼再嫁者必加戮辱"。还应看到,除了硬性规定和强制之外,还有"软性强制",如正统理学思想的潜移默化、大众心理和世俗舆论的导向和监督等等。与此相关,在婺源,节烈、节妇、节孝等牌坊遍地林立,总计有107处之多,县城有一座道光十八年竖的孝、贞、节、烈总坊,记有宋代以来节烈、节妇、节孝高达2656人。在这些实际例子中,虽不见刀光剑影的血雨腥风,但礼教无时不在、无孔不入的威慑力还是让人不寒而栗,对理学以理杀人的惨烈可以感同身受。

戴震是安徽休宁人，《休宁县志》记载的事例就有他耳闻目睹的。置身于这样的环境中，惨烈空前的现实让他怒不可遏。戴震对理学杀人的揭露和分析是对当时历史状况和社会现实的真实写照，后儒以理杀人的结论是无数无辜的牺牲者堆积起来的，是为无数饱受欺压之苦而敢怒不敢言者代言，这与颜元喊出理学杀人是基于自己以《朱子家礼》居丧险些病饿至死的亲身体验和对当时社会状况的观察是一样的，具有真情实感，拥有大量的证据。这个简单、清楚的历史事实决定了在评价早期启蒙思想家对理学的批判时必须先澄清一点认识：早期启蒙思想家对理学以理杀人的认定和指控并非空穴来风的慷慨陈词，更不是出自书斋的无病呻吟，而是基于现实的言之凿凿，具有充分的真凭实据。

当然，早期启蒙思想家对理学的批判具有时代性，这包括特定时限和时代局限两个方面：特定时限是指，在理学被意识形态化的政治氛围中，面对理学杀人的现实，早期启蒙思想家对理学的批判和揭露具有积极意义和影响；离开了这一特定化的历史背景和社会环境，在人类越来越走向文明、人的主体意识和个体权利备受保护之时，由于失去了社会制度、政治土壤和文化根基的保障，理学失去了杀人的能力，没有必要仍然抓住理学杀人的历史不放。时代局限是指，特定的历史背景和严峻现实使早期启蒙思想家对理学作出了全面否定的评价，全面否定态度使他们在面对理学时缺乏应有的冷静和客观的态度，愤怒谴责往往多于全面、理性的分析。早期启蒙思想家对理学的批判是全面的、颠覆性的，破坏力和杀伤力都很强，对于理学也是致命的。这剂猛药对于当时嚣张的理学来说尽管是必要的，总难免矫枉过正之嫌。面对理学及其社会危害，正确的态度和做法应该像医生治病那样既遏制毒瘤又不伤害健康的正常细胞，而不是在铲除病灶的同时把健康细胞一同切掉。以此观之，不得不承认，早期启蒙思想家对理学采取了极端的方式。尽管是迫于现实的严峻、具有不得已的成分，然而，他们对理学的极端态度隐藏着对传统文化的决绝，这种片面的态度显然是不可取的。更为不幸的是，早期启蒙思想家的错误做法在后来的历史变迁中被一再地重复和无形放大，近代哲学家面对中西文化碰撞时的困惑，特别是"五四"时期激进主义者横扫一切传统的做法无疑都秉承了早期启蒙思想家的文化遗传基因，甚至于文化大革命的"破四旧"中仍然可以看到他们的影子。

饱尝了历史沧桑之后，再回首早期启蒙思想家的做法则会发现，许多问题令今人沉思。后续的历史一再表明，理学并没有因为早期启蒙思想家揭开了其杀人的秘密而退出历史舞台，儒家也没有因为激进民主主义者的"打倒孔家店"而被彻底击倒。历史是不能切断的，如何评价、认识理学这个话题并没有结束，在今天仍然具有现实意义。这不仅关系到如何评价早期启蒙思想家所做的工作，而且是拨开历史迷雾、真正解读朱熹哲学及理学的需要。其实，这个问题不仅直接与如何看待朱熹哲学有关，而且牵动着如何认识、评价理学乃至传统文化的态度问题。当然，这个问题之所以至关重要而不容回避，是因为在本质上关系到如何对待传统文化以及传统与创新的态度问题，而这个问题对于任何时代、任何民族的人来说都是恒提恒新的，永远都不会过时。

形上反思

——对理学哲学根基的颠覆

伴随着自身弊端的不断暴露和社会危害的日益严重,理学在明清之际成为众矢之的。早期启蒙思想家都把批判的矛头指向了理学,对其理论上的荒谬性、实践上的危害性予以揭露。进而言之,无论是理学的理论误区还是社会危害归根结底都源自思维方式和哲学观念,这使形而上学成为批判理学无法逾越的重要一环。事实证明,正是在对理学形而上学的批判和自身形而上学的建构中,早期启蒙思想家完成了对理学的根本性颠覆。为了彻底驳倒理学,他们以本体领域为主战场,依次对理学家津津乐道的理气观、道器观、有无观、动静观、心物观和知行观——相当于哲学基本问题进行全新解释,从哲学根基处颠倒了理学家的认识。

一、理气观——理先气后·理依于气

理气观是理学最基本的问题之一,也是理学家谈论最多的话题之一。之所以如此,是因为理气关系是哲学基本问题在理学中的特殊表达。进而言之,理气观与理、气的定义密切相关,对理气关系的理解关键取决于对理、气概念的界定。理学的一切理论都可以归结为对天理(实际所指即以三纲五常为核心的伦理道德)的

神化和推崇，这使理在理学中具有提纲挈领、牵一发而动全身之效，程朱理学更是把天理说成是亘古亘今、绝对完善的宇宙本体。与对天理的推崇密切相关，在理学的思想体系中，理指世界本原，具体内容是以三纲五常为核心的道德观念和行为规范；气指理的派生物，是构成事物的具体材料。理学家对三纲五常的推崇始于对天理的神化，其中的重头戏便是宣称天理是万物本原。可见，理气观对于理学来说不仅决定了何为宇宙本体，而且凝结着对世界的根本看法和何者为善，因此成为理学的最高问题。在推崇、神化天理这一点上，程朱理学与陆王心学并无不同。陆王崇拜的吾心、良知就是天理。然而，在理学那里，理气观的典型形态是朱熹建构的，他的理气观以最典型的形态表达了理学家对理气关系的共同看法。

朱熹肯定理气相依，指出作为宇宙本原的理不能单独派生万物，在创造宇宙万物时，理必须借助气作为中介和工具，这使每一事物都成为理气相合的产物。因此，对于每一个具体事物来说，理与气相依不离、不可或缺。正是在这个意义上，他一再宣称：

有是理，必有是气，不可分说。（《朱子语类》卷三《鬼神》）
天下未有无理之气，亦未有无气之理。（《朱子语类》卷一《理气上》）

值得注意的是，朱熹一面指出理与气对于人和万物而言"有则皆有"、缺一不可，一面强调理与气之间的本末之分、主从之别。在他看来，天地万物包括人在内虽然都由理与气两种成分构成，但是，二者的关系并非平等：在派生万物之时，理与气的作用不容颠倒——理是本,气是末(具)。朱熹指出:"理也者,形而上之道也,生物之本也;气也者,形而下之器也,生物之具也。"(《朱文公文集》卷五十八《答黄道夫》)在这个层面上,理是生成万物的准则和本原,气是构成万物的材料和工具,其间具有不容混淆的本末之分。在万物产生之后,理与气在万物中所处的地位不容颠倒——理是主,气是从。这用他本人的话说就是:"气之所聚,理即在焉,然理终为主。"(《朱文公文集》卷四十九《答王子合》)这表明,对于具体事物而言,理与气同在,理却总是处于主宰、支配地位,气只能服从理,理与气的这种主从关系"如人跨马相似"。更为重要的是,朱熹所讲的理与气未尝分离是就万物产生之后的现象界而言的,在本体界或根源处,他毫不含糊地肯定理先气后:"必欲推其所从来,则需说,先有是理然后有是气。"(《朱子语类》卷一《理气上》)更有甚者,即使是对于理与气"有则皆有"、"未尝分离"的现象界而言,理与气也是以不相混杂而理自理、气自气的形式"相依不离"的。这从一个侧面表明,朱熹虽然宣称理气相合生物,但是,由于理本气末、理主气从,理与气之间不是并列而是派生关系。进而言之,朱熹代表的理学家对理气关系的认识可以归结为理先气后,因为从根本上看,理是本原,是第一性的存在;气是理派生的,属于第二性的存在。这决定了理先气后包括两层含义:第一,理与气之间的本末、主从关系不容颠倒,一个属于形而上,一个属于形而下。第二,理与气之间的地位、作用不容混淆,即使是相互依赖也以理派生气为前提。也就是说,理永远是理气关系的主导方面和决定因素。其实,既承认理气相互依存又强调理本气末是理学家对待理气关系的基本态度。例如,元代饶鲁指出:"盖缘有是理而后有是气,理是气之主,如天地二五之精气,以有太极在底面做主,所以他底常凭

地浩然……理气不相离,气以理为主,理以气为辅。"(《饶双峰讲义》卷十一)

进而言之,朱熹等理学家在理气观上突出理的地位,目的是证明天理存在于天地之前、凌驾于万物之上,进而维护天理的至高无上性。正因为如此,理气观成为朱熹本体哲学的基本内容,也成为天理是宇宙本体的主要证明。

早期启蒙思想家对理学的颠覆是从为理、气下定义开始的。在他们那里,理不再代表三纲五常,而是指具体事物的条理或规律;气是宇宙本原——至少是理的实体依托,因为气化流行的条理就是理。对理、气的不同界定拉开了早期启蒙思想家与理学家的理气观之间的距离。在此基础上,早期启蒙思想家指出,作为气之条理和属性,理即气之理,必须依赖于气而存在,而绝不可能存在于气之前或之上。与此相关,他们也主张理气相互依赖,含义却与理学家不可同日而语。在早期启蒙思想家看来,理气之所以相依是因为理即气之理,理气相依不仅包括气依赖于理,而且包括理依赖于气。更为重要的是,理对气的依赖是理气相依的基本方面。在此基础上,他们提出了两个与理学家大相径庭的观点:第一,理与气的关系不再是理本气末,而是以气为本,这使理与气不再分属于形而上与形而下两个悬隔的世界。第二,就地位和作用而言,气成为理气关系的基本方面。

黄宗羲对理气关系的看法是,理与气是统一的,不可截然分开,甚至可以说,两者是同一种存在。正是在这个意义上,他强调:

> 理气之名,由人而造。自其浮沉升降者而言,则谓之气;自其浮沉升降不失其则者而言,则谓之理。盖一物而两名,非

两物而一体也。(《明儒学案》卷四十四《诸儒学案·学正曹月川先生端》)

黄宗羲认为,理、气之名原本就是人为设立的,其实,二者是一体的,只是侧重不同而已。在此基础上,他指出,在理与气的相互统一及"一物"之中,气是根本方面,理始终"依于气而立,附于气以行"。因此,离开了气,理便不会存在。有鉴于此,黄宗羲一再宣称:

> 千条万绪,纷纭胶葛,而卒不克乱,莫知其所以然而然,是即所谓理也。初非别有一物,依于气而立,附于气以行也。(《明儒学案》卷四十七《诸儒学案·文庄罗整庵先生钦顺》)

> 盖离气无所为理,离心无所为性。佛者之言曰:"有物先天地,无形本寂寥,能为万象主,不逐四时凋。"此是其真赃实犯,奈何儒者亦曰理生气?所谓毫厘之辨,竟亦安在?(《明儒学案》卷六十二《蕺山学案·忠端刘念台先生宗周》)

在黄宗羲看来,理并非"别有一物",而是气在运动变化时所遵循的法则。这些说法明确否定了理存在于气之外的可能性。更为重要的是,理不仅不能离开气而独立存在,而且不能离开气而被认识;因为理是气之"所以然",人只有通过气才能认识理。在这个意义上,他一再声称:

> 理即是气之理,当于气之转折处观之。(《明儒学案》卷四十七《诸儒学案·困知记》)

理为气之理,无气则无理。(《明儒学案》卷七《河东学案·文清薛敬轩先生瑄》)

在黄宗羲那里,不论是理依于气存在还是凭借气被认识都改变了理学家对理气关系的认定,致使气成为理气关系的根本方面。对于理是什么,王夫之的定义是:

万物皆有固然之用,万事皆有当然之则,所谓理也……自天而言之,则以阴阳五行成万物之实体而有其理。(《四书训义》卷八《论语·里仁》)

在这里,王夫之给理下的定义是,理是事物的规律、法则,这个定义本身即预示着理依赖于气而存在,因为气作为宇宙本原是万物的实体和理的依托。按照他的理解,宇宙万物都是气之动静、聚散的产物,气的运动遵循一定的法则,有条不紊,有章可循。这些都表明了理对气的依赖。于是,王夫之再三指出:

天人之蕴,一气而已。从乎气之善而谓之理,气外更无虚托孤立之理也。(《读四书大全说》卷十《孟子·告子上》)
天下岂别有所谓理,气得其理之谓理也。气原是有理底,尽天地之间无不是气,即无不是理也。(《读四书大全说》卷十《孟子·告子上》)
气者,理之依也。(《思问录·内篇》)

在此基础上,王夫之强调,理气相互依存、不可分离,其间没有

先后之分。正是在这个意义上,他一再断言:

> 理即是气之理,气当得如此便是理,理不先而气不后。(《读四书大全说》卷十《孟子·告子上》)
> 理与气不相离。(《读四书大全说》卷九《孟子·离娄上》)

王夫之进而指出,理气相互依存、不可分离是双向的,应该表现为理依于气与气依于理两个方面。对此,他解释说:

> 天之命人物也,以理以气。然理不是一物,与气为两,而天之命人,一半用理以为健顺五常,一半用气以为穷通寿夭。理只在气上见,其一阴一阳,多少分合,主持调剂者,即理也。凡气皆有理在,则亦凡命皆气而凡命皆理矣。(《读四书大全说》卷五《论语·子罕》)

王夫之认为,一方面,气离不开理,即"言气即离理不得。"(《读四书大全说》卷十《孟子·尽心上》)在他看来,气的运动过程不是杂乱无章的,万物也并非没有一定之规。这决定了有气即有理、气离不开理。另一方面,理离不开气、理依于气。应该承认,在理与气的相互依存中,王夫之更强调理对气的依赖,对这方面的论证也更多。在他那里,理对气的依赖表现在两个方面:第一,理存在于气中。王夫之认为,作为世界万物的本原,气是第一性的;作为事物的"固然之用"和"当然之则",理不可能超越气之上,理就存在于气之中。正是在这个意义上,他再三强调:

理便在气里面。(《读四书大全说》卷十《孟子·告子》)

理者理乎气而为气之理也,是岂于气之外别有一理以游于气中者乎?(《读四书大全说》卷十《孟子·告子》)

盖言心言性,言天言理,俱必在气上说,若无气处则俱无也。(《读四书大全说》卷十《孟子·尽心》)

第二,理通过气表现出来。王夫之认为,理依于气、以气为依托,并且通过气表现出来。于是,他解释说:"犹凡言理气者,谓理之气也。理本非一成可执之物,不可得而见;气之条绪节文,乃理之可见者也。故其始之有理,即于气上见理。"(《读四书大全说》卷九《孟子·离娄上》)基于这种认识,王夫之让人"于气上见理。"

对于气和理,颜元的定义是:"生成万物者气也……而所以然者,理也。"(《颜习斋先生言行录》卷上《齐家》)据此可知,气是宇宙本原或生成万物的材料,理是气及万物所以然的规律。这表明,理就是气之理,必须依附于事物而存在。正是在这个意义上,他反复断言:

理者,木中纹理也。其中原有条理,故谚云顺条顺理。(《四书正误》卷六《尽心》)

盖气即理之气,理即气之理。(《存性编》卷一《驳气质性恶》)

基于对理、气的上述界定和理解,颜元强调,理与气相互依赖、不可分割,并把理气之间的这种关系描述为"理气融为一片。"(《存性编·性图》)在此基础上,他进而指出,既然理作为气的条理依于气而存在,那么,理并不是悬空的、不过是事物的条理和规律而已;理学家却把理虚空化,说成是凌驾于气之上、先于万物的本原,致使理成为涵盖一切、秩序万殊的主宰。理学家所讲的理难免流于空寂,在本质上偷渡了佛、老的学说。鉴于理学的错误及巨大危害,颜元强调,理气相依,尤其突出理对气的依赖。不仅如此,他将对气、理的界定和对理气关系的理解贯穿在整个思想中,尤其是利用理对气的依赖建构了气质之性为人性唯一内容的人性一元论,并且反驳气质有恶说。

循着理依于气的逻辑,颜元突出天理对气质以及天命之性对气质之性的依赖。在他看来,既然理依于气,那么,天理必须以气质为安附;进而言之,既然没有气质、天理就失去了安附处而无法存在,那么,天命之性必须依赖于气质之性而存在。于是,颜元断言:"若无气质,理将安附?且去此气质,则性反为两间无作用之虚理矣。"(《存性编》卷一《棉桃喻性》)这表明,气质之性与天命之性相互依赖,绝对不可断然分做两截,二者是统一的。在天命之性与气质之性的统一中,正如理与气统一于气一样,天命之性与气质之性统一于后者;更进一步说,天命之性和气质之性都可以归结为气质之性,气质之性是人性的全部内容,天命之性压根儿就是不必要的——甚至是多余之物。有鉴于此,他宣布,理学家所宣扬的脱离气质之性的天命之性根本就不存在,充其量不过是他们的臆造、杜撰而已,原本即子虚乌有。

戴震凭借着文字学特长对一系列范畴进行了界定和阐释,虽然没有专门对理气关系予以界定,或者说,他对理气关系的理解不是专门从理气观的角度立论的,然而,戴震通过对理以及相关概念

的阐释不仅表达了对理气关系的看法,而且使理气观延伸、涉及各个方面。对于理是什么,他多次写道:

> 就天地人物事为,求其不易之则,是谓理。(《孟子字义疏证·理》)

> 理者,察之而几微必区以别之名也,是故谓之分理;在物之质,曰肌理,曰腠理,曰文理;得其分则有条而不紊,谓之条理。(《孟子字义疏证·理》)

戴震认为,理即人、物的"不易之则",即他所讲的"必然"。理的这个定义决定了理与气密不可分,更决定了理对气的依赖。按照戴震的说法,气是万物本原,气化流行、生人生物。由于万物禀气而生,各得其分,于是形成了物与物、物与人之间的区分,使得万物各有其理。可见,万物之理是由气决定的。这注定了在理与气的关系上,气是第一性的,理即气之理。不仅如此,他还通过对太极、道和形而上等概念的界定进一步论证了气是本原,在太极、道和形而上以气为实体的说明中为气决定理提供佐证。

在理学中,太极和形而上都是理的别名、代称,与理在本质上是同一种存在。例如,对于太极是什么,以朱熹为代表的理学家回答说,太极就是形而上之理,与天理、道一样是最高范畴和绝对本体。正因为如此,朱熹连篇累牍地强调:

> 太极只是一个理字。(《朱子语类》卷一《理气上》)
> 太极只是天地万物之理。(《朱子语类》卷一《理气上》)
> 总天地万物之理便是太极。(《朱子语类》卷九十四《周子

之书·太极图》)

　　太极之义,正谓理之极致耳。(《朱文公文集》卷三十七《答程可久》)

朱熹一面用太极指称理,一面指出太极就是理,目的是为了将万物之理(即所谓"万理")与作为本体之理(即所谓"一理")区分开来,进一步拉大理与万物之间的距离。与朱熹的看法截然不同,与理依于气一脉相承,戴震指出:"孔子以太极指气化之阴阳……万品之流形,莫不会归于此。极有会归之义,太者,无以加乎其上之称。"(《孟子私淑录》卷上)这表明,太极就是气,气就是太极,二者是同一种存在。进而言之,气之所以被称为太极,是为了突出气的本原性和本根性:气是宇宙间最根本的存在,任何存在都不可置于其上,故而称"太";气是万物的根源,万物皆从此出,"会归"于此,故而称"极"。此外,理学家认为,理、太极之所以凌驾于万物之上,是因为它们是形而上者。正如朱熹所言:"盖太极是理,形而上者。"(《朱子语类》卷五《性理二》)这样,经过理学家的诠释,形而上与形而下之间距离越来越远,最终分属于两个不同的世界。基于对气的推崇,与对理、太极的理解息息相通,对于形而上与形而下,戴震界定说:"气化之于品物,则形而上下之分也……形谓已成形质,形而上犹曰形以前,形而下犹曰形以后。"(《绪言》卷上)按照这种说法,气的整个运动过程分为两种形态:一是"形而上"的分散状态,这是气还没有形成具体事物阶段;一是气在运动中凝聚成有形象的具体存在阶段,这就是"形而下"。这样,他便用气把形而上与形而下统一了起来,使它们成为气运动的两个阶段或两种形态,绝非如理学家所讲的理与气或道与器所标志的两个不同的世界。可见，戴震将太极、形而上都归于气，从而证明了理对气的依赖。不仅如此，他将理对气的依赖贯彻到人性领域，强调血气构成了人的气质之性，包括知、情、欲三个方面。在此基础上，戴震指出，欲出乎血气心知，具体表现为事、气和自然，理具体表现为理、则和必然；通过对理气关系、理事关系、必然自然关系的逐一考察和论述，他得出了"理者存乎欲者"的结论，进一步突出了理对气的依赖。

总之，理气观是理学整个思想体系的核心和根基。理与气何者为第一性是理学的根本问题，甚至可以说，是理学对哲学基本问题的独特表达。与此相关，对这个问题的回答成为划分唯物主义与唯心主义的学术分水岭。朱熹代表的理学家虽然承认对于具体事物而言理气缺一不可，却强调从源头上说——"必欲推其所从来"理先气后、理本气末，正是这套理派生气的思路使其哲学归属于客观唯心论。恰好相反，早期启蒙思想家坚持理是气之理、理寓于气中。在这方面，即使黄宗羲等人没有走向唯物论，在理气观上依然强调气比理更根本，理不能离开气而独立存在。王夫之、颜元和戴震等人则因为强调气是世界万物的本原而走向了唯物主义。早期启蒙思想家使气成为理气关系中更为基本的存在，杜绝了理存在于气之前或凌驾于气之上的可能性。这就是说，正是对理依赖气、存在于气中的强调使他们远离了客观唯心论。更为重要的是，朱熹等人之所以宣布理是世界万物的本原，最主要的理由是，理存在于世界之前、凌驾于万物之上。早期启蒙思想家对理依于气的强调否定了这一说法，也就剥夺了理成为宇宙本体的资格。

不仅如此，与理气观在理学中的提纲挈领相呼应，早期启蒙思想家对理气关系的阐释奠定了早期启蒙思想的理论基调、思维模式、思想内容和价值取向,为他们进一步阐释道器观、有无观、动静观、心物观和知行观等引领了方向。

二、道器观——道本器末·道寓于器

道器观与理气观具有内在联系,在某种程度上可以说是理气观的延伸。在道器关系的维度上,道指具体事物的规律或事物之理,器指气或具体事物。可见,理与道相当,器与气相连。正因为如此,早期启蒙思想家与理学家在理气观上的分歧必然表现、贯彻在道器观上。

为了突出理凌驾于万物之上,故而有别于万物的特殊性和优越性,理学家沿袭了《周易·系辞传上》"形而上者谓之道,形而下者谓之器"的思路,以形而上指理、道或太极,以形而下指气、器或具体事物。在此基础上,他们把形而上与形而下截然分开,并由此推演出理气关系中的理本气末、理主气从、理先气后和道器关系中的道本器末等。这不仅表明了道器观与理气观密切相关,而且预示了理学家对道器观的认定是沿着理气关系推演出来的。于是,可以看到,在道器观上,理学家的总命题是"道本器末",断言道派生了器,以此认定道是第一性的存在。

朱熹从不同角度阐释了道器关系,其中不乏"道不离器"、道存在于器中的说法。例如:

然器亦道,道亦器也。道未尝离乎器,道亦只是器之理。如这交椅是器,可坐便是交椅之理;人身是器,语言动作便是人之理。理只在器上,理与器未尝相离。(《朱子语类》卷七十

七《易·说卦》）

须知器即道，道即器，莫离道而言器可也……凡物皆有此理。且如这竹椅，固是一器，到适用处，便有个道在其中。（《朱子语类》卷九十四《周子之书·通书·动静》）

然而，值得一提的是，朱熹一面讲道不离器、道寓于器，一面强调二者之间的体用之分、本末之别。他这样做的目的旨在告诉人们，共同存在于同一事物之中的道与器具有不同的地位和作用。正是基于这种宗旨，朱熹一再断言：

"形而上者谓之道，形而下者谓之器。"道是道理，事事物物皆有个道理；器是形迹，事事物物亦皆有个形迹。有道须有器，有器须有道。物必有则。（《朱子语类》卷七十五《易·上系上》）

"形而上者谓之道"一段，只是这一个道理。但即形器之本体而离乎形器，则谓之道；就形器而言，则谓之器。（《朱子语类》卷七十五《易·上系上》）

这些说法突出了道与器的区别，表明二者不是平等或并列的，其间呈现为一种体用关系。进而言之，道与器之间的体用关系在生成万物的过程中表现为本末关系，朱熹称之为"道本器末"。他强调，道作为形而上之理是生物之本，器作为道的派生物是第二性的，是理、道生成万物的材料或中介。有鉴于此，作为理气观上理本气末的延伸，"道本器末"不言而喻。不仅如此，朱熹对道、器之间的本末之别非常重视，在指出这种区别"分际甚明"、"其分守固不同"的同时，强调对此区分"不可乱也"。正是在这个意义上，他

一再断言:

> 天地之间,有理有气。理也者,形而上之道也,生物之本也。气也者,形而下之器也,生物之具也。是以人物之生,必禀此理,然后有性;必禀此气,然后有形。其性其形,虽不外乎一身,然其道器之间,分际甚明,不可乱也。(《朱文公文集》卷五十八《答黄道夫》)

> 夫谓道无本末者,非无本末也,有本末而一以贯之之谓也,一以贯之而未尝无本末也。则本在于上,末在于下,其分守固不同矣。(《四书或问·论语或问·泰伯》)

这样一来,朱熹便在"道体器用"、"道本器末"中突出了道与器的区别,致使二者之间的距离越来越远。循着这个逻辑,他还提出了"道先器后"等命题,以此加固道、器之间的防线。

可见,对于道与器的关系,朱熹将对理气关系的论述如法炮制,先是承认二者相互依存、不可分割,然后强调其间的体用、本末和先后之别,致使两者之间的距离越来越大,最终成为两种不同的存在。这从一个侧面表明了道器观与理气观的一脉相承。

早期启蒙思想家对道器关系的认定是"道寓于器",以此与理学家的"道本器末"针锋相对。按照他们的说法,器是具体事物,道是具体事物的法则、规律;道作为具体事物——器的规律只能存在于器中,并且随着器的生灭变化而随时改变。这表明,在道与器的关系中,器比道更为根本——器是道的基础,道是器之道。

方以智反对"舍物以言理"(《物理小识·总论》)的做法,其中蕴涵着道不离器的思想萌芽。正是循着道不离器的逻辑,他多次指出：

> 为物不二之理，隐不可见，质皆气也。征其端几，不离象数。彼扫器之道，离费穷隐者，偏权也。(《物理小识》卷一)
> 性命之理必以象数为征。未形则无可言，一形则上道下器，分而合者也。(《物理小识·总论》)

在此，方以智阐明了两个观点：第一，道属理，器属气，前者未形而隐不可见，后者显而有形为象数。这是道与器的区别。第二，道与器的区别是相对的，一个是气之理，一个是气之形；作为气的不同表现，两者共同存在于同一事物之中。不仅如此，正是道与器的区别注定了道器的相互联系，其具体表现是道不离器、道依于器——道必须通过器表现出来，也只有通过器表现出来，道才能为人们所认识和把握。道与器之间这种既相互区别又相互联系的关系，套用方以智的话语结构即"分而合"——合即相互统一，作为气的表现共存于同一事物之中；分即道依于气，道以器为基础。可见，在方以智的道器观中，器是第一性的根本方面。

王夫之对道器观极为重视，在界定道、器内涵的基础上，系统阐释了二者之间的关系。对于道是什么，他所给出的定义是：

> 道者，一定之理也。于理上加"一定"二字方是道。(《读四书大全说》卷九《孟子·离娄上》)
> 道者，物所众著而共由者也。物之所著，惟其有可见之实也；物之所由，惟其有可循之恒也。(《周易外传》卷五《系辞上传》)

王夫之的定义突出了道的两个重要特征:第一,道属于理。道与理既相联系又相区别:如果说理是普遍规律的话,那么,道则是具体事物的特殊规律。这便是"一定"的意义。第二,道"有可见之实"。这决定了道与器的密切相关。正是基于对道的如此界定,他进而说明了道与器之间的关系。对此,王夫之承认道与器的区别,指出它们一个是形而上,一个是形而下,对于事物起着不同的作用。在这个层面上,他反复断言:

> 形而上之道与形而下之器,虽终始一理,却不是一个死印版刷定底。盖可以形而上之理位形而下之数,必不可以形而下之数执形而上之理。(《读四书大全说》卷九《孟子·离娄上》)

> 统此一物,形而上则谓之道,形而下则谓之器。(《思问录·内篇》)

同时,王夫之强调,道与器的形而上与形而下之别是就同一事物——"统此一物"而言的,正如对于具体事物而言形而上与形而下、道与器缺一不可一样,道与器的区别是相对的,二者相互依存。正是道与器的相依不离构成了一个完整的事物。在此,需要说明的是,对于道与器的相互依赖,他既肯定器对道的依赖——"无其道则无其器";又肯定道对器的依赖——"无其器则无其道",主张"以形而上之理位形而下之数"。在此前提下,相比较而言,王夫之更强调道对器的依赖,因为器是道器关系的根本方面。在他看来,充塞天地之间的都是具体事物——器,并不存在抽象的规律——道。因此,先有某一具体事物的存在,然后才有这一具体事物的规律——道；离开了某种具体存在，便不存在此一事物的规律。正是在这个意义上，王夫之断言：

> 天下惟器而已矣。道者器之道，器者不可谓之道之器也。无其道则无其器，人类能言之；虽然，苟有其器矣，岂患无道哉？……无其器则无其道，人鲜能言之，而固其诚然者也。（《周易外传》卷五《系辞上传》）

按照王夫之的说法，世界上存在的都是具体事物，所谓道就是具体事物的特殊规律——"一定"之理，这决定了道对器的依赖。不仅如此，他强调，道对器的依赖不仅表现在自然界，而且适用于人类社会。于是，王夫之又说：

> 洪荒无揖让之道，唐、虞无吊伐之道，汉、唐无今日之道，则今日无他年之道者多矣。未有弓矢而无射道，未有车马而无御道，未有牢醴、钟磬管弦而无礼乐之道。则未有子而无父道，未有弟而无兄道，道之可有而且无者多矣。故无其器则无其道。（《周易外传》卷五《系辞上传》）

总之，王夫之认为，在自然界和人类社会皆"无其器则无其道"。这说明，器是道器关系的基本方面，在道与器的相互依赖中，器是第一性的。有鉴于此，他主张，道永远依赖于器而存在，其具体表现和方式是"道不离器"、"道依于器"、"道在器中"。基于这些认识，王夫之明确提出了"道寓于器"的命题，并且进行了理论阐述。对此，他反复断言：

> 统此一物,形而上则谓之道,形而下则谓之器,无非一阴一阳之和而成。尽器则道在其中矣。(《思问录·内篇》)
>
> 据器而道存,离器而道毁。(《周易外传》卷二《大有》)

擅长训诂的戴震对道的认识始于训诂而不是从道器关系的角度立论的。然而,透过他对道的界定可以看到,戴震在道对气的依赖中同样否定了道脱离具体事物的可能性,其实,道的实体是气的定义本身就包含着道对器——具体事物的依赖。不仅如此,对于道,他多次界定说:

> 大致在天地则气化流行,生生不息,是谓道;在人物则人伦日用,凡生生所有事,亦如气化之不可已,是谓道。(《绪言》卷上)
>
> 道,犹行也;气化流行,生生不息,是故谓之道。(《孟子字义疏证·天道》)
>
> 道也,行也,路也,三名而一实。(《绪言》卷上)

戴震认为,道有天道与人道之分,天道指天地生生不息之道,人道指人伦日用之道;道犹道路之道,无论是天道还是人道,其最初含义都是运动、道路等,指气化永无休止的运动轨迹。正因为如此,他进而宣称,道的本体是气,道其实就是阴阳五行,并非别有他物;所谓道,不过是阴阳五行之气流行不已、生生不息的过程而已。在这个意义上,戴震明确规定:"阴阳五行,道之实体也。"(《孟子字义疏证·天道》)道在理学中与天理一样举足轻重,以至于理学又有道学之称。其实,在理学家那里,道就是天理,与天理一样是凌驾于万物之上的形而上世界。戴震将道说成是气化流行的道路，将道的实体说成是气，这直接冲击了道凌驾于万物之上的可能性，预示着道对器、对具体事物的依赖。

总之，在道器观上，与理学家主张道本器末相反，早期启蒙思想家始终以器为主，在具体阐释道器关系时，他们伸张了两个主要观点：第一，道与器是统一的，两者共同存在于同一事物之中。第二，道与器统一于器，道依赖于器而存在；在道器关系中，器更为根本。因为道者器之道，道不仅寓于器中而且随着器的变化而变化。

三、有无观——以无为本·以实药空

作为对有与无的根本看法，有无观在理学中具有双重意义：第一，标志着宇宙本体的存在状态和对世界万物的说明，是本体论的延伸。第二，认识世界的思维方法和审视标准，有认识论和价值论之意。总的说来，对于有与无的关系，理学家推崇无而贬低有——不仅将无视为宇宙本体的本质特征，而且在有无关系上以无为本，在价值追求上视无为善。

周敦颐为了强调无与有之别，在太极前面加了一个无极，进而主张"无极而太极"，以突出无对于有的优先性、本原性。这一思想端倪被其他理学家竞相效仿和发挥，无论是否赞同"无极而太极"这一说法，强调宇宙本体之无以示其与现象之有的区别则是理学家的共同做法。张载指出，气的本然状态——太虚是无形的，无形是气的本然状态，有形是气凝聚生物的暂时状态。这表明，无比有（尽管是从形迹上立论的）更根本。于是，他断言："太虚无形，气之本体；其聚其散，变化之客形尔。"（《正蒙·太和》）王守仁明确否认心的实体性,在强调"心不是一块血肉"的同时,否认心为实有,强调心无形迹。朱熹更是把本体与现象之间的这种有无之辨推向了极致,在对理无形迹的强调中突出无的价值。因此,在理学家对宇宙本体是无的强调和对无的推崇中,朱熹的思想最为典型。

朱熹认为,无论是作为宇宙本体的天理、太极还是其基本特征都是无。对于作为万物本原的理,他的描述是,理无形迹、无计度、无造作,是空阔洁净的世界。正是理之无决定了它对有形之物的优越性。对此,朱熹再三断言:

> 今且以理言之,毕竟却无形影,只是这一个道理。在人,仁义礼智,性也……盖道无形体,只性便是道之形体。(《朱子语类》卷四《性理一》)
>
> 凡无形者谓之理。(《朱子语类》卷三《鬼神》)
>
> 以理言之,则不可谓之有。以物言之,则不可谓之无。(《朱子语类》卷一二六《释氏》)

显然,是无与有划定了理与气之间的距离,无使理不被形气所拘,拥有最大的自由,故而凌驾于气之上。与此相似,道凌驾于万物,也是因为它属于形而上——无形。因此,朱熹又说:

> "形而上者谓之道,形而下者谓之器。"道本无体。此四者(即仁义礼智——引者注),非道之体也……那"无声无臭"便是道。(《朱子语类》卷三十六《论语·子罕上》)
>
> 形而上之道,本无方所之可言也。(《朱子语类》卷九十四《周子之书·太极图》)

如上所述，在道器关系上，朱熹主张道本器末、道体器用，突出道与器之间的区别。进而言之，道之所以在体用、本末和先后等维度上优越于器，最重要的理由是：道代表无，器代表有——道无形迹，器有形迹。正因为如此，朱熹一再渲染道之无与器之有，进而拉大两者之间不容等同的地位和作用。对此，他一而再、再而三地表示：

形而上者，无形无影是此理；形而下者，有情有状是此器。（《朱子语类》卷九十五《程子之书一》）

若熹愚见与其所闻，则曰凡有形有象者皆器也，其所以为是器之理者则道也。如是则来书所谓终始晦明奇偶之属，皆阴阳所为之器。（《朱文公文集》卷三十六《答陆子静》）

太极本无极，上天之载，无声无臭。（《朱子语类》卷九十四《周子之书·太极图》）

朱熹认同周敦颐"无极而太极"的说法，明显流露出将宇宙本体无化的思维方式和价值旨趣。不仅如此，即使是在太极的上面加上了无极，他还是念念不忘地强调太极之无。于是，朱熹一再宣称：

太极却不是一物，无方所顿放，是无形之极。（《朱子语类》卷七十五《易·上系下》）

至于所以为太极者，又初无声无臭之可言，是性之本体然也。（《朱子语类》卷九十四《周子之书·太极图》）

可见，在理学的思维系统中，无与有标志着本体与现象两个不同的世界。由于无是理、道和太极的本质特征，有是具体事物的特点，前者的本体地位决定了无对于有的本原性。不仅如此，正是理之无决定了理之善，而恶则是从有中生发出来的。朱熹认为，理空阔洁净，太极"无声无臭"，它们是至善的；气有形有象、有聚散，所以有恶。这决定了理学家们在价值观上对无的偏袒。

对于有无关系，早期启蒙思想家认定，世界的本质是有，无是相对于有而言的。因此，有比无更为根本。有鉴于此，他们在价值观上伸张有的价值和意义。

在对有无关系的认定上，王夫之把有说成是第一性的，并从三个方面入手予以证明：第一，强调宇宙本体——气是有而不是无，以此证明世界的本原和本质是有。在论证气作为世界本体的资格时，他极力把气说成是不生不灭、绝对永恒的存在；通过突出气的永恒性、客观性和绝对性，论证气是有而不是无。不仅如此，为了表明世界的本质是有，王夫之改造了中国哲学的古老范畴——诚，把诚说成是客观存在，用以标志世界的本质。在他看来，诚就是实有、实实在在的存在。正是在这个意义上，王夫之再三强调：

> 诚也者，实也，实有之，固有之也。前有所始，后有所终也。(《尚书引义》卷三《说命上》)
>
> 诚也者，实也，实有也，固有之也……若夫水之固润固下，火之固炎固上也。(《尚书引义》卷四《洪范》)
>
> 实有者，天下之共有也，有目所共见，有耳所共闻也。(《尚书引义》卷三《说命上》)

王夫之把诚诠释为世界的本质,旨在证明世界之实有是有目共睹、有耳共闻的常识,具有不证自明的公效性。不仅如此,他进一步强调,诚是"极顶字",无以为对。这进一步突出了世界的本质是有。第二,由气的实有性宣称由气构成的万物也是有,并基于气无所不在的普遍性推出了虚空是有的结论。在这方面,王夫之一再断言:

阴阳二气,充满太虚,此外更无它物亦无间隙。天之象,地之形,皆其所范围也。(《张子正蒙注·太和篇》)

虚空者,气之量;气之弥沦无涯而希微不形……凡虚空皆气也。(《张子正蒙注·太和篇》)

不仅如此,为了贯彻气和万物为有的原则,王夫之特别用气充满、占领了太虚,着重论证了太虚是有的思想。按照他的说法,气无所不在,充满了整个宇宙——不仅有形之物是气的造作,无形之太虚也充满了气。由此,王夫之得出了太虚是实、"知虚空即气则无无"的结论。第三,具体论证了有无关系,突出有对于无的绝对性。王夫之认为,世界上存在的都是有,根本就不存在绝对的无,所谓的无都是相对于有而言的。于是,他宣称:"言无者激于言有者而破除之也。就言有者之所为有而谓无其有也。天下果何者而可谓之无哉?言龟无毛,言犬也,非言龟也;言兔无角,言麋也,非言兔也。"(《思问录·内篇》)总之,通过以上三个方面的论证,王夫之突出了有的本原地位,明确肯定了有是有无关系的主导方面。

颜元的有无观是通过对实与空以及动与静的关系表达出来的。通过指责理学的错误是虚空,他提倡实学,用自己的方式阐明了有无之中有更为根本,并在不同领域伸张有和实的价值。颜元指出,由于抄袭和偷渡了佛、老的学说,理学最终沦为空静之学,不仅将理空虚化,而且在"佛道说真空,仙道说真静"(《存人编》卷一《唤迷途·第二唤》)的毒害下,"始无极,终主静。"(《四书正误》卷二《中庸·中庸原文》)结果是,理学将空寂的精神本体奉为宇宙的本原或主宰,进而把实、动的世界虚幻化、静止化,杜撰出"镜花水月幻学"。对此,他一再指出:

> 洞照万象,昔人形容其妙曰"镜花水月",宋、明儒者所谓悟道,亦大率类此。吾非谓佛学中无此意也,亦非谓学佛者不能致此也,正谓其洞照者无用之水镜,其万象皆无用之花月也。(《存人编》卷一《唤迷途·第二唤》)
>
> 今玩镜里花,水里月,信足以娱人心目,若去镜水,则花月无有矣。即对镜水一生,徒自欺一生而已矣。若指水月以照临,取镜花以折佩,此必不可得之数也。故空静之理,愈谈愈惑;空静之功,愈妙愈妄。(《存人编》卷一《唤迷途·第二唤》)

在此,颜元不仅指出了理学的错误一言以蔽之是空、无,而且在揭露理学病症的基础上,进一步提出了根治的药方——"以实药其空,以动济其静。"(《存人编》卷一《唤迷途·第二唤》)可见,由于认定理学的错误是虚、静,他开出的药方是实、动。在此,正如静与空具有内在联系、是空的表现形式一样,动与实相关、是实的具体内容和表现之一。为了根治理学的空和静,颜元始终不遗余力地

倡导实学。对此,他反复论证说:

> 佛不能使天无日月,不能使地无山川,不能使人无耳目,安在其能空乎!道不能使日月不照临,不能使山川不流峙,不能使耳目不视听,安在其能静乎!(《存人编》卷一《唤迷途·第二唤》)

> 凡天地所生以主此气机者,率皆实文、实行、实体、实用,卒为天地造实绩,而民以安,物以阜。虽不幸而君相之人竟为布衣,亦必终身尽力于文、行、体、用之实,断不敢以不尧舜、不禹皋者苟且于一时,虚浮之套,高谈袖手,而委此气数,置此民物,听此天地于不可知也。亦必终身穷究于文、行、体、用之源,断不敢以惑异端、背先哲者,肆口于百喙争鸣之日,著书立言,而诬此气数,坏此民物,负此天地于不可为也。(《习斋记余》卷三《上太仓陆桴亭先生书》)

针对佛、老、理学将世界虚幻化、静止化的做法,颜元论证了世界的本质是实和动。在他看来,由日月山川构成的世界在本质上是实,运动不息;由耳目构成的人之形体是实、会动,生来就有习行的本能。生活在如此实而动的世界,具有如此实而动的本性,人不仅应该肯定实、动的价值,而且应该推崇实学,终身尽力习行;否则,像佛、老或理学那样推崇虚静而放弃习行就是辜负天地、虚度一生。这些说法抨击了理学之虚、静,同时突出了实、动的意义和价值。基于这种认识,颜元一面积极倡导实和动,一面坚决抵制虚和静,并把之视为人生追求和为学标准。对此,他曾经表白:"宁为一端一节之实,无为全体大用之虚。"(《存学编》卷一《学辨》)可见,颜元对实的提倡和对虚的反对是相当坚定而彻底的,为了以实药空宁可粗而不精,甚至将"宁粗而实,勿妄而虚"奉为自己的座右铭。

进而言之,颜元在为学和教学中均以实为第一要务,并把自己的学说冠名以实。例如,学习科目曰"实文",学习方法曰"实学"、"实习",行为曰"实行",事功曰"实用",性体曰"实体"等等。简言之,实学的精神实质是实,即"利济苍生"、"泽被生民"的实用之学。对此,他称之为实学、实习、实行、实用。在对实学的具体阐释中,颜元又把之概括为"六德"、"六行"和"六艺",尤其对礼、乐、射、御、书、数组成的"六艺"倍加推崇,断言"学自六艺为要。"(《颜习斋先生言行录》卷上《理欲》)

总之,实学是颜元对自己学说的称谓和概括,既包括对世界本质是实、动的认定,又包括价值论上对实、动的伸张和对虚、静的抵制。不仅如此,他还将之贯彻到实践领域,在为学和为人中高扬这一旗帜,以最彻底的方式反击空、静而推崇实、动。

由上可见,如果说有与无在理学那里主要指有形与无形,前者是体、后者是用的话,那么,早期启蒙思想家则赋予它们更多的称谓和含义。在早期启蒙思想中,有除了表示有形之外,还指实、实有、诚等;无除了无形之外,还指虚、空等。正是借助诸多概念和范畴,早期启蒙思想家在多层关系的梳理中伸张了世界是有、是实的认识,并且沿着世界是有、是实的思路,突出有对于无的绝对性和本原性,进而在价值观、实践论上张扬有的价值和意义。

四、动静观——静主动客·静者静动

在理学家那里,动静观与有无观之间具有内在联系:无与静相关，有与动相连；大致说来，无相当于静，有相当于动。理学家认为，宇宙本体从根本上说是静的，宇宙本原派生世间万物的过程是世界由静而动的过程。这表明，静是体，动是用。在此基础上，他们突出静动之间的体用之别，在价值观上以静为主，尚静而抑动。

理学家对静的推崇始于本体领域，将静视为宇宙本体的存在状态和本质特征是他们的共同之处。周敦颐宣称："无极而太极。太极动而生阳，动而静，静而生阴。"（《太极图说》）在他看来，太极从静开始，无极的出现更是延长了宇宙从静到动的时间。同样，陆王所讲的本体之心是静的，王守仁更是对心之本体寂然不动倍加关注。对于宇宙本体是静而非动，最能说明问题的是张载的思想。张载似乎对动情有独钟，不仅宣称具有运动、聚散属性的气是宇宙本体，而且断言气内部阴阳相摩、运动不已，在宣称万物由气构成的基础上得出了"动非自外"的结论。然而，他强调，气的本然状态——太虚无形而静，"其（指气——引者注）聚其散，变化之客形尔。"（《正蒙·太和》）这表明，动是气的暂时状态，静才是气的长久、本然状态；同时，动针对万物而言，只存在于现象界；宇宙本体是静的，静才是长久的、本然的状态。在所有的理学家中，朱熹对动静关系的阐释最为系统和全面。

朱熹将宇宙本体——理说成是无造作的至静，正因为理不会运动，才借助能聚散、运动的气相合生物。可见，在他那里，理无形而静，气有形而动。与此相关，朱熹沿着理气观上理先气后、理本气末的思路来阐释动静关系。不仅如此，作为理之别称的太极、道同样是静的，他对"无极而太极"的认同无形中也增加了静的价值。

值得注意的是，朱熹并不断然否认理或太极有动静。对于理、

太极与动静之间的关系,他多次解释说:

> 静中有动,动中有静。静而能动,动而能静。言理之动静,则静中有动,动中有静,其体也;静而能动,动而能静,其用也。言物之动静,则动者无静,静者无动,其体也;动者则不能静,静者则不能动,其用也。(《朱子语类》卷九十四《周子之书·通书·动静》)

> 熹向以太极为体,动静为用,其言固有病,后已改之曰:"太极者本然之妙也,动静者所乘之机也,此则庶几近也。"来喻疑于体用之云甚当,但所以疑之之说,则与熹之所以改之之意,又若不相似。然盖谓太极含动静则可,谓太极有动静则可,若谓太极便是动静,则是形而上下之不可分,而"易有太极"之言亦赘矣。(《朱文公文集》卷四十五《答杨子直》)

第一段话承认动静相互涵养、相互渗透,同时强调动静在理与气(物)的层面上具有不同的表现:就理而言,从静开始,其体"静中有动",其用"静而能动";就物而言,由动开始。这等于强调静是本体,动由静而生、是静之用。朱熹的这一思想倾向在第二段话中变得明朗起来。据此,他承认太极有动静——正如理有动静一样,然而,无论是从本体言"太极含动静"还是从流行言"太极有动静",都不代表太极是动静,因为讲太极是动静便混淆了形而上与形而下之别。正是在这个意义上,朱熹一再强调:

> "太极者本然之妙,动静者所乘之机。"太极只是理,理不可以动静言。(《朱子语类》卷九十四《周子之书·太极图》)

若以未发时言之,未发却只是静。动静阴阳,皆只是形而下者,然动亦太极之动,静亦太极之静,但动静非太极耳。(《朱子语类》卷九十四《周子之书·太极图》)

这清楚地表明,循着理、太极是本原的思路,动静由理、太极而来,然而,动静是它们的作用而非它们本身,因为理、太极作为宇宙本体是超越动静的。进而言之,所谓超越动静,其实还是静。正因为如此,朱熹更明确地以静为太极之体,以动为太极之用。例如,他曾经断言:"盖静即太极之体也,动即太极之用也。"(《朱子语类》卷九十四《周子之书·太极图》)在此基础上,朱熹进而强调,"体静而用动",并把动静关系表述为"静能制动"以至静能生动。在他看来,若不是极静,则天地万物不生。此外,朱熹讲到许多关于动静在时间上无限、不可分离以及相互循环、相互渗透、互为其根之类的话。例如,他赞同周敦颐"动静无端,阴阳无始"的观点,并且进一步发挥说:"'动静无端,阴阳无始。'今以太极观之,虽曰动而生阳,毕竟未动之前须静,静之前又须是动。推而上之,何自见其端与始!"(《朱子语类》卷九十四《周子之书·太极图》)然而,通过上述分析可知,动静的这些关系都是就万物而言的,并不适用于理、太极等宇宙本体。退一步讲,即使是对万物来说,动静也不是平等的。对此,朱熹表述为"静主动客"。于是,便出现了如下言论:

静者为主,而动者为客,此天地阴阳自然之理,不可以寂灭之嫌而废也。(《朱文公文集》卷五十四《答徐彦章》)
静为主,动为客,静如家舍,动如道路。(《朱子语类》卷十

二《学·持守》

至此可见,朱熹承认动静的相依、互存和渗透,最终还是推崇静而贬低动。

进而言之,理学家将静说成是世界的本质,在极力夸大、神化静的同时,在价值观上推崇静,将静说成是善,并将动与恶联系起来。张载指出,太虚无形,静止不动,所以至善——至静无感、湛然纯一。朱熹在用理与气相合生物时宣称,前者至善、后者有恶。在这里,理无形、至静而气有形、聚散似乎成了它们或善或恶的唯一理由。这表明,天理、太极之所以至善与其无、静密切相关,或者说,是无形、至静决定了它们的至善。基于这种认识,在动与静的关系上,朱熹认为,静更为根本,是第一性的;静是绝对的,并且代表着善;动则是相对的,而且与恶脱不了干系。这使理学家在道德修养中尚静,主静蔚然成风。朱熹把人生追求和为学方法定位为静坐读书,让人"半日读书,半日静坐"便是这种观念的极端表达。

与理学家的看法截然相反,早期启蒙思想家在阐释宇宙本体时把世界说成是动的,指出静是相对于动而言的,进而突出动在动静关系中的主导地位。与此类似,他们在价值观上尚动,将动视为人生的行为目标和自我实现的手段,并在对经世致用的推崇中用实际本领、一技之长服务于社会。

王夫之从各个角度伸张了动的意义和价值,使动成为动静关系的主导方面:第一,动是世界的本质。王夫之反对理学家一面宣称天理、太极岿然不动,一面断言万物运动不息的做法。在他看来,宇宙本体——气本身就是动的,气由于内部的阴阳推动而运动

不已。正是在这个意义上,王夫之再三声称:

  一动一静,皆气任之。(《读四书大全说》卷五《论语·泰伯》)
  动静者即此阴阳之动静,动者阴变于阳,静者阳凝于阴……非动而后有阳,静而后有阴,本无二气,由动静而生。(《张子正蒙注·太和篇》)
  非初无阴阳,由动静而始有也。今有物于此,运而用之,则曰动,置而安之,则曰静,然必有物也以效乎动静。太极无阴阳之实体,则抑何动而何置耶?(《周易内传·发例》)

  按照王夫之的逻辑,动静必有其载体,气便是动静的物质承担者。换言之,由于内部阴阳双方的相互作用,气处于永恒的变化之中。这就是说,宇宙本体是动而不是静——即使太极也是如此。第二,由气派生的世界万物由始至终变动不居、运动不息。他断言:"一气之中,二端既肇,摩之荡之,而变化无穷。天下之变万,而要归于二端。"(《张子正蒙注·太和篇》)气的运动造成了世界的变化,致使天地万物都处在不断的变化之中,根本就不存在一成不变的事物。基于这种认识,王夫之强调,变是宇宙万物的普遍法则,世界是变化日新的。正是在这个意义上,他指出:"天地之德不易,而天地之化日新。今日之风雷非昨日之风雷,是以今日之日月非昨日之日月也。"(《思问录·外篇》)不仅如此,为了彻底说明世界的本质是动,王夫之强调气之本然状态——虚空是动的,以此堵塞了张载关于虚空是静的理论漏洞。在这方面,与张载认为太虚至静无感不同,王夫之一再指出:

虚空即气,气则动者也。(《张子正蒙注·太和篇》)

太虚者,本动者也。动以入动,不息不滞。(《周易外传》卷六《系辞下传》)

王夫之对气、世界万物乃至太虚是动的强调使动变成了普遍规律,从各个方面共同奠定了动的本原地位。第三,在具体阐释动静关系时,突出动的主导地位和决定作用。王夫之对动静关系的阐释包括两个方面:一方面,动静相互依赖、相互包含,不可截然割裂。在这个意义上,他再三声称:

方动即静,方静即动。静即含动,动即含静。(《思问录·内篇》)

方动即静,方静即动,静即动,动不舍静。(《思问录·外篇》)

动而不离乎静之存,静而皆备其动之理。(《张子正蒙注·诚明篇》)

王夫之认为,动与静你中有我、我中有你,二者相互包含、相互渗透。这表明,动与静是相对的,不可截然分开,更不可将二者的区别绝对化。在这个意义上,他提出了"动静互含"的命题。另一方面,静者静动,动比静更为根本。在肯定动静相互依赖的基础上,王夫之强调,动是动静关系的决定因素和主导方面。正是在这个意义上,他宣称:"动者,道之枢。"(《周易外传》卷六《系辞下传》)这表明,没有离开动的绝对静止,静必须依赖于动而存在,世界上不存在"废然不动而静"(《思问录·内篇》)的道理。在此基础上,王夫之指出，动永恒，静相对，静并非绝对静止而是动的一种特殊形式——静在本质上是动。有鉴于此，他再三宣称：

> 太极动而生阳，动之动也；静而生阴，动之静也。废然无动而静，阴恶从生哉？一动一静，阖辟之谓也。由阖而辟，由辟而阖，皆动也。（《思问录·内篇》）
>
> 静者静动，非不动也。（《思问录·内篇》）
>
> 止而行之，动动也；行而止之，静亦动也，一也。（《张子正蒙注·太和篇》）

如上所述，鉴于对理学弊端是空、静的认定，颜元强调，世界的本质是实和动，并在价值观上推崇实和动而反对空和静。这决定了与有无观上推崇实、有相一致，他在动静观上必然推崇动。不仅如此，为了在实践上贯彻尚动的价值理念，颜元着重论证了动、习行是人与生俱来的本能，也是人践形、尽性、实现人生价值的方式。

按照颜元的理解，宇宙的本质是实、是动，其性能是光照天地、生发万物；人之实是聪明才智和形体气质，其作用是在不断的生命运动中明察物理、习行技艺；人有了气质这个先天条件却不去习行，本性便发挥不出来。这样的人由于不能践形、尽性而终不成人，等于虚度年华。正是在这个意义上，他一再强调：

> 天地之实，莫重于日月，莫大于水土，使日月不照临九州，而惟于云霄外虚耗其光；使水土不发生万物，而惟以旷闲其春秋，则何以成乾坤？人身之宝，莫重于聪慧，莫大于气质，而乃不以其聪慧明物察伦，惟于玩文索解中虚耗之；不以其气质学

行习艺,惟于读、讲、作、写旷闲之,天下之学人,逾三十而不昏惑衰惫者鲜矣,则何以成人纪!(《颜习斋先生言行录》卷上《学人》)

吾愿求道者尽性而已矣,尽性者实征之吾身而已矣,征身者动与万物共见而已矣。吾身之百体,吾性之作用也,一体不灵则一用不具。天下之万物,吾性之措施也,一物不称其情则措施有累。身世打成一片,一滚做功,近自几席,远达民物,下自邻比,上暨庙廊,粗自洒扫,精通爕理,至于尽伦定制,阴阳和,位育彻,吾性之真全矣。以视佛氏空中之洞照,仙家五气之朝元,腐草之萤耳,何足道哉!(《存人编》卷一《唤迷途·第二唤》)

这就是说,人体、人性与习行密切相关,气质之性必须在动、习行中得以施展和发挥。有鉴于此,颜元注重动、践履的价值。同时,鉴于理学的弊端均源于空谈而不能习行,他清醒地意识到,只有提倡实动、推崇经世致用才能抵制理学的空洞说教。于是,颜元写道:"救蔽之道,在实学,不在空言……实学不明,言虽精,书虽备,于世何功,于道何补!"(《存学编》卷三《性理评》)进而言之,在他那里,实与动密不可分,动本身就是实的一部分。正是在以实药空、以动济静中,颜元建构了习行哲学。与此相关,习行哲学的核心是动,提倡习行哲学就是为了以动济静。与此相联系,他对理学家的主静说深恶痛绝,尤其不能容忍其社会危害。对此,颜元揭露说:

晋、宋之苟安,佛之空,老之无,周、程、朱、邵之静坐,徒事

口笔,总之皆不动也。而人才尽矣,圣道亡矣,乾坤降矣。(《颜习斋先生言行录》卷下《学须》)

在颜元看来,由于受理学浸染,人们皆静而不动,思想停滞不前,身体好逸恶劳,整个社会死气沉沉,没有活力。为了扭转这种局面,他设想"以动造成世道",让全社会动起来,在动中强身、强国、强天下。出于这一目的,颜元反复声称:

宋人好言习静,吾以为今日正当习动耳!(《颜习斋先生年谱》卷上)
吾尝言一身动则一身强,一家动则一家强,一国动则一国强,天下动则天下强。益自信其考前圣而不谬矣,后圣而不惑矣。(《颜习斋先生言行录》卷下《学须》)

总之,在对动静关系的理解上,早期启蒙思想家认为,宇宙本体是动的,在将动说成是宇宙本体的存在状态和基本特征的同时,使动成为宇宙万物的本质,进而突出了动的本体地位。正是循着这一思路,他们突出动对静的决定作用,使动毫无疑义地成为动静关系的主导方面和决定因素。同时,与在理学那里的情形类似,在早期启蒙思想中,动、静不仅关系到宇宙本体的存在状态,而且决定人的价值追求。早期启蒙思想家对动的强调不仅把世界还原为运动不已、充满生机活力的存在,而且在价值观上伸张了动的意义。在这方面,颜元对习行的推崇以独特的形式彰显了动的价值,并在亲历诸身的习行中将人生意义和行为追求定位在行动上。

五、心物观——心外无物·由物而心

在心物观上,理学家断言心包万理而使心具有了万物无法比拟的优先性和权威性,不仅奠定了由心而物的思维格局,而且伸张了格物之前先要存心的必要性。正因为如此,他们把心置于物之前,伸张心的权威和价值。在对心物关系的认识上,陆九渊和王守仁更是在心为本原的论证中使心成为第一性的存在,也使心之本体——良知具有了至善的属性和价值。于是,陆王心学对心的推崇成为理学对心物关系的极端表达。

陆九渊的一句"宇宙便是吾心,吾心即是宇宙"(《陆九渊全集》卷三十六《年谱》)打消了由心而物的疑虑,王守仁的"心外无事"、"心外无物"以更精细的论述打通了由心而物的绿色通道。对于"心外无事"和"心外无物"等命题,他论证说:"身之主宰便是心,心之所发便是意,意之所在便是物。"(《王阳明全集》卷一《传习录上》)按照王守仁的理解,心是身体的主宰,心之发泄便是意;"意未有悬空的,必着事物",而"意之涉着处"(《王阳明全集》卷三《传习录下》)便构成了事物。由此,他断言:"意之所用,必有其物。物即事也。如意用来事亲,即事亲为一物。意用来治民,即治民为一物……有是意即有是物,无是意即无是物。"(《王阳明全集》卷二《答顾东桥书》)按照王守仁的逻辑,物就是事,人在办事之前先有意——意念、主意或动机,由于意为心之所发,可见,物在心之内,是吾心主宰和发泄的。同时,他还将自然界之物纳入吾心之中,宣称自然之物也不在吾心之外。据载:

先生(指王守仁——引者注)游南镇,一友指岩中花树问曰:"天下无心外之物,如此花树,在深山中自开自落,与我心亦何相关?"先生曰:"你未看此花时,此花与汝心同归于寂。你来看此花时,则此花颜色一时明白起来。便知此花不在你的心外。"(《王阳明全集》卷三《传习录下》)

在此基础上,王守仁把这种心物关系推广到道德修养和实践领域,要求人"致吾心之良知天理于事事物物",进而把认识和道德修养都归结为"致良知"。对于这套由心而物的逻辑,他本人归结为一句话:"心外无物,心外无事,心外无义,心外无善。"(《王阳明全集》卷四《与王纯甫》)

应该看到,在心物观上突出心的地位、作用是理学的一贯宗旨和主张,宣称心是本原的陆九渊、王守仁如此,其他人也不例外。以气为本原的张载认为,认识产生于耳目等感觉器官接触外物,却对"不萌于见闻"的天德良知充满期待,并且发出了"大心"的呼吁。宣称理是本原的朱熹一面让人在格一草一木一昆虫之理中广泛格物,一面强调格物前先存心,存心是格物的前提,致知是推及吾心先天固有良知。正因为如此,二程和朱熹等人对诚意、存心等格外重视。可见,正是在心物观上对心的偏袒使张载、二程、朱熹等人的思想在认识和道德哲学领域呈现出主观唯心主义色彩,最终与陆王心学殊途同归。

早期启蒙思想家对气的推崇排除了心是第一存在的可能性,心也不再指伦理道德、良知或者天理,因而不再具有道德属性。与此相关,对于心物关系,他们坚持先有物、后有心的认识原则,强调认识来源于感官接触外物,心是依赖耳目等感觉器官产生认识的。

王夫之宣称:"形也,神也,物也,三相遇而知觉乃发。"(《张子正蒙注·太和篇》)在他看来,形(耳目之官)、神(心之官)、物是形成认识的基本条件,三者缺一不可。这表明,认识的发生是人的生理器官、思维器官(心)与外物三方共同作用的结果,缺少其中的任何一方,认识都无法发生。需要说明的是,对于形成认识的这三个条件,王夫之对认识客体——物格外重视,强调物是引起认识的前提。基于这种认识,他再三强调:

一动一言,而必依物起。(《尚书引义》卷一《尧典》)

色、声、味之在天下,天下之故也。色、声、味之显于天下,耳、目、口之所察也。(《尚书引义》卷六《顾命》)

天下固有五色,而辨之者人人不殊;天下固有五声,而审之者古今不忒;天下固有五味,而知之者久暂不违。不然,则声、色、味唯一人所命,何为乎胥天下而有其同然者?故五色、五声、五味,道之撰也。(《尚书引义》卷六《顾命》)

在此,王夫之坚持先有物、后有心的认识原则,尤其把感觉器官接触外物看成是认识的第一步。并且,针对理学家先心后物的言论,他反问说,"色声味惟人所命,何为乎胥天下而有其同然者?"(《尚书引义》卷六《顾命》)与认识起于感官接触外物的认识相一致,王夫之强调心对耳目之官的依赖。一方面,他承认"耳目但得其表"(《续春秋左氏博议》卷下),需要心对感性认识去伪存真、去粗取精。另一方面,王夫之指出,心官必须依赖耳目等感觉器官,因为"无目而心不辨色,无耳而心不知声,无手足而心无能指使,一官失用而心之灵已废矣。"(《尚书引义》卷六《顾命》)

此外，王夫之还借用佛学术语——能、所全面论证了认识主体与认识客体之间的关系，以此阐明自己由物而心的心物观。在佛教经典中，能即"所以知"，相当于心或认识主体；所即"所知"，相当于物或认识客体。对于能与所的关系，王夫之的看法是：所"必实有其体"（《尚书引义》卷五《召诰无逸》），认识必须要有认识对象；能"必实有其用"（《尚书引义》卷六《顾命》），人具有认识能力；"因'所'以发能"（《尚书引义》卷六《顾命》），认识是在对象的引发下产生的；"能必副其'所'"（《尚书引义》卷五《召诰无逸》），认识一定要符合认识对象。显然，王夫之的能所观再次印证了由物而心的路线。

在心物观上，颜元坚持知无体而以物为体，以此强调心对物的依赖。其实，他对格物、致知的界定以及对知行关系的说明、对知源于行的执著等等都可以视为对由物而心的论证。例如，对于致知、格物，颜元解释说：

"知"无体，以物为体，犹之目无体，以形色为体也。故人目虽明，非视黑视白，明无由用也。人心虽灵，非玩东玩西，灵无由施也。今之言"致知"者，不过读书、讲问、思辨已耳，不知致吾知者，皆不在此也。辟如欲知礼，任读几百遍礼书，讲问几十次，思辨几十层，总不算知。直须跪拜周旋，捧玉爵，执币帛，亲下手一番，方知礼是如此，知礼者斯至矣。辟如欲知乐，任读乐谱几百遍，讲问、思辨几十层，总不能知。直须搏拊击吹，口歌身舞，亲下手一番，方知乐是如此，知乐者斯至矣。是谓"物格而后知至"。故吾断以为"物"即三物之物，"格"即手格猛兽之格，手格杀之之格。（《四书正误》卷一《大学·戴本

大学》)

颜元认为,知以物为体,正如目以形色为体一样。人心虽然灵明、具有认识能力,然而,离开了外界事物,人心的聪明、能力便无所施展。因此,人心之知都是在亲身格物的过程中获得的。这些说法否认了知为先验之知,并且堵塞了心先于物的可能性。不仅如此,基于知以物为体的思路,颜元坚持由物而心、行先知后的认识路线和行为原则,并在贯彻这一原则的过程中反对脱离行或离开对具体事物的接触而只从书本上获取认识。

戴震坚持由物而心的认识路线,强调人的感官只有接触外界事物才能产生感觉,形成认识。正是在这个意义上,他一再指出:

> 耳之能听也,目之能视也,鼻之能臭也,口之知味也,物至也迎受之者也。(《原善》卷中)

> 味也、声也、色也在物,而接于我之血气;理义在事,而接于我之心知。血气心知,有自具之能,口能辨味,耳能辨声,目能辨色,心能辨夫理义。味与声色,在物不在我,接于我之血气,能辨之而悦之……理义在事情之条分缕析,接于我之心知,能辨之而悦之。(《孟子字义疏证·理》)

这就是说,声音、颜色、气味是事物的属性,人的感官迎受、接触它们,于是产生各种感觉;同样,法则、义理为外物所固有,思维器官——心迎接之产生了认识。这表明,先有物而后有知,外界事物是认识的源泉。对此,戴震解释说,认识的产生需要主体的认识能力,正如事物的外部属性——声、色、嗅、味凭借感官的接触才能感觉到一样,事物之理要靠心去领悟。有鉴于此,他指出,心对于认识事物之理具有重要作用,离开心,人便无法把握义理、认识事物的本质。具体地说,心之官可以判断感觉的正确与否,可以突破表面现象的局限,把握事物的内在规律——必然等等。有鉴于此,戴震一再强调:

耳目鼻口之官,接于物而心通其则。(《原善》卷中)
是思者,心之能也。(《孟子字义疏证·理》)

在肯定心能思、具有耳目等感官无法企及的优越性的同时,戴震强调,不能无限夸大心的作用,更不应该得出心先于物的结论。之所以如此,原因在于,认识的形成除了需要心之外,耳目等感觉器官的参与同样必不可少。为了阐释这个道理,他把人的认识器官分为两类:一类是耳、目、鼻、口之官,一类是心之官。对于这两类认识器官之间的关系,戴震强调了两点:第一,耳目鼻口之官与心官的地位、作用各不相同。他宣称:"耳目鼻口之官,臣道也;心之官,君道也,臣效其能而君正其可否。"(《孟子字义疏证·理》)按照他的说法,不同的认识器官具有不同的认识对象,耳目只能反映事物的声色等外部属性,只有心官才能反映事物的内部之理。从这个意义上说,感觉器官处于从属地位,心之官处于支配地位,二者是君臣关系。与此相联系,戴震把人的认识分为两个部分或步骤,即"自然"和"必然"。对此,他指出,这两种认识虽然都来自客观世界,却具有不同的性质和作用。自然反映的是事物的外部属性,必然反映的是事物的内部本质。就认识的主体而言,前者是耳目血气,后者为心知。第二,心之官虽然能支配耳目之官,却不能代替它们的职能。在这个意义上,戴震断言:"心能使耳目鼻口,不能代耳目鼻口之能。彼其能者各自具也,故不能相为。人物受形于天地,故恒与之相通。盈天地之间,有声也,有色也,有臭也,有味也,举声色臭味,则盈天地间者无或遗矣。"(《孟子字义疏证·理》)在他看来,心官与感官以及感觉器官之间各有自己的所能,都"限于所分"。这决定了心官与耳目之官各有不同的作用,不能相互代替。之所以如此,是因为"人之得于天也,虽亦限于所分。"(《答彭进士允初书》)戴震对认识器官的划分和对其间关系的界定既肯定了心之官是比耳目之官更高一级的认识器官,又突出了心官对耳目之官的依赖,强调感觉器官获得的感觉是认识的起点。在此,他坚持了由物而心的认识路线,并在心对耳目的依赖中保证了认识内容的客观性和真实性。不仅如此,在坚持由物而心的过程中,他强调认识的形成还需要一个不容忽视的必要条件,那就是外物。因此,他把知产生的第一步说成是外物接于我。如此一来,由于知产生于物至而迎,绝对不可能是先验的。循着这个思路,他进而宣称,只有在对事物的具体考察中才能认识事物之理——"必就其事物剖析至微,而后理得。"(《孟子字义疏证·理》)

　　总之,受本体哲学—认识哲学—道德哲学三位一体的思维方式和价值理念的影响,理学家的心物观贯穿于三个领域。与此相联系,他们对心的推崇以及对由心而物的强调既是对心为宇宙本原的本体论证,又是先尽心后格物、致知以及致吾心之良知于事事物物的认识路线,还包括"致良知"的道德修养工夫。这就是说,理学家的心物观贯穿于本体、认识和道德等诸多领域,他们心先于物的主张不仅具有本体领域心为本原的意思,而且包括认识、实践领域对先验之知、良知的肯定,表现在知行观上就是以知为先、为本。

与此不同,早期启蒙思想家的心物观重心在认识领域,并在由物而心的论证中突出了认识是对外物的反映:第一,在心作为思维器官、与耳目等感觉器官相对应的意义上,他们一面指出耳目心官依赖于外物才能产生认识,一面突出心对耳目器官的依赖,完全否定了知为心中固有的可能性。第二,在心作为认识结果的意义上,心即知,心对外物、耳目的依赖包含着心中之知在来源上对行的依赖。从这个意义上说,心物观上的由物而心为早期启蒙思想家在知行观上主张知源于行奠定了前提。

六、知行观——吾心之知·知源于行

理学家对知行关系的具体看法并不相同,有时还会各不相让,甚至截然相反。例如,王守仁多次明确表示自己的知行观是针对朱熹的错误有感而发的。然而,透过喧嚣的表面现象不难看出,理学家的知行观在本质上具有一致性,他们对知、行内涵的界定以及对知行关系的侧重流露出别无二致的理论运思和价值取向。

与理学是道德形而上学一脉相承,理学家注重知、行的道德内涵和知行关系的伦理维度。正因为如此,他们所讲的知、行都与以三纲五常为核心的伦理道德密切相关:知即吾心固有之知,又称"良知"或"天德良知";与知一致,行也不是认识世界或改造世界的活动,而是对宗法道德的躬行践履。可见,知、行在理学中都成为伦理、道德范畴,而不是认识范畴。与此相关,理学家对知行关系的探讨是从道德领域立论的,始终突出、侧重其伦理维度。

在理学中,知、行的特定内涵决定了必须知在先、知为本,才能保证所行符合宗法道德的要求;否则,离开知的指导,纵然能行也不仅无益反而有害、不若不行。这使突出知的重要性、强调行必须以知为指导成为理学家的共识。于是,从二程、朱熹到陆九渊都不约而同地强调知先行后。他们曾经如是说:

> 故人力行,先须要知……譬如人欲往京师,必知是出那门,行那路,然后可往。如不知,虽有欲往之心,其将何之?……到底,须是知了方行得。(程颐:《二程集》《河南程氏遗书》卷十八)
>
> 先知得,方行得。所以《大学》先说致知。(朱熹:《朱子语类》卷十五《大学·经上》)
>
> 博学、审问、慎思、明辨、笃行。博学在先,力行在后。吾友学未博,焉知所行者是当为、是不当为?(陆九渊:《陆九渊集》卷三十五《语录下》)

进而言之,理学家所讲的知先行后不是在发生论而是在功能论上立论的,目的是突出知对行的指导。在这一点上,二程的知先行后和知本行次、朱熹的"论先后,知在先"与王守仁的"只说一个知已自有行在"如出一辙。

作为本体哲学的延续,理学家探讨知行关系是为了将作为三纲五常的天理、吾心从宇宙本体转化为人内心的道德观念,最终落实到行动上,这使他们的知行观热衷于道德修养的方法和超凡脱俗的工夫。与此相关,理学家重视格物、致知,并且与对知、行内涵的道德侧重一样,将格物、致知诠释为伦理道德范畴,让人通过格物、致知等修养工夫,将对宗法道德的知落实到行动上,在日常生活中时时刻刻"去人欲,存天理"。正因为如此,对于格物,朱熹反复指出：

> 如今说格物，只晨起开目时，便有四件在这里，不用外寻，仁义礼智是也。(《朱子语类》卷十五《大学·经下》)

> 君臣父子兄弟夫妇朋友，皆人所不能无者，但学者须要穷格得尽。事父母，则当尽其孝；处兄弟，则当尽其友。如此之类，须是要见得尽。若有一毫不尽，便是穷格不至也。(《朱子语类》卷十五《大学·经下》)

同样，王守仁将格物解释为"正事"，突出其道德属性。格物、致知的道德属性为"去人欲，存天理"奠定了前提。理学家之所以重视格物、致知，是因为它们是"去人欲，存天理"的修养工夫和具体步骤。于是，在将格物、致知说成是道德修养工夫的基础上，朱熹、王守仁等人不遗余力地呼吁"去人欲，存天理"，将之视为人生追求的最高价值和超凡入圣的不二法门。

早期启蒙思想家不再侧重知、行的道德内涵，他们所讲的知不是先验之良知，行也不再专指对宗法道德的躬行践履。例如，王夫之所讲的知指人通过行获得的感性认识和理性认识，即格物、致知；行主要指"行于君民、亲友、喜怒、哀乐之间"的"应事接物"(《尚书引义》卷三《说命中》)的活动，即为、习、履、实践等。可见，他虽然没有完全排除知、行的道德内涵和知行关系的伦理维度，但是，这些都不再是知、行的主要意义或知行关系的基本维度，更不是唯一维度。对王夫之的思想进行全面考察可以发现，其知行观的重心在认识领域。颜元所讲的知主要是通过亲身习行获得的直接经验，行是"亲下手一番"的活动，即"实行"、习行。与王夫之的知行观具有异曲同工之妙的是,颜元对知、行和知行关系的探讨同样不是从道德领域立论的,而是兼涉本体、人性、认识和实践等诸多领域。

早期启蒙思想家与理学家对知行关系的不同侧重,在颜元与王守仁的比较中可以看得更加清楚。例如,颜元与王守仁都反对朱熹的知先行后,理论初衷却相去天壤:与知行观侧重道德领域一脉相承,王守仁担心的是知先行后引发的道德堕落;与知行观侧重实践领域息息相通,颜元不能容忍知先行后导致的坐而论道、废弃习行。具体地说,由于关注道德后果,王守仁指出,朱熹的知先行后在社会上导致了言行不一、口是心非的虚伪,许多人以先知后行为借口,知见父应孝而不孝。于是,一切都限于所知、流于空谈而不能行,从而败坏了社会的道德风气。与王守仁对引发道德堕落的担忧截然不同,颜元反对朱熹的知先行后以及把读书静坐视为学问之道的理由是,真知必须在习行中获得并且服务于习行,朱熹的知先行后以读书为求知手段,让人把一生精力都用在读书、注书、讲书上,由此废弃了实行。这种为学方式以读书、静坐代替了习行,给社会带来了极大的危害。由于终日坐在屋里读书,当时的士人四体不勤、五谷不分,最终变成了弱人、病人,对社会毫无用处。

作为知、行及知行关系不再侧重道德领域的直接后果,王夫之和颜元都不再将格物、致知视为道德范畴。具体地说,他们对格物、致知的具体理解并不相同,如王夫之将格物、致知都归于知,颜元将格物诠释为习行等。尽管如此,作为早期启蒙思想家,王夫之和颜元思想的大方向是相同的,即都不再像理学家那样将格物、致知视为纯粹的道德范畴,致使格物、致知不再与伦理道德相关。这一点与他们对知、行以及知行关系的侧重一脉相承,也使早期启蒙思想家与理学家的格物、致知之说渐行渐远。在这方面，颜元对格物是习行的论证更是拉大了与理学家之间的距离。

王夫之把格物、致知理解为同一认识过程的两个阶段，不再只是行于君臣父子之间的修身养性。对于何为格物、何为致知，他界定说：

> 大抵格物之功，心官与耳目均用，学问为主，而思辨辅之，所思所辨者皆其所学问之事。致知之功则唯在心官，思辨为主，而学问辅之，所学问者乃以决其思辨之疑。（《读四书大全说》卷一《大学·圣经》）

按照王夫之的理解，人的认识活动分为两个阶段，先是以耳目等感觉器官接触事物，然后是心之官加以思辨。前者即格物阶段，特点是以耳目等感觉器官进行的学问为主；后者即致知阶段，特点是以心之官进行的思辨为主。这表明，格物、致知都是人的认识或认识途径——"知之方"。

颜元突破了将格物囿于知的惯例，与对行的推崇相统一，别具匠心地把格物解释为行。他写道：

> 按"格物"之"格"，王门训"正"，朱门训"至"，汉儒训"来"，似皆未稳……元谓当如史书"手格猛兽"之"格"、"手格杀之"之"格"，乃犯手捶打搓弄之义，即孔门六艺之教，是也。（《习斋记余》卷六《阅张氏王学质疑评》）

颜元把格物之格解释为"犯手实做其事"、"亲下手一番"，致使格物成为习行，行也成了亲自动手做事。这使他对习行的推崇在对格物的解释中得以淋漓尽致的发挥。这表明，格物、致知在早期启蒙思想中不再是道德范畴。

作为格物、致知与道德疏离的结果，早期启蒙思想家不再将"去人欲，存天理"视为知行的最终目的，人生的价值追求也随之发生了重大转变。在早期启蒙思想中，作为实践、认识范畴，格物、致知不再是"去人欲，存天理"的道德修养工夫。同时，对于知与行的关系，他们强调，行先知后，知源于行。

王夫之肯定知行相互依存、"相资为用"，同时指出知是致知，行是力行，二者具有本质区别，并且各有其效。因此，知与行的地位、作用并不等同，在知行的辩证统一中，行比知更为重要，是知行关系的主导方面和决定因素。这一点是王夫之知行观的核心观点，他从各个角度进行了论证和阐释。

其一，知源于行

王夫之认为，知来源于行，是从行中获得的；离开了行，也就没有真正的知。正是在这个意义上，他一再声称：

> 非力行焉者，不能知也。(《四书训义》卷十三《论语·子罕》)

> 求知之者，固将以力行之也。能力行焉，而后见闻讲习之非虚，乃学之实也，而岂但以其文乎？(《四书训义》卷五《论语·学而》)

王夫之确信，不力行就不能知，因为知是从行中获得的，行使人由无知到有知；同时，行可以加深、巩固已有之知，使知不断深化。这些都证明了知源于行,表明了行对知的决定作用。沿着知源于行的思路,他要求人们通过力行,在接触外物的耳闻目睹中求知,以此确保知之内容的客观、真实、可靠和有效。

王夫之的知源于行是在发生论的层次上立论的,表明了在知行关系中,行是第一性的,行比知更为根本。与此相关,知源于行不仅决定了没有行就没有知,而且表明知之内容是行赋予或决定的,只有在行中获得的知才能保证其内容的真实、客观、可靠和有效。

其二,行可"兼知"、"统知"

知源于行决定了知与行的地位、作用和价值等并不等同。不仅如此,王夫之提出了行可以"兼知"、"统知"的观点,突出行的决定地位和作用。对此,他论证说:

且夫知也者,固以行为功者也。行也者,不以知为功者也。行焉可以得知之效也,知焉未可以得行之效也。将为格物穷理之学,抑必勉勉孜孜,而后择之精、语之详,是知必以行为功也。行于君民、亲友、喜怒、哀乐之间,得而信,失而疑,道乃益明,是行可有知之效也。其力行也,得不以为歆,失不以为恤,志壹动气,惟无审虑却顾,而后德可据,是行不以知为功也。冥心而思,观物而辨,时未至,理未协,情未感,力未赡,俟之他日而行乃为功,是知不得有行之效也。行可兼知,而知不可兼行。(《尚书引义》卷三《说命中》)

与知源于行相一致,王夫之指出,知是为了行之效而行的目的并不在于知,这正如在行中可以获得知而在知中却不能收行之效一样：一方面，格物、穷理是为了在行动中收事半功倍之效，达到预想的效果，并不是以知为最终目的。另一方面，通过行于君臣、父子之间，道可日明，知可益广。这就是说，知没有行的功效，也不能包括行；相反，行有知之功效，能够包括知。因为只要去行，就可以在行的过程中变不知为知，由知之浅近到知之深广。这一切都证明，行可以"兼知"、"统知"，知却不可以"兼行"或"统行"。

其三，行是知的目的

王夫之指出，行是知的目的，知的目的在于"实践"。不去行，知的价值发挥不出来，知也等于不知。正是在这个意义上，他一再强调：

> 知之尽，则实践之而已。实践之，乃心所素知，行焉皆顺。(《张子正蒙注·至当篇》)

> 知而不行，犹无知也……故学莫切于力行。(《四书训义》卷九《论语·公冶长》)

王夫之的上述议论表明，知不是目的，也不是终点；相反，由于知的目的是行，所以，知一定要运用于行。正因为如此，他一再敦促人们"知而后行之"。

其四，行是检验知的标准

王夫之指出，行是检验知的标准，知的内容只有通过行才能表现出来。也就是说，知是否正确——是否真实、客观、可靠和有效只有在行中才能得到检验。正是在这个意义上，他断言："知也者，因以行为功者也……行焉可以得知之效也。"(《尚书引义》卷三《说命中》)王夫之所讲的行是知的检验标准具有双重意义：一方面，对知源于行的强调注定了知之内容的真实、客观只有在行中加以检验。另一方面,知之目的在于"实践"注定了知的价值、作用只有通过行才能表现出来。正因为如此,行是知的检验标准成了唯一可能的结论。在他那里,正如知源于行、取决于行一样,行是检验知的标准的真正意思是,只有行才能检验知是否真实、可靠、客观和有效。因此,检验的结果是符合行、有利于行者为对、为真、为是,反之为错、为假、为非。接着,面对不同的检验结果,真知作为真理被保留下来去指导行,错误被抛弃或者在行中加以修改。总之,不再固守先天之知,而是改变或增长知。

通过以上四个方面,王夫之得出了"君子之学,未尝离行以为知"(《尚书引义》卷三《说命中》)的结论。这表明,从本原上说,行是第一性的。

颜元推崇实学,注重习行,致使其知行观具有两个基本特征:第一,知行关系植根于本体哲学和人性哲学之上,具有高屋建瓴的恢宏气势和形上背景,并且辐射价值哲学、道德哲学、认识哲学和实践哲学等诸多领域。第二,在界定、处理知行关系时,始终突出行的价值,致使行无可争辩地成为知行关系的决定因素和主导方面。

与王夫之一样,颜元强调,知源于行,是在行中获得的;如果不行,便不会知。对此,他利用日常生活中的例子论证说:

且如此冠,虽三代圣人,不知何朝之制也。虽从闻见知为肃慎之冠,亦不知皮之如何暖也。必手取而加诸首,乃知是如此取暖。如此蔌蔬,虽上智、老圃,不知为可食之物也。虽从形色料为可食之物,亦不知味之如何辛也。必箸取而纳之口,

乃知如此味辛。(《四书正误》卷一《大学·戴本大学》)

这就是说,对于帽子,只有戴在头上,才能知道它是否暖和;对于蔬菜,只有亲口尝一尝,才能知道它滋味如何。离开了"加诸首"、"纳之口"之行,便没有对冠之暖、蔬之味的认识。在这里,颜元依据日常生活中的常识阐明了知源于行的道理。不仅如此,为了贯彻知源于行的原则,他强调,真正的知是通过亲身实行获得的,以此反对只向书本求知的做法。正是在这个意义上,颜元宣称:

如欲知礼,凭人悬空思悟,口读耳听,不如跪拜起居,周旋进退,捧玉帛,陈笾豆,所谓致知乎礼者,斯确在乎是矣;如欲知乐,凭人悬空思悟,口读耳听,不如手舞足蹈,搏拊考击,把吹竹,口歌诗,所谓致知乎乐者,斯确在乎是矣。(《习斋记余》卷六《阅张氏王学质疑评》)

按照颜元的观点,要知礼,任凭读几百遍礼书,讲问几十次,思辨几十层,总不算知礼;必须跪拜周旋,捧玉爵,执币帛,方知礼是如此。要知乐,任凭读几百遍乐谱,讲问几十次,思辨几十层,总不算知乐;直须搏拊击吹,口歌身舞,方知乐是如此。这表明,学礼不能只读礼书,学乐也不能只读乐书,关键是"亲下手一番",只有在跪拜操作和弹奏歌舞的反复实践中才能获得真知。

在强调知源于行的同时,颜元指出,行是知的目的和检验标准,进一步张扬行的价值,突出行的地位。对于行是知的目的,颜元解释说,知是从行中获得的,必须在习行、格物中才能致知。同时,知——知识、学问的价值在于有裨于现实,为社会的政治、经济服务。这决定了知必须通过行起作用;离开了行,知就没有任何价值,甚至丧失了存在的必要。这表明,行是知的目的和意义所在。从此出发,他提出了寓知于行的主张。对于行是知的检验标准,颜元解释说,知的价值在于应用表明,知是否正确、是否有价值,只用通过行才能得以验证。这决定了是否能行是检验真知的标准。对此,他举例子说,一个人"读得书来,口会说,笔会做",都无济于事;只有从身上行过,将书中的知识变成习行之能力才能证明他真有学问。同样,一种学说不能只停留在理论上或讲读上,只有在实际应用中才能鉴别其利弊得失、正确与否。这用颜元本人的话说便是:"学问以用而见其得失。"(《颜习斋先生年谱》卷上)

不仅如此,循着行决定知的一贯思路,颜元将其知行观具体运用到读书之中,提出了一套读书的方法,以更感性的形式表达了对知行关系的看法。他认为,知源于行而不是书本,人应该在习行中、通过格物致知,而不是到书本中去求知。有鉴于此,颜元坚决反对把读书视为获取真理的唯一手段。对此,他论证并解释说:

> 盖四书、诸经、群史、百氏之书所载者,原是穷理之文,处事之道。然但以读经史、订群书为穷理处事以求道之功,则相隔千里;以读经史、订群书为即穷理处事,曰道在是焉,则相隔万里矣……譬之学琴然:诗书犹琴谱也。烂熟琴谱,讲解分明,可谓学琴乎? 故曰以讲读为求道之功,相隔千里也。更有一妄人指琴谱曰,是即琴也,辨音律,协声韵,理性情,通神明,此物此事也。谱果琴乎? 故曰以书为道,相隔万里也。千里

万里,何言之远也!(《存学编》卷三《性理评》)

颜元认为,书中记载的"穷理之文"、"处事之道"充其量只是习行之谱,并不能代替行。如果不去实行而只从书本上求知等于闭门造车,便会出现脱离实际、与现实情况相隔千里万里的后果。这样做不仅达不到读书增长习行本领的目的,反而适得其反。需要说明的是,他没有断然取消读书或完全否定读书的作用,但是,强调读书的原则和方法是习行而不是静坐,要求读书时把精力放在实行上,将书中的道理从身上行过。正是在这个意义上,颜元反复强调:

读书无他道,只须在"行"字著力。如读"学而时习"便要勉力时习,读"去为人孝弟"便要勉力孝弟,如此而已。(《颜习斋先生言行录》卷上《理欲》)

心中醒,口中说,纸上作,不从身上习过,皆无用也。(《存学编》卷二《性理评》)

有鉴于此,颜元呼吁,读书与其他格物一样,必须以践履为基础;如果不亲手去做,亲身去行,不仅无益反而有害。这是因为,读书不仅要心中明白,口中能讲,笔上会做,关键在于身体能行,即把书中的道理变成行的实际本领,进而服务于社会。如果不会做,等于不知,书读得再多也无用。

颜元所讲的知源于行是本体论、发生论层面的。在此基础上,他将知源于行无限放大,以此代替知行功能论、实践论上的相互依赖、相互促进的双向互动。按照颜元的说法,任何知识都源于行,并且都源于直接经验,致使间接经验变得无足轻重、可有可无,陷入了狭隘的经验论。同时,由于偏执于知源于行而无视知的反作用,他重实践而轻理论——尤其是忽视书本知识也就不足为奇了。

在这里,需要说明的是,知源于行是早期启蒙思想家与理学家对于知行关系的根本分歧,也决定了他们所讲的知行相互依赖和知指导行与理学家的基本意图并不相同。例如,王夫之的知行相互依赖突出知行的辩证统一,与理学家理解的知行相互依赖具有本质区别:第一,王夫之的知行相互依存以承认知与行的严格界限为前提,并且正是由于相互区别——"各有其效"决定了二者缺一不可、相互依赖。这使他所讲的知行相互依存、相互渗透与王守仁将行归于知,并由此推导出知行不分前后、并进包含的"知行合一"相去天壤。第二,王夫之肯定相互依赖是就知、行在具体认识过程中的作用而言的,是功能论而非本体论或发生论意义上的。正因为如此,与朱熹讲知先行后并不妨碍他强调"论先后,知在先"相仿佛,王夫之讲知行相互依存并不阻碍他在发生论上主张知源于行。

同样,无论是二程、朱熹、陆九渊的知先行后还是王守仁的"知行合一"都强调知对行的指导。从知指导行的抽象意义看,王夫之的说法与理学家具有某些相似之处,其具体含义却有本质区别:第一,本体根基之差。王夫之讲知指导行的前提是知源于行,并且,知源于行是在本体论、发生论上立论的,这决定了知指导行并不妨碍行在本体论上的优先、优越地位。在理学家那里,知是良知。作为先天固有的道德观念和行为规范,知具有行无可比拟的本体意义上的绝对性和优越性。第二,具体内容之异。王夫之强调知源于行证明了知并非先天固有之知,知是源于后天之行的经验之知。这决定了知之内容的客观性、可靠性源于行而非主观臆断、玄想或先天神启。与此相关,源于行之知由于具有客观而真实的内容可以在行中发挥自己的指导作用和预见功能,实现自己的价值,即行"乃心所素知,行焉皆顺"。在理学家那里,知指导行是使先天的道德观念落实到行动上。第三,价值旨趣之别。王夫之主张,知指导行的目的是为了使行更为有效,从价值论上看,行而不是知是价值本身,即"行之为重"。在理学家那里,知永远是知行关系中的价值主体,知是目的和价值本身,行不过是手段、工夫而已。三个方面综合起来表达了同一个意思,如果说在理学家那里,知指导行是为了在行中贯彻知,从而将行永远控制在先天之知的范围内、不可越雷池一步的话,那么,在王夫之那里,这是把从行中获得的经验、知识等反过来运用到行中,使行更有效率。

七、形上颠覆——早期启蒙思想家批判理学的根基处

上述内容显示,一方面,理气观、道器观、有无观、动静观、心物观和知行观构成了理学的中心话语,是其哲学基本问题在不同领域的表现。另一方面,对于这些关系和问题,早期启蒙思想家逐一进行了界定和阐释,并且得出了与理学家完全不同的结论,对理学进行了一次根基性的颠覆。

1. 相互联系,彼此印证——共同搭建形上根基和价值依托

在理学中,理气观、道器观、有无观、动静观、心物观和知行观之间具有内在联系,共同建构了形上根基、思维方式和价值依托——一方面,它们具有不同的理论中心和视角侧重;另一方面,是对同一问题的阐释和理解:理气观、道器观直接回答了世界的本

原是什么，并且论证了本体与现象之间的关系。有无观、动静观说明了世界本体的存在状态，进一步伸张了其成为宇宙本体的资格；同时也是审视世界的思维方式，隐藏着价值评判的标准。心物观牵涉世界本体是心还是物的回答，同时关系到人与世界的同一性问题——在心与物谁先谁后的层面上，属于本体领域；在心与物如何同一的层面上，侧重认识、道德领域。知行观在认识与实践的关系层面具有认识哲学的意蕴，理学家对知行关系的认定侧重其道德意蕴和伦理维度，使知行观成为道德哲学的主要内容。由此可见，通过对这些关系的诠释和定位，理学家探讨了世界本体和万物由来，建构了理学特有的思维方式和价值旨趣，并为人设置了行为追求和人生目标。正因为如此，这些问题是理学的理论浓缩。

同时，在理学体系中，理气观、道器观、有无观、动静观、心物观和知行观之间既相互渗透，又层层递进，构成一个有机的逻辑系统。其中，理气观是基础，其他认识是在理气观的基础上延伸出来的。如上所述，道器观是理气观的具体贯彻和延伸。有无观、动静观受制于理气观和道器观。具体地说，无、静是理、道的基本特征，有、动是气、器的属性，理气观和道器观直接决定了有与无、动与静之间不容混同的体用、本末关系。如果说理气观、道器观、有无观和动静观侧重于对形而上之天堂的描述的话，那么，心物观则将天堂与人间联系起来，不论是本体层面上的心物何为本原还是认识层面上的心物如何同一都是为了将高高在上的宇宙本体通过体悟最终践履出来。在这个意义上可以说，心物观是以自己的方式对理气观和道器观上理、道凌驾于万物的证明，同时伸张了有无、动静观上无、静对于有、动的优越性。进而言之，心之所以具有如此权威，因为心中包含的是形而上之理、是道，心与理、道异名而同实。知行观将理气观、道器观、有无观、动静观和心物观中蕴涵的价值理念由隐到显释放了出来,并且通过行使其作为人生追求和行为目标落实到行动上。具体地说,理与气、道与器、无与有、静与动、心与物表达的不仅是世界是什么或世界存在的方式,而且关乎价值系统的确立。作为其具体表现,宇宙本体——天理、吾心的实际所指即以三纲五常为代表的伦理道德。这决定了知是对天理、良知、三纲五常的知,行即对这些道德观念和行为规范的践履。由此可见,知与行的关系不仅进一步证明了理气、道器、有无、动静、心物关系中所表达的世界本体问题,而且进一步将世界本体转化为人的价值追求和行为准则,使天理从外在的存在、使良知从内在的观念统统变成了实际行动,从而达到天人合一。这再次表明,理气观、道器观、有无观、动静观、心物观和知行观共同构成了理学本体哲学—认识哲学—道德哲学三位一体的逻辑结构,并在这种三位一体中层层推进,以自己的方式建构了通过道德完善、在"去人欲,存天理"中臻于天人合一的价值主旨和行为模式。

理气观、道器观、有无观、动静观、心物观和知行观一起构成了理学的形而上学,作为理学的本体根基和价值依托,直接影响着理学的理论走势、思想内容和逻辑构架,同时决定着理学对其他问题的审视和处理。可以说,理学的全部伦理思想都源于此。由于伦理道德以三纲五常为核心,三纲成为道德原则;由于三纲作为天理是世界本原,所以有超越时空的绝对权威,成为自然界和人类社会的至高准则;当三纲五常作为上天赋予人的天命之性时,更增加了人体悟、践履这种伦理道德的迫切性和正当性。同时,以理气观、道器观、有无观、动静观、心物观和知行观为理论前提和背景,理学家们在价值选择上以理、义、公为贵,贬损欲、利、私的价值;在处理和分析理与欲、义与利和公与私的关系时,毅然决然地主张存理灭欲、贵义贱利和崇公抑私。进而言之,他们之所以作出如此抉择,原因是,前者代表天理,与理、道、无、静、心、知等一脉相承;后者代表人欲,与气、器、有、动、物等脱不了干系。基于如此认定,与形上建构中两者之间的泾渭分明、不容混淆相一致,"去人欲,存天理"成为价值追求、必然结论和唯一出路。

2. 形上根基和价值颠覆——对理及理学的还原

了解了理气观、道器观、有无观、动静观、心物观和知行观对于理学的至关重要性便不难想象,早期启蒙思想家对这些问题的不同诠释和解答等于对理学进行了一次根基性的颠覆。正是在对上述一系列关系(其实是理学的形而上学问题)的反思和批判中,他们阐明了自己的形上哲学,从诸多领域对理学的哲学基本问题予以反驳。早期启蒙思想家对理气观、道器观、有无观、动静观、心物观和知行观的回答从各个环节颠覆了理学,建构了一种全新的思想体系。

在颠覆理学理气观、道器观、有无观、动静观、心物观和知行观的过程中,早期启蒙思想家对理学的批判侧重于形而上学,似乎离现实问题很远,比如说与理学造成的社会危害——以理杀人并不相干。其实不然。正如这些关系在理学体系中是形上根基和哲学理念一样,早期启蒙思想家对理学的所有批判归根结底都源自哲学观念的引领,这正如理学的种种危害的策源地是理论错误、发轫于形上观念一样。不仅如此,与理气观、道器观、有无观、动静观、心物观和知行观在理学体系中以理气观为基础相一致,他们对这些关系的颠覆是通过对理的解构完成的;同样与这些观念在理学中最终汇聚成"去人欲,存天理"而导致以理杀人一样,早期启蒙思想家对理的还原避免了以理杀人的可能性。

根据理对气的依赖,早期启蒙思想家否定了理学家关于理至善而气有恶的说法,在价值观上拉平了理与气之间的距离。关于理气的善恶属性,王夫之一再强调:

> 理善则气无不善,气之不善,理之未善也。(《读四书大全说》卷十《孟子·告子上》)
>
> 理与气互相为体,而气外无理,理外亦不能成其气,善言理气者必不判然离析之。(《读四书大全说》卷十《孟子·尽心上》)

按照王夫之的理解,理与气不是一体一用,而是"互相为体";正如气外无理、理外无气一样,理与气的共存决定了其善恶的一致——理与气善则同善,恶则同恶。这明确否定了理对于气的优越性,对理、气给予了同等的价值定位。

同样循着理气相依的逻辑,颜元坚持理气的善恶统一,进而驳斥理学的气质有恶说。下面这段话集中体现了他对理气善恶一致的看法,并在驳斥气质有恶说的同时论证了气质性善说:

> 若谓气恶,则理亦恶;若谓理善,则气亦善。盖气即理之气,理即气之理,乌得谓理纯一善而气质偏有恶哉!譬之目矣:眶、疱、睛,气质也;其中光明能见物者,性也。将谓光明之理专视正色,眶、疱、睛乃视邪色乎?余谓光明之理固是天命,眶、疱、睛皆是天命,更不必分何者是天命之性,何者是气质之

性；只宜言天命人以目之性，光明能视即目之性善，其视之也则情之善，其视之详略远近则才之强弱，皆不可以恶言。(《存性编》卷一《驳气质性恶》)

在此，颜元指出，理气相互依赖，是统一的；理气之间的这种相依、统一决定了其善恶属性的一致性——正如理善则气善一样，气恶则理恶。同样的道理，如果天命之性至善的话，那么，气质之性也应该是善的；如果气质之性有恶的话，那么，天命之性必然也有不善。如此说来，哪有理善而气却恶的逻辑，更没有天命之性至善而气质之性有恶的道理。在此，他将理气的善恶统一坚持到底，从形而上的理气关系落实到人性领域，在气质之性与天命之性具有相同的善恶属性中断言以欲为核心的气质之性为善。这些说法驳斥了"去人欲，存天理"的正当性，并为颜元在有无观、动静观、知行观上伸张有、实、动和行的价值奠定了基础。

在戴震那里，理对气的依赖改变了理的特点，致使其与宇宙本体越来越远。他强调，作为区分事物的"察之而几微必区以别之名"，理的根本属性和特点是分。因此，理的确切称谓应该是分理，这正如事物之文质不同便会呈现出肌理、腠理、文理或条理之分一样。不仅如此，戴震还从训诂学的角度旁征博引，详细阐释了理即分理的道理。他指出：

凡物之资，皆有文理，粲然昭著曰文，循而分之、端绪不乱曰理。故理又训分，而言治亦通曰理。理字偏旁从玉，玉之文理也。盖气初生物，顺而融之以成质，莫不具有分理，则有条而不紊，是以谓之条理。以植物言，其理自根而达末，又别于干为枝,缀于枝成叶,根接于土壤肥沃以通地气,叶受风日雨露以通天气,地气必上接乎叶,天气必下返诸根,上下相贯,荣而不瘁者,循之于其理也。以动物言,呼吸通天气,饮食通地气,皆循经脉散布,周溉一身,血气之所循,流转不阻者,亦于其理也。理字之本训如是。因而推之,举凡天地、人物、事为,虚以明夫不易之则曰理。所谓则者,匪自我为之,求诸其物而已矣。(《绪言》卷上)

此外,戴震还从认识的角度进一步重申了理即分理的观点,指出认识事物就是先通过耳目鼻口等感觉器官分辨事物之声音、颜色、气味等,然后由心通其则而明理;所谓明理,其实就是弄明白理的区分。正是在这个意义上,他断言:"举理,以见心能区分……分之,各有其不易之则,名曰理……是故明理者,明其区分也。"(《孟子字义疏·理》)在此,戴震强调,要达到明理的目的,必须对事物进行十分细致的分析,"必就其事物剖析至微,而后理得。"(《孟子字义疏证·理》)有鉴于此,他提出了只有在具体分析、辨别中才能认识事物之理的思想。可见,戴震关于认识事物的目的是明理,而明理就是明其区分的观点从认识论的角度再次证明了理是分理,理的特点是分。

戴震对理的界定始终以训诂、分析为主,运用这套方法,他得出的结论——理是分理以及理的特点是分对于理学来说颇具颠覆性和挑战性。众所周知,为了强调理的至上性和绝对性,朱熹宣扬理是"一"——不可分割的整体,以此突出理的完美无缺、独一无二、超越古今、至高无上。为此,他详细论证了"理一分殊",强调天理只有一个,万物之理表面上看来各不相同,实质上都是对同一个天理的反映和体现。同时,由于理不可分割,万物都体现了天理的全部而非部分。借鉴佛教的"月印万川",朱熹将"理一分殊"这个深奥的哲学理念举重若轻地表达了出来。循着同样的逻辑,陆九渊断言:"理乃天下之公理。"(《陆九渊集》卷十二《与唐司法》)于是,理在陆九渊的视界中放之四海而皆准,亘古亘今,万古永恒,具有绝对的普适性和普世性。理学家对理的神化一面使理凌驾于万物之上,成为万物本原;一面使理越来越抽象虚玄、空洞无物。戴震对理的分析和阐释循着与理学家截然相反的思路,结果发现,理学家宣扬的独一无二、亘古亘今的永恒之理根本就不存在:由于理是分理,理的根本属性是分;由于随着事物的类别而不同,理不可能无所不在,也不可能具有绝对的普遍性。于是,他宣称:

> 举凡天地、人物、事为,不闻无可言之理者也,《诗》曰"有物有则"是也。就天地、人物、事为求其不易之则是谓理。后儒尊大之,不徒曰"天地、人物、事为之理",而转其语曰"理无不在",以与气分本末,视之如一物然,岂理也哉!(《绪言》卷上)

进而言之,由于强调理是分理,理最大的特点是分,戴震在使理具体化的同时,直逼天理的正当性、神圣性和权威性,也从根本上否定了理是世界本原的可能性。

总而言之,与理学的理论体系以理气观、道器观、有无观、动静观、心物观和知行观为理论内容和逻辑框架,以理为灵魂相一致,早期启蒙思想家对理的还原破坏了理学的逻辑框架和价值体系,同时剥夺了理的权威。由于理在各个环节中的权威一一丧失,不仅在与气、器、有、动、行的对待中没有了任何优越性,而且由于他们对气、器、有、动、行的推崇而使"去人欲,存天理"不再是人生的价值目标。在理欲、义利和公私观上,早期启蒙思想家重欲、贵利、尚私,致使欲、利、私成为价值的主导方面和人生的价值目标。与此相伴随,三纲尤其是"君为臣纲"和"父为子纲"面临前所未有的挑战,君权和夫权受到质疑。这些使"饿死事极小,失节事极大"之类的观念没有了正当性,理也不再具备杀人的能力和外部环境。

人之自然本性的还原和
道德的重新定位
——人性理论及其意义

早期启蒙思想家是自觉地站在理学的对立面审视理学的,从一开始,他们就把批判的矛头直接指向了理学。在此过程中,早期启蒙思想家尤其愤怒地揭露、谴责了理学的杀人本质。进而言之,他们认定理学杀人是就其社会危害和客观影响而言的,主要指理学家推崇双重人性论,从天命之性与气质之性的截然二分推导出"去人欲,存天理"的说教,进而让人在灭绝人欲中恢复天理,致使人的生存权利受到严重扼杀。由此可见,早期启蒙思想家对理学的认定和批判使理学的人性哲学日益凸显出来,成为众矢之的。这不仅决定了他们对理学人性哲学的批判具有了非同一般的意义,而且决定了其自身人性哲学的建构势在必行且举足轻重。正因为如此,为了彻底批判理学,早期启蒙思想家从各个角度对理学的双重人性论进行批判;在此过程中,针对理学的双重人性论,提出了人性一元论;针对理学的气质有恶宣布气质之性是人性的唯一内容,并以此反对气质有恶的说法。由此可见,他们对理学人性哲学的颠覆的破与立是同步进行的。有鉴于此,要深刻理解早期启蒙思想家对理学人性哲学的批判和瓦解,必须先全面了解其人性哲学;要全面评价早期启蒙思想的意义和价值,必须先了解其的人性哲学。

一、以理杀人——对理学的定性和谴责

在对理学的审视和批判中,许多早期启蒙思想家特别是颜元、戴震等人认定理学以理杀人,并对此予以强烈谴责。

颜元痛斥理学——无论是程朱理学还是陆王心学都是杀人的学说。正是在这个意义上,他写道:

> 果息王学而朱学独行,不杀人耶!果息朱学而独行王学,不杀人耶!今天下百里无一士,千里无一贤,朝无政事,野无善俗,生民沦丧,谁执其咎耶!(《习斋记余》卷六《阅张氏王学质疑评》)

在颜元看来,理学尽管有程朱理学与陆王心学之分,但就杀人、贻害国家而言,二者别无二致;就杀人的本质和恶果而言,所有理学无一例外。

戴震指出,自从理学受到统治者的青睐,理就成了"治人者"手中的"忍而残杀之具"。对于理学的杀人罪行,他发出了如此控诉:

> 人知老、庄、释氏异于圣人,闻其无欲之说,犹未之信也;于宋儒,则信以为同于圣人;理欲之分,人人能言之。故今之治人者,视古贤圣体民之情,遂民之欲,多出于鄙细隐曲,不措诸意,不足为怪;而及其责以理也,不难举旷世之高节,著于义而罪之。尊者以理责卑,长者以理责幼,贵者以理责贱,虽失,

谓之顺；卑者、幼者、贱者以理争之，虽得，谓之逆。于是下之人不能以天下之同情、天下所同欲达之于上；上以理责其下，而在下之罪，人人不胜指数。人死于法，犹有怜之者；死于理，其谁怜之！(《孟子字义疏证·理》)

在此，戴震道出了一个人所共知却敢怒不敢言的事实，那就是：自宋以来，由于统治者和理学家的大力宣传，理被神化为天理，人们对之"莫能辩"且无可疑。几百年来，作为套在人身上的沉重枷锁，理已经异化成尊者、长者、贵者压制卑者、幼者、贱者的工具。在此基础上，他进而揭露了"去人欲，存天理"的残酷性和反动性：一方面，由于理学家所讲的理已经成为尊者、长者、贵者满足其私欲的工具；另一方面，卑者、幼者、贱者由于这种所谓的理而受到责难和压抑，致使其正当的生存权利和需求得不到保障。这表明，"理欲之辨"已经成为一把杀人不见血的软刀子，吞噬着中国人的身心。有鉴于此，戴震愤怒地发出了"酷吏以法杀人，后儒以理杀人"(《与某书》)的血泪控诉，而"人死于法，犹有怜之者；死于理，其谁怜之"的局面更增加了理学杀人的空前酷烈、惨绝人寰。

进而言之，早期启蒙思想家判定理学杀人是就其理论后果和社会危害而言的，具体指理学对人的基本生存欲望的扼杀和对人的生命权利的践踏。正因为如此，在颜元对理学杀人的批判中，从"千里无一贤"到"朝无政事，野无善俗，生民沦丧"始终聚焦在理学导致的社会危害上。在他看来，理学教人读死书、死读书，严重脱离社会现实，不仅无益于修身养性，而且使人成为废人、病人和对社会无用之人。理学的这些主张和做法本身就是对人性的禁锢和摧残。更有甚者,基于"去人欲,存天理"的说教,理学家让人变化气质,这更是对人之肢体的残害,因为气质就是人的四肢五官百骸,这些都是人生来如此、不可改变的。同样,戴震在愤怒揭露理学"以理杀人"的实质时,也把焦点对准"去人欲,存天理"的说教。他指出,理学强调"辨乎理欲之分",把"人之饥寒号呼、男女哀怨、以至垂死冀生"统统归结为人欲去掉,结果"空指一绝情之感者为天理之本然",并要人"存之于心"。基于这种认识,他指出,理学对人提出的这种要求实际上是做不到的;如果硬要如此,结果将导致"穷天下之人尽转移为欺伪之人",最终酿成虚伪之风。按照戴震的说法,理学家主张"去人欲,存天理"只能引导人走向虚无,这个口号本身是荒谬绝伦的。具体地说,理学家的错误在于,不懂得生存欲望是人的自然本能,只有得到满足才能动静有节、心神自宁;更有甚者,理学家教导别人去欲、寡欲,其实自己并没有真正取消生存欲望,他们的说教恰恰是要满足其最大的私欲,甚至为满足一己之贪欲而不顾人民的死活。理学家这样做的后果是非常危险的。

　　基于上述认识和分析,早期启蒙思想家指出,理学家让人在灭绝人欲中存天理的做法违背人的天性、惨无人道,无异于以理杀人。进而言之,对理学杀人本质的揭露预示并奠定了他们对理学的全面否定。这是因为,在早期启蒙思想家的眼里,理学的杀人本质表明理学不仅无用、无能而且有毒、有害,理学的盛行势必给社会、人生造成极大的危害和灾难。事实上,正是对理学杀人本质的鉴定和评价决定了他们对待理学的否定态度,也坚定了其瓦解理学的信心和决心。

　　可见,无论是早期启蒙思想家提出的理学以理杀人的论点还是他们提供的论据都是以"去人欲,存天理"为切入点、围绕人性哲学展开的,早期启蒙思想家的这一批判视角和理论侧重把理学的双重人性论置于风口浪尖之上,进而成为众矢之的。与此相关,对理学杀人本质的认定奠定了早期启蒙思想家批判理学的切入点和下手处,也使他们对理学的批判聚焦于理学的人性哲学。不仅如此,正是为了扭转理学危害社会的严峻局面,也为了彻底批判理学,早期启蒙思想家批判了理学的双重人性论,同时建构了自己以人性一元论为核心的人性哲学。

二、人性一元论——对理学人性哲学的批判和颠覆

如上所述,早期启蒙思想家认为,理学所以造成以理杀人的局面,源于"辨乎理欲之分",而理欲之分的始作俑者则是双重人性论。在这方面,张载、朱熹的人性哲学是典型代表。在双重人性论的视界中,天地之性或天命之性作为整体、共性是善的,气质之性作为局部、个性有善有恶。于是,推崇共性、改变气质之恶成为必然要求乃至唯一出路。鉴于理学家主张去人欲所造成的违背人之天性、惨无人道以至无异于以理杀人的恶劣后果,鉴于这种后果源于对人性的截然二分,早期启蒙思想家集中批判了理学的双重人性论。在此过程中,为了反对理欲之辨,针对理学家对人性的割裂和对气质之性的压制,他们在反对天命之性与气质之性截然二分的基础上,阐明了自己的人性主张。这方面的内容主要有:断言天命之性依赖于气质之性,离开气质之性的天命之性纯属子虚乌有;抨击气质有恶的说法,宣称气质之性是人性的唯一内容。

1. 反对理气割裂、人性双重

鉴于理学杀人源于理气截然二分的思维误区，早期启蒙思想家对理学人性哲学的批判从反对理气割裂入手，进而反对理学家将人性截然二分的做法。在此，充当理论武器的是理气相依。正是从理气相依的本体思路出发，他们强调，理依于气，义理之性离不开气质之性，并且得出了离开气质之性的天命之性纯属子虚乌有的结论。

以"理在气中"的气一元论为理论武器，刘宗周宣布，理与气、义理之性与气质之性是统一的。他不仅对张载和朱熹等人的双重人性论不以为然，而且提出了"义理之性即气质之本性"的观点。对此，刘宗周多次解释说：

> 离心无性，离气无理。（《刘子全书·复沈石臣进士》）
>
> 理即是气之理，断然不在气先，不在气外。知此，则知道心即人心之本心，义理之性即气质之本性，千古支离之说，可以尽扫，而学者从事于入道之路，高之不堕于虚无，卑之不沦于象数，道术始归于一乎！（《刘子遗书》卷三《学言》）

陈确坚决反对张载、二程等人"既分本体与气质为二，又分气质之性与义理之性为二"（《陈确集·别集·子曰性相近也》）的做法。对此，他写道："一性也，推本言之曰天命，推广言之曰气、情、才，岂有二哉！由性之流露而言谓之情，由性之运用而言谓之才，由性之充周而言谓之气，一而已矣。"（《陈确集·别集·气情才辨》）在陈确看来，性具有不同的表现，天命、气、情、才均是性的表现,在本质上可以视为同一个东西。因此,正如不可离开气、情、才而空谈人性一样,不应该把天命之性与气质之性截然分开;理学家分"气质之性"与"义理之性"的做法必然使人性流于老、释之空无之谈——"非老之所谓无,即佛之所谓空矣。"(《陈确集·别集·气情才辨》)这些说法不仅指出了理学分人性为二、流于空谈的错误,而且揭示了理学流于空谈的理论根源——与佛、老有染。

从气本论出发,王夫之指出,作为宇宙本体的气是人性的实体和依托,气日生决定了性日生;理不过是气、性的日生之理而已,除此之外,再别无理。有鉴于此,他强调,正如言性离不开气一样,义理之性离不开气质之性——离开气质之性,义理之性便是无稽之谈。

对于理与气,颜元的定义是:"生成万物者气也……而所以然者,理也。"(《颜习斋先生言行录》卷上《齐家》)这表明,生成万物的材料是气,万物所以然的规律是理。理与气是相互依赖的。有鉴于此,他宣称:"理气融为一片。"(《存性编》卷二《性图》)具体地说,理乃气之理,气之外不存在所谓的天理。循着这个逻辑,既然没有气质,天理就失去了安附处而无法存在,那么,天命之性必须依赖于气质之性而存在。正是在这个意义上,颜元断言:"若无气质,理将安附?且去此气质,则性反为两间无作用之虚理矣。"(《存性编》卷一《棉桃喻性》)这表明,理学所宣扬的脱离气质之性的天命之性是不存在的,纯属主观的臆造或虚构。

对于人性是什么,颜元的弟子——李塨解释说:

> 在天道为元、亨、利、贞,在人性为仁、义、礼、智。元、亨、利、贞,非气乎?仁、义、礼、智,不可见,而发为恻隐、羞恶、辞

让、是非,非气之用乎?性,心生也,非气质而何?(《周易传注》)

按照这种说法,气在化生人形时,即赋人以仁义礼智之性。这就是说,义理之性及其恻隐、羞恶、辞让、是非都是气的功能,人性不能离开人形、人心而独立存在。循着这个逻辑,不能将义理之性与气质之性截然分开,这与不能将人性与人的气质、形体割裂为二是一个道理。有鉴于此,李塨得出了一个结论——"义理即在气质,无二物也。"(《论语传注问》)

总之,早期启蒙思想家宣布,气质之性与天命之性是统一的,绝对不可断然分做两截。具体地说,既然理依于气,那么,天命之性便离不开气质之性;或者说,正如理气统一于气一样,天命之性与气质之性归结为气质之性。正是在这个意义上,他们指责脱离气质之性的天命之性是理学家的臆造和杜撰,原本即子虚乌有之物。早期启蒙思想家的这些说法推导出两个必然结论:第一,离开气质之性的天命之性纯属子虚乌有,是不必要的甚至是多余之物。第二,不应该将人性截然二分,人性原本是一元的。

2. 宣布气质之性是唯一的人性

在批判理学家割裂人性的过程中,早期启蒙思想家否定天命之性可以超越气质之性而存在,这使理学家所讲的天命之性成为虚构的。与天命之性成为虚构的相伴随,他们不约而同地把人性归结为气质之性,使天命之性成为多余的。进而言之,如果说天命之性是虚构的动摇了其神圣性的话,那么,天命之性是多余的则进一步瓦解了其存在的必要性。伴随着天命之性的退场,气质之性成为唯一的人性。

刘宗周认为,气是天地万物存在的根据,人的存在也不例外。作为气聚化而成的产物,人性随着人的产生而产生,必然以人的身体、器官为依据。这决定了人性离不开气质,人性就是气质之性。于是,他写道:"盈天地间一气而已矣。气聚而有形,形载而有质,质具而有体,体列而有官,官呈而性著焉。"(《刘子全书·原性》)有鉴于此,刘宗周把人性说成是人与生俱来的生理功能。与此相关,由气凝聚而成的气质之性便成了人性的全部内容。这用他本人的话说就是:"性者,生而有之之理,无处无之。如心能思,心之性也;耳能听,耳之性也;目能视,目之性也。"(《刘子遗书》卷三《学言》)

陈确认为,人性不过是人的自然本质,情是性的流露,才是性的运用,气是性的基础,几者综合起来就是人性的全部内容。这说明,气质之性是唯一的人性,人性除此气质之性而外别无他物。

黄宗羲明确宣称:"夫盈天地间,止有气质之性,更无义理之性。谓有义理之性不落于气质者,藏三耳之说也。"(《黄宗羲全集》第十册《序类·先师蕺山先生文集序》)他的说法言简意赅,让人一目了然,气质之性是人性的唯一内容。

颜元认为,与人的形体同时而有的气质之性是唯一的人性,因为人性必须依附于人体,不可能超出人的形体之外。正是在这个意义上,他断言:

> 耳目、口鼻、手足、五脏、六腑、筋骨、血肉、毛发俱秀且备者,人之质也……呼吸充周荣润,运用乎五官百骸粹且灵者,人之气也……非气质无以为性,非气质无以见性也。(《存性编》卷一《性理评》)

在此,颜元把气质解释为人处于生命运动中的整个形体,把形体视为人性存在、呈现的基础。有鉴于此,他进而断言,人性就是人的形体之性,无形体就无所谓人性——"性,形之性也,舍形则无性矣。"(《存人编》卷一《唤迷途·第二唤》)不仅如此,颜元还利用具体事例论证了性不离形、形性不离的观点:有棉花才有棉之暖,有眼睛才有目之明;同样的道理,"敬之功,非手何以做出恭?孝之功,非面何以做愉色婉容?"(《颜习斋先生言行录》卷下《王次亭》)

戴震认为,气是世界的本体,气内部阴阳的对立统一决定了气化流行、生生不息。"气化生人生物",天地万物和人类都是在气化流行中产生的;物具其理,人有其性。进而言之,所谓性就是区别事物本质的名词或范畴。对此,他多次写道:

然性虽不同,大致以类为之区别。(《孟子字义疏证·性》)

性者,分于阴阳五行以为血气、心知、品物,区以别焉。举凡既生以后所有之事,所具之能,所全之德,咸以是为其本,故易曰"成之者性也"。(《孟子字义疏证·性》)

这就是说,凡有生之物,皆有其性,这个性就是其与他物区别开来的本质属性;大致说来,同类之相似、异类之差异的特征就是性。具体地说,生物既成之后,分为不同的种类——"以类滋生";就人而言,人性就是人类区别于非人类的特征。那么,人性的具体内容究竟是什么呢?戴震强调,事物之性与该事物密不可分,人性永远都不可能离开人体而独立存在。这就是说,人性取决于人的形体,与形体密不可分。那么,人体之形与性之间究竟是一种什么

样的关系呢？对此,他反复论述说:

> 举凡品物之性,皆就其气类别之。人物分于阴阳五行以成性,舍气类,更无性之名。(《孟子字义疏证·性》)
>
> 血气心知,性之实体也……舍气安睹所谓性。(《孟子字义疏证·天道》)

按照戴震的理解,事物禀气不同,性质也就不一,事物的特征与气禀是连在一起的。就人而言,人性以人体为载体,离开人体就无所谓人性。他进而指出,人是生物中最高级的一类,人性不同于物性;性落实到人性上,便是人所特有的气质即四肢、血肉等身体器官及其机能。换言之,"血气心知"是人性的本质,离开气质即人的形体,人性便无从谈起。

总之,早期启蒙思想家认为,气是构成人的物质实体,人性最终都可以归结为气质;气质之性是人的四肢、五官等形体所具有的属性、机能和作用。正如离开人的形体便无所谓人性一样,气质之性而外,再无所谓人性。这表明,人性的全部内容就是气质之性,气质之性是唯一的、完整的人性。

3. 驳斥气质有恶的说法

早期启蒙思想家的人性哲学是针对理学家将人性截然二分,进而宣布天命之性至善、气质之性有恶提出的。正因为如此,他们不仅强调理气统一、反对双重人性论,而且在宣布气质之性是人性唯一内容的基础上,断言气质之性无恶,以此驳斥理学家关于气质之性有恶的说法。

对于理学家的气质之性有恶的说法,刘宗周反驳说:"若谓命有不齐,惟圣人全处其丰,岂耳目口鼻之欲,圣人亦处其丰乎?性有不一,惟圣人全出乎理,岂耳目口鼻之性,独非天道之流行乎?"(《明儒学案》卷六十二《蕺山学案·语录》)有鉴于此,他坚信气质无恶,不仅在理论上指出了气质有恶说的自相矛盾,而且揭露了其社会危害。刘宗周宣称,鼓吹气质有善有恶必然使人得出善恶皆命中注定的结论,从而放弃主观向善的努力,甚至自暴自弃、自甘堕落。循着这个逻辑,只有相信人性无不善,"故可合天人,齐圣凡,而归于一。总许人在心上用功,就气中参出理来。"(《明儒学案》卷六十二《蕺山学案·语录》)与此相联系,他推断:"令人一一推诿不得,此孟子道性善本旨也。"(《明儒学案》卷六十二《蕺山学案·语录》)

陈确一面承认对于每个人而言,"气之清浊,诚有不同";一面强调气之清浊只影响人之资质,与人性的善恶无关。正是在这个意义上,他反复声明:

> 观于圣门,参鲁柴愚,当由气浊,游、夏多文,端木屡中,当由气清,可谓游、夏性善,参、柴性恶耶!(《陈确集·别集·气禀清浊说》)

> 善恶之分,习使然也,于性何有哉! 故无论气清气浊,习于善则善,习于恶则恶矣。(《陈确集·别集·气禀清浊说》)

在陈确看来,正因为气之清浊只影响人之智力的智愚而无关乎品格的善恶,所以,鲁愚之曾参、高柴可以与文采飞扬的子游、子夏同立于圣人之门。其实,人之善恶都是由后天的环境、积习造成的——无论气之清浊,习于善则善,习于恶则恶。基于这一理念,他重新解释了孔子的"唯上智与下愚不移",指出"程子于'不移'字中,添一'可'字"(《陈确集·别集·气情才辨》),从根本上歪曲了孔子的原意。其实,孔子所讲的"唯上智与下愚不移"的"不移"本意是不肯移,而非不可移。

基于理气相依的本体思路,颜元推出了天命之性与气质之性统一的结论,进而驳斥理学的气质有恶说。对此,他写道:

> 若谓气恶,则理亦恶;若谓理善,则气亦善。盖气即理之气,理即气之理,乌得谓理纯一善而气质偏有恶哉!譬之目矣:眦、疱、睛,气质也;其中光明能见物者,性也。将谓光明之理专视正色,眦、疱、睛乃视邪色乎?余谓光明之理固是天命,眦、疱、睛皆是天命,更不必分何者是天命之性,何者是气质之性;只宜言天命人以目之性,光明能视即目之性善,其视之也则情之善,其视之详略远近则才之强弱,皆不可以恶言。(《存性编》卷一《驳气质性恶》)

按照这种说法,理与气、性与形是不可分割的,如同理善则气必善一样,性善则形亦善,没有性善而气质却恶的道理。以人的眼睛为例,视觉功能是以眼睛这个器官为条件的,离开了眼睛就无所谓视觉。既然如此,怎么能说视觉专看正色、眼睛却视邪色呢?颜元进而指出,气质有恶的说法不仅在理论上讲不通,社会危害也相当大。下面两段话从不同角度揭露了气质有恶的社会危害,反映了他对气质无恶的认识:

将天生一副作圣全体，参杂以习染，谓之有恶，未免不使人去本无而使人憎其本有。蒙晦先圣尽性之旨，而授世间无志人一口柄。(《存学编》卷一《上徵君子小钟元先生》)

程、朱以后，责之气，使人憎其所本有，是以人多以气质自诿，竟有"山河易改，本性难移"之谚矣。(《存性编》卷一《性理评》)

依照颜元的分析，如果相信气质有恶，恶人会以气质本恶为理由而冥顽不化，常人会以"气质原不如圣贤"为借口而放弃道德修养的自觉性。这表明，气质有恶说对于任何人都是一个灾难，如果相信气质有恶，那么，人将真的坠落恶之深渊而万劫不复。对于气质之性有恶的巨大危害，颜元的弟子李塨也有深刻的认识："宋儒教人以性为先，分义理之性为善，气质之性为不善，使庸人得以自诿，而牟利渔色弑夺之极祸，皆将谓由性而发也。"(《恕谷年谱》卷二)鉴于气质有恶的巨大危害，出于"期使人知为丝毫之恶，皆自玷其光莹之本体，极神圣之善，始自充其固有之形骸"(《存学编》卷一《上太仓陆桴亭先生书》)的初衷，颜元著《存性编》，在专门对气质之性予以肯定的同时，坚决反对气质有恶的观点。

面对"性虽善，不乏小人"的事实，戴震仍然坚持"不可以不善归性"。他之所以如此义无反顾地否定气质有恶的说法，指出不能像程朱理学那样以恶"咎欲"，是因为"因私而咎欲，因欲而咎血气"势必否定人类生存的自然要求，最终归罪于人的形体存在，这显然是极端荒唐的。问题的关键是，既然人性非恶，那么，恶又从何而来呢？戴震把恶视为情、欲失控而流于私和蔽的结果，并且深入挖掘了人的欲、情失控流于恶的主要原因，以期证明恶与人性无涉：

第一，人生来就有智愚之别，愚者的认识能力较差，如果"任其愚而不学不思乃流为恶"。这就是说，愚者不知是非界限，如果不加以后天的学习或教化引导，必然纵欲无度，损及他人，直至酿成恶行。既然如此，生来即愚的愚者是不是就是恶人或者说一定成为恶人呢？戴震的回答是否定的。在他看来，"愚非恶也"，愚与恶是两个不同的概念，不能把智愚与善恶混为一谈。具体地说，愚虽然可能导致恶行，然而，愚本身并非就是恶。更何况"虽古今不乏下愚，而其精爽几与物等者，亦究异于物，无不可移也。"（《孟子字义疏证·性》）这清楚地表明，愚并非"不可移"，愚者究竟为善还是为恶，全系后天的习染。第二，人性本善，至于后天的行为是品德高尚还是沉沦堕落，全应从环境熏陶、社会影响和后天习染中去查找原因。这就是说，人无论智愚，其行为的善恶都是后天环境造就的，决定性因素是"习"。故而，他主张"君子慎习"，要慎之又慎地面对环境，选择所学所行。正是在这个意义上，戴震指出："分别性与习，然后有不善，而不可以不善归性。凡得养失养及陷溺梏亡，咸属于习。"（《孟子字义疏证·性》）

在此，早期启蒙思想家对气质之性有恶的说法予以了坚决的否定，这既是反对气质之性与天命之性的割裂，断言气质之性为唯一人性的理论归宿，又为进一步肯定人之自然属性，伸张欲、利、私的价值奠定了思想前提。

总之，早期启蒙思想家对理学以理杀人的揭露使其对理学的批判集中在人性领域。针对理学家将人性截然二分，进而宣布天命之性至善、气质之性有恶的做法，他们论证了天命之性对气质之性的依赖，主张人性一元，致使气质之性成为人性的唯一内容，断然否定气质有恶的说法。这些构成了早期启蒙思想家的人性哲学的基本内容。

应该看到,在理学那里,人性哲学是对人之本性、本质的界说,也是对人之存在价值、人生追求的定位。总之,是对人是什么的形上探索。与此相观照,由于肩负着批判理学的历史任务,早期启蒙思想家的人性哲学也具有双重意义:第一,在回击理学人性学说的过程中,重新界定了人,对人是什么给出了有别于理学的全新回答。第二,在把人还原为自然之人的基础上,调整了人生的追求目标和行为方式,推动了价值观的变革。

三、对人之自然本性的还原——欲、利、私是人之本性

早期启蒙思想家的人性建构从根本上颠覆了理学对人性的看法,其中隐藏着对人是什么的重新回答。正是以人性哲学为平台,他们重新审视了人自身。在这方面,如果说理学的双重人性论使人成为挣扎于善恶之间的双重人的话,那么,早期启蒙思想家关于人性一元尤其是气质之性是人性唯一内容的论断则避免了人格分裂,使人成为整体的、统一的人。不仅如此,早期启蒙思想家所充分肯定的、作为人性全部或唯一内容的气质之性,其实际内容即以欲、利、私为依托的人之生存、生养和繁衍。这是对人之自然属性的关注,也使欲、利、私成为人的本性。他们对人性和对人的本质的界说把人还原成了自然之人。

1. 气质之性即"生养"

早期启蒙思想家认为,气质之性就是人的气质——形体所具有的属性和功能,概括起来无非是"生养"二字,即人类的生存和繁

衍。这决定了欲对于人性的至关重要,也决定了"足欲"是人性的基本要求。

颜元强调,性与形不可分离,性的作用必须通过形表现出来;人性就是人的气质——耳目口鼻等形体所具有的属性和功能,人体器官的各种功能的发挥是人存在的基础和前提,离开了这些,人将不复存在。因此,形的足欲是人性的正当要求。正是在这个意义上,他断言:

> 形,性之形也;性,形之性也,舍形则无性矣,舍性则无形矣。失性者据形求之,尽性者于形尽之,贼其形则贼其性矣。即以耳目论……明者,目之性也,听者,耳之性也……目彻四方之色,适以大吾目性之用……耳达四境之声,正以宣吾耳性之用。推之口、鼻、手、足、心、意咸若是,推之父子、君臣、夫妇、兄弟、朋友咸若是。故礼乐缤纷,极耳目之娱而非欲也。位育乎成,合三才成一性而非侈也。(《存人编》卷一《唤迷途·第二唤》)

这就是说,人体感官的正当运用体现了人性的作用,属于正常的足欲,不能动辄就视为私欲。在这个问题上,颜元的弟子李塨持有同样的观点:"己之物也,耳目是也,今指己之耳目而即谓之私欲可乎?外之物,声色是也,今指工歌美人而即谓之私欲可乎?形色天性,岂私欲也?"(《圣经学规纂》)按照这种说法,感官对形色的要求是人之天性而非"私欲",具有正当性、合理性而应该得到满足。循着这个逻辑,作为人之真情至性,欲应该备受保护。于是,颜元指出:"禽有雌雄,兽有牝牡,昆虫蝇蟊亦有阴阳。岂人为万物之灵而独无情乎？故男女者，人之大欲也；亦人之真情至性也。"(《存人编》卷一《唤迷途·第一唤》)在他看来，作为人之真情至性，欲与生俱来，是人类生存、繁衍的前提之一；离开欲，人类的生存、繁衍将无从谈起。正是在这个意义上，颜元直言不讳地反问佛教徒："若无夫妇，你们都无，佛向哪里讨弟子？"(《存人编》卷一《唤迷途·第二唤》)更有甚者，颜元 26 岁寓住白塔寺椒园时，寺中僧侣无退侈夸佛道，颜元却说："只一件不好。"僧问之，颜元答："可恨不许有一妇人。"无退惊曰："有一妇人，更讲何道！"颜元针锋相对地指出：

> 无一妇人，更讲何道？当日释迦之父，有一妇人，生释迦，才有汝教；无退之父，有一妇人，生无退，今日才与我有此一讲。若释迦父与无退父，无一妇人，并释迦、无退无之矣，今世又乌得佛教，白塔寺上又焉得此一讲乎！(《颜习斋先生年谱》卷上)

对于人性的具体内容是什么，戴震断言："人生而后有欲，有情，有知，三者，血气心知之自然也。"(《孟子字义疏证·才》)这就是说，人性包括欲、情、知三个方面，其中，欲指声色嗅味等欲望，情指喜怒哀乐等情感，知指分辨是非的能力。在此，他把感官的需求归之于性，把血气心知当作人性必不可少的载体，认为欲是人性中不可或缺乃至最为重要的一项内容。因此，对于欲、情、知三者，他往往更重视欲，在某些情况下甚至把欲视为人性的唯一内容。正是在这个意义上，戴震曾明确指出："口之于味，目之于色，耳之于声，鼻之于臭，四肢于安佚之谓性。"(《孟子字义疏证·性》)进而言之，他之所以如此突出欲的重要性，强调欲在人性中的决定作用，是因为没有饮食男女、"声色嗅味之欲",人就无法"资以养其生"。无人又何谈人性呢?基于这种认识,戴震对欲给予充分肯定。于是,他一贯主张:

> 凡有血气心知,于是乎有欲……生养之道,存乎欲者也。(《原善》卷上)
> 天下必无舍生养之道而得存者,凡事为皆有于欲,无欲则无为矣。(《孟子字义疏证·权》)

在此,戴震强调,所谓欲,若高度概括的话,无非"生养"二字——生即求生存,养即繁衍后代。如此说来,足欲是关系人的"生养"问题的头等大事。因为离开了生养,人类也就不存在了。可见,欲对于人的存在和繁衍至关重要。对此,他解释说,人有血肉之躯,饮食男女等"生养"之事是人类生存的基本要求;"生养之道"皆基于欲,无欲则无所为。因此,欲是极为正当的,也是无可非议的。在这方面,戴震强调,即使君子也"不必无饥寒愁怨、饮食男女、常情隐曲之感。"(《孟子字义疏证·权》)他下如此断语,理由是,圣人、常人"欲同也"。

戴震进而指出,欲既然是充分合理的,就不应该盲目消除之,而应该遂欲达情、满足人的生存需要。有鉴于此,他不厌其烦地呼吁:

> 人之生也,莫病于无以遂其生。(《孟子字义疏证·理》)
> 天下之事,使欲之得遂,情之得达,斯已矣……道德之盛,使人之欲无不遂,人之情无不达,斯已矣。(《孟子字义疏证·

才》）

> 圣人治天下,体民之性,遂民之欲,而王道备。(《孟子字义疏证·理》)

按照戴震的说法,既然无欲则无人的生存,既然人从事各种活动的目的说到底都是为了遂欲,那么,遂欲达情就是道德的,灭欲绝情则是有悖人性、违反道德的。循着这个逻辑,"治人者"应该"体民之情,遂民之欲"。只有"遂己之欲,亦思遂人之欲",关心民生,重视生养之道,满足人们生存的基本要求,社会才能安定。只有人人"仰足以事父母,俯足以蓄妻子",才能使整个社会达到"居者有积仓,行者有行囊","内无怨女,外无旷夫"的美好局面。反之,若"快己之欲,忘人之欲"(《原善》卷下),不体恤民情,置人民困苦于不顾,必然"民以益困而国随以亡。"(《原善》卷下)

在此基础上,戴震进一步分析了"民之所为不善"的原因,从反面说明了"体民之情,遂民之欲"的必要性。他写道：

> 在位者多凉德而善欺背,以为民害,则民亦相欺而罔极矣;在位者行暴虐而竞强有力,则民巧为避而回遹矣;在位者肆其贪,不异寇取,则民愁苦而动摇不定矣。凡此,非民性然也,职由于贪暴以贱其民所致。乱之本,鲜不成于上。(《原善》卷下)

按照戴震的说法,即使老百姓行为不善也不是百姓自身的原因,而是统治者造成的,根本原因是他们的生存得不到满足。具体地说,正是"在位者"的无视民情民怨、荒淫暴虐和"私而不仁"酿成了社会动乱。

总之,早期启蒙思想家强调,气质之性关涉人的生养大事,"遂欲"、"足欲"即是人的生养之道。这一说法使他们所讲的人性以欲为主,也使欲成为人类存在的根基和前提之一。这些说法张扬了人的生理欲望、物质需求的重要性,是对人之个体生命价值和生存权利的肯定。

2. 人之本性即欲、利、私

早期启蒙思想家强调,气质之性是人与生俱来的形体所具有的属性和功能,这不仅使气质之性的满足成为关系生养的大事,而且使欲、利、私成为人性的本质所在,或者说,人之本性就是欲、利、私。

李贽宣称,"趋利避害"是人共同的行为准则。因此,他认定,人人都有功利之心,并把追求功利视为人的共同本性。正是在这个意义上,李贽多次解释说:

> 趋利避害,人人同心。是谓天成,是谓众巧。(《焚书》卷一《答邓明府》)
>
> 如好货,如好色,如勤学,如进取,如多积金宝,如多买田宅为子孙谋,博求风水为儿孙福荫,凡世间一切治生产业等事,皆其所共好而共习,共知而共言者,是真迩言也。(《焚书》卷一《答邓明府》)

李贽强调,作为人人皆有的本性,"势利之心"天然禀赋、与生俱来,即使圣人也不例外。有鉴于此,他一再声称:

大圣人亦人耳,既不能高飞远举,弃人间世,则自不能不衣不食,绝粒衣草而自逃荒野也。故虽圣人,不能无势利之心。(《李贽文集》第七卷《道古录上》)

财之与势,固英雄之所必资,而不圣人之所必用也,何可言无也?(《李贽文集》第七卷《道古录上》)

按照李贽的说法,功利之心是人与生俱来、不可改变的本性,即使圣人也难免有功利之心;其实,人的一切活动都围绕着功利展开,归根到底都是对功利的追逐。更有甚者,由于断言人性自利,他把人与人之间的关系说成是利益关系、交换关系,宣称"天下尽市道之交"。在李贽看来,人与人之间的关系与商品交换一样,都是建立在利害基础上的,"也不过交易之交耳,交通之交耳。"(《续焚书》卷二《论交难》)一般人之间的关系如此,父子关系也不例外。例如,父"以子为念",无非是因为"田宅财帛欲将有托,功名事业欲将有寄,种种自大父来者,今皆于子乎授之。"(《焚书增补》卷一《答李如真》)父子关系尚且如此,朋友关系便不言而喻:"以利交易者,利尽则疏;以势交通者,势去则反,朝摩肩而暮掉臂,固矣。"(《续焚书》卷二《论交难》)同样,被奉为神圣的师生关系在李贽的眼里也不过是一种利益关系,孔子与其弟子的关系即是一种交易:"七十子所欲之物,唯孔子有之,他人无有也;孔子所可欲之物,唯七十子欲之,他人不欲也。"(《续焚书》卷二《论交难》)

与断言人皆有功利之心相一致,早期启蒙思想家把自私说成是人的本性。为此,李贽提出了著名的"童心"说。他宣称:

夫童心者,真心也。若以童心为不可,是以真心为不可也。夫童心者,绝假纯真,最初一念之本心也。若失却童心,便失却真心;失却真心,便失却真人。人而非真,全不复有初矣。(《焚书》卷三《童心说》)

如此说来,"童心"对于人至关重要,作为人之为人的真心,"童心"是人之为人的根本;没有"童心",人即成为假人。这样的人由于失去了自我,虽生犹死。那么,这个对于人不可须离的"童心"究竟是什么呢?李贽认为,自私自利是"童心"的本质,换言之,"童心"就是私心即自私自利之心。正是在这个意义上,他说:"夫私者,人之心也。人必有私,而后其心乃见;若无私,则无心矣。"(《藏书》卷三十二《德业儒臣后论》)在李贽的意识中,自私自利是人的本性,即使圣人也未能免俗——"虽圣人不能无势利之心",就连孔子也以一己之私来决定自己的去留。他坚信:"虽有孔子之圣,苟无司寇之任,相事之摄,必不能一日安其身于鲁也决矣。此自然之理,必至之符,非可以架空而臆说也。"(《藏书》卷三十二《德业儒臣后论》)

其实,宣布人性自私并不是李贽一个人的做法,早期启蒙思想家大都有这种思想倾向。例如,陈确指出:"是故君子之心私而真,小人之心私而假;君子之心私而笃,小人之心私而浮。彼古之所谓仁圣贤人者,皆从自私之一念,而能推而致之以造乎其极者也。"(《陈确集》卷十一《私说》)在他看来,正是"有私"使人成为君子,小人不可能有私。君子对亲人与对他人,对爱天下、爱国家与爱身的区别究其极是因为"有私"。有鉴于此,陈确断言,君子与小人的区别不在于其心是否"有私",而在于私心的真与假——真则是君子,假则为小人。正是在这个意义上,他宣称:

有私所以为君子。惟君子而后能有私,彼小人者恶能有私乎哉!夫君子之于人,无不敬也,然敬其兄与敬乡人必有间矣。君子之于人无弗爱也,然爱其兄之子与邻之赤子亦必有间矣。如是,则虽曰爱己之子又愈于兄之子,奚为不可!故君子之爱天下也,必不如其爱国也,爱国必不如其爱家与身也,可知也。惟君子知爱其身也,惟君子知爱其身而爱之无不至也。(《陈确集》卷十一《私说》)

再如,黄宗羲断言:"有生之初,人各自私也,人各自利也。"(《明夷待访录·原君》)不仅如此,他还把人性之自私自利视为君主出现的依据。其实,在对人性自私的论证上,顾炎武的思想可谓全面而系统。他不仅提出了"人情怀私"的人性论,而且大声疾呼对私予以保护,并且推出了政治、经济和伦理等方面的各项措施。

总之,早期启蒙思想家认为,气质之性主要指人的生理机制、物质欲望和功利追求,其主要内容是欲、利、私。因此,他们对气质之性无恶的价值判断和对气质之性的张扬就是对人的自然属性的关注,这使满足人的欲、利、私之本性具有了不容置疑的必要性、正当性和迫切性。至此,人从理学家那里的道德完善者被还原为热衷物质生活、生理欲望的自然之人。进而言之,早期启蒙思想家对人之自然属性的推崇不仅是人的觉醒,而且反过来促使他们重新定位道德和审视理欲、义利、公私关系,最终推动了价值观的变革。

早期启蒙思想家的人性哲学注重人之自然本性,充分肯定了人的生理欲望、物质追求的道德意义。这些被近代哲学家所吸收,并与西方传入的自然人性论一起成为"求乐免苦"、"背苦趋乐"的思想渊源。

四、对道德的重新定位和理解——价值观念的变迁

对人的重新界定不仅涉及对人本身即对人之本性、本质的理解,而且影响甚至决定着对道德的理解和定位。伴随着早期启蒙思想家对人之自然本性的还原和对自然属性的提升,欲、利、私变成了道德的题中应有之义,因而具有了非同寻常的道德价值和意义,在理欲、义利、公私关系中的地位也不同以往。在这方面,他们的思想具体表现为相互联系的两个方面:第一,宣称道德与人之物质生活密切相关。第二,价值观上向欲、利、私倾斜。

1. 宣称道德与人之物质生活密切相关

早期启蒙思想家对人之自然本性的推崇表现在对道德之本质、功能的定位上便是强调道德与人的物质生活密切相关,使欲、利、私在道德中占据最显赫的位置。

李贽断言,人的一切活动都在趋利避害,并且称之为"迩言"。迩,近也;所谓"迩言",就是通俗浅显、与百姓日常生活息息相关的道理。李贽重视"迩言",指出"迩言"作为"童心"的表现"古今同一","天下同一",是百姓"共好而共习,共知而共言者"。因此,他把"迩言"奉为区分善恶的道德标准,甚至断言"迩言即为善"。正是在这个意义上,李贽一再断言:

大舜无中,而以百姓之中为中;大舜无善,而以百姓之迩言为善。(《李贽文集》第七卷《道古录下》)

夫唯以迩言为善,则凡非迩言者必不善。何者?以其非

民之中,非民情之所欲,故以为不善,故以为恶耳。(《李贽文集》第七卷《道古录下》)

在此,李贽把伦理道德与人的物质生活、生理欲望联系起来,指出伦理道德来源于人的物质生活,究其极不过是百姓处理穿衣、吃饭等日常事务的共同准则而已。这就是说,善、道德与功利密切相关,人伦离不开人之趋利避害的本性。

循着这个逻辑,天理与人欲绝不是抵触的、对立的,而是相依的、统一的。正如作为"民情之欲"的"迩言"为善一样,天理离不开人的各种欲望,天理就是人伦日用中所必须遵循的共同准则。在此基础上,李贽强调,道德之目的就是为了功利,不计功利就无法实现仁义。正是在这个意义上,他反复声明:

夫欲正义,是利之也。若不谋利,不正可矣。吾道苟明,则吾之功毕矣。若不计功,道又何时而可明也。(《藏书》卷三十二《德业儒臣后论》)

尝论不言理财者,绝不能平治天下。何也?民以食为天,从古圣帝明王无不留心于此者。(《李贽文集》第七卷《四书评·大学》)

戴震反对天理与人欲对立的观点,谴责理学家把理与欲截然对立的做法。在这方面,他特别强调朱熹所谓天理人欲正善邪恶的区分是错误的,并且指出:

然则谓"不出于正则出于邪,不出于邪则出于正",可也;

谓"不出于理则出于欲,不出于欲则出于理",不可也。(《孟子字义疏证·理》)

不仅如此,为了从理论上彻底驳斥天理与人欲对立的观点,证明理(道德准则)与欲(人的欲望和物质追求)密不可分,戴震从三个方面界定了理气关系,通过强调理存于欲中证明了理欲的密不可分。

其一,理与欲是理与气的关系

戴震认为,欲根源于气,其物质承担者是气。对此,他一再强调:

"欲"根于血气,故曰性也。(《孟子字义疏证·性》)
欲者,血气之自然。(《孟子字义疏证·理》)

戴震认为,性根于血气,理欲关系具体表现为理与气的关系,而理与气是密不可分的。在他看来,气是万物的本原,气化流行生成万物,气化流行的条理、规律就是理。这表明,理与气"非二事",二者不可分割;理即气之理,理存在于气中。进而言之,理存在于气中表明理存在于欲中,必须附着气质而存在。在此,戴震强调,朱熹之所以会犯以理为"如有一物"、为"真宰"、为"真空"的错误,就是因为离开欲而言理。同样是因为离开欲而言理,理学家推崇的那个先于人体而有、与欲不可共存的理成为杜撰出来的主观意见。其实,这个理是根本不存在的。同样的道理,由于宣布理"得于天而具于心",离开欲而言理,朱熹所讲的理才成为祸天下之理。正是在这个意义上,他指出:"凡以为'理宅于心','不出于欲则出

于理'者,未有不以意见为理而祸天下者也。"(《孟子字义疏证·权》)

其二,理与欲是理与事的关系

对于欲与理,戴震界定说:"欲,其物;理,其则也。"(《孟子字义疏证·理》)在他看来,人所进行的一切活动都有欲,都是在一定欲望的支配下进行的。人在各种欲望的驱使下产生了活动、产生了事,事情内在的条理、规律就是理。这就是说,理欲关系就是理与事的关系。具体地说,理与事相互依赖、不可分离,正如无为、无事即无理一样,无欲则无以见理。如此说来,理存于事中,即理存于欲中。正是在这个意义上,他指出:"凡事为皆有于欲,无欲则无为矣;有欲而后有为,有为而归于至当不可易之谓理;无欲无为又焉有理!"(《孟子字义疏证·权》)

其三,理与欲是必然与自然的关系

戴震认为,理带有规律、法则之意,属于必然范畴;欲是人的生理欲望和物质需求,属于自然范畴。这表明,理欲关系就是必然与自然的关系。具体地说,必然离不开自然,"就其自然,明之尽而无几微之失焉,是其必然也。"(《孟子字义疏证·理》)可见,正如必然不能离开自然而独立存在、必然寓于自然之中一样,理离不开欲、理就存在于欲中。正是在这个意义上,戴震屡屡指出:

> 性,譬则水也;欲,譬则水之流也;节而不过,则为依乎天理,为相生养之道,譬则水由地中行也。(《孟子字义疏证·理》)

> 理也者,情之不爽失也;未有情不得而理得者也……今以情之不爽失为理,是理者存乎欲者也。(《孟子字义疏证·理》)

通过对理欲关系的剖析，戴震使各个方面的认识相互印证，反复论证了一个命题："理者存乎欲者也。"(《孟子字义疏证·理》)这个命题不仅肯定了理欲相依，而且强调理欲相依的方式是理存在于欲中而不是相反。更为重要的是，"理者存乎欲者"表明，理——伦理道德必须通过欲表现出来，这决定了伦理道德与人的物质生活密切相关；离开了人的物质生活，道德将变得空洞无物，甚至没有了存在的必要。之所以如此说，道理不言而喻：理是判断欲望恰当与否的标准，失去了欲这个被判定和节制的对象，还谈什么理呢？

应该看到，早期启蒙思想家对道德离不开人之物质生活的诠释从根本上说是对道德的重新界定，生理欲望、物质生活和功利诉求赋予道德属人的现实性和功利性。这改变了道德的品格、属性和功能，具有了满足人之自然属性的义务和职责。

2. 价值观上向欲、利、私倾斜

出于对人之本性的崭新界定，鉴于道德与人之物质生活的密切相关，早期启蒙思想家在批判理学家津津乐道的理欲、义利、公私之辨时突出欲、利、私的地位和价值，致使明清之际的价值观发生变革，呈现出与理学迥然悬殊的重欲、贵利和尚私倾向。

如上所述，为了彻底批驳天理与人欲势不两立的说教，戴震深入探讨了理欲关系，提出了系统的理欲观。理存于欲中的观点不仅使理欲的割裂不攻自破，而且证明了理对欲的依赖，突出了欲在理欲关系中的主导地位。他对欲之正当性的阐释和"遂欲"主张更使其价值观明显地向欲倾斜。

其实，不仅戴震如此，早期启蒙思想家对气质之性的推崇本身就蕴涵着对欲的肯定。这是因为，在他们看来，所谓的气质就是人的形体及其生理机能,这使欲成为气质之性的主要内容。出于气质无恶的判断,欲与恶之间渐行渐远;不仅如此,从保护欲的天然合理性出发,早期启蒙思想家伸张欲之合理性、正当性,随即发出了遂欲的呼吁。

进而言之,早期启蒙思想家所讲的欲主要指人的生存欲望,满足这些欲望的手段主要是功利。因此,与重欲相关联,他们肯定功利的道德价值,在义利观上表现出明显的贵利倾向。

李贽反对董仲舒"正其谊(义——引者注)不谋其利,明其道不计其功"(《汉书·董仲舒传》)的说教,并对以朱熹为代表的理学家的义利观进行了批判。在他看来,那些标榜不计功利的道义论不仅漏洞百出、自相矛盾,而且极端迂腐、虚伪不实。对此,李贽从不同角度指出:

夫欲明灾异,是欲计利而避害也。今既不肯计功谋利矣,而欲明灾异者何也?既欲明灾异以求免于害,而又谓仁人不计利,谓越无一仁又何也?所言自相矛盾矣。且夫天下曷尝有不计功谋利之人哉!若不是真实知其有利益于我,可以成吾之大功,则乌用正义明道为耶?(《焚书》卷五《贾谊》)

试观公之行事,殊无甚异于人者。人尽如此,我亦如此,公亦如此。自朝至暮,自有知识以至今日,均之耕田而求食,买地而求种,架屋而求科第,居官而求尊显,博求风水以求福荫子孙。(《焚书》卷一《答耿司寇》)

李贽的揭露和分析表明,董仲舒一面明灾异以求除害、一面强调"正其谊不谋其利",这种做法在理论上和逻辑上都是讲不通的,承袭董仲舒义利观的宋明理学也是这样。更为严重的是，在理学家的影响下，士人尽管人人谋利却竭力否认自己的功利动机，致使言行不一、口是心非之风大行其道，造成了整个社会的极端虚伪。这表明，不仅仅止于理论上的矛盾和荒谬，理学家的义利观在实践上给社会带来了极大的危害。有鉴于此，李贽公开张扬功利主义原则，不仅崇尚功利，而且用功利主义标准重新评价了许多历史人物。例如，他一反传统看法，称赞秦始皇是"千古一帝"，汉武帝是"大有为之圣人"等等。

颜元指出，由于恪守反功利的义利观，儒学在汉代之后陷入歧途，其具体表现是以读死书、死读书为做人的途径，全然不顾国计民生，最终造成读书死的结局和悲剧，给社会和人身造成了巨大的危害。在此，他把批判的重心指向理学，断言程朱理学和陆王心学尽管为了争正统、是非打得不可开交，在反功利上二者却出奇地一致。正是在这个意义上，颜元断言："两派学辩，辩至非处无用，辩至是处亦无用。"(《习斋记余》卷六《阅张氏王学质疑评》)需要说明的是，鉴于程朱理学的势力和影响，在对理学无用的批判中，颜元对程朱理学用力甚多。显然，下面的批判都是针对程朱理学尤其是朱熹哲学而言的：

千余年来率天下入故纸堆中，耗尽身心气力，作弱人、病人、无用人者，皆晦庵为之，可谓迷魂第一、洪涛水母矣。(《朱子语类评》)

入朱门者便服其砒霜，永无生气生机。(《朱子语类评》)

对于儒家尤其是理学反功利的荒谬性，颜元和其弟子李塨列举事实予以了揭露。例如：

> 世有耕种,而不谋收获者乎？世有荷网持钩,而不计得鱼者乎？抑将恭而不望其不侮,宽而不计其得众乎？（颜元：《颜习斋先生言行录》卷下《教及门》）

> 行天理以孝亲,而不思得亲之欢；事上而不欲求上之获,有是理乎？事不求可,将任其不可乎？功不求成,将任其不成乎？陈龙川曰"世有持弓挟矢而甘心于空返者乎？"然则用兵而不计吾之胜,孔子好谋而成非矣。耕田而不计田之收,帝王春祈秋报,皆为冀利贪得之礼矣。（李塨：《论语传注问》）

颜元认为,人从事任何活动都具有目的性,都在追求实际效果。一般地说,那种不计效果的人是没有的；即使有,也不是虚伪就是迂腐。在此,他重点揭露了理学家重义轻利的虚伪性,指出理学家之所以对"正其谊不谋其利,明其道不计其功"津津乐道,主要目的是"以文其空疏无用之学"——用这种堂而皇之的理由为自己空疏的理论说教做辩护。

黄宗羲反对理学家义利脱节、只重节义不重事功的做法,语重心长地指出："岂知古今无无事功之仁义,亦无不本仁义之事功。"（《黄宗羲全集》第十册《碑志类·国勋倪君墓志铭》）为此,他强调"事功节义,理无二致",呼吁"事功与节义并重"。基于这一理念,黄宗羲把功利写进自己的理想人格——豪杰之士,把豪杰之士说成是事功的榜样。与此思想一脉相承,他打破了士贵于农、农贵于工、工贵于商的传统观念,把工、商皆纳入本之行列。于是,黄宗羲明确指出："世儒不察,以工商为末,妄议抑之。夫工,固圣王之所欲来，商又使其愿出于途者，盖皆本也。"（《明夷待访录·财计》）"工商皆本"的口号为工匠、商贾争得了与农乃至士同等的社会地位和存在价值。正是在此背景下，他进一步指出："四民之业，各事其事。出于公者，即谓之义；出于私者，即谓之利。"（《黄宗羲全集》第十册《碑志类·国勋倪君墓志铭》）这就是说，尽管士、农、工、商从事的具体工作各不相同——"各事其事"，但其或义或利、或公或私的道德价值和社会意义是一样的，"业虽异名，其道则一"。因此，士、农、工、商之间没有本末之分，正如其间不存在公私之异一样。

早期启蒙思想家对道德与人之物质生活密切相关的阐释与对"儒者不言事功"的批判相互印证，从正反两方面共同伸张了利的正当性、合理性。这些都肯定了功利的价值和追求功利的道德意义。

在中国古代哲学和传统文化的价值系统中，欲、利、私具有某种内在联系；与关注欲、利相一致，早期启蒙思想家极力肯定私的意义和价值，不遗余力地为私字大唱赞歌。

从自私是人之本性的认识出发，李贽极力说明自私不是罪恶、而是人的一切行为的动力和成功的保证。对此，他举了大量的例子加以论证。下列其一二：

> 如服田者，私有秋之获而后治田必力。居家者，私积仓之获而后治家必力。为学者，私进取之获而后举业之治也必力。故官人而不私以禄，则虽召之，必不来矣。苟无高爵，则虽劝之，必不至矣。（《藏书》卷三十二《德业儒臣后论》）
>
> 农无心则田必芜，工无心则器必窳，学者无心则业必废，

无心安可得也。(《藏书》卷三十二《德业儒臣后论》)

按照这种说法,"人必有私",人的一切活动和行为都是在私的发动下、以私为动力展开的。正如努力种田是因为"私有秋之获"一样,拼命读书是因为"私进取之获"。正是这种私心促成了人的各种活动,没有私心,人会丧失进取的动力,最终将一事无成。

鉴于私对人之成功和社会进步的重要意义,早期启蒙思想家不再像理学家那样主张废私、灭私;恰好相反,他们对理学家提倡的大公无私予以批判,同时大张旗鼓地呼吁对私予以保护。

李贽断然否认无私说,指出无私说犹如画饼充饥一样,只是好听,没有实效,甚至还会混淆视听,绝对是不可取的。对于无私说的虚伪不实,他多次揭露说:

> 然则为无私之说者,皆画饼之谈,观场之见,但令隔壁好听,不管脚跟虚实,无益于事,只乱聪耳,不足采也。(《藏书》卷三十二《德业儒臣后论》)
>
> 种种日用,皆为自己身家计虑,无一厘为人谋者。及乎开口谈学,便说尔为自己,我为他人;尔为自私,我欲利他;我怜东家之饥矣,又思西家之寒难可忍也;某等肯上门教人矣,是孔、孟之志也,某等不肯会人,是自私自利之徒也;某行虽不谨,而肯与人为善,某等行虽端谨,而好以佛法害人。以此而观,所讲者未必公之所行,所行者又公之所不讲,其与言顾行、行顾言何异乎?以是谓为孔圣之训可乎?(《焚书》卷一《答耿司寇》)

在李贽看来,无私说于世无补,不惟无益反而有害。进而言之，无私说之所以虚伪、无益于现实是因为私是人之本性，不可能从根本上予以废除。

在批判无私说的同时，早期启蒙思想家大力呼吁对私予以提倡和保护。

黄宗羲认为，人之行为以私为鹄的，满足、保障人之私是天经地义的。因此，他建议政治制度的选择应以保护人之私为目的，一直被视若神圣的君权在黄宗羲那里被直接与保护人之自私的本性联系起来，是作为保障人之私的手段、围绕着这一目的而存在的。按照他的说法，自私自利是人之本性，君主起源于保障人之私的需要。起初，人各自私自利而无暇顾及天下之公利、公害，君主便应运而生，其出现正是为天下除害兴利的。对此，黄宗羲解释说：

> 有生之初，人各自私也，人各自利也，天下有公利而莫或兴之，有公害而莫或除之。有人者出，不以一己之利为利，而使天下受其利；不以一己之害为害，而使天下释其害。（《明夷待访录·原君》）

循着这个逻辑，君权既然肇始于兴利除害的需要，理所当然地要为天下人服务——准确地说，即保护人之自私自利的本性。在这里，黄宗羲不仅肯定了人皆自私自利，而且证明了君主的出现和价值所在恰恰是满足人之自私自利，让人有闲暇自私自利。出于同样的目的和逻辑，他主张废除君主专制。正如君主的价值是满足人之自私自利一样，如果君主不能满足、保障人之私，便失去了存在的价值和必要。现在的问题恰恰在于，三代以后，由于人对君主起源的原因不再了解，更由于君主本人也开始把天下视为自己

之私产,君主的职责发生蜕变——从成全人之私异化为妨碍人之私。对此,黄宗羲作了生动描述:

> 以为天下利害之权皆出于我,我以天下之利尽归于己,以天下之害尽归于人,亦无不可。使天下之人不敢自私,不敢自利,以我之大私为天下之大公。始而惭焉,久而安焉。视天下为莫大之产业,传之子孙,受享无穷。(《明夷待访录·原君》)

按照这种说法,君主专制有悖于人自私自利的本性,"使天下之人不敢自私,不敢自利",于是丧失了存在的合理性;从保障、满足人之私的目的出发,黄宗羲主张废除君主专制,设想"向使无君,人各得自私也,人各得自利也。"(《明夷待访录·原君》)

可见,与理学家相比,早期启蒙思想家的价值观念发生了重大变革,在理欲、义利、公私关系上呈现出明显的重欲、贵利、尚私等新动向。

进而言之,早期启蒙思想家的理欲观、义利观和公私观与其人性哲学一脉相承——准确地说,是建立在人性哲学之上的。作为人性一元论者,他们断言气质之性是唯一的人性,生理欲望、物质追求和自私自利就是气质之性的基本表现。这种说法使原来被压制的欲、利、私作为人与生俱来的本性拥有了天然的合理性、正当性,是否得到满足也因而具有了人道主义的高度。同时,早期启蒙思想家对理学杀人的控诉以违背人性、不近人情为主要理由。与此相联系,鉴于理学家所造成的残害人性、虚而不实的残酷现实,鉴于功利与道义的密切相关,也出于人皆有欲、自私自利的实际需要,早期启蒙思想家注重实效,推崇经世致用。所有这些,一言以蔽之，都是为了满足人的生存需要。

至此，早期启蒙思想家的人性建构和对理学的批判完成了一个周期。上面的介绍显示，他们自身的人性建构与对理学的批判是一个问题的两个方面：对理学杀人本质的认定和谴责促使早期启蒙思想家推出了人性一元论，反过来，人性一元论不仅反驳了气质有恶、揭露了"去人欲，存天理"的荒谬，而且还原了人之自然本性，致使人成为有血有肉、追求功利的自然之人。伴着为了存天理而去人欲的退场，以理杀人也丧失了合理性、合法性。同时，无论是对理学杀人本质的揭露还是对人性一元的建构抑或对人之自然本性的还原都促使早期启蒙思想家重新界定道德的本质，关注并重新审视道德与人的物质生活之间的关系，这些促使他们的价值观明显地向欲、利、私倾斜。进而言之，理学呈现为本体哲学－人性哲学－道德哲学三位一体的理论走势和思维格局。因此，早期启蒙思想家对其人性哲学的解构不仅关涉人性哲学本身，而且直接殃及理学的本体哲学和道德哲学，在某种程度上可以说，瓦解了宋明理学的整个系统。

五、理不再杀人——人性哲学的特殊地位和作用

通过以上四个方面的阐释，早期启蒙思想家完成了对理学以理杀人的理论批判，使理完全丧失了杀人的能力，直至完全杜绝了以理杀人的可能性。这是因为，对理气相依的强调以及天命之性依赖于气质之性的论断使作为宇宙本体的天理成为子虚乌有之物，存在的合理性荡然无存；道德哲学中理、义变得与功利密切相关，欲、利、私被大力提倡。这些都直接指向了"去人欲，存天理"的

反动性和荒谬性。这是对人性的重新诠释,也是对道德的重新定位。一言以蔽之,这是使理学的天理逐渐祛魅的过程:如果说早期启蒙思想家宣布理学以理杀人突出了天理、伦理道德的异化及其消极影响的话,那么,他们对天命之性、天理依赖于气质的阐释则剥去了天理的神圣性和永恒性;在此基础上,人向自然本性的回归使天理的神圣光环黯然失色,由于虚玄而变得多余甚至不再必要,因为道德与欲、利、私的密切相关已经使天理不再是从前的那个天理。这一切使天理逐渐走下神坛,神圣性、正当性被解构。

进而言之,早期启蒙思想家对天理的祛魅不仅仅限于天理本身,也是对理学神圣性、正当性的解构,这一切取决于天理在整个理学体系中的地位和作用。众所周知,作为理学的灵魂,天理不仅浓缩着理学的精华,而且隐藏着理学的秘密,其中最大的秘密就是理何以杀人。最简单的一点是,尽管理学有不同的称谓,不可否认的是,理学之所以被称为理学,与对天理的推崇不无关系。不理解这一点,便不能理解程颢为什么自诩"天理二字却是自家体贴出来。"(《二程集》《河南程氏外书》卷十二)不仅如此,对于天理在宋明理学中至关重要、无可比拟的地位和作用,如果单独从程朱理学奉天理为本原来理解的话,就显得狭隘了。作为问题的另一方面,只有真正领略了天理在理学中提纲挈领、首屈一指的重要作用,才能深刻认识对天理的祛魅对于瓦解整个宋明理学体系的首要意义。事实上,在理学中,天理从来就不仅仅是一个概念或范畴;哪怕意识到了天理是第一范畴,这还远远不够,因为天理还是最高价值。与此相关,早期启蒙思想家对天理的祛魅预示着整个理学大厦及其价值系统的坍塌。

与此同时,还应该看到,早期启蒙思想家对天理的祛魅是从天理与人的关系——"杀人"而不是"养人"入手的,这使他们对天理的瓦解始于人性领域,并且以人性哲学为中心。进而言之,人性哲学在理学中所占据的独特的战略位置决定了早期启蒙思想家从人性哲学入手剥夺天理的神圣性和正当性的效果是始于斯却不限于斯,最终势必冲击、瓦解整个理学。之所以会产生如此影响和效果,取决于理学的理论构架和思维走势。具体地说,作为一种道德形而上学,理学呈现出本体哲学-人性哲学-道德哲学三位一体的理论态势。正因为本体哲学、人性哲学与道德哲学是三位一体的,所以,张载说:"不闻性与天道而能制礼乐者末也。"(《正蒙·神化》)因为经典有言"夫子之言性与天道,不可得而闻也"(《论语·公冶长》),所以,张载的上述言论被视为离经叛道而遭到非议。其实,这句话恰好道出了张载本体哲学(天道)、人性哲学(性)与道德哲学(礼乐)三位一体的思维格局和价值旨趣。也正因为在张载那里本体哲学、人性哲学与道德哲学是三位一体的,所以,离开了性和天道,礼乐便无从谈起。与此相联系,正因为有了三位一体这一思维方式和价值旨趣,便有了《西铭》中"民胞物与"的必然结论。可以说,程朱对《西铭》的推崇骨子里是对本体哲学-人性哲学-道德哲学三位一体的思维方式和价值旨趣的赞赏。其实,绝不仅仅限于张载哲学或程朱理学,三位一体是全部理学一贯的思路和方式。在这方面,元代刘因和饶鲁的下面两段话证明了我们的判断:

大哉化也,源乎天,散乎万物,而成乎圣人。自天而言之,理具乎乾元之始,曰造化。宣而通之,物付之物,人付之人,成象成形,而各正性命,化而变也。阴阳五行,运乎天地之间,绵绵属属，自然氤氲而不容已，所以宣其化而无穷也。天化宣矣，而人物生焉。人物生焉，而人化存焉。大而父子、君臣、夫妇、长幼、朋友之道，小而洒扫、应对、进退之节，至于鸢飞鱼跃，莫非天化之存乎人者也。（刘因：《畿辅本》卷三《宣化堂记》）

《西铭》一书，规模宏大而条理精密，有非片言之所能尽。然其大旨，不过中分为两节。前一节明人为天地之子，后一节言人事天地，当如子之事父母。何谓人为天地之子？盖人受天地之气以生而有是性，犹子受父母之气以生而有是身。父母之气即天地之气也。分而言之，人各一父母也，合而言之，举天下同一父母也。人知父母之为父母，而不知天地之为大父母，故以人而观天地，唱漠然与己如不相关。人与天地既漠然如不相关，则其所存所发宜乎？……言天以"至健"而始万物，则父之道也；地以"至顺"而成万物，则母之道也。吾以藐然之身，生于其间，禀天地之气以为形，而怀天地之理以为性，岂非学之道乎？（饶鲁：《饶双峰讲义》卷十五《附录》）

值得注意的是，在理学中，本体哲学、人性哲学与道德哲学的三位一体既是一种思维方式，又是一种价值取向。在理学构筑的这个三位一体的框架中，人性哲学不仅是整个理学的主要内容之一，而且是联结其本体哲学与道德哲学的中介。正是这个中介的位置，使人性哲学在推行以三纲五常为核心的伦理道德的过程中，发挥着本体哲学、道德哲学都无可替代的重要作用。具体地说，理学以推崇三纲五常为根本宗旨，其具体做法分为三个步骤：第一步，把三纲五常奉为宇宙本体、神化为万古永恒的绝对存在——显然,这是本体哲学的内容;第二步,通过上天命人以命,把三纲五常说成是上天赋予人的本性,致使践履之成为人无法逃遁、不可推诿的神圣使命——显然,这方面的工作是人性哲学的分内之事;第三步,宣布人之为人乃至超凡入圣的途径是突显人性之天理、消除气质之恶,进而在人伦日用中自觉加强道德修养,做"去人欲,存天理"的工夫——这使道德哲学隆重登场,也使各种修养工夫层出不穷。可见,理学推崇三纲五常的这一根本目的是通过本体哲学—人性哲学—道德哲学的三位一体逐步推进、实施的。进而言之,在理学建构的这套本体哲学—人性哲学—道德哲学三位一体的逻辑构架中,本体哲学、人性哲学与道德哲学既互不相同、各有侧重,又相互印证、相得益彰——不同是因为侧重于天理的本体论、存在论和德行论等不同层面,相互印证是因为对于天理的神圣性而言一以贯之、环环相扣。在此,贯彻始终的则是天理。

现在的问题是,抛开早期启蒙思想家对理学以理杀人的血泪控诉姑且不论,就他们在人性领域对天命之性——作为天理在人性上的显现离不开气质之性、离开气质之性的天命之性只能是杜撰的子虚乌有之物而言,便不能不说已经把天理赶出了人性哲学的地盘,对气质之性是唯一的人性和气质之性即以生养为核心的欲、利、私的论证则突出了人之自然本性。早期启蒙思想家对人性哲学的这一变革带来了两个相应的后果:一方面,使理学家在本体领域对天理绝对永恒、万古不变的神化成了泡影,相应地,理被还原为具体的条理和准则。另一方面,天理被祛魅,作为天理之具体表现的天命之性随即成为杜撰的虚假之物;由于缺少先天本能的支持,"去人欲,存天理"的道德追求和践履工夫变得不再必要——至少不再是人与生俱来的神圣使命。这瓦解了理学精心策划的本体哲学－人性哲学－道德哲学三位一体的逻辑构架以及本体哲学、道德哲学对人性哲学的束缚,致使人性哲学的独立成为可能。

在理学本体哲学－人性哲学－道德哲学三位一体的构架中,三者均以张扬伦理道德为宗旨。早期启蒙思想家不仅使人性哲学脱离了与本体哲学、道德哲学的勾连,而且由于天理是一以贯之的灵魂,对天理的祛魅在使人还原为自然之人的同时,重新界定了道德的本质和功能。换言之,他们对天理的祛魅也是把道德从天国拉回到人间的努力。从此,道德不再高高在上、不食人间烟火。相反,道德就存在于普通百姓的人伦日用之间,与百姓的喜怒哀乐、生存欲望和功利诉求息息相关。可见,经过早期启蒙思想家如此打磨之后的道德成为维护人之生存、繁衍的生养之道,绝对不再会有异化为杀人之具的可能。从这个意义上说,他们对理学以理杀人的批判大功告成,淋漓尽致地体现了批判的彻底性。其实,这种彻底性在对理学三位一体的颠覆中已经可窥豹斑。

必须说明的是,早期启蒙思想家对双重人性论的批判、对人性一元论的建构包括对理学的全面否定对于人们深刻认识理学的弊端以及传统文化的负面效应具有借鉴和警醒意义。在这方面,首先必须肯定两点:第一,戴震、颜元等早期启蒙思想家对理学杀人的指控是就特定的历史背景、面对残酷的社会现实有感而发的,在他们所处的社会中,理的确可以杀人,理也确实杀过很多人。这就是说,以理杀人不是早期启蒙思想家个人的主观杜撰,而是确有其事。对此,他们没有对事实进行恶意演绎或肆意夸张,只是真实地道出了别人所不敢言而已。第二,理学在本质上是道德形而上学,以追求道德完善为鹄的;理学杀人的一个重要原因和表现就是蔑视人的形体存在和生命权利,践踏人的自然本能。有鉴于此,作为以理杀人的矫正之方，早期启蒙思想家推崇人的自然本性，他们对物质利益、功利追求的提倡具有历史意义。在批判理学、进行人性哲学建构的过程中，早期启蒙思想家为了抵制传统文化尤其是理学对人之物质生活的遮蔽、贬损而推崇人的自然本性，在当时具有积极意义，这方面的内容也确实是传统文化和理学所缺少的。可以说，他们对人之自然本性的关照对于受困于宗法社会中的、饱尝宗法等级之苦的人而言，不啻为一次人性觉醒和思想解放。面对理学对欲、利、私的长期压抑和唾弃，在人之自然本性、物质欲望、功利追求长期缺席的情况下，不如此便不足以抵制理学的以理杀人。在这个意义或层面上，对于早期启蒙思想家的工作——无论是对理学思想的破还是对自己主张的立都应该给予肯定——至少应该抱以应有的理解和同情。

然而，不容否认的是，早期启蒙思想家对人之自然本性的偏袒与理学家对人之道德本性的夸大一样是片面的。就人的全面发展或本真状态而言，人是自然存在与社会存在的有机体，正如自然属性不可完全阉割，否则人将成为虚伪、空无一样，社会属性、道德完善是人性乃至人的本质、人的价值和人的全面发展的题中应有之义；没有了道德完善和价值诉求，自然需要和物质满足对于人同样会失去原本的意义和价值。针对理学家对人性的阉割，早期启蒙思想家用一种片面的深刻性代替另一种片面的深刻性，他们与理学家犯的是同样的错误。究其原因，在于正如理学家不肯承认物质满足对于人的不可或缺一样，早期启蒙思想家没有看到，对于人而言，欲、利、私撑起的自然需求与精神追求、道德完善都不可缺少，甚至精神家园更为重要，而伦理道德恰恰是人的精神家园中最灿烂的风景。在这方面，理学对人之道德本性的高扬、对至善天理的推崇本身并没有错,朱熹等人对理欲、义利、公私关系的处理充分显示了儒家在人生追求和人格塑造中的超越维度,作为理想信念乃至现世的终极关怀具有不可否认的意义。理学家的错误在于顾此而失彼,认定道德追求(天理)与物质追求(人欲)截然对立,在朝圣中要求人不食人间烟火。早期启蒙思想家批判理学,控诉其以理杀人,在推崇人之自然属性时似乎忘了人还有社会属性和精神追求。这使他们在建构自己的人性哲学时始终把人的社会属性置之度外,对道德追求关注不够,尤其是在把人之本性都归结为以欲、利、私为核心的气质之性时,人的崇高、优雅丧失殆尽,人生品位和追求格调明显降低。尤其是离开了这一历史时境,在个人意识和人的自然本性充分得到尊重和保护之后,如果还像早期启蒙思想家那样为欲、利、私而奔走呼号,甚至可能导致个人主义的恶性膨胀。

　　人是什么?人应该怎么活着?这个问题永远是开放的,或者说,没有固定的答案——不同时代有不同时代的回答,不同的人有不同的答案。在这方面,理学家与早期启蒙思想家各执一词,最终都陷入了极端。理学家与早期启蒙思想家对人性的不同侧重既有合理性又有片面性。这昭示了一个深刻的道理:人是现实的存在,拥有真实的现世生活,物质需要的满足是人存在的基本前提之一,轻视甚至蔑视这一点是不人道的;人是自由的存在,追求超越是人最本真、最尊严的存在方式,没有精神生活或道德完善,人则虽生犹死。对于这两方面,理学家与早期启蒙思想家的共同点是都只看到了其中的一面而忽视另一面。那么,人们不禁要问:人怎样才能既满足自然需要、享受物质生活又不会因此而陷于庸俗乃至堕落?人怎样才能在道德提升、精神愉悦的同时享受丰富多彩的物质生活?这是一个恒久的问题。

同时，对于理学杀人本质的揭露和认定尤其是全面否定的极端态度使早期启蒙思想家对理学的揭露和谴责也往往情绪化，缺乏全面、冷静的理性剖析。于是，在对理学及传统文化的评价中，否定远远多于肯定，甚至只有否定、没有肯定。这种态度使他们在审视、反思理学时，只揭露其消极面，而很少关注其积极意义，最终很难给理学一个公允、全面的评价。显然，这不是辩证的态度和做法。尤其是在当今社会，再像早期启蒙思想家那样评价或对待理学显然不合时宜。

早期启蒙思想家对待理学和传统文化的极端否定态度在后续的历史中被延续下来，并在无形中被放大。到了近现代，亡国灭种的危险使近现代哲学家迁怒于传统文化，救亡图存的需要使他们渴望西学。于是，近现代哲学家在面对儒学和传统文化时同样采取了极端否定态度，这种极端态度在"五四"新文化运动时上升为"打倒孔家店"，成为向传统文化的宣战和决裂。尽管近现代哲学家对传统文化的决绝态度与当时的政治背景、社会需要密切相关，甚至与救亡图存的民族前途息息相关，然而，无法否认的是，早期启蒙思想家的影响起了一定的作用。在注重传统、勇于创新的今天，早期启蒙思想家对待理学及传统文化的态度值得反思。

早期启蒙思想家的贡献和失误及其在近现代的延续给今人留下了一个迫切的现实问题，那就是：在走出了特定的历史境遇之后，如何重新审视和对待理学？一种学说的社会影响与其理论本身具有无法割裂的内在关联，然而，这只是问题的一个方面；问题的另一个方面是，任何理论的客观影响都不是理论单方面决定的，而是各种因素共同作用的结果。其中，政治制度、社会环境和文化积淀等因素均不可小觑。以此观之，一方面，理学对于中国宗法社会后期的杀人现象难辞其咎,以理杀人犹如一面镜子折射出理学潜藏的杀人基因。从这个意义上说,认定以理杀人与理学之间无丝毫瓜葛是不客观的。另一方面,以理杀人并非全是理学所为,之所以造成以理杀人的局面并不是理学本身可以操纵或控制的——至少不是理学的故意。在以理杀人的事件中,理学绝不是唯一的参与者。正因为如此,如果把以理杀人的一切后果都算在理学的头上,对于理学不公平,也不符合历史逻辑。正如生前仕途坎坷的朱熹未必预料到身后的显赫一样,自己创建的理学沦为杀人工具或许是朱熹始料未及的。以理杀人是理学被意识形态化的结果,除了理学本身的原因外,政治制度、历史条件和社会背景等都起了决定性的作用。基于这种实际情况,应该对朱熹及理学的学术价值与政治价值加以区分,这正如应该对朱熹思想的原初形态与被官方意识形态化的异化形态区别对待一样。有了这样的区分,结论不言自明:目前的当务之急是发现朱熹哲学的原生态,走进真实的朱熹,而不是紧紧抓住其曾经被异化为杀人工具的历史不放;只有这样,才能使朱熹哲学及其理学在全球化的时空转换中焕发出新的生命力。在回归原典、回到朱熹的过程中,尽管具体观点可以仁者见仁,智者见智,但是,有一点必须明确,那就是:在理学丧失了杀人的能力、没有了杀人的可能性之后,如果再像早期启蒙思想家那样对理学予以全面否定绝不是正确对待朱熹哲学、对待理学乃至对待传统文化的态度,这正如抛弃理学家对人之道德追求的肯定而专注人的自然本性不利于正确处理人之自然属性与社会属性的关系、最终同样会妨碍人的全面发展一样。

知源于行

——知行观及其对理学的批判

  知行观在中国古代哲学中由来已久,成为热门话题和理论焦点则是宋明时期的事。知行观在这一时期备受关注与宋明时期加强道德教化的社会需要密切相关,与理学家的道德建设一脉相承。与此相关,由于宋明理学从根本上说是一种道德哲学,这一时期的知行观演绎为对道德认识与道德实践的根本看法,以适应加强道德教化的社会需要。这不仅奠定了知行观在理学中的重要位置和作用,而且注定了理学对知、行内涵的界定和对知行关系的理解均受制于道德哲学的整体设计。

  在批判理学的过程中,早期启蒙思想家没有放过其知行观。在这方面,王夫之和颜元的思想最具有代表性。他们都批判了理学的知行观,并且有针对性地建构了自己的知行观。透视王夫之、颜元的知行观能够了解他们对理学的批判,同时可以整合早期启蒙思想家与理学家对知、行以及知行关系的根本分歧。下面的内容揭示:一方面,作为早期启蒙思想家,王夫之、颜元的思想具有一致性,这种一致性共同展示了早期启蒙思想的独特意蕴和风采。另一方面,早期启蒙思想家与理学家之间的分歧是两种不同的致思方向、价值取向的反映;这种差异既是反思理学的一个维度,又是评价早期启蒙思潮的参数之一。

一、"未尝离行以为知"——王夫之的知行观

翻检中国古代哲学可以看到,王夫之可谓是最具有形而上学品位和素养的哲学家。之所以如此说,是因为他的哲学体系不仅本体建构充实,而且富有形而上学意蕴,从本体哲学、认识哲学、价值哲学到历史哲学无不通过富有形而上学意蕴的关系(即观)表现出来,由理气观、道器观、有无观、动静观、能所观、知行观和理势观组合而成。诚然,在王夫之的哲学中,知行观不属于本体领域,与理势观之间也没有必然联系,然而,不容否认的是,知行观是这一组合中的一个环节,本体建构和思维方式直接决定了王夫之反思理学的角度,也决定着他对知行关系的审视和建构。具体地说,在王夫之的哲学中,在理气、道器、有无、动静观联手论证了气第一性、理依于气,进而否定了天理为世界本原之后,能所观、心物观注定了先验之知不复存在,这便杜绝了知先于行的可能性。在这些背景和前提下探讨知行关系,知必然源于行而不是相反。知源于行是王夫之知行观的理论前提,也是他对知行关系的根本认定。进而言之,围绕着知源于行并以此为基础,王夫之从三个方面阐释了自己的知行观,由始至终突出行的地位和作用。

1. 知与行"各有其效"、"资以互用"——知行的辩证统一

与对其他问题的认识一样,对理学的反思、批判是王夫之哲学建构的维度之一,他对知行关系的探索也是如此。在这方面,王夫之不同意理学家对知行关系的界定,尤其反对王守仁的"知行合一"和"一念发动处便即是行"的看法。他指责王守仁如此界定知

行关系模糊、混淆了知行之间的界线，导致了"知者非知，而行者非行"的后果。有鉴于此，王夫之强调，知与行之间具有严格的界线，不可相互等同或混淆。进而言之，对于知与行的相互区别，他特别强调了两点：第一，知与行的内涵、归属各不相同。知即致知，行即力行。第二，知与行的功能、作用各不相同，并表述为"各有其效"。按照王夫之的说法，不论是内涵、所属还是功能、作用的不同都表明，知与行之间界线分明，二者具有本质区别，彼此之间不容混淆或等同，这是首先必须明确的，也是讲知行相依时不容忽视的。

在此基础上，王夫之强调，知与行的相互区别不仅不意味着二者的分离或割裂，反而使知行之间相互合和、相资为用。在他看来，知与行的区别不仅没有割裂彼此之间的联系，反而促进、加固了两者的相互依赖。具体地说，因为知与行一个属于思想，一个属于行动，具有各不相同的作用和功能，所以，无论知还是行都必须在与对方的相互作用和相互促进中才能发挥自己的作用。于是，王夫之不止一次地论证说：

知行相资以为用，唯其各有致功而亦各有其效，故相资以互用，则于其相互，益知其必分矣。同者不相为用，资于异者乃和同而起功，此定理也。（《礼记章句》卷三十一《中庸》）

盖云知行者，致知、力行之谓也。唯其为致知、力行，故功可得而分。功可得而分，则可立先后之序。可立先后之序，而先后又互相为成，则由知而知所行，由行而行则知之，亦可云并进有功。（《读四书大全说》卷四《论语·为政》）

在这里，王夫之论证了知行的相互依存、相资为用，其前提是其间界限分明,"故功可得而分"。之所以如此,原因在于,无论是知还是行都是在与对方的"并进"中发挥功效的,是"知而知所行"、"行而行则知"——无论其功能的发挥还是作用的完成都离不开对方的配合。这表明,正是知与行的相互区别决定了彼此的相互依赖。有鉴于此,王夫之将知、行视为辩证统一的关系:一方面,强调知与行界线分明、功效各异,以此指出知、行具有本质区别,不容混淆。另一方面,他重视知与行的相互依赖,强调二者相互作用、相互渗透、相资为用。正因为如此,在承认知、行各异的前提下,他坚持知行的辩证统一,由此反对将知与行截然分开的做法,不同意对知行做对立观。为此,王夫之通过具体例子反复论证了知与行的相互依存、相互渗透和相互包含,并且得出了"知行终始不相离"的结论。正是在这个意义上,他反复宣称:

> 先儒分致知格物属知,诚意以下属行,是通将《大学》分作两节。大分段处且如此说,若逐项下手工夫,则致知格物亦有行,诚意以下至平天下亦无不有知。格物有行者,如人学弈棋相似,但终日打谱,亦不能尽达杀活之机;必亦与人对弈,而后谱中谱外之理,皆有以悉喻其故。且方其进著心力去打谱,已早属力行矣。(《读四书大全说》卷一《大学·传》)

> 知行之分,有从大段分界限者,则如讲求义理为知,应事接物为行是也。乃讲求之中,力其讲求之事,则亦有行矣;应接之际,不废审虑之功,则亦有知矣。是则知行终始不相离,存心亦有知行,致知亦有知行,而更不可分一事以为知而非行,行而非知。(《读四书大全说》卷三《中庸》)

在这里，王夫之以《大学》中的八条目为例，强调知与行相互包含、不可断然二分，因为任何一事之中的知行都不是纯粹的"知而非行，行而非知"。对于《大学》所讲的格物、致知、诚意、正心、修身、齐家、治国和平天下等八条目，朱熹的看法是，格物、致知属于知，诚意到平天下属于行，就此将八条目分作知与行两段。王夫之反对朱熹的这种做法。在他看来，若大致说——"大分段"可以如此区别，进行笼统概括；若细分——"逐项下手工夫"则不可，因为知与行相互渗透、相互包含，属于知的格物、致知中有行，正如属于行的诚意到平天下中也有知一样。此外，王夫之还以讲求、应接为例，证明知与行之间的区别是相对的，不论应接中有知还是讲求中有行都证明二者相互依赖、渗透和包含，以此证明没有完全脱离行的纯粹的知，也没有完全脱离知的纯粹的行。按照他的理解，知与行相互促进、不断深化。正是在这个意义上，王夫之断言：

  盖天下之事，固因豫立，而亦无先知完了方才去行之理。使尔，无论事到身上，由你从容去致知不得；便尽有暇日，揣摩得十余年，及至用时，不相应者多矣……是故致知之功，非抹下行之之功于不试，而姑储其知以为诚正之用。是知中亦有行也。（《读四书大全说》卷一《大学·传》）

在这里，王夫之以人的活动为例阐明了知与行的相互依赖，指出人类的进步是在二者的相互渗透、相互包含和相互促进中实现的：一方面，行中有知，行依赖知，对于人的每一次行动而言，行为的发出"固因豫立"，没有计划就不会去行表明了行对知的依赖和行中有知。另一方面,行依赖知的指导并不是说等知完了才去行,即使抛开临时而行的迫在眉睫、没有时间等到知之完成不说,恐怕最主要的原因在于,若知只限于心中揣摩等到用时便很难符合行。这表明,知离不开行,是在行中获得的,知之内容的真实、客观和有效都是行提供或保障的。如此说来,知依赖行,知中有行。基于上述认识和分析,王夫之强调,人类的知、行都是在双方的相互包含、促进中进行的:通过行,由不知而知;再由知指导行,开拓行之领域,提高行之效率;然后,再由行而知,使知由浅入深。如此无穷往复,推动认识的深化。正是在由知而行与由行而知的相互作用中,人才能使自己的认识"日进于高明而不穷"。(《思问录·内篇》)在某种程度上可以说,人类的整个认识过程就是知行相互渗透、相互促进的过程。人类的进步可以归结为由行而知、由知而行、再由行而知的无限过程,也就是知与行之间不断促进、不断深化的过程。

2. "未尝离行以为知"——行是知行关系的决定因素和根本方面

到此为止,王夫之对知行关系的界定一直是知与行既相互区别、不容混淆,又相互依赖、相互作用,彼此相互包含、缺一不可。这表明,知与行是辩证统一的关系。问题的关键是,在这种辩证统一中,是否可以对知、行等量齐观,甚至一视同仁?对于这个问题,他的回答是,知与行的地位、作用并不等同,在知行的辩证统一中,行比知更为重要,是知行关系的主导方面和决定因素。这一点是王夫之知行观的核心观点,他本人对此格外重视,并从各个角度进行了论证和阐释。

其一,"非力行焉者,不能知也"——知源于行在此，首先必须明确一点，王夫之所讲的知行相互依赖与理学家的理解具有本质区别：第一，他的知行相互依存以承认知与行的严格区别为前提，并且正是由于相互区别——"各有其效"决定了二者缺一不可、相互依赖。正是这一点使王夫之的知行相互依存、相互渗透与王守仁将行归于知，并由此推导出知行不分前后，并进包含的"知行合一"相去天壤。第二，王夫之肯定相互依赖是就知、行在具体认识过程中的作用而言的，是功能论而非本体论或发生论意义上的。正因为如此，与朱熹讲知先行后并不妨碍"论先后，知在先"相仿佛，王夫之讲知行相互依存并不阻碍他在发生论上主张知源于行。事实上，遵循有别于理学的思路，王夫之在承认并论证知行相互依赖的过程中，始终强调行的决定作用。按照他的说法，在知行的辩证统一中，知与行的地位并不相同，从本原上说，行是第一性的，行比知更为根本。这是因为，知来源于行，是从行中获得的；离开了行，也就没有真正的知。正是在这个意义上，王夫之一而再、再而三地声称：

非力行焉者，不能知也……非力行者果不能知也。（《四书训义》卷十三《论语·子罕》）

求知之者，固将以力行之也。能力行焉，而后见闻讲习之非虚，乃学之实也，而岂但以其文乎？（《四书训义》卷五《论语·学而》）

下学而上达，岂达焉而始学乎？君子之学，未尝离行以为知也必矣。（《尚书引义》卷三《说命中》）

王夫之确信，不力行就不能知，因为知是从行中获得的，行使人由不知到知；同时，行可以加深、巩固已有之知，使知不断深化。这些都证明了知源于行，表明了行对知的决定作用。沿着知源于行的思路，他要求人在审视、处理知行关系时牢记"未尝离行以为知"的原则，通过力行在接触外物的耳闻目睹中求知，以此确保知之内容的客观、真实、可靠和有效。

循着知源于行的逻辑可以推测，对于知与行的时间先后问题，王夫之的回答肯定是行在先、知在后，即行先知后。行先知后和知源于行与程朱等人的知先行后形成强烈对比。与此相关，王夫之不同意二程"行难知亦难"的看法，并且同样依据《尚书·说命》中的"知之非艰，行之惟艰"论证了知行的先后问题。王夫之推论说，按照一般逻辑，"艰者必在先也。先其难，而易者从之易矣。"（《尚书引义》卷三《说命中》）以此观之，《尚书》指出知行相比，知容易而行艰难，旨在告诉人们艰难之行在先、容易之知在后。这表明，知易行难的真正含义是行先知后。

值得注意的是，王夫之主张知源于行是在发生论的层面上立论的，表明了在知行关系中行是第一性的；在本体领域，行比知更为根本。与此相关，知源于行不仅决定了没有行就没有知，而且表明知之内容是行赋予或决定的，只有在行中获得的知才能保证其内容的真实、客观、可靠和有效。可见，正是知源于行奠定了行"兼知"、"统知"的地位，也使知的目的是行或行是知的检验标准成为顺理成章的结论。

其二，"行可兼知，而知不可兼行"——行统辖知

在王夫之那里，知源于行是探讨、审视知行关系的重要前提，是知行关系的最重要方面。进而言之，知源于行决定了在知与行的相互依存中，二者的地位、作用和价值等并不等同。事实上，正

是为了显示知与行之间的不同地位、作用和功能,他提出了行可以"兼知"、"统知"的观点,以此更进一步突出行的决定地位和作用。对此,王夫之论证说:

> 且夫知也者,固以行为功者也。行也者,不以知为功者也。行焉可以得知之效也,知焉未可以得行之效也。将为格物穷理之学,抑必勉勉孜孜,而后择之精、语之详,是知必以行为功也。行于君民、亲友、喜怒、哀乐之间,得而信,失而疑,道乃益明,是行可有知之效也。其力行也,得不以为歆,失不以为恤,志壹动气,惟无审虑却顾,而后德可据,是行不以知为功也。冥心而思,观物而辨,时未至,理未协,情未感,力未赡,俟之他日而行乃为功,是知不得有行之效也。行可兼知,而知不可兼行。(《尚书引义》卷三《说命中》)

知源于行已经注定并隐藏着知行关系的不平等。在这里,与知源于行相一致,王夫之指出,知与行的地位、作用并不相同,不可对二者等量齐观。理由是,知是为了行之效而行的目的并不在于知,这正如在行中可以获得知而在知中却不能收行之效一样:一方面,人们格物、穷理是为了在行动中收事半功倍之效,达到预想的目标,并不是以知为最终目的。另一方面,通过行于君臣、父子之间,道可日明,知可日广。这就是说,知没有行的功效,也不能包括行;相反,行有知的功效,并且能够包括知。因为只要去行,就可以在行的过程中变不知为知,由知之浅近到知之深广。这一切都证明,行可以"兼知"、"统知",知却不可以"兼行"或"统行"。循着这个逻辑推演下去,不难假设,如果非对知、行取一弃一的话,那么,王夫之的选择是去知留行。当然,假设终归是假设,他本人也从来没有过以行去代替、取消知的想法或做法。不过,通过这个假设回过头来考察王夫之的知行观,可以更强烈地感受到他对行的重视和推崇。

其三,"知之尽,则实践之"——行是知的目的

王夫之指出,行是知的目的,知的目的在于"实践"。他不仅认为知源于行,没有行就没有知;而且认定行是知的目的,不去行,知就没有价值,知也等于不知。于是,王夫之再三强调:

> 知之尽,则实践之而已。实践之,乃心所素知,行焉皆顺。(《张子正蒙注·至当篇》)

> 知而后行之,行之为贵,而非但知也。(《周易外传》卷一《乾》)

> 知而不行,犹无知也……故学莫切于力行。(《四书训义》卷九《论语·公冶长》)

上述议论表明,知不是目的,也不是终点;相反,由于知的目的是行,所以,知一定要运用于行。正因为如此,王夫之一再敦促人们"知而后行之"。这就是说,知的目的在于"实践",没有了行,知便失去了存在的价值,甚至没有了存在的必要。正因为如此,他指出,"知而不行,犹无知也"。循着这个思路,即使是为了实现知的价值,也必须要去行。基于这种认识,王夫之不仅强调行是知的目的,而且主张知通过指导行来实现自己的价值,以使所行皆顺。

在这里,需要说明的是,从知指导行的抽象意义来看,王夫之的说法与理学家具有某些相似之处,无论是二程、朱熹、陆九渊的

知先行后还是王守仁的"知行合一"都强调知对行的指导。然而，就其价值旨趣和具体内容而言，王夫之与理学家的观点相差悬殊、迥然不同：第一，本体根基之差。王夫之讲知指导行的前提是知源于行，并且，知源于行就本体论、发生论的层面上立论的，这决定了知指导行并不妨碍行在本体论上的优先地位。在理学家那里，知是先天良知，是先天固有的道德观念和行为规范，具有行所没有的本体意义上的绝对优越性。第二，具体内容之异。王夫之强调知源于行，证明了知并非先天固有之知，知是源于后天之行的经验之知。这决定了知之内容的客观性、可靠性源于行而非主观臆断或玄想，更不是先天的神启或天德良知。与此相关，源于行之知由于具有客观而真实的内容可以在行中发挥指导作用和预见功能，实现自身的价值，即行"乃心所素知，行焉皆顺"。在理学家那里，知指导行是使先天的道德观念落实到行动上。第三，价值旨趣之别。王夫之主张，知指导行的具体目的是为了使行更为有效，而不是行其所知。因此，从价值论上看，行才是价值本身，即"行之为重"。在理学家那里，知永远是知行关系中的价值主体，知是目的和价值本身，行不过是知之手段、工夫而已。总之，三个方面综合起来表达了同一个意思：如果说在理学家那里，知指导行是为了在行中贯彻知，从而将行永远控制在先天之知的范围内、不可越雷池一步的话，那么，在王夫之这里，则是把从行中获得的经验、知识等反过来运用到行中，使行更有效率。

其四，"行焉可以得知之效"——行是检验知的标准

王夫之指出，行是检验知的标准，知的内容只有通过行才能体现出来。也就是说，知是否正确——是否真实、客观、可靠和有效只有通过行才能得到检验。正是在这个意义上，他断言："知也者，

因以行为功者也……行焉可以得知之效也。"(《尚书引义》卷三《说命中》)王夫之所讲的行是知的检验标准具有两层含义:第一,对知源于行的强调注定了知之内容的真实、客观只有在行中加以检验。第二,知之目的在于"实践"注定了知之价值、作用只有通过行才能表现出来。正因为如此,行是知的检验标准成了唯一可能的结论。反而观之,如果知是先验之知,在知行关系上以知为先的话,那么,知就不必在行中验证其内容的客观性——是否真实可靠;如果以知为本,知即天理、良知的话,那么,知就可以成为目的本身,也就没有必要去行——即使行也是为了规范或落实到行上。这就是说,王夫之所讲的行是检验知的标准是从知源于行推导出来的,或者说,以知源于行为前提,这使他的认识与理学家的观点相去甚远。具体地说,从知为先天固有之知和知为先、为本出发,理学家所讲的行是知的检验标准的真正意思是,知是否真切看是否能行:只有去行了,并且所行符合天理、良知,才能证明知是正确的。对于理学家来说,行的作用是检验知之真切与否,并不是改变先天之知。在王夫之那里,正如知源于行、取决于行一样,行是检验知的标准的真正意思是,只有行才能检验知是否真实、可靠、客观和有效。因此,对于检验的结果而言,符合行、有利于行者为对、为真、为是,反之为错、为假、为非。接着,面对不同的检验结果,真知作为真理被保留下来、去指导行,错误的认识被抛弃或者在行中加以修改。总之,不再固守先天之知,而是改变或增长后天的经验和知识。

通过以上几个方面的共同证明,王夫之反复伸张了行的地位、作用和价值:知源于行,没有行就没有知;行统辖知,没有知也可有行;行是知的检验标准,没有行,知之正确与否无法得到验证;行是知的目的,没有行,知便无用、等于无知。可见,这四个方面相互印证,反复论证了同一个观点:行在知行关系中是具有决定性的因素,或者说,行是知行关系中第一性的根本方面。

3."非知之明,而何以行之至"——知反作用于行

在强调行决定知的同时,王夫之注意到了知对行的反作用。在他那里,知源于行、受制于行并不等于说知就是完全消极、被动的,恰好相反,在知与行的相互关系中,行决定知只是问题的一个方面,问题的另一方面是,知能反作用行。其实,这一点早在王夫之对知与行各有其效、相资为用的论证中已经端倪初露。正因为如此,尽管在知行关系中,行决定知与知反作用于行这两个方面并不平衡,第一方面是主导作用,并且,第二方面以第一方面为前提,然而,他并没有因为对行决定知的强调而忽视知对行的反作用。事实上,正是基于知可以指导行的认识,王夫之断言:"夫人,必知之,而后能行之,行者皆行其所知者也……喻之深,察之广,由是而行,行必安焉。"(《四书训义》卷二十《论语·季氏》)在他看来,对于一般人来说,行是在知的引领下进行的,往往是先知后行;也只有在知的指导下,才能使行动事半功倍。因为道理越明白,认识越深刻,考虑越周全,行动起来就越安泰、越笃实。道理很简单,若行,先要知道行什么、如何行,这些是由知提供的。知不仅告诉人应该做什么、不应该做什么,而且指点人应该怎样做、不应该怎样做;前者指明了行之方向,后者提供了行之方法。正是因为有了知所提供的行之志向和途径,才保障了行的持久、安泰和有效。为了说明这一点,王夫之甚至强调要知在先,行在后。换言之,循着行在知的指导下进行的思路,他肯定了知先行后。其实,上面引文中的

"必知之,而后能行之,行者皆行其所知"已经隐藏着知先行后的意思。除此之外,对于知先行后,王夫之还有下面的表述:

> 君子之道,力行而已,而必先之以知。盖行者,其志也;勉于其行者,其力也;有志而不就,勉于力而无成,则惟知之未明,将有欲为而无其术也。则学、问、思、辨,以求大明于天人理事之全者,可不务乎哉!(《四书训义》卷二十四《论语·尧曰》)

王夫之认为,对于人的每一次行为而言,都要先有行之志和行之术方可行其所安、行有所成,而行之志和行之术皆是知。从这个意义上说,知与行之间的先后顺序是先知后行。

至此,人们不禁要问,鉴于知源于行,王夫之主张行先知后。那么,知先行后与行先知后之间是否矛盾?如何协调两者的关系?更为不容忽视的是,从二程、朱熹到陆九渊都不约而同地主张知先行后,如何理解理学家与王夫之的知先行后之间的区别?在这里,有两点需要加以说明:第一,王夫之所讲的知先行后与行先知后并不矛盾,两者的立论角度不同:知先行后是就一事的具体程序而言的,是人在具体处理知与行的关系时依照的程序,侧重的是知与行的相互作用和功能的发挥,而不是在本体论上就知行的本原立论的;行先知后是根源性、本原性的,它回答的是知与行谁先谁后、谁派生谁的问题,而不是在功能论的层面上立论的。同时,行先知后是前提,知先行后是以承认知源于行,以行在本体论上的优先性为条件的。第二,第一点已经决定了王夫之的知先行后与二程、朱熹和陆九渊的观点迥然不同,甚至截然相反。王夫之主张知先行后的前提是知源于行，受此制约，之所以知在先是为了行其所知而行必安。进而言之，有知在先，行之所以安，是因为此知源于行，可以喻之深、察之广。循着这个逻辑，他进一步分析说，知之所以能够指导行，是因为知具有预见性，正是知的预见性使人在事态之前综合各方面的情况，选择不同的方案，采取不同的行动，从而使行达到预先设想的效果而无所不利。于是，王夫之一再指出：

察事物所以然之理，察之精而尽其变，此在事变未起之先，见机而决，故行焉而无不利。（《张子正蒙注·神化篇》）
非知之明，而何以行之至？（《四书训义》卷五《论语·学而》）

在这里，王夫之之所以主张知先行后，是因为知具有预见性，可以指导行；知之所以具有预见性，关键在于此知并非先天神启，也非主观臆造，而是从行中获得的。这是理解王夫之所讲的知指导行或者知先行后的理论前提，也是他与理学家的根本分歧。

进而言之，王夫之所讲的知对行的反作用集中在两个方面：第一，知可以察事物之理，归纳事物的变化规律，凭借知的这种预见性去行必然事半功倍，达到预想的效果。第二，知为行提供价值系统和信念支持。在坚定信念、坚韧毅力的支撑下，人才可以力行。正是有了前者之术和后者之志的共同作用，人才能行而必安，免于危险；行而必泰，远离异端；并且在行中所愿必获，知识日明，德行日高。

可见，王夫之所讲的知对行的反作用——包括知先行后、知指导行等与理学家念念不忘的知先行后、以知指导行具有本质区别，是应该加以注意的：第一，从内涵上看，理学的知先行后以知的先天固有为前提，这使知先行后、以知指导行的真正含义成了将知贯彻、落实到行动上。或者说，知是目的，行是手段；行不可以冲破知，反而是证实、恪守知的手段。在理学家的价值系统中，知代表的天理是永恒真理和最高价值。与此相反，王夫之主张知先行后、知指导行的意思是，将从行中获得的认识、经验反作用于行，这种作用并不否定知源于行这个前提，反而受制于这一前提，知在指导行中发挥自己的价值，也验证自己的正确性——内容是否真实、是否有效等。与此相关，在他那里，知指导行的目的是确保行之效果，而不是知之贯彻或落实。结果是，在行动中可以更正原有的认识，可以获取、增加新的认识；更重要的是，行不必总是限于知。这就是说，当知与行不符时，不是断言行之妄、冥或谬，还要考虑知是否妄、误、谬，因此不排除放弃或改变原有之知的可能性。在王夫之的价值观中，行是中心，是目的；知是为行服务的，这是知的目的在于行和知指导行的前提。

总之，王夫之的知行观以行为中心、为价值，一言以蔽之即"未尝离行以为知"。这一点通过与理学家的比较可以看得更为清楚、明白。与此相关，王夫之对知行关系三个方面的论证围绕着一个中心展开，那就是以行为先、为重、为本。正因为如此，上述三个方面相互作用，其地位并不等同。在这三个方面的不同侧重中，第二方面是根本，知行的辩证统一和知对行的反作用都以此为前提；在对行的推崇中，最基本的观点是知源于行。循着这一基本观点可以看出，王夫之的知先行后与他自己的行先知后并不矛盾，与理学家的知先行后截然不同。

知源于行是王夫之知行观的灵魂，他对知行关系的所有看法都以这一点为基础、前提或从此推导出来。在王夫之的知行观中，知源于行使行是知行关系的根本方面成为必然结论，同时是理解知行辩证统一、知反作用于行的理论前提。换言之，无论是知行的辩证统一还是知反作用于行都是以承认、肯定知源于行为理论前提的。对于他的知行观而言，有了知源于行这一本体论上的行先知后，才可能更深刻地理解知行如何相依以及知指导行的真正含义。此外，行之"兼知"、"统知"和知的目的是行、行是检验知的标准等是知源于行的延伸或推演结果。与此相关，只有从知源于行入手，才能将王夫之所讲的知行相互依赖、知指导行与朱熹、王守仁的看法区分开来。这一切表明，只有牢记、把握知源于行，才能领略王夫之知行观的精神主旨和价值所归。

二、习行哲学——颜元的知行观

颜元对理学作出的诊断是，其错误一言以蔽之即空、静，并且针锋相对地提出了"以实药其空，以动济其静"（《存人编》卷一《唤迷途·第二唤》）的根治药方。大致说来，空、静指理学空谈性理、静坐读书、脱离实际、放弃习行；实、动指他提倡的"实学"，特别是重视践履、倡导习行哲学等。这就是说，颜元反对理学的理由是，理学坐而论道、漠视习行；与此相关，他的药方是代之以行。这些都决定了颜元对行、实行和习行的关注，也暗示了他对行的推崇空前绝后、无以复加。事实是，在中国历史上，颜元以提倡践履、习行名声大振，他与弟子李塨创立的颜李学派几乎成了习行、践履的代名词。这些决定了知行观在颜元的整个思想中占据首屈一指、提纲挈领的重要位置，不仅贯穿于本体哲学、认识哲学、人性哲学、价值哲学和实践哲学等诸多领域,而且成为他反击理学的主打武器。与此相联系,颜元对知行观高度重视,并在探讨、诠释知行关系时始终以行为核心。在这方面,他强调知源于行,在对习行的推崇中让人增长实际本领服务社会,并倡导人在习行中读书。

1. "以实药其空,以动济其静"——习行的本体依据和人性根基

在对理学的诊断中,颜元认定理学的病症是空、静,开出的药方是实、动。对此,他解释说,由于偷袭了佛、老的空无学说,理学将世界虚无化、静止化,这使理学脱离实际,成为"镜花水月"的虚幻之学。其实,世界的本体并非虚幻也非静止,世界是一个实实在在、运动不已的充满生机的世界。同时,天地生人即赋予人血气形体,致使人具有习行之能。这表明,世界的本体和人类的本性是实和动,而不是空或静。对此,颜元反复论证说:

> 佛不能使天无日月,不能使地无山川,不能使人无耳目,安在其能空乎!道不能使日月不照临,不能使山川不流峙,不能使耳目不视听,安在其能静乎!(《存人编》卷一《唤迷途·第二唤》)

> 凡天地所生以主此气机者,率皆实文、实行、实体、实用,卒为天地造实绩,而民以安,物以阜。虽不幸而君相之人竟为布衣,亦必终身尽力于文、行、体、用之实,断不敢以不尧舜、不禹皋者苟且于一时,虚浮之套,高谈袖手,而委此气数,置此民物,听此天地于不可知也。亦必终身穷究于文、行、体、用之源,断不敢以惑异端、背先哲者,肆口于百喙争鸣之日,著书立

言，而诬此气数，坏此民物，负此天地于不可为也。(《习斋记余》卷三《上太仓陆桴亭先生书》)

针对佛、老、理学将世界虚幻化、静止化的做法，颜元论证了世界的本质是实和动而不是虚和静。更重要的是，他进而指出，实、动不仅是世界的本质和人类与生俱来的本性，而且是最高价值；生活在这样一个真实而运动的世界上，人应该务实而不是蹈空，尚动而不是主静。有鉴于此，颜元由天地之实动讲到了人性之实动，不仅将习行说成是人与生俱来的本能，而且鼓励人们在习行中践形尽性，满足自己的欲望，实现人生的价值。按照他的说法，如果像理学家那样建构"镜花水月"之学，静坐读书而不去习行，人的习行能力便发挥不出来，最终会丧失习行之能力而成为废人、无用之人，这就等于自绝于天地。于是，颜元不止一次地热情高呼：

天地之实，莫重于日月，莫大于水土，使日月不照临九州，而惟于云霄外虚耗其光；使水土不发生万物，而惟以旷闲其春秋，则何以成乾坤？人身之宝，莫重于聪慧，莫大于气质，而乃不以其聪慧明物察伦，惟于玩文索解中虚耗之；不以其气质学行习艺，惟于读、讲、作、写旷闲之，天下之学人，逾三十而不昏惑衰惫者鲜矣，则何以成人纪！(《颜习斋先生言行录》卷上《学人》)

吾愿求道者尽性而已矣，尽性者实征之吾身而已矣，征身者动与万物共见而已矣。吾身之百体，吾性之作用也，一体不灵则一用不具。天下之万物，吾性之措施也，一物不称其情则措施有累。身世打成一片，一滚做功，近自几席，远达民物，下自邻比,上暨庙廊,粗自洒扫,精通燮理,至于尽伦定制,阴阳和,位育彻,吾性之真全矣。以视佛氏空中之洞照,仙家五气之朝元,腐草之萤耳,何足道哉!《存人编》卷一《唤迷途·第二唤》》

按照颜元的理解,宇宙的本质是实、是动,其性能是光照天地、生发万物;人之实是聪明才智和形体气质,其作用是在不断的生命运动中明察物理、习行技艺。人有气质这个先天条件却不去习行,本性便发挥不出来。这样的人由于不能践形、尽性而终不成人,等于虚度年华。他进而指出,人体、人性与习行密切相关,气质之性必须在习行中得以贯彻和发挥。这使习行不仅具有了人性的根基,而且成为实现人生价值的保障。与此相联系,颜元认为,朱熹理学之所以最终将人变成废人,一个重要原因是不懂得习行是人与生俱来的本性,没有认识到人与生俱来的气质具有习行之能,更不明白只有习行才能践形尽性的道理。正是在这个意义上,他指出:

朱子之学,全不觉其病,只由不知气禀之善。以为学可不自六艺入,正不知六艺即气质之作用,所以践形而尽性者也。《存学编》卷三《性理评》)

颜元认为,朱熹因为放弃习行而使人成为废人或对社会无用之人的失误从反面证明,习行对于人是至关重要的。朱熹理学的病症在于不承认人的形体——气质是善的,更不明白气质之善即在于可以习行六艺,习行六艺是气质之性的作用;人的形体生来就有各种功能，人通过后天的习行可以获得各种知识、技术和技能。

在以上分析和认识的基础上，鉴于理学的弊端源于崇尚空谈而不能习行，颜元清醒地意识到，只有提倡实学，将行、习行放在第一位，才能抵制理学的空洞说教。于是，他写道："救蔽之道，在实学，不在空言……实学不明，言虽精，书虽备，于世何功，于道何补！"（《存学编》卷三《性理评》）可见，在颜元那里，实与动密不可分，动本身就是实的一部分。这使习行哲学成为实学中最主要的内容。

由上可见，颜元极其重视习行，这是抵制理学的需要；在这一点上，颜元与王夫之的认识具有相同性，也是早期启蒙思想家的共同之处。进而言之，在颜元的哲学中，由于将理学的弊端归结为空、静，这使作为实、动之具体表现的习行具有了非同寻常的意义，可以说直接体现了与理学的对峙。与此相关，他所讲的习行始于本体和人性领域，具有两个重要特点：第一，习行拥有本体根基和人性依托，其正当性、合理性和权威性得以登峰造极地伸张。第二，习行不仅限于伦理和认识领域，而且具有本体哲学、人性哲学、实践哲学的意蕴和内涵。这是颜元不同于王夫之之处，尽显其习行哲学的独特魅力，更预示了习行、知行观在颜元哲学中具有无可匹敌的重要意义。

2. 习行哲学——对行的推崇和提倡

鉴于对理学的鉴定、批判和抵制，基于对世界、对人性是实、是动的理解，颜元一面积极倡导实和动，一面坚决抵制空和静，这使行、习行具有了无可比拟的重要意义和价值。在此基础上，他在价值观上高举习行哲学的旗帜，将行奉为人生追求的价值目标。

其一,尚动抵制尚静

颜元曾经表白:"宁为一端一节之实,无为全体大用之虚。"(《存学编》卷一《学辨》)可见,他对实的提倡和对虚的反对是相当坚定而彻底的,为了以实药空,宁可粗而不精。此外,颜元甚至将"宁粗而实,勿妄而虚"奉为自己的座右铭。正是在以实药虚、以动济静中,他建构了自己的习行哲学。进而言之,习行哲学的核心是动、是行,颜元提倡习行哲学就是为了以动济静,在价值观上尚动、推崇习行。在这方面,他对理学家主静深恶痛绝,尤其不能容忍其社会危害。对于理学之空、静及其造成的社会危害,颜元揭露说:

> 晋、宋之苟安,佛之空,老之无,周、程、朱、邵之静坐,徒事口笔,总之皆不动也。而人才尽矣,圣道亡矣,乾坤降矣。(《颜习斋先生言行录》卷下《学须》)

在颜元看来,由于受理学影响,人们皆静而不动,思想停滞不前,身体好逸恶劳,整个社会死气沉沉,没有生机,丧失活力。为了扭转这种局面,他主张以动代静,"以动造成世道",让整个社会动起来,在动中强身、强国、强天下。正是在这个意义上,颜元反复声称:

> 宋人好言习静,吾以为今日正当习动耳!(《颜习斋先生年谱》卷上)

> 吾尝言一身动则一身强,一家动则一家强,一国动则一国强,天下动则天下强。益自信其考前圣而不谬矣,后圣而不惑矣。(《颜习斋先生言行录》卷下《学须》)

颜元不仅在价值观上尚动，而且将这一价值旨趣贯彻在人生追求和行为目标之中，指出人生的意义是通过习行掌握实际本领而服务于社会，进而在救世泽民中实现自己的价值。在他看来，人生的目的和意义在于习行，人应该成为掌握实际本领，拥有一技之长而对社会有用的人。不仅如此，循着求知在实行、实用的思路，他认为，能知、能说、能写，并不等于能做；如果不做，就等于无用。为了成为对社会有用的人，必须让所学的知识产生实际效果，服务于社会现实，"辅世泽民"，成就"经济"事业。与此相关，基于人生的意义在于习行致用，颜元强调，人应该以习行为主，以讲学为辅，在人的一生中，用于习行的时间应远远超过花在讲读上的时间——两者的比例大致是八九比一二。正是在这个意义上，他指出：

仆气魄小，志气卑……而垂意于习之一字；使为学为教，用力于讲读者一二，加功于习行者八九，则先民幸甚，吾道幸甚……但以人之岁月精神有限，诵说中度一日，便习行中错一日；纸墨上多一分，便身世上少一分。(《存学编》卷一《总论诸儒讲学》)

颜元认为，人生的时间和精力有限，用于讲读的时间多，花在习行上的时间就要减少。因此，他呼吁人以习行为主，并且反对朱熹脱离实际、不去习行而死读书本的做法。在颜元的价值体系中，习行是致知或读书的目标，读书只是致知的手段之一。朱熹让人放弃习行而静坐读书，当然是错误的。有鉴于此，他以习行作为认识的方法，反对以读书作为认识的主要手段。可见，颜元在价值观上对行的张扬和对习行的推崇改变了人生的价值目标和行为追求。

其二,教学中对实学、习行的贯彻

为了贯彻尚动的价值观念,也为了将习行进行到底,颜元在为学和教学中推崇"实学",均以实为第一要务。作为其实际行动和具体措施,他以学、习、行、能代替理学的讲、读、著、述,并把自己的学说都冠名以实。例如,学习科目曰"实文",学习方法曰"实学"、"实习",行为曰"实行",事功曰"实用",性体曰"实体"等等。对于实学的精神实质和内容,颜元称之为实学、实习、实行、实用,并在具体的阐释中概括为"六德"、"六行"和"六艺"。进而言之,他对礼、乐、射、御、书、数构成的"六艺"倍加推崇,断言"学自六艺为要。"(《颜习斋先生言行录》卷上《理欲》)至此,实学归结为实行,即以"六艺"为主的习行哲学。正因为如此,颜元的实学成为习行哲学,即"利济苍生"、"泽被生民"的实用之学。换言之,实学之实的主要表现是注重实行,以实际本领、亲自动手能力、一技之长代替读书、讲读、著述等。从这个意义上说,实就是行动之实,实学就是习行哲学。

进而言之,颜元对实学的定位和对习行的推崇与对理学的鉴定和抵制密切相关,也与其经世致用的价值观念和理论初衷相契合。基于经世致用的价值旨趣,颜元认为,学问应该服务于社会,有利于国计民生。与此相关,在对实学、习行的推崇中,他注重培养学生的动手能力和实际本领,为学问的价值在于服务社会、救世泽民提供了保障。

正是为了推崇行,颜元将习行说成是孔子思想的宗旨和精髓,在教学中以习行为主,推崇周孔的六艺之学。对此,他宣称:

孔子开章第一句，道尽学宗。思过、读过，总不如学过。一学便住也终殆，不如习过。习三两次，终不与我为一，总不如时习方能有得。"习与性成"，方是"乾乾不息。"(《颜习斋先生言行录》卷下《学须》)

不仅如此，为了切实有效地提倡习行，也为了根治理学忽视实行的弊端，颜元在教学中把习行放在首位，提倡六艺，甚至认为如果不能兼通六艺的话，精通一艺也是为圣为贤，也可对人造福不浅。他断言：

人于六艺，但能究心一二端，深之以讨论，重之以体验，使可见之施行，则如禹终身司空，弃终身教稼，皋终身专刑，契终身专教，而已皆成其圣矣。如仲之专治赋，冉之专足民，公西之专礼乐，而已各成其贤矣。不必更读一书，著一说，斯为儒者之真，而泽及苍生矣。(《颜习斋先生言行录》卷下《学须》)

3. 知源于行——行在知行关系中的决定作用

由上可见，从本体哲学、人性哲学到价值哲学，颜元推崇实学、实行和习行。这注定了其知行观具有两个与生俱来的基本特征：第一，知行观辐射到本体哲学、人性哲学、价值哲学、道德哲学、认识哲学和实践哲学等诸多领域，对知行关系的探讨奠基于本体哲学、人性哲学之上，具有高屋建瓴的恢宏气势和形上背景。第二，界定、处理知行关系时，始终突出行的价值，强调行在知行关系中的绝对权威，致使行无可争辩地成为知行关系的决定因素和主导方面。可以看到,在颜元的知行观中,行即习行、践履成为第一性的决定因素。这既是习行哲学的必然结论,反过来又为其习行哲学提供了证据。

其一,知源于行

颜元认为,在知与行的关系中,行是第一性的根本方面和决定因素,因为知源于行,是在行中获得的;如果不行,便不会知。对此,他利用日常生活中的例子论证说:

> 且如此冠,虽三代圣人,不知何朝之制也。虽从闻见知为肃慎之冠,亦不知皮之如何暖也。必手取而加诸首,乃知是如此取暖。如此蓛蔬,虽上智、老圃,不知为可食之物也。虽从形色料为可食之物,亦不知味之如何辛也。必箸取而纳之口,乃知如此味辛。(《四书正误》卷一《大学·戴本大学》)

这就是说,对于帽子,只有戴在头上,才能知道它是否暖和;对于蔬菜,只有亲口尝一尝,才能知道它滋味如何。离开了"加诸首"、"纳之口"之行,便没有对冠之暖、蔬之味的认识。在这里,颜元依据日常生活中的常识阐明了知源于行的道理。不仅如此,为了贯彻知源于行的原则,他强调,真正的知是通过亲身实行获得的,故而反对只向书本求知的做法。对此,颜元宣称:

> 如欲知礼,凭人悬空思悟,口读耳听,不如跪拜起居,周旋进退,捧玉帛,陈笾豆,所谓致知乎礼者,斯确在乎是矣;如欲知乐,凭人悬空思悟,口读耳听,不如手舞足蹈,搏拊考击,把吹竹,口歌诗,所谓致知乎乐者,斯确在乎是矣。(《习斋记余》卷

六《阅张氏王学质疑评》)

按照颜元的理解,要知礼,任凭读几百遍礼书,讲问几十次,思辨几十层,总不算知礼;必须跪拜周旋,捧玉爵,执币帛,方知礼是如此。要知乐,任凭读几百遍乐谱,讲问几十次,思辨几十层,总不算知乐;直须搏拊击吹,口歌身舞,方知乐是如此。这表明,学礼不能只读礼书,学乐也不能只读乐书,关键是"亲下手一番",只有在跪拜操作和弹奏歌舞的反复实践中才能获得真知。

可见,颜元所讲的知源于行是本体论、发生论层面的,与王夫之具有相同之处,代表了早期启蒙思想家的共识。所不同的是,他将知源于行无限放大,以此代替知行功能论、实践论上的相互依赖、相互促进的双向互动。按照颜元的说法,任何知识都源于行——并且都源于直接经验,都是在"亲下手一番"的习行中获得的。他的这个说法使其知行观具有两个致命误区:第一,间接经验变得无足轻重、可有可无,陷入了狭隘的经验论。第二,偏执于知源于行而无视知的反作用,由于重实践而轻理论——尤其是忽视书本知识的作用。

其二,行是知的目的和检验标准

在强调知源于行的同时,颜元指出,行是知的目的和检验标准,进一步张扬行的价值,在知行观中突出行的地位。第一,行是知的目的。颜元重视习行的作用,指出知是从行获得的,必须在习行、格物中才能致知。不仅如此,为了进一步突出行的价值和意义,他指出,知的目的是行。按照颜元的说法,知识、学问的价值在于有裨于现实,为社会的政治、经济服务。这决定了知必须通过行起作用;离开了行,知就没有任何价值,甚至丧失了存在的必要。

这表明，行是知的目的和意义所在。从行是知的目的出发，颜元提出了寓知于行的主张。第二，行是知的检验标准。颜元认为，知的价值在于应用表明，知是否正确，是否有价值，只用通过行才能得以验证。这决定了是否能行是检验知是否真的标准。对此，他举例子说，一个人"读得书来，口会说，笔会做"，都无济于事；只有从身上行过，将书中的知识变成习行之能力才能证明他真有学问。同样，一种学说不能只停留在理论上或讲读上，只有在实际应用中才能鉴别其利弊得失、正确与否。这用颜元本人的话说便是："学问以用而见其得失。"（《颜习斋先生年谱》卷上）

其三，读书中的知与行

颜元把对知行关系的看法进一步提升为一种思维方式和思想方法，集中地体现在对读书的理解上。

受制于习行哲学的价值主旨，循着知行观中行决定知的一贯思路，颜元将知行关系具体运用到读书之中，提出了一套极具特色的读书方法，以更感性的形式反映了对知行关系的看法，也是其知行观的具体运用。第一，从知源于行出发，颜元认为，知源于习行而不是书本，人应该在习行中、通过格物致知，而不是到书本中去求知。有鉴于此，他坚决反对把读书视为获取真知的主要手段或唯一手段。对此，颜元论证并解释说：

> 盖四书、诸经、群史、百氏之书所载者，原是穷理之文，处事之道。然但以读经史、订群书为穷理处事以求道之功，则相隔千里；以读经史、订群书为即穷理处事，曰道在是焉，则相隔万里矣……譬之学琴然：诗书犹琴谱也。烂熟琴谱，讲解分明，可谓学琴乎？故曰以讲读为求道之功，相隔千里也。更有

一妄人指琴谱曰，是即琴也，辨音律，协声韵，理性情，通神明，此物此事也。谱果琴乎？故曰以书为道，相隔万里也。千里万里，何言之远也！亦譬之学琴然：歌得其调，抚娴其指，弦求中音，徽求中节，声求协律，是谓之学琴矣，未为习琴也。手随心，音随手，清浊、疾徐有常规，鼓有常功，奏有常乐，是之谓习琴矣，未为能琴也。弦器可手制也，音律可耳审也，诗歌惟其所欲也，心与手忘，手与弦忘，私欲不作于心，太和常在于室，感应阴阳，化物达天，于是乎命之曰能琴。今手不弹，心不会，但以讲读琴谱为学琴，是渡河而望江也，故曰千里也。今目不睹，耳不闻，但以谱为琴，是指蓟北而谈云南也，故曰万里也。（《存学编》卷三《性理评》）

颜元认为，书中记载的"穷理之文"、"处事之道"充其量只是习行之谱，并不能代替行。如果不去实行而只从书本上求知等于闭门造车，便会出现相隔千里万里的结果——不仅达不到读书增长习行本领的目的，反而适得其反。在这里，他并没有完全取消读书，只是强调读书的原则和方法是习行而不是静坐，读书时应该把精力放在实行上，将书中的道理从身上行过。对此，颜元反复强调：

读书无他道，只须在"行"字著力。如读"学而时习"便要勉力时习，读"去为人孝弟"便要勉力孝弟，如此而已。（《颜习斋先生言行录》卷上《理欲》）

心中醒，口中说，纸上作，不从身上习过，皆无用也。（《存学编》卷二《性理评》）

第二，从知的目的是行出发，颜元呼吁，读书与其他格物一样，必须以践履为基础，如果不亲手去做、亲身去行，不仅无益反而有害。第三，从行是知的检验标准出发，他认为，读书不仅要心中明白、口中能讲，笔上会做，关键在于能行，即把书中的道理变成行动的实际本领、服务于社会。如果不会做，等于不知，书读得再多也无用。

必须说明的是，颜元对读书的看法与其知行观一脉相承，也是针对朱熹的观点提出来的。他指出，由于不明白知源于行的道理，以朱熹为首的理学家死读书而放弃习行，既不利于知也不利于行：一方面，由于离行讲知，知成为空洞说教，于世无补；另一方面，由于不去行，人丧失习行能力，全无一技之长而成为废人。颜元进而揭露说，理学的这些弊端是其知行观造成的：一方面是闭门造车，空谈性理；一方面是坐而论道，一切都限于纸上谈兵、文字中讨生活，根本谈不上穷理。当时许多知识分子只知不行的现状证明，如果离开习行，只知读书，书本便与"砒霜鸩羽"一样，害人匪浅。有鉴于此，颜元认为，正如知的目的是行一样，学问应该有补于世，读书的目的是为了增强行的本领、服务于社会的国计民生。理学家蛰居书斋、不问政事，自己不做事，也不让别人做事，这样误国害政，已非一日。基于这种认识，他抨击朱熹是"率天下入故纸堆"的带头人，朱熹的这种知行观造成了两种不可弥补的严重错误：第一，光读书，不实践，书本的作用体现不出来，甚至会"读书愈多愈惑，审事愈无识，办经济愈无力"。(《朱子语类评》)第二，颜元指出，程朱理学"以主敬致知为宗旨，以静坐读书为功夫。"(《存学编》卷一《明亲》)朱熹的半日静坐、半日读书之说对人产生了误导，荒废了习行。

可见，受制于习行哲学的价值旨趣，颜元讲知行关系时始终突出行对知的决定作用，使行成为知行关系的决定因素。他对知行关系的界定始终让知围绕着行而发生和展开，不仅断言知来源于行，在行中加以检验，而且强调知的价值和目的在于习行。这些对于反对理学家的先验之知和以知代行的做法具有积极作用。

同时，颜元扩大了知和行的范围。从他所列举的实际例子中可知，颜元所讲的知、行不再专指人的道德观念、伦理规范或道德实践，而是与人的日常生活、生产实践息息相关，也不再限于伦理道德领域。与此相联系，颜元对习行的极力提倡和对知、行范围的扩大改变了人生的价值模式，能习行、有一技之长、对社会有用成为人的价值目标和行为追求。这些对于改变理学以理杀人以及使人变成废人、弱人、病人和无用之人的社会现实具有现实意义，也是颜元的理论贡献之一。

颜元不仅关注理论而且关注实践，正如他对理学的批判既有理论层面的抨击，又有实践局面的操作一样，颜元对行的推崇以及对理学知行观的批判始于理论上对知行关系的界定，更重要的是在为学、为人的实践操作中贯彻了这一宗旨。在实际生活中推崇行，将行从理论贯彻到实践和社会生活领域是实学的内容之一，也是习行哲学的重要方面。这使他的知行观贴近生活，服务社会，具有重要的现实意义。

颜元的一生从未做官，年轻时参加过一些农业劳动，还行过医，对民间的疾苦有一定的了解。正是这种草根性使他与百姓比较贴近，关注现实社会的政治、经济和民间的疾苦问题。此外，颜元是一位教育家，可以在为学、教学中贯彻自己的价值理念。与此相关，他的知行观不仅有理论阐释，而且有实际操作；不仅推崇习行,而且将行贯彻到各个领域。颜元对知行关系的阐释不注重形上思辨或空洞论证,而是理论联系实际,利用身边百姓生活中的实际例子阐明道理,深入浅出、平实无华。这些都使颜元知行观的视角、内容非常独特,富有生活气息。

三、从以知废行到知源于行——早期启蒙思想家与理学家的对垒

上述梳理显示,王夫之与颜元的知行观既有差异性又有相同性:差异性表现在,理论视角和思想重心各有特色;一致性表现在,理论侧重和价值旨趣基本相同——都推崇行,并在对知源于行的强调中,使行成为知行关系的决定因素或根本方面。与此相联系,他们所讲的知、行不再囿于道德意蕴和伦理维度,格物、致知也不再是道德范畴;无论知、行还是格物、致知均与"去人欲,存天理"不再相干。这一切表明,王夫之与颜元知行观的异同关系可以概括为大同小异;并且,同是思想主旨上的,异是方式方法上的。不仅如此,他们知行观的相同之处恰恰体现了早期启蒙思想与理学知行观的根本区别。也可以说,在对理学的颠覆上,王夫之和颜元的知行观殊途同归。

1. 以行为本代替以知为本

王夫之和颜元都反思、审视了理学的知行观,并且得出了相同的鉴定结论——理学知行观的共同失误和致命缺陷是以知废行。不仅如此,基于相同的鉴定结论,他们提出了相同的纠正方案——强调知源于行,用以行为本代替理学的以知为本,使行成为知行关

系的决定因素和根本方面。

王夫之不认同朱熹和王守仁的知行观。对此,他分析说,朱熹知行观的核心命题是知先行后,这一观点"立一划然之次序,以困学者于知见之中。"(《尚书引义》卷三《说命中》)意思是说,朱熹的错误在于强调先知后行,由于知无止境而最后抛弃行——"先知以废行","先知后行,划然离行以为知者也。"(《尚书引义》卷三《说命中》)同时,王夫之指出,王守仁知行观的核心命题——"知行合一"是违反常识的,是"知者非知,而行者非行也"。(《尚书引义》卷三《说命中》)意思是说,王守仁所讲的知、行并不是通常意义上的知、行,而是天赋良知或主观意识活动,他的错误在于"以知代行"乃至"销行以归知"——以知吞并了行,从而取消了行。基于这种分析,王夫之反复断言:

> 以知为行,则以不行为行……是其销行以归知,终始于知,而杜足于履中蹈和之节文,本汲汲于先知以废行也。(《尚书引义》卷三《说命中》)

> 不知其各有其功效而相资,于是而姚江王氏知行合一之说籍口以惑世;盖其旨本诸释氏,于无所可行之中,立一介然之知曰悟,而废天下之实理,实理废则亦无所不包忌惮而已矣。(《礼记章句》卷三十一《中庸》)

在分别指出了朱熹、王守仁知行观的致命缺陷之后,王夫之进一步总结并揭露说,两人对知行关系的主张表面看来截然对立,其实质却完全相同——以知为本、以知废行。有鉴于此,他指出,在对知行关系的认定上,朱熹和王守仁"异尚而同归"。

与王夫之一样,颜元不同意理学家对知行关系的理解。他声称:"朱子知行竟判为两途,知似过,行似不及。其实行不及,知亦不及。"(《存学编》卷三《性理评》)在此基础上,颜元进一步指出,理学家知而不行、以知代行的做法犹如以看路程本代替走路一样,"观一处又观一处,自喜为通天下路程人。人亦以'晓路'称之,其实一步未行,一处未到。"(《颜习斋先生年谱》卷下)按照他的说法,理学家表面看来既讲知又讲行,其实始终在知这里兜圈子,本质上以知代替、取消了行。可见,颜元对理学知行观的评价与王夫之不谋而合。

总之,依据王夫之、颜元等早期启蒙思想家的分析和鉴定,理学知行观的共同错误是崇尚知而排斥、取消行,否认知对行的依赖性,从而抹杀了行在知行关系中的首要地位。应该看到,他们对朱熹、王守仁的评价虽然是站在另一种立场和角度进行的,却从一个侧面道出了理学知行观的共同本质——重知。早期启蒙思想家的这一鉴定结论是客观的,这一点在理学家们对以知为先、为本的不遗余力、不厌其烦且不约而同的呼吁中得到了证明。更为重要的是,正是基于对理学知行观的这种认定,与理学家对知的偏袒针锋相对,早期启蒙思想家将行视为知行关系的决定因素或根本方面,以此建构了与理学家的以知为先、为本形成强烈反差的知行观。如上所述,在对行的突出、强调和推崇上,王夫之和颜元的观点别无二致,尤其不能不提颜元对行的偏袒和执著。他对知、行的界定和理解始于本体、人性领域,进而向价值、认识和实践领域推进,在推崇经世致用中理论联系实际,使知、行及知行关系侧重于实践领域。这使颜元对理学的批判不仅有理论反思,而且有现实观照,在日常生活中更具有可行性。正因为如此,他一面提倡行,扩大知、行的范围，一面主张行即实行、习行，其中包含着对实际本领、一技之长和动手能力的价值肯定。与此相关，具有一技之长、能行、真正成为经世致用的有用之人成为人生的理想追求。颜元的这些主张和观点与他对理学使人变成废人、弱人、病人和无用之人的控诉有关，对于改变古代哲学重视理论而轻视实践的弊端作出了重要贡献。

2. 不再限于道德哲学，知行扩展到认识、实践等诸多领域

王夫之、颜元对知、行内涵的界定和对知行关系的阐释具有各自的理论特色：如果说前者侧重认识层面、认识领域的话，那么，后者则在覆盖本体哲学、认识哲学和人性哲学的基础上，侧重实践、认识领域。在对知、行及知行关系予以不同侧重的同时，王夫之、颜元的知行观呈现出相通之处——无论对知、行内涵的界定还是对知行关系的阐释都不是从伦理、道德角度立论的，致使知、行以及知行关系都不再侧重道德领域。这构成了他们知行观的第二大共同点，进一步显示了早期启蒙思想与理学的本质差异。进而言之，早期启蒙思想家所讲的知、行及知行关系之所以不再限于道德领域，既与他们对知、行的界定息息相通，也与其对知源于行的强调密切相关。

王夫之所讲的知指人通过行获得的感性认识和理性认识，即格物、致知；行主要指个人"行于君民、亲友、喜怒、哀乐之间"的"应事接物"(《尚书引义》卷三《说命中》)的活动，即为、习、履、实践等。在这里，他没有完全排除知、行的道德内涵和知行关系的伦理维度，然而，这些已不再是知、行的主要内涵或知行关系的基本维度，更不是唯一维度。对王夫之的思想进行全面考察可以发现，其知

行观的重心在认识领域。与王夫之的知行观具有异曲同工之妙的是,颜元对知、行和知行关系的探讨同样不是从道德领域立论的,而是兼涉本体、人性、认识和实践等诸多领域。

早期启蒙思想家与理学家对知、行及知行关系的不同侧重在颜元与王守仁的比较中可以看得更加清楚。例如,颜元与王守仁都反对朱熹的知先行后,理论初衷却相去天壤:与知行观侧重道德领域一脉相承,王守仁忧虑的是知先行后引发的道德堕落;与知行观侧重实践领域息息相通,颜元担心的是知先行后导致的坐而论道、废弃习行。具体地说,由于关注道德后果,王守仁指出,朱熹的知先行后在社会上导致了言行不一、口是心非的虚伪,许多人以先知后行为借口,知见父应孝而不孝,由于一切都限于所知而不能行,从而败坏了社会的道德风气。与王守仁对引发道德堕落的担忧有别,颜元反对朱熹的知先行后以及把读书静坐视为学问之道的理由是,真知必须在习行中获得并且服务于习行,朱熹的知先行后却以读书为求知的主要手段,让人把毕生的精力都用在读书、注书和讲书上,由此废弃了实行。这种为学方式以读书、静坐代替了习行,给社会带来了极大的危害——由于终日坐在屋里读书,当时的士人四体不勤、五谷不分,最终变成了弱人、病人,对社会毫无用处。

进而言之,由于不再将知、行限于道德领域,王夫之和颜元的知行观具有不同于理学的思想内容和理论侧重。这在突出早期启蒙思想家不同于理学家的价值旨趣的同时,也从一个侧面证明,早期启蒙思想与理学是两种不同性质的思想体系,不像理学那样是道德哲学了。早期启蒙思想家对知行关系的立论视角和维度的转变使行有了不知而行的可能性。进而言之,在知、行不再局限于道德领域的前提下,格物、致知变成了认识或实践活动,不再像理学家所理解的那样是道德体悟、道德观念或道德实践。格物、致知内涵的变革为早期启蒙思想不再是道德哲学奠定了基础,同时也提供了有力证据。

3. 格物、致知与道德无涉,格物中有行甚至就是习行

王夫之与颜元对格物、致知的具体理解相去甚远,如王夫之将格物、致知都归于知,颜元将格物诠释为习行等。尽管如此,两人思想的大方向则是相同的——都不再像理学家那样将格物、致知视为道德范畴。这一点与他们对知、行以及知行关系的侧重一脉相承,也使早期启蒙思想家与理学家的格物、致知之说渐行渐远。在这方面,颜元对格物是习行的论证更是加大了与理学家之间的距离。

与对知、行的界定和对知行关系的侧重一脉相承,王夫之对格物、致知的理解基本上侧重认识领域。具体地说,他把格物、致知理解为同一认识过程中的两个阶段,不再只是行于君臣父子之间的修身养性或伦理道德。对于何为格物、何为致知,王夫之界定说:

> 大抵格物之功,心官与耳目均用,学问为主,而思辨辅之,所思所辨者皆其所学问之事。致知之功则唯在心官,思辨为主,而学问辅之,所学问者乃以决其思辨之疑。(《读四书大全说》卷一《大学·圣经》)

按照王夫之的理解,人的认识活动分为两个阶段,先是以耳目等感觉器官接触事物,然后是心之官加以思辨。前者即格物阶段,特点是以耳目等感觉器官所进行的学问为主;后者即致知阶段,特点是以心之官进行的思辨为主。这表明,在他的意识中,格物、致知都是人的认识或认识途径——"知之方"。具体地说,格物相当于感性认识,致知相当于理性认识,二者均不再侧重道德领域,不再专属于道德之知或先天的道德观念。下面两段引文也是王夫之对格物、致知的界定:

盖格物者,即物以穷理,唯质测为得之。(《搔首问》)

夫知之方有二,二者相济也,而抑各有所从。博取之象数,远证之古今,以求尽乎理,所谓格物也。虚以生其明,思以穷其隐,所谓致知也。(《尚书引义》卷三《说命中》)

在将格物、致知理解为感性认识与理性认识的基础上,鉴于感性认识与理性认识之间的辩证关系,对于格物与致知之间的关系,王夫之多次断言:

天下之物无涯,吾之格之也有涯。吾之所知者有量,而及其致之也,不复拘于量。(《读四书大全说》卷一《大学·圣经》)

非致知,则物无所载而玩物以丧志;非格物,则知非所用而荡智以入邪。二者相济,则不容不各致焉。(《尚书引义》卷三《说命中》)

在此,王夫之指出,认识起于格物,这便是"即物以穷理";然而,仅有格物是不够的,天下之物并非全凭格物获得,这就需要致知的介入来突破格物的局限。基于这种认识,他强调,格物与致知相辅相成、不可偏废——无致知,认识无法超越格物的局限,只能得到对事物表面现象的认识,甚至可能被表面现象迷惑而玩物丧志;无格物,便无法保证致知的可靠、真实,会使认识误入歧途。这表明,格物是基础,致知以格物为前提;致知是对格物的升华,格物必须上升为致知。换言之,在认识过程中,格物与致知相互作用、缺一不可:只有在充分发挥各自作用的同时"相济"、"各致",才能使人的认识日臻于高明,达到穷理的目的。

王夫之对格物与致知关系的论证为知源于行提供了注脚。按照他的说法,为了保证致知——心官思辨的正确性,必须先格物,这便肯定了心官之致知是在耳目之格物的基础上进行的。在这里,由于耳目器官接触事物是认识的第一步,行成为不可逾越的。更为重要的是,王夫之对格物、致知关系的陈述赋予其认识意蕴,主要在认识领域进行,这使格物、致知的重心从原来的道德领域转换为认识领域。同时,毋庸讳言的是,王夫之认为,有些知不是通过格物——感性认识而来的。例如,他曾说:

> 即此一事求之,便知吾心之知,有不从格物而得者,而非即格物即致知审矣……如酒肉黍稻本以养生,只自家食量有大小,过则伤人;此若于物格之,终不能知,而唯求诸己之自喻,则固分明不昧者也。是故孝者不学而知,不虑而能,慈者不学养子而后嫁,意不因知而知不因物,固矣。(《读四书大全说》卷一《大学·圣经》)

依据上述引文,"吾心之知"是自喻的结果,而非来源于格物。

就抽象意义而言,肯定某些知非由格物而来便无法排除此知属于先验之知的嫌疑,王夫之对此知的表述——"吾心之知"也验证了这一点。尽管如此,同样不容否认的是,他肯定存在不从格物而得之知是"即此一事求之"而言的,并且,通过对格物、致知的界定以及对二者关系的解释,王夫之一面使格物、致知与道德修养脱离了干系,一面强调感性认识是认识的基础。这些是对万古不变之良知的挑战,也是对先验之知的排除。更为重要的是,在接下来的论证中,正是循着"即此一事求之"的思路,他得出了"慈者不学养子而后嫁"的结论。这个结论意味着,教子之方不是在出嫁之前就有的,相反,是在出嫁之后的教子实践中学习、培养出来的。这一结论的出现不仅冲淡了知为先验之知的嫌疑,同时证明了源于行是知的主要途径。不仅如此,上面的介绍显示,对于格物、致知的关系,王夫之更多强调的还是知源于行,致知以格物为基础。这才是王夫之的根本观点和一贯主张。

颜元对格物、致知的解释不仅使之不再隶属于伦理、道德领域,而且成为知源于行的有力证据。对于格物、致知以及两者之间的关系,他界定并解释说:

"知"无体,以物为体,犹之目无体,以形色为体也。故人目虽明,非视黑视白,明无由用也。人心虽灵,非玩东玩西,灵无由施也。今之言"致知"者,不过读书、讲问、思辨已耳,不知致吾知者,皆不在此也。辟如欲知礼,任读几百遍礼书,讲问几十次,思辨几十层,总不算知。直须跪拜周旋,捧玉爵,执币帛,亲下手一番,方知礼是如此,知礼者斯至矣。辟如欲知乐,任读乐谱几百遍,讲问、思辨几十层,总不能知。直须搏拊击吹,口歌身舞,亲下手一番,方知乐是如此,知乐者斯至矣。是谓"物格而后知至"。故吾断以为"物"即三物之物,"格"即手格猛兽之格,手格杀之之格。(《四书正误》卷一《大学·戴本大学》)

可见,颜元对格物、致知的界定有两个特点:第一,在格物与致知的内在关联中突出致知对格物的依赖。具体做法是,将格物、致知在一起进行定义,突出两者之间的内在联系。第二,在知无体而以物为体的前提下,强调致知必须在格物中进行。在他看来,心具有认识能力,并无先天之知,知是在接触外界事物中获得的。这使致知的过程离不开格物——准确地说,致知就是在格物中进行的,甚至可以说,致知的过程就是格物的过程。有鉴于此,颜元强调,致知的过程不是静坐读书而是亲身实行。只有亲身躬行,才能致知;真正的知识是通过格物、在实行中获得的。

颜元对格物、致知的定义已经包含着对二者关系的理解。于是,与强调致知在格物中进行相一致,对于格物与致知的关系,他强调的是,致知离不开格物。有鉴于此,颜元主张,先格物后致知,或者说,在格物中致知。

进而言之,颜元如此界定格物、致知以及二者之间的关系与其知行观是一脉相承的,也与他对格物的理解息息相关。如上所述,颜元对格物的界定具有一个不容忽视的创新之处,那就是:将格物解释为行。受知行关系的影响,理学家在界定格物、致知时侧重知,特别是在朱熹那里,格物与致知一样属于知的范畴。颜元彻底改变了这种局面。需要说明的是,王夫之将格物视为感性认识,致使格物与致知一样基本上属于知的范畴。然而,鉴于知行的辩证

统一,他认为,格物中有行的成分。王夫之宣称:

> 先儒分致知格物属知,诚意以下属行,是通将《大学》分作两节。大分段处且如此说,若逐项下手工夫,则致知格物亦有行,诚意以下至平天下亦无不有知。格物有行者,如人学弈棋相似,但终日打谱,亦不能尽达杀活之机;必亦与人对弈,而后谱中谱外之理,皆有以悉喻其故。且方其进著心力去打谱,已早属力行矣。(《读四书大全说》卷一《大学·传》)

王夫之承认格物中有行是就知行的相互依赖、相互渗透而言的,并非将格物等同于行。这与颜元的观点大相径庭。如果说王夫之所讲的格物、致知尚属于知的范畴,与理学家有某些相似之处的话,那么,颜元则突破了这一限制,使格物由知变成了行。具体地说,为了突出行的作用,颜元在王夫之的基础上向前迈进了一大步,在界定格物时,将其与习行联系起来,提出了格物就是习行、力行的思想。这一观点是颜元与理学的分歧,也是他有别于王夫之的地方。进而言之,颜元之所以会得出格物是实行、习行的认识,与他对行、习行的推崇不无关系,也与他对理学的批评、矫正密切相关。对于格物,颜元界定并解释说:

> 按"格物"之"格",王门训"正",朱门训"至",汉儒训"来",似皆未稳。窃闻未窥圣人之行者,宜证之圣人之言;未解圣人之言者,宜证诸圣人之行。但观圣门如何用功,便定格物之训矣。元谓当如史书"手格猛兽"之"格"、"手格杀之"之"格",乃犯手搏打搓弄之义。(《习斋记余》卷六《阅张氏王学质疑评》)

在这段话的引经据典、旁征博引中,始终凝集着颜元的习行情结。在此,他所引用的例证分为两种类型:一类是反面教材——从王门训"正"、朱门训"至"到汉儒训"来"皆属此类;一类是正面论据,即所谓史书"手格猛兽"之"格"、"手格杀之"之"格"。前者为颜元提供了批判的视角,后者为他提供了借鉴的素材。在此基础上,对于这两方面的材料,受制于习行哲学的思维方式和价值取向,颜元批判了宋儒、汉儒的观点,继承了史书的资料,进而把格物诠释为行、习行、实行,总之是亲自动手做事。通过如此训释之后,格物成了"躬习实践",亲身接触"实事实物","犯手实做其事"或"亲下手一番。"(《四书正误》卷一《大学·戴本大学》)如此一来,格物成了行,不仅成为认识世界的认识活动,而且成了改造世界、服务社会的实践活动。

总之,无论是王夫之还是颜元都不再将格物、致知视为伦理、道德范畴,这使他们对格物、致知的理解与理学家差若云泥,再次凸显了早期启蒙思想与理学的本质区别。如上所述,无论朱熹还是王守仁都将格物、致知界定为道德范畴。朱熹认为,格物、致知是"一本",意思是说,二者都是对伦理道德之知,原本无从区别。在王守仁那里,格物、致知的关系是先致知后格物,因为格物是正事,修养工夫必须在致知的指导下——显露良知的前提下才能进行。

王夫之、颜元不再将格物、致知界定为道德范畴与他们不再将知、行和知行关系局限于道德领域一脉相承,可以说是对后者的贯彻。进而言之,这一点对于王夫之和颜元的整个思想都具有重要意义:第一,就价值旨趣而言,影响了他们的知行观以至整个思想的理论走势和价值定向。通过侧重知、行的道德内涵和伦理维度,理学家将格物、致知视为道德范畴,最终使"去人欲,存天理"成为全部知行关系的落脚点、笃实处和人生追求的价值目标。这表明,理学的知行观以至从本体哲学、人性哲学到道德哲学始终贯彻着伦理本位的精神实质。与此不同,在早期启蒙思想中,由于从一开始道德意蕴就不是知、行的基本内涵,知行关系也不是专门从伦理维度立论的,格物、致知由始至终就不是道德范畴,便与道德修养无密切关联,那么,便与"去人欲,存天理"风马牛不相及。结果是,由于不再恪守道德修养,尤其是远离了"去人欲,存天理",格物、致知得以在认识、实践领域尽情挥洒,人生追求和价值目标也从此变得不同。第二,就思想倾向而言,格物、致知向认识、实践领域的转移是对先天固有之知的漠视。不仅如此,王夫之和颜元不约而同地在格物、致知中重申并证明了知源于行的观点。

总之,解读王夫之和颜元的知行观可以发现,早期启蒙思想家的知行观与理学家具有本质区别,可以说是对后者的一种颠覆,这种颠覆是一种根本性的颠覆。通过这种颠覆,他们使理学的知行观从立言宗旨、思维方式、价值取向、内涵意蕴到理论侧重都变得面目全非,继而又代之以一种全新的面孔。

四、知行观之争的现实透视

作为两种不同的思想体系,理学与早期启蒙思想具有本质区别。如果说前者作为道德形而上学恪守伦理本位的话,那么,后者作为理学的对立面则带有与生俱来的启蒙性。与此相关,早期启蒙思想对理学知行观的颠覆具体表现为三个方面:第一,由重知、以知为本转为重行、以行为本。第二,由固守知、行的道德意蕴和伦理维度转变为侧重其认识、实践领域。第三，格物、致知由伦理范畴变成认识、实践范畴，并且与"去人欲，存天理"不再相干。不难看出，受制于理学与早期启蒙思想的区别并作为其具体表现，早期启蒙思想家与理学家关于知行关系的上述三种分歧可以归结为道德内涵、伦理维度与认识、实践维度之争。这是分歧的实质所在，也是理学与早期启蒙思想两种不同理论的本质使然。

接下来的问题是，如何理解理学与早期启蒙思想的知行观之争？或者说，如何评价早期启蒙思想家对理学知行观的批判和重建？

上面的介绍显示，在早期启蒙思想家的知行观中，行是知的基础，知行之中，行为本。尤其是针对朱熹的知先行后，他们强调知源于行、肯定行对知的决定作用。早期启蒙思想家对知源于行的强调杜绝了知为吾心先天固有之知或良知的可能性，在使知成为后天经验之知的同时，知、行及知行关系也因此具有了认识、实践等内涵、意蕴和维度。颜元对行的强调与王夫之相比有过之而无不及，乃至到了凡事都要"亲下手一番"的地步。与此相关，与其说他重视直接经验而贬低间接经验或理性认识，不如说是对知必定源于行的执著。不仅如此，颜元以知行观为理论武器，在推崇经世致用的过程中强调为学、为人服务于社会的政治、经济，把救世泽民视为人生的奋斗目标。由于有了这些变革，早期启蒙思想家对知行关系的认识与理学家具有本质不同。例如，朱熹与王夫之都讲知行相互依赖、不可分离，两人的具体看法却天差地别：朱熹所讲的知行相依一面强调行依于知，因为没有知便无法保证行的正确性；一面强调知离不开行，因为没有行，知——道德观念无法变成道德践履，由于没有落到实处最终等于不知。正因为如此，以朱熹为代表的理学家们一面强调知为本、为先,一面强调行为重。理学家的做法表面上看来自相矛盾,实际上是从不同角度立论的。王夫之讲知行相互依赖的前提是,知、行各有自己的功能和作用,只有相互依赖、相互配合才能完成对事物的认识。这正如认识的两个阶段——格物(相当于感性认识)与致知(相当于理性认识)相互依赖、不可偏废一样。更为重要的是,知行相互依赖以知源于行为前提。

应该看到,知、行的内涵和知行关系是多向度的,可以具有或呈现为本体、认识、实践、审美、道德等不同内涵和维度。在对知、行概念的界定和对知行关系的诠释中,如果说理学家执著于道德内涵、伦理维度的话,那么,王夫之侧重认识领域和维度,颜元则在兼顾本体、认识、价值领域的同时侧重认识、实践维度。从这个意义上说,早期启蒙思想家对知行关系的认识与理学家一样具有合理性又有失全面。理学家对知行关系伦理维度的重视在当时配合了加强道德教化的社会需要,对于人的道德修养的提高、人格完善具有不容置疑的积极意义。在此前提下,之所以肯定早期启蒙思想家对理学知行观的颠覆具有启蒙意义,最主要的一点是,理学家之所以重知,强调以知为先、为本,是因为他们所讲的知是被神化的先验之知,即超越时空、万古永恒的道德观念。这样一来,知先于行不仅具有约束人的行为、使之符合道德规范的伦理意图,而且使知行关系囿于道德领域,侧重个人的修身养性而轻视了其中的认识、实践等意义,结果是,在与道德修养的纠缠中导致古代哲学的认识论匮乏。在这种理论框架和思维背景下,古代哲学将宇宙万物、自然界排除在认识的视野之外,重知更是助长了道德至上、轻视工具价值、动手能力、实际特长等弊端。在这方面,王夫之对知、行的看法有还原知、行的认识内涵的作用，颜元对行的重视就是对实用技术、实际本领的提倡。他们的这些观点不仅扩大了知、行的内涵，拓宽了知、行的领域，而且变革了知行关系。正是这些变革对于近代哲学家的知行观产生了一定的影响，也为他们接受西方传入的经验论奠定了思想基础。

作为同一问题的另一方面，理学家将知、行的道德内涵和知行关系的伦理维度坚持到底，大而化之为全部意义或唯一维度，使之片面化，陷入荒谬。早期启蒙思想家对理学家的批判有补偏救弊之功，同样陷入片面。特别需要说明的是，由于过分强调知源于行，凡事都"亲下手一番"，颜元由于袒护直接经验而陷入狭隘经验论，致使其知行观具有两个与生俱来的致命缺陷：第一，在知行关系中对行的决定作用重视有余，对知的反作用重视、估计不足。第二，受此影响，强调所有的知皆从行中得来，重视直接经验却轻视间接经验或书本知识，带有某种蒙昧主义色彩。例如，按照颜元的说法，不仅读不读书取决于是否有利于习行，而且只要有利于行或习行，可以不管书之真伪或内容如何。例如，他指出："故仆谓古来《诗》、《书》不过习行经济之谱，但得其路径，真伪可无问也，即伪亦无妨也。"(《习斋记余》卷三《寄桐乡钱生晓城》)循着这个逻辑，既然对书的真伪可以不闻不问，那么，书本只是噱头或习行的口实而已。这样一来，不仅读何种书完全任由我选、各取所需，甚至有无书本也变得不再重要了。更有甚者，为了让人把精力投入到习行上，他夸大书本的缺陷，最终得出了一个十分夸张的结论："且书本上所穷之理，十之七分舛谬不实。"(《习斋记余》卷六《阅张氏王学质疑评》)很明显，这个结论是以偏概全，难免有因噎废食之嫌。

其实,知源于行只在本体层面有意义,知行关系应该包括功能层面的相互依赖、相互作用等。并且,对于一般人而言,知行相互作用、相互促进,人类社会越进化、越文明,人类的知识越丰富,文化传统越厚重,可供借鉴的知识就越多。对于这个问题,颜元的知行观显然认识不够。他的哲学始终具有一个实学情结,在颜元的思想中,空与实、静与动是作为对立面出现的。正如将理学的全部错误都归结为空和静一样,他的哲学建构归结为实和动。这一方面决定了习行、实的重要性,使知行观具有了非同一般的意义;另一方面,先天注定了知与行的不平衡。具体地说,鉴于对理学空、静的深恶痛绝,颜元对实、动倍加推崇。这对于抵制理学脱离实际的虚玄学风、提倡经世致用具有积极意义,也是实学的一部分,应该予以肯定。然而,同样不得不提的是,由于不能辩证地处理实与虚、动与静的关系,他在对理学补偏救弊之时具有矫枉过正之嫌,只强调实和动而忽视了空和静。具体地说,实、动的体现是行,包括习行哲学,知则属于后者。与此相关,颜元不能理解知行的辩证统一,致使对行的强调、推崇成为其理论贡献,也成为其理论弊端。同时,在对行的推崇中,用行代替了知(包括读书等),具有蒙昧色彩。

此外,在对知行的探讨中,不论王夫之还是颜元都漠视知、行及知行关系的审美内涵和维度等,当然,这也是古代哲学的共同遗憾。

对三纲的批判与启蒙思想家的平等意识

西汉董仲舒用阴阳五行的相生相克论证了阳尊阴卑、阳贵阴贱以及阳主阴从，进而推演出"君为臣纲"、"夫为妻纲"和"父为子纲"，并断言"王道之三纲可求于天"。此后，三纲一直被奉为天经地义的。作为传统道德的核心之一，三纲涵盖了从政治生活到日常生活的诸多方面。在审视、批判理学和传统道德时，早期启蒙思想家开始把矛头指向了三纲，尤其对"君为臣纲"和"夫为妻纲"怀有不满。他们对"君权神授"的批判和建立新型君臣关系以及男女平等的呼吁使"君为臣纲"、"夫为妻纲"受到触动，产生了一定的社会影响。

中国古代社会是以宗法血缘为纽带的等级社会，三纲便是宗法等级在意识形态上的集中体现。因此，从根本上说，三纲的实质是差等，是直接为宗法等级制度辩护的。宋明时期，随着中国宗法社会达到鼎盛及走向衰亡，宗法社会本身以及宗法等级制度固有的种种弊端和消极面也逐渐暴露出来。与此相关，三纲本身蕴涵的不合理性被发挥到极致，日益丧失其存在的合理性。

另一方面，三纲是传统道德的核心，不仅对理学的批判要触及三纲，而且在传统道德面临挑战的明清之际，三纲的地位和权威首当其冲地受到质疑。事实正是如此。例如，李贽反对理学的主要理由之一是理学扼杀个性、造成奴性人格。正是在对理学的这一甄定和审视中,从推崇个性和独立人格出发,他向三纲发出了挑战。在李贽看来,纲常名教使人普遍失去了独立人格,养成了严重的依附关系和奴隶性。不仅如此,对于长期以来被困三纲之中的中国人的可悲状态,他进行了淋漓尽致的揭露。正是在这个意义上,李贽写道:

> 居家则庇荫于父母,居官则庇荫于官长,立朝则求庇荫于宰臣,为边帅则求庇荫于中官,为圣贤则求庇荫于孔、孟,为文章则求庇荫于班、马,种种自视,莫不皆自以为男儿,而其实则皆孩子而不知也。(《焚书》卷二《别刘肖川书》)

按照李贽的一贯主张,个性和独立人格是人之为人的根本,缺少之,人即成为"假人"、"伪人"。既然三纲是制造伪人、假人的策源地,那么,为了还人之真,结论不言而喻——三纲必须变革。

在对理学和传统道德的批判中,唐甄从三纲造成的不平等始于君臣、夫妻之间,终于国家、家庭乃至酿成国家和家庭的亡丧出发,质疑三纲的正当性、合理性。对此,他揭露说:

> 君不下于臣,是谓君亢;君亢,则臣不竭忠,民不爱上;夫不下于妻,是谓夫亢;夫亢,则门内不和,家道不成。施于国,则国必亡;施于家,则家必丧;可不慎与!(《潜书·内伦》)

总之,在理学乃至传统道德面临质疑的明清之际,三纲自然劫运难逃。必须说明的是,早期启蒙思想家对三纲的批判主要集中在"君为臣纲"和"夫为妻纲",没有直接触动"父为子纲"。

一、君权受到初步批判

"君为臣纲"是三纲之首,既对中国的政治、伦理产生了巨大影响,又在某种程度上决定着"父为子纲"和"夫为妻纲"——因为后者是以前者为模式、为范本的。正因为如此,在指责君主给社会、人民造成巨大危害的同时,早期启蒙思想家尤其是黄宗羲和唐甄等人把批判的矛头直接指向了君权,致使"君为臣纲"成为被批判的焦点。大致说来,明清之际,早期启蒙思想家对"君为臣纲"的批判集中在以下几个方面:

1. 揭示君主的起源和职责,剥去"君权神授"的面纱

在中国漫长的宗法社会,君权具有绝对权威,在理论上为君权辩护的则是"君权神授"的神话。为了反对君权的绝对权威,早期启蒙思想家溯本逐源,从君主的起源入手揭示君主的本来面目和原初职责,并以此为理论突破口打碎了"君权神授"的神话。

黄宗羲指出,君主不是从来就有的,而是起源于为天下人兴利除害的需要。对此,他解释说:

> 有生之初,人各自私也,人各自利也,天下有公利而莫或兴之,有公害而莫或除之。有人者出,不以一己之利为利,而使天下受其利;不以一己之害为害,而使天下释其害。此其人之勤劳必千万于天下之人。夫以千万倍之勤劳而己又不享其利,必非天下之人情所欲居也。(《明夷待访录·原君》)

按照这种说法,由于人皆忙于自私自利,致使天下之公利、公害莫或兴除,君主正是在这种背景下应运而生的。在这个意义上,黄宗羲得出了"原夫作君之意,所以治天下也"的认识。这表明,原本并没有君主,君主兴起于为天下人兴利除害的需要。循着这个逻辑,既然起源于兴利除害的需要,那么,君主理所当然地要为天下服务,而不是天下为君主服务;君主不应该凌驾于人民头上,而应是比千万人更加勤劳的服务者。如此说来,君主没有任何特权,而应是公而忘私的大公无私者。他进而指出,尽管君之出现原本是出于为天下兴利除弊的需要,可是,三代以后,君主开始把天下视为自己的私产,致使君主的职责发生蜕变。对此,黄宗羲生动地描述说:

> 以为天下利害之权皆出于我,我以天下之利尽归于己,以天下之害尽归于人,亦无不可。使天下之人不敢自私,不敢自利,以我之大私为天下之公。始而惭焉,久而安焉。视天下为莫大之产业,传之子孙,受享无穷。(《明夷待访录·原君》)

在黄宗羲看来,君主的这种心态变化直接导致并演绎为君之职责的蜕变,最终使原本为天下服务的职位发生异化,使原本为天下之客的君成为天下之主。正是在这个意义上,他写道:

> 古者以天下为主,君为客,凡君之所毕世而经营者,为天下也。今也以君为主,天下为客,凡天下之无地而得安宁者,为君也。(《明夷待访录·原君》)

对君主起源的追溯用历史事实戳穿了"君权神授"的骗局,已经使君权的权威性遭到质疑。在此基础上,为了反对"君权神授",唐甄又剥夺了君主头上的神圣光环,提出了"天子非神而皆人"的命题。对此,他一再指出:

> 太山之高,非金玉丹青也,皆土也;江海之大,非甘露醴泉也,皆水也;天子之尊,非天帝大神也,皆人也。(《潜书·抑尊》)

> 天子虽尊,亦人也。(《潜书·善游》)

君主之所以拥有至高无上的权威以及君权之所以被视为天经地义,其前提之一便是君主是上天之子,拥有上天选定的在人间的代言人的特殊身份。君之天子身份是"君权神授"的理论前提和核心内容之一,甚至在某种意义上可以说,正是这种半神半人的身份决定了君主的至尊权威。唐甄对君主亦人的揭示在把君主拉下神坛的同时,直指"君权神授"的问题本质,从源头处给君权和"君为臣纲"当头一棒。

2. 揭露君主的危害,尤其谴责昏君、暴君的倒行逆施

黄宗羲指出,尽管君的设立是为天下兴利除弊的,但是,由于从根本上违背了这一初衷和职责,君主在秦后演变为天下的祸根。对于君主给天下百姓造成的灾难,他作了淋漓尽致的揭露:未得天下之前,君主们无不"屠毒天下之肝脑,离散天下之子女,以博我一人之产业";既得天下之后,他们又"敲剥天下之骨髓,离散天下之子女,以奉我一人之淫乐。"更有甚者,君主对自己的穷奢极欲和给

天下带来的灾难不仅不以为耻、不以为愧,反而还振振有词:对于夺取政权时的"屠毒天下之肝脑,离散天下之子女,以博我一人之产业",君主们不但毫无愧色,反而说"我固为子孙创业也"。对于夺取政权后的"敲剥天下之骨髓,离散天下之子女,以奉我一人之淫乐",他们同样毫无羞愧,反而说"此我产业之花息也。"(《明夷待访录·原君》)面对专制君主的无耻嘴脸和他们给天下造成的危害,黄宗羲得出了大胆而激烈的结论:"然则为天下之大害者,君而已矣。"(《明夷待访录·原君》)

基于这一理解,黄宗羲对专制君主予以极力谴责,称他们是"独夫"、"民贼"和"寇仇"。他不仅把君主说成是天下所有灾难、困苦的制造者,而且对君主专制的后果揭露得入木三分:君主专制不仅荼毒天下,而且害及君主自家。具体地说,在君主专制制度下,天下既然被视为君主之私产,君主也就成了极为诱人的、有大利可图的职位。由于人人都想得到君主这个职位,在位的君主为了防止偌大的产业被别人夺去,不得不创设许多机构加以维护,就像防盗把门户锁得紧紧的、箱子捆得牢牢的一样。然而,君主的所有措施并没有多大用处,"一人之智力不能胜天下欲得之者之众,远者数世,近者及身,其血肉之崩溃在其子孙矣。"(《明夷待访录·原君》)由此,黄宗羲坚信,私天下者最终都不会有好下场。

从朴素的人道主义出发,基于对民众的同情,唐甄审视了历代君主的所作所为,指控君主是草菅人命的杀人屠夫,进而把他们推上了历史的审判台。他写道:

周秦以后,君将豪杰,皆鼓刀之屠人;父老妇子,皆其羊豕也！处平世无事之时,刑狱冻饿,多不得毕命;当用兵革命之时,积尸如山,血流成河,千里无人烟,四海少户口。岂不悲哉,岂不悲哉!(《潜书·止杀》)

在指控君主是屠夫的基础上,唐甄对君主的罪行进行了量刑和审判。正是在这个意义上,他反复申明:

杀一人而取其布匹斗粟,犹谓之贼;杀天下之人而尽有其布粟之富,而反不谓之贼乎!(《潜书·室语》)

匹夫无故而杀人,以其一身抵一人之死,斯足矣;有天下者无故而杀人,虽百其身不足以抵其杀一人之罪。(《潜书·室语》)

在这里,根据杀一人而取其财谓之贼的量刑标准,基于君主杀天下之人而尽取其财富的事实认定,唐甄得出了"自秦以来,凡为帝王者皆贼也"的结论。基于这一罪行认定,他进而向君主宣判,要君主为自己犯下的罪行承担责任。在这里,唐甄不但要君主对自己的杀人行为负责,而且要求他们对"大将"、"卒伍"和"官吏"的杀人行为负责。在他看来,这些人都是听从君主的命令行事的,从本质上看,"杀人者众手,实天子为之大手。"(《潜书·室语》)对此,唐甄语重心长道:

治天下者惟君,乱天下者惟君。治乱非他人所能为也,君也。小人乱天下,用小人者谁也?女子寺人乱天下,宠女子寺人者谁也?奸雄盗贼乱天下,致奸雄盗贼之乱者谁也?反是

于有道,则天下治,反是于有道者谁也?(《潜书·鲜君》)

与此相关,唐甄批驳了历代把祸乱归罪于女人、宦官和奸雄的说法,认为没有君主的宠幸,女人、宦官和奸雄均不能兴风作浪、扰乱天下,进而让君主为他们的罪责负责。于是,他指出:

> 世之腐儒,拘于君臣之分,溺于忠孝之论,厚责其臣而薄责其君。彼乌知天下之治,非臣能治之也;天下之乱,非臣能乱之也……治乱之君,于臣何有!(《潜书·远谏》)

总之,按照唐甄的量刑标准和裁决方式,君主是天下的罪魁祸首乃至唯一罪人。即使退一步说,君主也是主谋、他人只能算是从犯,因为其他人都是受君主支使的。

3. 反对效力君主一人,渴望建立新型君臣关系

戳穿"君权神授"的骗局已经使臣为君主效忠失去了合理依据,对君主危害的揭露更使君主威仪扫地、处于千夫所指的众矢之的。这不仅从根本上动摇了"君为臣纲"的正当性和权威性,而且使重新审视现实的君臣关系乃至建立新型君臣关系变得可能甚至有些迫切起来。

李贽认为,君臣之间没有固定的义务和责任。因为君臣的职责在于养民,民和社稷都比君主重要。循着这个逻辑,如果"君不能安养斯民",臣没有必要再一味地为其尽忠,完全可以抛弃君。不仅如此,基于君臣相交以义的原则,他强调,臣对于君是去留自由的,并且指责对昏君、暴君尽忠的行为,甚至认为"谏而以死"的

臣子迂腐,是"痴臣"。正是在这个意义上,李贽写道:

> 夫暴虐之君,淫刑以逞,谏又乌能入也!虽知其不可谏,即引身而退者,上也;不可谏而必谏,谏而不听乃去者,次也。若夫不听复谏,谏而以死,痴也。何也?君臣以义交也。士为知己死,彼无道之主,曷尝以国士遇我也。(《初潭集》卷二十四《痴臣》)

黄宗羲从四个方面对君臣关系进行了阐述,在揭示现实君臣关系异化的同时,突出建立新型君臣关系的必要性和迫切性。

首先,黄宗羲揭示了君臣的起源,明确了君臣的本来使命、职责和相互关系。在这方面,他指出,君产生于为天下兴利除弊的需要,臣是协助君治理天下的人。因此,臣的职责是为天下万民服务,而非为君主一人服务。按照这个逻辑推演下去,朝代的更替并不重要,重要的是百姓的忧乐。有鉴于此,黄宗羲宣称:

> 盖天下之治乱,不在一姓之兴亡,而在万民之忧乐。是故桀、纣之亡,乃所以为治也;秦政、蒙古之兴,乃所以为乱也。(《明夷待访录·原臣》)

其次,黄宗羲反对各种愚忠行为,根据君臣为养民而设、臣的职责是兴除天下之利害的原则,指出君臣的关系只能是"为万民"服务的同事,而不是一尊一卑的主仆。同样依据此原则,他强调,"为臣之道"应该是忠于万民,按照道义公理而行,绝不能盲目地按照君主的意志行事,更不能不分青红皂白地为君主献出自己的生

命。对此,黄宗羲论证并解释说:

> 有人焉,视于无形,听于无声,以事其君,可谓之臣乎?曰:否!杀其身以事其君,可谓之臣乎?曰:否!夫视于无形,听于无声,资于事父也;杀其身者,无私之极则也。而犹不足以当之,则臣道如何而后可?曰:缘夫天下之大,非一人之所能治,而分治之以群工。故我之出而仕也,为天下,非为君也;为万民,非为一姓也。吾以天下万民起见,非其道,即君以形声强我,未之敢从也,况于无形无声乎!非其道,即立身于其朝,未之敢许也,况于杀其身乎!不然,而以君之一身一姓起见,君有无形无声之嗜欲,吾从而视之听之,此宦官宫妾之心也;君为己死而为己亡,吾从而死之亡之,此其私昵者之事也。(《明夷待访录·原臣》)

基于这一认识,黄宗羲坚决反对"臣为君而设"、臣应该绝对效忠于君的传统观念和臣"杀其身以事其君"的愚忠行为,甚至公开鼓励为臣抵制、反对君主的不义行为。正是在这个意义上,他指出:

> 而小儒规规焉以君臣之义无所逃于天地之间,至桀、纣之暴,犹谓汤、武不当诛之,而妄传伯夷、叔齐无稽之事,乃兆人万姓崩溃之血肉,曾不异夫腐鼠。岂天地之大,于兆人万姓之中,独私其一人一姓乎?(《明夷待访录·原君》)

这就是说,按照君臣事先的约定和原来的使命,不能为天下服务的君主由于背弃了君应该担当的义务也就不能再在君位上待下去了。

再次,黄宗羲揭露、抨击现实君臣关系的异化现象,指出现实的君臣关系背离了为万民的同事关系,已经异化为主从关系:在君一方看来,"遂谓百官之设,所以事我,能事我者我贤之,不能事我者我否之。"(《明夷待访录·置相》)君主的这种观念使之以自己的一己之私来衡量、对待群臣,致使臣成为其附属品。在臣一方看来,"臣为君而设者也。君分吾天下而后治之,君授吾以人民而后牧之。"臣的这种观念和心态使之对君主俯首帖耳,甘愿做君之附庸:"遂感在上之知遇,不复计其礼之备与不备,跻之仆妾之间而以为当然。"(《明夷待访录·原臣》)这样一来,在君臣双方的共同作用下,臣实际上成了君的奴仆;而君又都是祸害天下的罪魁祸首,臣于是就成了为虎作伥的帮凶。

最后,黄宗羲批判了"君臣如父子"的说教。对于君臣关系,古代流行的说法是"君臣如父子"。这一说法不仅是支撑"君为臣纲"的理论前提,而且演绎为在忠孝不能两全时为君主尽忠就是大孝的观念,同时蜕变为忠臣不事二主的观念,引发了种种愚忠行为。针对"君臣如父子"的观念,黄宗羲对君臣关系与父子关系进行了比较分析,进而指出父子之间无论其子孝与不孝,其血缘关系"固不可变者也";君臣之间的关系则不然——不仅没有天然的血缘纽带,而且其关系也是变化多端的。他写道:

> 君臣之名,从天下而有之者也。吾无天下之责,则吾在君为路人。出而仕于君也,不以天下为事,则君之仆妾也;以天下为事,则君之师友也。(《明夷待访录·原臣》)

通过比较分析,黄宗羲得出的结论是:君臣关系是一个变量,君臣的名分是随着臣的出仕而有的,臣在君面前的身份也随着君是否以天下为事而有仆妾、师友之别。他进而指出,君臣关系的变数表明了臣对于君具有自己的独立人格、是完全可以自由出入的。并且,根据君臣同为天下办事的理念,黄宗羲把君臣关系比喻为共同扛木的伙伴。他说:"夫治天下犹曳大木然,前者唱邪,后者唱许。君与臣,共曳木之人也。"(《明夷待访录·原臣》)在黄宗羲看来,君臣是平等的共事者,共同承担治理天下的职责。天下好比一根大木头,君臣都是抬木头的——只有分工不同,没有高下之分;大家只有相互配合、步调一致,才能完成任务。有鉴于此,他指出,君臣不是主奴关系,而是平等的师友关系,君与臣的差别如同上下级一般,并没有什么神圣性或特别之处。正是在这个意义上,黄宗羲宣称:"盖自外而言之,天下之去公,犹公、侯、伯、子、男之递相去;自内而言之,君之去卿,犹卿、大夫、士之递相去。非独至于天子遂截然无等级也。"(《明夷待访录·置相》)

对于君臣关系,理学家宣扬"天下无不是底君",以此提倡为臣对君主的绝对服从和忠诚。在对君臣关系的审视和反思中,王夫之指出,君主不可能不犯错误,"无不是底"便属于无稽之谈。不仅如此,以此为切入点,他批判了"君为臣纲"和"忠臣不事二主"等传统观念。正是在这个意义上,王夫之声称:"'天下无不是底君',则于理一分殊之旨全不分明,其流弊则为庸臣逢君者之嚆矢。"(《读四书大全说》卷九《孟子·离娄下》)在他看来,"天下无不是底君"在理论上是不明白理一分殊的道理,在实践上为庸臣提供口实。这一观念在理论上是荒谬的,在实践中极端有害而不可取。同时,王夫之还从君臣关系与父子关系的不同入手印证了"天下无不是底君"的不通情理。按照他的说法，臣之事君"与子之事父天地悬隔，即在道合则从，不合则去，美则将顺，恶则匡救。君之是不是，丝毫也不可带过，如何说道'无不是底'去做得！"（《读四书大全说》卷九《孟子·离娄下》）如此说来，既然君臣关系不是固定的而是去留自由的，那么，君是则从、则将须，君不是则去、则匡救；不必认定君主"无不是底"，更不必对"不是底"君主一如既往地顺从、将须。循着这个逻辑，王夫之否定"忠臣不事二主"的观念和做法，甚至公然主张帝王的大位"可禅，可继，可革，而不可使夷类间之。"（《黄书·原极》）基于这种认识，他否认君主有万世一系的可能，并且声称："故人无易天地、易父母，而有可易之君。"（《尚书引义》卷四《泰誓上》）

唐甄揭露了君臣关系的不平等，并且认为这种不平等的君臣关系是不合理的。他指出：

人君之尊，如在天上，与帝同体。公卿大臣罕得进见；变色失容，不敢仰视；跪拜应对，不得比于严家之仆隶。（《潜书·抑尊》）

唐甄揭露了君主专制的危害，指出在君主专制制度下，由于大权"握于一人之手"，"君日益尊，臣日益卑。是以人君之贱视其臣民，如犬马虫蚁之不类于我。"（《潜书·抑尊》）这就是说，在君主专制制度下，违背平等原则造成了君臣关系的恶化，甚至在"臣不竭忠，民不爱上"（《潜书·内伦》）的恶性循环中使君主由于失去群臣和万民的拥护、爱戴而成为"独夫"，以至"海内怨叛，寇及秦寝门，宴然不知。"（《潜书·抑尊》）

基于朴素的平等观念，唐甄断言，君臣关系不是固定的，而是去留自由的,因而不承认"君臣之义,无所逃于天地之间"的伦理信条。不仅如此,他试图建立一种新型的君臣关系,这种关系有些类似于可以自由选择的雇佣关系。唐甄指出:

> 士当巷居,隐见惟己,人不得致也。出而干主,任之犹轻,言之犹浅,去留亦惟己,人不得泥也。(《潜书·受任》)

在这里,臣对君没有必要的义务和职责,君对臣更没有绝对的权威和特权。士隐于市之时,君不得强行其做官为臣;士出仕为臣之时,对君所委己之任有选择去留之权,君不得强加干涉。唐甄的说法散发着商品经济的气味,在去留自由中传递出君臣平等的信息。

4. 反对君主专制,主张限制君权

早期启蒙思想家对君臣关系的向往表现了对现实君臣关系和君主专制的不满,建立新型君臣关系的渴望反过来又加剧了对君主专制的不满,致使限制君权变得迫切而必要。进而言之,无论是反对君主专制还是防止君主残害天下的现实需要都使限制君权成为不可回避的迫切问题。

为了反对君主专制,有效地限制君权,黄宗羲提出了两点建议:第一,恢复宰相制度,以此分散、削弱君主的权力。他非常重视宰相在处理国家事务中的作用,把设立宰相视为抵制君主专制、体现君臣共治的重要方式之一。在黄宗羲看来,宰相不啻为分身之君,在国家治理中起着关键作用,必要时可以"以宰相而摄天子",就像商朝的伊尹、周朝的周公一样。对此,他解释说,古时天子不传子,其去留与宰相类似。后来,天子成为世袭职位,好在宰相仍

不能传子。这样,天子之子不贤,还有宰相加以制约。其后,相权日弱,政治也日益昏暗。到了明朝,明太祖朱元璋废除宰相,明代政治腐朽也达到登峰造极的地步。基于上述历史事实,黄宗羲设想,建立一个以宰相为主体的最高国家行政机构——"政事堂",下设吏、兵、户、刑礼和机枢五房以分理众务,天下众事皆由宰相上达天子。这样一来,由于各个部门的分工协调和相互制约,更由于宰相参与国家大事、与君主分权,君主的权力被削弱,便可从政治制度的设置上有效地减少君主独断专行的可能性。第二,利用学校制造舆论,对君主进行监督和评议。他指出,三代以上,学校的作用不仅仅在于培养和教育人才,而且是制造舆论、议论朝政和判断是非的中心——"治天下之具皆出于学校"。三代以后,学校的舆论监督作用日衰,君权专制日盛。有鉴于此,黄宗羲主张恢复学校原本具有的监督作用,并且进行了具体规划:选择当世大儒充任太学祭酒,给予其与宰相同等的政治地位;每月初,皇帝亲自到太学执弟子礼听讲,"政有缺失,祭酒直言无讳。"(《明夷待访录·学校》)与重视学校的舆论监督相联系,他把"清议"视为反对君主专制的有力武器。特别是通过总结东林党人的经验教训,黄宗羲认识到了"清议"在政治斗争和道德修养中的重要作用,因而对之十分重视。正因为如此,他宣称:

君子之道,辟则坊与。清议者,天下之坊也……清议熄,而后有美新之上言,媚奄之红本。故小人之恶清议,犹黄河之碍砥柱也。(《黄宗羲全集》第八册《明儒学案·东林学案》)

在此基础上,黄宗羲进一步把学校与"清议"结合起来,主张以学校为"清议"机关，希望通过讲学、公议等方式批评朝政、月旦人物，从而拨乱反正、移风易俗。对此，他充满憧憬和向往：

> 盖使朝廷之上，闾阎之细，渐摩濡染，莫不有诗书宽大之气，天子之所是未必是，天子之所非未必非，天子亦遂不敢自为非是，而公其非是于学校。(《明夷待访录·学校》)

面对汉族建立的大明王朝被异族——满族所篡的现实，怀抱抗清复明的政治夙愿，基于民族矛盾在明清之际乃至本人身上的异常尖锐，王夫之反对君主专制主要是围绕着民族利益至上这一维度或中心展开的。具体地说，为了使君主以民族利益为重，也为了限制君权，他做了三个方面的工作：第一，揭示君主专制给个人、社会尤其是整个民族带来的严重危害，以此反对君主独揽大权。王夫之指出，在君主专制的政治环境下，由于君主一个人独揽大权，一天下之权掌握在君主一人之手，君权变成了君主个人的禁制猜防之权，这给社会上下及整个民族造成了严重危害。对此，他揭露说：

> 一天下之权归于人主，禁制猜防，上无与分功而下得以避咎；延及数传，相承以靡，彼拱此揖，进异族而授之神器。(《尚书引义》卷五《立政周官》)

照此说来，君主大权独揽遗患无穷，君主专制万不可行。第二，要求君主正己。王夫之发挥了张载"君天下必先正己"的思想，要求君主带头作道德表率，进而在正己的上行下效中层层推进，达

到平天下的目的。对此,他宣称:

> 谓谨制度修礼法当自天子始,天子正而后诸侯正,诸侯正而后大夫莫敢不正。反是,则乱之始也。(《礼记章句》卷九《礼运》)

进而言之,王夫之所讲的君主的道德表率最主要的内容和体现就是民族至上,即君主的利益必须服从民族利益。按照他的说法,"一姓之兴亡,私也;而生民之生死,公也。"(《船山全书》第十册《读通鉴论·梁敬帝》)正如当君主的一姓之私与万民之公发生矛盾时,君主应该以天下之利害为重而放弃个人的一己之私一样,他告诫君主,当君臣之义与民族大义发生矛盾时,君臣之义要服从民族之大义,决"不以一时之君臣,废古今夷夏之通义也"。(《船山全书》第十册《读通鉴论·东晋安帝》)第三,推崇无为而治。为了把限制君权、防止君主大权独揽落到实处,王夫之开出了效仿古人、实行无为而治的药方。正是在这个意义上,他声称:

> 夫古之天子,未尝任独断也。虚静以慎守前王之法,虽聪明神武,若无有焉,此之谓无为而治。守典章以使百工各钦其职,非不为而固无为也。(《船山全书》第十册《读通鉴论·东晋成帝》)

顾炎武不仅反对君主专制,而且在反思历史时指出君主专制的起因在于郡县之失。基于"郡县之失,其专在上"的认识,他提出了"寓封建于郡县之中"的改革方案,其具体做法、实施要点就是提

升地方官员的权力和地位。顾炎武指出:

> 以天下之大权,寄之天下之人,而权乃归之天子。自公卿大夫至于百里之宰,一命之官,莫不分天子之权,以各治其事,而天子之权乃益尊。(《日知录》卷九《守令》)

具体地说,在加大各级地方官吏的权力以钳制君主专制的方案中,顾炎武特别强调要加大太守的权力。为此,他大声疾呼:

> 于是天子之权不寄之人臣而寄之吏胥,是故天下之尤急者守令。亲民之官而今日之尤无权者,莫过于守令。守令无权,而民之疾苦不闻于上,安望其致太平而延国命乎?(《日知录》卷九《守令》)

总之,在对君主专制和"君为臣纲"的批判中,早期启蒙思想家通过以上几个方面向君主专制发起了进攻:在对君主起源的追溯中,用事实驳斥了"君权神授"的神话,伴随着君主从神向人的还原,从理论上抽掉了"君为臣纲"的理论基石;通过对君主危害的无情鞭挞和揭露,展示了君主职责的蜕变所带来的社会危害,不仅证明了君主专制在实践上弊端丛生,而且使"君为臣纲"的正当性、合理性大打折扣,并使建立新型君臣关系和限制君权势在必行;建立新型君臣关系使对君主专制的批判从理论层面转向实践操作层面,不仅是前两方面的必然结果和具体贯彻,而且为下一步的限制君权奠定了基础;反对君主专制和限制君权则从社会制度层面使对君主专制、"君为臣纲"的批判落到实处,最终通过政治制度的变革与建立君臣关系一起为改变现实生活中的君臣关系指明了出路。可见,正是在这种层层推进和相互论证中,君权受到了前所未有的重创。

在宗法社会,君主是至高无上的主宰者,臣民只能绝对听命于君。韩愈的一段话极其具有代表性:

> 君者出令者也,臣者行君之令而致之民者也,民者出粟米麻丝、作器皿、通货财以事其上者也。君不出令,则失其所以为君;臣不行君之令而致之民,则失其所以为臣;民不出粟米麻丝、作器皿、通货财以事其上,则诛。(《原道》)

在此基础上,理学更加强化了君主的权威,把"君为臣纲"作为三纲的基础。"君权神授"和"君为臣纲"一直是专制制度的理论基石,早期启蒙思想家的上述言论剥去了君权的神秘外衣,也否定了"君为臣纲"的正当性。这些又进一步为建立新型的君臣关系、限制君权乃至反对君主专制奠定了思想基础。正是在他们的揭露和批判中,在古代被视若神圣的君权和"君为臣纲"第一次受到了质疑。这无疑是一次思想解放和启蒙,也是一种历史的进步。

二、关于男女平等的微弱呼声

早期启蒙思想家同情、关注妇女的悲惨处境,对男女不平等的严重现实和"男尊女卑"表示不满,发出了男女平等的微弱呼声。

1. 重排五伦顺序,突出妇女的地位

程朱理学所崇奉的天理实际上就是以"三纲五常"为核心的传

统道德和行为规范,这用朱熹的话说就是:"君臣、父子、兄弟、夫妇、朋友岂不是天理?"(《朱文公文集》卷五十九《答吴斗南》)值得注意的是,在这里,夫妇被排在君臣、父子乃至兄弟之后。这种先后顺序不仅违背了人类生存的自然顺序和历史事实,而且强化了君、父的权威,贬低了妇女的地位。有鉴于此,为了突出妇女的地位,早期启蒙思想家重新排列了五伦之间的顺序,突出了夫妇在人伦关系中的位置。

李贽认为,夫妇关系是人伦关系中最重要的,因而把之置于五伦之首。对此,他依据《易·序卦》指出:"夫妇,人之始也。有夫妇然后有父子,有父子然后有兄弟,有兄弟然后有上下。"(《焚书》卷三《夫妇论》)在此,李贽按照人类生育的自然顺序对人伦关系进行重新排列,把君臣、上下、尊卑置于最后,推翻了传统的五伦顺序。他编撰的《初潭集》就是按照"夫妇、父子、兄弟、师友、君臣"的顺序排列的。李贽对五伦秩序的这种排列是对理学乃至宗法秩序的否定,也突出了夫妇关系在人伦中的首要地位。按照这种排列,由于万物皆始于夫妇,致使夫妇具有了非同寻常的意义。正是在这个意义上,他指出:"夫妇正,然后万事无不出于正。夫妇之为物始也如此。极而言之,天地一夫妇也,是故有天地然后有万物。"(《焚书》卷三《夫妇论》)在此基础上,与朱熹等理学家的看法针锋相对,李贽强调,生命乃至万物之初都是阴阳二气,并没有超自然的一或理存在。在此,由于把夫妇提高到五伦之首,李贽肯定了妇女在人伦关系中处于极为重要的地位,他对"男尊女卑"的批判就此拉开。

唐甄重视夫妻在人伦关系中的重要作用,提出了"人伦不明,莫甚于夫妻"的命题。对此,他论证说:

人伦不明,莫甚于夫妻矣。人若无妻,子孙何以出?家何以成?……不必贤智之妻,平庸之妻亦有之。(《潜书·内伦》)

在这种审视维度和逻辑框架中,夫妻关系在人伦关系中占据最重要的位置,夫妻尤其是妻(妇女)成为人类繁衍和家庭存在的重要因素。唐甄的上述说法直接肯定了妇女在人类生存和人伦关系中的重要作用。

2. 批判"男尊女卑"、驳斥妇女不如男子的偏见

"男尊女卑"是男女不平等的理论基础。出于对妇女的同情和对妇女作用的肯定,早期启蒙思想家反对"男尊女卑",驳斥了女子不如男子的说法。

李贽驳斥理学家鄙视妇女的观点,认为有很多女子在品德、学识方面胜过男子。不仅如此,为了反驳"男尊女卑",他用事实说话,在《初潭集》中列举了几十个妇女的事迹,赞扬她们"大见识人"、"才智过人,识见绝甚,男子不如也。"她们"才智过人,识见绝甚,中间信有可为干城腹心之托者。"甚至于她们的行事"男子不能"。有鉴于此,李贽夸她们"是真男子!"值得注意的是,他所讲的"真男子"并非指一般的男子,而是指男子中有作为的出类拔萃者。按照李贽的标准,真男子并非以性别区分的,判断真男子的标准是才智和见识。他之所以称赞女子是"真男子",是因为在其心目中有才识的妇女超过了一般男子。尤其能说明问题的是,李贽一反通常的看法,对武则天大加赞扬,认为武则天是女中豪杰,评价她巾帼不让须眉,"胜高宗十倍,中宗万倍矣。"(《藏书》卷六十三《后

妃·唐太宗才人武氏》）不仅如此，在晚年居于麻城与城中的大户——梅家交往时，他对梅家的孀居女儿梅澹然和其他女眷大加赞赏，并与她们往来通信，探讨学问。李贽著作中屡次提到的"澹然大师"、"澄然"、"明因"和"善因菩萨"等就是这些梅家女子。对于这些梅家女子，他一再称赞说：

梅澹然是出世丈夫，虽是女身，然男子未易及之。（《焚书》卷四《豫约·早晚守塔》）

此间澹然固奇，善因、明因等又奇，真出世丈夫也。（《续焚书》卷一《与周友山》）

依据以上事实，李贽向女子不如男子的传统观念说不，并从理论上驳斥了女子见识短的看法。正是在这个意义上，他指出：

短见者只听得街谈巷议，市井小儿之语；而远见则能深畏乎大人，不敢侮于圣言，更不惑于流俗憎爱之口也。余窃谓欲论见之长短者当如此，不可止以妇人之见为见短也。固谓人有男女则可，谓见有男女岂可乎？谓见有长短则可，谓男子之见尽长，女人之见尽短，又岂可乎？设使女人其身而男子其见，乐闻正论而知俗语之不足听，乐学出世而知浮世之不足恋，则恐当世男子视之，皆当羞愧流汗，不敢出声矣。（《焚书》卷二《答以女人学道为见短书》）

在这里，李贽明确宣布男女智力平等，驳斥了妇女见短、不如男子的偏见。在他看来，人的见识有狭窄、广阔之别，也有远近之分。然而，见识的长短不能按照男女的性别来划分。因为男女在智力上没有什么差异，见识的长短只能从见识本身去比较，而不能从男女的性别上加以比较。在此基础上，李贽设想，如果把妇女的处境改变得与男人相同，让妇女有学习、见闻的机会，那么，面对妇女的才华和见识，"恐当世男子视之，皆当羞愧流汗，不敢出声矣"。这不仅剖析了造成妇女见识短的社会根源，而且坚信在男女平等的条件下妇女具有与男子相等乃至胜于男子的见识。

唐甄宣称"男女，一也"，断然否认"男尊女卑"的偏见。不仅如此，他对妇女的处境给予深切的同情。据《潜书》记载：

> 唐子宿于汪氏之馆，汪子数言其少子。唐子曰："子爱男乎，爱女乎？"曰："爱男。"唐子曰："均是子也，乃我之恤女也，则甚于男。"汪子问故。曰："好内非美德，暴内为大恶。今之暴内者多，故尤恤女。"（《潜书·夫妇》）

3. 反对歧视、虐待妇女的行为

在漫长的宗法社会和森严的等级制度下，社会强加于妇女的种种不公平对待归根结底都源于"男尊女卑"、"女子不如男子"等男女不平等观念。循着男女平等的观念和逻辑，这一切都变得不合理了。因此，早期启蒙思想家在提倡男女平等的基础上，抗议各种歧视、虐待妇女的现象和行为。

李贽对流行广远的"女祸"论进行了批判。自周以来，就有一些人把国家的败亡归咎于妇女。宋明理学提倡禁欲主义，把声色看作罪恶，并认定声色的罪魁祸首在于妇女。对此，李贽指出："甚矣，声色之迷人也。破国亡家，丧身失志，伤风败类，无不由此，可不慎欤!"(《初潭集》卷三《贤夫》)有鉴于此,他表示,人应当节制声色。然而,这并不是说国破家亡的根本原因在于声色;事实是,历史上破国亡家的君主并不是因为纵情声色,而是另有原因。对此,李贽进一步分析说,"建业之由,英雄为本。彼琐琐者,非恃才妄作,果于诛戮,则不才无断,威福在下也。此兴亡之所在也,不可不慎也。"(《初潭集》卷三《贤夫》)这表明,败亡的后果是君主自身的才能和行为造成的,并不是他们所宠爱的妇女造成的。因此,不可把国破家亡归咎于妇女,更不应该对她们产生歧视。

唐甄谴责虐待妻子的行为。他指出:

> 今人多暴其妻。屈于外而威于内,忍于仆而逞于内,以妻为迁怒之地。不祥如是,何以为家。(《潜书·内伦》)

在此,唐甄不仅揭露了虐待、打骂妻子是"屈于外而威于内,忍于仆而逞于内"的无能行为,而且指出这种拿妻子当出气筒的无能之举是自身道德沦丧的表现,会给自身、夫妻关系乃至人伦造成巨大伤害。正是在这个意义上,他一再强调:

> 人之无良,至此其极。始为夫妇,终为仇雠,一伦灭矣。(《潜书·内伦》)

> 盖今学之不讲,人伦不明;人伦不明,莫甚于夫妻矣。(《潜书·内伦》)

不仅如此,在揭露、批判虐妻行为时,唐甄分析、揭露了这一行为的根源,指出其本质是"夫为妻纲"和"男尊女卑"观念在作祟。

换言之,虐待妻子的行为主要是受了"夫尊妻卑"思想的影响。

4. 反对"夫尊妻卑",提倡夫妇平等

男女关系首先且集中表现为家庭内部的夫妻关系,中国古代的男女不平等主要是家庭内部男女成员——尤其是夫妻之间的不平等,"男尊女卑"主要表现为家庭内部夫妻关系的不平等上。对于这一点,早期启蒙思想家具有较为清醒的认识。例如,唐甄所讲的"人伦不明,莫甚于夫妻"主要是针对夫妻关系的不平等而言的。进而言之,"男尊女卑"和男女不平等表现在夫妻关系上便是"夫尊妻卑"、"夫为妻纲"。为了彻底批判"男尊女卑",他们没有放过对"夫尊妻卑"的批判。

李贽没有明确提出夫妇平等的口号,然而,他反对"夫尊妻卑"的观念。在论述天地、夫妇关系时,一反儒家天尊地卑、"男尊女卑"的说法,只承认天地、夫妇初始都是阴阳二气,不承认其间的尊卑之别。正是在这个意义上,李贽写道:

> 夫厥初生人,惟是阴阳二气,男女二命,初无所谓一与理也……故吾究物始,而见夫妇之为造端也。是故但言夫妇二者而已,更不言一,亦不言理。(《焚书》卷三《夫妇论》)

按照这种说法,人皆阴阳二气所生,是男是女肇始于阴阳二气。这就是说,男女之分与生俱来,说夫妇、男女有别可以,但不能就此而言"男尊女卑"或"夫尊妻卑"。这从本体哲学的高度论证了男女平等,表明男女之间根本就不存在所谓的尊卑之分。循着这个逻辑,既然"夫尊妻卑"之说难以成立,那么,"夫为妻纲"的合理

性也就大大地削弱了。

此外,李贽在编辑《初潭集》夫妇篇时,从《世说新语》和《焦氏类林》中收集了不少有才识、善言谈、有文采的夫妇的故事,对之加以赞扬。对于夫妻关系,在提倡"贤妇"的同时,他也提倡"贤夫",要求夫妻双方都要贤,流露出夫妇平等的思想倾向。在选择配偶的标准上,李贽重德才轻容貌。例如,对梁鸿与孟光的故事,他的批语是:"此妇求夫,求道德也";对许允嫌恶奇丑而有才德的妻子的故事,他的批语是:"此夫嫌妇,太无目也。"在古代社会中,"男尊女卑"、"夫尊妻卑"具体到家庭关系便是"夫为妻纲",具体表现为妻子完全听从丈夫的安排。因此,对于家庭关系,理学家认为妇女如果在家掌权就是"牝鸡司晨",家庭就要不幸了。李贽反驳说,考察一个家庭的好坏不能只看妇女,也要看主管家庭的丈夫贤不贤;如果丈夫不贤,其家必败,不能归罪于妇女。正是在这个意义上,他指出:"夫而不贤,则虽不溺志于声色,有国必亡国,有家必败家,有身必丧身,无惑矣。彼卑卑者乃专咎于好酒及色,而不察其本,此俗儒所以不可议于治理欤!"(《初潭集》卷三《俗夫》)与此相关,李贽认为,妇女在家庭中起着重要作用,只要有才能,妇女可以当家做主,不必完全听从丈夫的。于是,他写道:"有好女子便立家,何必男儿。"(《初潭集》卷一《合婚》)这种说法否定了"牝鸡司晨"的错误观念。

唐甄认为,夫妻之间不应该是"夫尊妻卑"的不平等关系,而应是"夫妻相下"的平等关系。对此,他论证说:

> 夫天高地下,夫尊妻卑;若反高下,易尊卑,岂非大乱之道!而《诗》之为义,《易》之为象,何以云然乎?盖地之下于

天,妻之下于夫者,位也;天之下于地,夫之下于妻者,德也。(《潜书·内伦》)

在这里,唐甄坦言如天地有高低之分一样,夫妻有尊卑之别。然而,夫妻之间的尊卑之别是天然条件造就的,充其量只是分工不同,这种不同的分工并不影响夫妻关系的平等——至少与夫妻平等、相敬如宾并不矛盾。更为重要的是,在夫妻关系上,除了"妻之下于夫"的天然尊卑之势外,还有"夫之下于妻"的和敬之德。有鉴于此,他倡议:"敬且和,夫妇之伦乃尽。"(《潜书·内伦》)

难能可贵的是,唐甄对夫妻平等极其重视,把之视为五伦平等的第一步。按照他的说法,要做到五伦平等,必须"行之自妻始。"(《潜书·夫妇》)之所以如此,道理很简单:"人之爱莫私于其妻……妻忧我亦忧也,妻喜我亦喜也。"(《潜书·明悌》)循着这个思路,唐甄断言"恕行之自妻始",因为"不恕于妻而能恕人,吾不信也。"(《潜书·夫妇》)既然恕于人必先恕于妻,那么,即使是为了达到恕于人的目的,也必须先从恕于妻开始。如此说来,恕于妻不是可有可无的而是必须的,不是可先可后的而是最先最急的。在某种意义上可以说,恕于妻是恕不可逾越的第一步。

5. 赞成寡妇改嫁,反对一夫多妻

李贽主张婚姻自主,认为在婚姻自由、自主的前提下妇女不必从一而终,寡妇也可以再嫁。为此,他强烈反对理学家"饿死事极小,失节事极大"(程颐语)的说教,愤怒谴责不准寡妇再嫁伤天害理,"大不成人。"(《初潭集》卷一《丧偶》)对此,李贽解释说,妻子死了丈夫之后在生活上遇到很多困难,与其忍受困苦,不如改嫁的

好。《初潭集》中的不少故事都表明了他支持寡妇再嫁的态度。例如,庾亮的儿子遇害身死,其亲家给他写信,谈及想让自己的女儿改嫁。庾亮表示支持儿媳改嫁,答复说:"贤女尚少,故其宜也。"李贽极其赞成,批了一个字:"好!"再如,王戎的儿子死了,王戎却不让儿子的未婚妻嫁给他人,致使这位女子至老未嫁。李贽对这种残忍行为十分愤慨,骂道:"王戎不成人,王戎大不成人!"(《初潭集》卷一《丧偶》)基于寡妇可以改嫁的理念,他在《哭贵儿》的诗中写道:"汝妇当再嫁,汝子是吾孙。"(《续焚书》卷五《诗汇》)

中国古代的"夫尊妻卑"一方面表现为妇女的从一而终,一方面表现为男子的妻妾成群。与反对女子的片面义务——从一而终、寡妇不许改嫁和室女必须守志相一致,早期启蒙思想家反对男子的片面权利,对一夫多妻制怀有不满,对"妒妇"的称赞和同情便流露出这一思想倾向。

李贽对被理学家称为恶女的"妒妇"、"泼妇"寄予同情。在《初潭集》中,他专门列"妒妇"一类,并对此类中的六名妇女给予好评:"此六者,真泼妇也。然亦幸有此好汉矣。"(《初潭集》卷一《妒妇》)同时,李贽又对"妒色而又好德"的某公主评价说:"贤主哉!虽妒色而能好德,过男子远矣。"(《初潭集》卷一《妒妇》)古人所说的"妒妇"实际上是反抗丈夫纳妾的勇敢妇女,她们往往以自己的泼辣阻止丈夫纳妾。所以,李贽称赞她们为"好汉"。

总之,通过对五伦秩序的质疑和重新排列,在反驳"男尊女卑"、女子不如男子的说教中,早期启蒙思想家发出了男女平等的最初呼声;在此基础上,他们把这一认识推进到现实层面,反对各种歧视、虐待妇女的行为。同时,早期启蒙思想家又在男女平等观念的鼓动下深入到男女关系的核心层面——夫妻关系,不仅对"夫尊妻卑"、"夫为妻纲"进行批判,而且对各种基于此的恶俗、陋习——虐待妻子、严禁寡妇改嫁等现象进行揭露和批判。这些都表现了可贵的思想启蒙,掀起并推动了男女平等、夫妻平等的历史进程。

与君权一样,夫权是压在中国人尤其是广大妇女身上的另一座大山。中国古代的男女不平等最直接、最严重的表现就是夫妻之间的严重不平等,其理论支柱则是"男尊女卑"和"夫为妻纲"。早期启蒙思想家的上述观点和议论批判了"男尊女卑"的传统道德观念,发出了男女平等的最初呼吁。尽管这种呼声还很微弱,却在一定程度上构成了对夫权的冲击:如果说对男女平等的论证从生命起源的本体高度证明了"男尊女卑"难以成立的话,那么,对"夫为妻纲"的批判、对夫妻平等的提倡则使问题更加切入本质和要害;作为必然结论和迫切的现实问题,反对虐妻行为、抨击从一而终和赞成寡妇再嫁则更具有现实针对性,在某种程度上甚至可以说,找到了在中国推进男女平等的第一步。

三、朴素的平等观念与早期启蒙思想的局限

早期启蒙思想家对以三纲为代表的传统道德的批判触及到了人人平等的问题,这使他们的批判不仅切入到问题的本质,而且在某些场合具有形而上的高度。众所周知,"君为臣纲"、"父为子纲"和"夫为妻纲"虽然是针对不同的主体、场合而言的,但其共同本质是强化尊卑等级观念,通过君与臣、父与子、夫与妻之间的不平等突出人与人之间的不平等,进而维护尊者、长者和贵者的特权,为宗法等级制度的正当性、合理性和神圣性进行理论辩护。以理杀

人的残酷事实和严重不平等的社会现实激发了早期启蒙思想家对三纲的不满，对三纲的不满又催生了他们朴素的平等观念。反过来，早期启蒙思想家利用平等观念、平等原则来揭露三纲对人与人之间平等关系的破坏和对人性的束缚，在指出三纲已经成为人与人平等之桎梏的同时，增加了批评的深度和力度。

大体说来，早期启蒙思想家都怀有朴素而真诚的平等意识，对君权和夫权的批评与其平等观具有某种程度的内在一致性。其实，王门后学即有平等思想，泰州学派的创始人王艮断言"惟皇上帝，降中于民，本无不同"（《王心斋先生遗集·明哲保身论》）就是明显的例子。与之相比，早期启蒙思想家的平等观念更为普遍而系统。例如，李贽把人与人之间的关系视为平等关系，进而要求人超越身份、地位地相亲相爱，相互宽容，平等相待。同样，唐甄富有平等精神，不仅提出了朴素的平等观，而且进行了较为系统的论证和说明。在他看来，既然人都是血肉之躯、都有七情六欲，那么，人与人应当平等——至少在有情方面如此。正是在这个意义上，唐甄一再强调：

人我一情，本无众异。（《潜书·性才》）
圣人与我同类者也。人之为人，不少缺于圣人。（《潜书·居心》）

不仅如此，唐甄还把平等原则提到了"天地之道"的高度，在本体哲学领域为人人平等寻找理论根基。他写道：

天地之道故平，平则万物各得其所。及其不平也，此厚则彼薄,此乐则彼忧。为高台者,必有污池;为安乘者,必有茧足。王公之家,一宴之味,费上农一岁之获,犹食之而不甘。吴西之民,非凶岁为糗粥,杂以荞秆之灰;无食者见之,以为是天下之美味也。人之生也,无不同也,今若此,不平甚矣。提衡者权重于物则坠,负担者前重于后则倾,不平故也。(《潜书·大命》)

为了提倡平等观念,唐甄改造了儒家的"忠恕之道",强调"五伦百姓,非恕不行"。在此基础上,他呼吁用"恕"即平等待人的道德原则——"忠恕之道"来处理君臣、父子、夫妻、兄弟和朋友关系。唐甄明确指出:

古者君拜臣;臣拜,君答拜;师保之前,自称小子;德位之不相掩也。天子之尊,冕而亲迎,敬之也;亦德位之不相掩也。若天不下于地,是谓天亢;天亢,则风雨不时,五谷不熟。君不下于臣,是谓君亢;君亢,则臣不竭忠,民不爱上。夫不下于妻,是谓夫亢;夫亢,则门内不和,家道不成。施于国,则国必亡;施于家,则家必丧;可不慎与!(《潜书·内伦》)

正是基于人人平等的忠恕观念,唐甄每每声称:

仲尼之教,大端在忠恕。即心为忠,即人可恕。易知易能者也;无智无愚,皆可举趾而从之。(《潜书·法王》)

且恕者,君子善世之大枢也。五伦百姓,非恕不行。(《潜书·夫妇》)

吾之于斯人也,犹兄弟也;其同处于天地之间也,犹同寝于一帐之内也。彼我同乐,彼我同戚,此天地生人之道,君子尽性之实功也,是乃所谓一也。(《潜书·良功》)

作为建构于宗法血缘之上的意识形态,三纲在本质上是为尊卑等级辩护的。正因为如此,肩负为等级制度辩护使命的三纲极力凸显人与人之间的不平等。从汉儒董仲舒借助宇宙本体——天的威力为不平等正名到理学家把人与人之间的不平等说成是由世界本原决定的、与生俱来的先天命定,人与人之间的不平等被抬得越来越高。正如张载从本体之气的清浊、厚薄和精粗来阐释人与人之间贵贱、寿夭和贫富的悬殊一样,朱熹从源头处——构成万物的理和气找到了不平等的证据。于是,这样的例子在他的著作中比比皆是:

气,是那初禀底;质,是成这模样了底……只是一个阴阳五行之气,滚在天地中,精英者为人,渣滓者为物;精英之中又精英者,为圣,为贤;精英之中渣滓者,为愚,为不肖。(《朱子语类》卷十四《大学·序》)

都是天所命。禀得精英之气,便为圣,为贤,便是得理之全,得理之正。禀得清明者,便英爽;禀得敦厚者,便温和;禀得清高者,便贵;禀得丰厚者,便富;禀得久长者,便寿;禀得衰颓薄浊者,便为愚、不肖,为贫,为贱,为夭。天有那气生一个人出来,便有许多物随他来。(《朱子语类》卷四《性理一》)

有人禀得气厚者,则福厚;气薄者,则福薄。禀得气之华美者,则富盛;衰飒者,则卑贱;气长者,则寿;气短者,则夭折。

此必然之理。(《朱子语类》卷四《性理一》)

可见,古代哲学家对不平等的论证从未停止过,并随着宗法等级制度的鼎盛呈现变本加厉、愈演愈烈之势。更有甚者,理学家在把不平等上升到本体哲学高度的同时,使不平等与天理一样具有了永恒性和天经地义的权威。伴随着不平等之正当性和权威性的膨胀,不平等从人伦名教的伦理道德转化为法律条文,致使其对人的身心统治力度、程度越来越大。与此同时,其统治的强度和方式也从伦理的自觉引导变为法律的高压强制。

早期启蒙思想家对三纲的批判、对平等的呼唤有意无意之间会触及宗法等级制度。例如,唐甄宣称,人与人之间的贫富贵贱并非命中注定,只是机遇不同造成的。因此,人与人之间的贫富、贵贱和尊卑并不存在不可逾越的鸿沟。正是基于人人平等观念,他坚信,只要有志气,不"自薄",即使是"皂人"、"丐人"和"蛮人"也可以成为"圣人"。这用唐甄本人的话说就是:

> 遇犹生也,遇之不齐,犹生之不齐也。生安而遇不安,惑之甚也。生于皂则为皂人,生于丐则为丐人,生于蛮则为蛮人,莫之耻也。奈何一朝贱焉则耻之乎,一朝贫焉则耻之乎!皂人可以为圣人,丐人可以为圣人,蛮人可以为圣人,皆可以得志于所生,岂一朝贫贱而遂自薄乎!是故君子于遇,如身在旅。(《潜书·定格》)

正是基于朴素的平等意识,早期启蒙思想家对三纲予以批判和驳斥。事实上,他们对君权和"君为臣纲"的批判不论是理论阐释还是危害揭露都围绕一个焦点,即君臣关系的不平等。如果说臣丧失人格的对君之依附是不平等的表现的话,那么,君违背原初的职责、从为天下谋利到私天下的蜕化则是不平等的原因,君主专制和为害天下则是其直接后果。可见,虽然"君为臣纲"讲的是君臣关系,直接涉及的行为主体是君与臣,然而,早期启蒙思想家的议论从君臣平等实际上已经涉及了包括君臣在内的人与人之间的平等问题。由于矛盾聚焦在不平等上,所以,他们对"君权神授"的批判、对"君为臣纲"的否定以及建立新型君臣关系的设想等等都是基于君臣平等的理念和思路进行的。早期启蒙思想家对男女平等的呼吁更为直接地表达了人人平等的意识和诉求。只有抛开上下尊卑观念,从人人平等的角度来理解这一问题,才能领悟他们的理论初衷和真实意图。

总之,通过质疑君权和提倡男女平等,在对"君权神授"、"君为臣纲"、"男尊女卑"和"夫为妻纲"的批判中,早期启蒙思想家向长期以来被视为天经地义的宗法伦理教条发出了挑战,在动摇其核心部分的同时,致使传统道德面临前所未有的冲击和尴尬。同时,"君为臣纲"、"父为子纲"与"夫为妻纲"虽然都有各自的实施维度和实践主体,但彼此之间相互作用、共同组成一个有机系统,相互支撑、三位一体,通过由外到内与从上至下的双向互动发挥着巨大的作用。在明清之际,由于二纲("君为臣纲"和"夫为妻纲")遭遇前所未有的批判,三纲变得残缺不全,"父为子纲"也面临危机。尤其致命的是,如上所述,早期启蒙思想家无论是对"君为臣纲"还是对"夫为妻纲"的批判都流露出人人平等的价值观念和思想倾向。人人平等贯彻到底,不仅君臣、夫妻关系平等,父子关系也要平等。如果把这一原则贯彻下去,势必震荡"父为子纲"的理论根基,使现实的父子关系成为被批判的对象。

早期启蒙思想家对三纲和传统道德的批判成为近代道德革命的先声，他们的许多观念和言论被近代思想家所继承、发挥，成为清理传统道德的理论武器和历史资料。

毋庸讳言，作为与传统道德的第一次较量，由于阶级的局限和时代的局限，正如对传统道德的批判并非全面出击、整体批判一样，早期启蒙思想家对三纲的批判并不彻底，始终是在一定程度上和一定范围内进行的，具有明显的不彻底性。例如，就三纲而言，他们的批判只涉及"君为臣纲"和"夫为妻纲"，却对"父为子纲"的危害卷舌不议，甚至津津乐道，在某些人那里父子关系甚至成为指责"君为臣纲"的证据。

就"君为臣纲"而言，尽管指出了君权的诸多危害，很多人却对君权进行了保留。更有甚者，由于是在拥护君主专制的前提下批判"君为臣纲"的，早期启蒙思想家的初衷不是推翻君权而是企图通过改善君臣关系、限制君主权力来建立一种更为理想的君臣关系和君主统治模式。正因为如此，他们对君主专制和"君为臣纲"的批判并不触动君主统治本身。例如，黄宗羲认为，三代以上的君主制是建立在"三代之法"的基础上的，这种三代之法的根本原则就是"天下为公"，而不是"天下为私"。言外之意是，"天下为公"的君主制是美好的，不仅不应该废除，反而应该被发扬和效仿。正因为如此，他对这种君主制度一往情深，并且描述说：

  三代之法，藏天下于天下者也。山泽之利不必其尽取，刑赏之权不疑其旁落，贵不在朝廷也，贱不在草莽也。(《明夷待访录·原法》)

基于这种认识，结论不言而喻——并非君主制度本身不可取，而是三代以后的君主败坏了君主制，三代之前的君主制度不仅无害而且是"天下为公"的榜样。循着这个逻辑，君权不仅不应该被取代，反而应该大行其道。有鉴于此，黄宗羲呼吁，以三代以上的君主制取代三代以下的君主专制。尤其值得注意的是，这不是黄宗羲一个人的看法，而是大多数早期启蒙思想家的共识。在这方面，即使是以狂人自居而名世的李贽也未能免俗。例如，他把自己的著作命名为《藏书》，"言当藏于山中以待后世子云也。"（《藏书·自序》）并且，李贽对《藏书》自视甚高，指出"万世治平之书，经筵当以进读，科场当以选士，非漫然也"。这就是说，"千百世后"，此书必行，而他心目中的"千百世后"皇帝仍然出席经筵，君权仍然存在。质言之，早期启蒙思想家之所以在批判君权时进行保留，是因为从根本上说，他们所反对的是君权专制而非君权本身。

就"夫为妻纲"而言，在明清之际的早期启蒙思潮中，提出男女平等和反对"男尊女卑"的仅限于极少数人，这些人只是出于男女、夫妻严重不平等的社会现实发出了微弱的呼声。正因为如此，早期启蒙思想家对男女平等的呼吁在某种意义上可以说有抱打不平的味道。在他们那里，男女平等始终处于初步的、朦胧的状态，充其量是感性的认识和朴素的同情，缺少理性的论述和反思。因此，早期启蒙思想家对"男尊女卑"、"夫为妻纲"的批判没有直指夫权本身，更没有撼动"夫为妻纲"。

总之，不论是批判君权的不彻底性还是对夫权的保留都反映了早期启蒙思想家批判三纲的不彻底性及其思想的历史局限性。这些缺憾直到近代思想家那里才得到了克服。例如，谭嗣同提出了"冲决网罗"的口号，同时强调父为天之子，子亦为天之子，父子既然同为天之子,应该是平等的。这些观点与早期启蒙思想家之间具有很大不同。

尚须说明的是,在明清之际,由于抨击君主专制、呼吁男女平等及向"君为臣纲"、"父为子纲"发动冲击的只是少数几位杰出思想家,因此,他们的这些思想不仅没有在当时的社会领域产生明显的影响,而且对那时的知识分子也没有太大的影响。另一方面,早期启蒙思想家的这些呼吁和主张虽然没有改变当时的社会道德状况,但是,作为要求道德变革的最初呼吁,在中国思想史、道德变迁史上无疑具有重要价值。

重欲、贵利、尚私

——明清之际价值观的新动向

明清之际,早期启蒙思想家在批判三纲、反对君权和呼吁男女平等的同时,对理欲、义利、公私关系进行了重新审视和调整,呈现出重欲、贵利和尚私等思想倾向,推动了价值观的变革。价值观的这些新动向与他们对人性的看法密切相关,甚至可以说,是人性哲学在价值领域的必然结论。反过来,价值观的这些新动向又支持了早期启蒙思想家对人性的看法,加快了道德之人向自然之人的转变。总的说来,明清之际,价值观念的变迁与道德原则的变化一样,是那个时代的最强音,成为个性解放的内容之一。

一、批判"去人欲,存天理"的说教,伸张欲的正当性

理欲观阐述的是道德理性与物质欲望之间的关系。在理欲关系的维度中,理指必然的规律、准则,在与欲相对时主要指道德原则和规范;欲指人的物质追求、生活欲望等。

理欲观由来已久。中国哲学历来注重理欲关系,并且习惯于强调二者之间的对立。早在先秦时期,就出现了理欲对立说。例如,《礼记·乐记》曰:"好恶无节于内,知诱于外,不能反躬,天理灭矣。夫物之感人无穷,而人之好恶无节,则是物至而人化物也。人

化物也者,灭天理而穷人欲者也。"理学家更是坚守理欲之辨,致使理欲关系成为宋明理学探讨的核心问题之一。大致说来,理学家往往对天理、人欲做对立理解,朱熹更是提出了"去人欲,存天理"的口号。这一口号在当时就遭到质疑。

明清之际,理学家尤其是朱熹的观点仍然是价值观的主流形态,依然对社会产生着巨大影响。然而,商品经济的刺激和个性解放的需要使早期启蒙思想家对理学家的理欲观表现出极大的不满,他们在批判"去人欲,存天理"的同时,对人欲给予了高度评价。

1. 批判"去人欲,存天理"的说教

伴随着理学被奉为官方哲学,朱熹"去人欲,存天理"的道德说教在社会上产生了极大的影响,其负面作用和弊端至明清之际也日益突出,尤其与当时商品经济的发展和个性追求背道而驰。有鉴于此,早期启蒙思想家集中对以朱熹的"去人欲,存天理"为代表的各种禁欲主义以及窒欲无欲说教展开了批判。

陈确认为,人真正做到无欲是不可能的,甚至断言"真无欲者,除是死人"。(《陈确集·别集·与刘伯绳书》)基于这种认识,他对理学的"无欲之教"溯本逐源,指出这一观点源于佛、老,有流于空寂之嫌。在此基础上,陈确进一步揭露了佛、老无欲之教的虚伪性,指出佛、老一面竭力提倡无欲、绝欲,一面"曰长生,曰无生,妄莫大焉,欲莫加焉"。其实,"二氏乃多欲之甚者","无欲之欲,更狡于有欲。"(《陈确集·别集·与刘伯绳书》)在他看来,佛、老表面上主张无欲甚至禁欲,其实是大欲、多欲。这表明,佛、老主张无欲和绝欲是虚伪的、狡猾的,而且是根本办不到的——即使僧侣也莫不如此。

王夫之痛斥理学、佛、老的"惩愤窒欲"割裂了天理与人欲的关系,在理论上犯了"离欲而别为理"的错误,同时指出这一主张不合人性,违背天理。在他看来,既然欲为人类生存的自然要求,就根本无法禁止;既然禁欲是不可能的,禁欲主义便是不近人情的。同时,王夫之揭露了禁欲主张的虚伪性,指出理学家和佛、老虽然大力提倡禁欲主义,其实自己根本就做不到。事实上,他们同常人一样,"一眠一食,而皆与物俱;一动一言,而必依物起。"(《尚书引义》卷一《尧典》)对于自己的学说,他们"未有能守之期月者也。"(《思问录·内篇》)按照王夫之的说法,理学、佛、老一面主张灭欲,让人寡欲,一面同常人一样生而有欲证明了他们的主张不近人情、无法实现,也暴露了其学说的虚伪性。以此为鉴,王夫之指出,禁欲主义必然带来诸多不良后果,不仅害己,而且危害社会。这是因为,"故贱形必贱情,贱情必贱生,贱生必贱仁义,贱仁义必离生。"(《周易外传》卷二《无妄》)循着这个逻辑,如果让"去人欲,存天理"蔓延下去,结果必然"绝天地之大德,蔑圣人之大宝,毁裂典礼,亏替节文,己私炽然,而人道以灭"。(《读四书大全说》卷八《孟子·梁惠王下》)正是基于这种认识,他坚决反对薄欲、绝欲或寡欲等禁欲主义观点。

唐甄反对理学家的禁欲主张,并且一针见血地揭露了其虚伪性。他写道:"人皆曰'我轻富贵,我安贫贱',皆自欺也。"(《潜书·格定》)在唐甄看来,禁欲主义说教虚伪而且有害——不仅助长虚伪之风,而且摧残人性、阻碍社会进步。正是在这个意义上,他反复强调:

> 捷锢闭幽者,忧之象也。(《潜书·善游》)
> 人未有舍其必为而不为者也,未有必不可为而为之者也。

必为而不为,非人道矣。(《潜书·劝学》)

戴震愤慨地批判了理学"去人欲,存天理"的说教,揭露了其"以理杀人"的实质和恶果。在他看来,程朱理学强调"辨乎理欲之分",把"人之饥寒号呼、男女哀怨以至垂死冀生"统统归结为人欲去掉,致使理"空指一绝情之惑者为天理之本然",并要人"存之于心"。这种要求实际上是做不到的。如果硬要如此,结果只能是"穷天下之人尽转移为欺伪之人",酿成社会的虚伪之风。这就是说,理学家主张"去人欲,存天理"是引导人走向虚无,这个口号本身是荒谬的;其错误在于,不懂得人的生存欲望是人之自然本能,只有得到满足才能动静有节、心神自宁。理学家教导别人去欲、寡欲,其实他们自己并没有真正取消生存的欲望,他们的说教恰恰是要满足其最大的私欲,甚至为满足一己之贪欲而不顾人民的死活。这样做的后果是必然造成天下大乱。在此基础上,戴震进一步揭露了"去人欲,存天理"的残酷性和反动性,指出理学家所讲的理已经成为尊者、长者、贵者满足其私欲的工具,而卑者、幼者、贱者正是由于这种所谓的理而受到责难和压抑,致使其正当的生存权利和需求得不到保障。"理欲之辨"已经成为一把杀人不见血的软刀子,吞噬着中国人的身心。对此,戴震愤怒地说:"人死于法,犹有怜之者;死于理,其谁怜之!"(《孟子字义疏证·理》)由此,他发出了"酷吏以法杀人,后儒以理杀人"(《与某书》)的血泪控诉。

理学家之所以强调要复尽天理、必须革尽人欲,根本原因是,在天理、人欲的对立思维下判定人欲为恶。正因为如此,在批判"去人欲,存天理"的同时,戴震否定了人欲有恶的说法。在这方面,他承认"性虽善,不乏小人"的事实,同时强调"不可以不善归性",尤其不能像程朱理学那样以恶"咎欲"。具体地说,戴震把恶视为情、欲失控而流为私的结果,断言"因私而咎欲,因欲而咎血气"势必否定人类生存的自然要求,这样做实际上是归罪于人的形体存在。这是错误的。对于人的欲、情为什么会失控而流于恶,戴震解释了两点原因:第一,人生来就有智愚之别,愚者的认识能力较差,如果"任其愚而不学不思乃流为恶"。这就是说,愚昧者不知是非界限,如果不加以后天的教化和引导,必然纵欲无度损及他人,酿成恶行。那么,愚者是不是一定会成为恶人呢?他回答说,"愚非恶也"——愚能导致恶行并非愚本身就是恶,愚与恶是两个不同的概念。因此,不能把智愚与善恶混为一谈。况且,"虽古今不乏下愚,而其精爽几与物等者,亦究异于物,无不可移也。"(《孟子字义疏证·性》)第二,人性本善,至于长大成人后是否具有教养,品德高尚还是沉沦堕落,全应从后天的环境熏陶、习惯影响和经历学习中去查找原因。戴震强调,人无论智愚都有一个后天的影响问题。在此,习、染都是相对于先天之性而言的,都指后天因素,对于人的为善还是作恶而言,决定性因素是"习"。故而,他主张"君子慎习",要慎之又慎地面对环境,选择所学所行。正是在这个意义上,戴震指出:"分别性与习,然后有不善,而不可以不善归性。凡得养失养及陷溺梏亡,咸属于习。"(《孟子字义疏证·性》)

早期启蒙思想家对理欲关系的重视主要是针对理学的弊端和不良影响有感而发的,这使批判"去人欲,存天理"成为其理欲观的理论切入点和突破口。进而言之,为了彻底批判"去人欲,存天理",必须反对理欲割裂、伸张欲的正当性。正是在批判的过程中和出于批判的需要,他们重新审视了天理与人欲的关系,同时阐明了欲的正当性。

2. 强调天理与人欲不可分离

对"去人欲，存天理"虚伪、荒谬、有悖人道等诸多危害的揭露促使早期启蒙思想家重新审视天理与人欲的关系，为了彻底推翻这一说教，他们从理论上阐释了天理与人欲密不可分，得出了天理离不开人欲、天理就存在于人欲之中甚至人欲就是天理的结论。

李贽重视"迩言"。迩，近也；所谓"迩言"，就是通俗浅显与百姓的日常生活息息相关的道理。在他看来，作为"童心"的表现，"迩言""古今同一"、"天下同一"，是百姓"共好而共习，共知而共言者"。正是在这个意义上，李贽强调：

> 夫唯以迩言为善，则凡非迩言者必不善。何者？以其非民之中，非民情之所欲，故以为不善，故以为恶耳。(《李贽文集》第七卷《道古录》)

循着这个逻辑，天理与人欲绝不是悬殊的、对立的，而应该是统一的。不仅如此，既然"迩言"为善，那么，正如作为"民情之欲"的"迩言"为善一样，天理离不开人的各种欲望，天理就是人伦日用中遵循的共同准则。

对于理与欲，刘宗周给出了不同于理学家的定义："生机之自然而不容已者，欲也。欲而纵，过也，甚焉，恶也。而其无过不及者，理也。"(《刘子全书·原心》)这表明，欲是人人都有的生理欲望和自然要求，本身没有善恶可言；纵欲过度才是恶，欲恰到好处就是理、就是善。有鉴于此，他进而指出，理与欲是一而二、二而一的关系，可以相互转化，其间并无绝对的界线。有鉴于此，刘宗周反

复断言:

> 欲与理只是一个,从凝处看是欲,从化处看是理。(《刘子遗书》卷二《学言》)
>
> 天理、人欲同行而异情,故即欲可以还理。(《刘子遗书》卷二《学言》)

基于这种认识,刘宗周反对理学家把人心与道心、人欲与天理截然对立起来的做法。在他看来,人心、道心其实都是一个心,所谓的人心与道心之分是就不同的角度——如一动一静等而言的,并非人欲为人心、天理指道心。正是在这个意义上,刘宗周一再强调:

> 人心,道心,只是一心。(《刘子全书·中庸首章说》)
>
> 曰人心,言人之为心也;曰道心,言心之道也。心之所以为心也,非以人欲为人心,天理为道心也。(《刘子全书续编·中兴金鉴录》)

对于刘宗周的理、欲界说,其学生陈确赞扬道:"山阴先生曰:'生机之自然而不容已者,欲也;而其无过不及者,理也。'斯百世不易之论也。"(《陈确集·别集·无欲作圣辨》)在肯定其师的理欲统一论的基础上,陈确对此进行了发挥,并且列举大量的事实证明人欲不过是人的自然要求而已,人欲恰到好处就是天理。例如,他以酒色财气为例说,"不为酒困是酒中之理,不淫不伤是色中之理,不辞九百之粟是财中之理,不迁怒是气中之理。虽指道中之妙用,奚为不可？"(《陈确集·别集·与刘伯绳书》)这表明，理、欲是不可分割的，天理寓于人欲之中，无人欲即无天理。对此，陈确同样用具体实例进行了证明，并且多次写道：

确尝谓人心本无天理，天理正从人欲中见，人欲恰好处，即天理也。向无人欲，则亦无天理之可言矣。(《陈确集·别集·无欲作圣辨》)

生，所欲也；义，亦所欲也；两欲相参，而后有舍生取义之理。富贵，所欲也；不去仁而成名，亦君子所欲也；两欲相参，而后有非道不处之理。推之凡事，莫不皆然。(《陈确集·别集·与刘伯绳书》)

基于这种理解，陈确揭露禁欲主义的误区是"天理人欲分别太严，使人欲无躲闪处，而身心之害百出矣。"(《陈确集·别集·近言集》)与此相关，他主张，对人欲只可适当节制，不能从根本上加以遏制。陈确指出：

人欲不必过为遏绝，人欲正当处，即天理也。如富贵福泽，人之所欲也；忠孝节义，独非人之所欲乎？虽富贵福泽之欲，庸人欲之，圣人独不欲之乎？学者只是从人欲中体验天理，则人欲即天理矣，不必将天理人欲判然分作两件也。虽圣朝不能无小人，要使小人渐变为君子。圣人岂必无人欲，要能使人欲悉化为天理。(《陈确集·别集·近言集》)

王夫之坚决反对把天理与人欲截然对立的做法，抨击离开人欲谈天理是佛家所为。有鉴于此,他强调天理与人欲一致统一、密不可分,并且提出了"天理寓于人欲"的命题。这一命题是王夫之对理欲关系的基本看法,他从不同角度对之进行了论证和阐释。下仅举其一二:

> 有欲斯有理。(《周易外传》卷二《复》)
>
> 人欲之大公,即天理之至正矣。(《四书训义》卷三《中庸》)
>
> 私欲之中,天理所寓。(《四书训义》卷二十六《孟子·梁惠王下》)
>
> 随处见人欲,即随处见天理。(《读四书大全说》卷八《孟子·梁惠王下》)
>
> 是礼虽纯为天理之节文,而必寓于人欲以见;饮食,货;男女,色。虽居静而为感通之则,然因乎变合以章其用。饮食变之用,男女合之用。唯然,故终不离人而别有天,礼,天道也,故《中庸》曰:"不可以不知天。"终不离欲而别有理也。离欲而别为理,其唯释氏为然。(《读四书大全说》卷八《孟子·梁惠王下》)
>
> 圣人有欲,其欲即天之理。天无欲,其理即人之欲。学者有理有欲,理尽则合人之欲,欲推即合天之理。于此可见:人欲之各得,即天理之大同;天理之大同,无人欲之或异。(《读四书大全说》卷四《论语·里仁》)

可见,对于理欲关系,王夫之的主要观点有三:第一,反对把理与欲对立起来,强调人的正当欲望与天理并非不相容,二者不可截然分开;第二,指出理、欲相互依存,有欲才有理——理是欲之理,并通过欲表现出来;第三,对"人之所同然"的"民之天"充实以现实内容,强调人欲得到满足就是天理,天理就是人欲表现得恰到好处。

戴震谴责理学家把理与欲截然对立的做法,指出朱熹所谓的天理人欲正善邪恶的说法是错误的。正是在这个意义上,他说:

然则谓"不出于正则出于邪,不出于邪则出于正",可也;谓"不出于理则出于欲,不出于欲则出于理",不可也。(《孟子字义疏证·理》)

不仅如此,为了彻底批驳天理与人欲势不两立的说教,戴震重新审视了理欲关系,提出了较为系统的理欲观。具体地说,他对理欲关系进行了还原,通过对理与气、理与事、必然与自然三个方面的界定了得出了"理者存乎欲者"的结论。

其一,理与欲是理与气的关系

戴震认为,欲根源于气,其物质承担者是气。正是在这个意义上,他一再强调:

"欲"根于血气,故曰性也。(《孟子字义疏证·性》)
欲者,血气之自然。(《孟子字义疏证·理》)

戴震关于性根于血气的主张使理欲关系具体表现为理与气的关系。在他看来,气是万物的本原,气化流行生成万物,气化流行的条理和规律就是理。这表明,理与气"非二事",二者不可分割——理即气之理,理存在于气中。进而言之,理存在于气中表明理存在于欲中,必须附着气质而存在。基于这种分析,戴震得出结论:理学家推崇的那个先于人体而有、与人欲不可共存的理显然是不存在的,是他们杜撰出来的主观意见。在此基础上,他进一步警告说,如果离开欲而言理,就会犯朱熹以理为"如有一物"、为"真宰"、为"真空"的错误;事实上,朱熹正因为宣布理"得于天而具于心"、离开欲而言理才使理成为祸天下之理。有鉴于此,戴震总结说:"凡以为'理宅于心','不出于欲则出于理'者,未有不以意见为理而祸天下者也。"(《孟子字义疏证·权》)

其二,理与欲是理与事的关系

戴震断言:"欲,其物;理,其则也。"(《孟子字义疏证·理》)在他看来,人所进行的一切活动都有欲,都是在一定欲望的支配下进行的。从这个意义上说,欲是事,理欲关系就是理与事的关系。进而言之,理与事相互依赖、不可分离,人在欲望的驱使下产生了活动、产生了事,而事情内在的条理、规律就是理。换言之,事就是在各种活动中来满足人的欲望,而人的活动有欲有为而符合一定的准则就是理。正如无为、无事即无理一样,无欲则无以见理。如此说来,理存于事中也就表明理存于欲中。正是在这个意义上,他指出:

> 凡事为皆有于欲,无欲则无为矣;有欲而后有为,有为而归于至当不可易之谓理;无欲无为又焉有理!(《孟子字义疏证·权》)

其三,理与欲是必然与自然的关系

戴震认为,理指自然之则,带有规律、法则之意,属于必然范畴;欲为人性所固有,属于自然范畴。在这个层面上,理欲关系表现为必然与自然的关系。进而言之,必然离不开自然,必然产生于自然之中——"就其自然,明之尽而无几微之失焉,是其必然也。"(《孟子字义疏证·理》)由此推之,理就存在于欲中。同时,任何自然之中都存在着必然的原则。欲也是这样:一方面,作为天性之自然,欲是正当的、合理的,人要生存必然取得外物的滋养以供身体的需要。口之于味、耳之于声等都出于自然,既然是欲,便是性。这是人的自然需要和自然本性,故曰自然。另一方面,自然之中又有必然,自然必须归于必然。具体地说,欲虽然是自然而正当的,却又不能放纵。由于人生活在社会群体中,所以,欲必须遵守一定的规范,耳目口鼻之欲必须符合道德原则才能顺而安。如果允许人性任其自然而流于失,结果就会丧失其自然。这样,也就不成其为自然了。这就是必然。而这个必然就存在于自然之中——"自然之极则归于必然。"有鉴于此,戴震强调:

> 欲者,血气之自然……由血气之自然,而审察之以知其必然,是之谓理义;自然之与必然,非二事也。就其自然,明之尽而无几微之失焉,是其必然也……若任其自然而流于失,转丧其自然,而非自然也;故归于必然,适完其自然。(《孟子字义疏证·理》)

可见,在必然与自然的层面上,戴震认为,正如必然不能离开自然而独立存在、必然寓于自然之中一样,理离不开欲、理就存在于欲中。

通过以上三个方面的界定和阐释,戴震反复论证了一个命题:

"理者存乎欲者也。"(《孟子字义疏证·理》)按照他的说法,人有血气形体,要生存繁衍,自然有对外物的欲求。理是判断欲望恰当与否的标准,失去了欲这个被判定和节制的对象,还谈什么理呢？正是在这个意义上,戴震屡屡指出:

> 性,譬则水也;欲,譬则水之流也;节而不过,则为依乎天理,为相生养之道,譬则水由地中行也。(《孟子字义疏证·理》)

> 理也者,情之不爽失也;未有情不得而理得者也……今以情之不爽失为理,是理者存乎欲者也。(《孟子字义疏证·理》)

戴震"理者存乎欲者"的提出不仅肯定了理欲相依,而且进一步明确了理欲相依的方式——不仅欲离不开理,而且理也离不开欲,准确地说,理就存在于欲中。

早期启蒙思想家对天理、人欲密不可分的论证从理论上揭露了"去人欲,存天理"的荒谬。同时,他们对理欲相互依赖的论证肯定欲离不开理,更强调理离不开欲,最终得出"理寓于欲中"、"理者存乎欲者"的认识。这表明,离开人欲的天理是不存在的;如果说天理存在的话,那么,一定是依赖于人欲、寓于人欲之中的。可见,早期启蒙思想家不仅为欲赢得了与天理等同的地位和价值,而且奠定了欲在理欲关系中的基础地位。

3. 阐发欲的意义、价值和作用

早期启蒙思想家对"去人欲,存天理"的批判流露出重视和关注人的物质欲望的思想端倪,天理不离人欲、天理寓于人欲的主张更是为欲争得了与天理等同甚至高于天理的合法地位。这些无疑都极大地伸张了欲的正当性、合理性。正是在此基础上并循着这一思路,他们进一步阐发了欲的意义和作用。

陈确直接把欲与善联系起来,创造性地提出了"百善皆从欲生"的命题。对此,他解释说:"欲即是人心生意,百善皆从此生,止有过不及之分,更无有无之分。"(《陈确集·别集·无欲作圣辨》)按照这种说法,欲不仅人人皆有、不可以无,而且是人心生意、百善之首。这是因为,人类的生活和思想之所以能够推陈出新、不断进步,都是欲作用的结果。正因为如此,陈确指出:"所欲与聚,推心不穷,生生之机,全恃有此。"(《陈确集·别集·与刘伯绳书》)

王夫之认为,作为人与生俱来的本性,欲人人都有,无论君子、小人概莫能外。对此,他多次论证说:

饮食男女之欲,人之大共也。(《诗广传》卷二《陈风》)

人情者,君子与小人同有之情也。(《船山全书》第八册《四书训义·梁惠王章句下》)

盖性者,生之理也。均是人也,则此与生俱有之理,未尝或异;故仁义礼智之理,下愚所不能灭,而声色臭味之欲,上智所不能废,俱可谓之为性。(《张子正蒙注·诚明篇》)

这就是说,作为与生俱来的本性,饮食男女之欲人人同具,与仁义礼智具有同等的正当性、合法性;为了维持生存,人人都离不开饮食男女,人人都怀有对美好生活的向往和追求。正是在这个意义上,王夫之把欲视为推动社会发展的动力和杠杆。他宣称:

"甘食悦色,天地之化机也……天之使人甘食悦色,天之仁也。"《思问录·内篇》）王夫之进而把这种认识推广到政治哲学领域,指出统治者只有充分满足人的正当欲望,才能发展生产、安定社会,从而实现王道政治。于是,他反复声称:

> 使人乐有其身,而后吾之身安;使人乐有其家,而后吾之家固;使人乐用其情,而后以情向我也不浅,进而导之以道则王。（《诗广传》卷二《唐风》）

> 故至诚无息者,即万物各得之所;万物各得之所,即圣人自得之所。理唯公,故不待推;欲到大公处,亦不待推;而所与给万物之欲者,仍圣人所固有之情。（《读四书大全说》卷四《论语·里仁》）

基于这个思路,王夫之断言,满足人的物质欲望,让人正常地生产、生活就是"以身任天下者"所应当遵循的天理。正是在这个意义上,他语重心长地坦言:

> 吾惧夫薄于欲者之亦薄于理,薄于以身受天下者之薄于以身任天下也……是故天地之产皆有所用,饮食男女皆有所贞。君子敬天地之产而秩以其分,重饮食男女之辨而协以其安。苟其食鱼,则以河鲂为美,亦恶得而弗河鲂哉?苟其娶妻,则以齐姜为正,正恶得而弗齐姜哉?（《诗广传》卷二《陈风》）

唐甄与其他早期启蒙思想家一样把欲说成是人与生俱来的本

性,所不同的是,运用当时的科学、医学知识,他提出了一套人性"惟情"论。对此,唐甄论证说:

  天地虽大,其道惟人;生人虽多,其本惟心;人心虽异,其用惟情;虽有顺逆刚柔之不同,其为情则一也。(《潜书·尚治》)

在这里,唐甄沿用了陆王心学的心本论,却赋予心以崭新的内涵。在他看来,心是"气血"组成的生理器官,所谓的情与欲是一个意思,都指由心这个生理器官产生的心理活动,其实际内容是人生而具有的"就好避恶"的本能。在此,唐甄强调,心之情欲发轫于"有妊之初",人生以后,"血气方壮,五欲与之俱壮;血气既衰,五欲与之俱衰"。于是,他不止一次地写道:

  盖人生于气血,气血成身,身有四官,而心在其中。身欲美于服,目欲美于色,耳欲美于声,口欲美于味,鼻欲美于香。其为根为质具于有妊之初者,皆是物也。及其生也,先知味,次知色,又次知声,又次知香。气血勃长,五欲与之俱长;气血大壮,五欲与之俱壮。(《潜书·七十》)
  藜藿之菜,不如羊豕之味;布褐之衣,不如貂狐之温;穷巷之妾,不如姬姜之美;芦壁之屋,不如楠栋之居。此数者,君子岂不欲有之哉!(《潜书·贞隐》)
  为士者贡举争先,贵卿希牧而得贵;其为众者,营田置廛,居货行贾而得富;其贫贱者,亦竭精敝神以求富贵。(《潜书·七十》)

在这里,欲的天然性和与生俱来预示了其合理性、正当性。不仅如此,依据医学和生理规律,唐甄把欲望的壮衰视为衡量身体状况的标准,更加突出了欲的生机、活力和美好。在他的意识中,耳目口鼻四肢与生俱来、与生俱长,是人之所共。在这方面,君子与小人别无二致。基于这种认识,唐甄肯定了人对富贵的追求和对美食的渴望,因为这些都是人"求遂其五欲"的表现,都符合"唯求其所乐,避其所苦"的人情,不仅无恶、无害,而且有利于发展生产和安定社会。因此,他强调:"君子不拂人情,不逆众志,是以所谋易就,以有成功。"(《潜书·善游》)

在阐释欲的正当性时,颜元强调,性与形不可分,性的作用必须通过形表现出来,形的足欲正是人性的要求。有鉴于此,他断言:

> 目彻四方之色,适以大吾目性之用……耳达四境之声,正以宣吾耳性之用。推之口、鼻、手、足、心、意咸若是……故礼乐缤纷,极耳目之娱而非欲也。位育乎成,合三才成一性而非侈也。(《存人编》卷一《唤迷途·第二唤》)

这就是说,人体感官的正当运用体现了人性的作用,属于正常的足欲,不能动辄就贬斥为私欲。在这个问题上,颜元的弟子——李塨持有同样的观点。他指出:

> 己之物也,耳目是也,今指己之耳目而即谓之私欲可乎?外之物,声色是也,今指工歌美人而即谓之私欲可乎?形色天性,岂私欲也?(《圣经学规纂》)

按照这种说法,感官对形色的要求是人之天性而非"私欲",具有天然的正当性、合理性,因而应该得到满足。循着这个逻辑,作为人之真情至性,欲应该成为备受保护的对象。正是在这个意义上,颜元指出:

＞禽有雌雄,兽有牝牡,昆虫蝇蟊亦有阴阳。岂人为万物之灵而独无情乎？故男女者,人之大欲也；亦人之真情至性也。(《存人编》卷一《唤迷途·第一唤》)

在颜元看来,作为人之真情至性,欲与生俱来,是人类生存、繁衍的前提之一,离开欲,人类的生养和繁衍都将无从谈起。正是在这个意义上,他直言不讳地反问佛教徒:"若无夫妇,你们都无,佛向哪里讨弟子？"(《存人编》卷一《唤迷途·第二唤》)更有甚者,26岁寓住白塔寺椒园时,寺中僧侣无退侈夸佛道,颜元却说:"只一件不好。"僧问之,颜元答:"可恨不许有一妇人。"无退惊曰:"有一妇人,更讲何道！"对此,颜元反驳说:

＞无一妇人,更讲何道？当日释迦之父,有一妇人,生释迦,才有汝教；无退之父,有一妇人,生无退,今日才与我有此一讲。若释迦父与无退父,无一妇人,并释迦、无退无之矣,今世又乌得佛教,白塔寺上又焉得此一讲乎！(《颜习斋先生年谱》卷上)

戴震把欲视为人性的重要组成部分。他断言:"人生而后有欲,有情,有知,三者,血气心知之自然也。"(《孟子字义疏证·才》)这就是说,人性包括欲、情、知三个方面,其中,欲指对声色嗅味的欲望,情指喜怒哀乐等情感,知指分辨是非的能力。在此,戴震把感官的需求归之于性,把血气心知当作人性必不可少的载体,进而宣称欲是人性中不可或缺的重要内容。更有甚者,在多数情况下,欲成为人性的唯一内容。例如,他曾明确指出:"口之于味,目之于色,耳之于声,鼻之于臭,四肢于安佚之谓性。"(《孟子字义疏证·性》)如此说来,没有饮食男女、"声色嗅味之欲",人就无从"资以养其生";无人又何谈人性呢?基于这种认识,戴震对欲给予了充分肯定。正因为如此,他一贯主张:

> 凡有血气心知,于是乎有欲……生养之道,存乎欲者也。(《原善》卷上)
> 天下必无舍生养之道而得存者,凡事为皆有于欲,无欲则无为矣。(《孟子字义疏证·权》)

戴震进而指出,所谓欲,若对之高度概括无非"生养"二字——生即求生存,养即繁衍后代。离开了生养,人类也就不存在了。有鉴于此,他指出,人有血肉之躯,离不开饮食男女等"生养之事",这是人类生存的基本前提。进而言之,生养之事皆基于欲,无欲则无所为。可见,欲是极为正当、无可非议的。在此,戴震强调,即使君子也"不必无饥寒愁怨、饮食男女、常情隐曲之感。"(《孟子字义疏证·权》)因为圣人、常人"欲同也"。基于这种认识,他进而指出,既然欲是充分合理的,那么,对欲便不应该盲目消除,而应该遂欲达情,以此满足人的生存需要。正因为如此,戴震再三呼吁:

> 人之生也,莫病于无以遂其生。(《孟子字义疏证·理》)

> 天下之事，使欲之得遂，情之得达，斯已矣……道德之盛，使人之欲无不遂，人之情无不达，斯已矣。(《孟子字义疏证·才》)

> 圣人治天下，体民之性，遂民之欲，而王道备。(《孟子字义疏证·理》)

在戴震看来，无欲则无人的生存，人从事各种活动的目的说到底都是为了遂欲。故而，遂欲达情是道德的，灭欲是有悖人性、违反道德的。循着这个逻辑，"治人者"应该"体民之情，遂民之欲"。只有"遂己之欲，亦思遂人之欲"，关心民生，重视生养之道，满足人们生存的基本要求，社会才能安定；也只有在"遂欲"的前提下使人"仰足以事父母，俯足以蓄妻子"，整个社会才能达到"居者有积仓，行者有行囊"，"内无怨女，外无旷夫"的美好局面。这是因为，"遂己之欲者，广之能遂人之欲；达己之情者，广之能达人之情。"(《原善》卷下)"以我之情絜人之情，而无不得其平，是也。"(《原善》卷上)反之，若"快己之欲，忘人之欲"(《原善》卷下)，不体恤民情，置人民困苦于不顾，必然是"民以益困而国随以亡。"(《原善》卷下)

在此基础上，戴震进一步分析了"民之所为不善"的原因，从反面说明了"体民之情，遂民之欲"的必要性。他写道：

> 在位者多凉德而善欺背，以为民害，则民亦相欺而罔极矣；在位者行暴虐而竞强有力，则民巧为避而回遹矣；在位者肆其贪，不异寇取，则民愁苦而动摇不定矣。凡此，非民性然也，职由于贪暴以贱其民所致。乱之本，鲜不成于上。(《原善》卷下)

按照戴震的观点,即使老百姓行为不善也不是他们自身的原因,而是统治者造成的,正是"在位者"的无视民情民怨、荒淫暴虐和"私而不仁"酿成了社会动乱。

在这里,早期启蒙思想家以欲生而具有为理由,伸张欲的正当性、合理性,同时从欲对人类自身的生存、繁衍和人类社会的发展、进步的影响入手阐明了欲的作用、意义和价值。这些做法关注人的自然属性和物质需求,使欲成为人类存在的根基和前提之一——无论是欲的与生俱来还是社会作用都使欲成为人类生存的必要条件和生活的主要内容。进而言之,他们对欲的肯定不仅注重人之物质需要和生理欲望,而且还原了人的自然属性。

总之,在理欲观上,早期启蒙思想家达成了如下共识:"去人欲,存天理"不仅荒谬、虚伪,而且违背人道;其荒谬性在于,天理不可能离开欲而存在;其残酷性在于,欲是人与生俱来的自然属性。其实,理与欲不是对立的而是统一的,其统一性具体表现为理就存在于欲中。不仅理离不开欲,而且,欲对人类生存和社会进步具有重要意义。这些认识和议论不仅否定了理学家基于天理、人欲势不两立的"去人欲,存天理"的道德说教,而且肯定了欲的道德意义和价值。

二、重功利的义利观

在中国古代社会,义利观源远流长,恒提恒新。尽管对义与利的关系存在分歧,不容辩驳的是,以儒家为代表的主流文化一直重义轻利。理学家们虽然并不绝对地排斥利,却都以义为重,主张先义后利。朱熹更是在肯定"义利之说,乃儒者第一义"(《朱子全书·

延平答问》)的前提下,把义利之辨推向极端,基本上承袭了孟子和董仲舒等人尚义排利的观点。

明清之际的思想家也十分注重义利关系,刘宗周所讲的"学莫先于义利之辨"即属此类。然而,在对义利关系的具体看法上,有别于传统道德和宋明理学,与理欲观上对欲的肯定和对天理离不开人欲的强调相对应,早期启蒙思想家的价值天平开始明显地向利倾斜。具体地说,他们的重利倾向和对利之正当性的论证主要集中在以下几个方面:

1. 批判"儒者不言事功",反对义利割裂

与对理欲关系的理解类似,儒家尤其是董仲舒、朱熹等人把义与利对立起来,在追求道义、天理中漠视乃至鄙视功利。早期启蒙思想家反对义利割裂的做法,并对当时流行的种种贬低功利的观点予以了反击和驳斥。

李贽反对董仲舒"正其谊(义——引者注)不谋其利,明其道不计其功"(《汉书·董仲舒传》)的说教,并对以朱熹为代表的理学家的义利观进行了批判。在他看来,那些标榜不计功利的道义论不仅自相矛盾,而且极端迂腐、虚伪。正是在这个意义上,李贽反复指出:

> 夫欲明灾异,是欲计利而避害也。今既不肯计功谋利矣,而欲明灾异者何也?既欲明灾异以求免于害,而又谓仁人不计利,谓越无一仁又何也?所言自相矛盾矣。且夫天下曷尝有不计功谋利之人哉!若不是真实知其有利益于我,可以成吾之大功,则乌用正义明道为耶?(《焚书》卷五《贾谊》)

试观公之行事，殊无甚异于人者。人尽如此，我亦如此，公亦如此。自朝至暮，自有知识以至今日，均之耕田而求食，买地而求种，架屋而求科第，居官而求尊显，博求风水以求福荫子孙。(《焚书》卷一《答耿司寇》)

李贽的揭露和分析表明，董仲舒一面明灾异以求除害、一面强调"正其谊不谋其利"，这种做法在理论上和逻辑上都是讲不通的，承袭董仲舒义利观的理学家的思想也是这样。更为严重的是，在理学家的影响下，士人尽管人人谋利却竭力否认自己的功利动机，于是，言行不一、口是心非之风大行其道，造成了极端的虚伪局面。这表明，不仅仅止于理论上的矛盾和荒谬，理学家的义利观在实践上给社会带来了极大的危害。基于上述认识，李贽崇尚功利，并用功利主义标准重新评价了许多历史人物。例如，他一反传统看法，称赞秦始皇是"千古一帝"，汉武帝是"大有为之圣人"等等。

唐甄反对"君子不言货币，不问赢绌"和"儒者不言事功"的说法。对此，他一再指出：

儒之为贵者，能定乱、除暴、安百姓也。若儒者不言功，则舜不必服有苗，汤不必定夏，文武不必定商，禹不必平水土……仲尼不必兴周，子舆不必王齐，荀况不必言兵。是诸圣贤者，但取自完，何异于匹夫匹妇？(《潜书·辨儒》)

儒者不言事功，以为外务。海内之兄弟，死于饥馑，死于兵革，死于外暴，死于内残，祸及君父，破灭国家。当是之时，束身锢心，自谓圣贤。世既多难，已安能独贤！(《潜书·良功》)

按照唐甄的说法,舜、汤、文、武等圣人之所以成为圣人是由于他们为天下百姓兴利除害,为天下百姓造福。这表明,儒者的价值在于平暴乱、安百姓。然而,由于宋儒背离了儒者之贵和圣贤之真,宣扬"儒者不言事功",结果给家庭和社会造成了巨大灾难。在此基础上,鉴于"儒者不言事功"造成的可怕后果,他把事功写进圣贤的事迹,使圣贤从先前的道德完善者变成了恩泽天下的功利主义者。基于这一理念,唐甄重新审视了从伏羲到孔孟的十大圣人,宣布他们的不朽功勋就是有"好生之德",能"保人之身,日夜忧思,不遑宁处",从而使"群生各遂,以迄于今"。正是在这个意义上,他断言:

人之生也,身为重。自有天地以来,包牺氏为网罟;神农氏为耒耜,为市货;轩辕氏、陶唐氏、有虞氏为舟楫,为服乘,为杵臼,为弓矢,为栋宇;禹平水土;稷教稼穑;契明人伦;孔氏孟氏显明治学,开入德之门,皆以为身也。(《潜书·有归》)

循着这个逻辑,既然圣人、儒者都以功效为务,那么,学者也应该以功利为道、以事功为学。有鉴于此,唐甄宣称:"道者,道此;学者,学此;岂有他哉!泽被四海,民无困穷,圣人之能事毕矣,儒者之效功尽矣。"(《潜书·有归》)尤其需要提及的是,为了破除宋儒"不言事功"的偏见,他以身作则,带头从事商业贸易活动。针对俗儒对他"自污于贾市"的批评,唐甄理直气壮地辩解说:"吕尚卖饭于孟津,唐甄为牙于吴市,其义一也。"(《潜书·食难》)

颜元指出:"汉、宋之儒全以道法摹于书,至使天下不知尊人,不尚德,不贵才。"(《存学编》卷四《性理评》)这就是说,由于恪守反功利的义利观,儒学在汉代之后陷入歧途,其具体表现是以读死书、死读书、读书死为做人的途径,全然不顾国计民生,最终给社会和人身造成了巨大的危害。在此,他把批判的重心指向理学,断言程朱理学与陆王心学尽管为了争正统、辩是非打得不可开交,在反功利上二者却出奇地一致。于是,颜元断言:"两派学辩,辩至非处无用,辩至是处亦无用。"(《习斋记余》卷六《阅张氏王学质疑评》)需要说明的是,鉴于程朱理学的势力和影响,在对理学的批判中,颜元对程朱理学用力甚多。下面两段话专门是针对程朱理学的:

> 千余年来率天下入故纸堆中,耗尽身心气力,作弱人、病人、无用人者,皆晦庵为之,可谓迷魂第一、洪涛水母矣。(《朱子语类评》)

> 入朱门者便服其砒霜,永无生气生机。(《朱子语类评》)

不仅如此,对于理学反功利的荒谬性,颜元和其弟子李塨列举事实予以了揭露,并且申明了自己的功利主义主张。例如:

> 世有耕种,而不谋收获者乎?世有荷网持钩,而不计得鱼者乎?抑将恭而不望其不侮,宽而不计其得众乎?(颜元:《颜习斋先生言行录》卷下《教及门》)

> 行天理以孝亲,而不思得亲之欢;事上而不欲求上之获,有是理乎?事不求可,将任其不可乎?功不求成,将任其不成乎?陈龙川曰"世有持弓挟矢而甘心于空返者乎?"然则用兵而不计吾之胜,孔子好谋而成非矣。耕田而不计田之收,帝王

春祈秋报,皆为冀利贪得之礼矣。(李塨:《论语传注问》)

颜元认为,人从事任何活动都具有目的性,都在追求实际效果。一般地说,那种不计效果的人是没有的;即使有,也不是虚伪就是迂腐。在此,他尤其揭露了理学家重义轻利的虚伪性,指出理学家之所以对董仲舒的"正其谊不谋其利,明其道不计其功"津津乐道、大肆发挥,主要目的是"以文其空疏无用之学",即用这种堂而皇之的理由为自己空疏的理论说教做辩护。

总之,早期启蒙思想家批判了各种诋毁功利的观点,这些批判促使他们重新思考义与利的关系,为进一步阐释功利与道德的密切关系奠定了基础。正是在此过程中,早期启蒙思想家最终形成了自己功利主义的价值观。

2. 断言道德与功利密切相关

早期启蒙思想家对不言事功的批判与对义利统一的证明相互印证,共同指向了利的正当性、合理性;在此基础上,通过论证道德与功利密切相关,他们进一步肯定了追求功利的道德意义。

为了在道德中给利争取一席之地,李贽不仅断言人的一切活动都在趋利避害、并称之为"迩言",而且视之为区分善恶的道德标准。对此,他断言:"大舜无中,而以百姓之中为中;大舜无善,而以百姓之迩言为善。"(《李贽文集》第七卷《道古录下》)这表明,善、道德与功利密切相关,人伦离不开人之趋利避害的本性,"迩言即为善"。循着这个逻辑,李贽把伦理道德与人的物质生活、生理欲望联系起来,指出伦理道德来源于人的物质生活,究其极不过是百姓处理穿衣、吃饭等日常事务的共同准则而已。有鉴于此,他强调,

所谓义其实就是利。仁义的目的就是为了功利,不计功利就无法实现仁义。正是在这个意义上,李贽一再声称:

> 夫欲正义,是利之也。若不谋利,不正可矣。吾道苟明,则吾之功毕矣。若不计功,道又何时而可明也。(《藏书》卷三十二《德业儒臣后论》)

> 尝论不言理财者,绝不能平治天下。何也?民以食为天,从古圣帝明王无不留心于此者。(《李贽文集》第五卷《四书评·大学》)

黄宗羲反对理学家义利脱节、只重节义不重事功的做法,语重心长地指出:"岂知古今无无事功之仁义,亦无不本仁义之事功。"(《黄宗羲全集》第十册《碑志类·国勋倪君墓志铭》)为此,他强调"事功节义,理无二致",呼吁"事功与节义并重"。基于这一理念,黄宗羲把功利写进自己的理想人格——豪杰之士,把豪杰之士说成是事功的样板。他认为,不论从事何种行业,只要热爱自己的本行,"不必违才易务",都可以成为"豪杰之士"。黄宗羲的理想人格蕴涵着富于时代气息的新价值观,从根本上说与其"工商皆本"的思想一脉相承。在这里,不同于以往的"以农为本",他打破了士贵于农、农贵于工、工贵于商的传统价值观念,把工、商皆纳入本之行列。为此,黄宗羲明确指出:"世儒不察,以工商为末,妄议抑之。夫工,固圣王之所欲来,商又使其愿出于途者,盖皆本也。"(《明夷待访录·财计》)"工商皆本"的口号为工匠、商贾争得了与农乃至士同等的社会地位和存在价值。正是在此背景下,他指出:"四民之业,各事其事。出于公者,即谓之义;出于私者,即谓之利。"(《黄宗羲全集》第十册《碑志类・国勋倪君墓志铭》)这就是说,尽管士、农、工、商从事的具体工作不同——"各事其事",但其或义或利或公或私的道德价值和社会意义是一样的,其间"业虽异名,其道则一"。这便从价值观的高度肯定了功利的意义和价值。

王夫之认为,正如义是做人的道理、人生离不开义一样,利为人之生活所必需、同样不可须离。其实,作为人类生活的两个方面,义与利对于人而言缺一不可。因此,不能把义与利对立起来,而必须统一起来。正是在这个意义上,他强调:"立人之道曰义,生人之用曰利。出义入利,人道不立;出利入害,人用不生。"(《尚书引义》卷二《禹贡》)

唐甄尖锐指出,理学家轻功利、把道德与事功割裂开来,结果必然是一事无成。对此,他形象地比喻说:"虽为美带,割之遂不成带。修身治天下为一带,取修身割治天下,不成天下,亦不成修身。"(《潜书・性功》)在唐甄看来,道德与事功是统一的,修身与治天下好比一带,带虽然完美,割裂之后便不再是带,修身治天下之中割掉治天下最后将不成修身。有鉴于此,针对理学家"内尽即外治"的观点,他反驳说:"身犹米也;修犹耕获舂簸也;治人犹炊也,如内尽即外治,即米可生食矣,何必炊。"(《潜书・有为》)循着内外统一、内圣与外王不可分割的逻辑,没有外治就没有内修,内尽更是无从谈起。不仅如此,就修身而言,如果把人身比喻为米、修身比喻为饭的话,那么,内修犹如春耕秋获、脱粒舂簸,这些步骤对于成米是必要的,然而还不够,因为在从米变成饭的步骤中,外治必不可少。正如生米不可为食一样,离开了外治——没有治天下之事功,不仅无益于社会、国家,而且内修也流于空谈。

早期启蒙思想家对功利与道德密切关系的论证是对义利统一

的补充和深入阐释。他们的言论表明,道德离不开功利,甚至可以说,无功利道德便无从谈起,因为道德的目的就是为了实现功利。正是对功利地位的如此擢升为功利是人之天性奠定了理论前提。

3. 宣称趋利避害、追求功利是人的天性

理学家义利割裂的理论误区和社会危害促使早期启蒙思想家反思义利关系,注重义利统一。正是在反对义利割裂、强调道德离不开功利的过程中,他们坚定了伸张功利主义的信心和决心,宣称利是人性的核心内容。

李贽断言人人都有功利之心,进而宣称追求功利是人的共同本性,"趋利避害"是人共同遵守的行为准则。对此,他一再解释说:

> 趋利避害,人人同心。是谓天成,是谓众巧。(《焚书》卷一《答邓明府》)

> 如好货,如好色,如勤学,如进取,如多积金宝,如多买田宅为子孙谋,博求风水为儿孙福荫,凡世间一切治生产业等事,皆其所共好而共习,共知而共言者,是真迩言也。(《焚书》卷一《答邓明府》)

在此,李贽强调,作为人人皆有的本性,"势利之心"是人天然禀赋、与生俱来的——在这一点上,即使圣人也不能例外。基于这一理解,他一再声称:

> 大圣人亦人耳,既不能高飞远举,弃人间世,则自不能

衣不食,绝粒衣草而自逃荒野也。故虽圣人,不能无势利之心。(《李贽文集》第七卷《道古录上》)

财之与势,固英雄之所必资,而不圣人之所必用也,何可言无也?(《李贽文集》第七卷《道古录上》)

唐甄断言:"万物之生,毕生皆利,没而后已,莫能穷之者。若或穷之,非生道矣。"(《潜书·良功》)在这一视界中,"为利"是一切生物的共同本性和活动目的。万物皆为利来,生物尚且如此,人类自不待言。就人类而言,不管多么不可思议或超凡脱俗的举动都可以在功利的动机中得到解释,即使是高风亮节的殉道之举也不例外。拿伯夷、叔齐的事迹来说,"天下岂有无故而可以死者哉!伯夷叔齐饿死于首阳之下,所以成义也。非其义也,生为重矣。"(《潜书·食难》)有鉴于此,他强调,人类的一切活动如果不是为了功利目的就毫无意义和价值,或者说,功利、实际效果是人之一切行动的最终目的和追求目标。对于这一观点,唐甄以植树为例论证说:

彼树木者,厚壅其根,旦暮灌之,旬候粪之。其不惮勤劳者,为其华之可悦也,为其实之可食也。使树矣不华,华矣不实,奚贵无用之根?不如掘其根而炀之。(《潜书·辨儒》)

鉴于人人皆有根植于本性的功利动机,在对待物质生活与精神生活的关系上,唐甄把物质生活看作精神生活的基础,宣称"衣食足而知廉耻,廉耻生而尚礼义,而治化大行矣。"(《潜书·大本》)在他看来,太平盛世之所以道德良好、风俗淳朴,根本原因在于社会经济发达、人民生活富足。对此,唐甄援引孟子的话为自己作证:"尧舜之治无他,耕耨是也,桑蚕是也,鸡豚狗彘是也。百姓既足,不思犯乱,而后风教可施,赏罚可行。"(《潜书·宗孟》)

按照早期启蒙思想家的说法,功利之心是人与生俱来、不可改变的本性,即使圣人也难免功利之心,人的一切活动都围绕着功利展开,归根到底都是对功利的追逐。值得注意的是,由于断言人性皆自利,有些人把人与人之间的关系也说成是利益关系。例如,李贽宣称"天下尽市道之交",人与人的关系本质上都是一种交换关系。在他看来,人与人之间的关系与商品交换一样,都是建立在利害基础上的,"也不过交易之交耳,交通之交耳。"(《续焚书》卷二《论交难》)一般人之间的关系如此,父子关系也不例外。例如,父"以子为念",无非是因为"田宅财帛欲将有托,功名事业欲将有寄,种种自大父来者,今皆于子乎授之。"(《焚书增补》卷一《答李如真》)父子关系尚且如此,朋友关系更是这样:"以利交易者,利尽则疏;以势交通者,势去则反,朝摩肩而暮掉臂,固矣。"(《续焚书》卷二《论交难》)同样,被奉为神圣的师生关系也是一种利益关系,孔子与其弟子的关系即是一种交易:"七十子所欲之物,唯孔子有之,他人无有也;孔子所可欲之物,唯七十子欲之,他人不欲也。"(《续焚书》卷二《论交难》)

可见,通过剖析人之行为动机,揭示社会根基和解读人际关系,早期启蒙思想家从不同角度反复论证了追求功利是人之天性。在这方面,如果说当初他们宣称功利是人性的基本内容是针对儒家尤其是理学家的义利割裂,为了强调义利统一的话,那么,追求功利是人之天性的提出及其证明则从人的行为本能和天然合理性的人性哲学高度使利具有了不可辩驳的天然合理性和正当性。以此观之,义利割裂由于背离人的天性而成了极不人道的虚伪、荒诞之论,义利统一、道德离不开功利也成为不证自明的了。

4. 注重实际效果,推崇经世致用

鉴于"儒者不言事功"和理学家贬损功利的弊端,出于功利与道义的密切相关,也为了满足人性趋利的实际需要,早期启蒙思想家注重实效,推崇经世致用。

明清之际,经世致用是一股普遍的学术思潮,这一思潮从注重实际效果、推崇学以致用的角度张扬功利主义的价值旨趣。与这一价值观念密切相关,早期启蒙思想家批判理学的主要理由之一便是认定理学无用、无能,在实际操作中无益于社会,无补于现实。鉴于理学造成的社会危害,他们注重实际效果,推崇经世致用,这既是其功利主义价值观念的具体贯彻,也是批判理学的现实需要。

在道德评价问题上,唐甄明确主张以效果作为评价行为善恶的根据,坚决反对动机论。正是在这个意义上,他再三声称:

> 车取其载物,舟取其涉川,贤取其救民。不可载者,不如无车;不可涉者,不如无舟;不能救民者,不如无贤。(《潜书·有为》)

> 为仁不能胜暴,非仁也;为义不能用众,非义也;为智不能决诡,非智也。(《潜书·有为》)

> 廉者必使民俭以丰财;才者必使民勤以厚利。举廉举才,必以丰财厚利为征。若廉止于洁身,才止于决事;显名厚实归于己,幽忧隐痛伏于民;在尧舜之世,议功论罪,当亦四凶之次

也，安得罔上而受赏哉！(《潜书·考功》)

正如车、舟的价值在于载物、渡川的实际功用一样，圣贤、道德的作用在于救民济世的实际功效。不仅如此，在为圣贤注入救世济民的功利价值之后，唐甄提出了一套"充才"、"立功"的道德修养论和价值论，进而把事功视为道德修养的主要内容，把济世救民视为人生的主要目标。在这方面，针对理学家推崇的守敬、主静之功夫，他反对静中冥思、坐而论道，而把培养才能、建功立业视为道德修养的主要内容和目的。在唐甄看来，性与才、功有着不可分割的联系，只有通过"充才"才能"立功"、才能"尽性"。为了阐明这个道理，他形象地把性与才比喻为火与光的关系，认为"人有性，性有才，如火有明，明有光。"(《潜书·性才》)这就是说，火的天性是有明，明的作用是发光；人的天性是有才，只有"充才"才能尽人之性，只有"立功"才能实现人的价值——这正如只有发光才能实现火的价值一样。基于这一理念，唐甄把儒者修身养性、超凡入圣视为不断"充才"、"立功"的过程，并且根据充才程度把儒者分为四等，这便是：

大德无格，大化无界，是为上伦，上伦如日；无遇不征，无方不利，是为次伦，次伦如月；己独昭昭，人皆昏昏，其伦为下，下伦如星。亦有非伦，非伦如萤。(《潜书·性功》)

在这里，唐甄强调，只有达到"上伦"才算"尽性"，而要"尽性"就必须最大程度地"充才"、"立功"。正是在这个意义上，他写道：

古之能尽性者,我尽仁,必能育天下;我尽义,必能裁天下;我尽礼,必能匡天下;我尽智,必能照天下。四德无功,必其才不充;才不充,必其性未尽。(《潜书·性才》)

颜元反对朱熹代表的理学家死读书、读死书的做法,进而强调学以致用,表现了鲜明的功利主义的价值旨趣和理论初衷。正是在功利主义的驱动下,他强调习行,把格物解释为"犯手实做其事"、"亲下手一番",进而在其中注入功利的内容。例如,颜元认为,对帽子的认识是戴上之后知其暖与不暖,对李子的认识是亲口尝一尝之后知其滋味如何等。这种强烈的经验主义归根结底是由于功利的驱使。与此类似,颜李学派倡导的习行哲学、践履哲学以习行作为检验真理的标准,其主要目的和做法之一便是在行动中检验知之功利实效。与此相关,无论是其知还是行都带有实用性,主要指实用技术、日常经验和实际本领等。

总之,在义利观上,如果说对"儒者不言事功"的批判是反面论证的话,那么,在这里,他们从不同角度殊途同归——或者断言伦理道德与日常生活中的功利密切相关,或者把事功写进理想人格和价值观念,或者强调道德与事功内外兼修,或者直接宣布"以义为利",最终都从正面承续了义利统一的话题,极大地张扬了功利主义,经世致用、学以致用则是其价值旨趣在现实生活中的具体贯彻。明清之际义利观的这种变化和重功利倾向与当时商业的发展、市民的心态密切相关,也是对理学的一种反动。

价值理性与工具理性是人类赖以存在的两个支柱,前者侧重精神、道德,后者侧重物质、现实。与西方提倡科学实证、推崇工具理性有别,中国传统文化在推崇价值理性、实践理性的同时,压抑、唾弃工具理性。结果是,使学问成为书斋哲学,对现实的经济毫无用处。在这方面,理学是最极端的例子。从这个意义上说,早期启蒙思想家对实际效果的注重和对经世致用的提倡显然是有积极影响的。

义利观所关注的是人的精神生活与物质生活的关系问题。与理欲观中对欲的肯定相一致,早期启蒙思想家在义利观上不再把义与利对立起来,而是强调义与利的一致性,并在断言追求功利是人之本性的基础上伸张了功利的正当性、合理性。这些观点都论证了利的正当性、合理性和合法性,表现出尚利、重利的价值诉求和思想倾向。

三、少数人对私的肯定

公私观与理欲观、义利观密切相关,公私之辨侧重的是公利与私利、为公与为私之间的关系。在传统道德和理学的视界中,理、义属于公,欲、利属于私,处理公私关系的主旨则是崇公抑私,而为了崇公必须轻视、压制个人利益。这种传统的公私观在明清之际受到早期启蒙思想家的批判和否定。概而言之,早期启蒙思想家都不同程度地肯定私的价值,他们的公私观以及对私的提倡主要集中在以下几个方面:

1. 批判无私说,断言自私是人之本性

早期启蒙思想家对无私说予以了批判和反击,并在揭露其虚伪性的同时,把自私说成是人的本性。

李贽断然否认无私说,指出无私说犹如画饼充饥一样,只是好

听,没有实效,甚至还会混淆视听,绝对是不可取的。对于无私说的虚伪不实,他多次揭露说:

> 然则为无私之说者,皆画饼之谈,观场之见,但令隔壁好听,不管脚跟虚实,无益于事,只乱聪耳,不足采也。(《藏书》卷三十二《德业儒臣后论》)

> 种种日用,皆为自己身家计虑,无一厘为人谋者。及乎开口谈学,便说尔为自己,我为他人;尔为自私,我欲利他;我怜东家之饥矣,又思西家之寒难可忍也;某等肯上门教人矣,是孔、孟之志也,某等不肯会人,是自私自利之徒也;某行虽不谨,而肯与人为善,某等行虽端谨,而好以佛法害人。以此而观,所讲者未必公之所行,所行者又公之所不讲,其与言顾行、行顾言何异乎?以是谓为孔圣之训可乎?(《焚书》卷一《答耿司寇》)

在李贽看来,无私说于世无补,不惟无益反而有害。进而言之,无私说之所以虚伪、无益于现实是因为私是人的本性,不可能从根本上予以废除。正因为如此,为了反对无私说,也为了伸张私的正当性,李贽提出了著名的"童心"说,从人性论的高度论证了私的正当性、合理性。对此,他宣称:

> 夫童心者,真心也。若以童心为不可,是以真心为不可也。夫童心者,绝假纯真,最初一念之本心也。若失却童心,便失却真心;失却真心,便失却真人。人而非真,全不复有初矣。(《焚书》卷三《童心说》)

如此说来,"童心"对于人是至关重要的。那么,这个对于人不可须离的"童心"是什么呢?李贽认为,自私自利是"童心"的本质,换言之,"童心"就是私心即自私自利之心。正是在这个意义上,他断言:"夫私者,人之心也。人必有私,而后其心乃见;若无私,则无心矣。"(《藏书》卷三十二《德业儒臣后论》)在李贽的意识中,自私自利是人之本性,即使圣人也未能免俗——"虽圣人不能无势利之心"。拿孔子来说,他也不可能不以一己之私来决定自己的去留。于是,李贽坚信:

> 虽有孔子之圣,苟无司寇之任,相事之摄,必不能一日安其身于鲁也决矣。此自然之理,必至之符,非可以架空而臆说也。(《藏书》卷三十二《德业儒臣后论》)

其实,宣布人性自私并不是李贽一个人的做法,早期启蒙思想家大都有这种思想倾向。例如,黄宗羲断言:"有生之初,人各自私也,人各自利也。"(《明夷待访录·原君》)正是基于这种判断,他进而把人之自私自利视为君主出现的依据。与此类似,顾炎武反复宣称:

> 自天下为家,各亲其亲,各子其子,而人之有私,固情之所不能免矣。(《日知录》卷三《言私其豵》)
>
> 天下之人各怀其家,各私其子,其常情也。(《亭林文集》卷一《郡县论》)

顾炎武认为,人皆自私自利,各亲其亲、各子其子是人情所不免。这便是著名的"人情怀私"说。基于这套理论,人之自私是在所难免的,人性有私、"人情怀私"证明私是不可禁绝的。

总之,早期启蒙思想家认为,自私是人之本性,人皆自私,并以自私的原则为人处世。这个说法充分肯定了私的天然合理性,进而把百姓的个人利益和物质欲望纳入道德的视野。进而言之,正是这种说法从人性论的高度证明了无私说的有悖人道,而且为肯定私的价值提供了理论依据。

2. 肯定私的意义和价值

早期启蒙思想家对无私说的批判已经流露出对压抑、窒息私的众多危害的控诉,对人性自私的论证更是伸张了私的天然合理性。正反两方面的主张汇聚成一个共同的结论,那就是:彰显私的意义和价值。

在对无私说的驳斥和对人之自私本性的阐释中,李贽极力说明自私不是罪恶而是人的一切活动的力量源泉和成功保证。对此,他举了大量的例子加以论证。下面的例子无疑都支持了李贽的这一观点:

> 如服田者,私有秋之获而后治田必力。居家者,私积仓之获而后治家必力。为学者,私进取之获而后举业之治也必力。故官人而不私以禄,则虽召之,必不来矣。苟无高爵,则虽劝之,必不至矣。(《藏书》卷三十二《德业儒臣后论》)
>
> 农无心则田必芜,工无心则器比窳,学者无心则业必废,无心安可得也。(《藏书》卷三十二《德业儒臣后论》)

按照这种说法,"人必有私",人的一切活动和行为都是在私的发动下、以私为动力展开的。正如努力种田是因为"私有秋之获"一样,努力读书无非是"私进取之获"。当初,正是私心促成了人的各种活动,没有私心,人便由于丧失了进取的动力而最终一事无成。

陈确指出,正是由于己、私的出现,声色货利和道德性命等才有了善恶等价值。从这个意义上说,正是由于能够满足私、己的需要,道德才有了价值和必要。有鉴于此,他专门作《私说》一文,为私大唱赞歌,并且得出了"有私所以为君子"(《陈确集》卷十一《私说》)的结论。这是因为,只有真正关心个人的利益,人才能够大有作为。于是,陈确断言:"惟君子知爱其身也,惟君子知爱其身而爱之无不至也。"(《陈确集》卷十一《私说》)

总之,通过早期启蒙思想家的诠释,私不仅不再是罪恶,反而成为人的行为动力,无论是对于社会的进步还是对于道德的完善都功不可没。这不仅肯定了私的意义和价值,而且使私从万恶之源变成了万善之首。

3. 呼吁提倡和保护私

鉴于私对人之成功和社会进步的重要意义,早期启蒙思想家不再像理学家那样主张废私、灭私,而是大力呼吁对私予以提倡和保护。

黄宗羲认为,满足、保障人之私是天经地义的。因此,人之行为应该以私为鹄的,政治制度的选择、废立同样应该以保护私为标准。尤其需要说明的是,一直被视若神圣的君权在他那里也被直接与保护人之自私的本性联系起来,是作为保障人之私的手段、围绕着人之私这一目的存在的。具体地说,黄宗羲对君主的看法始终是以人之私为坐标的,无论君主制度的兴废都围绕着满足民之私利的目的而展开。按照他的说法,自私自利是人之本性,君主起源于保障人之私的需要。起初,人各自私自利而无暇顾及天下之公利、公害,君主便应运而生。如此说来,君主的使命和责任便是为天下除害兴利。正是在这个意义上,黄宗羲解释说:

> 有生之初,人各自私也,人各自利也,天下有公利而莫或兴之,有公害而莫或除之。有人者出,不以一己之利为利,而使天下受其利;不以一己之害为害,而使天下释其害。(《明夷待访录·原君》)

循着这个逻辑,君权既然出于兴利除害的需要,理所当然地要为天下人服务——准确地说,即保护人之自私自利。在这里,黄宗羲不仅肯定了人皆自私自利,而且证明了君主的出现和价值所在就是满足人的自私自利,让人有闲暇自私自利。出于同样的目的和逻辑,他主张废除君主专制。正如君主的价值是满足人的自私自利一样,如果君主不能满足、保障人之私,便失去了存在的价值和必要。现在的问题恰恰在于,三代以后,由于人对君主起源的原因不再了解,更由于君主本人也开始把天下视为自己的私产,君主的职责发生蜕变——从成全人之私变为妨碍人之私。对此,黄宗羲作了生动的描述:

> 以为天下利害之权皆出于我,我以天下之利尽归于己,以天下之害尽归于人,亦无不可。使天下之人不敢自私,不敢自利,以我之大私为天下之大公。始而惭焉,久而安焉。

视天下为莫大之产业,传之子孙,受享无穷。(《明夷待访录·原君》)

按照这种说法,君主专制"使天下之人不敢自私,不敢自利",由于有悖于人自私自利的本性,于是丧失了存在的合理性;从保障、满足人之私的目的出发,黄宗羲主张废除君主专制,设想"向使无君,人各得自私也,人各得自利也。"(《明夷待访录·原君》)

依据"人情怀私"说,顾炎武以古代圣王为鉴,论证了保护私的正当性和必要性。对此,他写道:

> 自天下为家,各亲其亲,各子其子,而人之有私,固情之所不能免矣。故先王弗为之禁,非惟弗禁,且从而恤之。建国亲侯,胙土命氏,画井分田,合天下之私以成天下之公,此所以为王政也。至于当官之训,则曰:以公灭私。然而禄足以代其耕,田足以供其祭,使之无将母之嗟,室人之谪,又所以恤其私也。此义不明久矣。世之君子必曰有公而无私,此后代之美言,非先王之至训矣。(《日知录》卷三《言私其豵》)

顾炎武认为,人性有私、"人情怀私"证明私是不可禁绝的;如果非讲"以公灭私"的话,那也是针对官吏而言的。即便如此,他仍然强调,要求官吏"以公灭私"也要先根据"自私自为"的原则满足其正当要求,以免除他们的后顾之忧。这就是说,既然私是人之本性、不可禁绝,那么,治天下不应禁私而应成私。在此,顾炎武指出,先王正是在"合天下之私以成天下之公"中成就王政事业的。这表明,"大公无私"是"后代之美言"而"非先王之至训"。循着这个逻辑,只有充分利用、贯彻"自私自为"的原则才能达到"天下大治"的目的,治天下必须满足人之私。正是在这个意义上,他又说:

> 天下之人各怀其家,各私其子,其常情也。为天子为百姓之心,必不如其自为,此在三代以上已然矣。圣人者因而用之,用天下之私,以成一人之公,而天下治。(《亭林文集》卷一《郡县论》)

难能可贵的是,顾炎武不仅在理论上阐释了人的"自私自为"原则,极力阐发私的正当性、合理性,而且把人之"自私自为"原则具体贯彻到了伦理、政治和经济等诸多领域,以期统治者能够最大限度地满足人之私:在伦理道德领域,提倡名教以"移风易俗";在政治领域,主张限制君权,实行地方自治;在经济领域,推行"藏富于民"政策。在此,他设想,统治者不必"自损以益人",只要不过分剥削,不与民争利,充分调动人民"自私自为"的积极性,"藏富于民"就可以达到"强国富民"的目的。有鉴于此,顾炎武信心十足地写道:

> 有天下而欲厚民之生,正民之德,岂必自损以益人哉?不违农时,谷不可胜食也;数罟不入洿池,鱼鳖不可胜食也;斧斤以时入山林,材木不可胜用也,所谓弗损益之者也。(《日知录》卷一《上九弗损益之》)

对私的提倡和保护是批判无私说的需要,也是人性自私、肯定私之价值的必然结论。就肯定私之价值而言,如果说批判无私说、宣布人性自私还只停留在理论层面的话，那么，对私的保护和提倡则兼具理论与实践的双重意义，这是前面两方面的必然结果，也使其落到了实处。

公与私是一对历史范畴。在中国古代的价值体系中，公往往指宗法国家、统治集团的整体利益，有时甚至是君主一人一姓的私利；一直被压抑甚至唾弃的私主要指个人的欲望、利益和个性追求，其中不乏人之正当的生存需要和权利。这就是说，所谓私，反倒包含了诸多民众的正当利益。在宗法道德和理学的价值体系中，公为天理、正义，私是私欲、恶之渊薮。于是，大公无私、以公灭私成为主导话语。早期启蒙思想家对私的提倡和保护有理论上对私的认可，同时涉及实际操作。对私的这些肯定和呼吁不仅使对无私的批判落到了实处，而且有保障人性的人道主义意义。进而言之，不论是他们对无私说的批判还是对私的赞扬从根本上说都是为了摆脱宗法礼教的束缚，为争取个人权利和发展个性开辟道路。早期启蒙思想家对私的充分肯定实际上是要求统治者尊重、保障社会民众的个人利益，反映了个体人的初步觉醒。

四、明清之际价值观的总体透视

在中国古代哲学和传统文化的价值系统中，理欲观、义利观与公私观具有一致性。大致说来，理、义和公统指道德观念、行为规范和公共准则，属于善的范畴；欲、利、私统指个人的物质需求、生理欲望和个体利益，往往与恶相联系。可见，正如理、义、公之间具有相通性一样，欲、利、私之间也有一致性。义利之辨实质上就是公私之辨的道德价值论形态。其实，儒家的义主要指道义、正义和公利，利主要指个人私利。这决定了早期启蒙思想家对欲的肯定隐含着对利、私的热衷，反过来，对利、私的张扬坚定了对欲的提倡。

另一方面，理欲观、义利观和公私观各有不同的实际内容和理论侧重，呈现为不同的层面和维度。正是在理欲观、义利观与公私观等多维视角的相互印证中，早期启蒙思想家肯定了物质利益和生理欲望的道德意义，表现出重欲、贵利和尚私等价值倾向：在理欲观上，与批判"去人欲，存天理"相对应，把人欲提升到天理的高度；在义利观上，肯定利的正当性和道德意义，反对义利对立；在公私观上，与反对无私说相联系，断言自私是人之本性，把私视为个人的行为追求和社会进步的动力。这些观点肯定了人作为自然人的生存价值、生命权利，关注人之自然本性和个性发展。正是这三个方面的相互作用把理学家先验的天理人性论还原为自然人性论，与此相关，原来被贬低的欲望、功利、自私等也由此变成了伦理道德赖以成立的重要基础。这既是对人的重新发现，也是对道德的重新定位。

早期启蒙思想家对欲、利和私的肯定反映了新的时代要求，代表了当时新型市民阶层的利益诉求、价值愿望和政治企图，同时弥漫着商品经济的气息。尤其值得注意的是，他们对理欲、义利和公私关系的阐释具有人性根基，也不乏辩证态度。

首先，早期启蒙思想家的理欲观、义利观和公私观与其人性理论一脉相承——准确地说，是建立在人性哲学之上的。作为人性一元论者，他们断言气质之性是唯一的人性，而生理欲望、追求功利和自私自利就是气质之性的基本内容和具体表现。这种说法使原来被压制的欲、利、私作为人与生俱来的本性而拥有了天然合理性和正当性,是否得到满足也随之具有了人道主义意义。于是,在早期启蒙思想家对"去人欲,存天理"、"儒者不言事功"或"以公灭私"的批判中,违背人性、不近人情成为主要理由,这与他们对欲、利、私的提倡以及断言自私自利与生俱来因而成为其正当性、合理性的必要且充分条件的理由相互印证、异曲同工。

其次,难能可贵的是,在对欲、利、私进行合理论证和理论拔高时,早期启蒙思想家并没有因此走向极端。事实上,在肯定欲、利、私之合理性时,他们不是因为视之为与生俱来而走向纵欲主义、狭隘功利主义或极端自私自利,而是一面呼吁对欲、利、私予以肯定和满足,一面要求对之加以节制。

在理欲观上,早期启蒙思想家批判以"去人欲,存天理"为代表的禁欲主义,张扬了欲的正当性、合理性,进而在宣称人生而有欲的前提下要求对欲予以满足和保障。另一方面,在强调欲的重要性、主张遂欲的同时,他们反对纵欲,尤其强调不以一己之欲妨碍他人之欲。

陈确在肯定欲之正当性的前提下,主张用无过无不及的中庸之道对欲加以节制,在反对禁欲的同时反对纵欲。正是在这个意义上,他一再指出:

> 圣人只是一中(无过无不及的中庸之道——引者注),不绝欲,亦不从欲,是以难耳。(《陈确集·别集》卷五《无欲作圣辨》)

> 圣人之心无异常人之心,常人之所欲亦即圣人之所欲也,圣人能不纵耳。(《陈确集·别集》卷五《无欲作圣辨》)

唐甄反对理学家的禁欲主张，也反对纵欲主义。不仅如此，他还根据医学知识指出了纵欲的危害。于是，唐甄写道：

> 人有五情：思、气、味、饮、色也，过则为蓄。思淫心疾，气淫肝疾，味淫脾疾，饮淫肺疾，色淫肾疾。(《潜书·厚本》)

戴震在人性中伸张欲之正当性的同时，同样在人性中找到了节欲的必要性和可能性。他指出，与动物同属"有血气者"，人生来就有欲、情、知三者；不同且高于动物之性的是，人具有"大远乎"动物的知觉能力。凭此，人"能扩充其知至于神明"，"于人伦日用，随之而知恻隐、知羞恶、知恭敬辞让、知是非"。这就是说，人凭借与生俱来的知觉能力完全能够指挥、控制自身的欲和情，"不惑乎所行"。正是在这个意义上，戴震指出："遂己之欲，亦思遂人之欲，而仁不可胜用矣；快己之欲，忘人之欲，则私而不仁。"(《原善》卷下)这就是说，"遂欲"本身并没有错，但是，在遂己之欲的同时一定要考虑遂人之欲；如果因为己之欲而妨碍了他人之欲，则是不道德的。

在义利观上，早期启蒙思想家并没有因为批判反功利主张和断言人皆自利而走向极端。事实上，在尚利的同时，他们对利给予了保留和说明——把利与义联系起来，反对极端利己主义，始终主张在不违背义的前提下追求利。

王夫之反对理学家的重义轻利，同时反对重利轻义。对此，他解释说，若见利忘义、唯利是图反而求不到利，这是因为，背义求利就会造成祸患。于是，王夫之强调："夫孰知义之必利，而利之非可以利者乎！"(《尚书引义》卷二《禹贡》)

同样,倡导功利主义的颜元并没有脱离义而言利或走向急功近利,而是始终把利与义联系在一起。关于义与利的关系,他具有清醒而深刻的认识:

> 惟吾夫子"先难后获"、"先事后得"、"敬事后食",三"后"字无弊。盖"正谊"便谋利,"明道"便计功,是欲速,是助长;全不谋利计功,是空寂,是腐儒。(《颜习斋先生言行录》卷下《教及门》)

在这里,颜元把义利观分为三种类型,即先义后利论、急功近利论和不计功利论。对此,他分析说,急功近利论看不到义利之间的先后关系,结果是欲速而不达;不计功利论虚而不实,只为佛教徒或迂腐的儒者所固守。有鉴于此,颜元既反对急功近利又反对不计功利,而主张义利统一,先义而后利。在他看来,只有先义后利论才是唯一正确"无弊"的,是处理义利关系时唯一正确的选择。这样,颜元便把动机与效果、道德行为与物质利益结合了起来。正因为如此,他虽然对功利作了充分肯定,但没有因此而否定义,置义于不顾。相反,颜元主张,人应该在义的指导下获取功利。正是在这个意义上,他宣称:

> 以义为利,圣贤平正道理也……利者,义之和也。《易》之言利更多。孟子极驳"利"字,恶夫掊克聚敛者耳。其实,义中之利,君子所贵也。后儒乃云"正其谊,不谋其利",过矣!宋人喜道之,以文其空疏无用之学。予尝矫其偏,改云"正其谊以谋其利,明其道而计其功"。(《四书正误》卷一《大学·大学

章句序》）

为了彻底批判理学的错误观念，也为了伸张自己的功利主义，颜元发挥了儒家的传统命题——"利者，义之和也"，直接把利视为义的题中应有之义。"利者，义之和也"表明，义利是统一的，不可完全分开。有鉴于此，他反对离利讲义或把义与利对立起来。不论是对利所下的定义还是对利的追求，颜元都坚持利与义的统一，始终力图在不违背义的前提下讲利、逐利。在上述引文中，他对董仲舒的话只改动了两个字，所表达的却是一种新的义利观。这种义利统一的义利观无疑对义利关系作了较好的解决。

在公私观上，早期启蒙思想家一面揭露无私说的虚伪和危害，一面为私大唱赞歌，甚至宣称私是社会进步的动力和源泉。尽管把私抬到如此高度，防止以己害人、以私害公却是大多数人的一致看法。例如，刘宗周在反对理学家的理欲观及其理欲割裂的同时，赞扬朱熹"无一毫人欲之私"的"第一义"，并作《第一义说》加以发挥，以此提倡"克去人欲之私"。无独有偶。黄宗羲在肯定人皆自私自利、希望"人各得其私、各得其利"的同时，要求在处理公私、义利关系时"不以一己之利为利，而使天下受其利；不以一己之害为害，而使天下释其害。"（《明夷待访录·原君》）他的这些话是针对君主而言的，同样体现了处理公私关系时公私兼顾、不以私灭公的原则。公私兼顾、不以己害公在王夫之那里表现得淋漓尽致。对于公私关系，他再三申明：

有一人之正义，有一时之大义，有古今之通义；轻重之衡，公私之辨，三者不可不察。以一人之义，视一时之大义，而一人之义私矣;以一时之义,视古今之通义,而一时之义私矣;公者重,私者轻矣,权衡之所自定也。(《船山全书》第十册《读通鉴论·东晋安帝》)

以天下论者,必循天下之公,天下非夷狄盗逆之所可尸,而抑非一姓之私也。(《船山全书》第十册《读通鉴论卷末·叙论》)

不以私害公,不以小害大。(《船山全书》第十册《读通鉴论·宋明帝》)

可见,早期启蒙思想家倡私却反对不择手段地谋求个人私利,不允许人在谋私时损人利己,侵犯他人利益。这使他们的公私观与那种极端的利己主义具有本质区别。

毋庸讳言,在价值观的总体建构上,迫于理学和传统道德的消极影响,出于对欲、利、私的提倡和肯定,早期启蒙思想家过于注重人的物质生活、生理欲望等自然属性,相比而言,对人的社会属性、精神生活和道德完善关注不够。这使他们的价值观有些失衡,重心不稳,始终向自然属性倾斜。此外,在细节的阐释和论证中,早期启蒙思想家的一些观念、认识存在明显的偏颇和模糊之处。例如,为了伸张欲的正当性,把欲说成是社会进步的动力,这在肯定人是社会主体的同时,忽视了社会制度、道德素质和文化因素的作用;再如,为了论证功利和自私的合法性,把自私自利说成是人与生俱来的本性,这种说法不仅暴露了剥削阶级的偏见,而且使其人性论流于空洞、抽象。

同时,就理论地位和社会影响而言,早期启蒙思想的势力和影响还很弱小,尚处于起始阶段,不足以与程朱理学代表的正统思想和官方意识形态相抗衡。换言之,明清之际,早期启蒙思想家的重欲、尚利和贵私倾向基本上限于知识界的精英阶层,并非文化人的一般看法;与此相联系,其影响也主要局限于知识界,如理论界和文化界。这一时期,对于广大民众和士人来说,占主导地位的仍然是官方提倡的程朱理学,存理灭欲、贵义贱利和崇公废私依然是价值观的主流。

明清之际社会道德面面观

明清之际的社会动荡和尖锐矛盾导致了思想的大动荡、大碰撞,动荡、碰撞的前提和表现之一便是多元文化并存。思想文化的多元并存使伦理道德领域新旧观念杂陈并存:一方面,早期启蒙思想家在清理、批判传统道德时提出了自己的观点和主张,这些与传统道德在很多方面相抵触,以至被冠以异端之名;从西方传入的思想文化与中国本土文化在很多原则问题上格格不入,给中国思想界以及中国人的道德观念造成了一定的冲击。另一方面,理学还占据着主导地位,依然是社会的主流思想。这一切使明清之际的社会道德处于纷繁复杂的状态之中,交织着正统与异端、本土与西方两条主线展开,呈现出分裂、多元的态势和格局。作为中国历史上前所未闻的新现象,无论是早期启蒙思潮的出现还是西学东渐都给这一时期的社会道德增加了新的要素,传统道德没有退出历史舞台更加剧了多种伦理思想的庞杂并陈。正是早期启蒙思潮、西方文化与理学代表的传统道德三股势力的并存、交织或交锋构成了明清之际伦理道德的一大景观。

明清之际的三大伦理道德形态各自拥有自己的受众主体和信仰者,在社会上产生了不同的影响。早期启蒙思想家提倡的和西方传入的新思想、新观念影响着市民阶层,使他们的言行和追求时常出现一些与传统道德不和谐的音符。同时,作为传统道德的集大成者和主导的意识形态,理学代表的传统思想和固有观念对于社会上层和民间百姓来说具有无可替代的巨大魅力。作为新旧两股势力碰撞、交锋的结果,一部分人开始接受新思想、新观念,追求物质利益、崇尚个性解放。这些构成了明清之际社会道德的新现象、新景观,呈现出某种思想启蒙和人性解放的进步倾向。西方传入的新思想尤其是天主教使一些人开始在行为追求和生活方式上西化。同时,新观念、新思想也与理学一起加剧了一部分人的道德堕落,早期启蒙思想家对生理欲望和物质利益的过分执著导致纵欲的结局,正如理学的僵化、教条导致社会风气的进一步虚伪、浮夸一样。当然,就主流社会的中心话语而言,理学及其代表的传统道德则是无可替代的唯一选择——正如以三纲为核心的传统道德的地位毕竟没有因为几位早期启蒙思想家的批判而发生动摇一样,这一时期广大民众的道德观念和行为规范尚未发生根本性的变化。

一、新观念的社会影响

为了争正统、辩是非,从南宋开始,陆九渊与朱熹之间就拉开了旷日持久的学术争论。尽管结果不了了之,但是,经过王守仁及其后学的继续揭露和反驳,程朱理学内部固有的逻辑矛盾和理论纰漏日益曝光,其正统地位受到影响。从明代中后期开始,各种学说纷纷出台,整个思想界新说突起、学派林立,程朱理学代表的正统观念除了在官方的考试制度或公共场合的话语中还一如既往地发挥着作用以外,在市民阶层中逐渐丧失了约束力,其一统天下的局面已经一去不复返。事实上,随着明末思想渐渐趋于多元,士人的想法和追求也日益相去甚远,距离愈拉愈大。

明清之际特定的社会环境和思想背景预示着伦理学说的异军突起、流派纷呈。透过其间的思想分裂、纷繁杂陈和多元并存可以看出,这一时期的主导伦理思想可以归结为三股不同的势力,即早期启蒙思潮、西方文化与以理学为代表的传统道德;它们具有不同的观点和主张,影响着不同的人群。总的说来,使明清社会产生新变化的主要是早期启蒙思潮和西方传入的某些观念。

早期启蒙思想家崇拜个性,推崇个体价值和物质利益。他们对三纲的批判、对男女平等的呼吁、对人的生理欲望和物质利益的肯定在社会上产生了一定的影响,在一定程度上和一定范围内改变了人们——尤其是市民阶层的价值观念和行为追求。与此同时,随着西学东渐尤其是耶稣会士在中国传教活动的展开和中西贸易的不断扩大,中国人开始并越来越多地接触到西方的物质文化和精神文化。明清之际,西方的自然科学和宗教信仰对中国社会的某些成员产生了不同程度的影响,尤其是天主教教徒的生活方式和行为习惯颇显西化。

1. 理欲观的重欲倾向

在商品经济的刺激下,受早期启蒙思潮和西方文化的影响,明清之际的社会道德呈现出某种新的变化。这种变化表现在日常行为和思想观念的各个方面,最典型的是理欲观呈现出明显的重欲倾向。

受理学家"去人欲,存天理"的影响,宋明时期的家庭一直恪守以理窒欲、重理轻欲的伦理观念和婚恋模式。商品经济的发展对传统的婚姻伦理提出了严重挑战,西方传入的新思想、新观念也在加速着这一改变。自明代中后期起，婚恋观中开始涌动着一股追求真挚情爱的人文潮流。明清之际，不同于以往的灭欲存理，理欲观表现出某种重欲倾向，这一倾向首先反映在家庭、婚姻关系中。作为理欲观中轻理重欲的具体表现，这一时期的人们在处理婚姻关系、夫妻关系时，重视人的生理欲望和需要，渴望性生活的美满，把性爱视为婚姻生活的主要内容。发轫于此时的文学作品——尤其是"三言"、"二拍"更是以大量篇幅生动地展现了这一历史时期情爱追求的兴起以及情与礼的抗争。

在对爱情的描写中，"三言"、"二拍"把才貌说成是男女青年爱情的基础；在持续爱情中，情欲显得比才貌更为重要。显然，在这一时期的婚姻天平上，欲已经远远大于理的比重。于是，可以看到，在不少作品中，男女之间的情感如三巧儿与商人陈大郎之间的感情（《喻世明言》卷一）、邵氏与家奴得贵之间的感情（《警世通言》卷三十五）等都以欲为基础。在这一模式中，男女之间的爱情首先产生于对情欲的追求，而不像以往那样主要出于对才貌的爱慕。

"三言"、"二拍"中的少女对待爱情不是贪图钱财，而是看中对方的人品和相貌。一旦有了自己的意中人，她们往往会采取主动进攻的姿态，对意中人的求爱或求婚大多采取配合的态度。"三言"、"二拍"中的少妇情况比较复杂，既有恪守"妇道"的平氏、卢氏，也有助夫成功的马氏、俞氏，更有泼辣的刘氏，还有凶残的焦氏等。然而，凡是涉及男女之情，她们大都情欲胜于贞节。从这些妇女的身上可以强烈地感觉到晚明理欲观的变化，她们的价值天平明显地倾向欲的一方。

"三言"、"二拍"中的男主人公对爱情的执著和忠贞更直接地反映了理欲观的新变化。《玉堂春落难逢夫》中的王景隆出身上层,才貌双全,春风得意,年纪轻轻便做了巡按。然而,他却钟情风尘女子玉堂春。王景隆对玉堂春的爱情痴迷而执著,不仅对她朝思暮想,而且在她落难时设法搭救,最后有情人终成眷属。王景隆的婚恋观明显有悖于传统礼教,因为他处理爱情、婚姻的方式并不以理为行为标准。值得注意的是,在"三言"、"二拍"中,王景隆的婚恋观和行为方式并不是孤立的个案,他的同道者不乏其人。《苏小娟一诗正果》中的赵院判、《崔俊臣巧会芙蓉屏》中的王教授、《陶家翁大雨留宾》中的王举人等都有着王景隆这般对爱情的忠贞和痴迷,对于他们而言,显然是情占据了上风。由此可见,在明清之际的理欲观和婚恋观中占据主导地位的是情而不是礼或理。

在"三言"、"二拍"中,最直接表现理与欲、情与礼冲突而最终情战胜礼的是《乔太守乱点鸳鸯谱》。乔太守本是礼法的代言人,在处理一起婚姻纠纷案时,他不以礼法而以爱情为标准进行审理,始终关注两位代人嫁娶、自成夫妻却身陷困境的少男少女,充当他们的爱情保护人。正如其判词所说:"相悦成婚,礼以义起。""以爱及爱,伊父母自做冰人;非亲是亲,我官府权为月老。"在乔太守那里,两情相悦被冠名以礼,因而具有了合法性而理应受到保护。可见,在乔太守的价值观中,情而不是理占了上风。不仅如此,书中写道,对于乔太守的判决,出现了四方家长"无不心服"的局面——乔太守的做法受到普遍认可,且被竞相效仿。这表明,理、礼法在当时的家庭、婚姻观念中已经松弛,代之而起的是对人欲、爱情和幸福的热烈追求。

2. 义利观明显向利倾斜

明清之际,人们的义利观较之从前也发生了明显变化,呈现出明显的重利、尚利倾向。与此相关,与过去追求道义或把读书获取功名视为人生价值不同,经商谋利、追求财富成为某些地区的主导观念和价值追求。于是,伴随着经商现象的日益普遍,当时文学作品中商人角色日益增多,直接反映了这一时期商业的繁荣和人们普遍追求财富的心理。例如,作为市民文学,"三言"、"二拍"描写的主要人物是商人,不仅反映出商人在晚明时期的增多,而且说明商人在这时处于十分重要的地位。同时,小说涉及的商人遍布全国各地,徽州、苏州、山西、广东、陕西、浙江、湖广、南京、扬州、北直、山东、河南和四川等各地都有,表明经商已是一种极为普遍的现象,是许多人的职业选择和谋生方式。据统计,在"三言"、"二拍"描述明代社会生活的作品中,一半以上以城市工商业者特别是商人为主要或重要人物。例如,《二刻拍案惊奇》卷三十七说,徽州风俗以商贾为第一等生业,科第反在其次,这显然有悖于"万般皆下品,惟有读书高"的传统价值观念。更有甚者,受尚利倾向的驱动,一些地区的市民以利作为取舍、好恶的标准来处理人际关系。这一习俗在经商蔚然成风的徽州更甚。据说,凡是徽州商人归家,外面亲族朋友、家中妻妾家属只以其得来的利息多少为轻重:得利少者,尽皆轻薄鄙笑;得利多者,尽皆爱敬趋奉。透视其中的人情冷暖,实是尚利心理在作祟。对功利的追求也影响了徽州人的婚姻观念。顾炎武说,徽人习尚多娶长妇,这恐怕也是基于外出经商方便的考虑。与对金钱、财利的热衷相一致,徽商挥金如土与惜财如命同样出名。《二刻拍案惊奇》卷十五说,徽州人的僻性就是"乌纱帽"和"红绣鞋","一生只这两件事不争银子,其余诸事悭吝了"。挥金如土与惜财如命表面上看是矛盾的,徽州商人的这种癖好其实是其重利价值观的畸形反映:重"乌纱帽"是为了在捞取一定的社会地位或身份后更好地敛财;"红绣鞋"则是金钱崇拜的直接体现,既然金钱万能什么都可以买,那么,一切都可以用钱来计算——当然包括女人。事实上,徽州商人尤其是大商人喜欢先用钱财买地位、买官位,以便更好地从中牟利;在赚取大量的金钱之后,他们再用大把大把的金钱买女人,把金钱花在女人身上,一掷千金。这种处事态度和行为方式最直接地反映了在他们的心目中只要花钱什么事都可以做——并且都能够做到。

在金钱万能的社会背景下,回过头来审视著名的《杜十娘怒沉百宝箱》更能体会金钱的魔力和爱情遭遇金钱时的黯然失色,这则故事集中反映了时人对利的崇尚。杜十娘与李甲之间惊天动地的爱情始终与金钱分不开,李甲辜负杜十娘是因为抵不住孙富的诱惑——还是为了钱,让人着实感受了一把金钱的魔力。即使是被千古传诵的杜十娘纵身大海那一幕,仍然不忘抛沉手中的百宝箱。这从一个侧面反映出当时社会上的金钱崇拜心理,就连杜十娘怒斥李甲的手法也是亮出箱中的宝物。当然,杜十娘最终让李甲后悔莫及的不是她的才华,也不是她的相貌,更不是她的真情,而是她手中价值连城的百宝箱。

义利观中的重利倾向使明清之际的社会奉行金钱万能,俨然是一个有钱能使鬼推磨的世界。"三言"、"二拍"等文学作品显示,当时社会是一个完全的金钱社会,花钱可以买地位、买官位,也可以买通官府陷害他人或保护自己。《醒世恒言》卷二十说,纳粟监生赵昂用50两银子买通苏州府巡捕杨洪陷害张权父子;《警世通言》卷二十四载,山西洪桐县纳粟监生赵昂欲了结玉堂春性命,使了大量银子。在这里,金钱可以买到身份、官位,同样可以买到女人。《初刻拍案惊奇》卷二十八说,徽州酒家李方哥因贪图程朝奉的钱财而与其妻陈氏相商,让陈氏与程朝奉私通。这一事件表明,一方面,小业主为了发财致富不惜以夫妻感情为代价,对金钱的向往可见一斑;另一方面,大财主因为有钱便可以公然向小业主提出以自己的白银交换对方的妻子,金钱在他的眼中无所不能。然而,作为这一事件的关键人物,陈氏并不拒绝,她看中的显然是程朝奉囊中的银两。可见,在她的眼中,金钱比贞节、名声更重要。这些事例反映了当时社会的黑暗和道德的堕落,但金钱之所以可以在社会的各个领域畅行无阻、大行其道,归根结底是价值观上重利观念的膨胀。这就是说,受金钱至上观念的支配,官吏可以置正义、法律于不顾;出于拜金主义,夫妻感情和道德被看得轻如鸿毛。

3. 家庭观念的变迁

明朝中叶以后,商品经济的发展对传统的婚姻伦理提出了严重挑战,新思想以及重欲、重利观念也加速着家庭观念的变化。作为各种因素共同作用的结果,明清之际的家庭观念呈现出某些前所未有的新变化。

受重欲观念的影响,明清之际,人们开始追求婚姻自由、自主,致使传统的家族观念变得松弛。理欲观上向欲的倾斜影响了人们对婚姻家庭之作用和功能的认定。与统治者倡导的"治国安邦"、辨尊卑、明等级等正统观念相去甚远,一般百姓将婚姻家庭视为维系自身繁衍的基本条件,企盼性生活的美满和家庭生活幸福,婚姻"合两姓之好"的成分也逐渐淡化。这是重欲的具体表现,同时突显了婚姻中的自由、自主原则。追求婚姻生活质量和对家庭功能的重新定位在客观上势必冲淡家族利益——至少不会在选择婚姻或处理夫妻关系时再像以往那样把家族利益置于首位。事实上,正是婚姻观念的变化和追求婚姻的自由、自主导致了家族观念的松弛。

明清之际,不论是家庭生活的注重性爱还是追求婚姻的自由、自主都促进了普通人家夫妻关系的改变。与过去的"夫尊妻卑"、夫唱妇随不同,明代普通人家的夫妻关系因商品经济的发展发生了一些变化。一些地方,妇女在家庭生活中的作用逐渐显著,家庭地位也有所提高,连说话的声音也不同往日。由于这些妇女说话声音大,在家庭关系中占据主导地位,对丈夫指手画脚,被称为"泼妇"。这些泼妇泼辣、大胆,富有反抗意识和独立精神,与传统妇女的低眉下眼、三从四德等柔弱、温顺不可同日而语。透过她们趾高气扬的高声说话和指手画脚,可以想象当时妇女在家庭、夫妻关系中的扬眉吐气。中国文学史上有一个有趣的现象:17世纪文坛风行以泼妇为主题的创作,泼妇成为这一时期文坛上的主角之一。创作主题的嬗变是这一时期社会现实的真实再现,泼妇现象生动、形象地表现了妇女在家庭中地位的提高。人们耳熟能详的《聊斋志异》便写了一些"悍妇"和"泼妇"。

在明清之际的有些家庭中,与"泼妇"的出现相一致,妇女不再唯夫命是从,恰好相反,丈夫往往要听从妻子的。这种"妇唱夫随"的夫妻关系和家庭模式主要集中在经济发达的江南地区,被时人称为"听妇言"。"听妇言"是一种迥异于"男尊女卑"、"夫为妻纲"等传统观念的新型夫妻关系,在这种家庭模式中,妻子当家,丈夫听命于妻子。尤其值得注意的是,由于妻子当家做主的"听妇言"带有一定程度的普遍性,激起了儒家保守主义者的焦虑和敌对心理。为了维护既定的家庭秩序,他们坚决反对男人"听妇言",并把之视为家庭关系失序的体现,甚至连刘宗周都把"听妇言"和"听妻子离间"列为男人大过,认为其过"在家国天下"。顽固不化者和刘宗周把"听妇言"视为男人的大过,并且上升至家国天下的高度从反面证明,"听妇言"现象在当时已经不是个别现象。

家庭是社会的缩影,妇女家庭地位的改善扩散到了两性关系乃至社会事务之中。明清之际,与妇女在家庭中的地位提高相对应,男女关系及其妇女的社会地位在某些地区也有一定程度的改善。当时的文学作品借助鲜活的形象感性地再现了这一变化。例如,四大古典文学名著之一——《西游记》中有一个"女儿国","女儿国"中压根儿就没有男性的位置。由于没有男性成员,女儿王国的一切事务和所有职务——包括国王在内均由女子承担。这以文学的形式传递了女子可以离开男人的支配独立生活、完全可以独立撑起一片天地的理念。对于两性之间的差异和优劣,《红楼梦》借贾宝玉之口说,女子清爽,是水做的骨肉,是天地间的灵淑之气;男子浊臭,是泥做的骨肉,是天地之间的渣滓浊物。在中国,以这种视角看待妇女和两性关系,把妇女抬高到这种程度可以说是史无前例的。

家庭观念的上述变迁表明,明清社会的婚姻开始由过去的关注形式转向追求质量和内容,对婚姻的理解、处理和选择带有明显的男女平等、重欲贵利等新观念的痕迹。这一变化除了前面提到的种种表现之外,还包括婚姻选择时注重物质利益和经济实力等。从明代开始,选择婚姻不仅看出身门第,更主要的是看对方的经济状况。明末时,在某些地区甚至把彩礼、嫁妆和经济实力等视为选择婚嫁的首要考虑或唯一条件。

4. 生活习俗西化和士人心态的转变

明清之际,在新思想的影响下,人们的行为观念和生活方式发生了重大变化。除了上面提到的表现之外，还有两点值得注意：一是某些人受基督教的影响生活方式开始西化，一是士人心态发生着不同以往的变化。

伴随着西学的介入和传播，西方信仰和生活方式开始在一些人中盛行起来。在西学东渐的影响和基督教的鼓噪下，一些人放弃了中国本土原有的儒学、道教和佛教而皈依天主教，经常参加传教士举行的仪式活动。

此外，在南方沿海地区，尤其在松江一带，受西方文化和天主教的影响，某些市民开始用西方礼仪取代中国传统习俗处理婚丧嫁娶等重大事情。其中，最典型的例子是，明代大科学家徐光启选择天主教仪式为其父亲办理丧事。这表明，这一时期，西方文化已经开始被中国市民所接受。对于这一点，西方传教士利玛窦等人有详细记录，在此恕不赘述。

各种新观念、新思想给士人的心态和追求带来了不小的影响，促使其价值观念和行为方式发生转变。早在明代中期，江南地区就出现了一批狂放人物。例如，苏州的唐寅、祝允明等"文才轻艳，倾动流辈"，"往往出名教外。"(《明史》卷二八六《文苑》)与轻视礼教、推崇个性密切相关，士人对文章作用的看法急剧转向，明显地反映了价值观念的变化。在明代初期，文章被视为"明道致用"的工具，文章的写作崇尚师古风格，缺乏创新。与这种价值观念和对文章的定位相一致，永乐至正统年间，文坛上流行的是散发着"富贵福泽之气"的"台阁体"。这种文章千人一面，千篇一律，没有个性可言。万历时，以袁宏道、袁宗道、袁中道为首的公安派和以钟惺、谭元春为首的竟陵派崛起，一时风靡文坛。这些新的文学流派受到主张率性而为的泰州学派后学的影响，提倡"独抒性灵，不拘格套"(袁宏道:《叙小修诗》)的自然文风。在他们的视界中,文章成为抒发性情的工具,追求个性自然成为其价值旨趣。这些主张与早期启蒙思想家推崇个性、强调个体价值的观点不谋而合,成为晚明思想解放运动的组成部分。由把文学视为"明道致用"的工具转向"独抒性灵"的工具形象地展现了明代士人的心路历程,其中隐藏的是从推崇共性到崇尚个性、由推崇外界权威到坚守自己心灵的转变。这既是道德观念的变迁,也是人生追求的改变。

总之,新观念对明清之际的社会产生了一定影响,致使人们的道德观念和行为规范发生了这样或那样的变化。就具体内容而言,涉及道德原则、行为规范、风俗习惯、价值观念、家庭关系和两性关系等诸多方面;就受众主体而言,从普通百姓、市民阶层到知识分子,横跨不同的阶级、阶层和利益群体。这在某种程度上表明了新观念的社会影响具有一定的普遍性。新观念造就的新道德洋溢着思想启蒙、文化进步、人性解放以及人格独立等积极要素,成为这一时期社会道德状况的重要组成部分和最大亮点。另一方面,明清之际,新思想和新观念的分量和势力还未足够强大,就社会地位而言,尚处于边缘地带,距离打入主流圈还有一段路程。

二、明末社会道德的进一步堕落

明末清初是中国历史上的大动荡时期之一。在这样一个特殊的历史环境中,涌现出一批忧国忧民、英勇抗击异族侵凌而为国捐躯的志士仁人,如明末奋不顾身与阉党恶势力作斗争的东林党人,清兵入关时以史可法为代表的抗清将士和各地义军等等。他们至今仍堪称道德楷模。康熙皇帝等清前期君主多能励精图治,尽到君主的责任,按古代标准堪称明君、英主。清前期的一些大臣也能严于自律、廉洁奉公,以国事为重,多有建树,按古代标准堪称贤臣。另一方面,由于整个宗法制度业已走到了尽头,正无可挽回地走向衰败、没落,其腐朽性、反动性充分暴露。因此,尽管新观念在明清之际曾带来了一些进步因素,总体而言,这一时期的道德状况进一步恶化和堕落却是不争的事实。

按照顾炎武的说法,明代社会风气的恶化始于成化(1465—1488)年间。到正德(1506—1522)时期,整个社会的道德堕落已经一发而不可收拾。清王朝的建立不仅没有遏制社会道德的堕落,反而使之愈演愈烈。明清之际,社会道德的堕落是全面性的,在各个领域均有充分表现。

1. 政界——官僚追求奢华享受、贪污受贿成风

明代中后期,商品经济的萌芽和发展激发了人的功利之心,尤其是富商巨贾的豪华生活刺激了人的物质欲望,社会风尚急剧由俭转奢。到了清代,追求享受、崇尚豪华之风更是达到了惊人的程度。下面的实例是颇具说服力的:

吴三桂"奢侈无度,后宫之选,殆及千人。"(《清稗类钞》第七册,中华书局1996年版,第3266页)

和珅"每日早起,屑珠为粉作晨餐","一粒二万金,次者万金。"(《清稗类钞》第七册,中华书局1996年版,第3278页)

怀柔富豪郝氏招待高宗乾隆"一日之餐,费至十余万。"(《清稗类钞》第七册,中华书局1996年版,第3268页)

扬州盐商"竟尚奢靡,无论婚嫁丧葬之事",各项花销动辄"数

十万金。"(《清稗类钞》第七册,中华书局1996年版,第3270页)
……

值得注意的是,清时追求享受、崇尚奢华不仅限于巨贾,而且包括官僚。那时的官僚在生活上追求奢华,其中就包括皇帝本人。例如,乾隆皇帝生活上穷奢极欲、讲究排场,极度崇尚奢华。在皇太后五十岁寿辰时,为表孝心,乾隆皇帝一天赏赐臣民"瞻仰跪接"皇太后銮驾的白银就有10.8万余两,为皇太后操办的七十、八十寿辰更为奢华。他自己的寿辰更为隆重盛大,靡费也更为惊人。到了晚年,乾隆皇帝更是自称"十全老人",为自己办八十寿辰极度奢华、空前绝后,乃至倾尽全国所有。此外,乾隆皇帝在位60年,前后150多次巡幸,平均每年两次还要多。尤其是他前后六次南巡,陪同队伍极其庞大,开支巨大。乾隆皇帝所到之处大讲排场,建立行宫、建造园林,耗费大量的财力、物力和人力。在他六次南巡中国帑开支2000万,其他开支高达几千万,致使国家财库亏空。乾隆皇帝还喜欢大兴土木,在北京、承德等地修建多处山庄、园林,劳民伤财。

更为严重的是,上行下效。在富商、官僚乃至皇帝的影响下,自乾隆中叶起,整个社会的奢华之风日盛,以至达到了登峰造极的地步。

对于官僚来说,奢华与贪污是分不开的,因为要满足生活的享乐必须耗费大量的钱财;对于官僚而言,敛财的最快方法便是贪污受贿。其实,与明清之际他们普遍追求奢华、享受相伴随,官僚贪污受贿成风已经是一个不争的事实。继明代出现了像严嵩父子这样的巨贪之后,清代又出现了空前巨贪和珅。为了满足生活的享乐和奢华,和珅疯狂敛财。嘉庆初年,和珅被抄家时,从其家中抄出的金银、首饰、衣物和器皿等不计其数,此外还有大量的房产、店铺等,总计折合白银 8 亿两,是全国财富的十几倍——当时国库年收入为白银 7000 万两,以至社会上流传"和珅扳倒,嘉庆吃饱"的口头禅。和珅拥有的这些财物与其年俸明显不符,来源不明的巨额财产使其贪污受贿程度可见一斑。

其实,明清之际,整个官场贪污成风,各级官僚均有自己的敛财之道和贪污办法,他们利用各种渠道、变换各种手法贪污受贿。通过贪污受贿敛财是各级官员共同的发财之道和公开秘密,以至当时社会上流行着"三年清知府,十万雪花银"、"不贪不滥,一年三万"之类的民谚。

明清之际,政界道德堕落的另一个表现是官员普遍丧失正义感和责任感,纷纷投靠权贵,朝臣结党营私,相互倾轧。朝臣投靠权臣、结党营私之事,不论在明末还是在清前期均很严重。明末,魏忠贤擅权,"海内争望风献谄"。除了大臣、"武夫"和"诸无赖子"外,还有不少士人,如"监生陆万龄至请以忠贤配孔子,以忠贤父配启圣公"。魏忠贤"所过,士大夫遮道拜状,至呼九千岁。"(《明史》卷三〇五《宦官传》)这个例子除反映了官风堕落之外,也明显反映了士风的堕落。

2. 学界——士人责任心丧失、势利虚伪

明清之际,社会道德堕落的另一个主要表现是学界的士风日下。事实上,士风在明代中期即开始恶化。由于弘治帝优礼文臣,士大夫开始抛弃实务而醉心文辞。士风的恶化直接导致了学风的恶化,士人愈来愈不学无术,学术风气越来越空疏。正德之后,更是日见颓靡。这种轻政事、重虚文的风气愈演愈烈,最终导致一切

政务只在公文上往来转圈。正如清初李塨所言："率天下之聪明才智,尽网其中,以无端之空虚禅性自悦于心,以浮夸之笔墨文章快然于口。自明之季世,天下无一办事之官,廊庙无一可恃之臣。"(《恕谷后集》卷四《与方苞书》)由于清前期实行文化高压政策,士大夫的社会责任感较前明显削弱,士林风气更加败坏。正如顾炎武所言:"以明心见性之空言,代修己治人之实学,股肱堕惰而万事荒,爪牙亡而四国乱,神州荡覆,宗社丘墟。"(《日知录》卷七《夫子之言性与天道》)

与责任心的削弱密切相关,明清之际,士人的道德堕落和士风日下较之从前更为明显、突出。其实,早在明朝中后期,王守仁就不止一次地惊呼:

盖至于今,功利之毒沦浃于人之心髓,而习以成性也几千年矣!相矜以知,相轧以势,相争以利,相高以技能,相取以声誉。其出而仕也,理钱谷者则欲兼夫兵刑,典礼乐者又欲与于铨轴,处郡县则思藩臬之高,居台谏则望宰执之要。(《王阳明全集》卷二《答顾东桥书》)

逮其后世,功利之说日浸以盛,不复知有明德亲民之实。士皆巧文博词以饰诈,相规以伪,相轧以利,外冠裳而内禽兽。(《王阳明全集》卷八《书林司训卷》)

明清之际,士人的言不由衷、虚伪做作更是登峰造极,最突出的症状是内心对功利极其热衷表面上却满口仁义道德。对此,李贽概括为"口谈道德而志在穿窬"。按照李贽的说法,以理学家为代表的士人讲学的目的不是为了"昌明圣道",也不是为了"济世救民",而是为了沽名钓誉、攫取富贵;可是,他们却断然否认自己的私欲和功利之心,整日满口仁义道德来欺世盗名、招摇过市。对于理学家的言不由衷、虚伪狡诈,李贽揭露说:

> 试观公之行事,殊无甚异于人者。人尽如此,我亦如此,公亦如此。自朝至暮,自有知识以至今日,均之耕田而求食,买地而求种,架屋而求安,读书而求科第,居官而求尊显,博求风水以求福荫子孙。种种日用,皆为自己身家计虑,无一厘为人谋者。及乎开口谈学,便说尔为自己,我为他人;尔为自私,我欲利他;我怜东家之饥矣,又思西家之寒难可忍也;某等肯上门教人矣,是孔、孟之志也,某等不肯会人,是自私自利之徒也;某行虽不谨,而肯与人为善,某等行虽端谨,而好以佛法害人。以此而观,所讲者未必公之所行,所行者又公之所不讲,其与言顾行、行顾言何异乎?以是谓为孔圣之训可乎?翻思此等,反不如市井小夫,身履是事,口便说是事,作生意者但说生意,力田作者但说力田。凿凿有味,真有德之言,令人听之忘厌倦矣。(《焚书》卷一《答耿司寇》)

李贽对理学家的揭露具有普遍意义,这种言不由衷、口是心非的现象在当时的士人之中表现得尤为明显和突出。正是在这个意义上,他感叹,"从来君子不如小人"。

3. 民间——人心不古、人欲横流

政界、学界起着社会调控和舆论引导的示范作用,官风和士风的恶化不仅是明清之际社会道德进一步恶化和堕落的主要表现,

而且在某种意义上助长、加剧了整个社会道德的全面恶化。

从明清之际政界和学界的道德堕落可以想象整个社会的道德状况。事实上，正是在官僚、士人的不良影响和带动下，明末的社会道德急转直下，成为中国历史上道德滑坡速度最快、最黑暗的时期之一。万历（1573—1620）时的管志道指出："开国以来之纪纲，唯有日摇一日而已。纪纲摇于上，风俗安得不摇于下！于是民间之卑胁尊、少凌长、后生侮前辈、奴婢叛家长之变态百出，盖其由来渐矣。"（《从先维俗议》卷二）伍袁萃评价其家乡的风俗变化时说："正德以前，风俗醇厚，近则浇漓甚矣！大都强凌弱，众暴寡，小人欺君子，后辈侮先达，礼义相让之风邈矣！"（《漫录评正》卷三）随着纲常名教被轻视，父子、兄弟等基于亲情血统的五伦关系在金钱和私欲的侵蚀下变得脆弱不堪，即使在宗族观念一向浓郁的南方，包括父子、兄弟在内的亲属关系也遭到急剧破坏，彼此相互残杀之事时有发生。例如，万历《常熟文献志》载有"恶俗八条"，其中的第一条就是"民间或兄弟叔侄相争，即将祖宗分授已定者，尽献于豪有力之家。"明末小说中有大量关于兄弟争夺家产和子女不孝父母之类的描述，这些描述验证了这一时期血缘亲情受到金钱、财物的威胁而变得不堪一击，是民间风俗恶化的真实写照。

与世风日下相表里，明清之际，广大民众的道德滑坡还表现为金钱崇拜。理欲观和义利观中的重欲、尚利倾向为有些人追求享受提供了辩护，巨贾、官僚追求享乐、奢华之风也给民众带来了潜移默化的影响。于是，上行下效，整个社会金钱万能，拜金主义盛行，到处充斥着铜臭味。《金瓶梅》中的西门庆挥霍无度、吃喝玩乐，是那个社会价值观、人生观的典型。

明末世风日下的另一个表现是人欲横流和纵欲主义大行其

道，其极端表现是两性关系紊乱。城市经济的发展和商业联系的扩大使男女之间的交往机会增加，打开了长期桎梏的世俗欲望的闸门。在大多数人的纵欲与极少数人的禁欲、口头上的禁欲主义与行为上的纵欲主义的并列、交替或挣扎中，性生活趋于开放，导致两性关系日渐紊乱，直接威胁着既定的家庭秩序和社会秩序。明代的许多小说描写了这方面的情况，《金瓶梅》更是极端地宣泄了纵欲主义的人生追求和价值观念，充分流露出婚恋观念的非道德化倾向。这一时期的纵欲和两性关系紊乱尤其发生在商人家庭：一面是那些常年外出经商失去家庭生活的丈夫因为有钱寻求刺激，最常见的就是嫖娼；另一面是妻子由于丈夫久久不归长期独守空房，结果移情别恋。家庭悲剧的发生表明，这一时期，人们重视物质生活，渴望真正的性爱，家庭观念、家庭关系和两性关系均不同于以往。然而，由于社会环境的不健康，两性关系变得畸形，由肯定人欲、追求婚姻自由走向纵欲、放纵两性关系。

4. 公共领域——社会问题成堆、陋习多多

除了政界、学界和民众道德的普遍堕落之外，明清之际的社会问题成堆，各种社会陋习、恶俗多得不胜枚举，成为整个社会道德急剧下滑的重要指标之一。

明末娼妓活动猖獗为历史所罕见。明政府严禁官员出入妓院宿娼，情节严重的"罢职不叙"。嘉靖、万历以后，皇帝倦于政事，官员、士大夫则恣情花柳，地方官员甚至以宰相之尊而狎妓侑酒、醉生梦死者大有人在。于是，娼妓行业和妓女阶层在这时得以疯狂发展。对于明末的娼妓情况，谢肇淛在《五杂俎》中说："今时（指万历年间——引者注）娼妓布满天下，其大都会之地动以千百计，其

它穷州僻邑，在在有之。终日倚门卖笑，卖淫为活，生计至此，亦可怜矣。两京教坊，官收其税，谓之脂粉钱。隶郡县者则为乐户，听使令而已。"这一时期的娼妓活动以南京、北京为中心，大同、扬州等地也风起云涌，偏远地区往往也有娼妓的足迹。清代乾隆以后，妓女卷土重来，南京、扬州、苏州和广州等大城市均娼妓活动猖獗。

娼妓的兴盛与社会道德的堕落、人欲的肆虐是相辅相成的。在某种意义上可以说，正是官员、读书人的狎妓成风导致了明清之际娼妓活动的猖獗。同样，娼妓行业的兴旺折射了明末社会道德——尤其是官僚、士人的堕落程度。对于晚明的道德堕落、人欲横流，就连来华的洋人都触目惊心。利玛窦是这样描写他眼中的明朝和明朝的中国人的：

  第一件事情是淫佚。在这个富有各种物质享受又女性化的民族中，这是最显明的事情。在这方面，他们非常没有节制……全国各地满是公开的妓女，还不要说众所周知的通奸情事。据说只在北京一城，就有四万妓女。有的是自愿操此贱业，有的则更不合理，是坏人收买的，被迫替人赚这种脏钱。然而更可悲的，更能显示出这个民族之堕落程度的，是他们以自然方式纵情肆欲犹感未足，且出之于反人性的方式；法律不加禁止，大家不认为非法，也不感到可耻。因此大家公开谈论，到处流行，无人加以阻止。在盛行此种败俗的城市，例如在北京，就有几条大街，满是打扮妓娼的人妖；也有购买这些人妖，教他们演奏乐器、唱歌跳舞；他们穿上华丽的衣服，也像女人一样涂脂抹粉，引诱人干那可耻的勾当。（《利玛窦全集》卷一《利玛窦中国传教史上》台湾光启出版社1986年版，第

71—71页）

明清之际,各种迷信活动更是泛滥成灾。《利玛窦中国札记》中详尽描述、记载和列举了明代五花八门的迷信活动,其中,最普遍的一种是,认定某天或某几个钟头是好或坏,是好运气还是坏运气,哪些时日要做或不做某些事;如果破土动工,一定会一天一天地推延日期;要出门会推延行期,为的是一点都不违背术士对这些事所规定的时日。这类预告祸福的算命先生在各地都非常多,此外同样多的还有自称懂得观察星象和摆弄迷信数字的人。这些人有的也相面或看手相,有的根据梦或谈话中挑出来的几个字来预卜吉凶。街上、客店里以及其他公共场所都充斥着这类占星家、地师和算命算卦的。占卜、算卦等迷信活动的盛行表明了时人的信仰危机和精神空虚,各类算师以骗取钱财为目的,更是败坏了社会风气。因此,利玛窦把当时的占星家、地师和算命算卦的归为一类,统统称为骗子——因为他们的业务是收一定的费用来空口许诺以后的好运气。

溺女之风秦已有之,那时只是偶然为之,明清之际则极其普遍。对此,不仅笔记、小说有记载,正史也常常提到。冯梦龙在做福建寿宁知县时,因当地溺女之风十分严重而特撰《禁溺女告示》,文中披露说:"访得寿民生女多不肯留养,即时淹死,或抛弃路途。"(《冯梦龙诗文》海峡文艺出版社1985年版,第186—187页)面对这种局面,对于收养弃女者,冯梦龙给三钱赏银才刹住了这股风。《清史·刘荣传》说,刘荣到湖南省任长沙知县,当地很多贫苦人家养不起女孩,溺女之风严重。他下令严禁此风,养不起女婴的人家仍将女婴丢在郊外,任其自生自灭。康熙(1662—1723)年间,浙江嘉善县甚至发生了将七岁女孩活活饿死的惨剧,原因是怕将来给女儿办嫁妆、使两个儿子无法生活。溺女是公然无视妇女生存权利的残暴行径,尽管不排除经济原因,最主要的还是重男轻女观念在作祟,是因为骨子里认为女儿不能传宗接代,还是"赔钱货"。

此外,在明末社会,无论是汉族还是少数民族地区都普遍存在着争讼、健讼和械斗。这些恶俗就像挥之不去的毒瘤成为社会公害,严重威胁着社会治安和人身安全。

通过上面的介绍可以看出,种种迹象共同表明,明清之际,社会道德堕落的广度和深度较之从前变本加厉,达到了病入膏肓、无可救药的程度。这主要表现在以下几个方面:第一,道德主体的普遍和众多——既有官僚、士人等政治高层和文化精英,也有普通百姓等大众阶层。第二,表现形式和内容多种多样、花样翻新——既有前朝的余孽,又有新添的病症。如果说虚伪之风是前代遗患的话,那么,纵欲、两性关系紊乱和金钱崇拜等则是明末新添的顽症。第三,病灶繁多、病因复杂——既有新观念、新思想带来的副作用,也有传统道德的痼疾。这在证明传统道德本身携带某种致命病毒的同时,暗示了早期启蒙思潮和西方思想的矫枉过正。盛行于宋元的虚伪之风在明代不仅没有得到有效的遏制而收敛,反而愈演愈烈。同时,在当时的社会背景和大气候之下,进步与颓废、文明与邪恶往往是相伴而生的。各种新思想、新观念犹如一把双刃剑,在给社会带来进步、文明等好的变化之时,也不可避免地造成了某些消极的负面影响。例如,早期启蒙思想家重欲贵利、呼吁男女平等,这些主张肯定了人之生理欲望和物质生活的道德意义,促进了妇女地位的改善,具有不可否认的思想启蒙和人性解放的进步意义;同样是这些主张,与明清之际的纵欲、金钱崇拜、男女关系紊乱等道德滑坡和社会丑恶现象之间具有某种连带关系，在某种意义上甚至可以说对后者难辞其咎。同时，西方信仰的介入和早期启蒙思潮的兴起冲击了传统道德，造成了明清之际社会道德的相对真空状态，致使一部分人处于信仰的断裂、迷惘之中，直至道德沉沦。这就是说，明末清初社会道德的进一步堕落并不是一种因素造成的，而是各种因素共同作用的结果。所有情况一致表明，全面的、深度的道德堕落成为这一时期社会道德总体状况不可忽视的一部分。

三、传统道德依然强大

明清之际，以早期启蒙思想家为代表的精英知识分子开始挑战传统道德，致使传统道德受到冲击。他们公开抨击二纲（"君为臣纲"和"夫为妻纲"），调整了理欲观、义利观和公私观，使价值观念呈现出重欲、贵利和尚私等新动向。早期启蒙思想家对三纲和某些传统观念的批判，表达了当时社会上的少数精英分子要求走出中世纪的愿望。少数先知的呐喊虽然尖锐、激烈，但是，对社会的影响并不大，只限于精英阶层、市民阶层。换言之，在明清之际，道德观念和行为规范发生根本性转变的只是少数人，大多数人的变化并不大，依旧恪守着传统道德。这就是说，明清之际，传统道德并没有退出历史舞台；相反，作为社会道德的主导形态和中心话语，其影响和势力依然强大。这一时期，社会经济和生产关系的新变化虽然使某些社会观念连带发生相应的变化，但是，总体而言，传统价值观念并未发生动摇。由于那时的中国并未走出黑暗的中世纪，因此，在社会生活领域占据统治地位的仍然是以三纲为核心的旧道德。不仅如此，由于君权继续强化，特别是清初统治者为巩固统治，在政治上和文化上奉行高压政策，以三纲为核心的旧道德不仅没有被削弱，其控制力反而更显强大，这从其在民间的根深蒂固可以看得更加清楚。

1. 忠的极端化和君主专制的登峰造极

作为道德原则的"君为臣纲"，其具体德目是忠。明清统治者均大力提倡忠，尤其是清朝入关后，为了巩固自己的统治大力表忠。清廷对"明之职官、绅士曾殉国难者给予谥法及优恤诸典。"(《清稗类钞》第一册，中华书局1996年版，第238页)此外，清代还在京师建有昭忠祠，祭祀那些为清政权献出生命或者建立功业的人。据《清史稿》记载，在清朝200多年的历史中，载入《忠义传》的有8000多人，仅前期就有近7000人。颇为意味深长的是，清政府一方面对那些曾经拼死抵抗自己而"死节"的明臣、明将予以表彰；一方面又将那些曾经帮助自己夺取明江山的明朝降臣、降将列入《贰臣传》，予以道德上的谴责。这种看似不合情理的做法正是为了提倡对君主的绝对忠诚，让臣下牢固树立"忠臣不事二主"的忠君观念。结果是，经由清廷表彰，忠君观念更加强化。清初各地汉族的反清斗争所以逐渐平息，与长期以来忠君观念的不断强化是有一定关系的。

明清之际，民间重视忠义品德的教化和诱导，突出的表现是对关公的祭祀。三国时，刘备手下的大将关公即关羽以忠义闻名于后世。人们钦慕关公的忠义品质，便把他奉为神灵，以时供奉。清代前期，许多地方修有关帝庙，甚至新疆的伊犁也不例外。这从一个侧面反映了民间对忠义品质的景仰。

明清之际,忠君观念的普及和绝对化在这一时期的文学作品中表现得淋漓尽致。在这方面,《三国演义》中诸葛亮的形象最具有代表性。尽管刘禅是扶不起的天子,诸葛亮却始终对之忠心耿耿,鞠躬尽瘁、死而后已。诸葛亮深受中国人的喜爱和敬仰,除了是智慧的化身之外,其忠君的举动是主要原因。这也反映了广大民众对忠君观念的认可。清代出现的《三侠五义》、《说岳全传》等均是对忠义的描写和歌颂。在中国四大古典文学名著中,有两部——《三国演义》和《水浒传》抒发了忠义主题。

经由历代提倡和理学家的宣传,忠君观念业已深入人心。在明朝灭亡的过程中,竟有不少平民百姓"死节"便充分证明了这一点。史载,李自成等攻破北京时,以"授徒"为业的塾师汤文琼竟因国破"主辱"而自缢,并"书其衣衿曰:'位非文丞相之位,心存文丞相之心。'"(《明史》卷二九五《忠义传》七)更能说明问题的是,"死节"这类事不仅发生在北京,而且发生于外地。例如,苏州人许琰"闻京师陷,帝殉社稷,大恸",先是在胥门外投河、获救,后又绝食。待"哀诏至","稽首号恸"(《明史》卷二九五《忠义传》七)而死。据史书记载,这类事在大同、金坛、鸡泽和肥乡等地也有发生。中国古代的传统观念是"主辱臣死",明清之时竟然发展到"主辱民死",这种愚忠现象说明,明清之际,忠君观念业已深入到广大民众的心髓。此外,在李自成、张献忠的军队所到之处,不少并无官职的普通人士为尽忠明室,在城破之时不顾父母妻子"阖家自尽"。这不仅表明忠君观念的普及,而且反映了这时忠高于孝的价值倾向。

与忠君观念的加强相联系,明清之际的君主专制走向极端。在中国历史上,君主的专制独裁发展至清代可谓无出其右者。这一时期,在君主面前,臣下的地位更为卑微。对此,著名的史学家钱穆作了这样的概括：

> （清）君尊臣卑，一切较明代尤远甚。明朝仪，臣乃四拜或五拜，清始有三跪九叩首之制。明大臣得侍坐，清则奏对无不拜。明六曹答诏皆称"卿"，清则率斥为"尔"。而满蒙大吏折章，咸自称"奴才"。（《国史大纲》下册，商务印书馆1994年版，第833—834页）

在清代，君主的专制独裁既已登峰造极，自然容不得不同意见，绝不允许臣下对君主有任何批评。试看下面这段记载：

> 高宗六次南巡，尹会一视学江苏，还奏云："陛下数次南巡，民间疾苦，怨声载道。"高宗厉声诘之曰："汝谓民间疾苦，试指出何人疾苦？怨声载道，试指明何人怨言？"会一至是，惟自伏妄奏，免冠扣首，乃谪戍远边。（《清稗类钞》第四册，中华书局1996年版，第1493页）

中国素有"武死战，文死谏"的传统，敢于谏诤原本是文官忠君的表现，应该予以肯定。然而，清高宗却对敢于谏诤者采取这种极端的惩罚态度。这说明，此时的皇帝所要求的忠乃是臣子对君主的绝对顺从。更有甚者，这位高宗纯皇帝曾经因为拒谏逼死大臣，让人看到了什么是"君叫臣死，臣不得不死"。杭世骏（字大宗）是位著名的学者，仅因在试文中主张"朝廷用人，宜泯满、汉之见"便使高宗大怒，被交刑部，初"拟死"。后来，杭世骏被逐归老家杭州。因为主张满族与汉族平等深触清廷大忌，所以，杭世骏虽被罢官，

清高宗也未曾饶他。对此,龚自珍曾有如下记载:

> 乙酉岁,纯皇帝南巡,大宗迎驾。召见,问汝何以为活?对曰:臣世骏开旧货摊。上曰:何谓开旧货摊?对曰:买破铜烂铁,陈于地卖之。上大笑,手书"买卖破铜烂铁"六大字赐之。癸巳岁,纯皇帝南巡,大宗迎驾。名上,上顾左右曰:杭世骏尚未死乎?大宗返舍,是夕卒。(《杭大宗逸事状》,《龚自珍全集》,上海古籍出版社1999年版,第161页)

臣下仅因向君主谏诤(而且用语并不尖锐)竟遭放逐、羞辱,以至盼其早死;而一旦君主恨其不死,臣下就只能"是夕卒"了。龚自珍的这段文字是白描,表面上不带有任何感情色彩,实际上是对清代君主专制淫威的揭露和控诉。

2. 孝的片面化和极端化

作为道德原则的"父为子纲",其具体德目是孝,讲求孝道是明清统治者倡导的伦理道德的核心。尤其是清代,为了提倡和表彰孝义,《清史稿》列《孝义传》,记述"事亲存没能尽礼,或遇家庭之变,能不失其正;或遇寇难、值水火,能全其亲"的种种孝义行为。据不完全统计,《清史稿》中所列的孝义人物仅清前期就有数百人。清代对孝的具体要求是:"亲存,奉侍竭其力;亲殁,善居丧,或庐于墓;亲远行,万里行求,或生还,或以丧归。"可见,这一时期孝顺父母行为包括侍疾、庐墓、救患和寻亲等。薛文及其弟化礼尽孝的故事很有代表性,形象地反映了清代对孝的理解和要求:

薛文，江南和州人，弟化礼。贫，有母，兄弟一出为佣，一留侍母，迭相代。留者在母侧絮絮与母语，不是孤坐。日旰，佣者还，挟酒米鱼肉治食奉母，兄弟舞跃歌讴以侑。寒，负母曝户外，兄弟前后为侏儒作态博母笑。母笃老，病且死，治殡葬毕，毁不能出户。佣主迹至家，文与化礼骨立不能起，哭益哀，数日皆死。(《清史稿》卷四九七《孝义传》)

在统治者的大力提倡和表彰下，明清之际，孝的观念不断增强，与前相比，孝子的数量更多。这是因为，明清之际经历了几十年的战乱，先是李自成、张献忠等起兵反明，继而各地汉族纷纷反清，后来又有平定三藩之乱的战争。长期的战乱致使大量家庭妻离子散、家破人亡，造成了无数子女与父母天各一方的悲剧。在这个特殊的年代里，涌现了一大批舍身救父、舍身救母、千里寻父、千里寻母或千里寻父遗骨的孝子。同时，由于清兵南下时曾大量掳掠南方女子北上，在清初，不远万里北上寻母者更多。

与此同时，各种记载表明，明清之际，大量孝子、孝女在亲人患病时衣不解带、亲侍汤药，表现了对亲人的一片孝敬之情。他们孝敬父母的事迹感人肺腑，体现了中华民族的传统美德。应该说，这些孝行是相当感人的。

值得注意的是，明清之际，孝的观念在不断加强的过程中被极端化和片面化。随着孝的绝对化，这一时期，社会上出现了各种不乏病态的孝顺行为，此前的种种野蛮、残忍的愚孝行为在此时同样有增无减。其中，最明显的是为疗父母之疾而"割股"这类事情多得不胜枚举。以道光《徽州府志·孝友》记录的事迹为例，仅明代歙县一邑，割股、割臂、割肝和刺血等侍疾事迹即达80例，有的一人多次割股疗亲,有的一家多人割股,有的为此付出了生命。例如,尹氏四童子在母亲重病时"伸臂交割,晨炊,糜投臂肉其中,母饮而甘之,路人皆为流涕"。此类"孝行"的最甚者,则是"割肝"或"割心"疗亲。例如,潘焕在父亲病重时"以割肝可救,乃持斧自剖其胸采之,无有,割肉片许投粥以进父。"(《徽州府志·孝友》)又据史载:

> 南丰赵希乾,年十七,母病甚,割心以食母。既剖胸,心不可得,则扣肠而截之……其后胸肉合,肠不得入,粪秽自胸次出,谷道遂闭。(《清稗类钞》第五册,中华书局1996年版,第2442页)

这些所谓的"孝行"不仅充斥着愚蠢、愚昧,而且有失人道。然而,尽管极其残忍野蛮、不近人情,由于屡受地方官员表彰,这类"孝行"还是时时发生。

与孝行的极端化密切相关,明清之际,为报父仇而杀人的事屡见不鲜。这类事件容易导致家族之间的世代仇恨,严重危害社会安定。然而,对这种严重的违法行为,官府通常因其"激烈之气"可嘉而不治罪,因而从未禁绝。

3. 贞节观的极端化和节妇、烈女的骤然增加

作为道德原则的"夫为妻纲",其具体德目是节。从总体上看,中国的贞节观以宋代为分界线:宋代以前对妇女的贞节要求比较宽松,宋以后明显偏紧,明朝尤甚,清代更是达到了无以复加的程度。清代前期大肆提倡贞节观,朝廷为烈女立传,由于烈女数量骤

增而提高了入选条件。同时，在清代前期，几乎所有新修的方志中都辟有《烈女传》栏目，对社会上的贤母、孝女、贤妇、节妇、贞妇和烈妇等方面的典型人物予以褒扬。

为了强化贞节观念，也为了使贞节观念、三从四德深入人心，明清统治者加紧对妇女的道德教育和舆论导向，出版、发行了大量关于妇女道德教育的书籍。就明代而言，明成祖的仁孝文皇后著有《内训》，规范妇女行为；同时期，还有《古今烈女传》问世；明末吕坤所著《闺范》文字浅显，有图像，流传较广。清初妇女教科书之盛集两千年之大成，主要有：蓝鼎元的《女学》汇集诸家学说，宣扬"三从四德"；李晚芳的《女学言行录》汇集前人学说，并在很多地方进行了自己的发挥；王相母亲的《女范捷录》在当时流行最广，前人歧视妇女的旧思想、旧观念书中一应俱全；王相将《女范捷录》与《女诫》、《女论语》和《内训》合订一册，名曰《女四书》刊印，成为妇女的启蒙教育读物。这些图书对于引导、影响妇女的贞节观发挥了重要作用。

明清之际，贞节观严苛和残酷最直观的表现是节妇、烈女人数猛增。根据正史记载，截止到明代，烈女总数为 12157 名，宋以前的 95 名，仅占总数的 0.8%；宋（含宋）以后的 12062 名，占总数的 99.2%；仅仅明代就有 8688 名，占总数的 71.46%。（参见《妇女风俗考》，高洪兴主编，上海文艺出版社 1991 年版，第 578—584 页）这些数字感性地凸显了明代节妇、烈女人数的大幅度增加。清代前期崇尚理学，贞节观在朝野上下各个阶级、阶层中更加深入人心，节妇、烈女之多甚于明代。例如，仅安徽休宁一县，有明一代节烈妇女近 500 人，清初至道光三年竟达到 2200 余人，剧增四倍之多。

进而言之，明清之际，各类贞女、节妇之所以明显多于以往与长期战乱有直接关系，这一点与孝子人数的倍增一样。在明清更迭的长期战乱中，大量少女、少妇为抗拒强暴或免遭强暴而自杀，和州王氏一家竟出现"五烈妇"（《明史》卷三〇三《烈女传》）。为了坚守"男女有别"、"妇人义不出帷"的训条，在战乱中，有的少妇与家人失散后宁肯投江而不上"男女杂处"（《明史》卷三〇三《烈女传》）的船逃难。同时，应该看到，以上这些惨剧固然是战乱造成的，然而，在战乱平息后，这类贞女、节妇的数量依然有增无减。这极有说服力地证明，从根本上说，明清之际，贞女、节妇的猛然增加是由于"从一而终"观念的不断增强。换言之，明清之际节妇、烈女人数的猛增表明了这一时期妇女自律的加强。例如，为了坚守"男女授受不亲"的道德训条，有的少女竟因"贼""执其手"而"口啮肉弃之"（《明史》卷三〇三《烈女传》）。然而，最主要的原因还是世俗控制和社会舆论的加强，是明清社会贞节观趋于严苛的直观反映。

明清社会对贞节的具体规定和执行贯彻极其严格。以"守一而终"为例，先秦对妇女即有"守一而终"的要求，如《仪礼·丧服》曰："夫者，妻之天也，妇人不二斩，犹曰不二天也。"尽管如此，从实际执行情况来看却是宽松和随意的——可守可不守，夫死妻再嫁者屡见不鲜。随着贞节观的严紧，明清之际，妇女"守一而终"之严达到了惊人残酷的程度：第一，在已订婚却未成亲的情况下未婚夫死去，仍坚持守节不嫁，一心事姑舅以了终生。第二，夫死，为了防止他人逼嫁，以自损容貌——如断手指、以针刺额等显示守节决心。第三，夫死，自尽殉夫。这些"守一而终"的极端方法在明代极为盛行。在清初，"殉夫"的事例较之前代更多，不少年轻女子在丈夫死后往往采取"绝食"、"自缢"、"仰药"、"吞金"或"投水"等方式自杀"殉夫"(《清稗类钞》第七册,中华书局1996年版,第3090、3092、3093、3108页)。更有甚者,在"殉夫"者中,除妻外尚有妾。例如,名臣张廷玉死,其小妾冯氏年仅十几岁,竟也"仰药殉节。"(《清稗类钞》第七册,中华书局1996年版,第3097页)

明清之际,"守一而终"被发挥至极端,是前所未有的。不仅寡妇以再嫁为耻,就连订婚未嫁的室女、未婚夫死了也要守志甚至殉死。妇女偶然被男人调戏、侮辱更要寻死。与此相关,从明代开始,与再醮有关的人和事便没有载入烈女传的资格了。有人对相关的八种正史记载的烈女数与守志不嫁者进行比对统计,结果显示:《后汉书》载17人中守志者3人,约为5∶1;《新唐书》载52人中守志者10人,亦为5∶1;《宋史》载45人中守志者5人,约为9∶1;《明史》载274人中守志者近百人,约为5∶2;比前朝翻一番。可见,正是社会舆论导向加固了明清的"守一而终"观念。

另外,在明清时期,汉族"从一而终"的道德观念对少数民族也产生了一定影响。例如,遵循"从一而终"的观念,一些蒙古族寡妇不再守本族的"古俗"而是坚持不再嫁。(参见《清稗类钞》第五册,中华书局1996年版,第2005页)这证明了明清贞节观念的势力明显增强,是值得重视的。

总之,明清之际,烈女人数的增加表现了社会对妇德的褒扬,贞节观的加强有提高妇女道德的初衷,烈女中也有守气节、正直和果敢的例子。然而,总的来说,贞节观的很多内容如"从一而终"等在很大程度上不过是对女性单方面提出的伦理要求,其主导倾向与"男尊女卑"和"夫为妻纲"的男权主义一脉相承。从这个意义上说,贞节观是对妇女自由的束缚,是男女不平等的极端表现。明清之际,贞节观之严紧、苛刻更是达到了不近人情、有失人道的残酷程度。例如，在清代前期，竟有不少尚未出嫁的少女殉未婚之夫而自杀，这在此前是少见的。例如，同安洪氏女，7岁由父母作主许林某为妻，林某"未婚而殁"，洪氏族女"闻讣，勺饮不入，卧五日而殁。"(《清稗类钞》第七册，中华书局1996年版，第3089页)这一时期，至于未婚却在未婚夫死后而"守贞"不嫁者人数更多。从这些实际例子中可以感受到，贞女、节妇的猛然增多是明清之际对妇女身心钳制的加强，甚至是对妇女的歧视和压制。在这方面，可以作为证据的还有妇女闭居。

《明史·烈女列传序》开宗明义地指出："妇女之行，不出于闺门。"(《明史》卷三〇一《列传》第一八八)理学的流行和统治者对殉义守节的提倡使上层妇女闭居习俗独盛，伴随着忠、孝、节的绝对化和日益僵化，这一习俗在明代达到了登峰造极的地步，明末社会的上层妇女盛行"闭居"习俗。为了防止妇女与异性接触，明末要求妇女大门不出、二门不进，不允许在自己的闺中会见异性，即使迫不得已必须出门也不许与异性交谈。对此，来华传教士多有描述并惊奇不已。例如，对于明代妇女闭居的情形，曾德昭神父是这样描述的：

> 妇女完全与世隔绝。街上看不见一个妇女，哪怕上了年纪的也不外出，公开露面的妇女终生受谴责。男人也不许到女人家去访问她们。女人居住的那部分房屋可说是圣地，只为她们而设……丈夫的父亲也不得入内……如妇女出门拜访亲属，她们乘坐密封的轿子……如妇女去拜佛，需要步行一段路时，用面纱把脸遮住。如妇女和父母、亲属一起乘船走水路……她们一言不发经过人们面前。她们认为妇女跟男人交

谈,这微小的开端将打开危害她们名声的门户。(《大中国志》,何高济译,上海古籍出版社1998年版,第37页)

透过这段文字可以看出,晚明上层社会的妇女完全处于与世隔绝的状态,深居闺门,不得与男子交往或交谈。尽管妇女闭居的习俗只流行于上层社会的妇女中,对妇女的压制、敌意和提防却是显而易见的。作为一种曾经盛行的道德现象,闭居对于了解那时妇女的处境大有裨益,应该予以重视。

上面的介绍直观地反映了传统道德在明清民间仍有广阔市场,效法忠义、讲求孝道、崇尚贞操等依然是大多数人坚守的道德观念和行为规范。与此同时,社会上种种愚忠、愚孝、愚贞和愚节的行为较之前代有增无减,越发变本加厉。这表明,在这一时期,社会道德虽然开始出现某些新的变化,但以三纲为核心的旧道德依然占据绝对的统治地位,以程朱理学为代表的儒家思想和传统道德仍然是明清社会的主流意识形态。换言之,由于传统道德的控制力仍然十分强大,宗法道德"以理杀人"、"礼教吃人"的一面暴露得更加充分和彻底。

进而言之,明清之际,传统道德之所以仍然占据主导地位,与统治者的提倡和奖励密不可分。换言之,是统治者自上而下的推崇、宣传和普及有效地抵制了新观念、新思想对儒家学说的冲击,成为传统道德在明清之际仍然占据主导地位的主要原因。

清代前期的统治者尊崇孔孟,康熙帝和乾隆帝都曾亲自去山东曲阜祭孔,康熙帝还是最早到曲阜祭祀孔子的清代皇帝。康熙二十三年(1684),康熙帝首次南巡,回程途中在曲阜孔庙大成殿行三跪九叩礼。他在祝文中颂扬孔子"开万世之文明,树百王之仪范",并书写"万世师表"四字悬于大成殿中。乾隆帝先后五次前往孔子故里。第一次(1748)去时,他明确表示:"国家崇儒重道,尊礼先师。朕躬诣阙里,释奠庙堂,式观车服礼器,用慰仰止之思。"(《清高宗实录》卷三〇九)不仅如此,乾隆帝巡幸曲阜时,还分遣大臣祭献颜、曾、思、孟四贤故里,把事先写好的《四贤赞》刻石立在各故里庙中。

明清两代都推崇儒家和理学,清代更是如此。明代建国之初就注重以儒家文化教化百姓,这一工作在有明200多年的历史中从未中断。为使传统道德普及民众,更加深入人心,清初统治者更加重视教化工作,并使之制度化。其中,最重要的举措是康熙帝亲撰《圣谕》十六条,具体规范民众的行为,以期"化民成俗"。《圣谕》十六条的内容是:

> 敦孝悌以重人伦,笃宗族以昭雍睦,和乡党以息争讼,重农桑以足衣食,尚节俭以惜财用,隆学校以端士习,黜异端以崇正学,讲法律以儆愚顽,明礼让以厚风俗,务本业以定民志,训子弟以禁非为,息诬告以全良善,诫匿逃以免株连,完钱粮以省催科,联保甲以弭盗贼,解仇忿以重身命。(《圣谕广训直解·目录》)

儒学在明清的表现形态是理学。清前期对孔孟儒家的推崇必然反映为对理学及其集大成者——朱熹哲学的推崇上,或者说,对朱熹和程朱理学的提倡是推崇儒学的重要内容。康熙帝在位六十年曾经不断地利用手中的权力凸显正统,表彰理学而贬斥异端,甚至不惜大兴文字狱,形成一整套以理学的话语方式包装起来的官方意识形态，使理学以制度化的方式在整个社会中推行。

其实，无论是尊奉孔孟、普及儒家还是推崇朱熹、提倡理学，目的都是以儒家思想作为全社会的道德观念和行为指导，想方设法地让全社会的人去信仰，以巩固宗法统治。换言之，清统治者推崇儒学不仅仅是文化政策，而且是治国方略。对于尊崇儒家学说、并用这种学说治理国家的理论初衷，雍正帝一语破的："若无孔子之教……势必以小加大，以少陵长，以贱妨贵，尊卑倒置，上下无等，干名犯分，越礼悖义所谓君不君，臣不臣，父不父，子不子。虽有粟，吾得而食诸？其为世道人心之害，尚可胜言哉？"(《清世宗实录》卷五十九)正是出于用儒家思想引导风俗，控制思想，巩固中央集权大一统的动机，清代统治者很注意把儒家思想普及到民间，让老百姓了解、信奉和身体力行。面对新观念的影响和外来文化的冲击，传统道德仍然在明清之际占据主导形态，统治者的大力宣传、提倡是最主要的原因。

综上所述，社会动荡使明清之际的道德状况十分复杂，西方新观念、新思想的传入更加剧了道德的冲突和分化。明清之际的伦理思想呈现出新旧交替、中西融合的发展态势和格局。具体地说，这一时期的社会道德呈现为三种基本态势：在新观念的影响下，人们尤其是南方经济发达地区市民阶层的道德观念发生变化，在理欲、义利观上呈现出重欲、贵利和尚私等新动向；就主导形态而言，占据统治地位的仍然是以三纲五常为核心的传统道德，即理学代表的儒家道德；就道德指标而言，社会的整体道德状况呈下滑趋势，道德堕落和宗法道德的消极面暴露得更加充分、彻底。

与伦理道德的冲突相一致，明清之际，整个社会的道德呈现出分化瓦解的趋势：有人受新思想、新观念的影响，道德观念和行为规范发生转化;有人固守传统道德,生活方式和价值观念一如既往。其中交织着新与旧、中与西的冲突和融合。在这里,新包括早期启蒙思潮和西方思想,旧指包括程朱理学在内的儒家思想和传统道德;中指以儒家思想为主导的中国传统道德和早期启蒙思潮,西指东渐的西方近代自然科学和以基督教为首的西方信仰。可见,新与旧是就时间的先后而言的,中与西是就地域的中西而言的——都属于事实判断而非价值判断。在事实判断的层面上,新与旧、中与西一目了然、不言而喻。然而,深入到价值判断,问题立即变得复杂起来:一方面,就抽象意义而言,新思想中的早期启蒙思潮是新兴事物,作为新的生产力和生产关系的思想意识代表了历史发展的走向,在总体趋势上比旧思想占有优势,属于进步因素;程朱理学以及传统道德作为旧的生产力和生产关系的代表日益成为阻碍社会进步的消极力量,从历史趋势上看处于劣势。西方思想在明清之际的情形比较复杂,其进步与落后的道德评价不可一概而论。另一方面,就具体情况而言,明清之际社会存在的矛盾性和复杂性决定了新与旧、进步与落后的复杂性。具体地说,明清社会新与旧代表的两股道德势力同进步与落后两种道德评价之间并不是泾渭分明的,也不是一一对应或者平行关系,其间有对立、有交叉,呈现出微妙的辩证关系。简言之,无论是理论观点还是社会影响,明清之际的三大道德势力——早期启蒙思潮、西方思想与传统道德都带有两面性。这就是说,新并不等同于进步,旧也不能与落后完全画等号。正如以早期启蒙思潮和西方文化为代表的新思想在带给明末社会进步的同时,对社会道德的进一步堕落负有不可推卸的责任一样,程朱理学代表的传统道德本身带有与宗法社会血肉相连的致命缺陷和迂腐成分,其中的传统美德却具有普世的普适意义和价值。这表明,无论是早期启蒙思潮还是程朱理学都具有两面性,其进步性与腐朽性往往是同时存在的。在这一点上,以基督教和自然科学为主的西方文化也不例外。这是面对明清道德时首先必须清醒和注意的。这种实际情况启示后人,只有本着一分为二的态度辩证地具体问题具体分析,才能对明清社会的各种道德势力取其精华、弃其糟粕,并在含英咀华的基础上使之在当代更好地发扬光大。

下篇

宋元明清道德哲学个案研究

"命在义中"
——二程性命之学研究

二程对性命问题非常重视,并以"命在义中"、"以义安命"为核心提出了一套较为系统的性命之学。正如在其他领域的情形一样,作为理学的前驱和程朱理学的创立者,二程奠定了宋明理学性命之学的思维方式、理论格局和价值旨趣,那就是:以本体哲学、人性哲学与道德哲学的三位一体为框架,通过把天理说成是人与生俱来的本性使践履天理成为人之神圣使命。有鉴于此,研究二程的性命之学不仅可以加深对他们本人思想的理解,而且有助于解读全部宋明理学的秘密。

需要说明的是,二程虽是亲兄弟、同为宋明理学的奠基人,其学术倾向却不尽相同。按照学术界的普遍看法,大程——程颢(人称"伯淳"、"明道先生")的哲学带有主观唯心主义色彩,是宋明理学中陆王心学的先师;小程——程颐(人称"正叔"、"伊川先生")的哲学倾向于客观唯心论,成为程朱理学的雏形。尽管如此,他们之间的差别是同中之异。正如程颐自己所说:"我昔状明道先生之行,我之道盖与明道同。"(《二程集》《河南程氏遗书·附录》)同时,二程的思想资料均为其门人所记,有些标有"明道先生语"、"正叔先生语"以示区分,有些则未加区分地统标为"二先生语",难以弄清究竟出自大程还是小程。鉴于这种情况,在此,把两人的思想合而论之。

一、天命论——似曾相识的儒家学脉

儒家对天情有独钟,致使天命论成为宋代以前儒家本体哲学的基本内容和话语表达。作为儒家学脉的传人,二程接续了先前儒家的天命论传统,在天命论所宣扬的人命天定中探讨人之性命。

1. 天命论

二程沿袭了儒家的天命论传统,断言人的贵贱寿夭、道德操行皆由天命而定。正是在这个意义上,程颐宣称:"在天曰命,在人曰性。贵贱寿夭命也,仁义礼智亦命也。"(《二程集》《河南程氏遗书》卷二十四)在这里,他肯定了人命天定,在解释命时把贵贱寿夭和仁义礼智统统归为命这一范畴。这个说法不是新说,与孔孟别无二致。所不同的是,在承认命与性的内在勾连、指出两者具有内在统一性的基础上,程颐对命与性进行了区分,指出性与命的侧重不同。然而,从根本上说,把二程的天命论归于老生常谈并不过分。在他们看来,命由天定,天决定人之命是通过时时操纵人的每一种行为、每一个际遇实现的。例如,对于历史上褒贬不一的孔子见南子一事,二程解释说,孔子之所以见南子是礼当如此,况且,南子想见孔子也是出于好心,圣人岂能拒而不见?孔子见过南子之后,子路不悦,孔子发誓说"予所否塞者天厌之",即是说"使我至此者天命也。"(《二程集》《河南程氏外书》卷三)

在二程看来,命是通过人的种种遭遇表现出来的,在这个意义上,遇就是命,或者说,人的每一种际遇都是前定命运的安排、都是命该如此。下面的记载生动地体现了程颐的这个观念:

> 问:"命与遇何异?"先生曰:"人遇不遇,即是命也。"曰:"长平之战,四十万人死,岂命一乎?"曰:"是亦命也。只遇著白起,便是命当如此。又况赵卒皆一国之人。使是五湖四海之人,同时而死,亦是常事。"又问:"或当刑而王,或为相而饿死;或先贵后贱,或先贱后贵,此之类皆命乎?"曰:"莫非命也。既曰命,便有此不同,不足怪也。"(《二程集》《河南程氏遗书》卷十八)

按照程颐的看法,人之命都是上天赋予的:上天赋人以命,人必得其命,犹如影之随形、响之应声,必得其报,一切都在必然之中。于是,他又说:

> "知天命",是达天理也。"必受命",是得其应也。命者是天之所赋与,如命令之命。天之报应,皆如影响,得其报者是常理也;不得其报者,非常理也。然而细推之,则须有报应,但人以狭浅之见求之,便谓差互。天命不可易也,然有可易者,惟有德者能之。如修养之引年,世祚之祈天永命,常人之至于圣贤,皆此道也。(《二程集》《河南程氏遗书》卷十五)

循着这个逻辑,既然一切都是上天事先命定的必然,那么,人的命运都在不易之中——寿命当然也不例外——既不可增加,也不可减损。以此观之,道教徒们试图通过服食金丹祈求长寿的做法是徒劳而可悲的。故而,程颐云:

> 世之服食欲寿者,其亦大愚矣。夫命者,受之于天,不可

增损加益,而欲服食而寿,悲哉!(《二程集》《河南程氏遗书》卷二十五)

2. 命定论

人受命于天,这是古代思想家的一贯看法。从这个意义上说,二程的观点与先秦的孔子、孟子并无根本区别。然而,天如何赋人以命?人命同禀于天,为什么会相差悬殊?对这些问题的回答显示了二程不同于前人的独到之见。具体地说,二程性命之学的独特之处是,从理与气两个方面入手阐释现实世界中人之命的迥然相异,既注重人之命的相同性,又肯定其差异性。

二程认为,对于一个具体事物来说,气理不离、气神不离。程颢把之称为"气外无神,神外无气。"(《二程集》《河南程氏遗书》卷十一)这就是说,一方面,任何事物都包含有形的气与无形的神(又称理或道)两个方面。对于具体事物来说,理与气缺一不可,只有理气不离、相互结合,才能生成现实的人和物。另一方面,理与气的作用各不相同——"有形总是气,无形只是道。"(《二程集》《河南程氏遗书》卷六)二程进而指出,与万物一样,人是由理与气二种存在构成的。因此,人之命如何,取决于先天所禀的理与气的性质。这使二程把人之性命分为两个方面,即天理命定论与气数命定论。

对于天理命定论,二程认为,天地万殊、人物万形均禀理而生,理是人、物共同的本体依托。正因为如此,程颐断言:"动物有知,植物无知。其性自异,但赋形于天地,其理则一。"(《二程集》《河南程氏遗书》卷二十四)按照这种说法,由于都禀理而生,人与动植物"其理则一"。那么,人们不禁要问,既然"其理则一",其性亦应该

无异,为什么会"其性自异"呢?尤其是人与人之间为什么会显示出高贵与低贱的命运之差呢?对此,二程解释说:

> 人受天地之中,其生也,具有天地之德。柔强昏明之质虽异,其心之所同者皆然。特蔽有浅深,故别而为昏明;禀有多寡,故分而为强柔;至于理之所同然,虽圣愚有所不异……禀有多寡,故为强柔;禀有偏正,故为人物。(《二程集》《河南程氏经说》卷八)

在二程看来,人与物禀理而生是一样的,未尝不同;然而,人、物所禀却有偏正之不同。人禀理之正,故而为人;物禀理之偏,故而为物。同样,在现实社会中,有人智睿贤明,有人昏鲁愚顽;有人强健长寿,有人柔弱夭折,也是由于禀理的不同造成的:禀理之多而深者,便聪颖贤圣且长寿;禀理之寡而浅者,便童蒙不肖且短命。这便是二程的天理命定论。按照这一理论,人与人乃至人与物之异都是由于禀理不同所致,人的一切遭遇都可在理那里得到解释和说明。

鉴于人、物之生是理与气的共同作用,二程不仅讲天理命定论,而且讲气数命定论。并且,相比较而言,在说明人与物、人与人之命运的参差不齐时,他们讲的最多的还是气数命定论。二程认为,与理一样,气也是化生万物的必不可少的要素。这便是:"万物之始,皆气化;既形,然后以形相禅,有形化;形化长,则气化渐消。"(《二程集》《河南程氏遗书》卷五)这种看法使二程走向了气数命运论。对于气数命定论是什么,在回答"上古人多寿,后世不及古,何也"的提问时,程颐指出:"气便是命也……如人生百年,五十以前为盛,五十以后为衰……虽赤子才生一日,便是减一日也。形体日自长,而数日自减,不相害也。"(《二程集》《河南程氏遗书》卷十八)在他看来,先天禀气的好坏直接决定了一个人的命,在这个意义上,气就是命。基于这种认识,他断言,先天所禀之气的性质决定人的寿夭,并且指出气对于人的差异的这种决定是通过善恶之气与天地之气的互动完成的。有鉴于此,程颐宣称:

然人有不善之心积之多者,亦足以动天地之气,如疾疫之气亦如此……才仁便寿,才鄙便夭。寿夭乃是善恶之气所致。仁则善气也,所感者亦善。善气所生,安得不寿?鄙则恶气也,所感者亦恶。恶气所生,安得不夭?(《二程集》《河南程氏遗书》卷十八)

这就是说,人虽然都禀气而生,但气有善恶之别。禀善气者便寿,禀恶气者便夭,这是必然的性命法则。进而言之,禀气的性质不仅决定人之寿命长短,而且决定人之善恶圣凡。正是在这个意义上,二程断言:"性即气,气即性,生之谓也。人生气禀,理有善恶。然不是性中元有此两物相对而生也。有自幼而善,有自幼而恶,是气禀有然也。"(《二程集》《河南程氏遗书》卷一)在他们看来,人禀气而生,气对于人与生俱来。人之所以显示出善与恶的差别,是先天所禀之气的善恶决定的。例如,人与动植物同样禀气而生,而人之所以为人、动植物之所以成为动植物,究其终极原因是禀气的偏正决定的。对此,二程声称:"动植之分,有得天气多者……然要之,虽木植亦兼有五行之性在其中,只是偏得土之气,故重浊也。"(《二程集》《河南程氏遗书》卷二)再如,同为人类,禀气的清浊决定了人与人之间的圣凡慧愚之别,这用程颐的话说便是:"禀得至清之气生者为圣人,禀得至浊之气生者为愚人。"(《二程集》《河南程氏遗书》卷二十二)那么,气的清浊为什么会决定人的善恶圣愚呢?对此,他一再解释说:

气清则才善,气浊则才恶。(《二程集》《河南程氏遗书》卷二十二)

性出于天,才出于气。气清则才清,气浊则才浊。譬犹木焉,曲直者性也,可以为栋梁,可以为榱桷者才也。才则有善与不善,性则无不善。(《二程集》《河南程氏遗书》卷十九)

这告诉人们,作为构成人的质料,气直接决定人的才资。因此,对于每一个人来说,气清则才清而善且圣,气浊则才浊而恶且愚。

总之,二程一面断言天理主宰人之性命,一面把性命交给了气。在他们看来,天地运行化生人与万物便是理,没有天地的运行之理便没有万物。因此,理是人、物产生的本体根基。同时,理只能充当万物之神,而不能充当构成万物的材料和才质。所以,天地生物不仅要有运行不息之理,而且需要气以成万物之形。正是基于这种认识,二程反复宣称:

天只主施,成之者地也。(《二程集》《河南程氏遗书》卷六)

凡有气莫非天,凡有形莫非地。(《二程集》《河南程氏遗书》卷六)

进而言之,既然人之命是理与气共同决定的,那么,在操纵人之命运的过程中,理与气的关系究竟怎样呢?对此,二程解释说:"义理与客气常相胜,又看消长分数多少,为君子小人之别。义理所得渐多,则自然知得;客气消散得渐少,消尽者是大贤。"(《二程集》《河南程氏遗书》卷一)这清楚地表明,二程主张理与气共同决定人之性命,但对二者区别对待。具体地说,他们强调的是理之善与气之恶的区别。基于对理、气善恶不同的判断,二程把理与气视为对立关系,进而指出道德修养——成为"大贤"的朝圣之路就是义理战胜客气、使客气消磨殆尽的过程。这就是说,他们讲理与气对于人之命运而言缺一不可,对理气的态度却迥然不同:一保之,一消之;进而言之,正如义理决定了加强道德修养的正当性、可能性一样,客气凸显了道德修养的必要性、迫切性。正是在可能性与必要性的相互印证中,二程让人相信,只要渐积天理、渐消客气,有朝一日客气消净了,天理积纯了,人便修成了大贤大圣。

二、天、理、道、性、命、心为一——本体－人性－道德哲学的三位一体

作为儒家的学术传人,二程推崇天命论;作为理学的开拓者,他们所讲的天不同于先前,是一种义理之天。正因为如此,二程突出天、理、道、性、心与命的内在联系。也正是在天、理、道、性、命为一的逻辑框架和价值旨趣中,他们为人的安身立命找到了根基。

1. 天、理、道为一

二程沿袭了中国传统的天本论,认为天地为万物的本原。按

照他们的说法,所谓上天,其实只是苍苍然之一片,天地生物并非出自天的好恶情感或有意安排。事实上,天地自然动静,万物自然化生。正是在这个意义上,二程反复宣称:

> 如天之所以为天,天未名时,本亦无名。只是苍苍然也,何以便有此名?盖出自然之理,音声发于其气,遂有此名此字。(《二程集》《河南程氏遗书》卷一)
> 天地动静之理,天圆则须转,地方则须安静。南北之位,岂可不定下?所以定南北者,在坎离也。坎离又不是人安排得来,莫非自然也。(《二程集》《河南程氏遗书》卷二)

二程进而指出,天的自然法则便是天道,天道即是理,理即是天道。有鉴于此,他们一致声明:

> 言天之自然者,谓之天道。(程颢:《二程集》《河南程氏遗书》卷十一)
> 又问:"天道如何?"曰:"只是理,理便是天道也。"(程颐:《二程集》《河南程氏遗书》卷二十二)

这表明,二程所讲的"天之生物无穷"(《二程集》《河南程氏遗书》卷六)的本体之天既不是冥冥之天,也不是意志之天,而是义理之天。在这个意义上,理、道、天同实而异名,可以视为同一个概念。正因为如此,程颐指出:"乾道变化,生育万物,洪纤高下,各以其类,各正性命也。天所赋为命,物所受为性。"(《二程集》《周易程氏传》卷一)在他看来,人和万物都是在天的运行中产生的,都产生于天的自然之道,这个自然法则就是道。从这个意义上说,万物产生于天,也就是产生于理,也就是产生于道。这正如程颐所言:"天有是理,圣人循而行之,所谓道也。圣人本天,释氏本心。"(《二程集》《河南程氏遗书》卷二十一)

义理之天以及天、理、道为一的提出不仅开拓了宋明理学有别于先前儒家的思维方式和价值旨趣,而且在义理之天的背景下为人的安身立命提供了新的依托。具体地说,二程所讲的天、道又称天理,其实际所指即以三纲五常为核心的伦理道德和行为规范。对此,二程屡屡断言:

> 道之外无物,物之外无道,是天地之间无适而非道也。即父子而父子在所亲,即君臣而君臣在所严。以至为夫妇、为长幼、为朋友,无所为而非道,此道所以不可须臾离也。(《二程集》《河南程氏遗书》卷四)

> 所以谓万物一体者,皆有此理,只为从那里来。(《二程集》《河南程氏遗书》卷二)

进而言之,了解二程对天理的"自家体贴"便不难看出,他们把天理视为宇宙本体、用天理来解释人的性命实际上是把伦理道德说成是人与生俱来的本性,以期让人把践履三纲五常视为自己与生俱来的先天之命。

2. 天、理、命、性、心为一

从天生万物的认识出发,二程断言,命即天的命令,天与命为一。在这个意义上,程颢指出:"言天之付与万物者,谓天命。"(《二程集》《河南程氏遗书》卷十一）在他看来，天命是天赋予万物的先天命令，万物禀受了天命便形成了各自的性，率性而为、践履天理便是道。因此，天、命、性、道同实而异名，其真实所指是一样的。有鉴于此，二程再三强调：

> 在天曰命，在人曰性，循性曰道。（《二程集》《河南程氏粹言》卷一）

> 称性之善谓之道，道与性一也。以性之善如此，故谓之性善。性之本谓之命，性之自然者谓之天，自性之有形者谓之心，自性之有动者谓之情，凡此数者皆一也。（《二程集》《河南程氏粹言》卷二十五）

> 上天之载，无声无臭之可闻。其体则谓之易，其理则谓之道，其命在人则谓之性，其用无穷则谓之神，一而已矣。（《二程集》《河南程氏粹言》卷一）

二程进而指出，由天赋予人的命和人所禀受到的性都表现为主宰人身的心，命、理、性、心说的是一回事。这表明，心、性、命、理同实而异名，只是角度和侧重不同而已。于是，程颐不厌其烦地断言：

> 在天为命，在义为理，在人为性，主于身为心，其实一也。（《二程集》《河南程氏遗书》卷十八）

> 心即性也。在天为命，在人为性，论其所主为心，其实只是一个道。（《二程集》《河南程氏遗书》卷十八）

> 自理言之谓之天，自禀受言之谓之性，自存诸人言之谓之

心。(《二程集》《河南程氏遗书》卷二十二)

3. "穷理,尽性,至命,一事也"

从心、性、天只是一个理的认识出发,二程进而宣称,道就在人之身内而不在人之身外。于是,他们断言:"道在己,不是与己各为一物,可跳身而入者也。"(《二程集》《河南程氏遗书》卷一)二程之所以断言道在己身之内,是因为在他们看来,道即是人与生俱来的性。对此,程颢解释说:

> 道即性也。若道外寻性,性外寻道,便不是。圣贤论天德,盖谓自家元是天然完全自足之物。若无所污坏,即当直而行之;若小有污坏,即敬以治之,使复如旧。所以能使如旧者,盖为自家本质元是完足之物。(《二程集》《河南程氏遗书》卷一)

从道即性、因而既不可性外寻道亦不可道外寻性和性之所主便是心的认识出发,二程进而断言,心便是道、便是天,尽心便可知性、便可知天。正是在这个意义上,他们指出:"只心便是天,尽之便知性,知性便知天。当处便认取,更不可外求。"(《二程集》《河南程氏遗书》卷二)在二程看来,正如理、性、命未尝有异一样,由心所参与的穷理、尽性、知天和知命也未尝有异。其实,穷理、尽性与至命说的是同一件事。对此,他们不止一次地说道:

> 理也,性也,命也,三者未尝有异。穷理则尽性,尽性则知天命矣。天命犹天道也,以其用而言之则谓之命,命者造化之

谓也。(《二程集》《河南程氏遗书》卷二十一)

穷理,尽性,至命,一事也。才穷理便尽性,尽性便至命。因指柱曰:"此木可以为柱,理也;其曲直者,性也;其所以曲直者,命也。理,性,命,一而已。"(《二程集》《河南程氏外书》卷十一)

这就是说,穷理、尽性、至命在内涵上指的是同一件事,在时间上也是同时的。换言之,三者无论在空间上还是在时间上都是一致的。进而言之,既然至命、穷理、尽性是一回事,那么,至命就必须要穷理和尽性。这是二程对待命运的本体依托和逻辑构想。

三、"命在义中"——儒家道德主义的变奏和宋明印记

从理、性、命"未尝有异"和"穷理,尽性,至命,一事也"的本体思路和思维方式出发,二程把命与义联系起来,进而断言命就是理、"命在义中",并提出了"以义安命"和"以义顺命"的安身立命之方。

1. 安命

二程之所以讲命,根本目的和宗旨不是让人改变命而是让人安命、顺命。具体地说,从一切都是命中注定的命定论出发,他们主张,人应该顺受其命,在面对一切生死存亡、贫富贵贱时听任命运的安排。据载:

(二程曰:——引者加)用舍无所预于己,安于所遇者也。

或曰:然则知命矣。夫曰安所遇者,命不足道也。君子知有命,故言必曰命。然而安之不以命,知求无益于得而不求者,非能不求者也。(《二程集》《河南程氏经说》卷六《论语解·述而》)

在二程看来,命运的吉凶是由先天禀理和禀气的性质决定的,人对此根本无法改变。既然如此,人就应该顺应命运的安排,豁达地对待一切生死和贫贱。正是在这个意义上,程颢指出:"死生存亡皆知所从来,胸中莹然无疑,止此理尔……死之事即生是也,更无别理。"(《二程集》《河南程氏遗书》卷二)与此相反,如果人不能从容地对待死生利害,非要自己操纵吉凶祸福,那是行不通的。对此,二程写道:"君子于任事之际,须成败之由在己,则自当生死以之。今致其身,使祸福死生利害由人处之,是不可也。"(《二程集》《河南程氏遗书》卷二)鉴于上述认识,程颐对孔子的弟子经商求富、以图改变生活状况的作法含有微词:"货殖便生计较,才计较便是不受命。不受命者,不能顺受正命也。"(《二程集》《河南程氏遗书》卷十九)在他看来,经商乃是不认命、不顺命的表现,试图通过经商改变自己的生活状况或社会地位便是与命计较,因为这是通过自己的作为改变先天命运的安排。这种做法不仅是不可能的,而且是有害的,其直接后果就是使人不能顺受正命。由此,二程感叹道:"人莫不知命之不可迁也,临患难而能不惧,处贫贱而能不变,视富贵而能不慕者,吾未见其人也。"(《二程集》《河南程氏粹言》卷二)可见,他们待命的基本原则和方式是安,安的主要表现和基本内容即安于贫贱,达到孟子所讲的"富贵不能淫,贫贱不能移,威武不能屈。"(《孟子·滕文公下》)

2. 知命

二程强调,人要真正地顺命、受命和安命,首先要知命。为了让人知命,他们一面断言人的生死寿夭、贫富贵贱、清浊圣凡皆由命定,一面对命作了保留和侧重——只讲"至于命",而不讲"穷命"或"尽命"。对此,二程指出:"理则须穷,性则须尽,命则不可言穷与尽,只是至于命也。"(《二程集》《河南程氏遗书》卷二)可见,他们让人"至于命",而不让人"穷命"或"尽命",目的是要人对于先前注定的种种命予以不同的对待。不仅如此,为了达到这一目的,二程提出了具体区分和对待命的方法,这便是:

> 知命者达理也,受命者得其应也。天之应若影响然,得其应者常理也。致微而观之,未有不应者;自浅狭之所见,则谓其有差矣。天命可易乎?然有可易者,惟其有德者能之。(《二程集》《河南程氏粹言》卷二)

这清楚地表明,二程认为,对待命有豁达与狭隘两种不同的心态,计较贫贱、富贵之差是浅狭之见。言外之意是,人应该超越浅狭之见而无视贫富、贵贱之别,同时用德来改变命。不难看出,他们的这个做法实际上是把命区分为贫富贵贱与圣凡智愚两种性质,进而分别对待:对于前者免生分别,安而不易;对于后者不甘示弱,以德易之。换言之,二程让人逆来顺受、自甘认命的是人的生存状况、经济条件和社会地位,在生死寿夭、贫富贵贱和通塞荣辱等方面让人顺命、受命、安于命;正是在这个意义上,他们宣称:"贤不肖之在人,治乱之在国,不可归之命。"(《二程集》《河南程氏粹言》卷一)与对待生死寿夭之命的态度截然不同,对于人的圣凡、贤不肖等道德完善和精神追求,二程则主张以德易之,不认命。基于这种理解,他们强调命只有一种,那就是先天禀受的命。至于犯上作乱而死者,不可归于命。正是在这个意义上,程颐指出:"命皆一也。莫之致而至者,正命也。桎梏而死者,君子不谓命。"(《二程集》《河南程氏外书》卷六)针对这种说法,有人提问说:"'桎梏而死者,非正命也',然亦是命否?"对此,程颐回答说:"圣人只教人顺受其正,不说命。"有人又问:"桎梏死者非命乎?"程颐答曰:"孟子自说了'莫非命也',然圣人却不说是命。"(《二程集》《河南程氏遗书》卷十八)既然只讲正命不讲非命、只可顺命不可易命,那么,人究竟如何区分命与非命?对此,程颐说道:

口目耳鼻四支之欲,性也。然有分焉,不可谓我须要得,只有命也。仁义礼智,天道在人,赋于命有厚薄,是命也。然有性焉,可以学,故君子不谓命。(《二程集》《河南程氏遗书》卷十九)

这就是说,二程知命主要是让人知道这样一个道理:对于生理需求和物质生活应该自认有命,不作奢求,从而使贫者、贱者不求富、不攀贵;相反,对于精神生活和道德追求应该自强不息、孜孜以求。至此,可以清楚地看出,他们让人所安、所顺之命只是贫贱、寿夭之命;对此,二程断言命不可易、不可移,以让人安于现实的名分和等级制度而不做改变。然而,这只是问题的一个方面。问题的另一方面是,只有这些还不够,在安于现实社会地位、甘于贫贱的基础上,人要对道德完善孜孜不倦,把超凡入圣视为神圣使命,不顾圣凡慧愚的先天差别执著而行。对此,他们称之为命之可易者。这就是二程知命的双重目的。

3."命在义中"

二程一面教导人对于贫富、贵贱受之、顺之,一面又告诫人命有可移者,在"有性焉,可以学"的前提下,不把圣凡归于命。他们的这套主张和宗旨突出了道德在待命中的作用,使以德待命成为对待命的根本原则和方法。这套原则和方法套用二程的话语结构便是"命在义中"。正是在这个意义上,他们指出:"贤者惟知义而已,命在其中。中人以下,乃以命处义……若贤者则求之以道,得之以义,不必言命。"(《二程集》《河南程氏遗书》卷二)在二程看来,中人以下者往往认为命中注定的就是应该的,其实,有道德修养的贤者则不论命定与否,只是以道求之、以义得之;对于这些贤者而言,不说命而只知有义,因为命即在义中。为了让人以义安命,二程进一步解释说,义并非因事而显,而是性中自有。命与性一也,性中自有义,也就证明了命中自有义,故而命在义中。这正如书中所载:

> 义还因事而见否?曰:"非也。性中自有。"或曰:"无状可见。"曰:"说有便是见,但人自不见,昭昭然在天地之中也。且如性,何须待有物方指为性?性自在也。"(《二程集》《河南程氏遗书》卷十八)

具体地说,二程所讲的"命在义中"包括两个方面的内涵:
其一,不计利害安危,惟义而行

"命在义中"要求人不计利害、不虑安危,惟义而行。二程认为,趋利避害乃人之常情,然而,圣人做事不看利害得失,只看义之当为与不当为——当为便为,不当为便不为,这便是命。对此,程颐说道:"利害者,天下之常情也。人皆知趋利而避害,圣人则更不论利害,惟看义当为与不当为,便是命在其中也。"(《二程集》《河南程氏遗书》卷十七)循着这个逻辑,理国治民应尽其防虑之道,至于后果免与不免,皆安然处之;不以危害危难而动其心,但行吾义而已。换言之,命即在行义之中。这用二程的话说便是:

> 当为国之时,既尽其防虑之道矣。而犹不免,则命也。苟唯致其命,安其然,而危害险难无足以动其心者,行吾义而已,斯可谓之君子。(《二程集》《河南程氏粹言》卷二)

其二,不顾成败后果,惟义而行

"命在义中"要求人尽管知道后果已不可奈何也不放弃努力,惟义而行。二程指出:"处患难,知其无可奈何,遂放意而不反,是岂安于义命者?"(《二程集》《河南程氏粹言》卷一)有鉴于此,他们强调,对于达到"命在义中"境界的人来说,从不计利弊得失之后果,一切皆惟义而行。即使结局已经不可挽回、无可奈何,仍然义无反顾地以义而行,做自己应该做的事。正是在这个意义上,二程宣称:

> 大凡利害祸福,亦须致命。须得致之为言,直如人以力自致之谓也。得之不得,命固已定,君子须知佗命方得……盖命苟不知,无所不至。故君子于困穷之时,须致命便遂得志。其得祸得福,皆已自致,只要申其志而已。(《二程集》《河南程氏

遗书》卷二）

对此,程颐举例子解释说,孔子既然已知宋桓魋不能害己,为什么又微服过宋？舜既然预知其弟象将来要杀自己,为什么又象忧亦忧、象喜亦喜？国祚长短,自有命数,人君为什么还要汲汲求治？禹稷为了救饥溺者,三过家门而不入,难道他们不知道饥溺死者自有命,为何救之如此之急？"数者之事,何故如此？须思量到'道并行而不相悖'处可也。"（《二程集》《河南程氏遗书》卷十八）下面的这则故事反映了程颢与程颐别无二致的待命态度：

扶沟地卑,岁有水旱。明道先生经画沟洫之法以治之,未及兴工而先生去官。先生曰："以扶沟之地尽为沟洫,必数年乃成。吾为经画十里之间,以开其端。后之人知其利,必有继之者矣。夫为令之职,必使境内之民,凶年饥岁免于死亡,饱食逸居有礼义之训,然后为尽。故吾于扶沟,兴设学校,聚邑人子弟教之,亦几成而废。夫百里之施至狭也,而道之兴废系焉。是数事者,皆未及成,岂不有命与？然知而不为,而责命之兴废,则非矣。此吾所以不敢不尽心也。"（《二程集》《河南程氏外书》卷十二）

可见,"命在义中"不仅强调命与义的关联,而且提出了以义为标准的处命原则。在此,由于义是判断、衡量命的唯一标准,决定了"命在义中"的归宿是以义取代命,即只讲义、不讲命——至少是对贫富、贵贱等现实差别不妄自计较；如果有命,超凡入圣才是唯一的命。

四、"以义安命"——性命之学的道德旨归和修养功夫

如上所述,二程始终强调命与义的内在关联,讲命时总是联系到义;在此过程中,他们重视命与义的区别,认为当不当行便是义,得失祸福便是命。经过如此界定,命与义的界限豁然开朗。于是,对于一个人来说,他的一切行为和遭遇都可归为义与命两个字。据载:

> 崇宁初,家叔舜从。以党人子弟补外官,知河南府巩县,请见伊川先生,问"当今新法初行,当如何做?"先生云:"只有义命两字。当行不当行者,义也。得失祸福,命也。"(《二程集》《河南程氏外书》卷十二)

二程进而指出,一个人必须通晓义命之理,才能立足于社会。这便是:"合天人,通义命,此大贤以上事。"(《二程集》《河南程氏外书》卷七)在他们看来,义指做事应该还是不应该的道理,命指做事之后得吉还是得凶的结果。义与命有相通之处,也难免发生矛盾和冲突。当义与命发生抵牾之时,应该如何做呢?对此,"命在义中"给出了答案。从"命在义中"的认识和原则出发,二程强调:"尽性至命,必本于孝弟。穷神知化,由通于礼乐。"(《二程集》《河南程氏粹言》卷二)对此,刘安节问曰:"孝弟之行,何以能尽性至命也?"二程回答说:

> 世之言道者,以性命为高远,孝弟为切近,而不知其一统。

道无本末精粗之别,洒扫应对,形而上者在焉。世岂无孝弟之人?而不能尽心至命者,亦由之而弗知也。人见礼乐坏崩,则曰礼乐亡矣,然未尝亡也。夫盗贼,人之至不足道者也,必有总属,必有听顺,然后能群起,而谓礼乐一日亡,可乎?礼乐无所不在,而未尝亡也,则于穷神知化乎何有?(《二程集》《河南程氏粹言》卷二)

由上可见,"命在义中"的归宿便是践履仁义道德,即以义代替了命。循此原则和思路,在现实生活中,人应该如何处理命与义的关系、正确地安身立命呢?二程给出了如下回答。

1. 以命辅义

二程认为,对于人的行为而言,命与义缺一不可;然而,命与义的地位并不相同,在判断、选择行为或处理义利关系时,虽然命与义都要看,但是,必须以义为主。有鉴于此,他们呼吁人做事要以义为主、以命辅义,义永远是行为动机和宗旨。正是基于这一宗旨,二程断言:

"乐天知命",通上下之言也。圣人乐天,则不须言知命。知命者,知有命而信之者尔……命者所以辅义,一循于义,则何庸断之以命哉?若夫圣人之知天命,则异于此。(《二程集》《河南程氏遗书》卷十一)

2. 以义安命

二程主张以命辅义,就是让人"以义安命"、"以义处命"。这正如他们所感叹的那样:"人莫不知有命也,临事而不惧者鲜矣。惟圣人为能安命。"(《二程集》《河南程氏经说》卷六《论语解·述而》)对此,二程解释说,人都说贤者好贫贱而恶富贵,这是违反人之常情的。其实,贤者也好富贵而恶贫贱,只是他们"守义安命"而不像一般人那样妄行改命罢了。有鉴于此,二程得出了是"以义安命"还是"以命安义"是区分君子与小人的标准的结论。这正如书中所载:

问:"富贵、贫贱、寿夭,固有分定,君子先尽其在我者,则富贵、贫贱、寿夭,可以命言;若在我者未尽,则贫贱而夭,理所当然;富贵而寿,是为徼幸,不可谓之命。"曰:"虽不可谓之命,然富贵、贫贱、寿夭,是亦前定……故君子以义安命,小人以命安义。"(《二程集》《河南程氏遗书》卷二十三)

在这里,与"命在义中"的思路和做法别无二致,二程以贫富、贵贱是命中"前定"为借口,让人以义加以安之。这表明,他们让人淡然对待贫贱和禄仕,在处理一切现实生活中的遭遇和义利关系时,都能够以义安命。书中的一则记载集中表达了他们这方面的思想:

问:"家贫亲老,应举求仕,不免有得失之累,何修可以免此?"曰:"此只是志不胜气。若志胜,自无此累。家贫亲老,须用禄仕,然得之不得为有命。"曰:"在己固可,为亲奈何?"曰:"为己为亲,也只是一事。若不得,其如命何?……人苟不知命,见患难必避,遇得丧必动,见利必趋,其何以为君子!然圣人言命,盖为中人以上者设,非为上知者言也。中人以上,于得丧之际,不能不惑,故有命之说,然后能安。若上智之人,更不言命,惟安于义;借使求则得之,然非义则不求,此乐天者之事也。上智之人安于义,中人以上安于命,乃若闻命而不能安之者,又其每下者也。"(《二程集》《河南程氏遗书》卷十八)

按照二程的标准,闻命而不能安是最下等的人,这种人几同于小人;中等以上的人安于命,这种人不在命外另有别求;上智之人只讲义、不再讲命,这种人惟义为安、随遇而乐。对于这三种不同的对待命的态度、境界和做法,二程显然否认第一种,赞扬第三种,因为尽管第二种是常人应有的心态和做法,但是,第三种是通过道德修养达到的理想境界。其实,二程所讲的"以义安命"包括下面的"以义处命"和"守身"等都是为了臻于这一境界。程颐把安于这一境界即"惟安于义"称为"安土顺命",并且急于传授"安土顺命"之道。于是,他说道:"安土顺命,乃所以守常。素其位,不援上,不陵下,不怨天,不尤人。居易俟命,自迩自卑,皆安土顺命之道。"(《二程集》《河南程氏经说》卷八《中庸解》)进而言之,为了从小人转向中人、由中人臻于圣人境界,二程提出了"以义安命"、"以义处命"、安身养义等具体方法和原则。

3. 以义处命

按照二程的说法,命是圣人为中人及中人以下的人设立的,旨在告诉这些人以义安命;道德修养高深的君子不应该仅仅满足于安命,而应提升为最高的境界——"以义处命"。对此,他们说道:"志胜气,义处命,则无忧矣……人苟不知命,见利必趋,遇难必避,得丧必动,其异于小人者几希。"(《二程集》《河南程氏粹言》卷一)由此可见,"以义处命"就是以义代命而不复言命。人进入

到这一境界,便只讲义当如何,而完全没有了命的位置。于是,二程指出:

> 言命所以安义,从义不复语命。以命安义,非循理者也。(《二程集》《河南程氏文集》卷八《杂说》)

对此,二程举例子说,君子有义有命。孟子所云"求则得之,舍则失之。是求有益于得也,求在我者也。"这是言义。孟子所云"求之有道,得之有命,是求无益于得也,求在外者也。"这是言命。对于圣人而言,则只有义而没有命。所以说"行一不义,杀一不辜,而得天下,不为也。"(《二程集》《河南程氏外书》卷三)这是说义而不言命。同样的道理,"富,人之所欲也,苟于义可求,虽屈己可也;如义不可求,宁贫贱以守其志也。非乐于贫贱,义不可去也。"(《二程集》《河南程氏经说》卷六《论语·述而》)基于这种认识,二程往往只讲义而不讲命。据载:

> 或问:"周公欲代武王之死,其有是理邪?抑曰为之命邪?"子曰:"其欲代其兄之死也,发于至诚,而奚命之论?然则在圣人,则有可移之理也。"(《二程集》《河南程氏粹言》卷二)

这里所讲的"可移之理"即指"义当如此"。二程的这个说法实质上是用义取消、代替了命。于是,二程这样告诫人们:

> 君子处难,贵守正而不知其他也。守正而难不解,则命也。遇难而不固其守,以自放于邪滥。虽使苟免,斯亦恶德也。知

义命,不为也。(《二程集》《河南程氏粹言》卷二)

4. 守身养义

二程指出,要想正确处理命与义的关系,正确的做法和最佳境界是"以义安命"、"以义处命"。这不是常人境界,而是圣人境界。另一方面,这一境界是每个人都必须追求的,况且,这一境界可以通过不懈的努力而实现。在他们看来,实现这一境界的具体做法是加强自身的修养,其中,最关键的是守身。据载:

> 问:"守身如何?"曰:"守身,守之本。既不能守身,更说甚道义?"曰:"人说命者,多不守身,何也?"曰:"便是不知命。孟子曰:'知命者不立岩墙之下'。"或曰:"不说命者又不敢有为。"曰:"非特不敢为,又有多少畏恐,然二者皆不知命也。"(《二程集》《河南程氏遗书》卷十八)

二程所说的"守身"即道德修养的功夫和方法,主要指孟子所讲的涵养浩然之气。在他们看来,人居天地真元之气中,犹如鱼生水中一般;人须涵养天地之气而生,就像鱼须涵养水而得活一样。正是在这个意义上,二程一再强调:

> 真元之气,气之所由生。不与外气相杂,但以外气涵养而已。若鱼在水,鱼之性命非是水为之,但必以水涵养,鱼乃得生尔。人居天地气中,与鱼在水无异。至于饮食之养,皆是外气涵养之道。出入之息者,阖辟之机而已。所出之息,非所入之气。但真元自能生气,所入之气,止当辟时,随之而入,非假

此气以助真元也。(《二程集》《河南程氏遗书》卷十五)

集义生气。方其未养也,气自气尔;惟集义以生,则气与义合,无非道也。合非所以言气,自其未养言之也。(《二程集》《河南程氏粹言》卷一)

至此,在以义代命的基础上,二程把待命的方法最终落实到道德修养和躬行实践上,既遵循了儒家的道德主义传统,又开创了性命之学道德化,进而用道德修养统摄乃至取代性命之学的新思路。

如上所述,二程宣扬天命论,却不再像孔子那样把天说成是冥冥之中的神秘主宰而断言天意不可知、天机不可泄露,他们增加了天的透明度,其具体办法是断言天所依循的法则就是理,理的实际内容即以三纲五常为核心的道德观念和行为规范。这从本体哲学的高度对伦理道德进行了神化和夸大,并使天理成为人存在的本体依托和安身立命的前提。进而言之,二程的这个做法决定了他们安身立命的方法、途径既不是战战兢兢的畏天命,也不是看破红尘的待天命。事实上,二程向人泄露的天机便是以德配天,这套用他们本人的话语结构即"以义安命"和"以义处命"。换言之,通过对"命在义中"、"以义安命"的阐释,二程张扬了道德主义的行为模式和价值旨趣,在以道德修养对待命的同时,为人指明了通向圣贤的大道和安身立命的方法。

在延续儒家道德主义旨归的过程中,二程的"命在义中"始终以道德准则——义为标准来审视、对待命。基于这一理论宗旨和价值取向,在对命的阐释中,他们不是关注命之贵贱、贫富而是侧重命与义的关系,致使其性命之学演绎为义与利的关系;最后,对义的推崇使其在道德追求和超凡入圣中取消了命。

　　进而言之，二程"以义安命"及其以义代替命的根本目的在于，当命与义发生矛盾时，叫人只讲义而不讲命，这实际上是说，遵循宗法道德、安于等级制度既定的名分就是命。至此，道德修养、精神追求成为命的唯一内涵和待命的唯一做法。在这方面，二程讲命让人安贫，不对富贵、名利、仕禄孜孜以求，一切漠然置之；同时，他们讲义让人乐道，不倦怠、不沮丧，一切惟义而安、一切惟义而行。这便是"命在义中"、"以义处命"的真正含义和宗旨。可见，二程以义来审视命的做法尤其是对义与命截然相反的态度表露了他们既想让人在物质生活上认命而安于现状、又在道德追求中不认命而执著追求的双重心理。

　　就逻辑框架、思维方式和社会影响而言，二程断言天理是本原，进而强调天理表现为人之性命，这实际上是通过强调天理赋人以性命加强了以三纲五常为核心的伦理道德钳制身心的必然性，加重了对人的精神统治和行动束缚。二程的这个说法开辟了宋明理学本体哲学、人性哲学与道德哲学三位一体的学术风尚，奠定并引领了理学的理论态势和思想走向。与此相应，从二程开始，理学家把性与命都视为双重的。二程讲天命论，又用气禀来说明人、物乃至人与人之间的命之差异，走向气禀论。于是，性命成为理命与气禀并行不悖的两个方面。受二程"气即性"与"性即理"的影响，张载讲人性时把天地之性与气质之性并提；同样，朱熹宣布天命之性与气质之性一起构成了人性之双重。此外，朱熹"命有两种"的说法也与二程如出一辙。

理气双重的审视维度和价值取向

——朱熹性命之学研究

作为伦理本位的具体表现,古代哲学注重性命之学,宋明理学更是如此;作为道德形而上学,宋明理学的性命之学与其形上建构一脉相承,并在本体框架中以共性与个性双重的审视维度和价值取向解读人之性命,呈现出不同于以往的时代特征;作为宋明理学性命之学最典型的形态,朱熹的性命之学既彰显了个性魅力,又极富时代气息。研究朱熹的性命之学,在客观解读朱熹本人思想的同时,有助于把握宋明时期性命之学的一般特征。

一、理本论与理气观——性命之学的形上背景和思维框架

作为程朱理学的集大成者,朱熹恪守理本论。在他看来,宇宙之间,只有理才是最高的根本性的存在;正如天禀得了理才成为天、地禀得了理才成为地一样,世间万物都由于禀得了理才获得了自己的存在和本性。正是在这个意义上,朱熹宣称:

宇宙之间,一理而已。天得之而为天,地得之而为地。而

凡生于天地之间者,又各得之以为性。(《朱文公文集》卷七十《读大纪》)

朱熹的这段文字表达了两层意思:第一,理是世界本原,宇宙间的一切都是理的派生物,都作为理的产物和表现而存在。第二,理派生天地万物即赋之以各自不同的本性。这表明,正如所有存在的根基都必须追溯到理一样,人之性命只有在宇宙本体——理那里才能得到最终的解释和说明。可见,理本论是其性命之学的本体根基,也使他的性命之学具有了形上意蕴。这表明,只有从理派生万物的本体哲学入手,才能从源头处领悟朱熹的性命之学。

那么,被朱熹奉为宇宙本体的理究竟是何种存在?理为什么能够或者说怎样派生了世界万物呢?为了说明这些问题,首先要回顾他对理的界定和阐释。

1. 理的特点和规定

理是朱熹哲学的第一范畴,朱熹对之论述颇多。在他的哲学中,理具有如下特点和规定:

其一,先于天地、绝对永恒

朱熹认为,作为宇宙本体的理是一种绝对永恒的存在,其主要表现有二:第一,理在时间上具有优先性,早在天地存在之前就已经存在了。正是在这个意义上,他断言:

未有天地之先,毕竟也只是理。有此理,便有此天地;若无此理,便亦无天地,无人无物,都无该载了!(《朱子语类》卷一《理气上》)

这表明,理存在于天地之前,在时间上具有天地万物无法比拟的优越性。不仅如此,朱熹进一步把理在时间上的优先性转化为存在上的优先性,宣称理是天地、人物的本原,致使人、万物乃至天地都成为理的派生物。第二,理凌驾于天地、万物之上,不会因为天地万物的动静、生灭而有所改变,甚至将来天地毁灭、宇宙不存在了,理仍然岿然不动、浩然永存。于是,他又说:"且如万一山河大地都陷了,毕竟理却只在这里。"(《朱子语类》卷一《理气上》)可见,朱熹所讲的理不是事物的内在条理或规律,只能是一种神秘的绝对存在。

其二,完美无缺、独一无二

朱熹强调,作为世界本原的理只有一个,是至高无上、独一无二的。对此,他援引佛教"月印万川"的例子解释说,天理绝对无二,犹如天上的月亮只有一个;天理体现于万物,就像天上的同一轮明月映在川流湖泊之中形成了无数个月亮一样。这就是说,天地间的事物表面看来千奇百怪、斑驳繁多,实际上拥有同一个本原,都是天理的反映和体现。在此基础上,朱熹指出,作为一种完美无缺的最高存在,天理是不可分割的完美整体;万物并不是体现天理的一个部分或侧面,而是体现了其全部和整体。正是在这个意义上,他一再声称:

> 浑然太极之全体,无不具于一物之中。(《朱子语类》卷九十四《周子之书·太极图》)

> 人人有一太极,物物有一太极。(《朱子语类》卷九十四《周子之书·太极图》)

进而言之,为了突出理的至高无上性,也为了把作为宇宙本体之理(一理)与万物禀得之理(万理)区分开来,朱熹把本体之理称为"太极",以示与万物之理的区别。在这个意义上,他宣称:"总天地万物之理,便是太极。"(《朱子语类》卷九十四《周子之书·太极图》)

其三,空阔洁净、至善至静

朱熹认为,作为宇宙本体的理无形迹、无计度、无造作,是寂然纯然、空阔洁净的。对此,他描绘说:

理却无情意,无计度,无造作……若理,则只是个净洁空阔底世界,无形迹,他却不会造作。(《朱子语类》卷一《理气上》)

按照朱熹的逻辑,正因为无情意、无计度、无造作,理才湛然纯粹、晶莹透彻;正因为无渣滓、无躁动、无邪妄,理才成为至善醇美的世界。

总之,朱熹对理的种种界定赋予理以绝对性、永恒性和神圣性,以此证明理不同于天地万物。也正是在这层意义上,他把理称为"天理"。

2. 理与气相合生物与理气观

在朱熹对理的上述三点规定中,如果说共同点是突出理与万物的区别、伸张理成为宇宙本体的资格的话,那么,第三点则在表明理之纯粹、有别于万物的同时无意间暴露了理的某种欠缺和无能——不会造作。理的这一特点在他看来或许不是缺点,然而却使人不禁要问:既然理是无形、至静的,那么,不会造作之理怎么能派生出有形、运动的世界呢?为了解决这个难题,朱熹搬来了气。按照他的说法,理不是单独派生万物的,在创造宇宙万物时,理必须借助气作为中介和工具:一方面,由于没有形迹,理必须依附于气当作自己的挂搭处和附着处,才不至于悬空;另一方面,由于生动活泼,具有"凝聚"、"造作"等特点,气能在与理的结合中赋万物以形。鉴于以上原因和气在理派生万物时的不可或缺,朱熹从理本论转向了气本论——准确地说,应该是气禀论,指出天地万物之所以生是由于气的造作。正是在这个意义上,他反复断言:

> 天地初间只是阴阳之气。这一个气运行,磨来磨去,磨得急了,便拶许多渣滓;里面无处出,便结成个地在中央。气之清者便为天,为日月,为星辰,只在外,常周环运转。地便只在中央不动,不是在下。(《朱子语类》卷一《理气上》)

> 自天地言之,只是一个气。自一身言之,我之气即祖先之气,亦只是一个气,所以才感必应。(《朱子语类》卷三《鬼神》)

这就是说,万物和人都禀气而生,溯本逐源,天地也是由气而生的;若没有气,天地及天地之间的万物和人都将不复存在。不仅如此,为了将气生万物的过程和方式讲得更加真切和生动,朱熹以磨的运行作比喻解释说:

> 造化之运如磨,上面常转而不止。万物之生,似磨中撒出,有粗有细,自是不齐。又曰:"天地之形,如人以两碗相合,贮水于内。以手常常掉开,则水在内不出;稍住手,则水漏矣。"(《朱子语类》卷一《理气上》)

上面的介绍显示,朱熹一面主张天地万物禀理而生,一面强调空阔寂寥的理不能单独生物，殊物之生是理与气共同作用的结果。这表明，人和万物都是理与气结合的产物，对于每一个具体事物来说，理与气相依不离、不可或缺。正是在这个意义上，他一再宣称：

有是理，必有是气，不可分说。(《朱子语类》卷三《鬼神》)
天下未有无理之气，亦未有无气之理。(《朱子语类》卷一《理气上》)

值得注意的是，朱熹一面指出理与气对于人和万物而言"有则皆有"、缺一不可，一面强调理气之间的本末之分、主从之别。在他看来，天地万物包括人在内虽然都由理与气两种成分构成、两者缺一不可，但是，理与气的关系并非平等：第一，在派生万物之时，理与气的作用不容颠倒——理是本，气是末(具)。朱熹指出："理也者，形而上之道也，生物之本也；气也者，形而下之器也，生物之具也。是以人物之生，必禀此理，然后有性；必禀其气，然后有形。其性其形，虽不外乎一身，然其道器之间，分际甚明，不可乱也。"(《朱文公文集》卷五十八《答黄道夫》)在这个层面上，理是生成万物的准则和本原，气是构成万物的材料和工具，其间具有不容混淆的本末之分。第二，在万物产生之后，理与气在万物中所处的地位不容混淆——理是主，气是从。这用他本人的话说就是："气之所聚，理即在焉，然理终为主。"(《朱文公文集》卷四十九《答王子合》)这表明，对于一个具体事物而言，理与气同在，理却总是处于主宰、支配地位，气只能服从理，理与气之间的这种主从关系"如人跨马相似"。更为重要的是，朱熹所讲的理与气未尝分离是就万物产生之后的现象界而言的,在本体界或根源处,他毫不含糊地肯定理先气后——"必欲推其所从来,则需说,先有是理然后有是气。"(《朱子语类》卷一《理气上》)更有甚者,即使是对于理与气"有则皆有"、"未尝分离"的现象界而言,理与气也是以不相混杂而理自理、气自气的形式"相依不离"的。这从一个侧面表明,朱熹宣称理气相合生物,由于强调理本气末和理主气从,致使理与气不是并列而是派生关系。换言之,朱熹不是二元论者而是独尊天理的一元论者、理本论者。因此,从严格的意义上说,朱熹的万物以气为本应叫气禀论而不是气本论——因为气在他的哲学中始终不是本原。

朱熹对理气生物的论述为其探讨万物尤其是人之性命搭建了形上背景和思维框架,对理气关系的界说直接决定了人的安身立命之方。正是沿着本体哲学的套路,他展开了对性命的探究。

二、"命有两种"——理命论与气命论

朱熹认为,与天地万物一样,人的产生也是理气相合的结果,这决定了人之性命是由理与气共同决定的。正是在这个意义上,他声称:

> 人之所以生,理与气合而已。天理固浩浩不穷,然非是气,则虽有是理而无所凑泊。故必二气交感,凝结生聚,然后是理有所附著。凡人之能言语动作,思虑营为,皆气也,而理存焉。故发而为孝弟忠信仁义礼智,皆理也。然而二气五行,交感万变,故人物之生,有精粗之不同。(《朱子语类》卷四《性

理一》》）

可见，在用理和气共同解释人之产生和性命时，朱熹申明了两个观点：第一，人之命分为两种，即理命与气命。第二，命之不同归根结底取决于气。

1. 人之命由理与气共同决定、缺一不可

朱熹关于人之命由理和气共同决定的观点在其理气相合的本体框架中已经初露端倪。循着理气在万物之中不可分离、理需气为挂搭处的思路，他进一步强调，天或理命人以命是以气来安顿的。对此，朱熹一再宣称：

> 盖天非气，无以命于人；人非气，无以受天所命。（《朱子语类》卷四《性理一》）
>
> 所谓天命之与气质，亦相衮同。才有天命，便有气质，不能相离。若缺一，便生物不得。既有天命，须是有此气，方能承当得此理。若无此气，则此理如何顿放！（《朱子语类》卷四《性理一》）

在此，朱熹认为，正如对人的产生来说、理与气均不可或缺一样，就人之命而言，天命与气质缺一不可。然而，在天命与气质的相互依赖中，他讲得更多的还是天命对气质的依赖。这是因为，天理之命离开了气质便无安顿处——天理之命好比是水，非有物器盛之则无归着处；对于天理之命来说，气质就是那盛天理之命的器皿。

至此为止,朱熹始终用理和气共同解释人之命。那么,理与气在共同决定人之命时,是融为一体、共同组成了人之命?还是各自各、致使人由理与由气决定的命一分为二?在他那里,问题的答案不言自明。遵循理与气不混不杂而各自各的原则,理与气反映在人之命上依然泾渭分明,结果是使人之命一分为二:一种是由气决定的贫富、贵贱、死生、寿夭之命,一种是由理决定的清浊、偏正、智愚、贤不肖之命。于是,朱熹断言:

> 命有两种:一种是贫富、贵贱、死生、寿夭,一种是清浊、偏正、智愚、贤不肖。一种属气,一种属理。(《朱子语类》卷四《性理一》)

不仅如此,基于理与气是人之立命根基的考虑,朱熹强调,人不论是对待出于理之命(理命)还是出于气之命(气命)都应该自尽其道、视为正命。在这个意义上,他说:

> 命之正者出于理,命之变者出于气质。要之,皆天所付予……但当自尽其道,则所值之命,皆正命也……也只是阴阳盛衰消长之理,大数可见……如今人说康节之数,谓他说一事一物皆有成败之时,都说得肤浅了。(《朱子语类》卷四《性理一》)

按照朱熹的说法,不管命出于理还是出于气,都是上天吩咐的,正如人与万物禀理与气而生、理与气就是上天对人的命令一样。那么,进而言之,理与气又是如何命令人的呢?人究竟应该如何领会理与气对人的先天之命呢？对于这个问题，他再三解释说：

> 天只生得许多人物，与你许多道理。(《朱子语类》卷十四.《大学·序》)

> 这个物事，即是气，便有许多道理在里。人物之生，都是先有这个物事，便是天当初分付底。既有这物事，方始具是形以生，便有皮包裹在里。若有这个，无这皮壳，亦无所包裹。如草木之生，亦是有个生意了，便会发出芽蘖。芽蘖出来，便有皮包裹著。而今儒者只是理会这个，要得顺性命之理……所以死生祸福都不动。只是他去作弄了……各正性命，保合太和……人之所以为人，物之所以为物，都是正个性命。保合得个和气性命，便是当初合下分付底。保合，便是有个皮壳包裹在里。如人以刀破其腹，此个物事便散，却便死。(《朱子语类》卷十六《大学·传·释明明德》)

> 禀得厚，道理也备。尝谓命，譬如朝廷诰敕；心，譬如官人一般，差去做官；性，譬如职事一般，郡守便有郡守职事，县令便有县令职事。职事只一般，天生人，教人许多道理，便是付人许多职事。气禀，譬如俸给。贵如官高者，贱如官卑者，富如俸厚者，贫如俸薄者，寿如三两年一任又再任者，夭者如不得终任者。朝廷差人做官，便有许多物一齐趁……如禀得气清明者，这道理只在里面；禀得昏浊者，这道理也只在里面，只被昏浊遮蔽了。譬之水，清底里面纤毫皆见，浑底便见不得。(《朱子语类》卷四《性理一》)

这表明，所谓命，就是理与气在生人之初先天赋予人的道理，命即命人应该如此。基于这种认识,朱熹把人的一切视听言动都归结为天之命。于是,他声称:"而今人会说话行动,凡百皆是天之明命。"(《朱子语类》卷十六《大学·传·释明明德》)这就是说,命如命令的命一般,人禀理与气而生,就应该按理与气的命令而行。在此,朱熹强调,无论哪种命均是先天命令,是人之所以为人之根和人之安身立命之本;正如没有命、人便会死一样,人对于命只有禀受、尽命,此外别无他途。

2. 理固均一、气禀不齐

人之命都是由理与气决定的,有相同的本体依托和成分构成,应该是一样的。可是,为什么人与人、人与万物会有不同的命呢?对此,朱熹解释说,理对于每个人乃至万物未尝有别,是理与气的结合造就了人与万物以及人与人之间命的参差不齐。这个说法实质上是把人与人、人与万物之命的参差不齐都归到了气。正因为如此,在分析、阐释人物之命时,他指出"命有两种",却侧重"属于气"的气禀之命,尤其把人与物、人与人之命的不同归结为气。事实上,也正是出于用气来解释命之悬殊的需要,朱熹从气禀的参差、不齐走向了气命论。

朱熹认为,气生万物的过程如磨盘一样运转不止,磨出之物定然有粗有细。循着这个逻辑,由于所禀之气有粗有细,万物禀受不同之气致使其命有别便是顺理成章的了。同样的道理,在人、物禀气而生的过程中,气的运动、聚散、造作使人、物所禀之气具有厚薄精粗、偏正清浊之不同也在情理之中。因此,在强调理固均一的同时,他宣布气禀不齐。于是,朱熹一再指出:

天之所命，固是均一，到气禀处便有不齐。看其禀得来如何。(《朱子语类》卷四《性理一》)

人物之生，其赋形偏正，固自合下不同。然随其偏正之中，又自有清浊昏明之异。(《朱子语类》卷四《性理一》)

循着这个逻辑，既然人与物都禀气而生、气是构成质料，那么，所禀之气的不同性质必然要在人、物之命上有所反映和体现。事实正是如此。朱熹指出，人、物所禀之气的性质不同，其性命也就千差万别。例如，人与万物都禀气而生，"但气有清浊，故禀有偏正，惟人得其正。"(《朱子全书》第十三册《延平答问》)具体地说，动植物得到的只是"偏气"，所以，禽兽横生，草木大头朝下，尾反在上，而无所知。即使是动物之有知者，也不过只通得一路，如鸟之知孝、獭之知祭、犬之能守御或牛能耕而已。惟人禀得的是正气，所以，头圆象天、平正端直，懂道理、有知识，无不能、无不知；同禀正气，每个人得到的气之成分也不一样，具有精英与渣滓之差和昏明与清浊之异，于是有了其间的圣愚、贤不肖之别。基于这种认识，他断言：

气，是那初禀底；质，是成这模样了底。如金之矿，木之萌芽相似……只是一个阴阳五行之气，滚在天地中。精英者为人，渣滓者为物；精英之中又精英者，为圣，为贤；精英之中渣滓者，为愚，为不肖。(《朱子语类》卷十四《大学·序》)

在此，朱熹试图把宇宙间一切事物的差异都视为气禀决定的命。当然，就立言宗旨和理论侧重而言，他关注最多、用力最著的

当属人之命。正因为如此,朱熹总是不厌其烦地在气禀之不同中申明人命之迥异、参差和不齐。下仅举其一斑:

> 但禀气之清者,为圣为贤,如宝珠在清泠水中;禀气之浊者,为愚为不肖,如珠在浊水中。所谓"明明德"者,是就浊水中揩拭此珠也。物亦有是理,又如宝珠落在汙浊处,然其所禀亦间有些明处,就上面便自不昧。如虎狼之父子,蜂蚁之君臣,豺獭之报本,雎鸠之有别,曰"仁兽",曰"义兽"是也。(《朱子语类》卷四《性理一》)

> 都是天所命。禀得精英之气,便为圣,为贤,便是得理之全,得理之正;禀得清明者,便英爽;禀得敦厚者,便温和;禀得清高者,便贵;禀得丰厚者,便富;禀得久长者,便寿;禀得衰颓薄浊者,便为愚、不肖,为贫,为贱,为夭。天有那气生一个人出来,便有许多物随他来。(《朱子语类》卷四《性理一》)

> 有人禀得气厚者,则福厚;气薄者,则福薄。禀得气之华美者,则富盛;衰飒者,则卑贱;气长者,则寿;气短者,则夭折。此必然之理。(《朱子语类》卷四《性理一》)

可见,朱熹认为,是气造就了人与物之不同,并注定了人与人之间的寿夭、贵贱、贫富和圣愚。如此看来,人与人的命运之所以会千差万别、参差不齐都是先天禀气所致,甚至人的一切生理特征、性情禀赋、道德操行和经历遭遇等都可在气禀之中得到印证或解释。例如,有一次学生问,孔子为什么不得命呢? 朱熹答,《中庸》云"大德必得其位",孔子却不得,是因为孔子气数之差至极,故不能反。又有人问,《大学》云"一有聪明睿智能尽其性者,则天必

命之以为亿兆之君师,何处见得天命处?"朱熹答曰:

> 此也如何知得。只是才生得一个恁地底人,定是为亿兆之君师,便是天命之也。他既有许多气魄才德,绝不但已,必统御亿兆之众,人亦自是归他。如三代以前圣人都是如此。及至孔子,方不然。然虽不为帝王,也闲他不得,也做出许多事来,以教天下后世,是亦天命也。(《朱子语类》卷十四《大学·序》)

这表明,朱熹所讲的命只是就天所赋予人的应当与不应当的职守而言的,并非指有一位喋喋不休、谆谆教导的人格神在操纵、在指挥。面对他用先天禀气的盈满与亏欠来解释人生经历和际遇的做法,有人问,圣人得天地清明中和之气,应该无所欠缺,孔子却反而贫贱。为什么?是时运使然呢?还是所禀亦有不足?对此,朱熹解释说,孔子所禀即有不足——孔子禀得的清明之气只管他做圣贤,却不管富贵。对于每个人来说,凡禀得长的则寿,贫贱夭者正好相反。孔子禀得清明之气成为圣人,却又禀得了那些气中低的、薄的,所以贫贱;颜渊又不如孔子,禀得的是那些气中短的,所以贫、贱且夭。

朱熹如此相信禀气的命定作用,以至把一切怪异现象都归结为气。据《朱子语类》卷三《鬼神》记载,厚之问,都说人死后为禽兽,恐怕没有此理。然而,我却亲眼看见永春人家生有一子,其人耳朵上长有猪毛和猪皮。这是为什么?朱熹回答说,此不足怪,他自己也曾经看见在绩溪供事的一位士兵前胸长有猪毛,睡觉时还做猪鸣。这些都是"禀得猪气"造成的。

必须说明的是,由于认为人的遭遇都是先天禀气造成的,一切都是命中注定、无可奈何的,朱熹的气命论带有浓郁的宿命论色彩。事实上,他所讲的气禀之命完全是随机的,根本没有固定的因果必然性或规律可循。例如,有人问,一阴一阳,宜若平匀,则贤不肖宜均。何故君子常少,而小人常多?朱熹曰:

> 自是他那物事驳杂,如何得齐!且以扑钱譬之:纯者常少,不纯者常多,自是他那气驳杂,或前或后,所以不能得他恰好,如何得均平!且以一日言之:或阴或晴,或风或雨,或寒或热,或清爽,或鹘突,一日之间自有许多变,便可见矣。(《朱子语类》卷四《性理一》)

按照朱熹的理解,气禀之命是如此随机而飘忽不定,乃至与扑钱一样,与阴晴一般。问题到此并没有结束,尽管气禀之命如此随机莫测、飘忽不定,却又是先天注定的。这表明,从本质上说,气命论只能是一种神秘的先天命定论。道理很简单:既然是先天禀气所致,一切即为命中注定、不可改变。正是在这种意义上,朱熹连篇累牍地断言:

> 富贵、死生、祸福、贵贱,皆禀之气而不可移易者。(《朱子语类》卷四《性理一》)
>
> 死生有命,当初禀得气时便定了,便是天地造化。(《朱子语类》卷三《鬼神》)
>
> 命者万物之所同受,而阴阳交运,参差不齐,是以五福、六极,值遇不一。(《朱子语类》卷四《性理一》)
>
> 人之禀气,富贵、贫贱、长短,皆有定数寓其中。禀得盛

者,其中有许多物事,其来无穷,亦无盛而短者。若木生于山,取之,或贵而为栋梁,或贱而为厕料,皆其生时所禀气数如此定了。(《朱子语类》卷四《性理一》)

朱熹把气禀之命视为"不可移易者",目的是让人安命、认命。与此相关,既然一切都是天命,那么,天是以什么样的方式赋人以命,人又应该如何认命呢?面对学生关于《大学》云"天必命之以为亿兆之君师"、天如何命之的提问,朱熹曰:"只人心归之,便是命。"(《朱子语类》卷十四《大学·序》)这个回答明确肯定了命在本质上是人心所归。这个说法不仅点明了命与心的内在联系,而且为人通过尽心来对待性命奠定了前提。

三、人性双重——天理之善与气质有恶

朱熹讲命不仅仅是为了解决认识问题,从根本上说,是为了躬行实践,从行动上解决人在现实生活中如何对待命的问题。因此,在他那里,追究命的来源固然重要,关键是对待命的态度和方法。为了使人正确地对待、处理命,朱熹进一步探讨了命与性的关系,并在强调天理至善与气质有恶的基础上使"去人欲,存天理"成为待命的原则和归宿。

1. 性命相关与性分为二

朱熹认为,命与性具有内在联系,因为命就是天赋予人的性。正是在这个意义上,他一再指出:

只是这理,在天则曰"命",在人则曰"性"。(《朱子语类》卷五《性理二》)

性则命之理而已。(《朱子语类》卷四《性理一》)

这就是说,命与性都是理的表现,在本质上是一致的,只是侧重不同而已。这使命、理与性密切相关。不仅如此,对于三者之间的关系,朱熹是这样厘定的:

理者,天之体;命者,理之用。性是人之所受,情是性之用。(《朱子语类》卷五《性理二》)

天之明命,是天之所以命我,而我之所以为德者也。(《朱子语类》卷十六《大学·传·释明明德》)

天所赋为命,物所受为性。赋者命也,所赋者气也;受者性也,所受者气也。(《朱子语类》卷五《性理二》)

基于这种认识,与"命有两种"类似,朱熹把性分割为二,强调人性包括天命之性与气质之性两个方面,二者缺一不可。在他看来,人的产生是理气相合的结果:离开了气,理不能凝聚而无所依附;离开了理,气不能自作主宰而无从凑泊。因此,剖析、理解人性不可对理或气取一弃一,兼顾二者才能使人性完备而免于极端。正是在这个意义上,朱熹再三声称:

性非气质,则无所寄;气非天性,则无所成。(《朱子语类》卷四《性理一》)

论性不论气,有些不备……论气不论性,故不明。(《朱子

语类》卷四《性理一》)

> 天命之性,若无气质,却无安顿处。且如一勺水,非有物盛之,则水无归着。(《朱子语类》卷四《性理一》)

值得注意的是,朱熹强调天命之性与气质之性缺一不可,却没有对二者同等看待。相反,他始终侧重二者的区别。这是因为,尽管天命之性人人皆有,可从理气的相合相混来看则会发现如下之情形:

> 天命之性,非气质则无所寓。然人之气禀有清浊偏正之殊,故天命之正,亦有浅深厚薄之异,要亦不可不谓之性。(《朱子语类》卷四《性理一》)

由此,朱熹引出了两个结论:第一,天命之性人人相同乃至人物无异,而且皆正、皆善。他认为,人人皆禀天理而生,作为天理体现的天命之性人人皆善,其具体内容即仁义礼智。对此,朱熹写道:

> 仁义礼智,性也。然四者有何形状?亦只是有如此道理。有如此道理,便做得许多事出来,所以能恻隐、羞恶、辞逊、是非也。譬如论药性,性寒、性热之类,药上亦无讨这形状处。只是服了后,却做得冷做得热底,便是性,便只是仁义礼智。(《朱子语类》卷四《性理一》)

第二,气禀有清浊偏正之殊,气的不同成分使气质之性有善有

不善。朱熹认为,人与天地万物之所以相去甚远是由气禀决定的,正如草木与禽兽之不同禀性取决于气一样。有鉴于此,他指出:

> 草木都是得阴气,走飞都是得阳气。各分之,草是得阴气,木是得阳气,故草柔而木坚;走兽是得阴气,飞鸟是得阳气,故兽伏草而鸟栖木。然兽又有得阳气者,如猿猴之类是也;鸟又有得阴气者,如雉雕之类是也。唯草木都是得阴气,然却有阴中阳、阳中阴者。(《朱子语类》卷四《性理一》)

这就是说,草木之所以不会言动,猿猴之所以灵巧敏捷,走兽之所以伏草,飞鸟之所以栖木,凡此种种都是禀气造成的。至于兽与兽、鸟与鸟、草与草以及木与木之间的坚柔、灵顽同样是气的造作。于是,朱熹又说:

> 健是禀得那阳之气,顺是禀得那阴之气,五常是禀得五行之理。人物皆禀得健顺五常之性。且如狗子,会咬人底,便是禀得那健底性;不咬人底,是禀得那顺底性。又如草木,直底硬底,是禀得刚底;软底弱底,是禀得那顺底。(《朱子语类》卷十七《大学·第一章》)

按照朱熹的说法,对于动植物而言,禀得何等之气便有何等之性。草木禽兽等动植物如此,风雨雷电等自然现象亦是,人类当然也不例外。正是在这个意义上,他断言:

> 且就这一身看,自会笑语,有许多聪明知识,这是如何得

恁地？虚空之中，忽然有风有雨，忽然有雷有电，这是如何得恁地？这都是阴阳相感，都是鬼神。看得到这里，见一身只是个躯壳在这里，内外无非天地阴阳之气。(《朱子语类》卷三《鬼神》)

在这里，朱熹把人类会笑语言动、有许多知识睿智说成是禀气使然，并且试图用禀气之偏重及阴阳五行之气的参伍杂错来解释人的性格性情。与此相关，对于为什么同禀阴阳五行之气而生却有人仁慈、有人廉洁，有人谦逊、有人刚直，他解释说：

人性虽同，禀气不能无偏重。有得木气重者，则恻隐之心常多，而羞恶、辞逊、是非之心为其所塞而不发；有得金气重者，则羞恶之心常多，而恻隐、辞逊、是非之心为其所塞而不发。水火亦然。唯阴阳合德，五性全备，然后中正而为圣人也。(《朱子语类》卷四《性理一》)

循着这一思路，面对为什么有人敏于外而内不敏、有人敏于内而外不敏的发问，朱熹言道："气偏于内故内明，气偏于外则外明。"(《朱子语类》卷四《性理一》)这再次表明，朱熹把人的敏鲁灵顽也说成禀气所致，这个看法与他的万物或人之所以通于此而塞于彼、明于此而暗于彼都是先天禀气所拘的观点如出一辙。

朱熹对人性的看法与其对人命的解释具有明显的相同性和相通性，如不仅界定了人之命与性的内在联系，而且承续"命有两种"的思路把人性分割为二等等。另一方面，他对待人性与人命的态度迥然不同，那就是：一面认命，一面变性。对于命，朱熹虽然区分两种命,却在坚信命不可变的前提下让人对两种命都要安、都要认;对于性,他虽然承认气质之性也与生俱来,却在强调天命之性至善、气质之性有恶的基础上让人变化不善的气质之性,使之与天命之性统一。朱熹的这个做法使人不禁要问:既然性与命都是气禀所致、与生俱来,那么,为什么一个不可变、一个却要变?其实,朱熹对性、命的定性和分别对待归根结底都与理气关系有关,其共同的原则和宗旨则是"去人欲,存天理"。

2. 天理之善与气质有恶

在用理与气创造纷繁复杂的大千世界时,朱熹试图用理气的结合来阐释人和万物的性命。在此过程中,正如承认理气相依不离却始终强调其间的本末、主从和先后之差以及不相混杂一样,他凸显理与气之间的善恶有别、不容混淆。为此,朱熹从不同角度、运用多种比喻对理与气、天命之性与气质之性的结合方式及其相互关系进行阐释和说明,道出了对两种人性分别对待的良苦用心。

其一,珠与水

理、天命之性是珠,气、气质之性是水。明珠、宝珠之喻源于佛教,把天理比喻为明珠是不少理学家惯用的手法,朱熹也在其中。他不止一次地指出:

> 理在气中,如一个明珠在水里。理在清底气中,如珠在那清底水里面,透底都明;理在浊底气中,如珠在那浊底水里面,外面更不见光明处。(《朱子语类》卷四《性理一》)

> 但禀气之清者,为圣为贤,如宝珠在清泠水中;禀气之浊者,为愚为不肖,如珠在浊水中……物亦有是理,又如宝珠落

在至污浊处,然其所禀亦间有些明处,就上面便自不昧。(《朱子语类》卷四《性理一》)

在珠水之喻中,理、天命之性无有不善,就像宝珠晶莹剔透、熠熠发光;气、气质之性有善有不善,就像藏珠之水有清有浊。这个比喻说明,是水之时清时浊导致了水中之珠的或明或暗。在这个层面上,如果说宝珠的明暗之殊喻示人与人之间的圣愚之差以及人与物之间的灵顽之别的话,那么,造成这一后果的则是水的清浊之异。

其二,日与隙

天命之性犹日,气质之性犹隙。运用这个比喻,朱熹多次说道:

性如日光,人物所受之不同,如隙窍之受光有大小也。人物被形质局定了,也是难得开广……如隙中之日,隙之长短大小自是不同,然却只是此日。(《朱子语类》卷四《性理一》)

性最难说,要说同亦得,要说异亦得。如隙中之日,隙之长短大小自是不同,然却只是此日。(《朱子语类》卷四《性理一》)

这就是说,天命之性如日光芒万丈、至善纯美,是隙窍的大小妨碍了日光的放射,正如气质之性遮蔽了天命之性一样。此外,尽管角度略有不同,下面这段记载也反映了朱熹用日与隙比喻天命之性与气质之性的初衷,并且援引各种动物进行了具体说明:

谓如日月之光,若在露地,则尽见之;若在篱屋之下,有所蔽塞，有见有不见。昏浊者是气昏浊了，故自蔽塞，如在蔀屋之下。然在人则蔽塞有可通之理；至于禽兽，亦是此性，只被他形体所拘，生得蔽隔之甚，无可通处。至于虎狼之仁，豺獭之祭，蜂蚁之义，却只通这些子，譬如一隙之光。至于猕猴，形状类人，便最灵于他物，只不会说话而已。到得夷狄，便在人与禽兽之间，所以终难改。(《朱子语类》卷四《性理一》)

利用日隙之喻，朱熹表达的是，天命之性如日，光芒四射，无届弗达，没有偏塞；气禀各不相同，正如间隙分长短、大小、宽窄一样。结果是，气禀的好坏显露或遮蔽了天理之性，恰似间隙之异舒展或限制了日之光芒的四射。

其三，水与器

理、天命之性如水，气、气质之性如器。对于水与盛水之器的比喻，朱熹从不同角度反复加以运用。例如：

人物之生，天赋之以此理，未尝不同，但人物之禀受自有异耳。如一江水，你将杓去取，只得一杓；将碗去取，只得一碗；至于一桶一缸，各自随器量不同，故理亦随以异。(《朱子语类》卷四《性理一》)

人物性本同，只气禀异。如水无有不清，倾放白碗中是一般色，及放黑碗中又是一般色，放青碗中又是一般色。(《朱子语类》卷四《性理一》)

性譬之水，本皆清也。以净器盛之，则清；以不净之器盛之，则臭；以污泥之器盛之，则浊。本然之清，未尝不在。但既臭浊，猝难得便清。(《朱子语类》卷四《性理一》)

在水器之喻中,水清澈湛一、无有不同,器却在大小、颜色或味道等方面相去甚远。这表明,人物之性本同,天理、天命之性都是至善的,如同水无不清、无不同;气禀之异如同盛水的器皿有不同容量、不同颜色、不同气味,彼此相去甚远。结果不言而喻:同是一江水,用勺、用碗、用桶、用缸去盛,由于盛器的器量不同,所盛之水会有盛衰之差;本是清泠水,及放在不同颜色的器皿中便会迥然不同——放白碗中是一般色,放黑碗中又是一般色,放青碗中又是另一般色;皆是清水,由于盛器不同,水便显现出清臭污浊之异。这就是说,正如水的差异是盛水之器造成的一样,人性的差异是气禀决定的;犹如盛器有大小、黑白之分一般,气禀有善不善之殊。

其四,君令与守职

天命之性为君令,气质之性为守职。朱熹认为,天命好比是君主的命令,气禀好比是守职;能守职的好比是气禀好的,不能守职的好比是气禀不好的。正是在这个意义上,他宣称:

> 天命,如君之命令;性,如受职之君;气,如有能守职者,有不能守职者。(《朱子语类》卷四《性理一》)

如果说珠水、日隙、水器等比喻侧重天命之性皆善、气质之性有不善的话,那么,君令与守职之喻则同时突出了天命之性对气质之性的主宰。除此之外,朱熹还对天命之性与气质之性进行过其他诸多比喻,如水与酱与盐、光与镜与水等等。例如:

> 好底性如水,气质之性如杀些酱与盐,便是一般滋味。(《朱子语类》卷四《性理一》)

且如言光：必有镜，然后有光；必有水，然后有光。光便是性，镜水便是气质。若无镜与水，则光亦散矣。(《朱子语类》卷四《性理一》)

进而言之，朱熹之所以不遗余力、连篇累牍地对理与气、天命之性与气质之性进行各类比喻，反映了他对这些关系的重视。他所运用和进行的比喻，角度和侧重不尽相同——珠水之喻侧重性质，日隙之喻侧重气量，水器之喻兼顾性质和气量，君令守职之喻突出主宰与服从、应然与实然等等。然而，正如喋喋不休中流露出深切关注一样，名目繁多的比喻具有相同的用意和宗旨，那就是：第一，强调天命之性无人不同，无有偏塞，人人皆善。第二，突出气禀有通有塞，人之不善皆气禀所拘。对此，朱熹曾做了如下阐释：

天命之性，本未尝偏……然仁义礼智，亦无缺一之理。但若恻隐多，便流为姑息柔懦；若羞恶多，便有羞恶其所不当羞恶者……谓如五色，若顿在黑多处，便都黑了；入在红多处，便都红了。却看你禀得气如何，然此理却只是善。既是此理，如何得恶！所谓恶者，都是气也。(《朱子语类》卷四《性理一》)

朱熹认为，现实生活中的人究竟行善还是作恶、器量是大还是小，取决于气禀之性。他指出："世间万事皆此理，但精粗小大之不同尔。"(《朱子语类》卷三《鬼神》)

对于朱熹的这套天命之性至善与气禀之性有恶的说法，有人提出了这样的疑问：气质有昏浊之不同，天命之性是否有偏全呢？对此，朱熹决然肯定天命之性"非有偏全"，同时重申"气质所禀，却

有偏处",因为气有昏明厚薄之不同。不仅如此,针对这个问题,他还进一步做了如下展开和论证:

> 气禀所拘,只通得一路,极多样:或厚于此而薄于彼,或通于彼而塞于此。有人能尽通天下利害而不识义理,或工于百工技艺而不解读书。如虎豹只知父子,蜂蚁只知君臣。惟人亦然,或知孝于亲而薄于他人。如明皇友爱诸弟,长枕大被,终身不变,然而为君则杀其臣,为父则杀其子,为夫则杀其妻,便是有所通,有所蔽。是他性中只通得一路,故于他处皆碍,也是气禀,也是利害昏了。(《朱子语类》卷四《性理一》)

此卷的另一处朱熹之语也说明了天命之性皆善、人人相同,却因气禀不同、气禀之恶最终导致人之本性各殊的道理,流露出他把两者截然分开的思想倾向。现摘录如下:

> 人之性皆善。然而有生下来善底,有生下来便恶底,此是气禀不同。且如天地之运,万端而无穷,其可见者,日月清明气候和正之时,人生而禀此气,则为清明浑厚之气,须做个好人;若是日月昏暗,寒暑反常,皆是天地之戾气,人若禀此气,则为不好底人,何疑!(《朱子语类》卷四《性理一》)

在区分天命之性与气质之性,并进行善恶判定之后,朱熹进而指出,至善的天命之性与有善有不善的气质之性在少数人身上是统一的——由于禀得气好,天命之性与气质之性皆善,这样的人便是圣贤。对于大多数人来说,天命之性与气质之性是矛盾的——

其天命之性与圣贤的天命之性一样是善的,然而,由于所禀之气的成分不好,气质之性却是恶的。对于这些人来说,天命之性决定他向善,恶的气质之性又决定他作恶,结果陷入善恶的矛盾挣扎之中不能自拔。要解决这个矛盾,挣脱善恶的冲突,唯一的途径就是变化气质。具体地说,朱熹所讲的变化气质就是改造恶的气质之性使之日臻于善,从而达到气质之性与天命之性的统一。正是在这个意义上,他反复断言:

> 性只是理。然无那天气地质,则此理没安顿处。但得气之清明则不蔽锢,此理顺发出来。蔽锢少者,发出来天理胜;蔽锢多者,则私欲胜,便见得本原之性无有不善……只被气质有昏浊,则隔了,故"气质之性,君子有弗性者焉。学以反之,则天地之性存矣。"故说性,须兼气质说方备。(《朱子语类》卷四《性理一》)

> 人之为学,却是要变化气禀,然极难变化……若勇猛直前,气禀之偏自消,功夫自成,故不言气禀。看来吾性既善,何故不能为圣贤,却是被这气禀害。如气禀偏于刚,则一向刚暴;偏于柔,则一向柔弱之类。人一向推托道气禀不好,不向前,又不得;一向不察气禀之害,只昏昏地去,又不得。须知气禀之害,要力去用功克治,裁其胜而归于中乃可。(《朱子语类》卷四《性理一》)

在此基础上,对于如何变化气质,达到气质之性与天命之性的和谐统一,朱熹提出了一套以存心、格物、致知为核心的修养功夫和践履之方。至此,他的命运学说与人性哲学合二为一,都落实在修养实践上,最终从先天禀赋转化为道德实践。与此相应,朱熹的人命论和人性论也转换成认识论、实践论即功夫论。

四、存心、格物、致知——去欲存理的性命观

如上所述,朱熹的性命之学是由本体领域展开的,沿着理气相依、理本气末的思路,正如"命有两种",分为正命与变命一样,人性是双重的,表现为天命之性与气质之性。进而言之,如果说上述论证侧重事实层面的话,那么,对待性命的态度和作为则属于价值领域的应然层面。对于后者,正如理气关系决定了人之性命的双重和差异一样,朱熹对理气善恶所作的价值判断是他对待性命的理论前提。在这方面,如果说天理注定了超凡入圣是人之神圣使命的话,那么,气则使这个朝圣的路途充满荆棘和艰辛;如果说理之善伸张了"存天理"的正当性、合理性的话,那么,气之恶则侧重"去人欲"的必要性、紧迫性。这些使"去人欲、存天理"成为朱熹人命论、人性论的共同归宿,也成为其超凡入圣的不二法门。

朱熹认为,理是天地万物的本原,也是人命、人性的本体依托。这决定了他用理去创造人类,也用理去解释、规定人的性命。这是朱熹谈论人、人命和人性的本体前提。也正是在这个意义上,他把理与性、命混合为一。在朱熹看来,由理所规定的人之性命如何,这归根结底取决于理为何物。对于神圣而纯美的天理究竟是什么,他的回答是:"其理便是仁义礼智。"(《朱子语类》卷九十四《周子之书·太极图》)既然理是以仁义礼智为核心的伦理纲常和行为规范,那么,把之抬高为世界本原、奉为人类存在的本体依托就是为了强调道德准则的神圣性,进而把之说成是人人心中共有的本

性。这正如朱熹本人所言:"此理亦只是天地间公共之理,禀得来后便为我所用。"(《朱子语类》卷一一七《训门人五》)在他看来,人人都有至善的本性表明,人人都有成为圣贤的可能性即先天条件,做圣成贤就是来自上天的命令。换言之,理的至高无上和至善醇美使禀理而生的人具有了高贵的本性和光明的前途,这个人人相同之性命就是充分发挥仁义礼智之善、成为圣贤。其实,他对人之性命的判断、取舍和对待都可聚焦于此。当然,朱熹不仅设置了人生的最高价值和追求目标,而且设计了达到这一目标的践履方式和现实途径。

1. 正确处理、对待两种人命和双重人性

在用理与气共同说明人之性命的过程中,朱熹没有对它们一视同仁,而是念念不忘其间的差异——理至善纯一、气有善有恶。对此,他强调,理至善纯美,作为理之显现的天命之性也是至善的,此善人人无异,乃至人物皆同;人之所以有恶,是因为先天禀气的性质不好,与理无关——"人之所以有善有不善,只缘气质之禀各有清浊。"(《朱子语类》卷四《性理一》)具体地说,人之所以为人,是因为人禀天地之正气,与庶物禀天地之偏且塞气不同。现在的问题是,既然人人皆禀正气,为何又分出善恶呢?对此,朱熹的回答是:

> 人所禀之气,虽皆是天地之正气,但衮来衮去,便有昏明厚薄之异。盖气是有形之物。才是有形之物,便自有美有恶也。(《朱子语类》卷四《性理一》)

这表明,说到底是有善有不善的气禀造成了人与人之间千差

万别、各自不同的性命。其实,在朱熹的性命之学中,气的出现往往带来负面效应,如人之命的差异、人之性的不齐以及不善等等都要归咎于气。质言之,他在推崇理时之所以要搬来气作为理的挂搭处,正是为了给现实社会中人的不同等级、名分提供理论说明和本体论证,并在此基础上让人安于先天气禀之命。因此,在具体说明每个人的命运、禀赋及守职奉命的途径各不相同之时,朱熹把人之性命分为可能的性和现实的命,进而强调性与命的冲突和区别——性以理而言、人人皆善,命兼理与气而言、有善有恶。于是,他反反复复地讲:

性分是以理言之,命分是兼气言之。命分有多寡厚薄之不同,若性分则又都一般。此理,圣愚贤否皆同。(《朱子语类》卷四《性理一》)

"死生有命"之"命",是带气言之,气便有禀得多少厚薄之不同。"天命谓性"之"命",是纯乎理言之。然天之所命,毕竟皆不离乎气。(《朱子语类》卷四《性理一》)

"命"之一字,如"天命谓性"之"命",是言所禀之理也。"性也有命焉"之"命",是言所以禀之分有多寡厚薄之不同也。(《朱子语类》卷四《性理一》)

如此说来,纯乎天理的性命规定了人生的终极轨迹和尽命目标,那就是追求天理、扩充良知而成为圣贤;善恶混杂的气禀指示了人通向圣贤的具体道路和方法,那就是变化气质,在日常生活中锻炼道德意志,自觉加强道德修养。在此,气禀的善恶之差也决定了人用功磨炼的程度——气禀愈下,其工愈劳。这就是说,对于那些先天气禀差的人而言,只有"人一己百、人十己千"地在自身努力上下工夫,才能真正变化气质。这些一言以蔽之即"去人欲,存天理"。

如上所述,在剖析理气相合的人命时,朱熹把人之命分为两种:一种是贫富、贵贱、死生、寿夭之命,一种是清浊、偏正、智愚、贤不肖之命;前者侧重人之社会地位和生死寿夭,后者侧重人之道德品质和善恶本性。他承认这是两种不同性质的命——一个出于气、一个出于理,却让人对二者都视为正命而安之。其实,对于这两种命,朱熹的安命方法迥然相异、不可同日而语:对于贫富贵贱、死生寿夭之命,他让人在知命的前提下安于既定的安排,对命不做强求。正是在这个意义上,朱熹指出:

"不知命"(即"不知命无以为君子"之命——引者注)亦是气禀之命,知天命知其性中四端之所自来。如人看水一般,常人但见为水流,圣人便知得水之发源处。(《朱子语类》卷四《性理一》)

朱熹认为,人往往计较自己的命不如别人,其实,你的命之所以会夭、会凶,别人的命之所以会寿、会吉,完全是先天禀气决定的,怪不得别人,只能怪自己运气不佳。有鉴于此,他反复强调:

以此气遇此时,是他命好;不遇此时,便是有所谓资适逢世是也。如长平死者四十万,但遇白起,便如此。只他相撞着,便是命。(《朱子语类》卷四《性理一》)

数只是算气之节候。大率只是一个气。阴阳播而为五行,五行中各有阴阳。甲乙木,丙丁火;春属木,夏属火。年月日时无有非五行之气,甲乙丙丁又属阴属阳,只是二五之气。人之生,适遇其气,有得清者,有得浊者,贵贱寿夭皆然,故有参错不齐如此。圣贤在上,则其气中和;不然,则其气偏行。故有得其气清,聪明而无福禄者;亦有得其气浊,有福禄而无知者,皆其气数使然。(《朱子语类》卷一《理气上》)

这就是说,人的社会地位和生死寿夭之所以不同,在于禀赋了性质不同的气。对于这种气禀之命,朱熹让人任其自然、不去改变。进而言之,由于把贫富、贵贱归于此命之中,他的这个说法实际上是把等级制度规定的上下尊卑奉为先天所禀之命,人对此知之、认之,从而对现实社会的贫富、贵贱、寿夭之殊不去计较。从这个意义上说,气禀之命从本体论的高度为人提供了安时处顺、听命任命的安身立命原则。同时,为了真正安于等级之命,朱熹把超出自己名分的欲望称为人欲,判斥为恶,致使人安于气禀之命的过程成为"去人欲"的过程。

与对待贫富、贵贱、寿夭之命安然处之相反,对于人的清浊、善恶及贤不肖之命,朱熹所讲的安指安于天理而不是安于清浊、偏正、智愚或贤不肖之既定。因此,对于清浊、偏正、智愚和贤不肖之差异,他不允许人等闲视之:一方面,对于气禀差的,朱熹鼓励人不甘示弱,不妄自菲薄,向圣贤看齐,在"人一己百"中痛下工夫。正是在这个意义上,他指出:

然就人之所禀而言,又有昏明清浊之异。故上知生知之资,是气清明纯粹,而无一毫昏浊,所以生知安行,不待学而能,如尧舜是也。其次则亚于生知,必学而后知,必行而后至。又其次者,资禀既偏,又有所蔽,须是痛加工夫,"人一己百;人十己千",然后方能及亚于生知者。(《朱子语类》卷四《性理一》)

另一方面,朱熹呼吁保存清、正、贤之先天所禀,并且使之延之扩之,运用无穷。正因为如此,他声称:

只有许多气,能保之亦可延。且如我与人俱有十分,俱已用出二分。我才用出二分便收回,及收回二分时,那人已用出四分了,所以我便能少延。(《朱子语类》卷三《鬼神》)

可见,安于理命的过程实际上是一个不断扩展天理即"存天理"的过程。

总之,朱熹将人之命一分为二,却罕谈命运之吉凶、通塞、祸福而奢谈命之善恶、清浊、贤否。如果说前者侧重"去人欲"的话,那么,后者则侧重"存天理"。这些做法使加强道德修养、追求道德完善成为朱熹命运学说的核心内容,也使其人命论与人性论在"去人欲,存天理"中汇合并殊途而同归。

2. 存心、格物和致知的修养功夫

朱熹区分两种人命和双重人性并要人正确对待,是为了通过践履天理、超凡入圣,这使其人命论与人性论最终都汇聚为"去人欲,存天理"。在他那里,不论是"去人欲,存天理"还是对待性命的方法在现实生活和道德修养中都具体转化为存心、格物和致知等践履工夫。

朱熹认为,天命人以命就是使天理体现为人之性命,这一切是通过心来完成的。对于天命人以命的方式,他做了如下比喻和说明:

命,便是告札之类;性,便是合当做底职事,如主薄销注,县尉巡捕;心,便是官人;气质,便是官人所习尚,或宽或猛;情,便是当听处断事,如县尉捉得贼。情便是发用处。(《朱子语类》卷四《性理一》)

心固是主宰底意,然所谓主宰者,即是理也。不是心外别有个理,理外别有个心……"人"字似"天"字,"心"字似"帝"字。(《朱子语类》卷一《理气上》)

在朱熹看来,天命人以命即把天理注入人心,命好比告命公文,吩咐人所应当做的事,这使命在实践操作层面转化成了性和心。如此说来,既然心中包含的是天赋予人的性命,那么,通过存心便可知性、尽性、尽命、待命。同时,他指出,人禀理而生,生来即具仁义礼智之善,这使人心至灵,宇宙万物之理都被包容于人的一心之内。对此,朱熹反复宣称:

心包万理,万理具一心。(《朱子语类》卷九《学·论知行》)

盖人心至灵,有什么事不知,有什么事不晓,有什么道理不具在这里。(《朱子语类》卷十四《大学·经上》)

基于这种认识,朱熹呼吁存心。对于存心的重要性,他声称:

"人只一心为本。存得此心,于事物方知有脉络贯通处。"(《朱子语类》卷十四《大学·经上》)朱熹认为,存心是尽性、穷理、至命的前提和必要条件:心包含理,理就存在于心中;只有存心,才可能尽性、穷理。同时,他强调,对于穷理、尽命来说,仅有存心还不够,必须在存心的同时,把存心与格物、致知结合起来,才能达到预想之目的。这是因为:"心之所主,又有天理人欲之异。二者一分,而公私邪正之涂判矣。"(《朱文公文集》卷十三《辛丑延和奏札二》)格物、致知就是要保存人心的善良本性而"去人欲,存天理"。

朱熹强调,人心本来是善良而全知的,这种至善的心却被每个人各不相同的气禀所蒙蔽,因而不能得到充分的体现和发挥。对此,他断言:

> 人心莫不有知,所以不知者,但气禀有偏,故知之有不能尽。所谓致知者,只是教他展开使尽。(《朱子语类》卷十四《大学·经上》)

在朱熹看来,要使人的至善之心充分发挥出来,就必须涤除物欲,拨开气禀所拘。这个过程或工夫就是格物、致知。

对于格物,朱熹界定说:"格物者,格,尽也,须是穷尽事物之理。"(《朱子语类》卷十五《大学·经下》)可见,格物就是要彻底弄懂、弄通事物之理。按照他的理解,彻底弄懂事物之理就是深刻体悟天理在不同事物上的表现。与此相关,朱熹强调格物的广泛性,要求人最大限度地接触外界事物,格一草一木一昆虫之理。对此,朱熹强调,一物不格,便缺了一物的道理;一书不读,便缺了一书的道理。格物就是"今日格一件,明日格一件,格得多后,自脱然有贯通处。"(《朱子语类》卷一〇四《自论为学工夫》)换言之,格物的方法和过程是先接触各类事物,进行量的积累,积累多了豁然贯通,进而穷得天理。正是在这个意义上,朱熹云:

> 世间之物,无不有理,皆须格过。古人自幼便识其具。且如事君事亲之礼,钟鼓铿锵之节,进退揖逊之仪,皆目熟其事,躬亲其礼。及其长也,不过只是穷此理,因而渐及于天地鬼神日月阴阳草木鸟兽之理,所以用工也易。今人皆无此等礼数可以讲习,只靠先圣遗经自去推究,所以要人格物主敬,便将此心去体会古人道理,循而行之。如事亲孝,自家既知所以孝,便将此孝心依古礼而行之;事君敬,便将此敬心依圣经所说之礼而行之。——须要穷过,自然浃洽贯通。(《朱子语类》卷十五《大学·经下》)

进而言之,是否能够通过格物达到致知的目的,关键在于格物时是否存心。为了真正在格物中"穷天理",朱熹指出,存心是格物的前提,格物前一定要先存心;不仅如此,格物以致知为目的,在格物的过程中始终围绕致知这一目的展开。有鉴于此,他强调,格物就是去领会体现在一草一木一昆虫之中的天理而非真的要以草木、昆虫本身为对象,格物有先后、本末和缓急之序,如果在格物时忘了其中的先后、本末、缓急之序而"兀然存心于一草木、一器用之间……是炊沙而欲其成饭也。"(《朱文公文集》卷三十九《答陈齐仲》)这再次表明,在朱熹的意识中,格物是致知的一个步骤、一种手段,其真正目的不是穷尽事物本身之理,而是"穷天理,明人伦"。与此相关,从本质上说,他所讲的格物是对伦理道德的体悟。朱熹的下面两段话都证明了这一点：

> 如今说格物,只晨起开目时,便有四件在这里,不用外寻,仁义礼智是也。(《朱子语类》卷十五《大学·经下》)

> 君臣父子兄弟夫妇朋友,皆人所不能无者,但学者须要穷格得尽。事父母,则当尽其孝;处兄弟,则当尽其友。如此之类,须是要见得尽。若有一毫不尽,便是穷格不至也。(《朱子语类》卷十五《大学·经下》)

不仅如此,基于对格物的特定理解,朱熹主张,格物以致知为归宿、格物与致知是"一本":格物与致知是同一过程的两个方面,二者讲的是一回事,只是侧重和视角不同——格物就主体作用于认识对象而言,致知则就认识过程在主体方面引起的结果而言。因此,格物与致知决无本质之别,且"无两样工夫"。正是在这个意义上,朱熹一再申明：

> 致知,是自我而言;格物,是就物而言。(《朱子语类》卷十五《大学·经下》)

> 致知、格物,只是一事,非是今日格物,明日又致知。格物,以理言也;致知,以心言也。(《朱子语类》卷十五《大学·经下》)

这表明,格物与致知不仅在本质上一致、在内容上相通,而且在时间上同步。对于这个与格物无别,并且作为格物目的的致知究竟是什么,朱熹指出,致,"推极也",即扩充到极点之义;知主要指人内心先天固有的天赋之知即良知,或称"天德良知"。致与知合而言之,即"推极吾之知识,欲其所知无不尽也。"(《四书章句·大学章句》)简言之,致知就是彻底地扩充、显露内心先天固有的天理良知。有鉴于此,他诠释道:"致知工夫,亦只是且据所已知者,玩索推广将去。具于心者,本无不足也。"(《朱子语类》卷十五《大学·经下》)这个说法使致知与格物一样成为一个伦理范畴。事实上,朱熹每每都在人伦日用间、围绕伦理道德来理解致知。据载:

问:"致知莫只是致察否?"曰:"如读书而求其义,处事而求其当,接物存心察其是非、邪正,皆是也。"(《朱子语类》卷十五《大学·经下》)

可见,与存心一样,朱熹所讲的格物、致知不仅是认识方法和道德修养,更重要的是明天所命、尽性至命的功夫。因此,无论存心还是格物、致知都是体悟上天赋予人的、作为人之性命的天理——仁义礼智。不仅如此,他确信,通过存心、格物和致知等一系列的修养工夫,人完全能够明天所命,进而通过穷理、明命、明德而尽性、至命。正是在这个意义上,朱熹说道:

(明德、明命——引者加)便是天之所命谓性者……自人受之,唤做"明德";自天言之,唤做"明命"。今人多鹘鹘突突,一似无这个明命。若常见其在前,则凛凛然不敢放肆……人之明德,即天之明命。虽则是形骸间隔,然人之所以能视听言动,非天而何……天岂曾有耳目以视听!只是自我民之视听,便是天之视听。如帝命文王,岂天谆谆然命之……若一件事,民人皆以为是,便是天以为是;若人民皆归往之,便是天命之也。(《朱子语类》卷十六《大学·传·释明明德》)

综上所述,朱熹在探索人之性命时,断言仁义礼智之天理体现于人便形成了人人同善的天命之性。这实际上是把加强道德修养、践履仁义礼智视为天之命和人类的共同命运,从而加强对人的道德钳制。这就是说,加强道德修养的理论宗旨使朱熹的命运学说带有浓厚的道德哲学色彩,其穷理、尽性、至命的方法其实就是加强道德修养的实践操作和践履工夫。这套主张和思路体现了儒家一贯的伦理本位。然而,他却将儒家的道德主义发展至极端,致使其性命之学从伦理本位转向禁欲主义。具体地说,朱熹不仅在对待性命时始终贯彻"去人欲,存天理"的宗旨,而且宣布天理与人欲一善一恶,不可共存,犹如薰莸不可同器。为此,在对心的具体阐释中,他把心分为道心与人心两部分,进而界定说:"知觉从耳目之欲上去,便是人心;知觉从义理上去,便是道心。"(《朱子语类》卷七十八《尚书·大禹谟》)按照这种说法,吃饭、穿衣等欲望本身是人心,在吃饭、穿衣之前想想是否该吃这样的饭、该穿这样的衣便是道心。道心源于至善的天命之性,是善的;人心源于善恶混杂的气质之性,有善有不善,这使改造不善之人心刻不容缓;要改造人心,必须以道心主宰人心。在此基础上,朱熹把人心中善的部分归为天理,把其不善的部分归为人欲,并且断言天理与人欲势不两立、不共戴天,天命所以不明,全由人欲所障;要想恢复天理,务必革除物欲;一旦物欲革除,犹如拨云见日,天理尽存,做圣贤也就指日可待了。这便是"去人欲,存天理"的口号。至此,朱熹的性命之学由道德主义、伦理本位走向极端,蜕变为禁欲主义和僧侣主义。在中国宗法社会后期,"去人欲,存天理"的口号作为一种主流话语尤其在理学变为官方意识形态之后产生了不容否认的消极影响。

同样不容否认的是,朱熹对人之性命的阐释和探讨基于本体建构,进而深入到性命的生成机制和实践操作,在注重君臣父子、人伦日用的道德修养、躬行实践中为人之性命的展开和实际操作找到了笃实的落脚点和切入口,这使其理论极富针对性和操作性。与此相联系,他的性命之学不仅关注人之共性,而且注意到了人之个性;不仅提出了加强道德修养、成圣成贤的人生追求目标,而且为目标的实现设计了一套具体的实施方案。这使其理论从实然与应然、现实与理想等多个层面展开,既有形上背景的高屋建瓴,又有人伦日用的笃实根基。这些从本体论、存在论、生存论、价值论、人性论、人生论和功夫论等不同维度展示了人的全面性和丰富性。

个性・独立人格・平等意识
——李贽启蒙思想的灵魂

在中国传统文化的价值系统中,异端与邪说并举,一种学说一旦被视为异端便等于被宣判了死刑。提起中国古代的异端,最著名的人物则非李贽莫属。李贽25岁中举,却瞧不起科举制度,当场嘲笑考官无能。崇尚真性情的他特立独行,孤高傲世。不仅李贽的遭遇对于异端之名当之无愧,他本人还公开以异端自居。李贽的书多次被焚禁,76岁时,万历皇帝下令禁毁他的所有著作。其实,对于自己著作的这种命运,他本人早已预料到了,所以给自己的著作起名为《焚书》、《藏书》、《续焚书》、《续藏书》等。显而易见,《焚书》的意思是早晚会被付之一炬,《藏书》"言当藏于山中以待后世子云也。"(《藏书·自序》)李贽明知自己的书不合时宜,会给自己招致麻烦或导致杀身之祸,却依然我行我素,将这些可能引火烧身的"祸端"公之于众。1602年,明政府以"敢倡乱道,惑世诬民"的罪名,将李贽逮捕入狱。李贽不愿受辱,在狱中以剃刀自杀身死,以自己的方式再次张扬了放荡不羁的个性和独立人格。

李贽(1527—1602)生活的时代(明末)是理学由盛而衰,由于走向僵化、弊端日益暴露的时代,这使他投入到早期启蒙思潮之中,展开了对理学的批判。所不同的是,率性而为、放荡不羁的性格使李贽在批判理学时选择了有别于其他早期启蒙思想家的独特视角,始终关注个性、独立人格和平等意识。这种独特视角和理论侧重使个性、人格独立、平等意识成为李贽启蒙思想的精髓和灵魂。

一、异端与狂者

李贽生前常有惊世骇俗之举,这一点从原来是其好友、后来与其绝交的耿定向对他的揭发中可见一斑。李贽对自己的不拘形迹毫不掩饰,以至他的行为引起众人侧目而视,被认为伤风败俗,众人鸣鼓而攻之,有人甚至雇佣地痞、打手焚烧了李贽晚年在麻城的栖身之地——芝佛院,其行为举止的惊天动地由此而可见一斑。

李贽被统治者诬为"异端"、"妖人",素有狂人之称的他也以"异端"自居,公开站在理学的对立面对之进行揭露和批判。在他看来,作为官方哲学,理学的社会影响力不可小觑,它的错误绝非只关乎一人一行,对此不能轻易放过。正是在这个意义上,李贽写道:

> 惟是一等无紧要人,一言之失不过自失,一行之差不过自差,于世无与,可勿论也。若特地出来,要扶纲常,立人极,继往古,开群蒙,有如许担荷,则一言之失,乃四海之所观听;一行之谬,乃后生小子辈之所效尤,岂易放过乎?(《焚书》卷一《复周柳塘》)

基于理学的极高地位和公众影响,李贽不放过理学的错误,防止其贻害无穷。进而言之,在审视、批判理学时,他指责理学有奴性心态,盲目顺从,严重扼杀了人的个性。按照李贽的说法,盲目顺从、不敢创新是理学的痼疾,理学家"依门傍户,真同仆妾";"尊孔"犹如"矮子观场,随人说妍","一犬吠形,百犬吠声"一样盲目可笑。不仅如此,由于盲目顺从、缺乏创新,理学家无一技之长,只会"高谈阔论",毫无"真才实学"——"解释文字,终难契入;执定己见,终难空空;耘人之田,终荒家稼。"(《焚书》卷一《答耿司寇》)更令李贽难以忍受的是,理学家们"平居不以学术为急,临事又把名教以自持"。对于理学家们既不学无术又故作姿态的丑态,他进行了无情的揭露:

> 平居无事,只解打恭作揖,终日匡坐,同于泥塑,以为杂念不起,便是真实大圣大贤人矣。其稍学好诈者,又挽入良知讲席,以阴博高官,一旦有警,则面面相觑,绝无人色,甚至互相推委,以为能明哲。(《焚书》卷四《因记往事》)

通过上述剖析,李贽得出结论,理学家"不可以治天下国家",任用他们治国理政,必将祸国殃民,为害非浅。对此,他给出的理由是,"盖因国家专用此等辈","举世颠倒,故使豪杰抱不平之恨……直驱之使为盗也。"(《焚书》卷四《因记往事》)

同时,李贽揭露了理学家的虚伪不实,指出理学家内心对功利极其热衷,表面上却满口仁义道德,摆出将功利置之度外的样子。对于理学家的这种极端虚伪、心口不一,他将之概括为"口谈道德而志在穿窬"。按照李贽的说法,理学家讲学的目的明明不是为了"昌明圣道",也不是为了"济世救民",而是为了沽名钓誉、攫取富贵;可是,他们却断然否认自己的私欲和功利之心,整日里满口仁义道德来欺世盗名、招摇过市。对于理学家的言不由衷、虚伪狡

诈,李贽进行了淋漓尽致的刻画:

> 试观公之行事,殊无甚异于人者。人尽如此,我亦如此,公亦如此。自朝至暮,自有知识以至今日,均之耕田而求食,买地而求种,架屋而求安,读书而求科第,居官而求尊显,博求风水以求福荫子孙。种种日用,皆为自己身家计虑,无一厘为人谋者。及乎开口谈学,便说尔为自己,我为他人;尔为自私,我欲利他;我怜东家之饥矣,又思西家之寒难可忍也;某等肯上门教人矣,是孔、孟之志也,某等不肯会人,是自私自利之徒也;某行虽不谨,而肯与人为善,某等行虽端谨,而好以佛法害人。以此而观,所讲者未必公之所行,所行者又公之所不讲,其与言顾行、行顾言何异乎?以是谓为孔圣之训可乎?翻思此等,反不如市井小夫,身履是事,口便说是事,作生意者但说生意,力田作者但说力田。凿凿有味,真有德之言,令人听之忘厌倦矣。(《焚书》卷一《答耿司寇》)

李贽认为,理学家尽是一些言不由衷、口是心非之徒,由于满口仁义道德、道貌岸然而欺世盗名,他们倒不如追求功利就实话实说的市井百姓有一说一、言行一致。与理学家相比,市井百姓反而多了难得的纯朴和坦诚。正是在这个意义上,李贽感叹,"从来君子不如小人"。

总之,在李贽的透视中,理学的错误多多,如盲目顺从、毫无真才实学、对现实无能为力和虚伪做作等等。这些错误有的是李贽一人的观点,有的则是早期启蒙思想家公认的看法:如果说认定理学毫无真才实学、无裨于现实等是早期启蒙思想家的共识,体现了李贽与同时代人认识的一致性的话，那么，盲目顺从、压制个性和缺少独立人格则是其他人在审视理学时很少关注的，表现了李贽思想的独特性。不仅如此，在李贽的意识中，理学的所有错误都源于盲目顺从以及丧失独立人格。正因为如此，他对理学的批判和自己的思想建构均以此为重心。于是，他一面在理论上对理学压抑人格的做法予以鞭挞，一面大力提倡个性和独立人格。进而言之，独立人格与人格平等密切相关，出于人格平等的需要，鉴于三纲对个性的压抑及其造成的严重不平等的社会现实，李贽向三纲发起进攻，在质疑"君为臣纲"和"夫为妻纲"的同时，发出了男女平等的最初呼声。与此相关，面对理学的虚伪做作，李贽坦言人皆有私，人的一切活动都在追逐功利，以此宣称追求私利是人之本性，进而为功利主义正名。可见，他的所有思想均与对理学的认定有关，又自始至终地贯通着个性、独立和平等的精神实质。换言之，李贽的启蒙思想是针对理学的弊端提出的补救之方，也是出于对个性的渴望和推崇。

二、对个性、独立人格的崇拜和张扬

李贽把理学的所有弊端和危害都归结为盲目顺从、扼杀个性，并且对其压抑个性、致使人丧失独立人格的做法深恶痛绝。作为对理学的反动，他对个性、独立人格表现出极大的热情和尊重。在明清之际的早期启蒙思潮中，李贽对个性、独立人格的鼓吹最为全面和系统，当然也最为彻底和激进。

1. 提倡人格的个性化和多样化

李贽痛恨理学对个性的钳制，面对纲常名教造成的人格单一化局面,他特别渴望和推崇个性,期盼人格的自立和独立。为此,李贽借鉴儒家、佛学术语,把个性称为"德性"、"中和"和"大圆镜智",对之进行大肆鼓吹和神化。正是在这个意义上,他一再强调:

盖人人各具有是大圆镜智,所谓我之明德是也。是明德也,上与天同,下与地同,中与千圣万贤同,彼无加而我无损者也。(《续焚书》卷一《与马历山》)

人之德性,本自至尊无对。所谓独也,所谓中也,所谓大本也,所谓至德也。(《李贽文集》第七卷《道古录卷上》)

在此,李贽将人的个性说成是"至尊无对"、至高无上的,进而对个性加以神化和推崇。在此基础上,他进一步博采儒、佛、道诸家学说加以发挥,以便从各个角度伸张个性的价值。与此相联系,这样的句子在其著作中绝非个案:

夫天下至大也,万民至众也,物之不齐,又物之情也。(《李贽文集》第七卷《道古录》卷上)

是故一物各具一乾元,是性命之各正也,不可得而同也。(《李贽文集》第七卷《九正易因·乾》)

夫道者,路也,不止一途;性者,心所生也,亦非止一种已也。(《焚书》卷三《论政篇》)

李贽强调,物与物、人与人各有自己不同于他物、他人的个性,个性是人与生俱来的品格;其实,个性不仅对于人本身至关重要,而且还是天地万物并育的基础。这是因为,"一人之'中和'为天下之'大本'、'达道'","天地人物都赖我'位'、'育'。"(《李贽文集》第五卷《四书评·中庸》)循着这个逻辑,他指出,只有充分张扬个性,人格彻底自由、独立,人人"致中和",才能天地位、万物育。如此说来,人之个性的张扬具有不容置疑的重要意义,不论对于人之自身还是天地万物都是不可或缺的。有鉴于此,李贽对个性和人格独立极其向往,从各个方面推崇个性,张扬独立人格。为此,他提出了著名的"童心"说,将"童心"代表的个性和独立人格说成是人之本性。对此,李贽解释说:

> 夫童心者,真心也。若以童心为不可,是以真心为不可也。夫童心者,绝假纯真,最初一念之本心也。若失却童心,便失却真心;失却真心,便失却真人。人而非真,全不复有初矣。(《焚书》卷三《童心说》)

按照李贽的说法,"童心"对于人至关重要,作为人之本心、真心,"童心"是人之为人的根本;没有"童心",人即成为假人、伪人,在某种意义上即不复为人。他进而指出,"童心"、本心就是人的个性和独立人格。"童心"对于人的至关重要性表明,个性和独立人格是人之为人的根本;缺少之,人即失去了自我,虽生犹死。这表明,独立人格不啻为人的第二生命,其对于人的重要性是无可替代的。基于这种认识,李贽特别渴望个性自由,大力提倡个性的多样化,强烈呼吁给人格独立和自由发展以最大空间。为此,他沿袭了"率性而为"的古老命题,主张不问"人知与否",不管别人议论,不受礼教束缚,不受教条影响,每个人都根据自己的兴趣、爱好和才

能愿意干什么就干什么,愿意怎么干就怎么干,"无拘无碍","自由自在"。有鉴于此,李贽不禁一次又一次地畅想:

> 念佛时但去念佛,欲见慈母时但去见慈母。不必矫情,不必逆性,不必昧心,不必抑志,直心而动。(《焚书》卷二《失言三首》)

> 怕作官便舍官,喜作官便作官;喜讲学便讲学,不喜讲学便不肯讲学。此一等人心身俱泰,手足轻安,既无两头照顾之患,又无掩盖表扬之丑,故可称也。(《焚书》卷二《复焦弱侯》)

2. 把个性写进理想人格

李贽认为,个性至尊无对,具有最高价值。为了彰显个性,他把个性写进理想人格,断言是否具有独立人格是判断君子与小人的标准。正是在这个意义上,李贽连篇累牍地强调:

> "大"字,公要药也。不大则自身不能庇,安能庇人乎?且未有丈夫汉不能庇人而终身受庇于人者也。大人者,庇人者也;小人者,庇于人者也。凡大人见识力量与众不同者,皆从庇人而生……若徒荫于人,则终其身无有见识力量之日矣……豪杰、凡民之分,只从庇人与庇于人处识取。(《续焚书》卷一《别刘肖甫》)

> 贵莫贵于能脱俗……贱莫贱于无骨力。(《焚书》卷六《富莫富于常知足》)

> 能自立者必有骨也。有骨则可藉以行立;苟无骨,虽百师友左提右挈,其奈之何?(《焚书》卷五《荀卿李斯吴公》)

在这里,李贽打破了儒家把义利作为区分君子与小人标准的常规而代之以独立人格,这便在价值观的高度肯定了个性的意义和价值。更有甚者,出于标榜个性、反对盲从的迫切心理,他鄙视世故圆滑、庸庸碌碌的乡愿,而崇拜敢作敢为、有棱有角的狂狷。对于狂狷,李贽赞叹说:

> 狂者不蹈故袭,不践往迹,见识高矣,所谓如凤凰翔于千仞之上,谁能当之……狷者行一不义,杀一不辜而得天下不为,如夷、齐之伦,其守定矣,所谓虎豹在山,百兽震恐,谁敢犯之。(《焚书》卷一《与耿司寇告别》)

李贽坦言,狂狷有不足之处,都是"破绽之夫"。值得注意的是,在明知狂狷皆"破绽之夫"的前提下,他依然对狂狷心向往之。究其原因,无非是景仰狂狷的独立人格。按照李贽的说法,独立人格恰恰是人成就大业的动力和根本,古往今来,能成大业者非狂即狷。对此,他分析说,狂狷富有个性、敢想敢干,故能成就大事;相反,乡愿之徒、好好先生只会唯唯诺诺、俯首听命,终究成不了大器。基于这种认识,李贽得出了如下结论:"求豪杰必在于狂狷,必在于破绽之夫,若指乡愿之徒遂以为圣人,则圣门之得道者多矣。"(《续焚书》卷一《与焦弱侯太史》)

3. 用"童心"代替权威标准

李贽认为,中国人缺少独立人格,是因为理学禁锢人格独立、盲目顺从造成的恶果。其中,盲目崇拜权威是重要原因。有鉴于此,为了树立自信心,培养独立人格,他大胆怀疑一切,把怀疑的目光首先投向了孔子和六经等儒家权威。

李贽指出,由于以孔子为唯一的是非标准,在孔子的权威面前,人们只能闭塞耳目,千篇一律地沿袭古训,万口一辞地背诵教条。这严重压抑了人的个性和自由,也造成了孔子之后"千百余年而独无是非"的文化专制局面。因此,他痛恨"以孔子之是非为是非"而认为其他学派"独无是非"的文化垄断现象。为了改变这种局面,李贽提出了是非"无定质"、"无定论"的观点。正是在这个意义上,他反复指出:

不执一说,便可通行。不定死法,便可活世。(《李贽文集》第二卷《藏书·孟轲传》)

人之是非,初无定质。人之是非人也,亦无定论。无定质,则此是彼非并育而不相害;无定论,则是此非彼亦并行而不相悖矣。(《李贽文集》第二卷《藏书·世纪列传总目前论》)

在此,李贽企图用是非的相对性抵制把孔子是非绝对化、永恒化和教条化的做法,反对文化独断主义;并且用两种思想可以并行共存、自由争论的原则为新思想的发展制造舆论条件,用"颠倒千万世之是非"的怀疑、批判精神反对"咸以孔子之是非为是非"的盲目信仰主义。这一切归根结底都是为了彰显人之个性和独立人格。与此同时,怀抱变易的是非观,针对理学家把孔子的学说视为唯一真理,把其他学说斥为异端的做法,他指出,儒、释、道"三教圣人,顶天立地,不容异同",其实,诸子百家也"各有一定之学术","必至之事功"。基于这一理解,李贽呼吁,不应以孔子为唯一的是非标准。这些说法以真理标准的相对性肯定了权威的多样性和多元性，在真理观的高度伸张了个性的价值。正是为了渲染真理的多样性，在否定孔子标准唯一性的同时，他进而指出，是非是变化的，不能把孔子的是非奉为万世定论。有鉴于此，李贽写道：

> 前三代，吾无论矣。后三代，汉、唐、宋是也。中间千百余年，而独无是非者，岂其人无是非哉？咸以孔子之是非为是非，故未尝有是非耳……夫是非之争也，如岁时然，昼夜更迭，不相一也。昨日是而今日非矣，今日非而后日又是矣。虽使孔夫子复生于今，又不知作如何是非也，而可遽以定本行刑赏哉！（《李贽文集》第二卷《藏书·世纪列传总目前论》）

按照李贽的说法，是非与时俱进，如昼夜更替一般，昨日为是而今日为非，今日为非而明日为是。如此说来，孔子的言论和是非充其量只适用于孔子之时而不适用于后世；可以设想，孔子复生于今世，其是非也会因时而变的。这些议论在空间与时间的双重维度中相互印证了孔子或孔子思想不可能具有超越时空的权威性，进而排除了以孔子权威为唯一标准的合理性。

与否定孔子权威是为了张扬个性、提倡独立人格的初衷相呼应，在否定孔子权威标准的唯一性的基础上，李贽确信"天生一人自有一人之用"，进而鼓励人们坚持自我、发挥个性，不必以孔子之是非为是非——"不待取给于孔子而后足"。正是在这个意义上，他不止一次满怀激情地大声疾呼：

> 人皆以孔子为大圣，吾亦以为大圣；皆以老、佛为异端，吾

亦以为异端。人人非真知大圣与异端也,以所闻于师父之教者熟也。师父非真知大圣与异端也,以所闻于儒先之教者熟也。儒先亦非真知大圣与异端也,以孔子有是言也……儒先臆度而言之,父师沿袭而诵之,小子蒙聋而听之,万口一辞,不可破也;千年一律,不自知也……至今日,虽有目,无所用矣。(《续焚书》卷四《题孔子像于芝佛院》)

夫天生一人自有一人之用,不待取给于孔子而后足也。若必待取足于孔子,则千古以前无孔子,终不得为人乎?故为"愿学孔子"之说者,乃孟子之所以止于孟子,仆方痛憾其非夫,而公谓我愿之欤?(《焚书》卷一《答耿中丞》)

孔子是传统道德的化身,千百年来被人顶礼膜拜乃至奉若神明。在向圣贤看齐、惟超凡入圣是务的古代社会背景之下,孔子的权威从某种程度上说确实存在压抑个性、禁锢自由之流弊。从这个意义上说,李贽对孔子权威的撼动无疑是一次思想启蒙,也使人的个性和人格独立得以张扬。出于同样的目的和动机,他又把批判的矛头直指六经和四书,对儒家经典表现出极大的不屑甚至蔑视。李贽断言:

夫六经、《语》、《孟》,非其史官过为褒崇之词,则其臣子极为赞美之语。又不然,则其迂阔门徒、懵懂弟子,记忆师说,有头无尾,得后遗前,随其所见,笔之于书。后学不察,便以为出自圣人之口也,决定目之为经矣,孰知大半非圣人之言乎?纵出自圣人,要亦有为而发,不过因病发药,随时处方,以救此一等懵懂弟子,迂阔门徒云耳。药医假病,方难定执,是岂可遽以为万世之至论乎？然则六经、《语》、《孟》，乃道学之口实，假人之渊薮也，断断乎其不可以语于童心之言明矣。呜呼！吾又安得真正大圣人童心未曾失者而与之一言文哉！(《焚书》卷三《童心说》)

按照李贽的说法，《诗》、《书》、《礼》、《易》、《乐》、《春秋》以及《论语》、《孟子》等儒家经典绝大部分并非出自圣人之口，相反，它们不是史官、臣子的溢美之词就是"迂阔门徒"、"懵懂弟子"记忆师说的片段，所以，有头无尾、不成体统。退一步说，即使这些经典真的出自圣人之口，那也是即兴随时的"因病发药，随时处方"，充其量只能在当时起临时作用，根本就不应该被执为"定本"或"万世之至论"。现在的问题是，这些经典成为理学的口实为害甚深，特别是压抑了人的个性和思想自由，成为制造假人的渊薮。经过如此一番分析之后，李贽总结说，儒家经典都不可信，其权威性也值得怀疑，当然也就没有资格作为真理标准了。

进而言之，李贽质疑孔子和经典权威是为了提倡思想自由、个性解放，这一立言宗旨在他以"童心"替代孔子、经典权威的做法中得到了验证。事实上，李贽不仅否定了圣人和儒家经典标准，而且推出了自己的新标准——"童心"。对此，他解释说，"童心"与生俱来、人人皆有，却非常容易失去，尤其是后天的"闻见"、"道理"会给"童心"带来致命的破坏。应该明确，李贽所讲的"闻见"和"道理"等具体指伦理道德和纲常名教。在他看来，这些都是束缚人的枷锁，严重扼杀了人的个性和自由。李贽警告说，人一旦在"闻见"、"道理"的侵蚀下失去"童心"、泯灭童真，就会由真人变成"假人"；更为严重的是，"其人既假，则无所不假矣"——说话会言不由衷，做事会矫揉造作，从政会成为两面派。总之，后果极其严重、不堪设想。有鉴于此，他强烈呼吁摆脱宗法礼教的束缚，回复人的天性，以"真心"、"童心"来为人处世，把"童心"作为至高无上的唯一标准。

4. 提出了发挥个性的政治理想

为了使个性真正得到张扬，也为了在现实生活中培养独立人格，李贽在理论上论证了个性的至关重要性，张扬人格独立的意义和价值。同时，他在实践上为发挥个性拓展操作平台和现实空间，提出了培养、塑造个性和独立人格的政治理想。在李贽看来，儒家不顾人之个性的千差万别，偏要以一己的好恶"执之以为一定不可易之物"，"于是有德礼以格其心，有政刑以絷其四体，而人始大失所矣。"（《焚书》卷一《答耿中丞》）这是对人"强而齐之"的钳制，严重扼杀了人的个性和自由，这种政治制度是不合理的。有鉴于此，他反对这种"本诸身者"的君子之治和政治制度，并且针锋相对地提出了"因乎人者"的理想政治——"至人之治"。对此，李贽一贯如是说：

> 只就其力之所能为，与心之所欲为，势之所必为者以听之，则千万其人者，各得其千万人之心；千万其心者，各遂其千万人之欲。是谓物各付物，天地之所以因材而笃也。所谓万物并育而不相害也。（《李贽文集》第七卷《道古录》卷上）

> 君子以人治人，更不敢以己治人者，以人本自治。人能自治，不待禁而止之也……既说以人治人，则条教禁约，皆不必用。（《李贽文集》第七卷《道古录》卷下）

"至人之治"是李贽的政治理想,这种政治制度以尊重个性、塑造独立人格为宗旨,其具体做法是:根据"物各付物"的原则,充分尊重个性,实行"并育而不相害"的政策,"因其政不易其俗,顺其性不拂其能",以便满足"千万人之心"、"千万人之欲",最终达到天下大治的目的。在这里,顺应个性、尊重独立人格是前提、是条件,发展个性、培养人格独立是结果、是目的。生活在这样的政治环境中,每个人的个性都得到充分关注和尊重,人人拥有独立的人格而人格平等。按照这种说法,个性的张扬与天下大治是同步进行、相辅相成的,个性的多样化和尽情挥洒是衡量天下大治的标准,当然也成为天下大治的题中应有之义。

应该看到,明清之际,渴望、张扬个性者不仅限于李贽一人。鉴于对理学盲目顺从、扼杀个性的认定和不满,推崇个性、肯定个体的价值是早期启蒙思想家共同的理论倾向和价值诉求。他们对气质之性的偏爱、对利欲的肯定都从不同角度反映了这一理论倾向和价值旨趣。然而,李贽对个性的渴望、崇拜和推崇热切而执著:行动上率性而为、特立独行,成为中国历史上最有个性的思想家之一;言论上为个性振臂高呼,对独立人格的渴望和推崇不遗余力。这些都使李贽成为推崇个性的典型代表,即使是早期启蒙思想家也无人能出其右。

三、以男女平等为核心的平等思想

独立人格与人格平等密不可分:具有独立人格的人既珍惜自己的人格也尊重他人的人格,只有树立平等观念,才能真正实现人格的独立和平等。有鉴于此,对独立人格梦萦魂牵的李贽渴望人格平等。在他看来，人与人之间根本就不存在圣凡之分，彼此之间应该平等相待。正是在这个意义上，李贽一再断言：

> 人但率性而为，勿以过高视圣人之可为也。尧、舜与途人一，圣人与凡人一。（《李贽文集》第七卷《道古录》卷上）
> 是故视之如草芥，则报之如寇仇，不可责之谓不义；视之如手足，则报之如腹心，亦不可称之谓好义。（《续焚书》卷二《序笃义》）

不仅如此，为了真正在现实生活中实现平等，李贽提倡"致一之道"，从政治制度上为人格平等创造条件。他认为，所谓高下贵贱之别只是由于没有认识到平等的"致一之道"，明白了"致一之道"则"庶人非下，侯王非高"。有鉴于此，李贽写道：

> 侯王不知致一之道与庶人同等，故不免以贵自高。高者必蹶下其基也，贵者必蹶下其本也，何也？致一之理，庶人非下，侯王非高，在庶人可言贵，在侯王可言贱，特未之知耳。（《李氏丛书·老子解》）

进而言之，从这种平等观念出发，李贽对三纲提出异议。同时，他反对理学的主要理由便是理学扼杀个性、造成奴性人格。基于对理学的这一甄定和审视，从推崇个性和独立人格出发，他向三纲发出了挑战。在李贽看来，纲常名教使人普遍失去独立人格，养成了严重的依附关系和奴隶人格。不仅如此，对于长期以来被困三纲之中的中国人的可悲状态，他作了淋漓尽致的揭露。

李贽写道：

> 居家则庇荫于父母，居官则庇荫于官长，立朝则求庇荫于宰臣，为边帅则求庇荫于中官，为圣贤则求庇荫于孔、孟，为文章则求庇荫于班、马，种种自视，莫不皆自以为男儿，而其实则皆孩子而不知也。(《焚书》卷二《别刘肖川书》)

李贽认为，在三纲的压制下，人皆庇荫于君父或其他种种权威，由于没有独立人格，"皆孩子而不知"。按照他的一贯说法，独立人格作为人之"童心"是人的根本，失去它，人即成为假人、伪人。循着这个逻辑，既然三纲是制造伪人、假人的策源地，那么，为了还人之真，结论不言而喻——三纲必须变革。进而言之，在质疑三纲的过程中，李贽批判了"君为臣纲"和"夫为妻纲"，提倡男女平等。

李贽认为，君臣之间没有固定的义务和责任。这是因为，君臣的职责在于养民，民和社稷都比君主重要。循着这个逻辑，如果"君不能安养斯民"，臣便没有必要再一味地为其尽忠，完全可以离君主而去，另谋他途。不仅如此，基于君臣相交以义的原则，他认为，臣对于君是去留自由的，绝对没有必要守一而终。基于这种认识，李贽对"忠臣不事二主"的观念不以为然，指责对昏君、暴君尽忠的行为，甚至认为"谏而以死"的臣子迂腐，是"痴臣"。于是，他写道：

> 夫暴虐之君，淫刑以逞，谏又乌能入也！蚤知其不可谏，即引身而退者，上也；不可谏而必谏，谏而不听乃去者，次也。若夫不听复谏，谏而以死，痴也。何也？君臣以义交也。士为

知己死,彼无道之主,曷尝以国士遇我也。(《初潭集》卷二十四《痴臣》)

值得一提的是,鉴于中国社会男女严重不平等的现实,李贽对三纲的批判最终聚焦在"夫为妻纲"上。与此相关,由于对三纲的批判始终以"男尊女卑"、"夫为妻纲"为重心,他的平等思想侧重对男女平等的呼吁。具体地说,为了批判"夫为妻纲"、提倡男女平等,李贽进行了如下主要工作:

1. 重排五伦之序,突出妇女的作用

程朱理学所崇奉的天理实际上就是以五伦为核心的传统道德和行为规范,这用朱熹的话说就是:"君臣、父子、兄弟、夫妇、朋友,岂不是天理?"(《朱文公文集》卷五十九《答吴斗南》)值得注意的是,在这里,夫妇被排在君臣、父子乃至兄弟之后。这种先后顺序不仅违背了人类生存的自然顺序和历史事实,而且强化了君、父的权威,贬低了妇女的作用。有鉴于此,为了突出妇女的地位,李贽重新排列了五伦之间的顺序,将夫妇置于人伦关系的首位。

李贽认为,夫妇关系是人伦关系中最重要的,应该排在五伦之首。对此,他依据《易·序卦》指出:"夫妇,人之始也。有夫妇然后有父子,有父子然后有兄弟,有兄弟然后有上下。"(《焚书》卷三《夫妇论》)在此,李贽按照人类生育的自然顺序对人伦关系进行重新排列,在将夫妇置于首位的同时,把君臣、上下、尊卑置于最后,推翻了传统的五伦顺序。不仅如此,他编撰的《初潭集》就是按照夫妇—父子—兄弟—师友—君臣的顺序排列的。李贽对五伦秩序的这种排列是对理学家乃至宗法秩序的否定,也突出了夫妇关系在

人伦中的首要地位。按照这种排列,由于万物皆始于夫妇,致使夫妇具有了非同寻常的意义。正是在这个意义上,他指出:"夫妇正,然后万事无不出于正。夫妇之为物始也如此。极而言之,天地一夫妇也,是故有天地然后有万物。"(《焚书》卷三《夫妇论》)由于把夫妇提高到五伦之首,李贽肯定了妇女在人伦关系中的重要地位,他对"男尊女卑"的批判就此拉开。

2. 驳斥女子不如男子的说法

"男尊女卑"是男女不平等的理论基础。鉴于对妇女的同情和对妇女作用的肯定,李贽反对"男尊女卑",驳斥了女子不如男子的说法。

李贽反对理学家鄙视妇女的看法,认为有很多女子在品德、学识等方面胜过男子。不仅如此,为了反驳"男尊女卑",他用事实说话,在《初潭集》中列举了几十位妇女的事迹,赞扬她们"大见识人","才智过人,识见绝甚,男子不如也"。有鉴于此,李贽坚信,她们"才智过人,识见绝甚,中间信有可为干城腹心之托者"。她们的行事"男子不能","是真男子!"值得注意的是,李贽所讲的"真男子"并非指一般的男子,而是指男子中有作为的出类拔萃者。按照他的标准,真男子并非以性别区分的,判断真男子的标准是才智和见识。李贽之所以称赞女子是"真男子",是因为在他的心目中有才识的妇女超过了一般男子。尤其能说明问题的是,李贽一反通常的看法,对武则天大加赞扬,评价武则天是女中豪杰,夸奖她巾帼不让须眉,"胜高宗十倍,中宗万倍矣。"(《藏书》卷六十三《后妃·唐太宗才人武氏》)不仅如此,在晚年居于麻城与城中的大户——梅家交往时,他对梅家的孀居女儿梅澹然和其他女眷大加赞赏,并与她们往来通信,探讨学问。李贽著作中屡次提到的"澹然大师"、"澄然"、"明因"和"善因菩萨"等就是对这些梅家女子的称谓。对于这些梅家女子,他一再称赞说:

> 梅澹然是出世丈夫,虽是女身,然男子未易及之。(《焚书》卷四《豫约·早晚守塔》)
>
> 此间澹然固奇,善因、明因等又奇,真出世丈夫也。(《续焚书》卷一《与周友山》)

依据以上事实,李贽向女子不如男子的传统观念说不,并从理论上驳斥了女子见识短的看法。正是在这个意义上,他指出:

> 短见者只听得街谈巷议,市井小儿之语;而远见则能深畏乎大人,不敢侮于圣言,更不惑于流俗憎爱之口也。余窃谓欲论见之长短者当如此,不可止以妇人之见为见短也。固谓人有男女则可,谓见有男女岂可乎?谓见有长短则可,谓男子之见尽长,女人之见尽短,又岂可乎?设使女人其身而男子其见,乐闻正论而知俗语之不足听,乐学出世而知浮世之不足恋,则恐当世男子视之,皆当羞愧流汗,不敢出声矣。(《焚书》卷二《答以女人学道为见短书》)

在这里,李贽明确宣布男女智力平等,驳斥了妇女见短、不如男子的偏见。在他看来,人的见识有狭窄广阔之别,也有远近之分。然而,见识的长短不能依据男女的性别来划分。因为男女在智力上没有什么差异,见识的长短只能从见识本身去比较,而不能从男女的性别上加以比较。在此基础上,李贽设想,如果把妇女的处境改变得与男人相同,让妇女有学习、见闻的机会,那么,面对妇女的才华和见识,"恐当世男子视之,皆当羞愧流汗,不敢出声矣。"这不仅剖析了造成妇女见识短的社会根源,而且坚信在男女平等的条件下妇女具有与男子相等乃至胜于男子的见识。

与驳斥女子不如男子的做法相一致,李贽对流行广远的"女祸"论进行了批判。自周以来,就有一些人把国家的败亡归咎于妇女。理学提倡禁欲主义,更是把声色看作罪恶,并且认定声色的罪魁祸首在于妇女。对此,李贽指出:"甚矣,声色之迷人也。破国亡家,丧身失志,伤风败类,无不由此,可不慎欤!"(《初潭集》卷三《贤夫》)有鉴于此,他表示,人应当节制声色。与此同时,李贽强调,这并不是说国破家亡的根本原因在于声色。事实是,历史上破国亡家的君主并不是因为纵情声色,而是另有原因。对此,他进一步分析说,"建业之由,英雄为本","彼琐琐者,非恃才妄作,果于诛戮,则不才无断,威福在下也。此兴亡之所在也,不可不慎也。"(《初潭集》卷三《贤夫》)这表明,败亡的后果是君主自身的才能和行为造成的,与他们所宠爱的妇女并无直接的因果关系。因此,不可把国破家亡归咎于妇女,更不应该由此对她们产生歧视。

3. 反对"夫为妻纲"

李贽虽然没有明确提出过夫妇平等的口号,却反对"夫尊妻卑"的观念。在论述天地、夫妇关系时,他一反儒家天尊地卑、"男尊女卑"的说法,只承认天地、夫妇初始都是阴阳二气,并不承认其间的尊卑之别。正是在这个意义上,李贽写道:

> 夫厥初生人,惟是阴阳二气,男女二命,初无所谓一与理也……故吾究物始,而见夫妇之为造端也。是故但言夫妇二者而已,更不言一,亦不言理。(《焚书》卷三《夫妇论》)

按照这种说法,人皆阴阳二气所生,是男是女肇始于阴阳二气。这就是说,男女之分与生俱来,说夫妇、男女有别可以,但不能就此而言"男尊女卑"或"夫尊妻卑"。这从本体哲学的高度为男女平等寻求庇护,就此否定了男女之间的所谓尊卑之分、贵贱之别。进而言之,既然"夫尊妻卑"之说难以成立,那么,"夫为妻纲"的合理性也就大大地削弱了。

此外,李贽在编辑《初潭集》夫妇篇时,从《世说新语》和《焦氏类林》中收集了不少有才识、善言谈、有文采的夫妇的故事,对之加以赞扬。具体地说,对于夫妻关系,在提倡"贤妇"的同时,他也提倡"贤夫",要求夫妻双方都要贤,流露出夫妇平等的思想倾向。在选择配偶的标准上,李贽重德才轻容貌。例如,对梁鸿与孟光的故事,他的批语是:"此妇求夫,求道德也";对许允嫌恶奇丑而有才德的妻子的故事,他的批语是:"此夫嫌妇,太无目也"。"男尊女卑"、"夫尊妻卑"表现在家庭关系中便是"夫为妻纲",妻子完全听从丈夫的安排。因此,对于夫妇在家庭中的地位,理学家主张男人当家作主,反对妇女当家,并且断言妇女如果在家掌权就是"牝鸡司晨";如此一来,家庭就要不幸了。对此,李贽反驳说,妇女在家庭中起着重要作用,只要妇女有才德,完全可以当家做主,不必完全听命于丈夫的。正是在这个意义上,他声称:"有好女子便立家,何必男儿。"(《初潭集》卷一《合婚》)这种说法否定了"牝鸡司晨"的错误观念,是男女平等在家庭关系中的具体贯彻。不仅如此,李贽进而指出,考察一个家庭的好坏不应该只看妇女,对于家庭的败落更不应只责怪妇女,也要看主管家庭的丈夫贤与不贤;如果丈夫不贤,其家必败。在这种情况下,归罪于妇女是完全没有道理的。正因为如此,他指出:"夫而不贤,则虽不溺志于声色,有国必亡国,有家必败家,有身必丧身,无惑矣。彼卑卑者乃专咎于好酒及色,而不察其本,此俗儒所以不可议于治理欤!"(《初潭集》卷三《俗夫》)

中国古代的"夫尊妻卑"一方面表现为妇女的从一而终,一方面表现为男子的妻妾成群。与反对女子不如男子的观念和"夫为妻纲"相一致,李贽反对男子的片面权利,主张婚姻自由、自主,赞成寡妇改嫁。其中,他对"妒妇"的称赞和同情便流露出对一夫多妻制的不满。

李贽主张婚姻自由、自主,认为在婚姻自由、自主的前提下妇女不必从一而终,寡妇可以再嫁。与此相关,他强烈反对理学家"饿死事极小,失节事极大"(程颐语)的说教,愤怒谴责不准寡妇再嫁伤天害理,"大不成人。"(《初潭集》卷一《丧偶》)对此,李贽解释说,妻子死了丈夫之后,在生活上会遇到很多困难,与其忍受困苦,不如改嫁的好。《初潭集》中的不少故事都表明了他支持寡妇再嫁的态度。例如,庾亮的儿子遇害身死,其亲家给他写信,谈及想让自己的女儿改嫁。庾亮表示支持儿媳改嫁,并且答复说:"贤女尚少,故其宜也"。对此,李贽极其赞成,批了一个字:"好!"再如,王戎的儿子死了,王戎却不让儿子的未婚妻嫁给他人,致使这位女子至老未嫁。李贽对这种残忍行为十分愤慨,骂道:"王戎不成人,王戎大不成人!"(《初潭集》卷一《丧偶》)基于寡妇可以改嫁的理念,他在《哭贵儿》的诗中写道:"汝妇当再嫁,汝子是吾孙。"(《续焚书》卷五《诗汇》)

李贽对被理学家称为恶女的"妒妇"和"泼妇"寄予同情。在《初潭集》中，他专门列"妒妇"一类，并对此类中的六名妇女给予好评："此六者，真泼妇也。然亦幸有此好汉矣。"（《初潭集》卷一《妒妇》）同时，李贽又对"妒色而又好德"的某公主评价说："贤主哉！虽妒色而能好德，过男子远矣。"（《初潭集》卷一《妒妇》）古人所说的"妒妇"实际上是反抗丈夫纳妾的勇敢妇女，她们往往以自己的泼辣阻止丈夫的纳妾行为。所以，李贽称赞她们为"好汉"。

四、基于人格独立和平等的功利主义

李贽膜拜个性和人格独立，对功利的追求是人之个性和独立人格的题中应有之义。在他看来，个体价值的实现实质上是通过"为己"、"自适"而满足个人的利益。于是，李贽断言：

> 士贵为己，务自适。如不自适而适人之适，虽伯夷、叔齐同为淫僻。不知为己，惟务为人，虽尧、舜同为尘垢秕糠。（《李温陵集》卷四《答周二鲁》）

同时，李贽所讲的"童心"即独立人格中就包括人的功利心和私心。正因为如此，与提倡独立人格一脉相承，他把功利心和私心视为人与生俱来的本性，在宣称追求功利、怀有私心是人之行为本能和进取动力的同时，伸张了功利主义的价值主旨和行为追求。

1."童心"即功利心和私心

李贽断言，人人皆有的"童心"本质上就是功利之心，追求功利

是人的共同本性。对此,他多次解释说:

> 趋利避害,人人同心。是谓天成,是谓众巧。(《焚书》卷一《答邓明府》)
> 如好货,如好色,如勤学,如进取,如多积金宝,如多买田宅为子孙谋,博求风水为儿孙福荫,凡世间一切治生产业等事,皆其所共好而共习,共知而共言者,是真迩言也。(《焚书》卷一《答邓明府》)

在此,李贽强调,作为人人皆有的本性,"势利之心"天然禀赋、与生俱来。正因为如此,他宣称,"趋利避害"是人共同遵守的行为准则。并且,人对功利的追求势不可挡,理应得到满足。正是在这个意义上,李贽再三声称:

> 寒能折胶,而不能折朝市之人;热能伏金,而不能伏竞奔之子。何也?富贵利达所以厚吾天生之五官,其势然也。是故圣人顺之,顺之则安之矣。(《焚书》卷一《答耿中丞》)
> 大圣人亦人耳,既不能高飞远举,弃人间世,则自不能不衣不食,绝粒衣草而自逃荒野也。故虽圣人,不能无势利之心。(《李贽文集》第七卷《道古录》卷上)
> 财之与势,固英雄之所必资,而不圣人之所必用也,何可言无也?(《李贽文集》第七卷《道古录》卷上)

按照李贽的说法,功利之心是人与生俱来、不可改变的本性,人的一切活动都围绕着功利展开,归根到底都是对功利的追逐。

在这一点上，即使圣人也不例外。更有甚者，由于断言人性皆自私自利，他把人与人之间的关系都说成是利益关系、交换关系，进而宣称"天下尽市道之交"。在李贽看来，人与人之间的关系与商品交换一样，都是建立在利害基础上的，"也不过交易之交耳，交通之交耳。"（《续焚书》卷二《论交难》）一般人之间的关系如此，父子关系也是这样。例如，父"以子为念"，无非是因为"田宅财帛欲将有托，功名事业欲将有寄，种种自大父来者，今皆于子乎授之。"（《焚书增补》卷一《答李如真》）父子关系尚且如此，朋友关系便不言而喻："以利交易者，利尽则疏；以势交通者，势去则反，朝摩肩而暮掉臂，固矣。"（《续焚书》卷二《论交难》）同样，被奉为神圣的师生关系在李贽的眼里也是一种利益关系，孔子与其弟子的关系即是一种交易："七十子所欲之物，唯孔子有之，他人无有也；孔子所可欲之物，唯七十子欲之，他人不欲也。"（《续焚书》卷二《论交难》）

在断言人皆有功利之心的同时，李贽把自私说成是人的本性。为此，他提出了"人必有私"说，认为对于人不可须离的"童心"即自私自利之心，自私自利是"童心"的本质。正是在这个意义上，李贽断言："夫私者，人之心也。人必有私，而后其心乃见；若无私，则无心矣。"（《藏书》卷三十二《德业儒臣后论》）按照他的说法，自私自利是人的本性，即使圣人也未能免俗——"虽圣人不能无势利之心"。拿孔子来说，他也以一己之私来决定自己的去留。李贽坚信：

> 虽有孔子之圣，苟无司寇之任，相事之摄，必不能一日安其身于鲁也决矣。此自然之理，必至之符，非可以架空而臆说

也。(《藏书》卷三十二《德业儒臣后论》)

在上述论证中,李贽一面将功利、私心视为"童心"的题中应有之义,一面断言追求功利、自私是人与生俱来的本性。他的这个做法导致了两个相应的后果:第一,道出了自私自利与个性、人格独立之间的内在联系,使功利主义成为推崇个性、提倡人格独立和培养人格多样化的手段之一。第二,从本性、人之为人的高度突出了功利的正当性,为其功利主义的价值旨趣奠定了理论基础。

2. 伸张功利、自私的价值和意义

与断言人的一切活动都在趋利避害相一致,李贽把伦理道德与人的物质生活和生理欲望联系起来,指出伦理道德来源于人的物质生活,究其极不过是百姓处理穿衣吃饭等日常事务的共同准则而已。基于这种认识,他推崇"迩言"。迩,近也;所谓"迩言",就是通俗浅显、与人的日常生活息息相关的道理。李贽强调,人伦离不开人之趋利避害的本性,善、道德与功利密切相关,所谓义其实就是利。这就是说,"迩言即为善"。在他看来,作为"童心"的表现,"迩言""古今同一","天下同一",是百姓"共好而共习,共知而共言者"。有鉴于此,李贽把"迩言"说成是区分善恶的道德标准,并且一再断言:

> 大舜无中,而以百姓之中为中;大舜无善,而以百姓之迩言为善。(《李贽文集》第七卷《道古录》卷下)
>
> 夫唯以迩言为善,则凡非迩言者必不善。何者?以其非民之中,非民情之所欲,故以为不善,故以为恶耳。(《李贽文

集》第七卷《道古录》卷下）

循着这个逻辑,天理与人欲绝不是悬殊的、对立的,而是统一的。既然"迩言"为善,那么,正如作为"民情之欲"的"迩言"为善一样,天理离不开人的各种欲望,天理就是人伦日用中遵循的共同准则。在此基础上,李贽强调,道德的目的是为了功利,不计功利就无法实现仁义。正是在这个意义上,他一再宣称：

夫欲正义,是利之也。若不谋利,不正可矣。吾道苟明,则吾之功毕矣。若不计功,道又何时而可明也。(《藏书》卷三十二《德业儒臣后论》)

尝论不言理财者,绝不能平治天下。何也？民以食为天,从古圣帝明王无不留心于此者。(《李贽文集》第五卷《四书评·大学》)

基于上述认识,李贽崇尚功利,并用功利主义观点重新评价了许多历史人物。例如,他一反传统看法,称赞秦始皇是"千古一帝",汉武帝是"大有为之圣人"等等。

基于道德与功利的密切相关,也为了彻底伸张功利的价值,李贽反对董仲舒"正其谊（义——引者注）不谋其利,明其道不计其功"的说教,并对朱熹代表的理学家的义利观进行了批判。在他看来,那些标榜不计功利的道义论不仅自相矛盾,而且极端迂腐、虚伪。于是,李贽声称：

夫欲明灾异,是欲计利而避害也。今既不肯计功谋利矣,而欲明灾异者何也？既欲明灾异以求免于害,而又谓仁人不计利,谓越无一仁又何也？所言自相矛盾矣。且夫天下曷尝有不计功谋利之人哉！若不是真实知其有利益于我,可以成吾之大功,则乌用正义明道为耶？（《焚书》卷五《贾谊》）

李贽的分析和揭露表明,董仲舒一面明灾异以求除害、一面强调"正其谊不谋其利",这种做法在理论上和逻辑上都是讲不通的,承袭董仲舒义利观的宋明理学也是这样。更为严重的是,在理学家的影响下,当今士人尽管人人谋利却竭力否认自己的功利动机。于是,言行不一、口是心非之风大行其道,造成了极端的虚伪局面。这表明,不仅仅止于理论上的矛盾和荒谬,理学家的义利观在实践上造成了极大的社会危害。

从自私是人的本性出发,李贽极力说明自私不是罪恶,而是人的一切活动的动力和成功的保证。对此,他列举了大量的例子加以论证。例如：

> 如服田者,私有秋之获而后治田必力。居家者,私积仓之获而后治家必力。为学者,私进取之获而后举业之治也必力。故官人而不私以禄,则虽召之,必不来矣。苟无高爵,则虽劝之,必不至矣。（《藏书》卷三十二《德业儒臣后论》）

> 农无心则田必芜,工无心则器必窳,学者无心则业必废,无心安可得也。（《藏书》卷三十二《德业儒臣后论》）

按照这种说法,"人必有私",人的一切活动和行为都是在私的发动下,以私为动力展开的。正如努力种田是因为"私有秋之获"

一样，努力读书是因为"私进取之获"。当初，正是这种私心促成了人的各种活动，没有私心，人便由于没有进取的动力而最终一事无成。

鉴于私对人之成功和社会进步的重要意义，李贽否认无私说，尤其对无私说的虚伪予以无情的揭露和批判。他指出，无私说犹如画饼充饥一样，只是好听，没有实效，甚至还会混淆视听，绝对是不可取的。不仅如此，针对无私说的虚伪不实，李贽揭露说："然则为无私之说者，皆画饼之谈，观场之见，但令隔壁好听，不管脚跟虚实，无益于事，只乱聪耳，不足采也。"(《藏书》卷三十二《德业儒臣后论》)在他看来，无私说于世无补，不惟无益反而有害。进而言之，无私说之所以虚伪、无益于现实是因为私是人之本性，不可能从根本上废私。

与功利主义的价值旨趣息息相关，李贽推崇经世致用，瞧不起理学的无能和无用。按照他的说法，"唯治贵适时，学必经世"。"夫治国之术多矣"，自古以来帝王将相"凡有所挟以成大功者，未常不皆有真实一定之术数。"(《焚书》卷五《晁错》)这些议论不仅流露出对理学的不满，而且强调了学术必须具有经世致用之价值，以此有利于国家社会。正是在这个意义上，李贽断言：

真正学问，真正经济，内圣外王，具备此书(指《大学》——引者注)。岂若后世儒者，高谈性命，清论玄微，把天下百姓痛痒置之不问，反以说及理财为浊耶！尝论不言理财者，绝不能平天下。(《李贽文集》第五卷《四书评·大学》)

经世致用是早期启蒙思潮的主要内容之一，反对理学的空谈性理，呼吁学问与现实的政治、经济联系起来，以期有利于国计民生是早期启蒙思想家的一致主张。在这一点上，李贽与其他早期启蒙思想家的看法完全一致。另一方面，李贽对功利的提倡基于人之本性——"童心"，其中蕴涵着满足人的个性、提倡人格平等和发展人格的多样化等独特意蕴，这是其他人很少关注的。这决定了只有把提倡功利主义与推崇个性、膜拜独立人格联系起来，才能深刻体会李贽思想的独特内涵和启蒙意义。

李贽对独立人格的提倡及其平等意识即使在早期启蒙思想家的群体中也未有望其项背者，他对"夫为妻纲"的批判和对男女平等的提倡言辞激烈，在当时有石破天惊之感，可谓开中国男女平等思想之先河——即使把李贽称为中国女权运动的先驱也不为过。另一方面，尽管自己的行为有时甚至惊世骇俗，以狂人自居而名世的李贽也未能免俗，典型的例子是他一面谴责现实的君臣关系，一面对君权心存眷恋。例如，他把自己的著作命名为《藏书》，并对之期望甚高，指出"万世治平之书，经筵当以进读，科场当以选士，非漫然也"。这就是说，"千百世后"，此书必行；然而，他心目中的"千百世后"皇帝仍然出席经筵，君权仍然存在。从中可以看出，与其他早期启蒙思想家一样，李贽之所以在批判君主专制时进行保留，是因为从根本上说，他所反对的是君权专制，而非君权本身。当然，这一切是由李贽所处的那个阶级和时代决定的，对于这一点，今人不应苛求古人。然而，作为那个时代的一般特征，这一点是评价李贽及早期启蒙思潮时不应回避或轻视的。

"以实药其空"
——颜元哲学的创建机制及其意义

颜元早年曾经"学神仙道引,娶妻不近。既而知其妄,乃益折节读书……年二十余,尊陆、王学,未几归程、朱。"(《颜习斋先生传》)这表明,颜元早年曾好陆王心学,后来又笃信程朱理学。在此期间,他还依照《朱子家礼》居丧,几乎病饿致死。由此,颜元深觉朱熹理学不合人情,对理学产生怀疑,中年以后开始批判理学。出入陆王、程朱的亲身经历使颜元对理学具有深入的了解,他对理学弊端的揭露源于亲身实践。在某种程度上可以说,正如没有曾经置身其中的切身感受便没有颜元对理学弊端的深入了解和深恶痛绝一样,不是出于批判理学的需要,就不能催生颜元哲学;不是为了驳斥理学,颜元的哲学可能会是另一番景象。这决定了颜元的哲学思想与理学密切相关——理学对于颜元哲学来说,既是批判的靶子,又是理论建构的参照。作为早期启蒙思想家,颜元哲学思想的建构与对理学的批判是同步进行的。事实上,正是在批判和矫正理学弊端的过程中,他创建了自己的哲学思想。因此,颜元的哲学思想对于理解理学的致命缺陷并引导人走出这一误区具有独特的警醒意义。

一、揭露理学的杀人本质和内在危机——思想建构从批判理学开始

颜元哲学体系的建构缘起于对理学的不满和批判,从这个意义上说,不了解他对理学的审视和评价,就不能正确理解颜元哲学的建构机制及其意义。同时,由于全部思想都可以归结为对理学的批判和矫治,这决定了对理学的揭露和批判不仅是颜元全部思想的前提,而且奠定了其思想建构的主要内容和理论走向。有鉴于此,探索颜元哲学的最佳视角是从他对理学的审视和揭露入手。

明清之际,随着自身弊端的逐渐暴露和社会危害的日益突出,理学受到越来越多的进步之士的指责和批判,由此涌现了中国的早期启蒙思潮。在批判理学的大军中,每个人的个人经历、文化学养和兴趣爱好等并不相同,对理学的批判也各具特色、异彩纷呈。相对说来,颜元对理学的分析和批判比较全面,从理论渊源、思想内容和社会危害三个方面向理学发起了进攻。

1. 理论渊源——东拼西凑,尤其与佛、老有染

颜元从剖析理学的理论渊源入手,指责理学是毫无创新的拼凑之作,以期瓦解其正当性和存在价值。按照他的说法,理学罗列、拼凑了历史上的各种学说,不仅毫无创新可言,而且支离破碎、不成体系。就拿陆九渊与朱熹的争论以及陆王心学与程朱理学的分歧来说,陆九渊批评朱学支离破碎,因为程朱理学注重训诂;可笑的是,陆九渊表面上鄙视汉儒的训诂,实际上自己也陷在支离的训诂中不能自拔。同样,朱熹批评陆学虚无近禅,因为陆王心学专

注本心的觉悟;可悲的是,朱熹表面上攻击佛、老的虚无,实际上自己也沉溺在顿悟的虚无中浑然不知。正是在这个意义上,颜元写道:"故既卑汉、唐之训诂而复事训诂,斥佛、老之虚无而终蹈虚无。以致纸上之性天愈透而学陆者进支离之讥;非讥也,诚支离也。心头之觉悟愈捷而宗朱者供近禅之诮;非诮也,诚近禅也。"(《存学编》卷一《明亲》)在他看来,陆九渊与朱熹以及陆王心学与程朱理学的境遇惊人相似——不仅自己的毛病都被对方的攻击所言中,而且指责对方的毛病自己也同样具有。之所以会出现这种戏剧性的局面,是因为双方都拼凑了训诂和佛老之学,充其量只是或多或少而已。

颜元进而指出,不惟训诂和佛学,理学杂糅了历史上的各种学说,简直就是生拼硬凑的大杂烩。不过,在理学这个无所不包的大拼盘中,还是有主料的;就理学的主导成分而言,不外乎汉、晋、释、道四者。基于这一理解,颜元认定理学是"集汉晋释道之大成者。"(《习斋记余》卷三《上太仓陆桴亭先生书》)在这里,汉指汉代出现的考据学、颜元称之为"训诂",晋指盛行于魏晋时期玄学、颜元称之为"清谈",释即佛学,老指道教、颜元称之为"仙道"。他进而指出,在拼凑各家之学时,理学受佛、老熏染尤其深重。对此,颜元以理为例子论证说,理并不是悬空的,不过是事物的条理和规律而已,理学家却宣称理"无形迹"、不会造作,是"空阔洁净的世界",使理流于空寂,显然是抄袭了佛、老的学说。更有甚者,不仅限于对理的认识,理学对佛、老的偷袭比比皆是——有些甚至是方式方法或根本性的。例如,"佛道说真空,仙道说真静。"(《存人编》卷一《唤迷途·第二唤》)于是,理学便忙不迭地主张"始无极,终主静。"(《四书正误》卷二《中庸·中庸原文》)这些都证明理学就是因缘佛、道而成的。

在此基础上，颜元进一步揭露说，理学同受佛、道熏染，对比之下，受佛学浸淫更甚，简直就是被佛学同化了。鉴于这种情形，他形象地比喻说："释氏谈虚之宋儒，宋儒谈理之释氏，其间不能一寸。"(《朱子语类评》)在颜元看来，理学与佛学一个谈理、一个谈空，这些都是表面上、形式上的，两者的思想本质完全一致，都将一个空寂的精神本体奉为宇宙的本原或主宰——从这个意义上说，理学与佛学之间毫无差别、难分彼此。不仅如此，他强调，就浸染于佛学而流于空寂而言，程朱理学和陆王心学是一样的。正如讥讽朱学支离的陆九渊同样近于支离一样，攻击陆学杂于佛教的朱熹同样逃脱不了与佛教的干系。正是在这个意义上，颜元断言："朱学盖已参杂于佛氏，不止陆、王也；陆、王亦近支离，不止朱学也。"(《习斋记余》卷六《王学质疑跋》)

在此，通过对理学理论来源的分析，颜元认定理学东拼西凑，不仅有失纯正学统而且不是儒门正宗。在重视学统、讲究学术传承的中国古代社会，学统正宗是其正统地位的前提。在那种文化背景和文化传统下，他有关理学学脉不正的说法对理学合法性造成的冲击在某种意义上可以说是致命的。不仅如此，在揭露理学的理论来源时，颜元对佛、老尤其是深受佛教空寂之毒的侧重从源头上证明了理学的无用虚伪、无益于现实。

2. 思想内容——空虚不实、无能无用

颜元对理学理论渊源庞杂、拼凑，与佛、老有染的揭露已经暗示了其思想内容的斑驳庞杂、不成体系。循着这个逻辑，他进一步揭露了理学的空虚无实。这包括两个方面：第一，理学是东拼西凑的产物,而非来自现实生活。这种虚浮学风注定了理学的冥想空谈、空无一物,由于脱离实际,理学与现实社会的政治、经济和百姓生活相去甚远。第二,深受佛、老熏染使理学之空虚变本加厉、愈演愈烈。这就是说,本来东拼西凑、毫无创新已经使理学由于严重脱离实际而无裨于现实了,沉迷、浸染于佛、老更加剧了其空谈性理、坐而论道的学术空虚。对此,颜元指出,佛、老一个尚空,一个尚无,与佛、老有染使理学的玄虚无实登峰造极,不仅把空阔洁净、无形迹、无造作之天理说成是世界本体,而且在道德修养方法上主静、尚静。正是这种妄谈玄理、坐而论道的学风注定了理学的尚空尚虚而无实。在此基础上,他宣称,由于都沉浸于佛、老的空静之中,程朱理学和陆王心学都是"镜花水月幻学"。对此,颜元一再指出:

  洞照万象,昔人形容其妙曰"镜花水月",宋、明儒者所谓悟道,亦大率类此。吾非谓佛学中无此意也,亦非谓学佛者不能致此也,正谓其洞照者无用之水镜,其万象皆无用之花月也。(《存人编》卷一《唤迷途·第二唤》)

  今玩镜里花,水里月,信足以娱人心目,若去镜水,则花月无有矣。即对镜水一生,徒自欺一生而已矣。若指水月以照临,取镜花以折佩,此必不可得之数也。故空静之理,愈谈愈惑;空静之功,愈妙愈妄。(《存人编》卷一《唤迷途·第二唤》)

  颜元指出,正是理学的虚而不实导致了其无用——无裨于现实,对国家和百姓毫无益处。在此,他强调,程朱理学和陆王心学纵然有分歧,在无用、无能、于世无补上却别无二致。正是在这个

意义上,颜元宣布:"两派学辩,辩至非处无用,辩至是处亦无用。"(《习斋记余》卷六《阅张氏王学质疑评》)

3. 社会危害——惑世诬民、以理杀人

颜元认为,不论是理论来源上的东拼西凑还是浸染于佛学的空谈性理都使理学严重脱离现实,除了导致理论上的荒诞不经、虚空无用之外,还使其在社会上造成了恶劣影响而贻害无穷。值得注意的是,循着理论来源和思想内容上对理学庞杂、拼凑的揭露,他从庞杂的角度进一步论证了其学术恶果和社会危害。颜元指出,正是东拼西凑、脱离实际的虚浮学风导致了理学的冥想空谈、祸国殃民。于是,他多次写道:

> 仆尝有言,训诂、清谈、禅宗、乡愿,有一皆足以惑世诬民,而宋人兼之,乌得不晦圣道,误苍生至此也……每一念及,辄为太息流涕,甚则痛哭!(《习斋记余》卷三《寄桐乡钱生晓城》)

> 宋、明之训诂,视汉不益浮而虚乎?宋、明之清谈,视晋不益文而册乎?宋、明之禅宗,视释、道不益附以经书,冒儒旨乎?宋、明之乡愿,视孔孟时不益众悦,益自是,"不可入尧、舜之道"乎?(《习斋记余》卷九《夫子志乱而治之滞而起之》)

在颜元看来,中国几千年的大混乱,归根结底皆起因于学术上的训诂、清谈、禅宗(佛教)、乡愿作怪;四者的危害如此严重,以至其中的任何一种都足以惑国诬民、贻误苍生。更为可怕的是,生拼硬凑的理学将四者兼收囊中、杂糅在一起。因此,与四者之中的哪

一种相比,理学的虚浮无用、鱼目混珠都有过之而无不及。由此,理学造成的危害如何严重也就可想而知了。由于远离人的现实生活、无补于国家的政治、经济,理学不近人情,惨无人道,最终酿成以理杀人的惨痛后果。对此,颜元满怀悲愤地指出:

> 果息王学而朱学独行,不杀人耶!果息朱学而独行王学,不杀人耶!今天下百里无一士,千里无一贤,朝无政事,野无善俗,生民沦丧,谁执其咎耶!(《习斋记余》卷六《阅张氏王学质疑评》)

颜元痛斥理学的杀人行径,指认理学是杀人的学说。在他看来,理学尽管有程朱理学与陆王心学之分,但就杀人、贻害国家而言,二者别无二致。这就是说,就杀人的本质和恶果而言,所有理学无一例外。

对理学杀人本质的揭露使颜元对理学的批判达到了高潮,也更加坚定了他对理学的全面否定态度。进而言之,杀人的本质表明理学不仅无用、无能而且有毒、有害,其继续蔓延势必给社会、人生带来更大的危害和灾难。有鉴于此,在深入批判理学的同时,颜元一直在寻找着根治其病症、消除其危害的药方。

4. 根治药方——提倡实学、"以实药其空"

如上所示,颜元对理学的批判建立在对理学的全面审视和深入剖析之上——始于理论渊源,深入到主要内容和理论构成,最终落实到社会危害上。经过一系列的分析和揭露,他诊断出理学的主要病症有三:第一,东拼西凑,来源驳杂,尤其与佛、老有染。第二,脱离现实,坐而论道,空谈性理,无实无用。第三,贻害无穷,造成以理杀人的恶劣后果。不难看出,颜元认定的理学的这三个病症之间具有内在联系:第一,层层递进。如果说第三方面——杀人是结果的话,那么,其起因则是第一方面——渊源庞杂尤其是浸染于佛、老以及由此导致的第二方面——思想内容的虚空无实、无能无用。第二,一以贯之。理学的这三个弊端不仅是递进的,而且一以贯之,都可以归结为脱离实际、虚玄无用。对此,颜元称之为"虚"。按照他的逻辑推理,渊源于佛、老的理学沾染了致命的空无,导致其在本体上视世界为空,所推崇的天理也随即成为空寂的存在乃至子虚乌有之物;正是这种坐而论道、空谈玄理之风造就了理学脱离实际、于现实无补的无用无能;正是在把世界和包括人在内的宇宙万物虚化的过程中,理学使人丧失了其本有的生机和活力,基本的生存被掏空,酿成杀人的悲剧。这表明,理学的错误一言以蔽之即虚。鉴于理学之虚对现实毫无用处并且酿成了巨大的社会灾难,颜元对理学之虚深恶痛绝。因此,他不仅在理论上指出了理学的病症所在,而且提出了根治的药方——"以实药其空,以动济其静。"(《存人编》卷一《唤迷途·第二唤》)可见,由于认定理学的病症一言以蔽之是虚,他开出的这剂药方的秘诀在于"实"。在此,正如静与空具有内在联系、是空的表现形式之一一样,动与实相关、是实的具体表现之一。于是,为了根治理学的空和静,颜元针锋相对地提倡实和动,在批判理学、建构自己哲学体系的过程中,始终不遗余力地倡导实学。正是出于这一目的,他反复论证说:

> 佛不能使天无日月,不能使地无山川,不能使人无耳目,

安在其能空乎！道不能使日月不照临，不能使山川不流峙，不能使耳目不视听，安在其能静乎！(《存人编》卷一《唤迷途·第二唤》)

凡天地所生以主此气机者，率皆实文、实行、实体、实用，卒为天地造实绩，而民以安，物以阜。虽不幸而君相之人竟为布衣，亦必终身尽力于文、行、体、用之实，断不敢以不尧舜、不禹皋者苟且于一时，虚浮之套，高谈袖手，而委此气数，置此民物，听此天地于不可知也。亦必终身穷究于文、行、体、用之源，断不敢以惑异端、背先哲者，肆口于百喙争鸣之日，著书立言，而诬此气数，坏此民物，负此天地于不可也。(《习斋记余》卷三《上太仓陆桴亭先生书》)

针对佛、老、理学将世界虚幻化、静止化的做法，颜元论证了世界的本质是实和动而不是虚和静。在他看来，实、动不仅是世界的本质，而且是最高价值。接下来的问题是，生活在这样的世界上，人应该务实而不是蹈空。正因为如此，颜元一面积极倡导实和动，一面坚决抵制虚和静，并把之视为人生追求和为学标准。对此，他曾经表白："宁为一端一节之实，无为全体大用之虚。"(《存学编》卷一《学辨》)可见，颜元对实的提倡和对虚的反对是相当坚定而彻底的，为了以实制虚宁可粗而不精，不惜以牺牲精为代价。与此相关，他甚至将"宁粗而实，勿妄而虚"奉为自己的座右铭。

围绕这一宗旨，颜元倡导实学，在为学和教学中均以实为第一要务，并把自己的学说都冠名以实。例如，学习科目曰"实文"，学习方法曰"实学"、"实习"，行为曰"实行"，事功曰"实用"，性体曰"实体"等等。简言之，实学的精神实质是实，即"利济苍生"、"泽被生民"的实用之学。对此,颜元称之为实学、实习、实行、实用。在具体的阐释中,他又把之概括为"六德"、"六行"和"六艺",尤其对礼、乐、射、御、书、数构成的"六艺"倍加推崇,断言"学自六艺为要。"(《颜习斋先生言行录》卷上《理欲》)

在颜元针对理学的荒谬、缺陷开出的药方中,实是精髓、是宗旨,也是一以贯之的基本原则。这剂药方包括四味猛药:第一,将人实化,将人性说成是由四肢、五官组成的气质之性。第二,将学实化,强调学以致用,在知行关系中注重习行,推崇实用技术和使用价值,强调躬亲践履、"亲下手一番"。第三,将人生追求和道德实化,强调义利统一,为义注入功利内涵。第四,将读书实化,读书作为辅助手段必须有利于习行,并在习行中读书。不难看出,这四点有一个共同的宗旨——实,同时又是对理学的各种弊端有备而来。其实,这几点正是颜元实学的基本内容。进而言之,由于实的一以贯之,不仅促成了颜元思想各个方面的统一,而且避免了以理杀人的结果。通过以上四个方面的矫正,理学在各个环节被实化,人也由此在各个方面——人性上、技能上、追求上、价值上和思想方法上等等变得真切、真实或实际起来。在这个过程中,人拥有了追求物质幸福的权利,更为重要的是,拥有了创造幸福的能力——习行。

二、天理之虚与气质之实——人性一元论

颜元对理学杀人的揭露,从"千里无一贤"到"朝无政事,野无善俗,生民沦丧"都聚焦在理学导致的危害上。在他看来,理学之所以造成这些危害是因为严重脱离现实,一味地教人读死书、死读书,结果不仅无益于修身养性,而且使人体的各种作用得不到展示

和发挥,最终养成娇弱之体而成为废人、无用之人。颜元指出,理学的这种做法本身就是对人体的摧残和对人性的扼杀。更有甚者,基于天理与人欲的不共戴天,理学为了"去人欲、存天理"而主张变化气质;气质即四肢五官百骸,生来如此、不可改变,如果硬要让人通过灭绝人欲而存天理,那就是违背人的天性、惨无人道,无异于以理杀人。这是因为,无欲就无人的生存,欲作为人与生俱来的本性不可禁绝。有鉴于此,在控诉理学灭绝人性、惨无人道时,颜元以人性哲学为主战场,对理学杀人本质的认定使他的批判聚焦在人性哲学上。

不仅如此,为了扭转理学杀人的局面,也为了彻底批判理学,颜元批判了理学的双重人性论,针锋相对地提出了自己的人性一元论。这从一个侧面表明,颜元提出人性一元论是对理学之虚而"以实药其空"的结果。在他看来,理学家离气言欲、离开人的四肢等形体构成的气质而空谈天命之性,割裂了天命之性与气质之性的联系,这是对人之存在的虚化,在使理、天命之性虚化的同时也使人性沦空了;理学之所以杀人,说到底无非是天命之性与气质之性截然二分引发了无视人的肉体存在和生命权利。基于这一理解,根据"以实药其空"的原则,颜元在批判双重人性论的同时,着重阐释了理对气的依赖,力图说明天命之性不能脱离气质之性而存在,离开气质之性的天命之性无所依附将流于空虚。在此过程中,他将气质实化,强调人之形体是人性的实体和依托,由此建构了以气质之性为唯一内容的人性一元论。

1. 天理是虚——理是气之所以然者、气是理之所依

在断言理学与佛、老有染而导致其理论虚无的说明中,颜元已经指出了理学将理虚化成空寂本体。其实,按照他的说法,不仅限于本体之理,由于将理虚化并奉为宇宙本体,理学家宣扬天命之性可以脱离气质之性存在,在人性哲学上进一步使天命之性虚化,导致了种种弊端。为了纠正这一错误,颜元重新界定了理、气概念,以此强调理对气的依赖。

对于气和理,颜元的定义是:"生成万物者气也……而所以然者,理也。"(《颜习斋先生言行录》卷上《齐家》)据此可知,气是宇宙本原或生成万物的材料,理是气及万物所以然的规律。这表明,理就是气之理,必须依附于事物而存在。正是在这个意义上,他反复断言:

> 理者,木中纹理也。其中原有条理,故谚云顺条顺理。(《四书正误》卷六《尽心》)

> 盖气即理之气,理即气之理。(《存性编》卷一《驳气质性恶》)

基于对理、气的上述界定和理解,颜元强调,理与气相互依赖、不可分割,并把理气之间的这种关系称为"理气融为一片。"(《存性编》卷二《性图》)在此基础上,他进而指出,理本来是实,作为气的条理、依于气而存在;理学家却把理虚空化,说成是凌驾于气之上、并先于万物的本原,致使理成为涵盖一切、秩序万殊的主宰。这样的理最终难免流于空寂,在本质上偷渡了佛、老的学说。鉴于理学的错误及巨大危害,颜元强调,理气相依,尤其突出理对气的依赖。他认为,作为气之所以然者,理乃气之理,不可能存在于气之外,理学家宣扬的超越于气之上的所谓天理更是不可能的。循着这个逻辑，颜元由理对气的依赖推出了天理对气质以及天命之性对气质之性的依赖。在他看来，既然理依于气，那么，如果依然讲天理的话，必须承认其以气质为安附；进而言之，既然没有气质、天理就失去了安附处而无法存在，那么，天命之性必须依赖于气质之性。正是在这个意义上，颜元断言："若无气质，理将安附？且去此气质，则性反为两间无作用之虚理矣。"（《存性编》卷一《棉桃喻性》）这表明，气质之性与天命之性相互依赖，绝对不可断然分做两截，二者是统一的。那么，天命之性与气质之性如何统一呢？颜元的回答是，正如理气统一于气一样，天命之性与气质之性统一于后者；或者更进一步地说，天命之性和气质之性都可以归结为气质之性，气质之性是人性的全部内容，天命之性压根儿就是不必要的甚至是多余之物。在此基础上，他宣布，理学所宣扬的脱离气质之性的天命之性根本就不存在，充其量不过是理学家的臆造、杜撰而已，原本即子虚乌有。

在这里，通过强调天命之性不能离开气质之性而存在，离开气质之性的天命之性纯属子虚乌有，颜元主张，对人性不可截然二分，进而推导出人性一元的结论。在他那里，由于天命之性被宣布为主观臆想，其存在的合法性受到质疑，气质之性顺理成章地成为人性的唯一内容，或者说，成为全部的人性。可见，在对理气关系的说明中，正是以天理是虚、气质是实为理由，颜元挤掉了天命之性的位置，这为他将人性实化铺垫了理论前提并引领了方向。

2. 气质是实——性形不离、性者形之性

通过对理气相互依赖的强调，颜元将人性归结为气质之性。在对气质之性的界定和说明中，他进一步将气质之性实化。颜元

指出，人的气质就是由四肢、五官、百骸等生理器官组成的形体，形体是人性存在、呈现的基础。基于这种认识，他强调形性不离，特别强调性不离形，进而断言人性就是人的形体之性，无形体就无所谓人性——"性，形之性也，舍形则无性矣。"(《存人编》卷一《唤迷途·第二唤》)不仅如此，颜元还列举大量的实际例子证明了性不离形的论点。例如，有棉花才有棉之暖，有眼睛才有目之明；同样的道理，"敬之功，非手何以做出恭？孝之功，非面何以做愉色婉容？"(《颜习斋先生言行录》卷下《王次亭》)至此，由于坚持形性不离，特别是性不离形的原则，他排除了人性的先天性，使人性实化为由人的生理器官构成的形体所具有的属性和功能。在这里，由于始终坚持人性因形体而有，颜元使人性成为具体的、鲜活的存在，不再是理学家所讲的先天的抽象之物。他的说法也从一个侧面再次证明了理学家宣扬的万古永恒的天命之性不攻自破、不知从何说起。

同样根据形性不离的原则，颜元强调，性不离形决定了性的作用必须通过形表现出来；由于人性就是人的气质——耳目口鼻等形体所具有的属性和功能，人性的实现就是人体的各种潜能的发挥和各种欲望的满足。基于这一理解，他指出，人体器官之各种功能的发挥和各种欲望的满足是人存在的前提，离开了这些，人将不复存在。在这方面，颜元对欲格外关注，强调作为人之形体的自然欲望，欲与生俱来、天然合理，人的各种器官的足欲是人性的正当要求。正是在这个意义上，他断言：

> 形，性之形也；性，形之性也，舍形则无性矣，舍性则无形矣。失性者据形求之，尽性者于形尽之，贼其形则贼其性矣。

即以耳目论……明者,目之性也,听者,耳之性也……目彻四方之色,适以大吾目性之用……耳达四境之声,正以宣吾耳性之用。推之口、鼻、手、足、心、意咸若是,推之父子、君臣、夫妇、兄弟、朋友咸若是。故礼乐缤纷,极耳目之娱而非欲也。位育乎成,合三才成一性而非侈也。《存人编》卷一《唤迷途·第二唤》)

在此,颜元强调,人的感官所具有的欲望与生俱来,是人生存的前提,感官的正当运用体现了人性的作用,感官的欲望是人性的自然要求,应该给予满足。这些属于正常的足欲范围,不能动辄就斥为私欲。按照他的理解,正如离开形体,人性的作用便得不到展示和发挥一样,人体的欲望得不到基本的保障和满足将影响人的存在,最终戕害人之本性。这就是说,感官生就具有各种欲求,人对形色的要求与生俱来,是人的天性,而非"私欲",具有天然的正当性、合理性而应该得到满足。循着这个逻辑,作为人之真情至性,欲应该成为备受保护的对象。有鉴于此,颜元指出:"禽有雌雄,兽有牝牡,昆虫蝇蜢亦有阴阳。岂人为万物之灵而独无情乎?故男女者,人之大欲也;亦人之真情至性也。"(《存人编》卷一《唤迷途·第一唤》)在他看来,作为人的真情至性,欲与生俱来、拥有天然合理性,无法禁绝也不应该被禁绝。不仅如此,欲还是人类生存、繁衍的前提之一;离开欲,人类的生养、繁衍将无从谈起。基于这种认识,颜元直言不讳地反问佛教徒:"若无夫妇,你们都无,佛向哪里讨弟子?"(《存人编》卷一《唤迷途·第二唤》)更有甚者,26岁寓住白塔寺椒园时,寺中僧侣无退侈夸佛道,颜元却说:"只一件不好。"僧问其故,颜元答:"可恨不许有一妇人。"无退惊曰:"有一

妇人,更讲何道!"对此,颜元反驳说:

> 无一妇人,更讲何道?当日释迦之父,有一妇人,生释迦,才有汝教;无退之父,有一妇人,生无退,今日才与我有此一讲。若释迦父与无退父,无一妇人,并释迦、无退无之矣,今世又乌得佛教,白塔寺上又焉得此一讲乎!(《颜习斋先生年谱》卷上)

可见,在对气质之性的说明中,颜元一步步将气质之性实化,其具体步骤是:先将气质实体化,说成是人与生俱来的形体;接着,强调人性不外乎人之四肢、五官组成的形体所具有的属性、功能和作用;最后,将气质之性实化,说成是人之形体的各种欲望,将欲视为人性的主要内容。这些观点不仅伸张了欲的价值、为颜元在价值观上肯定利做了理论铺垫,而且促使他急切地反对气质有恶说,进而为气质之性正名。

3. 将善实化——气质即善、气质之性无恶

在理学那里,理与善属于同义词。颜元对理的实化为进一步将善实化奠定了基础,对理学家有关气质有恶的驳斥更是以气之实充塞了善之实。

循着理气相依的逻辑,颜元在天命之性与气质之性的统一中坚持理气的善恶统一,进而驳斥理学的气质有恶说。下面这段话集中体现了他对气质有恶说的驳斥,同时论证了自己的气质性善说:

> 若谓气恶,则理亦恶;若谓理善,则气亦善。盖气即理之

气,理即气之理,乌得谓理纯一善而气质偏有恶哉!譬之目矣:眶、皰、睛,气质也;其中光明能见物者,性也。将谓光明之理专视正色,眶、皰、睛乃视邪色乎?余谓光明之理固是天命,眶、皰、睛皆是天命,更不必分何者是天命之性,何者是气质之性;只宜言天命人以目之性,光明能视即目之性善,其视之也则情之善,其视之详略远近则才之强弱,皆不可以恶言。(《存性编》卷一《驳气质性恶》)

在此,颜元提出了两个理由用以驳斥气质有恶的观点,并从反面伸张了自己的气质性善说:第一,根据理气相依、形性不离的原则,抨击气质有恶说破绽百出、难以自圆其说,在逻辑上讲不通。颜元指出,理气相互依赖表明二者是统一的,这种相依、统一决定了理气善恶属性的一致性;正如理善则气善、气恶则理恶一样,如果天命之性至善的话,那么,气质之性也应该是善的;如果气质之性有恶的话,那么,天命之性必然也有不善。如此说来,哪有理善而气却恶抑或天命之性至善而气质之性有恶的道理?同样的逻辑,性与形不可分割,所谓性乃形之性;如同理善则气必善一样,性善则形亦善、绝对没有性善而形却恶的道理。以人的眼睛为例,视觉功能——性是以眼睛这个器官——形为条件的,离开了眼睛这一生理器官就无所谓视觉。怎么能说视觉专看正色、眼睛却视邪色呢?第二,列举、披露气质有恶说的实践恶果和社会危害,指出只有相信气质无恶而皆善才能督人向善。颜元指出,气质有恶说的危害并不限于理论上漏洞百出、不合逻辑的荒谬,关键在于实践上的贻害无穷,在社会上造成了极其恶劣的严重后果。他的下面两段话是从不同角度立论的,共同指向了气质有恶说的社会危害和负面效应：

> 将天生一副作圣全体,参杂以习染,谓之有恶,未免不使人去本无而使人憎其本有。蒙晦先圣尽性之旨,而授世间无志人一口柄。(《存学编》卷一《上徵君子小钟元先生》)

> 程、朱以后,责之气,使人憎其所本有,是以人多以气质自诿,竟有"山河易改,本性难移"之谚矣。(《存性编》卷一《性理评》)

按照颜元的分析,气质有恶说无论对于何种人都是一个灾难：如果相信气质有恶的话,那么,恶人会以气质本恶为理由冥顽不化,常人会以"气质原不如圣贤"为借口放松道德修养的自觉性。由此可见,无论何人,只要相信气质有恶,就会放弃向善的希望和努力,或自甘堕落或不思进取。长此以往,整个社会真的会向善无望而陷入万劫不复之恶。对于气质有恶的巨大危害,颜元的弟子——李塨也有深刻的认识："宋儒教人以性为先,分义理之性为善,气质之性为不善,使庸人得以自诿,而牟利渔色弑夺之极祸,皆将谓由性而发也。"(《恕谷年谱》卷二)显然,李塨的这个认识与颜元是一致的。

不仅如此,鉴于气质有恶的巨大危害,出于"期使人知为丝毫之恶,皆自玷其光莹之本体,极神圣之善,始自充其固有之形骸"(《存学编》卷一《上太仓陆桴亭先生书》)的初衷,颜元著《存性编》,集中阐释了自己的人性哲学。在对气质之性予以肯定的同时,他坚决反对气质有恶的说教。

颜元一面论证气质无恶,一面抨击气质有恶的危害,在两方面的相互印证中将善实化：第一,善即气之善。在他那里,善即气质之善,不再纯属理而与气无涉；作为人性的唯一内容,气质之性本身就是善的。第二,善即欲之善。颜元所讲的气质即人之形体,气质之性即人的形体所具有的属性、功能和欲望,这使欲在人性中占据了最显赫的位置。通过他的阐述,善不再与欲无缘甚至对立,相反,善成为包括欲在内的人体之属性、功能和欲求之善。同时,颜元对气质有恶的驳斥从另一种角度看就是对欲之善的肯定和伸张。

总之,通过以上三个方面的深入论证和相互作用,颜元将人性实化,在肯定形体重要性的同时,伸张了欲的正当性。按照他的逻辑,不论是形体作用的施展还是形体欲望的满足最终都体现在现实生活中,落实到实际行动上。有鉴于此,颜元推出了践履学说——习行哲学,鼓励人在现实生活中躬行践履以充分发挥形体的各种潜能,并通过获取现实的功利满足形体的各种需要和欲望。这暗示了颜元的人性哲学与习行哲学一脉相承,二者之间具有密切的内在联系。进而言之,虽然都是实学的一部分,人性哲学与习行哲学却各有侧重。对于人之实化而言,如果说人性哲学对气质和欲利的肯定侧重理论层面的话,那么,习行哲学则侧重实践层面。按照他的思维逻辑和价值取向,气质之性、人性哲学在人性论和存在论的维度上肯定了人的价值,对人之这一维度的实化如果不贯彻到实际行动中最终还是虚的,只有在现实生活中彰显出来才能使之实化。这是因为,人体的各种欲望只有在"动"中才能得到满足,这与人体之属性和功能只有通过习行才能得以发挥是一样的。

三、"以动济其静"——习行哲学

颜元与其弟子李塨因倡导习行、践履而名声大振,形成了一个中国历史上独具一格的学派,史称颜李学派。这一学派对行极其重视,也是其"以动济其静"的具体贯彻和主要表现。

1. 人性哲学与习行哲学的内在联系

人们关注习行哲学基本上侧重知行关系的维度,其实,推崇行并不是颜元建构习行哲学的全部初衷。准确地说,他最初并无意于探讨知行关系,推出习行哲学完全出于人性哲学的需要,或者说,是人性哲学的必然结果。上述分析显示,颜元的习性哲学与人性哲学具有密切关系,可以说是对人性哲学的贯彻。正因为如此,他对人性哲学与习行哲学之间的内在关系非常重视,多次予以论证和阐释。下面这两段话便是明证:

> 天地之实,莫重于日月,莫大于水土,使日月不照临九州,而惟于云霄外虚耗其光;使水土不发生万物,而惟以旷闲其春秋,则何以成乾坤?人身之宝,莫重于聪慧,莫大于气质,而乃不以其聪慧明物察伦,惟于玩文索解中虚耗之;不以其气质学行习艺,惟于读、讲、作、写旷闲之,天下之学人,逾三十而不昏惫衰惫者鲜矣,则何以成人纪!(《颜习斋先生言行录》卷上《学人》)

> 吾愿求道者尽性而已矣,尽性者实征之吾身而已矣,征身者动与万物共见而已矣。吾身之百体,吾性之作用也,一体不

灵则一用不具。天下之万物，吾性之措施也，一物不称其情则措施有累。身世打成一片，一滚做功，近自几席，远达民物，下自邻比，上暨庙廊，粗自洒扫，精通爕理，至于尽伦定制，阴阳和，位育徹，吾性之真全矣。以视佛氏空中之洞照，仙家五气之朝元，腐草之萤耳，何足道哉！（《存人编》卷一《唤迷途·第二唤》）

按照颜元的理解，宇宙的本质是实、是动，其性能是光照天地、生发万物；人之实是聪明才智和形体气质，其作用是在不断的生命运动中明察物理、习行技艺。人有了气质这个先天条件却不去习行，本性便发挥不出来。这样的人由于不能践形、尽性而终不成人，等于虚度年华。他进而指出，人体、人性与习行密切相关，气质之性必须在习行中得以贯彻和发挥，这要求人性哲学必然转化为习行哲学。此外，颜元对朱熹的批判也从一个侧面道出了人性哲学与习行哲学的内在勾连：

朱子之学，全不觉其病，只由不知气禀之善。以为学可不自六艺入，正不知六艺即气质之作用，所以践形而尽性者也。（《存学编》卷三《性理评》）

颜元认为，朱熹理学的病症在于不承认人之形体——气质是善的，更不明白气质之善即在于可以习行六艺，习行六艺是气质之性的作用；人的形体生来就有各种功能，人通过后天的习行可以获得各种知识、技术和技能。与此相联系，朱熹因为放弃了习行而使人成为废人或对社会无用之人，他的失误从反面证明习行哲学与人性哲学之间具有不容割裂的内在联系。

可见,颜元的习行哲学直接从人性哲学推演而来,是出于人性实化的需要;出于这一动机,他提倡习行哲学,目的是为了把人之形体——气质的所有功能和作用充分施展出来。在这方面,如果说人性哲学是天地之实在人之本性上的体现的话,那么,习行哲学则是人性之实的具体展示。按照他的说法,习行是人之形体的必然属性、功能和要求,只有习行才能践形、尽性——使形体的作用充分发挥出来。

按照中国古代哲学特有的逻辑系统和话语习惯,习行哲学应该属于知行观,隶属认识哲学。与人性哲学的密切相关决定了颜元的习行哲学重心不是阐释知与行的关系,而是强调作为人体之作用和人性之表现的行——习行的重要性。就习行哲学所连带的知行观而言,他对行极其关注、推崇备至。进而言之,颜元之所以推崇行,是因为习行即实行、是动,习行哲学是实学的一部分。其中,最关键的还取决于他的人性哲学,因为气质之性的实现、作用的发挥在于习行。当然,也是为了批判理学的需要。这表明,习行哲学寄托了颜元的多种希望,履行着多层使命。正是在多种维度的交叉和印证中,他进一步将人性实化,将人的行动实化,将人生追求和道义实化。

2. 理学的无用、无能在于不愿也不能习行

颜元认为,习行是孔子思想的宗旨,也是儒家之正义。正是在这个意义上,他说道:

> 孔子开章第一句,道尽学宗。思过、读过,总不如学过。

一学便住也终殆,不如习过。习三两次,终不与我为一,总不如时习方能有得。"习与性成",方是"乾乾不息。"(《颜习斋先生言行录》卷下《学须》)

颜元指出,孔子对习行极为重视,以至《论语》开头的第一句话就用"学而时习之"概括了儒学的习行宗旨。令人痛心的是,汉儒尤其是宋儒背离了孔子本意和儒学圭臬,由于漠视习行最终导致了虚空无用。在此,颜元特别把批判的重心对准了程朱理学,指出由于背离了孔子的习行原则,朱熹对知行关系的看法陷入荒谬。对此,他评价说:"朱子知行竟判为两途,知似过,行似不及。其实行不及,知亦不及。"(《存学编》卷三《性理评》)在他看来,理学家一味地推崇知而不重视习行,表面上看"知似过,行似不及",其实是行与知均不及。更有甚者,这种看法的后果是,知而不行、以知代行,犹如以看路程本代替走路一样自欺欺人。正是在这个意义上,颜元揭露说:"宋儒如得一路程本,观一处又观一处,自喜为通天下路程人,人亦以晓路称之;其实一步未行,一处未到。"(《颜习斋先生年谱》卷下)他进而指出,理学的无用、无能以至以理杀人在本质上都可以归结为空谈而不能习行,理学脱离现实、虚而无用,如果像理学家倡导的那样去做,天下大多百姓将无法生活。这就是说,理学"不啻砒霜鸩羽",致使"入朱门者便服其砒霜,永无生气生机"。(《朱子语类评》)基于这种认定和评价,颜元称理学家是"与贼通气者"——与贼没什么两样。

3. 习行哲学的核心是动、拥有一技之长

鉴于理学的弊端均源于空谈而不能习行,颜元清醒地意识到,

只有提倡实学，推崇经世致用，才能抵制理学的空洞说教。于是，他写道："救蔽之道，在实学，不在空言……实学不明，言虽精，书虽备，于世何功，于道何补！"(《存学编》卷三《性理评》)进而言之，在颜元那里，实与动密不可分，动本身就是实的一部分。正是在以实药空、以动济静中，他建构了习行哲学。与此相关，习行哲学的核心是动，颜元提倡习行哲学就是为了以动济静。与此相联系，他对理学家主静深恶痛绝，尤其不能容忍其社会危害。对此，颜元指出：

> 晋、宋之苟安，佛之空，老之无，周、程、朱、邵之静坐，徒事口笔，总之皆不动也。而人才尽矣，圣道亡矣，乾坤降矣。(《颜习斋先生言行录》卷下《学须》)

在颜元看来，由于受理学影响，人们皆静而不动，思想停滞不前，身体好逸恶劳，整个社会死气沉沉，没有活力。为了扭转这种局面，他主张以动代静，"以动造成世道"，让整个社会动起来，在动中强身、强国、强天下。正是在这个意义上，颜元反复声称：

> 宋人好言习静，吾以为今日正当习动耳！(《颜习斋先生年谱》卷上)
>
> 吾尝言一身动则一身强，一家动则一家强，一国动则一国强，天下动则天下强。益自信其考前圣而不谬矣，后圣而不惑矣。(《颜习斋先生言行录》卷下《学须》)

不仅如此，基于实学和习行哲学的信念，颜元以学、习、行、能代替理学的讲、读、著、述，用22个字来概括学问，并在博学中加入了大量的实用科目、实用技术等内容。于是，他一贯声称：

如天不废予，将以七字富天下：垦荒，均田，兴水利；以六字强天下：人皆兵，官皆将；以九字安天下：举人材，正大经，兴礼乐。(《颜习斋先生年谱》卷下)

博学之，则兵、农、钱、谷、水、火、工、虞、天文、地理，无不学也。(《四书正误》卷二《中庸·中庸原文》)

从中可以看出，颜元提倡并推崇实学，就是为了使知识产生实际效果，在学以致用中既实现个人价值，又服务于社会——"辅世泽民"，成就"经济"事业。与此相关，他提倡实学的主旨就是掌握实际本领，成为能做实事的、对社会有用的人。遵循这一精神主旨，颜元改变了教育方针、方法和办学宗旨。以实学为宗旨，从六艺入手，他将学习的范围扩大到水火、工虞、兵农和钱谷等学科。晚年主持漳南书院时，颜元设立了文事、武备、经史、艺能四科，旨在培养学生的真才实学。在这里，他把自己的实学、实行思想贯彻到办学方针和教学内容之中，从课程设置到培养目标都贯穿着经世致用的价值理念。这些与颜元对六艺的推崇一脉相承，是强调"习行"、"习动"，注重实用技术和动手能力的结果。

值得注意的是，为了使学以致用真正落到实处，也为了把人培养成对社会有用的人，颜元甚至认为，能够兼通"六艺"固然最好，如果不能兼通"六艺"的话，精通一艺也是为圣为贤；只要具有一技之长，就可以对人民造福不浅。对此，他一再呼吁：

> 上下精粗皆尽力求全,是谓圣学之极致矣。不及此者,宁为一端一节之实,无为全体大用之虚。如六艺不能兼,终身止精一艺可也;如一艺不能全,数人共学一艺,如习礼者某冠昏,某丧祭,某宗庙,某会同,亦可也。(《存学编》卷一《学辨》)

> 人于六艺,但能究心一二端,深之以讨论,重之以体验,使可见之施行,则如禹终身司空,弃终身教稼,皋终身专刑,契终身专教,而已皆成其圣矣。如仲之专治赋,冉之专足民,公西之专礼乐,而已各成其贤矣。不必更读一书,著一说,斯为儒者之真,而泽及苍生矣。(《颜习斋先生言行录》卷下《学须》)

可见,在人才培养和人生目标上,一向不尚浮华而崇尚务实的颜元脚踏实地,不是追求华而不实的大而全,而是力图让人尽其可能地掌握真才实学。在他看来,只要有真才实学,只要对社会有用,人不必兼通全体。

总之,针对理学空谈性理、于世无补的弊端,颜元推崇经世致用,呼吁研究学问要与社会现实联系起来,以期有利于国计民生。这一理论宗旨使他的实学成为实用之学,其具体内容以实用科目、实用技术为主,习行也成为动的实际本领。颜元的这些观点在把社会经济、百姓生活纳入道德视野的同时,伸张了物质利益的价值。

难能可贵的是,颜元不仅在理论上急切呼吁经世致用、倡导习行,而且率先垂范,终身以此为奋斗目标。针对理学之虚,他一生皆思以所学匡时救世,直到70岁临终之年尚"思生存一日,当为生民办事一日,因自钞《存人编》。"(《颜习斋先生年谱》卷下)临终时,颜元还嘱咐门人说:"天下事尚可为,汝等当积学待用。"(《颜习斋先生年谱》卷下)这些事迹感人肺腑,也为知识分子树立了榜样。

颜元的身体力行流露出强烈的经世致用情结,也以自己的实际行动树立了习行哲学的榜样。

4. 把格物实化、突出行的决定作用

理学家都重视格物,尽管他们的具体理解有别,却都使格物、致知向知倾斜,朱熹更是把格物与致知一起归于知的范畴。颜元认为,理学家把格物虚化了,关键是忽视了习行的作用。为了纠正这一错误,他对格物进行了重新解释。对此,颜元写道:

按"格物"之"格",王门训"正",朱门训"至",汉儒训"来",似皆未稳。窃闻未窥圣人之行者,宜证之圣人之言;未解圣人之言者,宜证诸圣人之行。但观圣门如何用功,便定格物之训矣。元谓当如史书"手格猛兽"之"格"、"手格杀之"之"格",乃犯手捶打搓弄之义,即孔门六艺之教,是也。(《习斋记余》卷六《阅张氏王学质疑评》)

在此,颜元扭转了朱熹等人以格物入知的局面,直接把格物训释为行。在他看来,格物之格的原意是"手格杀之"之格,格物即亲自动手做事。这就是说,格物就是亲身接触"实事实物","亲下手一番"或"犯手实做其事"。(《四书正误》卷一《大学·戴本大学》)这样一来,格物成了"躬习实践",由原来的知变成了行。

需要说明的是,颜元将格物入行奠定了行在知行关系中的决定作用。这一点从他对格物、致知的解释中可以窥其究竟:

"知"无体,以物为体,犹之目无体,以形色为体也。故人目虽明,非视黑视白,明无由用也。人心虽灵,非玩东玩西,灵无由施也。今之言"致知"者,不过读书、讲问、思辨已耳,不知致吾知者,皆不在此也。辟如欲知礼,任读几百遍礼书,讲问几十次,思辨几十层,总不算知。直须跪拜周旋,捧玉爵,执币帛,亲下手一番,方知礼是如此,知礼者斯至矣。辟如欲知乐,任读乐谱几百遍,讲问、思辨几十层,总不能知。直须搏拊击吹,口歌身舞,亲下手一番,方知乐是如此,知乐者斯至矣。是谓"物格而后知至"。故吾断以为"物"即三物之物,"格"即手格猛兽之格,手格杀之之格。(《四书正误》卷一《大学·戴本大学》)

在这里,颜元赋予知、行不同于理学的内涵:知不再是先天固有之知,而是感性认识和直接经验;行不再是意念而是实际行动,即动、习行。知与行的这种特定含义决定了知必须源于行。按照他的解释,知无体而以物为体,知是通过接触外物得来的,而这个接触外物的过程就是格物。这决定了知皆从格物而来,不经过格物这一步骤就不可能致知。进而言之,颜元所讲的格物与习行、力行是同等意义的观念,致知源于格物决定并证明了只有亲身躬行才能致知,真正的知是从行中得来的。正因为如此,在将格物归入行、强调致知必须通过格物的基础上,他突出行在知行关系中的决定作用。

首先,颜元强调,知源于行,都是在行中获得的;如果不行,则不会知。对此,他列举日常生活中的例子论证说:

如欲知礼,凭人悬空思悟,口读耳听,不如跪拜起居,周旋进退,捧玉帛,陈笾豆,所谓致知乎礼者,斯确在乎是矣;如欲知乐,凭人悬空思悟,口读耳听,不如手舞足蹈,搏拊考击,把吹竹,口歌诗,所谓致知乎乐者,斯确在乎是矣。推之万理皆然,似稽文义,质圣学为不谬,而汉儒、朱、陆三家失孔子学宗者,亦从可知矣。(《习斋记余》卷六《阅张氏王学质疑评》)

通过具体的例子,颜元旨在说明,对于礼,任你读几百遍礼书,讲问几十次,思辨几十层,总不算知礼;必须跪拜周旋,捧玉爵,执币帛,才知道礼是如此。对于乐,任你读几百遍乐谱,讲问几十次,思辨几十层,总不算知乐;直须搏拊击吹,口歌身舞,才知道乐是如此。这表明,学礼不能只读礼书,学乐不能只读乐书,关键是在跪拜操作、弹奏歌舞的"动"中反复习行。

其次,颜元强调,行是知的目的和检验标准。第一,行是知的目的。颜元重视习行的作用,指出行是知的目的,知必须通过行起作用。从行是知的目的出发,他提出了寓知于行的主张。第二,行是知的检验标准。颜元认为,知的目的在于行表明知是为了指导行的,知的价值在于应用。因此,是否能行是检验知是否真的标准。一个人"读得书来,口会说,笔会做",都无济于事,只有从身上行过,才算是真有学问。同样,一种学说只有在实际应用中才能鉴别其利弊得失、正确与否。这用他的话说便是:"学问以用而见其得失。"(《颜习斋先生年谱》卷上)

颜元的习行哲学始终突出行对知的决定作用,使行成为知行关系中的决定因素。他对知行关系的界定始终让知围绕着行而发生和展开,不仅断言知来源于行并在行中加以检验,而且强调知的价值和目的在于习行。这些对于反对理学家的先验之知和以知代行的做法具有积极作用。同时，颜元扩大了知与行的范围。从他所列举的实际例子中可见，颜元所讲的知行与人的日常生活、生产实践息息相关，不再限于伦理道德领域。与此相联系，对习行的极力提倡和知行范围的扩大改变了人生的价值模式，能习行、有一技之长、做对社会有用之人成为人生的追求目标。这是颜元的理论贡献，对于改变理学以理杀人以及使人变成废人、弱人、病人和无用之人的社会现实具有积极意义。

另一方面，知与行的内涵和价值都是多层次、多向度的。就其内涵而言，有本体的、认识的、实践的、审美的、功利的和道德的等多维向度。在对这个问题的认识上，毋庸讳言，正如理学家用道德维度遮蔽了知与行的其他意蕴、最终陷入荒谬一样，颜元用实践尤其是功利维度阉割了知行的其他维度，特别是审美意蕴。诚然，他所讲的知行有道德义，然而，与在其他领域的情形或对其他问题的理解一样，知与行的道德意蕴同样受制于功利和经验。例如，颜元断言：

> 学人不实用养性之功，皆因不理会夫子两"习"字之义，"学而时习"之习，是教人习善也；"习相远也"之习，是戒人习恶也。先王知人不习于性所本有之善，必习于性所本无之恶。故因人性之所必至，天道之所必然，而制为礼、乐、射、御、书、数，使人习其性之所本有；而性之本所无者，不得而引之、蔽之，不引蔽则自不习染，而人得免于恶矣。（《颜习斋先生言行录》卷上《学人》）

同时，尽管颜元对理学知行观的揭露击中要害，却难免矫枉过正之嫌。由于一味地突出知来源于行,片面夸大感性经验尤其是直接经验的作用,他最终走向了轻视理性认识的极端,习行哲学也由此而陷入狭隘的经验论。例如,颜元断言:

予尝言孔子若生今日,必自易其语曰:"礼云礼云,不玉帛云乎哉?乐云乐云,不钟鼓云乎哉?"盖深痛礼乐之仪文、器数尽亡,而其实亦随之湮没也。(《习斋记余》卷三《与易州李孝廉介石》)

在孔子那里,礼、乐是本质和内容,通过玉帛、钟鼓等形式表现出来。颜元简单地把礼归结为玉帛、把乐归结为钟鼓等实体。这种做法是针对理学的虚玄之风不得已而为之,完全可以理解;然而,其中流露的片面化和简单化倾向同样是致命的。与此相关,正如不能一切都亲历诸身一样,凡事都从身上行过,一切认识都源于直接经验,不仅不可能,而且是对间接经验的浪费。循着凡事必亲历诸身的原则,可以对间接经验或书本知识置之不理,甚至把书本知识和传统文化都视为多余的。从这个意义上说,他的思想容易导致对书本知识和传统文化的蔑视,潜伏着蒙昧主义或历史虚无主义的危险。其实,颜元思想的这一端倪在他对读书的认识中已经明显地流露出来。

四、习行的目的是为了功利——功利主义的价值追求

颜元注重学以致用,与当时的学术风气和时代要求息息相通,也与其人性哲学一脉相承,更是他对理学以实药空、以动济

静的具体方案的组成部分。按照颜元的说法,由于静坐读书、不去习行,理学将人变成了弱人、病人、对社会无用之人。这既是个人的不幸,也是社会的悲哀。因为这从根本上戕害了人的肢体,使人之本性得不到发挥、使人之欲望得不到实现。在他看来,人通过习行锻炼自己的实际本领,一方面可以尽性、践形;一方面可以获取功利,使自己的追求、欲望得以满足。可见,颜元的习行哲学具有强烈的功利主义色彩,或者说,追求功利是习行的必然结果和真正目的。正因为如此,从习行哲学出发,颜元强调,人的一切行为都具有功利动机,并在此基础上阐述了功利主义的价值观。

如上所述,颜元的习行哲学从人性哲学而来。按照他的说法,一方面,人与生俱来的形体具有习行的作用,习行就是践形、尽性;另一方面,颜元强调,习行的目的是为了获取功利。这清楚地表明,他的习行哲学既是为了满足人性之欲利的需要,使人性现实化;也是为了使道义实化,进而为道义注入功利的内涵。

1. 将行实化——行的目的在于获取功利

颜元的习行哲学与功利主义具有内在联系,因为他所讲的习行不仅是践形、尽性的方式,而且是追求功利的手段,或者说,习行的目的在于获取功利。同时,为了反对理学家死读书、读死书的做法,颜元强调学以致用,流露出强烈的功利主义的价值旨趣和理论初衷。正是在功利主义的驱动下,他把格物解释为"犯手实做其事"、"亲下手一番"。因为只有这样界定格物,才能在其中注入功利的内容。事实上,正是循着格物即亲自动手一番的逻辑,颜元认为,对帽子的认识是戴在头上而后知其暖与不暖,对李子的认识是亲口尝一尝而后知其滋味如何。在这里,格物(其实包括致知在内)是感性的、直接经验式的,这种强烈的经验主义归根结底是由于功利的驱使。例如,正如认识的兴趣集中在功利上而只关注冠和李子的冷暖、滋味一样,他所讲的知、行都以追逐实际效果为鹄的。与此类似,颜李学派倡导的习行哲学、践履哲学以行作为真理标准,其主要目的和做法之一便是在行动中——在亲手实验中检验知的功利实效。出于同样的原因,对于如何格物或认识事物,颜元举例子道:

且如此冠,虽三代圣人,不知何朝之制也。虽从闻见知为肃慎之冠,亦不知皮之如何暖也。必手取而加诸首,乃知是如此取暖。如此蔌蔬,虽上智、老圃,不知为可食之物也。虽从形色料为可食之物,亦不知味之如何辛也。必箸取而纳之口,乃知如此味辛。(《四书正误》卷一《大学·戴本大学》)

按照颜元的说法,对于帽子,只有亲自动手戴在头上,才能知道它是何等暖和;对于蔬菜,只有亲口尝一尝,才能知道它的滋味如何。离开了"加诸首"、"纳之口"之行,便没有对冠之暖、蔬之味的知。在此,依据日常生活中的经验和常识,他阐明了知来源于行的道理。然而,正如颜元自己所称谓的那样,帽子是"肃慎之冠",除了暖与不暖之外,还有"肃慎"等审美、历史、考古或伦理方面的意义和价值。显然,这些非功利因素不在他的视野之内。这个例子生动地表明,颜元的知行观带有强烈而狭隘的功利性。

在颜元的哲学中,格物属于行,格物的功利性表明了行带有功利目的。事实正是如此。他强调,人从事任何活动都带有目的性,都在追求实际效果。正是在这个意义上,颜元反问道:"世有耕种,而不谋收获者乎?世有荷网持钩,而不计得鱼者乎?抑将恭而不望其不侮,宽而不计其得众乎?"(《颜习斋先生言行录》卷下《教及门》)对此,他进而指出,人的行为都有功利意图,一般地说,那种不计效果的人是没有的;即使有,也不是虚伪就是迂腐。基于这种认识,颜元伸张了自己的功利主义原则,同时揭露了理学家重义轻利的虚伪性。按照他的说法,理学家之所以对董仲舒的"正其谊不谋其利,明其道不其计功"津津乐道,主要目的是"以文其空疏无用之学"——用这种堂而皇之的理由为自己空疏的理论说教做辩护。在此基础上,颜元进一步指出,由于恪守反功利的义利观,儒学在汉代之后陷入歧途,其具体表现是以读死书、死读书、读书死为做人的途径,全然不顾国计民生,最终给社会和人身造成了巨大的危害。他指出:"汉、宋之儒全以道法摹于书,至使天下不知尊人,不尚德,不贵才。"(《存学编》卷四《性理评》)在这方面,颜元把批判的重心指向理学,断言程朱理学与陆王心学尽管为了争正统、辩是非打得不可开交,在反功利上二者却出奇地一致。当然,鉴于程朱理学的势力和影响,在对理学的批判中,颜元对程朱理学用力甚多。

2. 将道义实化——道义与功利密切相关

颜元关于人之行为的目的在于追求功利的观点彰显了功利的价值。在此基础上,他系统阐述了义利关系,伸张了功利主义的价值观。在这方面,颜元强调道义与功利的统一,进而为道义注入功利的内涵而使之实化。

颜元把不同的义利观划分为三种类型,即先义后利论、急功近利论与不计功利论。对此,他分析说,急功近利论看不到义利之间的先后关系，不懂得先道义而后功利的道理，结果只能是欲速而不达；不计功利论看不出利是人的现实需要，只为佛教徒或迂腐的儒者所固守。有鉴于此，颜元既反对不计功利又反对急功近利，在突出义利统一的同时，主张先义而后利。这表明，只有先义后利论才是"无弊"的，是处理义利关系时唯一正确的选择。在这个意义上，他宣称：

惟吾夫子"先难后获"、"先事后得"、"敬事后食"，三"后"字无弊。盖"正谊"便谋利，"明道"便计功，是欲速，是助长；全不谋利计功，是空寂，是腐儒。（《颜习斋先生言行录》卷下《教及门》）

可见，倡导功利主义的颜元并没有脱离义而言利，更没有走向急功近利。事实上，为了彻底批判理学的错误观念，也为了伸张自己的功利主义，他发挥了儒家的传统命题——"利者，义之和也"，在将利视为义的题中应有之义的同时，把利直接与义联系起来，进而反对离开义而逐利。"利者，义之和也"表明，义利是统一的，不可完全分开。有鉴于此，颜元反对离利讲义或把义与利对立起来的做法，不论是他对利所下的定义还是对利的追求都坚持利与义的统一，力图在不违背义的前提下讲利、逐利。这些肯定了伦理道德与日常生活中的功利密切相关，从正面承续了义利统一的话题。这表明，对于义与利的关系，他具有清醒而深刻的认识。此外，对于如何处理义与利之间的关系，颜元还有一段精彩表述：

以义为利，圣贤平正道理也……利者，义之和也。《易》之言"利"更多。孟子极驳"利"字,恶夫掊克聚敛者耳。其实,义中之利,君子所贵也。后儒乃云"正其谊,不谋其利",过矣!宋人喜道之,以文其空疏无用之学。予尝矫其偏,改云"正其谊以谋其利,明其道而计其功"。(《四书正误》卷一《大学·大学章句序》)

在这里,虽然颜元对董仲舒的话只改动了两个字,所表达的却是一种新的义利观。他把动机与效果、道德行为与物质利益结合起来,进而强调义利的统一,要求人在义的指导下获取功利。这种义利统一的义利观无疑对义利关系作了较好的解决。

义利观关注的是人的精神生活与物质生活之间的关系。与人性领域对欲的肯定相一致,颜元在义利观上批判理学家把义与利对立起来的做法,在肯定义利统一的同时伸张了功利的正当性、合理性,致使其价值观呈现出尚利、重利等倾向。应该看到,功利主义是颜元一贯的价值取向和人生追求,也是提倡习行哲学的目的所在,更是他把世界实化、道义实化的必然结果。与此同时,作为一种价值目标和人生追求,功利不仅使颜元的人性哲学和习行哲学实化,而且为他提供了审视世界、处理各种事务的思维模式和方式方法。与此相关,颜元的功利主义表现在上面的人性哲学、认识哲学和价值哲学中,也表现、贯彻在他对读书的看法和态度上。

五、诵读之虚与习行之实——对读书的看法

习行哲学是实学的核心内容,也是颜元务实、倡导以实药空的具体表现。进而言之,习行哲学流露了他对行的极端推崇,也注定

了两个必然结果:第一,在审视知行关系时,永远把习行、践履奉为第一性的决定因素;第二,在人生追求和现实生活中,以力行为主,主张人把主要精力用于实行、习行。正因为如此,在把人生追求实化和把为学方法实化的基础上,颜元把读书的过程、方法和目的实化,提出了一套独特的读书观。在此,他以注重习行为原则,从思想方法、修养实践上医治理学的虚玄学风。

1. 将人生的作为实化——力行为主、读书为辅

循着习行哲学的思路,颜元强调,人生以实、以动为本,表现在对读书的看法上即以习行为主,以讲学为辅。这就是说,在人的一生中,用于习行的时间应该远远超过花在讲读上的时间,正确的比例是八九比一二。正是在这个意义上,他指出:

> 仆气魄小,志气卑……而垂意于习之一字;使为学为教,用力于讲读者一二,加功于习行者八九,则先民幸甚,吾道幸甚……但人之岁月精神有限,诵说中度一日,便习行中错一日;纸墨上多一分,便身世上少一分。(《存学编》卷一《总论诸儒讲学》)

按照颜元的说法,道理很简单:人的一生时光短暂,精力有限,读书与习行不可两用;为了把主要精力花费在习行上,就要减少读书的时间,这正如用于读书的时间多必然会占用习行的时间一样。循着这个逻辑,他甚至断言:"人若外面多一番发露,里面便少一番著实,见人如不识字人方好。"(《颜习斋先生言行录》卷上《理欲》)颜元对读书做如此观,无非是为了突出人生的意义就在于习行致

用。在他看来,就人生的意义和目标来说,读书绝不是目的本身;作为致知的诸多手段之一,读书充其量只能是格物、习行的辅助手段;如果终身以读书、著书为业而荒废习行,人则会因为舍本逐末而得不偿失,最终无益于成就儒者事业。正是在这个意义上,颜元宣称:

> 幼而读书,长而解书,老而著书,莫道讹伪,即另著一种四书、五经,一字不差,终书生也,非儒也。幼而读文,长而学文,老而刻文,莫道帖括词技,虽左、屈、班、马、唐、宋八家,终文人也,非儒也。(《习斋记余》卷三《寄桐乡钱生晓城》)

不仅如此,颜元认为,人生的意义是在习行中强身健体、践形尽性,读书方法不当或长期读书而不去习行恰恰最损害身体。他对长期读书给人的身体带来的损害具有切身感受,如"多看读书,最损精力,更伤目。"(《颜习斋先生年谱》卷下)更有甚者,由于读书不是一时能够见效的,必须花费巨大的时间和精力。因此,如果人从幼年就开始终日读书而荒废习行,等到壮衰之年,便养成娇脆病弱之体,这样的人纵然腹有诗书也成了体不能行的废人。

不难看出,颜元对读书的这些看法与其习行哲学一脉相承,也是针对朱熹的做法有感而发的。众所周知,朱熹特别重视书本知识,并把主要精力用于读书。颜元指出,朱熹等理学家把一生精力都用在读书、注书和讲书上,甚至把读书当作人生的唯一目标,这样做等于让人荒废光阴、虚度年华,背离了人生的宗旨。更有甚者,朱熹把书当作疗人饥渴的精神食粮,"既废艺学,则其理会道理、诚意正心者,必用静坐读书之功,且非猝时所能奏效。及其壮衰,已养成娇脆之体矣,乌能劳筋骨,费气力,作六艺事哉!吾尝目击而身尝之,知其为害之巨也。"(《存学编》卷三《性理评》)基于这一理解,颜元进而指出,朱熹的为学之方原则有误,"只是说话读书度日","自误终身,死而不悔";更有甚者,由于让人常年端坐书斋死读书本,使人损耗精神,最终养成娇态病弱之体,成为弱人、病人和无用之人。有鉴于此,他多次写道:

千余年来率天下入故纸堆中,耗尽身心气力,作弱人、病人、无用人者,皆晦庵为之,可谓迷魂第一、洪涛水母矣。(《朱子语类评》)

况今天下兀坐书斋人,无一不脆弱,为武士、农夫所笑者,此岂男子态乎!(《存学编》卷三《性理评》)

2. 将读书的方法、作用实化——读书以习行为方法和目的

依照以实药空、以动济静的原则,颜元将读书的方法和目的实化,强调读书必须把握两个要领:一是以习行为方法,一是以习行为目的。

颜元认为,书中的文字记载是虚理,不可"徒读";只有在"自己身上打照"而习行此理,才能将书中之理实化。有鉴于此,他强调,静坐读书永远也达不到读书的目的,因为能知、能说、能写,并不等于能做;如果不做,就等于无用,这样读书最终也等于没读。根据这一认识,针对朱熹等人"读书静坐"造成的弊端,颜元呼吁,读书必须在习行上用工,以习行作为读书的方法。对此,他不厌其烦地强调:

读书无他道,只须在"行"字著力。如读"学而时习"便要

勉力时习,读"去为人孝弟"便要勉力孝弟,如此而已。(《颜习斋先生言行录》卷上《理欲》)

凡书皆宜如此体验,不可徒读。(《颜习斋先生言行录》卷下《杜生》)

吾人要为君子,凡读书须向自己身上打照,若只作文字读,便妄读矣。(《颜习斋先生言行录》卷下《刁过之》)

从中可见,颜元读书观的精髓是通过习行体验书中的道理,在身体力行中练习书中的技能。在他看来,读书必须以"动"而不是"静"为主,如果不亲手去做,亲身去行,那就是纸上谈兵,文字中讨生活,根本谈不上穷理。

同时,颜元认为,正如学问的价值在于实际应用一样,读书的目的在于习行。从作用和价值来看,书是习行之谱,读书应该以利于习行为目标。在此基础上,他进而指出,获得真知必须通过习行,不去实行,书本的作用便体现不出来,读书也就失去了意义。不仅如此,从读书的目的是为了习行的认识出发,颜元强调,是否读书、读书是否有用,关键取决于是否有利于习行;若因读书妨碍行,读书无用反而有害。这就是说,书不可不读,然而,若只停留在诵读上而不去习行的话,那么,读书也是徒读,甚至还会南辕北辙。

基于这种认识,颜元批判了朱熹等人的做法。把主要精力放在读书上的朱熹把读书视为格物的主要内容之一,并有"一书不读,则阙了一书道理"(《朱子语类》卷十五《大学·经下》)之说。与强调格物的广泛性一样,他认为,只有泛观博览圣贤之书而豁然贯通,才能窥悟圣义。与此相联系,朱熹发愤要读尽天下圣贤之书,并要求每篇经典著作要读三百遍。对此,颜元指责说,朱熹离开习行，只知读书，长期蛰居书斋、不问政事，自己不做事，也不让别人做事。这种读书方法误国害政，已非一日。由于受理学的影响，当时的许多知识分子终日坐在屋里读书而不去习行，不仅学不到知，而且变得四体不勤、五谷不分，对社会毫无用处。这表明，朱熹的读书方法无一利而有百害，必须彻底改变。

3. 将读书的过程和致知实化——知在行中获得、知的价值在于行

颜元进一步将读书的过程和致知实化，以习行作为读书的过程和致知的方法。因此，他反对以读书作为求得真理的主要手段，更反对以读书作为认识的目的本身。在颜元看来，就读书的方法来说，读书不光是知识的积累，关键是行的问题。对此，他论证并且解释说：

> 盖四书、诸经、群史、百氏之书所载者，原是穷理之文，处事之道。然但以读经史、订群书为穷理处事以求道之功，则相隔千里；以读经史、订群书为即穷理处事，曰道在是焉，则相隔万里矣……譬之学琴然：诗书犹琴谱也。烂熟琴谱，讲解分明，可谓学琴乎？故曰以讲读为求道之功，相隔千里也。更有一妄人指琴谱曰，是即琴也，辨音律，协声韵，理性情，通神明，此物此事也。谱果琴乎？故曰以书为道，相隔万里也。千里万里，何言之远也！亦譬之学琴然：歌得其调，抚娴其指，弦求中音，徽求中节，声求协律，是谓之学琴矣，未为习琴也。手随心，音随手，清浊、疾徐有常规，鼓有常功，奏有常乐，是之谓习琴矣，未为能琴也。弦器可手制也，音律可耳审也，诗歌惟其

所欲也,心与手忘,手与弦忘,私欲不作于心,太和常在于室,感应阴阳,化物达天,于是乎命之曰能琴。今手不弹,心不会,但以讲读琴谱为学琴,是渡河而望江也,故曰千里也。今目不睹,耳不闻,但以谱为琴,是指蓟北而谈云南也,故曰万里也。(《存学编》卷三《性理评》)

在这里,颜元对读书、知识与技能做了区分。在他看来,书中记载的都是穷理之文、处事之道而非求道之功,两者根本就不是一回事,其间相距十万八千里;如果以读书为穷理处事的方法并自以为可以求道、可以在书本中获取知识的话,那就大错特错了。之所以如此,原因在于:只读书不习行,便不能弄懂书中的技巧、知识和道理;即使心领神会了,若不能习行也等于不知,因为这样的知到头来还是无补于现实。正是在这个意义上,他反复强调:

人之为学,心中思想,口内谈论,尽有百千义理,不如身上行一理之为实也。(《颜习斋先生言行录》卷下《刁过之》)

心中醒,口中说,纸上作,不从身上习过,皆无用也。(《存学编》卷二《性理评》)

有鉴于此,颜元强调,读书的过程其实就是一个习行的过程,这正如致知、认识的过程就是一个格物、习行的过程一样。在此,他关注的是读书一定要与习行联系起来,尤其要让书中的道理从身上亲自行过。基于这种认识,颜元指责理学以读书为求知手段的做法,并着重批判了朱熹的读书观。众所周知,朱熹把读书当作求知穷理的主要手段,并有半日静坐、半日读书之说。颜元指出,程朱理学"以主敬致知为宗旨,以静坐读书为功夫。"(《存学编》卷一《明亲》)这种做法无异让人半日当和尚、半日当汉儒,滑稽可笑、荒谬不经。同时,由于朱熹的读书方法脱离实际、口能言而不能行,像"砒霜鸩羽"一样,害人匪浅,给整个社会带来了极大的危害。鉴于朱熹只读书不习行,颜元称之为"率天下入故纸堆"的带头人。

总之,颜元对读书的看法独树一帜,其主导精神是倡导习行。在这方面,他的某些观点对当时以读书为业、皓首穷年死读书的文人来说具有振聋发聩的作用,对读书副作用的揭露尤其令人深思。在颜元的意识中,除了上面提到的损害身体、伤害眼睛之外,读书还有更可怕的后果,那就是:如果方法不当或者背离习行原则——特别是光读书、不实践,那么,读书不仅不能开人愚昧、益人才智,反而损害人的精神气力,使人愈读愈惑。正是在这个意义上,他宣称:"读书愈多愈惑,审事愈无识,办经济愈无力。"(《朱子语类评》)不仅如此,为了反对拘泥于书本的死读书,颜元认定书中所记并非全是真理,指出就读书依据的文本来看,由于各种原因,书本知识或书中的记载往往错误百出。在此,他抓住了某些书籍的缺陷进而质疑书本的权威性和真理性,对于纠正盲目相信书本知识——四书、五经的权威具有启蒙意义;特别是在文化垄断的时代,这种怀疑精神难能可贵、值得提倡。然而,由于夸大书本的缺陷,颜元最终得出了一个十分夸张的结论:"且书本上所穷之理,十之七分舛谬不实。"(《习斋记余》卷六《阅张氏王学质疑评》)很明显,他的这个结论是以偏概全,难免有因噎废食之嫌。正因为如此,有人指责颜元搞蒙昧主义,理由是他反对读书。其实,这是一个误解。事实上,颜元并不一味地反对读书。下面的两则记载足以改变人们对颜元的这种错误印象:

谓门人曰:"汝等于书不见意趣,如何好;不好,如何得!某平生无过人处,只好看书。忧愁非书不释,忿怒非书不解,精神非书不振。夜读不能罢,每先息烛,始释卷就寝。汝等求之,但得意趣,必有手舞足蹈而不能已者,非人之所能为也。"(《颜习斋先生言行录》卷上《齐家》)

与李命侯言:"古今旋乾转坤,开务成物,由皇帝王霸以至秦、汉、唐、宋、明,皆非书生也。读书著书,能损人神智气力,不能益人才德。其间或有一二书生济时救难者,是其天资高,若不读书,其事功亦伟,然为书损耗,非受益也。"命侯问:"书可废乎?"曰:"否。学之字句皆益人,读著万卷倍为累。如弟子入则孝一章,士夫一阅,终身做不尽;能行五者于天下一章,帝王一观,百年用不了,何用读著许多!"(《颜习斋先生言行录》卷下《教及门》)

由上可见,颜元并不反对读书,他强调的是读书要有正确的方法和态度,读书一定要始终以习行为方法、为目的,只有把书本上的道理从身上行过才能使空虚之理变成习行之实。归根结底,这是针对朱熹的为学之方而言的,目的是让人具有真才实学——掌握实际本领、拥有一技之长,成为对社会有用的人。

另一方面,应该承认,颜元具有六经皆我注脚的思想端倪。例如,他曾经说:"故仆谓古来《诗》、《书》不过习行经济之谱,但得其路径,真伪可无问也,即伪亦无妨也。"(《习斋记余》卷三《寄桐乡钱生晓城》)循着这个逻辑,既然对书之真伪可以不闻不问,那么,书本只是噱头或习行的口实而已。这样一来,不仅读何种书完全任由我选、各取所需,甚至有无书本也变得不再重要了。

同时，读书有道德修养、增长智识和实际操作等多种作用。与此相联系，读书的方法千差万别、因人而异，读书的目的和意义也丰富多彩、不一而足：就目的而言，正如读书可以助长实际本领一样，读书有时为了增智，有时为了休闲，有时为了陶冶情操；就方法而言，书中的知识有些可行，如实用科目或技术方面的；有些则不可亲身实行，如历史、考据方面的。就颜元所举的例子而言，对冠之知可以通过戴在头上知其暖与不暖，但冠中积淀的审美、人文、历史知识和价值不是通过戴可以知道的。这就是说，只通过戴——"加诸首"这一个动作或者行无法完全获得对冠的认识和了解。其实，在对冠之知中，他根本就不在意冠往日的肃穆、等级之序。更为严重的是，如果像颜元要求的那样读书都从身上行过的话，显然比读尽天下之书还难。

通过上面的介绍可以看出，颜元的思想具有内在一致性——不仅都是对理学的批判和矫正，而且其思想的各个部分之间环环相接，丝丝入扣，共同组成了一个有机整体。在这个有机系统中，各个部分相互印证，在层层递进、环环相扣中完成了对理学的批判和矫治：如果说第一部分是对理学病理的诊断的话，那么，第二、三、四、五部分则是由此而开出的药方；如果说第一部分侧重批判的话，那么，第二、三、四、五部分则批判与重建兼而有之。

从中可见，颜元的主战场不在本体领域，与以实药空相关联，纯粹的形而上学并不多见。作为其具体表现，他对理气观、道器观、有无观和动静观等哲学基本问题兴趣不浓，少有专门探讨。颜元思想的这个特征在与王夫之等人的比较中看得更加明显。同时，与李贽等人相比，颜元对理学的批判并非咄咄逼人、言辞激烈。

相反,与其他早期启蒙思想家对待传统文化倾向于全盘否定相比,颜元的态度显得温和而冷静。例如,在批判儒学时,他对汉儒、宋儒(理学)与孔子代表的原始儒学进行了区分,予以区别对待:一方面,颜元指责儒学在汉代之后误入歧途,汉儒的这种虚玄之风至宋儒登峰造极、无以复加;另一方面,他对周孔之道尤其是"六艺"之学倍加赞赏。这种做法使颜元在面对儒家和传统文化时避免了早期启蒙思想家的虚无态度,在当时疑古、排古成风之时尤其难能可贵。尽管没有达到王夫之那样的形而上学高度,尽管言辞并不激烈,就影响而言,应该说,在明清之际兴起的早期启蒙思潮中,颜元对理学的批判是最实际甚至是最卓有成效的。这是因为,他对理学的批判既有理论反思,又有实践操作;既有症状诊断,又开出了医治的药方。更为重要的是,在此过程中,无论是对理学的批判还是矫正始终面对社会现实和百姓生活,注重实际操作。这一点是独树一帜的,远非其他人所能及。此外,与重建一个相比,打倒一个似乎来得更容易。正因为如此,必须对颜元思想的积极意义和影响给予高度重视。

另一方面,颜元是一位思想家、教育家、实行家,很难说是一位严格意义上的形而上学家。与此相联系,正如其积极意义不容低估一样,颜元思想的理论弊端同样显而易见。其中,最明显的莫过于极度推崇实,不能辩证地理解虚实关系,有排斥形而上学的倾向。例如,由于尚实疾虚,他认为讲读有限而习行无限,断言性命之学不可言传。在颜元看来,即使讲解性命之学,别人也不明白;即使听者明白了,也不能去行。基于这种认识,他得出了可以与别人共讲、共醒、共行的只限于性命之用而非性命之理的结论。正是在这个意义上,颜元断言:

仆妄谓性命之理不可讲也,虽讲,人亦不能听也;虽听,人亦不能醒也;虽醒,人亦不能行也。所可得而共讲之,共醒之,共行之者,性命之作用,如《诗》、《书》、六艺而已。即《诗》、《书》、六艺,亦非徒列坐讲听,要唯一讲即教习,习至难处来问,方再与讲。讲之功有限,习之功无已。孔子惟与其弟子今日习礼,明日习射。间有可与言性命者,亦因其自悟已深,方与言。盖性命,非可言传也。不特不讲而已也;虽有问,如子路问鬼神、生死,南宫适问禹、稷、羿、奡者,皆不与答。盖能理会者渠自理会,不能者虽讲亦无益。(《存学编》卷一《总论诸儒讲学》)

同时,颜元的思想带有极端的功利性,并且陷入了狭隘的经验论。应该承认,他对义利关系的阐释是对的,但是,由于过度推崇实用性、技术性或技艺性,颜元所讲的知与行均侧重实用价值、实用技术或日常生活经验,这为他的功利主义打上了深厚的经验烙印。如上所述,由于尚实疾虚且不能辩证理解实虚关系,由于崇尚习行和强调凡事必须亲历诸身,颜元轻理性而重经验,尤其偏袒直接经验而漠视间接经验。如此一来,由于理性审视不够,由于形而上学欠缺,他对理学的批判、对人性的界定和对义利关系、知行关系的处理以及对读书的理解等均显得功利之心有余而理性沉思不足。在这方面,颜元给人留下最深印象的是,凡事都强调"亲下手一番"的对直接经验的执著和对读书、书本知识的过分怀疑乃至轻视。此外,与陷入狭隘的经验论和功利主义密切相关,他对人性的阐释以及对人的理解只重视物质方面,对人的精神生活尤其是道德完善、审美追求等关注不够。

气的提升与理的祛魅

——戴震哲学的建构与理学的终结

作为早期启蒙思想家,戴震肩负着批判、颠覆理学的历史使命;作为早期启蒙思想家中最具有文字特长的一员,他的思想建构和对理学的批判侧重文字训诂。通过对理、道、太极、形而上的界定,戴震用训诂的方式反复回答了宇宙本体是什么的问题。这个特点使他的哲学沿着两条相反却又相成的主线展开:一边是对气之地位的提升,一边是对天理的祛魅和解构。这是一个过程的两个方面,也是戴震批判理学和进行哲学建构的基本逻辑线索和精神旨归。

一、气与理的较量——以训诂的方式对宇宙本体的回答

戴震哲学的建构和对理学的批判从界定一系列的哲学范畴开始,这一独特方式以及他对通过下定义(字义)来阐释哲学的热衷从其代表作《孟子字义疏证》的书名上便可一目了然。运用自己的文字学特长,戴震从训诂、注疏入手,对理、道、太极、形而上和形而下以及才、诚、仁义礼智等一系列基本范畴进行了界定,用自己的方式对宇宙本体问题予以了回答。这是一个给理学的天理祛魅的过程,也是一个气的地位不断提升的过程。

1. 理的特点是分——天理的还原和祛魅

天理是理学思想的核心、灵魂，为了批判理学必须反驳天理。因此，戴震对理非常重视，不仅首先对之进行了界定，而且用力甚著。对于理，他一再断言：

> 就天地人物事为，求其不易之则，是谓理。(《孟子字义疏证·理》)

> 理者，察之而几微必区以别之名也，是故谓之分理；在物之质，曰肌理，曰腠理，曰文理；得其分则有条而不紊，谓之条理。(《孟子字义疏证·理》)

戴震的定义揭示，理即人、物的"不易之则"，即他所谓的"必然"；由于理是区分事物的"察之而几微必区以别之名"，理的根本属性和特点是分。因此，理的确切称谓应该是分理，这正如事物之文质不同，便会呈现出肌理、腠理、文理或条理之分一样。不仅如此，戴震还从训诂学的角度旁征博引，详细阐释了理即分理的道理。他指出：

> 凡物之资，皆有文理，粲然昭著曰文，循而分之、端绪不乱曰理。故理又训分，而言治亦通曰理。理字偏旁从玉，玉之文理也。盖气初生物，顺而融之以成质，莫不具有分理，则有条而不紊，是以谓之条理。以植物言，其理自根而达末，又别于干为枝，缀于枝成叶，根接于土壤肥沃以通地气，叶受风日雨露以通天气，地气必上接乎叶，天气必下返诸根，上下相贯，荣

而不瘁者,循之于其理也。以动物言,呼吸通天气,饮食通地气,皆循经脉散布,周溉一身,血气之所循,流转不阻者,亦于其理也。理字之本训如是。因而推之,举凡天地、人物、事为,虚以明夫不易之则曰理。所谓则者,匪自我为之,求诸其物而已矣。(《绪言》卷上)

在这里,戴震从对理的字义训诂入手,援引动植物为证,详细阐释了理即分理的道理。他所讲的分指特殊性、具体性和差别性,理即分理的意思是说,事物具有特殊性,事物之理迥然相异。对于其中的道理,他指出:"人物于天地,犹然合如一体也。体有贵贱,有小大,无非限于所分也。"(《答彭进士允初书》)正由于"各限于所分",即使是同一类事物乃至同一个事物的各个部分也会呈现出诸多差异性。对于这一点,戴震论证并解释说:

譬天地于大树,有华、有实、有叶之不同,而华、实、叶皆分于树。形之巨细,色臭之浓淡,味之厚薄,又华与华不同,实与实不同,叶与叶不同。一言乎分,则各限于所分。取水于川,盈罍、盈瓶、盈缶,凝而成冰,其大如罍、如瓶、如缶,或不盈而各如其浅深。水虽取诸一川,随时与地,味殊而清浊亦异,由分于川,则各限于所分。人之得于天也,虽亦限于所分,而人人能全乎天德。以一身譬之,有心,有耳目鼻口手足,须眉毛发,惟心统其全,其余各有一德焉……瞽者,心不能代目而视,聋者,心不能代耳而听,是心亦限于所分也。(《答彭进士允初书》)

按照戴震的说法,万物各有自己的特殊性,这决定了为特殊本质所决定的万物之理只能是分理。事物的特殊本质不同,事物也就相互有别,理就是对具有特殊本质的事物进行分类而"区以别之名也"。更为重要的是,由于"各限于所分",同一事物的不同部分或不同方面也会彼此相异。例如,一株大树,其叶、花、果各有其"分",其叶与叶、花与花、果与果之间也各不相同;取于同一条河的水,会因为盛水之器的形状之差而凝成冰的形状有别,水之味道、清浊也会随时随地各殊;同得之于天的人之一身,其各种器官具有与生俱来的分工,即使是心也不能代替耳目之功能。所有这一切表明,千差万别的事物各有各的理,理的内容和作用就是区分事物的差别,理是随事物的不同而千差万别的分理。正是在这个意义上,他断言:"分之各有其不易之则,名曰理。"(《孟子字义疏证·理》)在这里,戴震用分突出理是具体的,强调理只能是分理、文理和条理。这就是说,理标志着具体事物的规律,不可能是适合所有事物的普遍规律。

此外,为了突出理的特点是分,戴震指出,认识事物就是认识事物之分即分理。在他看来,不同的认识器官各有不同的认识对象,耳目只能反映事物的声色之理,心则能透过事物的表面现象而通其则。戴震进一步指出,认识事物要先通过耳目口鼻等感觉器官分辨事物之声音、颜色、气味等,然后由心通其则而明理;所谓明理,其实就是弄明白理的区分。他断言:"举理,以见心能区分……分之,各有其不易之则,名曰理……是故明理者,明其区分也。"(《孟子字义疏证·理》)在此,戴震断言,要达到明理的目的,就要先对事物进行十分细致的分析,"必就其事物剖析至微,而后理得。"(《孟子字义疏证·理》)有鉴于此,他提出了只有在具体分析、辨别中才能认识事物之理的思想。可见,戴震关于认识事物的目的是明理,而明理就是明其区分的观点从认识论的角度再次证明了理的特点是分。

戴震对理的界定始终以训诂、分析为主,这条"实学"路线与理学可谓南辕北辙。不仅如此,运用这套方法,他得出的结论——理是分理,理的特点是分对于理学来说颇有颠覆性和挑战性。众所周知,为了强调理的至上性、绝对性,朱熹宣扬理是"一",是一个不可分割的整体,以此突出理的完美无缺、至高无上。为此,他详细论证了"理一分殊",强调天理只有一个,万物万事之理表面上看来各不相同,实质上都是天理的反映和体现。同时,由于理不可分割,万物都体现了天理的全部而非部分。借鉴佛教的"月印万川",朱熹将"理一分殊"这个深奥的哲学理念举重若轻地表达了出来。循着同样的逻辑,陆九渊断言"理乃天下之公理。"(《陆九渊集》卷十二《与唐司法》)于是,理在陆九渊的视界中放之四海而皆准,亘古亘今,绝对永恒,具有绝对的普适性和普世性。理学家对理的这些神化一面使理凌驾于万物之上,成为万物本原;一面使理越来越抽象虚玄、空洞无物。戴震对理的分析和阐释遵循着与理学家截然相反的思路,结果发现,理学家推崇的独一无二、亘古至今的永恒之理根本就不存在:由于理是分理,理的根本属性是分;由于随着事物的类别而不同,理不可能无所不在,也不可能具有绝对的普遍性。对此,他宣称:

> 举凡天地、人物、事为,不闻无可言之理者也,《诗》曰"有物有则"是也。就天地、人物、事为求其不易之则是谓理。后儒尊大之,不徒曰"天地、人物、事为之理",而转其语曰"理无不在",以与气分本末,视之如一物然,岂理也哉!(《绪言》卷上)

可见，由于强调理都是分理，理最大的特点是分，戴震在使理具体化的同时，直逼天理的正当性、神圣性和权威性，也从根本上否定了理是世界本原的可能性。

2. 道、太极、形而上和形而下——对宇宙本体的重新回答

理在理学那里是第一范畴和宇宙本体，又可以称为道、太极或形而上等。与对理的界定密切相关，戴震对道、太极、形而上、形而下等一组范畴逐一进行了界定，在将它们都归结为气的基础上，更加彻底地否定了理成为世界本原的可能性。

道在理学中与天理一样举足轻重，以至于理学又有道学之称。其实，在理学家那里，道就是天理，与天理一样是凌驾于万物之上的形上世界。与理学家的看法不同，对于道，戴震有自己的独特理解：

大致在天地则气化流行，生生不息，是谓道；在人物则人伦日用，凡生生所有事，亦如气化之不可已，是谓道。(《绪言》卷上)

道，犹行也；气化流行，生生不息，是故谓之道。(《孟子字义疏证·天道》)

道也，行也，路也，三名而一实。(《绪言》卷上)

戴震认为，道有天道与人道之分，天道指天地生生不息之道，人道指人伦日用之道；道犹道路之道，无论是天道还是人道，其最初含义都是运动、道路等，皆指气化流行永无休止的运动轨迹。正因为如此，他进而宣称，道的本体是气，道其实就是阴阳五行，并非别有他物；所谓道,不过是阴阳五行之气流行不已、生生不息的过程而已。正是基于这种理解,戴震明确规定:"阴阳五行,道之实体也。"(《孟子字义疏证·天道》)

太极是中国哲学最古老的范畴之一。对于太极是什么,理学家回答说,太极就是形而上之理。例如,朱熹再三强调:

> 太极只是一个理字。(《朱子语类》卷一《理气上》)
> 太极只是天地万物之理。(《朱子语类》卷一《理气上》)
> 总天地万物之理便是太极。(《朱子语类》卷九十四《周子之书·太极图》)
> 太极之义,正谓理之极致耳。(《朱文公文集》卷三十七《答程可久》)

可见,太极在理学中与天理、道一样是最高范畴和绝对本体。与此不同,戴震指出:"孔子以太极指气化之阴阳……万品之流形,莫不会归于此。极有会归之义,太者,无以加乎其上之称。"(《孟子私淑录》卷上)这表明,太极就是气,气就是太极,二者是同一种存在。进而言之,气之所以被称为太极,是为了突出气的本原性和本根性;气是宇宙间最根本的存在,任何存在都不可置于其上,故而称"太";气是万物的根源,万物皆从此出,"会归"于此,故而称"极"。

为了突出理凌驾于万物之上,故而有别于万物的特殊性和优越性,理学家沿袭了《周易·系辞传上》"形而上者谓之道,形而下者谓之器"的思路,进而以形而上指理或太极,以形而下指气或器。正是在这个意义上,朱熹一再断言:

盖太极是理,形而上者。(《朱子语类》卷五《性理二》)

天地之间,有理有气。理也者,形而上之道也,生物之本也。是以人物之生,必禀此理,然后有性;必禀此气,然后有形。其性其形,虽不外乎一身,然其道器之间,分际甚明,不可乱也。(《朱文公文集》卷五十八《答黄道夫》)

在此基础上,理学家把形而上与形而下截然分开,并由此推演出理气关系中的理本气末、理主气从、理先气后和道器关系中的道本器末等。这样一来,经过理学家的诠释,形而上与形而下之间的距离越来越远,最终分属于两个不同的世界。对于形而上与形而下,戴震界定说:"气化之于品物,则形而上下之分也……形谓已成形质,形而上犹曰形以前,形而下犹曰形以后。"(《绪言》卷上)按照这种说法,气的整个运动过程分为两种形态:一是"形而上"的分散状态,这是气还没有形成具体事物阶段;一是气在运动中凝聚成有形象的具体存在阶段,这就是"形而下"。这样,戴震便用气把形而上与形而下统一起来,使之成为气运动的两个阶段或两种形态,绝非像理学家所讲的那样是理与气或道与器标志的两个不同的世界。

理、道、太极、形而上、形而下具有内在联系,都与世界的本体相关,从这个角度看,对这些概念的解释都是对何为世界本体的论证。不仅如此,在理学尤其是在朱熹那里,理、道、太极、形而上是同一种存在,拥有一个共同的名字——作为宇宙本体的天理。与此相关又截然不同,通过对这些概念的界定和解释,戴震驳斥了朱熹等人的说法,也用自己的方式,按照自己的思路,对世界本体进行了自己的回答。他对理、道、太极、形而上的诠释过程是对宇宙本原是什么进行重新思考和论证的过程,也是把它们归结为气的过程。

与此同时,戴震哲学始于训诂、注疏的下定义,却不限于此。由于界定的都是有关宇宙本体的范畴,这使他的思想极富形上神韵。从这个意义上说,戴震对理学的批判虽然不像王夫之那样直接围绕着理气、道器、有无、动静关系展开,同样富有形上意味。因为这些范畴都是哲学基本范畴,对它们的界定和诠释都是对宇宙本体的回答,都属于纯粹的本体论问题。这样一来,由于是对哲学基本概念的训诂,戴震哲学没有因为为了训诂而训诂的繁琐考证和注疏而流于肤浅或琐碎;由于源自训诂,戴震哲学的形而上学有理有据、言之凿凿,避免了空疏虚玄。戴震对理学的批判和自己哲学的建构正是在训诂与形上相得益彰、珠联璧合的互动中完成的。

3. 气与理的较量——天理的祛魅

通过上面的介绍可以看出,依据戴震的定义,理、道、太极、形而上和形而下具有不同的内涵和自己的特定所指,呈现出不可替代的差异性;另一方面,这些概念的实体都是气,彼此具有一致性。换言之,通过给这些概念下定义,他把这些概念都归结为气。可见,戴震对理、道、太极、形而上和形而下的界定与朱熹恰好相反——理、道、太极、形而上在朱熹那里是同一个存在,都可以称为天理;戴震的解释将它们统一起来,都说成是气。突出气的本原性,将朱熹之理替换为气是戴震解释这些概念一以贯之的原则。对于理,他认为,气化流行是一个有条不紊的过程,气运动、变化的固有条理和规律就是理。这表明,理是事物之理,只能存在于事物之中而不能存在于事物之外、之前或之上,更不可能成为世界本原或宇宙主宰。同样,道、太极的实际所指也是气,形而上和形而下则成为气运动的两个阶段。由此可见,如果说朱熹用理、道、太极、形而上一起建构了理之天堂的话,那么,戴震则把这一切都说成是气化流行的结果;朱熹通过这些概念共同树立了天理的权威,戴震则把这一切都归功于气。从这个意义上说,戴震对这些概念的界定都是对天理的解构。这些表明,他对理、道、太极、形而上的诠释过程就是一个气的提升和理的祛魅过程。正是通过给这些概念下定义,戴震把宇宙本体由原来的理换成了气。不仅如此,正是沿着提升气的思路,戴震对才、诚、仁义礼智等进行了界定。对于才,他写道:

> 才者,人与百物各如其性以为形质,而知能遂区以别焉……气化生人生物,据其限于所分而言谓之命,据其为人物之本始而言谓之性,据其体质而言谓之才。由成性各殊,故才质亦殊。才质者,性之所呈也;舍才质安睹所谓性哉!以人物譬之器,才则其器之质也;分于阴阳五行而成性各殊荣,则才质因之而殊。犹金锡之在冶,冶金以为器,则其器金也;冶锡以为器,则其器锡也;品物之不同如是矣。从而察之,金锡之精良与否,其器之为质,一如乎所冶之金锡,一类之中又复不同如是矣。为金为锡,及其金锡之精良与否,性之喻也;其分于五金之中,而器之所以为器即于是乎限,命之喻也;就器而别之,孰金孰锡,孰精良与孰否,才之喻也。(《孟子字义疏证·才》)

戴震对才的界定和理解表明,才是气化流行赋予万物的才质。在这里,他沿袭了以气为本的风格,把才说成是气使然。

对于诚、仁义礼智等,戴震同样试图以气加以诠释。于是,他写道:

> 诚,实也。据《中庸》言之,所实者,智仁勇也;实之者,仁也,义也,礼也。由血气心知而语于智仁勇,非血气心知之外别有智、有仁、有勇以予之也。就人伦日用而语于仁,语于礼义,舍人伦日用,无所谓仁、所谓义、所谓礼也。血气心知者,分于阴阳五行而成性者也,故曰"天命之谓性";人伦日用,皆血气心知所有事,故曰"率性之谓道"。全乎智仁勇者,其于人伦日用,行之而天下睹其仁,睹其礼义,善无以加焉。(《孟子字义疏证·诚》)

在这里,戴震把诚、仁义礼智包括性、命、善在内都归结为气或血气心知,沿袭了以气解释万物的一贯思路。在此基础上,他强调,仁义礼智离不开血气心知、人伦日用,进一步将理具体化、条理化和气化,再次以训诂的形式,从人性论、道德论等不同角度证明了气的本原性。

不仅如此,为了突出气化流行的万物以气类相分,也为了反驳理学之理的绝对普遍性和独一无二性,针对朱熹关于天理独一无二、不可分割的说法,戴震在极力强调理的根本属性是分的基础上,将分说成是这些概念的共同特征。如上所述,与朱熹强调理一、不可分割针锋相对,戴震强调理的特点是分,将理称为分理。其实,在他看来,分不仅是理的基本特征,道、性、才等各个概念无不如此。在上面的才之定义中,戴震之所以重点解释金锡之喻,无非是为了说明人物之才或金或锡的参差不齐。由于才即万物各不相同的才质、构成材料,才之分无疑使万物之分和理之分更为具体了。不仅如此,由于才与性、命密切相关,戴震对才的这一界定为他强调性与气密切相关和性以分为特征奠定了基础。正如气化流行分为形而上与形而下一样,人物、道、性皆"限于所分"。例如,他断言:"言分于阴阳五行以有人物,而人物各限于所分以成其性。阴阳五行,道之实体也;血气心知,性之实体也。有实体,故可分;惟分也,故不齐。"(《孟子字义疏证·天道》)

总之,理、道、太极、形而上是理学大厦的基石,戴震的上述阐释把它们统统还原为气以及气的属性、运动或存在方式,从而抽掉了理学的形上根基,也把理学精心杜撰的理之天堂赶到了无何有之乡。与此同时,宇宙本体从朱熹那里的天理变成了气。他对才、诚、仁义礼智等其他概念的界定同样坚持了以气为本的原则,对分的强调以及理是分理的观点进一步解构了理的绝对权威。

在这里,有一个饶有兴趣的现象,那就是:尽管将所有的概念最终都归结为气,尽管气是其哲学的第一范畴和宇宙本体,尽管喜欢和擅长给概念下定义,戴震却从来没有对气本身进行界定。从他的整个思想和表达来看,这不应该被视为他对气的藐视或不在意。对于戴震的这种做法,合理的猜测是,这大概因为气是宇宙本体,本身具有不证自明、不言而喻的权威性吧!

二、"血气心知,性之实体"——人性之气与人性之理

沿着以气为本的思路,凭借文字学的优长,戴震对人性进行了深入界定和探讨。在定义性之内涵的基础上,他进一步对人性进

行了严格定义,从中引申出血气心知之内涵;在将人性归结为气质之性的同时,指出人性包括欲、情、知三个方面的内容;在主张人性皆善的前提下,强调依据分的原则,对人之欲、情加以节制,使之顺条顺理。

1. "大致以类为之区别"——性之定义

出于对"字义"的偏爱,戴震对人性的探讨起于对性这一范畴的界定。具体地说,他给性下的定义是:

> 然性虽不同,大致以类为之区别。(《孟子字义疏证·性》)

> 性者,分于阴阳五行以为血气、心知、品物,区以别焉。举凡既生以后所有之事,所具之能,所全之德,咸以是为其本,故易曰"成之者性也"。(《孟子字义疏证·性》)

戴震的定义表明,所谓性就是区别事物本质的名词或范畴,性的特征、功能在于"区别"和"分"。在他看来,气是世界的本体,气内部阴阳的对立统一决定了气化流行、生生不息。"气化生人生物",天地万物和人类都是在气化流行中产生的,物具其理,人有其性。进而言之,凡物皆有其性,这个性就是此物与他物区别开来的本质属性;大致说来,同类之相似、异类之差异的特征就是性。正是在这个意义上,戴震一再强调:

> 天道,阴阳五行而已矣。人物之性,分于道而有之,成其各殊者而已矣;其不同类者各殊也,其同类者相似也。(《绪

言》卷上）

气化生人生物以后，各以类孳生久矣；然类之区别，千古如是也，循其故而已矣。在气化，分言之曰阴阳，又分之曰五行，又分之，则阴阳五行杂糅万变，是以及其流形，不特品类不同，而一类之中又复不同。（《绪言》卷上）

戴震的界定突出了性的两个内涵：第一，性的特征和功能是分。气化生物，"以类孳生"，致使生物分为不同的种类，不同种类之事物的区别就是性。第二，性是由气决定的，气是性的载体，因为物与物的区别说到底是以"其气类别之"的。对此，他反复论证说：

凡有生即不隔于天地之气化。阴阳五行之运而不已，天地之气化也，人物之本乎是，由其分而有之不齐，是以成性各殊。知觉运动者，统乎生之全言之也，由其成性各殊，是以得之以生，见乎直觉运动也亦殊。气之自然潜运，飞潜动植皆同，此生生之机原于天地者也，而其本受之气，与所资以生之气则不同。（《绪言》卷上）

如飞潜动植，举凡品物之性，皆就其气类别之。人物分于阴阳五行以成性，舍气类更无性之名。医家用药，在精辨其气类之殊，不别其性，则能杀人……试观之桃与杏：取其核以种之，萌芽甲坼，根干枝叶，为华为实，香色臭味，桃非杏也，杏非桃也，无一不可区别，由性之不同，是以然也。其性存乎核中之白，香色臭味无一或阙也。凡植禾卉木，畜鸟虫鱼，皆务知其性。知其性者，知其气类之殊，乃能使之硕大蕃滋也。何独

至于人而指夫分于阴阳五行以成性者，曰"此已不是性也"？岂其然哉？(《绪言》卷上)

在这里，与将理、道、太极的实体归结为气的做法别无二致，戴震将性的承担者也说成是气，进而宣布万物以"气类"区别，"舍气类则无性之名"。基于这种认识，他强调，万物之性皆以气为基础，离开气，性便无从谈起。对于性与气之间的关系，即性对气的依赖，戴震论述说：

血气心知，性之实体也……舍气安睹所谓性。(《孟子字义疏证·天道》)

按照戴震的理解，事物禀气不同，性质也就不一，事物之性与其所禀之气密不可分，事物的特征与气禀是连在一起的——确切地说，是由气禀决定的。他对性的解释进一步证明了气的本原地位。不仅如此，正是通过对性的实体是气，舍气则无性的论证，戴震进一步用气来说明人性，最终将人性全部归结为血气心知。

在给性下定义时，戴震突出了性与理、道的密不可分。正如性之分是由于"分于道而有"一样，人物各成其性是因为分于"生生而条理"的气化。他断言："天之气化生生而条理，人物分于气化，各成其性。"(《绪言》卷上)进而言之，性与道、理的密切相关导致了两个后果：第一，性之分进一步验证和充实了理之分。第二，性离不开理，性之差异通过理之分(节制)体现出来。

2. "人生而有欲，有情，有知"——人性之内容

根据性的分之原则，戴震认为，物有物之性，人有人之性。这就是说，不仅物性与人性迥然不同，即使是人性与人性也参差不齐。因此，在阐释了性之概念之后，他又具体地说明了人性。戴震认为，人性就是人类区别于非人类的特征。进而言之，人性的具体内容究竟是什么呢？在他看来，既然事物之性与该事物密不可分，那么，人性亦不能离开人体而独立存在。就人而言，人性以人体为实体，离开人体就无所谓"人性"。循着这个逻辑，戴震进而指出，人是生物中最高级的一类，人性不同于物性；性具体为人性便是人特有的气质即四肢、血肉等身体器官，离开气质，人性便无从谈起。这表明，气是构成人的物质实体，人性离不开人的四肢、五官等形体，气质之外无所谓人性，人性就是气质之性。

戴震不仅对人性予以界定，而且揭示了人性的具体内容。对此，他反复强调：

夫人之生也，血气心知而已矣。（《孟子字义疏证·理》）
人生而后有欲，有情，有知，三者，血气心知之自然也。（《孟子字义疏证·才》）

沿着人性离不开血气心知的思路，戴震将人性的内容概括为欲、情、知三个方面；其中，欲指对声色嗅味的欲望，情指喜怒哀乐等情感，知指分辨是非的能力。

值得一提的是，在对人性的具体说明中，戴震对人之欲、情、知进行了深入探讨和说明，不仅贯彻了分的原则，而且从人性的角度

细化、深化了理是分理的思想。

首先,戴震强调,作为血气心知之自然,人之欲、情与生俱来。在这方面,由于把感官的需求归之于性,把血气心知当作人性必不可少的载体,他认为,欲是人性中不可或缺的一项内容。对于欲、情、知,戴震往往更侧重欲,甚至在有些情况下将欲视为人性的唯一内容。例如,他曾明确指出:"口之于味,目之于色,耳之于声,鼻之于臭,四肢于安佚之谓性。"(《孟子字义疏证·性》)进而言之,戴震之所以如此突出欲对于人性的至关重要性,强调欲在人性中的决定作用,除了反驳理学家对欲的压制之外,还是因为他认为,没有饮食男女、"声色嗅味之欲",人就无法"资以养其生"。无人又何谈人性呢?基于这种认识,戴震对欲进行了充分肯定。他主张:"凡有血气心知,于是乎有欲……生养之道,存乎欲者也。"(《原善》卷上)同时,戴震强调,尽管作为人性的重要内容,人之欲和情与生俱来、天然合理,然而,欲、情也各有其限,也要合乎自己的所分。为了使欲、情合乎所分,就需要理加以节制,理就是对欲、情"区以别之"之则。对此,戴震一贯主张:

> 欲者,有生则愿遂其生而备其休嘉者也。情者,有亲疏、长幼、尊卑感而发于自然者也。理者,尽夫情欲之微而区以别焉。使顺而达,各如其分寸毫厘之谓也。(《答彭进士允初书》)

> 欲不流于私则仁,不溺而为慝则义,情发而中节则和,如是之谓天理。(《答彭进士允初书》)

其次,戴震认为,知是人性的一项重要内容,具有认识、分辨能

力是人与它物的根本区别,也是人性中必不可少的内容。对此,他一再断言:

夫人之异于物者,人能明于必然,百物之生各遂其自然也。(《孟子字义疏证·理》)

物循乎自然,人能明于必然,此人物之异。(《绪言》卷上)

在这里,戴震重复了分的原则,并且将分贯彻到人性领域。除了前面提到的认识事物是对事物进行区分之外,他强调人的认识器官之间的职能之分。戴震认为,人的认识能力就是分辨、区别事物的能力,而人之所以能够对事物加以分辨、区分,是因为人生来就有认识器官,而人的认识器官之间各有明确的分工。具体地说,他将人的认识器官分为两类:一类是耳、目、口、鼻之官,一类是心之官。在此基础上,戴震强调,这两类器官各有所分:其一,地位之分。感觉器官处于从属地位,心之官处于支配地位,二者是君臣关系。他宣称:"耳目鼻口之官,臣道也;心之官,君道也,臣效其能而君正其可否。"(《孟子字义疏证·理》)其二,功能之分。戴震解释说,在认识事物的过程中,感官与心官各有其能。例如,耳目等感觉器官只能分辨事物的外部属性,心则把握事物的规律。心之官不仅可以判断感觉的正确与否,而且可以突破表面现象的局限,把握事物的内在本质。这些用他本人的话说就是:

耳目鼻口之官,接于物而心通其则。(《原善》卷中)
是思者,心之能也。(《孟子字义疏证·理》)

戴震的这些说法肯定了心之官具有思维能力。同时,他强调,心之官虽然能够支配耳目等感觉器官,却不能代替感觉器官的职能。这便是:"心能使耳目鼻口,不能代耳目鼻口之能。彼其能者各自具也,故不能相为。人物受形于天地,故恒与之相通。盈天地之间,有声也,有色也,有臭也,有味也,举声色臭味,则盈天地间者无或遗矣。"(《孟子字义疏证·理》)对此,他举例子说:"人之得于天也,虽亦限于所分。"(《答彭进士允初书》)在这里,戴震强调心官与感官以及感觉与感官之间各有自己的所能,都"限于所分"。也就是说,不仅心官与感觉器官各有所分,即使是感觉器官——耳目口鼻之间也各有其分。正因为如此,他一再指出:

  耳之能听也,目之能视也,鼻之能臭也,口之知味也,物至也迎受之者也。(《原善》卷中)

  味也、声也、色也在物,而接于我之血气;理义在事,而接于我之心知。血气心知,有自具之能,口能辨味,耳能辨声,目能辨色,心能辨夫理义。味与声色,在物不在我,接于我之血气,能辨之而悦之……理义在事情之条分缕析,接于我之心知,能辨之而悦之。(《孟子字义疏证·理》)

戴震认为,不同的认识器官各有不同的认识对象,耳目只能反映事物的声色之理。人的感官只有与客观外界接触才能产生感觉,形成认识。其实,感觉事物的过程是分辨事物的过程。耳辨声、目辨色等等,彼此之间各有其分,各有其职,各有其功。这与理在事物上呈现为条理相契合,也证明了只有各器官进行分工才能完成对事物的认识。正是认识器官之分为认识理之分提供了前提条件。

3. "血气各资以养"——人性之资养

戴震认为,人性以血气心知为主,人的存在、成长以及人性的完善就是一个从外界获取营养而不断养性的过程。对此,他反复强调:

> 血气各资以养,而开窍于耳目鼻口以通之,既于是通,故各成其能而分职司之。(《绪言》卷上)

> 人之血气心知本乎阴阳五行者,性也。如血气资饮食以养,其化也,即为我之血气,非复所饮食之物矣。心知之资于问学,其自得之也亦然。以血气言,昔者弱而今者强,是血气之得其养也;以心知言,昔者狭小而今也广大,昔者闇昧而今也明察,是心知之得其养也,故曰"虽愚必明"。人之血气心知,其天定者往往不齐,得养不得养,遂至于大异。(《孟子字义疏证·理》)

按照戴震的说法,不仅人的耳目口鼻等生理器官需要外界的资养,人的心知同样源于血气自然,同样需要外界的滋养;只有在外界的不断滋养下,人才能筋骨日强,心智日开。从这个意义上说,人性就是人的生养之道。其实,所谓欲,若对之高度概括无非"生养"二字——生即求生存,养即繁衍后代。如此说来,足欲是关系人之"生养"的问题,具有人道主义的意义。离开了生养,人类也就不存在了。对此,他解释说,人有血肉之躯,饮食男女等"生养之事"是人类生存的基本要求,而生养之事皆基于欲。因此,欲是极为正当、无可非议的。在此,戴震强调,即使君子也"不必无饥寒愁怨、饮食男女、常情隐曲之感。"(《孟子字义疏证·权》)因为圣人、常人"欲同也"。当然,人性需要得以滋养,欲、情、知均是如此。

进而言之,戴震私淑孟子的性善说,认为作为人性的组成部分,欲、情、知都是善。不仅如此,为了彻底将恶逐出人性,他论证了恶与人性无涉,在宣称人性善的同时,对恶的根源予以了深入分析和透视。为此,戴震对性与才进行了区分,认为才有善恶,性无不善。具体地说,人性皆善等于宣布了作为人性基本内容的知、情、欲都是善的,这与前面提到的滋养人性具有某种相通性。另一方面,他承认"性虽善,不乏小人"的事实,同时强调"不可以不善归性"。那么,既然人性非恶,恶又从何而来呢?戴震把恶视为情、欲失控而流于私的结果,并且阐明了人之欲、情失控流于恶的两点原因:第一,人之才质各殊,生来就有智愚之别,然而,才不影响性的善恶。这套用他本人的话说便是:"故才之美恶,于性无所增,亦无所损。"(《孟子字义疏证·才》)在这里,戴震申明了两点主张:一方面,愚者才质恶劣,认识能力较差,如果"任其愚而不学不思乃流为恶"。这就是说,愚者不知是非界限,如果不加以后天的学习或教化引导,必然纵欲无度,损及他人,酿成恶行。另一方面,生来才质恶劣的愚者并不一定成为恶人或一定为恶,因为"愚非恶也",愚与恶是两个不同的概念;愚虽然可能导致恶行并非愚本身就是恶,不能把智愚与善恶混为一谈。况且,"虽古今不乏下愚,而其精爽几与物等者,亦究异于物,无不可移也。"(《孟子字义疏证·性》)这清楚地表明,愚并非"不可移",愚者究竟为善还是为恶,全系乎后天的习染。第二,人性本善,至于成长后是品德高尚还是沉沦堕落,全应从后天的环境熏陶、习惯影响和个人的学习操行中去查找原因。这一切证明,人无论智愚都是后天影响的结果,决定性因素是"习"。故而,戴震呼吁"君子慎习",要慎之又慎地面对环境,选择所学所行。正是在这个意义上,他指出:"分别性与习,然后有不善,而不可以不善归性。凡得养失养及陷溺梏亡,咸属于习。"(《孟子字义疏证·性》)

在澄清了上述事实和认识之后,戴震批判了程朱以欲为恶的说法,指出不能像程朱理学那样以恶"咎欲",如果"因私而咎欲,因欲而咎血气",势必否定人类生存的自然要求,实质上是归罪于人的形体存在,这样做显然是错误的。对此,他写道:

> 盖程子、朱子之学,借阶于老、庄、释氏,故仅以理之一字易其所谓真宰真空者而余无所易。其学非出于荀子,而偶与荀子合,故彼以为恶者,此亦咎之;彼以为出于圣人者,此以为出于天。出于天与出于圣人岂有异乎!天下唯一本,无所外。有血气,则有心知;有心知,则学以进于神明,一本然也;有血气心知,则发乎血气心知之自然者,明之尽,使无几微之失,斯无往非仁义,一本然也。(《孟子字义疏证·天道》)

在戴震看来,血气心知与天理是一本,程朱理学一面将心知、天理称为善,一面将出于血气之欲视为恶,在认定人性恶上与荀子的性恶论不期而遇。其实,他们的思想不是源于荀子,而是偷渡了老庄和佛教的空无思想,唯一的差别不过是用理换掉了佛老的真空、真宰而已。

总之,戴震强调,人性以血气心知为主,欲是生养之道,这肯定了人的自然需求和生理欲望的重要性,使人的生存权利受到重视。

在这里,通过断言欲生而具有,他伸张了欲的正当性、合理性,不仅还原了人的自然属性,而且使欲成为人类存在、延续的前提之一。

戴震对人性的界定和解读沿袭了他一贯的风格和套路,一是采取训诂方式,二是坚持以气为本,三是突出分的原则。进而言之,正是人性之分决定了对人性之欲、情必须用理加以节制。这使他对人性的阐释从气开始、以理结束。在用血气心知伸张欲、情的正当性的同时,戴震强调以理对之加以分别的迫切性和必要性。

至此,不难看出,气与理的关系在人性领域发生了微妙的变化:如果说戴震在本体领域对理、道、太极等一系列范畴的阐释使气与理呈现出对立态势,具体表现为一方面是气的地位的提升,另一方面是理的地位的下降的话,那么,他在人性领域对人性的阐释则拉近了气与理的距离。不论是他对性之分的解释还是对性以理加以节制的呼吁都使性离不开理。进而言之,性之所以需要理加以节制,是因为性即血气心知的实体是气,性以"气类"为分。

与理气关系的这种微妙变化相一致,戴震强调以理节制人性之欲情,绝不像理学家那样将理与欲截然分开做对立观。恰好相反,按照他的观点,气是人性的载体,人性之欲、情、知都源于血气心知;作为以气类别之的结果,人性之分、别必须通过理得以实现。正因为如此,戴震强调:

> 循理者非别有一事,曰"此之谓理",与饮食男女之发乎情欲者分而为二也,即此饮食男女,其行之而是为循理,行之而非为悖理而已矣。(《绪言》卷下)

基于对理欲关系的这种看法,戴震始终强调二者的统一而不是对立。正是循着这个思路，才有了"理者存乎欲者"的结论。

三、天理与人欲——对理学以理杀人的揭露和批判

如果说戴震的理、道、太极、形而上等概念在把理还原为分理的过程中纠正了理学之理的抽象化而将之实化，反对了理学家将理奉为宇宙本原的做法的话，那么，他在人性领域对人性即气质之性、欲是人性的基本内容的强调则进一步动摇了理学家的天理、人欲之辨，有针对性地避免了以理杀人的现象。

1. 后儒以理杀人——对理学杀人的指控

戴震对理学的批判与其说是一个理论问题，不如说是迫切的现实问题。尽管他对天理的祛魅以及对一系列范畴的诠释极富形上神韵，但是，从根本上说，戴震得出理学杀人的结论不是出于形而上学的思考或书斋的臆想，而是由于身处其中的社会时时上演着以理杀人的悲剧。身为安徽休宁人，戴震生活在朱熹的故乡，这里深受理学的熏染。据《休宁县志》记载，这一地区在明代有节妇400人，清道光年间女子"不幸夫亡，动以身殉、经者、鸩者、绝粒者，数数见焉"，"处子或未嫁而自杀，竟不嫁以终身"（《休宁县志》卷一）者，竟达两千余人。（《休宁县志》卷十六）这个数目是相当惊人的，因为这个县的人丁总数也不过区区65000人。需要说明的是，有些妇女成为节妇、烈女是出于自愿，大多数人则是迫于外在压力——在这里，对于"彼再嫁者必加戮辱"。还应看到，除了硬性规定和强制之外，还有"软性强制"，如正统理学思想的潜移默化、大众心理和世俗舆论的导向和监督等等。与此相关，在婺源，节

烈、节妇、节孝等牌坊遍地林立,总计有107处之多,县城有一座道光十八年竖的孝、贞、节、烈总坊,记有宋代以来节烈、节妇、节孝高达2656人。在这些实际例子中,虽不见刀光剑影的血雨腥风,但礼教无时不在、无孔不入的威慑力还是让人不寒而栗,对理学以理杀人的惨烈可以感同身受。《休宁县志》记载的事例就有戴震耳闻目睹的。置身于这样的环境中,惨烈空前的现实让他怒不可遏。戴震对理学杀人的揭露和分析是对当时历史状况和社会现实的真实写照,后儒以理杀人的结论是无数无辜的牺牲者堆积起来的。

戴震对这种现实深恶痛绝,揭露理学以理杀人是为无数饱受欺压之苦而敢怒不敢言者代言。他指出,自从理学受到统治者的青睐,理就成了"治人者"手中"忍而残杀之具"。对于理学的杀人罪行,他发出了如此控诉:

> 人知老、庄、释氏异于圣人,闻其无欲之说,犹未之信也;于宋儒,则信以为同于圣人;理欲之分,人人能言之。故今之治人者,视古贤圣体民之情,遂民之欲,多出于鄙细隐曲,不措诸意,不足为怪;而及其责以理也,不难举旷世之高节,著于义而罪之。尊者以理责卑,长者以理责幼,贵者以理责贱,虽失,谓之顺;卑者、幼者、贱者以理争之,虽得,谓之逆。于是下之人不能以天下之同情、天下所同欲达之于上;上以理责其下,而在下之罪,人人不胜指数。人死于法,犹有怜之者;死于理,其谁怜之!(《孟子字义疏证·理》)

按照戴震的说法,自宋以来,由于统治者和理学家的大力宣传,理已经被神化为天理,人们对之"莫能辩"且无可疑。几百年来，作为套在人身上的沉重枷锁和杀人不见血的软刀子，理已经异化成尊者、长者、贵者压制卑者、幼者、贱者的工具。按照他的说法，长期以来，理学家所讲的理已经成为尊者、长者、贵者满足其私欲的工具，而卑者、幼者、贱者正是由于这种所谓的理而受到责难和压抑，致使其正当的生存权利和需求得不到保障。千百年来，"理欲之辨"已经成为一把杀人不见血的软刀子，吞噬着中国人的身心。对此，戴震愤怒地发出了"酷吏以法杀人，后儒以理杀人"（《与某书》）的血腥控诉。

与此同时，戴震愤慨地揭露理学"以理杀人"的实质，焦点同样是"去人欲，存天理"的说教。他指出，程朱理学强调"辨乎理欲之分"，把"人之饥寒号呼、男女哀怨以至垂死冀生"统统归结为人欲去掉，致使理"空指一绝情之感者为天理之本然"，并要人"存之于心"。在此基础上，戴震进一步揭露了"去人欲，存天理"的残酷性和反动性，指出理学对人提出的这种要求实际上是做不到的；如果硬要如此，结果只能是"穷天下之人尽转移为欺伪之人"，最终酿成社会的虚伪之风。这表明，理学家主张"去人欲，存天理"是引导人走向虚无，这个口号本身是荒谬的。其错误在于，不懂得人的生存欲望是人的自然本能，只有得到满足才能动静有节、心神自宁；理学家教导别人去欲、寡欲，其实他们自己并没有真正取消生存的欲望，他们的说教恰恰是要满足其最大的私欲，甚至为满足一己之贪欲而不顾人民的死活。这样做的后果是必然造成天下大乱。

2."理者存乎欲者"——对以理杀人的破解

为了彻底改变理学以理杀人的现状，只有形上思索或人性探讨是不够的，必须将这一切具体化，并且凝聚成对"去人欲，存天理"的批判,才能更有针对性和战斗力。同时,理学家对理的神化始于本体领域,终于人性和道德领域,最终归结为"去人欲,存天理"。进而言之,理学家之所以认定为了存天理必须去人欲,是因为他们认为,天理与人欲一善一恶,势不两立、不共戴天,理学家的这一说法更增加了正确认识和处理天理、人欲关系的急迫性。

戴震反对天理与人欲对立的观点,更谴责理学家把理与欲截然对立的做法,指出朱熹所谓天理人欲正善邪恶的说法是错误的。对此,戴震明确声称:

> 然则谓"不出于正则出于邪,不出于邪则出于正",可也;谓"不出于理则出于欲,不出于欲则出于理",不可也。(《孟子字义疏证·理》)

不仅如此,为了彻底杜绝以理杀人悲剧的再度上演,戴震对理与欲的关系进行了深入探讨,强调理(道德准则)与欲(人的物质生活)密不可分。具体地说,通过对理欲关系的还原,他从理与气、理与事和必然与自然三个方面反复伸张了"理者存乎欲者"的命题。

其一,理与欲是理与气的关系

戴震认为,欲根源于气,其物质承担者是气。对此,他一再强调:

> "欲"根于血气,故曰性也。(《孟子字义疏证·性》)
> 欲者,血气之自然。(《孟子字义疏证·理》)

戴震认为,性根于血气,气是欲的载体,这使理欲关系具体表现为理与气的关系。在他看来,气是万物的本原,气化流行中生成万物,气化流行的条理、规律就是理。这表明,理与气"非二事",二者不可分割;理即气之理,理存在于气中。进而言之,理存在于气中表明,理不是悬空的,必须依于气而存在。正是在这个意义上,他断言:"心之于理义,一同乎血气之于嗜欲,皆性使然耳。"(《孟子字义疏证·理》)

在此,戴震强调,如果离开欲而言理,就会犯朱熹以理为"如有一物"、为"真宰"、为"真空"的错误。其实,理学家推崇的那个先于人体而有,与人欲不可共存的理显然是不存在的,是他们杜撰出来的主观意见。不仅如此,他进一步揭露说,正由于宣布理"得于天而具于心",离开欲言理,才使朱熹所讲的理成为祸天下之理。对此,戴震反复指出:

> 凡以为"理宅于心","不出于欲则出于理"者,未有不以意见为理而祸天下者也。(《孟子字义疏证·权》)

> 程、朱以理为"如有物焉,得于天而具于心",启天下后世人人凭在己之意见而执之曰理,以祸斯民。更淆以无欲之说,于得理益远,于执其意见益坚,而祸斯民益烈。岂理祸斯民哉,不自知为意见也。离人情而求诸心之所具,安得不以心之意见当之则依然本心者之所为。拘牵之儒,不自知名异而实不异,犹贸贸争彼此于名而辄蹈其实。敏悟之士,觉彼此之实无异。虽指之曰"冲漠无朕",究不得其仿佛,不若转而从彼之确有其物,因即取此一赅之于彼。(《答彭进士允初书》)

其二,理与欲是理与事的关系

戴震断言:"欲,其物;理,其则也。"(《孟子字义疏证·理》)在这里,他之所以训欲为物,是因为他认为,人所进行的一切活动都有欲,都是在欲望的支配下进行的;或者说,人正是在欲望的驱使下产生了活动、产生了事,事就是人通过各种活动来满足自己的欲望。从这个意义上说,欲是事,理欲关系就是理与事的关系。进而言之,对于理与事的关系,戴震认为,二者相互依赖、不可分离;具体地说,事情内在的条理、规律就是理。他反复宣称:

> 凡事为皆有于欲,无欲则无为矣;有欲而后有为,有为而归于至当不可易之谓理;无欲无为又焉有理!(《孟子字义疏证·权》)

> 天下必无舍生养之道而得存者,凡事为皆有于欲,无欲则无为矣。(《孟子字义疏证·权》)

基于理对事的依赖和事必出于欲的认识,戴震强调,理依赖欲而存在,正如无为、无事即无理一样,无欲则无以见理,有欲有为而符合一定的准则就是理。如此说来,理存于事中,也就存于欲中。对此,他一再指出:

> 物者,事也;语其事,不出乎日用饮食而已矣;舍是而言理,非古贤圣所谓理也。(《孟子字义疏证·理》)

> 义理非他,可否之而当,是谓理义。然有非心出一意以可否之也,若心出一意以可否之,何异强制之乎。是故就事物言,非事物之外别有理义也……就人心言,非别有理以予之而具于心也;心之神明,于事物咸足以知其不易之则,譬有光皆

能照，而中理者，乃其光盛，其照不谬也。(《孟子字义疏证·理》)

其三，理与欲是必然与自然的关系

戴震认为，欲是人的生理欲望和物质需求，属于自然范畴；理指自然之则，带有规律、法则之意，属于必然范畴。这使理欲关系成为必然与自然的关系。进而言之，对于自然与必然的关系，他认为，必然离不开自然，必然产生于自然之中，理就存在于欲之中。

同时，戴震认为，任何自然之中都存在着必然的原则，欲也是这样：一方面，欲作为天性之自然是正当的、合理的，人要生存必然取得外物的滋养以供身体的需要。口之于味、耳之于声等都出于自然，既然是欲，便是性。这是人的自然需要和自然本质，故曰自然。另一方面，自然之中又有必然，自然必须归于必然。对此，他断言：

> 天地、人物、事为，不闻无可言之理者也，《诗》曰"有物有则"是也。物者，指其实体实事之名；则者，称其纯粹中正之名。实体实事，罔非自然，而归于必然，天地、人物、事为之理得矣。夫天地之大，人物之蕃，事为之委屈条分，苟得其理矣，如直者之中悬，平者之中水，圆者之中规，方者之中矩，然后推诸天下万世而准……夫如是，是为得理，是为心之所同然。(《孟子字义疏证·理》)

这就是说，欲虽然是自然而正当的，却不能放纵。对此，戴震解释说，人生活在社会群体中，耳目口鼻之欲必须符合道德原则而无失才能顺而安。如果允许人性任其自然而流于失,就必然丧失其自然,到头来也就不成其为自然了。这就是必然。而这个必然就存在于自然之中,即"自然之极则归于必然。"正是在这个意义上,他反复断言:

> 就性之自然,察之精明之灵,归于必然,为一定之限制,是乃自然之极则。若任其自然而流于失,转丧其自然而非自然也。故归于必然,适完其自然……夫耳目百体之所欲,血气之资以养者,生道也,纵欲而不知制,其不趋于死也几希。(《绪言》卷上)

> 欲者,血气之自然……由血气之自然,而审察之以知其必然,是之谓理义;自然之与必然,非二事也。就其自然,明之尽而无几微之失焉,是其必然也……若任其自然而流于失,转丧其自然,而非自然也;故归于必然,适完其自然。(《孟子字义疏证·理》)

通过对理欲关系的深入剖析,戴震使各个方面的认识相互印证,反复论证了一个命题:"理者存乎欲者也。"(《孟子字义疏证·理》)这个命题不仅肯定了理欲相依,而且进一步明确了理与欲相依的方式——不仅欲离不开理,更重要的是理也离不开欲,理就存在于欲中。

3. 遂欲达情——必然的结论和唯一的选择

"理者存乎欲者"的命题不仅回答了天理与人欲的关系,强调了理对欲的依赖,而且肯定了欲、情的道德意义。在他看来,理是判断欲望恰当与否的标准,失去了欲、情这些被判定和节制的对象,还谈什么理呢？正是在这个意义上,他屡屡指出：

> 性,譬则水也;欲,譬则水之流也;节而不过,则为依乎天理,为相生养之道,譬则水由地中行也。(《孟子字义疏证·理》)

> 理也者,情之不爽失也;未有情不得而理得者也……天理云者,言乎自然之分理也;自然之分理,以我之情絜人之情,而无不得其平是也……人之欲,天下人之同欲也……情得其平,是为好恶之节,是为依乎天理……今以情之不爽失为理,是理者存乎欲者也。(《孟子字义疏证·理》)

戴震认为,正如必然不能离开自然而独立存在,必然寓于自然之中一样,理离不开欲,理就存在于欲中。这些不仅彻底否定了欲、情为恶的说法,而且伸张了其道德价值,为他接下来呼吁遂欲达情奠定了基础。不仅如此,戴震在人性中伸张欲、情正当性的同时,同样在人性中找到了节制欲、情,使之合乎规范的可能性。按照他的说法,人有血气形体,要生存繁衍,自然有对外物的欲求,会产生好恶情感;人有思维能力,能够认识事物的规律,明察行为的善恶美丑,进而处理好人伦日用中的各种关系,使欲、情、知都合乎道德规范的要求。这更坚定了他滋养人性、遂欲达情的信心。尤其是人与生俱来之知为戴震主张遂欲达情提供了认知和道德保障。他指出,人与动物同属"有血气者",人性包括欲、情、知三个方面。不同且高于动物之性的是,人具有"大远乎"动物的认识、分辨能力。凭此,人"能扩充其知至于神明","于人伦日用,随之而知恻隐、知羞恶、知恭敬辞让、知是非"。这就是说,人与生俱来的认识、辨别能力完全能够指挥、控制自身的欲、情,使人"不惑乎所行"。

在进行了诸多的铺垫和准备之后,遂欲达情既有了正当性,又没有了后顾之忧,于是成为必然结论和唯一选择。戴震主张,人性之欲、情是充分合理的,不应该盲目消除之;相反,应该遂欲达情,满足人的生存需要。对此,他再三呼吁:

> 人之生也,莫病于无以遂其生。(《孟子字义疏证·理》)
> 天下之事,使欲之得遂,情之得达,斯已矣……道德之盛,使人之欲无不遂,人之情无不达,斯已矣。(《孟子字义疏证·才》)
> 圣人治天下,体民之性,遂民之欲,而王道备。(《孟子字义疏证·理》)

在戴震看来,无欲则无人的生存,人从事各种活动的目的说到底都是为了遂欲达情。故而,遂欲达情是道德的,灭欲塞情是有悖人性、违反道德的。对此,他还指出,圣人治理天下,不是一味地灭欲、制欲,而是恤民之情,遂民之欲。这使遂欲达情成为王道的题中应有之义,也使是否使民遂欲达情成为衡量社会治乱的标识之一。循着这个逻辑,戴震进而指出,"治人者"应该"体民之情,遂民之欲"。只有"遂己之欲,亦思遂人之欲",关心民生,重视生养之道,满足人们生存的基本要求,社会才能安定;也只有使人人能够"仰足以事父母,俯足以蓄妻子",整个社会才能出现"居者有积仓,行者有行囊","内无怨女,外无旷夫"的美好局面。这是因为,"遂己之欲者,广之能遂人之欲;达己之情者,广之能达人之情。"(《原善》卷下）"以我之情絜人之情，而无不得其平，是也。"（《原善》卷上）反之，若"快己之欲，忘人之欲"（《原善》卷下），不体恤民情，置人民困苦于不顾，必然是"民以益困而国随以亡。"（《原善》卷下）正是在这个意义上，戴震指出："遂己之欲，亦思遂人之欲，而仁不可胜用矣；快己之欲，忘人之欲，则私而不仁。"（《原善》卷下）

戴震的这些议论使遂欲达情不仅具有了人道主义的高度，而且具有了道德意义。不仅如此，他还进一步分析了"民之所为不善"的原因，从反面说明了"体民之情，遂民之欲"的必要性、紧迫性。戴震写道：

在位者多凉德而善欺背，以为民害，则民亦相欺而罔极矣；在位者行暴虐而竞强有力，则民巧为避而回遹矣；在位者肆其贪，不异寇取，则民愁苦而动摇不定矣。凡此，非民性然也，职由于贪暴以贱其民所致。乱之本，鲜不成于上。（《原善》卷下）

在此，戴震强调，即使老百姓行为不善也是统治者造成的，正是"在位者"的无视民情民怨、荒淫暴虐和"私而不仁"酿成了社会动乱。他的这个说法道出了社会矛盾的根源所在，也为统治者敲响了警钟。

主要参考文献

1. 尚秉和:《周易尚氏学》,中华书局1981年版。
2. 周振甫:《周易译注》,中华书局2001年版。
3. 杨天宇:《礼记译注》,上海古籍出版社1997年版。
4. 《礼记正义》,十三经注疏本,中华书局1980年版。
5. 李景林:《仪礼译注》,吉林文史出版社1995年版。
6. 《仪礼注疏》,十三经注疏本,中华书局1980年版。
7. 杨伯峻:《论语译注》,中华书局1980年版。
8. 《论语注疏》,十三经注疏本,中华书局1980年版。
9. 杨伯峻:《孟子译注》,中华书局1960年版。
10. 《孟子注疏》,十三经注疏本,中华书局1980年版。
11. 乌恩溥:《四书译注》,吉林文史出版社1996年版。
12. 王先谦:《荀子集解》,诸子集成本,中华书局1996年版。
13. 荀子:《荀子简注》,上海人民出版社1974年版。
14. 韩愈:《韩昌黎集》,中华书局1978年版。
15. 周敦颐:《周子通书》,上海古籍出版社2000年版。
16. 张载:《张载集》,中华书局2006年版。
17. 张载:《正蒙注译》,兰州大学出版社1990年版。
18. 程颢、程颐:《二程集》,中华书局2004年版。
19. 李觏:《李觏集》,中华书局1981年版。
20. 胡宏:《胡宏集》,中华书局1987年版。
21. 张栻:《张栻全集》(全三册),长春出版社1999年版。
22. 叶适:《叶适集》(全三册),中华书局1961年版。
23. 叶适:《习学记言序目》(全二册),中华书局1977年版。
24. 叶适:《习学记言》,上海古籍出版社1992年版。

25. 陈亮:《陈亮集》(上下册),中华书局1974年版。
26. 黎靖德:《朱子语类》(全八册),中华书局1999年版。
27. 朱熹:《四书章句集注》,中华书局2005年版。
28. 朱熹:《朱子全书》(共二十七册),上海古籍出版社、安徽人民出版社2002年版。
29. 朱熹:《四书或问》,上海古籍出版社、安徽教育出版社2001年版。
30. 朱熹、吕祖谦:《朱子近思录》,上海古籍出版社2000年版。
31. 陆九渊:《陆九渊集》,中华书局1980年版。
32. 方以智:《东西均》,中华书局1962年版。
33. 王守仁:《王阳明全集》,上海古籍出版社1992年版。
34. 陈确:《陈确集》(上下册),中华书局1976年版。
35. 李贽:《藏书》(共四册),中华书局1974年版。
36. 李贽:《续藏书》(上下册),中华书局1974年版。
37. 李贽:《史纲评要》(全三册),中华书局1974年版。
38. 李贽:《李贽文集》(共二册),北京燕山出版社1998年版。
39. 李贽:《李贽文集》(共七册),中国社会科学文献出版社2000年版。
40. 朱舜水:《朱舜水集》(上下册),中华书局1981年版。
41. 黄宗羲:《黄宗羲全集》(全十二册),浙江古籍出版社2005年版。
42. 唐甄:《潜书》,中华书局1963年版。
43. 王夫之:《船山全书》(共十册),岳麓书社1988—1996年版。
44. 王夫之:《思问录》,山东友谊出版社2001年版。
45. 王夫之:《周易外传》,中华书局1977年版。
46. 王夫之:《尚书引义》,中华书局1976年版。
47. 王夫之:《老子衍今译》,巴蜀书社1989年版。
48. 王夫之:《诗广传》,中华书局1964年版。
49. 王夫之:《张子正蒙注》,北京古籍出版社1956年版。
50. 颜元:《颜元集》(上下册),中华书局1987年版。
51. 颜元:《习斋四存编》,上海古籍出版社2000年版。
52. 戴震:《戴震文集》(共五册),清华大学出版社1991年版。
53. 戴震:《戴震集》,上海古籍出版社1980年版。
54. 戴震:《孟子字义疏证》,中华书局1982年版。
55. 顾炎武:《日知录》,商务印书馆1933年版。

56. 《诸子集成续编6》,四川人民出版社1998年版。
57. 龚自珍:《龚自珍全集》,上海古籍出版社1999年版。
58. 魏源:《魏源集》(上下册),中华书局1976年版。
59. 司马光:《司马温公文集》,商务印书馆1936年版。
60. 陈淳:《北溪字义》,中华书局1985年版。
61. 陈献章:《陈献章集》,中华书局1987年版。
62. 刘宗周:《刘宗周全集》,台湾"中央"研究院1996年版。
63. 脱脱等:《宋史》(全十八册),中华书局2000年版。
64. 脱脱等:《辽史》(全五册),中华书局2000年版。
65. 脱脱等:《金史》(全八册),中华书局2000年版。
66. 宋濂等:《元史》(全十五册),中华书局2000年版。
67. 张廷玉等:《明史》(全十五册),中华书局2000年版。
68. 赵尔巽等:《清史稿》(全四十八册),中华书局1976年版。
69. 杜佑:《通典》,中华书局1984年版。
70. 刘俊文:《唐律疏议笺解》,中华书局1996年版。
71. 孟元老:《东京梦华录注》,中华书局2004年版。
72. 司马光:《涑水记闻》,中华书局1989年版。
73. 司马光:《资治通鉴》,中华书局1956年版。
74. 毕沅:《读资治通鉴》,中华书局1957年版。
75. 陈邦瞻:《宋史纪事本末》(全三册),中华书局1977年版。
76. 谷应泰:《明史纪事本末》(全四册),中华书局1977年版。
77. 怀效锋点校:《大明律》,辽沈书社1990年版。
78. 朱维铮:《利玛窦中文著译集》,复旦大学出版社2001年版。
79. 何高济译:《大中国志》,上海古籍出版社1998年版。
80. 徐珂:《清稗类钞》(全十三册),中华书局2003年版。
81. 钱穆:《国史大纲》,商务印书馆1996年版。
82. 白寿彝:《中国通史》(全二十二册),上海人民出版社1999年版。
83. 翦伯赞:《中国史纲要》,人民出版社1979年版。
84. 龚书铎:《中国社会通史》(全八册),陕西教育出版社1996年版。
85. 侯外庐:《中国古代社会史论》,河北教育出版社2002年版。
86. 冯尔康:《中国宗法社会》,浙江人民出版社1994年版。
87. 谢维扬:《中国家庭形态》,中国社会科学出版社1990年版。

88. 侯外庐:《中国思想通史》,上海人民出版社1995年版。
89. 葛兆光:《中国思想史》,复旦大学出版社2001年版。
90. 冯友兰:《中国哲学史新编》,人民出版社1988年版。
91. 张立文:《宋明理学研究》,人民出版社2002年版。
92. 侯外庐:《宋明理学史》,人民出版社1997年版。
93. 张立文:《朱熹思想研究》,中国社会科学出版社2001年版。
94. 陈瑛:《中国伦理思想史》,湖南教育出版社2004年版。
95. 张锡勤:《中国伦理思想通史》,黑龙江教育出版社1992年版。
96. 高洪兴:《妇女风俗考》,上海文艺出版社1991年版。
97. 孙燕京:《晚清社会风尚研究》,中国人民大学出版社2002年版。
98. 冯梦龙:《喻世明言》,天津古籍出版社1999年版。
99. 冯梦龙:《警世通言》,天津古籍出版社1999年版。
100. 冯梦龙:《醒世恒言》,天津古籍出版社2004年版。
101. 凌濛初:《初刻拍案惊奇》,中国文史出版社2003年版。
102. 曹雪芹:《红楼梦》(上下册),齐鲁书社1994年版。
103. 李汝珍:《镜花缘》(上下册),人民文学出版社1984年版。

后　　记

　　宋元明清时期是中国古代哲学的鼎盛期,因而成为中国哲学和传统文化研究中不可逾越且至关重要的一环。然而,这一时期,大家层出不穷,资料卷帙浩繁,无疑给这一领域的研究增加了难度。对此,我一直以来不敢问津。2001年,事情有了转机。我的硕士研究生导师张锡勤教授获得教育部《中国道德变迁史》立项,我作为课题组成员承担其中的宋元明清部分。该课题是道德变迁研究,侧重经验、事实层面的道德现象。做课题需要关注宋、元、明、清的伦理思想变迁,促使我思考这一时期的道德哲学。这便是本书的缘起。

　　宋、元、明、清时期,中国古代道德哲学臻于完备和系统,理学代表了古代道德形而上学的最高成就。在这一时期的道德哲学的建构中,北宋二程创立的理学被南宋朱熹发扬光大,形成了中国历史上最具影响力的程朱理学;南宋陆九渊的心学思路被明代王守仁所发挥,致使心学在明代中期煊赫一时。这些构成了宋明道德哲学的主流,成为宗法社会后期的官方意识形态。伴随着明代后期王守仁心学的衰微,理学尽管依然是伦理道德的主流,早期启蒙思潮异军突起,在思想界与理学分庭抗礼。作为明末清初新的社会存在的反映、新的经济关系的代表和市民阶层的价值诉求,早期启蒙思潮是对理学的反思和批判,其道德哲学与理学之间具有不容忽视的差异性。因此，对于宋、元、明、清的道德哲学研究，如果不对之予以区别，则很难呈现理学与早期启蒙思潮各自不同的理论特征，也因而难以说清这一时期道德哲学的发展脉络。基于这种情况，在研究中，把这一时期的道德哲学分为宋明与明清两个阶段，前者对应北宋理学的兴起、中经南宋陆学朱学至明朝中期王学的鼎盛；后者对应明代后期王学的衰落和明末清初早期启蒙思潮的出现，相当于早期启蒙思潮的流行。在表述上，称为宋明时期与明清之际，前者对应理学，后者对应早期启蒙思潮。故而书名为《理学与启蒙——宋元明清道德哲学研究》。

鉴于这种构思，本书在整体结构上试图兼顾如下两点：第一，揭示宋明与明清之际不同时代道德哲学的不同特征，以突出理学与早期启蒙思潮之间迥然相异的形上根基、思维方式和价值旨趣。第二，注重理学与早期启蒙思潮之间的关联性，将之纳入宋元明清整个时段进行考察，以突出其间的思想连续性、话题相关性和逻辑贯通性。与此相关，在内容安排上，上篇为《宋明时期道德哲学研究》，中篇为《明清之际道德哲学研究》，以此使两个部分区别开来；另一方面，在内容安排上选取了知行观、理欲观、义利观、公私观和三纲五常等双方共同关注的话题，使两者形成对话和映照。

由于侧重宏观研究，本书得出的结论往往偏于抽象，而缺乏感性直观。这种局限决定了在这种研究框架中，不可能将每一位思想家的具体观点均纳入研究视野，而只能侧重宋元明清道德哲学的整体性和一致性，因而难免挂一漏万之嫌和粗而不精之憾。为了弥补这一不足，本书的下篇特设《宋元明清道德哲学个案研究》，以增加研究的直观性和质感。

本书的写作吸收了学界的研究成果，谨向这些作者致以诚挚的敬意。如上所言,本书的写作可以说是道德变迁的"副产品",因而不在我的计划之内。正如本书的选题和构思是张锡勤教授促成的一样,他对宋元明清道德变迁的指导和修改意见对于本书的完成具有指导意义。特此衷心感谢。我还想特别指出的是,我的博士后导师张立文教授为其作序,并在时间仓促的情况下洋洋洒洒写了七千余字。先生的热情令我感动,先生的期待和鼓励将一直伴随着我,成为我今后的努力方向和前行动力。

本书是黑龙江省教育厅人文社科 2005—2006 年度科研项目(编号为 10552146),本书的出版得到黑龙江大学研究生处和科研处的资助,商务印书馆为本书的出版予以了支持,常绍民主任和丛晓眉编审为本书付出了让我感动终生的努力和辛劳。在此,表示衷心的谢忱。

魏义霞

2007 年 2 月 8 日于哈尔滨